Ulf Friedrichsdorf

Einführung in die klassische und intensionale Logik

Aus dem Programm Mathematik / Logik

Mengenlehre für den Mathematiker
von Ulf Friedrichsdorf und Alexander Prestel

Einführung in die mathematische Logik und Modelltheorie
von Alexander Prestel

Berechenbarkeit, Komplexität, Logik.
Algorithmen, Sprachen und Kalküle unter besonderer Berücksichtigung ihrer Komplexität
von Egon Börger

Grundlagen des maschinellen Beweisens.
Eine Einführung für Informatiker und Mathematiker
von Dieter Hofbauer und Ralf-Detlef Kutsche

Formalisieren und Beweisen. Logik für Informatiker
von Dirk Siefkes

Logische Grundlagen der Künstlichen Intelligenz
von Michael R. Genesereth und Nils J. Nilsson

Vieweg

Ulf Friedrichsdorf

Einführung in die klassische und intensionale Logik

vieweg

Die Deutsche Bibliothek – CIP-Einheitsaufnahme

Friedrichsdorf Ulf:
Einführung in die klassische und intensionale Logik /
Ulf Friedrichsdorf. – Braunschweig; Wiesbaden: Vieweg, 1992
ISBN 3-528-06489-7

Dr. Ulf Friedrichsdorf
Universität Konstanz
Fakultät für Mathematik
Postfach 55 60
7750 Konstanz

Der Verlag Vieweg ist ein Unternehmen der Verlagsgruppe Bertelsmann International.

Druck und buchbinderische Verarbeitung: Langelüddecke, Braunschweig
Gedruckt auf säurefreiem Papier
Printed in Germany

ISBN 3-528-06489-7

Vorwort

Neben der klassischen Prädikatenlogik haben in der theoretischen Linguistik und Informatik auch intensionale Systeme in Form von Modal-, Zeit- und Berechnungslogiken Beachtung gefunden. Selbst in der formalen Arithmetik sind diese Systeme von Nutzen, wie zum Beispiel der Solovaysche Vollständigskeitssatz zeigt.

Intensionale Logiken, so wie sie hier verstanden werden, halten an der klassischen zweiwertigen Logik fest, erweitern aber deren Ausdrucksfähigkeit durch Einführung von Modal-, Zeit- und Zustandsoperatoren. Auf Seiten der Semantik wird der (auf A. Tarski zurückgehende) Modellbegriff der gewöhnlichen Prädikatenlogik durch Einführung weiterer Parameter der neuen Situation angepaßt. Diese Entwicklung ist wesentlich durch S. Kripkes Untersuchungen zur Semantik modaler Systeme [38], [39] und [40] beeinflußt worden.

Das vorliegende Buch, als Einführung in die mathematische Logik konzipiert, versucht neben den klassischen Systemen auch intensionale gebührend zu berücksichtigen. Der Text ist letztlich aus Vorlesungen hervorgegangen, die der Verfasser regelmäßig für Studierende der theoretischen Linguistik an der Universität Konstanz hielt. Dabei ist in manchen Teilen der Umfang der jetzigen Darstellung weit über den Stoff dieser Vorlesung hinausgewachsen. Der einführende Charakter des Textes bringt es mit sich, daß wenig Originelles darin zu finden ist. Hinsichtlich der Darstellung konnten eine Reihe ausgezeichneter Bücher und Artikel zu Rate gezogen werden. Besonders erwähnt seien [8], [26], [36], [53], [54] und [57]. – Der Text gliedert sich grob wie folgt:

Im ersten Paragraphen wird die zugrunde gelegte mengentheoretische Notation erklärt und einige übliche Konventionen getroffen. Im folgenden Paragraphen wird die formale Sprache der Aussagenlogik eingeführt und diese dann mittels genau umschriebener semantischer Funktionen gedeutet. Hier und auch im weiteren wird eine strikte Trennung der (mathematischen) Umgangssprache, auch *Metasprache* genannt, von der zu untersuchenden formalen Sprache, auch *Objektsprache* genannt, vorgenommen. Die Untersuchungen zur Aussagenlogik dienen als Beispiel für die Behandlung komplizierterer Systeme. Der dritte Paragraph ist der modalen Aussagenlogik gewidmet. Im vierten werden dann einige Varianten hierzu diskutiert. Insbesondere wird die dynamische Aussagenlogik betrachtet und ein Vollständigkeitssatz bewiesen. Im fünften Paragraphen werden die Grundlagen der gewöhnlichen (erststufigen) Prädikatenlogik präsentiert, die im sechsten und siebenten Paragraphen durch die Sätze von Herbrand und Gödel vertieft werden. Paragraph 8 beginnt mit einer Skizze der Gödelschen Unvollständigkeitssätze, deren modallogische Aspekte dann näher beleuchtet werden. Dieser Paragraph schließt mit Betrachtungen zum Solovayschen Vollständigkeitssatz. Im nächsten Paragraphen werden die Anfänge der Modelltheorie entwickelt und schließlich an einem Beispiel gezeigt, wie diese Maschinerie zum Nachweis modallogischer Fakten eingesetzt werden kann. Im zehnten Paragraphen werden einige modale prädikatenlogische Systeme behandelt, worauf der elfte ausschließlich ein spezielles System der dynamischen Prädikatenlogik studiert. Schließlich werden in den Paragraphen 12 und 13 höherstufige Logiken behandelt.

Generell ist zu bemerken, daß in dieser Einführung Grundlagenprobleme nicht diskutiert werden. Regelsysteme samt zugehöriger Semantik werden mit den üblichen mathematischen Methoden untersucht. Das bedeutet genauer, daß wir in der Metatheorie eine Version der Zermelo-Fraenkelschen Mengenlehre mit Auswahlaxiom zugrunde legen. Andere wichtige Bereiche der Logik (wie zum Beispiel die Beweistheorie) werden ebenfalls nicht behandelt. Historische Anmerkungen sind nur gelegentlich zu finden. Die groben Abhängigkeitsverhältnisse der einzelnen Paragraphen untereinander kann man dem Leitfaden entnehmen.

Zur Notation ist noch zu sagen, daß wir ein Beweisende gewöhnlich durch ein "Ω" markieren. Weiter bedeutet "X:= B", daß X nach Definition mit Y identisch ist. Entsprechend sagt "A:⇔B", daß A und B nach Definition immer genau denselben Wahrheitswert haben. Alle weiteren Notationen werden im Text erklärt.

Ich danke den Herren C. v. Bülow, Dr. K. Engesser, J. Koenigsmann und insbesondere Herrn Dr. B. Heinemann, die Teile des Textes durchgesehen und mich auf viele kleinere Fehler und Ungenauigkeiten aufmerksam gemacht haben.

Inhaltsverzeichnis

Leitfaden

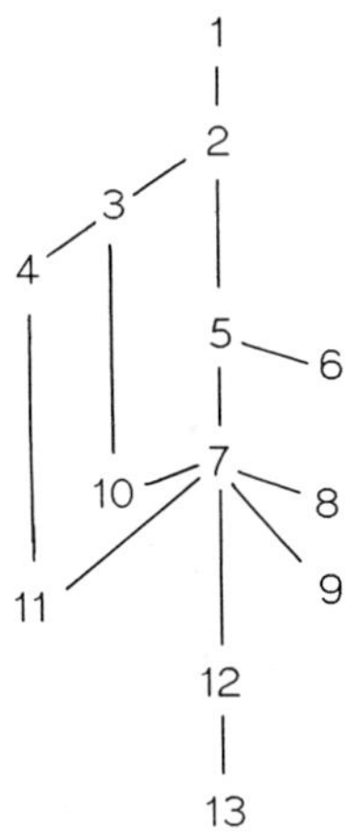

§ 1 Mengen, Relationen und Funktionen

Zunächst wollen wir einige für das weitere verbindliche sprachliche Normierungen treffen. Danach werden dann wichtige mathematische Grundbegriffe erläutert.

Die Definitionen und Erläuterungen werden in unserer Umgangssprache (in diesem Falle also deutsch) abgefaßt. Da aber die Umgangssprache in mancherlei Hinsicht nicht ganz präzise ist und vieles einer impliziten Übereinkunft der Sprachgruppe bzw. Sprachgemeinschaft überläßt, sehen wir uns gezwungen, einige Dinge explizit zu vereinbaren, um Mißverständnisse auszuschließen.

Eine solche Präzisierung ist nicht nur für die wissenschaftliche Beschreibung von Sachverhalten und Beobachtungen nötig, sondern sie wird unerläßlich, wenn aus den beschreibenden Aussagen Folgerungen gezogen werden. — Wenn man z.B. festgestellt hat, daß jedes Objekt einer gewissen Theorie die Eigenschaft **D** oder die Eigenschaft **E** hat, so läßt sich aus der Aussage, daß ein bestimmtes Objekt die Eigenschaft **D** nicht hat, schließen, daß dieses Objekt die Eigenschaft **E** haben muß. Aber aus der Aussage, daß ein Objekt x die Eigenschaft **D** hat, läßt sich nur dann schließen, daß x die Eigenschaft **E** nicht hat, wenn man das "oder" im Sinne von "entweder... oder..." auffaßt. — Schon dieses Beispiel zeigt, daß wir Abmachungen für den Gebrauch von Junktoren wie "oder", "und", "wenn..., so..." benötigen.

Im folgenden nehmen wir an, daß den Sätzen, die wir betrachten, durch gewisse "Umstandsbestimmungen" oder — wie wir auch sagen — durch "Bestimmung der Satzparameter" ein eindeutig bestimmter Wahrheitswert "wahr" beziehungsweise "falsch" zukommt.

Beispielsweise hat ein Satz wie "Friedrich schläft" nur dann einen Wahrheitswert, wenn klar ist, auf welche "Situation" er Bezug nimmt, d.h. es muß mindestens klar sein, auf welches Individuum der Name "Friedrich" und auf welche Eigenschaft von Individuen das Wort "schläft" jeweils referieren. Weiter ist auch die Zeit zu berücksichtigen. Erst wenn diese Parameter festgelegt sind, kann überhaupt von einem Wahrheitswert des Satzes die Rede sein.

Für das folgende ist die Vorstellung hilfreich, daß die Information eines Satzes darin besteht, im Bereich der Situationen, in denen alle Satzparameter festgelegt sind, eine Teilung vorzunehmen — nämlich in die Situationen, in denen der Satz wahr ist, und die Situationen, in denen der Satz falsch ist. "Information tragen" heißt also in dieser einfachen Vorstellung "unter Situationen zu differenzieren".

Es sind zwei extreme Fälle der Differenzierung durch Sätze denkbar:

Im ersten Fall ist ein Satz in allen Situationen, in denen er erklärt ist, wahr. Ein solcher Satz heißt tautologisch.

Im zweiten Fall ist er in keiner Situation, in der er erklärt ist, wahr, d.h. in allen diesen Situationen falsch. In diesem Falle heißt der Satz kontradiktorisch.

Ein Satz, der nicht zu diesen beiden extremen Typen gehört, der also in gewissen Situationen wahr und in anderen falsch ist, wird als kontingent bezeichnet.

Im folgenden stellen wir uns also vor, daß gewisse Satzparameter und damit der Bereich der Situationen, in denen die Parameter eine Deutung haben, vorgegeben sind. Jeder Satz, der höchstens von den vorgegebenen Parametern abhängt, hat somit in jeder dieser Situationen einen eindeutig bestimmten Wahrheitswert. Für diese wahrheitsdefiniten Sätze führen wir den Begriff "Aussage" ein. Ob ein Satz eine Aussage ist, hängt also von der jeweils ins Auge gefaßten Parametermenge ab.

Sätze verbinden sich mittels Junktoren wie "Es ist nicht der Fall, daß...", "...und...", "...oder...", "wenn..., so...", "...genau dann, wenn..." zu neuen Sätzen.

Man erhält z.B. aus "2 teilt 6" und "4 ist größer als 2" die Sätze:

> 2 teilt 6 oder 4 ist größer als zwei.
>
> Wenn 2 6 teilt und 4 größer als 2 ist, so ist es nicht der Fall, daß 4 größer als 2 ist.
>
> 2 teilt 6 genau dann, wenn 4 größer als zwei ist.

Wir nehmen im folgenden an, daß jeder Satz, der mit Hilfe der oben genannten Junktoren aus Aussagen entsteht, selbst wieder eine Aussage ist. Das heißt, daß jede Parameterbestimmung, die gegebenen Aussagen Wahrheitswerte zuweist, auch den mittels Junktoren daraus zusammengesetzten Sätzen jeweils einen Wahrheitswert gibt. Für die Wahrheitswerte so zusammengesetzter Aussagen sind folgende Festsetzungen üblich:

Die *Negation* einer Aussage A, d.h. der Satz "Es ist nicht der Fall, daß A", den wir auch kürzer mit "Nicht A" bezeichnen, sehen wir als wahr an, wenn die Aussage A falsch ist, und als falsch, wenn die Aussage A wahr ist. Schreibt man kurz "W" für "wahr" und "F" für "falsch", so läßt sich dies in Form einer Tabelle notieren:

A	Nicht A
W	F
F	W

Für die *Konjunktion* "A und B" zweier Aussagen A, B setzen wir:

A	B	A und B
W	W	W
W	F	F
F	W	F
F	F	F

Die Konjunktion "A und B" wird also genau dann wahr, wenn beide Konjunktionsglieder wahr sind; unter den anderen drei möglichen Wahrheitswertkombinationen erhält sie den Wert falsch.

Die *Disjunktion* (oder auch *Adjunktion*) "A oder B" zweier Aussagen A, B verwenden wir im Sinne des lateinischen "vel", d.h.:

A	B	A oder B
W	W	W
W	F	W
F	W	W
F	F	F

Eine Disjunktion wird genau dann falsch, wenn beide Komponentenaussagen falsch sind. In allen anderen Fällen wird sie als wahr angesehen.

Die *Implikation* "Wenn A, so B" verwenden wir ausschließlich im Sinne von "(Nicht A) oder B":

A	B	Wenn A, so B
W	W	W
W	F	F
F	W	W
F	F	W

Eine Implikation wird also nur dann als falsch angesehen, wenn das vordere Glied der Implikation (die Prämisse) A wahr ist und das hintere Glied der Implikation (die Konklusion) falsch ist — in allen anderen Fällen ist eine Implikation nach Definition wahr.

Neben dem "Wenn A, so B" tritt in Argumenten auch oft das "Aus A folgt B" auf. Die Aussage "Aus A folgt B" wird dabei gewöhnlich als wahr angesehen, wenn eine inhaltliche Verbindung zwischen A und B besteht, die es erlaubt, stets von der Gültigkeit von A auf die Gültigkeit von B zu schließen. Die Folgerungsbeziehung nimmt also (im Gegensatz zur Implikation) Bezug auf alle Situationen, in denen die Satzparameter von A und B eine Deutung finden. Da der Präzisierung des Begriffs "inhaltliche Verbindung zweier Sätze" erhebliche Schwierigkeiten entgegenstehen, fassen wir das "Aus A folgt B" rein wahrheitsfunktional auf und lassen den Passus über das Bestehen einer solchen Verbindung weg. Dies bedeutet, daß für Sätze A und B die Beziehung "Aus A folgt B" als wahr angesehen wird, wenn jede Parameterfestlegung, die A zu einer wahren Aussage macht, auch die Aussage B wahr macht. A braucht dabei natürlich nicht für jede Parameterbestimmung wahr zu werden.

Der Zusammenhang zwischen der so eingeführten Folgerungsbeziehung und der Implikation ist dadurch gegeben, daß die Folgerungsbeziehung zwischen A und B genau dann besteht, wenn die Implikation "Wenn A, so B" unter jeder Parameterbestimmung wahr ist.

Für die *Äquivalenz* "A genau dann, wenn B" treffen wir folgende Absprache:

A	B	A genau dann, wenn B
W	W	W
W	F	F
F	W	F
F	F	W

Eine Äquivalenz wird also nur dann als richtig angesehen, wenn beide Komponentenaussagen den gleichen Wahrheitswert haben. Das "A genau dann, wenn B" wird also im Sinne von "Wenn A, so B, und wenn B, so auch A" gebraucht.

Im folgenden wird für eine Implikation "Wenn A, so B" oft die Abkürzung "$A \Rightarrow B$" benutzt. Entsprechend wird eine Äquivalenz "A genau dann, wenn B" oft durch "$A \Leftrightarrow B$" abgekürzt. Außerdem werden wir häufig Klammern benutzen, um junktorenlogische Aussagen-Kombinationen eindeutig zu strukturieren. So ist z.B. die Aussage "(A und B) oder C" von der Aussage "A und (B oder C)" zu unterscheiden.

Gewisse Aussagen sind allein aufgrund ihrer junktorenlogischen Struktur wahr (bzw. falsch). Sie sind damit, wie oben erklärt, tautologisch (bzw.

kontradiktorisch). Im folgenden werden wir diese Begriffe nur noch in diesem eingeschränkten Sinne verwenden, d.h. eine Aussage ist nach Definition *tautologisch* oder von der Form einer *Tautologie* (bzw. *kontradiktorisch* oder von der Form einer *Kontradiktion*), wenn sie allein aufgrund ihrer junktorenlogischen Struktur wahr (bzw. falsch) ist. Letzteres bedeutet wiederum, daß die gegebene Aussage sich mittels Junktoren so aus gewissen Teilaussagen zusammensetzen läßt, daß, wenn man diesen Teilaussagen irgendeinen der beiden Wahrheitswerte zuschreibt, immer der Wert "wahr" (bzw. immer der Wert "falsch") für die Gesamtaussage herauskommt, sofern man nur den Wahrheitstafeln gemäß rechnet.

Stehen die Buchstaben A, B, C für Aussagen, so sind z.B. folgende daraus gebildete Aussagen tautologisch:

A oder nicht A, $(A \Rightarrow (B \Rightarrow C)) \Leftrightarrow ((A \text{ und } B) \Rightarrow C)$, $A \Rightarrow (B \Rightarrow A)$,
(A und (B oder C)) $\Leftrightarrow$ ((A und B) oder (A und C)).

Die Aussagen "A und nicht A", "nicht(A oder nicht A)" sind dagegen kontradiktorisch. — Ob eine Junktorkombination von gegebenen Aussagen die Gestalt einer Tautologie bzw. Kontradiktion hat, läßt sich mittels Wahrheitstafeln nachprüfen, indem man für alle möglichen Wahrheitswertkombinationen der Grundaussagen den Wahrheitswert der Junktorkombination ausrechnet. Ergibt sich in allen Fällen der Wert W (bzw. F), so liegt eine Tautologie (bzw. Kontradiktion) vor. — Zum Beispiel gilt:

A	B	C	B⇒C	A⇒(B⇒C)	A und B	(A und B)⇒C	(A⇒(B⇒C))⇔((A und B)⇒C)
W	W	W	W	W	W	W	W
W	W	F	F	F	W	F	W
W	F	W	W	W	F	W	W
W	F	F	W	W	F	W	W
F	W	W	W	W	F	W	W
F	W	F	F	W	F	W	W
F	F	W	W	W	F	W	W
F	F	F	W	W	F	W	W

Somit ist "(A⇒(B⇒C))⇔((A und B)⇒C)" tautologisch.

A	nicht A	A oder nicht A	nicht (A oder nicht A)
W	F	W	F
F	W	W	F

"Nicht (A oder nicht A)" ist also kontadiktorisch.

Oft führt anstelle von Wahrheitstafeln das folgende Verfahren schneller zum Ziel:

Wir wollen prüfen, ob "$A \Rightarrow (B \Rightarrow A)$" tautologisch ist. Angenommen, das ist nicht der Fall. Dann kann man A und B Wahrheitswerte so zuweisen, daß "$A \Rightarrow (B \Rightarrow A)$" falsch wird. Nach der Wahrheitstafel für "$\Rightarrow$" ist klar, daß dann A den Wert W und "$B \Rightarrow A$" den Wert F erhalten muß. Die Aussage "$B \Rightarrow A$" kann aber nur dann falsch sein, wenn B wahr und A falsch ist. Da die Aussage A nicht zugleich wahr und falsch sein kann, ist damit unsere Annahme zum Widerspruch geführt und die Behauptung gezeigt.

Analog läßt sich ein Verfahren für Kontradiktionen formulieren. – Wir bemerken noch, daß eine Aussage genau dann kontradiktorisch ist, wenn ihre Negation tautologisch ist.

Nach diesen Erläuterungen zur "Aussagenlogik" werden als nächstes einige mengentheoretische Grundbegriffe eingeführt.

Cantor umschreibt in einer Arbeit aus dem Jahre 1895 den Begriff "*Menge*" wie folgt: *Unter einer "Menge" verstehen wir jede Zusammenfassung M von bestimmten wohlunterschiedenen Objekten m unserer Anschauung oder unseres Denkens (welche Elemente von M genannt werden) zu einem Ganzen.*

Dies ist natürlich keine Definition des Begriffes Menge, sondern nur eine Umschreibung des Begriffes, die geeignet ist, gewisse Vorstellungen zu erwecken. Die zentrale Vorstellung ist jedenfalls, daß das Zusammenfassen von Objekten – also insbesondere von Mengen – (wieder) zu Mengen führt. Sind beispielsweise die Mengen m_1, m_2, m_3 gegeben, so läßt sich eine Menge bilden, die genau diese drei Mengen als Elemente hat. Wir verstehen dieses Zusammenfassen so, daß das neue Objekt allein durch die Angabe der Elemente (unabhängig z.B. von der Reihenfolge) bestimmt ist – und schreiben dafür $\{m_1,m_2,m_3\}$. Die beiden Ausdrücke "$\{m_1,m_2,m_3\}$" und "$\{m_1,m_3,m_1,m_2\}$" bezeichnen also dieselbe Menge.

Ist m eine Menge und x irgendein Objekt, so schreiben wir kurz "$x \in m$" für "x ist ein Element von m" und "$x \notin m$" für "x ist kein Element von m".

Neben den Mengen kommen noch andere Objekte wie z.B. natürliche Zahlen und Buchstaben eines Alphabets vor. Diese Objekte fassen wir als *Individuen* auf, die im mengentheoretischen Sinne unzerlegbar sind und somit keine Elemente haben. Kein Objekt ist also Element eines Individuums, aber ein Individuum kann sehr wohl Element anderer Objekte – nämlich gewisser Mengen – sein.

Wir nehmen also im folgenden an, daß der Objektbereich in zwei getrennte Teile — in Mengen und Nicht-Mengen — zerfällt, wobei die Nicht-Mengen gerade die Individuen sind. Individuen werden auch *Urelemente* oder (mengentheoretische) *Atome* genannt.

Außerdem setzen wir voraus, daß im Objektbereich eine Beziehung gegeben ist, die zwischen je zwei Objekten des Bereiches besteht oder nicht besteht. Diese Beziehung nennen wir *Elementbeziehung.*

Alle weiteren Annahmen, die über diese Voraussetzungen hinausgehen, werden wir explizit formulieren.

Für Individuen fordern wir, wie schon vorher gesagt, daß sie keine Elemente haben:

> Für jedes Individuum x und jedes Objekt z gilt also $z \notin x$.

Die Forderung, daß Mengen allein durch ihre Elemente bestimmt sind, formulieren wir im sogenannten *Extensionalitätsaxiom*:

> Zwei Mengen sind genau dann gleich, wenn sie die gleichen Objekte als Elemente haben.

Dabei ist es wichtig festzustellen, daß hier nur über die Identität von Mengen geredet wird. Denn Individuen lassen sich nach Voraussetzung elementmäßig nicht unterscheiden.

Die Menge $\{m_1, m_2, m_3\}$ haben wir durch direkte Angabe der Elemente gebildet. Ein Blick in die mathematische Praxis zeigt, daß dies nicht die einzige Möglichkeit zur Bildung neuer Mengen sein kann. Man betrachtet z.B. die Menge aller geraden natürlichen Zahlen, die Menge aller Primzahlen usw. — Hier werden Mengen nicht durch direkte Aufzählung gegeben, sondern es werden Objekte zu einer Menge zusammengefaßt, die einer gewissen Eigenschaft genügen. Dies bezeichnet man als *Komprehension*. Es liegt nun nahe, diesen Übergang von Eigenschaften zu Mengen zum Axiom zu erheben:

> Zu jeder Eigenschaft **E** gibt es eine Menge m, deren Elemente genau die Objekte sind, auf die **E** zutrifft.

Aufgrund des Extensionalitätsaxioms gibt es dann auch höchstens eine Menge m, die genau alle Objekte mit der Eigenschaft **E** zusammenfaßt. Denn aus den Aussagen

für alle z: $(z \in m \Leftrightarrow \mathbf{E}(z))$ und für alle z: $(z \in m_1 \Leftrightarrow \mathbf{E}(z))$

ergibt sich, daß

für alle z: $(z \in m \Leftrightarrow z \in m_1)$

gilt – und damit folgt aus dem Extensionalitätsaxiom, daß $m=m_1$ (d.h. die Identität von m und m_1).

Wir bezeichnen die **E** eindeutig zugeordnete Menge mit $\{x \mid \mathbf{E}(x)\}$. Diese *Menge aller Objekte* x, *auf die* **E** *zutrifft*, ist dann dadurch charakterisiert, daß für alle Objekte z gilt:

$$z \in \{x \mid \mathbf{E}(x)\} \Leftrightarrow \mathbf{E}(z).$$

Das Komprehensionsaxiom gestattet die Einführung einer Vielzahl von Mengen. Beispielsweise läßt sich die leere Menge, das heißt die Menge ohne Elemente, durch $\emptyset := \{x \mid x \neq x\}$ einführen. – Ein weiteres Beispiel ist die Paarmenge $\{a,b\} := \{x \mid x=a \text{ oder } x=b\}$ zweier Objekte a und b, die genau a und b als Elemente hat.

Dieses bestechend einfache Axiom führt aber – wie Russell und Zermelo 1901 bemerkten – bei uneingeschränktem Gebrauch der Eigenschaften zu Widersprüchen:

> Zu der Eigenschaft $x \notin x$ gäbe es nach dem Komprehensionsaxiom die Menge $m := \{x \mid x \notin x\}$. Für ein beliebiges Objekt x wäre dann $x \in m$ genau dann, wenn $x \notin x$. Für m selbst hätten wir daher: $(m \in m \Leftrightarrow m \notin m)$.

Dieser Widerspruch zeigt, daß das Komprehensionsaxiom viel zu allgemein ist. Wir werden daher vorsichtiger vorgehen und nur bestimmte Eigenschaften zur Komprehension zulassen. Die erlaubten Eigenschaften sollten "vernünftig" und "überschaubar" und ohne Rückgriff auf die Gesamtheit der Mengen oder Objekte definiert sein. Diese Auswahl systematisch durchzuführen ist Aufgabe der Mengenlehre. Wir werden uns im folgenden auf das beschränken, was in den weiteren Ausführungen dringend benötigt wird.

Obwohl es möglich ist, natürliche Zahlen durch Mengen zu repräsentieren und damit die Arithmetik zu einem Teil der Mengenlehre zu machen, stellen wir uns hier zunächst auf den Standpunkt, daß der Leser mit dem Begriff der natürlichen Zahl wohlvertraut ist und daß die unter den Begriff fallenden Objekte mengentheoretisch nicht weiter analysierbar sind. Natürliche Zahlen sind also Urelemente unserer Theorie.

"Die Eigenschaft, natürliche Zahl zu sein, ..." wird zur Komprehension zugelassen. Somit nehmen wir die *Existenz der Menge aller natürlichen Zahlen* an, d.h. die Existenz einer Menge, die genau alle natürlichen Zahlen als Elemente hat. Wir schreiben:

$$\mathbb{N} := \{x \mid x \text{ ist natürliche Zahl}\} = \text{Menge aller natürlichen Zahlen}.$$

Man schreibt auch suggestiver: $\mathbb{N} = \{0,1,2,3,\dots\}$.

Für das weitere führen wir folgende Konvention ein:

Große lateinische Buchstaben bezeichnen ab jetzt immer Mengen.
Kleine lateinische Buchstaben bezeichnen allgemeiner Objekte.

(Da jede Menge auch ein Objekt ist, können kleine lateinische Buchstaben natürlich auch Mengen bezeichnen.)

Wir sagen, daß eine Menge A *in* einer Menge B *enthalten* ist, genau dann, wenn jedes Element von A auch Element von B ist.

Anstelle von "A ist in B enthalten" sagt man auch, daß A *eine Teilmenge von* B *ist*, oder auch, daß B *eine Obermenge von* A *ist*. — Man schreibt:

$A \subset B$:⇔ A ist in B enthalten ⇔ für alle x: ($x \in A \Rightarrow x \in B$).

Das Extensionalitätsaxiom läßt sich unter Benutzung dieses Begriffs auch folgendermaßen formulieren:

Für alle Mengen A, B gilt: $A = B \Leftrightarrow (A \subset B$ und $B \subset A)$.

Als nächstes werden wir weitere Eigenschaften angeben, die zur Komprehension zugelassen werden.

Zuvor bemerken wir noch, daß für extensionsgleiche Eigenschaften **E** und **E'** — d.h. für Eigenschaften **E** und **E'**, die auf genau dieselben Objekte zutreffen — das Zusammenfassen nach **E** zum selben Resultat wie das Zusammenfassen nach **E'** führt — und somit auch $\{x \mid \mathbf{E}(x)\}$ genau dann eine Menge ist, wenn dies für $\{x \mid \mathbf{E'}(x)\}$ der Fall ist.

Zu den zur Komprehension zugelassenen Eigenschaften (kurz: zulässigen Eigenschaften) zählen wir für beliebige Objekte a und b die Eigenschaft, identisch mit a oder identisch mit b zu sein. Dies führt zur Bildung der *Paarmenge von* a *und* b:

$\{a, b\} := \{x \mid x=a$ oder $x=b\}$,

die genau die Objekte a und b als Elemente hat. — Anstelle von "$\{a,a\}$" schreiben wir kürzer: "$\{a\}$".

Weiterhin sei für beliebige Mengen A und B die Eigenschaft, Element von A oder Element von B zu sein, zulässig. Durch Komprehension gelangt man zur *Vereinigungsmenge von* A *und* B:

$A \cup B := \{x \mid x \in A$ oder $x \in B\}$.

Allgemeiner läßt man sogar für eine Menge A die Eigenschaft, Element eines Elementes von A zu sein, zur Komprehension zu. Dies führt zur "großen" *Vereinigung über alle Mengen, die Element von* A *sind*:

$\bigcup_{Z \in A} Z := \{x \mid$ es gibt ein $Z \in A$, so daß $x \in Z\}$.

Für alle Mengen A und B gilt:

$$\bigcup_{Z\in\{A,B\}} Z = \{x \mid \text{es gibt ein } Z\in\{A,B\}, \text{ so daß } x\in Z\}$$
$$= \{x \mid x\in A \text{ oder } x\in B\}$$
$$= A\cup B.$$

Anstelle von " $\bigcup_{Z\in A} Z$ " schreibt man auch kürzer "$\bigcup A$".

Eine weitere zulässige Eigenschaft ist für jede Menge A die Eigenschaft, Teilmenge von A zu sein. Dies führt zur *Potenzmenge von* A:

$$\mathfrak{P}(A) := \{X \mid X\subset A\}.$$

Eine Fülle von zulässigen Eigenschaften ergibt sich durch "Aussonderung": Ist **E** eine beliebige Eigenschaft und A eine Menge, so ist die Eigenschaft, aus A zu sein und die Eigenschaft **E** zu haben, durch die Menge A eingegrenzt. Es wird also nicht mehr Bezug auf die Gesamtheit aller Individuen und Mengen genommen. — Die neue Eigenschaft ist "überschaubar" und wird deshalb zur Komprehension zugelassen.

Versucht man die Russell-Zermelosche Argumentation mittels Aussonderung nachzuvollziehen, so erhält man für $m:=\{x|x\in A \text{ und } x\notin x\}$, daß ein Objekt x genau dann in m ist, wenn es in A ist, aber nicht Element von sich selbst ist. Für m selbst heißt das: $(m\in m \Leftrightarrow (m\in A \text{ und } m\notin m))$. Daraus läßt sich aber nur folgern, daß m nicht Element von A sein kann. Ein direkter Weg in einen Widerspruch — wie bei der allgemeinen Komprehension — ist somit nicht sichtbar.

Für beliebige Eigenschaften **E** und Mengen A nehmen wir daher "$x\in A$ und **E**(x)" in den Katalog der zulässigen Eigenschaften auf. Dies führt zur *Aussonderungsmenge durch* **E** *in* A:

$$\{x\in A \mid \mathbf{E}(x)\} := \{x \mid x\in A \text{ und } \mathbf{E}(x)\}.$$

Später werden noch weitere zulässige Eigenschaften eingeführt. Zunächst wollen wir jedoch die Mengenwelt mittels der bis jetzt zugelassenen Mengenbildungen studieren.

Sind A und B Mengen, so ergibt sich die *Durchschnittsmenge von* A *und* B (kurz: *Durchschnitt von* A *und* B) mittels Aussonderung:

$$A\cap B := \{x\in A \mid x\in B\} = \{x \mid x\in A \text{ und } x\in B\}.$$

Analog ergibt sich die *Differenzmenge* von A und B:

$$A\setminus B := \{x\in A \mid x\notin B\} = \{x \mid x\in A \text{ und } x\notin B\}.$$

Indem man aus einer existierenden Menge (z.B. $\mathbb{N}$) mit einer Eigenschaft, die auf kein Objekt zutrifft, aussondert, erhält man die Existenz der *leeren Menge*:

$$\emptyset := \{ x \in \mathbb{N} \mid x \neq x \}.$$

Die leere Menge ist Teilmenge jeder Menge — und somit Element der Potenzmenge jeder Menge:

$$\emptyset \subset A \text{ und } \emptyset \in \mathfrak{P}(A).$$

Dies folgt sofort aus unseren Konventionen für die Verwendung der Implikation. Denn in $(a \in \emptyset \Rightarrow a \in A)$ ist die Prämisse immer falsch — und die Implikation damit für alle Objekte a wahr.

Haben zwei Mengen A und B einen leeren Durchschnitt, d.h. gilt $A \cap B = \emptyset$, so werden sie *disjunkt* genannt.

Für die Operationen $\cup$, $\cap$, $\setminus$ gelten eine Reihe von Identitäten, denen aussagenlogische Tautologien zugrundeliegen:

$$\begin{array}{ll} A \cup \emptyset = A & A \cap \emptyset = \emptyset \\ A \cup A = A & A \cap A = A \\ A \cup B = B \cup A & A \cap B = B \cap A \\ A \cup (B \cup C) = (A \cup B) \cup C & A \cap (B \cap C) = (A \cap B) \cap C \\ A \cup (B \cap C) = (A \cup B) \cap (A \cup C) & A \cap (B \cup C) = (A \cap B) \cup (A \cap C) \\ A \setminus (B \cup C) = (A \setminus B) \cap (A \setminus C) & A \setminus (B \cap C) = (A \setminus B) \cup (A \setminus C) \end{array}$$

$$A \subset B \Leftrightarrow A \cup B = B \Leftrightarrow A \cap B = A \Leftrightarrow A \setminus B = \emptyset .$$

Der Nachweis dieser Aussagen ist nicht schwierig. Wir führen hier nur zwei Beispiele vor. — Wir zeigen zuerst für beliebige Mengen A, B, C, daß $A \cup (B \cap C) = (A \cup B) \cap (A \cup C)$ gilt:

Aufgrund des Extensionalitätsaxioms ist zu zeigen, daß für jedes Objekt x $(x \in A \cup (B \cap C) \Leftrightarrow x \in (A \cup B) \cap (A \cup C))$ wahr ist. Da aber nach Definition der Vereinigung und des Durchschnitts gilt:

$$x \in A \cup (B \cap C) \Leftrightarrow (x \in A \text{ oder } (x \in B \text{ und } x \in C)) \quad \text{und}$$
$$x \in (A \cup B) \cap (A \cup C) \Leftrightarrow ((x \in A \text{ oder } x \in B) \text{ und } (x \in A \text{ oder } x \in C)),$$

und andererseits die Junktorkombination

$$(x \in A \text{ oder } (x \in B \text{ und } x \in C)) \Leftrightarrow ((x \in A \text{ oder } x \in B) \text{ und } (x \in A \text{ oder } x \in C))$$

der Sätze "$x \in A$", "$x \in B$" und "$x \in C$" tautologisch ist, ergibt sich für jede mögliche Parameterwahl von x der Wahrheitswert W. — Also ist die Äquivalenz $x \in A \cup (B \cap C) \Leftrightarrow x \in (A \cup B) \cap (A \cup C)$ für alle x wahr.

Als nächstes zeigen wir: $A \subset B \Leftrightarrow A \cap B = A \Leftrightarrow A \setminus B = \emptyset$.

Um die erste Äquivalenz zu zeigen, genügt es, folgende Implikationen nachzuweisen:

(i) $A \subset B \Rightarrow A \cap B = A$ und (ii) $A \cap B = A \Rightarrow A \subset B$.

(i) Sei $A \subset B$. Trivialerweise gilt $A \cap B \subset A$. Es genügt jetzt zu zeigen, daß $A \subset A \cap B$ gilt, da dann aus dem Extensionalitätsaxiom $A \cap B = A$ folgt. – Sei also $x \in A$. Dann ist wegen $A \subset B$ auch $x \in B$, d.h. $x \in A \cap B$. Da dies für jedes Objekt x gilt, haben wir damit $A \subset A \cap B$ gezeigt.

(ii) Sei $A \cap B = A$ und $x \in A$. Wegen $x \in A$ und $A = A \cap B$ ist aber auch $x \in A \cap B$, also insbesondere $x \in B$. Somit impliziert $A \cap B = A$, daß jedes Element von A in B ist – also $A \subset B$ gilt.

Die zweite Äquivalenz ergibt sich aus

(i)' $A \subset B \Rightarrow A \setminus B = \emptyset$ und (ii)' $A \setminus B = \emptyset \Rightarrow A \subset B$.

(i)' Aus $A \subset B$ folgt, daß jedes Element von A auch Element von B ist. Also existiert kein Objekt, das in A und nicht in B ist. Daher ist die Menge $A \setminus B$ identisch mit der leeren Menge.

(ii)' Aus $A \setminus B = \emptyset$ folgt, daß es kein Element von A gibt, das nicht in B ist. Also ist jedes Element von A auch in B.

Die Paarmengenbildung läßt sich in naheliegender Weise verallgemeinern: Sind nämlich $a_1, \ldots, a_n$ irgendwelche Objekte, so existiert die Menge

$$\{a_1, \ldots, a_n\} := \{x \mid x = a_1 \text{ oder } x = a_2 \text{ oder } \ldots \ x = a_n\}.$$

Für drei Objekte sieht man das sofort, da $\{a,b,c\} = \{a,b\} \cup \{c\}$ gilt. Der allgemeine Fall ergibt sich leicht induktiv.

Als nächstes wollen wir den Funktions- und Relationsbegriff behandeln. Dazu werden wir zuerst einige Vorbetrachtungen anstellen, damit die später gegebenen Definitionen verständlicher werden.

Unter einer Funktion f von einer Menge A in eine Menge B versteht man eine "Vorschrift", die jedem Element x der Menge A genau ein Element y der Menge B zuordnet. Man schreibt dann $f: A \to B$ und nennt A den Definitionsbereich von f. Zu jedem x aus A bestimmt also eine solche Funktion f eindeutig ein Element aus B. Dieses wird mit f(x) bezeichnet.

Da bei Funktionen als mathematischen Objekten von der speziellen Gestalt der "Vorschrift" abstrahiert wird, werden wir zwei Funktionen f und g genau dann als identisch ansehen, wenn sie den gleichen Definitionsbereich haben und außerdem für alle x aus dem (gemeinsamen) Definitionsbereich $f(x)=g(x)$ ist.

Die Angabe des "Zielbereichs" B bei der Schreibweise $f:A\to B$ gibt eine zusätzliche Information darüber, wo die Werte $f(x)$ für $x\in A$ zu suchen sind. Diese zusätzliche Information ist für mathematische Betrachtungen oft äußerst nützlich. Für die Identität der Funktionen ist sie jedoch unerheblich, da jede Funktion von A in B auch als Funktion von A in C aufgefaßt werden kann, sofern nur C eine Obermenge von B ist. Eine Funktion ist daher eindeutig durch die "Menge der Zuordnungen"

$x\mapsto y$, x aus dem Definitionsbereich und $f(x)=y$

bestimmt. Denn die Zusammenfassung der vor dem Pfeil "$\mapsto$" stehenden x bildet den Definitionsbereich – und für jedes vorkommende x gibt die hinter dem Pfeil stehende Komponente y das dem x zugeordnete Element an. Anstelle von $x\mapsto y$ schreibt man auch $\langle x,y\rangle$. Man nennt $\langle x,y\rangle$ das geordnete Paar von x und y. Da es uns hierbei auf die Reihenfolge der Argumente x und y ankommt, sollten wir eigentlich genauer sagen: Das geordnete Paar mit erster Komponente x und zweiter Komponente y. Dabei faßt man $\langle x,y\rangle$ als ein neues Objekt auf, das allein durch die Angabe der ersten und zweiten Komponente bestimmt sein soll. Dies bedeutet, daß zwei dieser neuen Objekte $\langle x_1,y_1\rangle$, $\langle x_2,y_2\rangle$ genau dann als identisch angesehen werden, wenn $x_1=x_2$ und $y_1=y_2$ ist.

Eine Funktion f ist somit vollständig durch die Gesamtheit der geordneten Paare $\langle x,f(x)\rangle$ bestimmt. – Ist andererseits eine Menge von geordneten Paaren G gegeben, so daß es zu jeder ersten Komponente x genau eine zweite Komponente y mit $\langle x,y\rangle\in G$ gibt, so bestimmt G eine Funktion f durch die Festsetzung:

$$y=f(x) \Leftrightarrow \langle x,y\rangle\in G\,.$$

Ist der Begriff des geordneten Paares eingeführt, so kann man einer zweistelligen Relation **R** (wie zum Beispiel der "Kleiner"-Relation in den natürlichen Zahlen) die Menge R der geordneten Paare $\langle x,y\rangle$ mit "x steht in der Relation **R** zu y" zuordnen. – Dann gilt für alle Objekte x und y:

$$\langle x,y\rangle\in R \Leftrightarrow x \text{ steht in der Relation } \mathbf{R} \text{ zu } y\,.$$

Aus der Menge R erhält man somit über die Elementbeziehung die Relation **R** zurück, sofern man lediglich am Zutreffen und Nicht-Zutreffen von von **R** interessiert ist. Da im mathematischen Kontext erfahrungsgemäß nur die "Extension" einer Relation und nicht die Form der Beschreibung wichtig ist, wird im folgenden jede zweistellige Relation als Menge von geordneten Paaren aufgefaßt.

Nach diesen Vorbetrachtungen soll nun genau gesagt werden, was wir über geordnete Paare annehmen. Zuerst gehen wir davon aus, daß je zwei Objekten x,y ein neues Objekt $\langle x,y\rangle$ – das *geordnete Paar mit erster Komponente* x *und zweiter Komponente* y – zugeordnet ist. Diese Zuordnung soll so sein, daß

$$\langle x_1,y_1\rangle = \langle x_2,y_2\rangle \Leftrightarrow (x_1=x_2 \text{ und } y_1=y_2)$$

für alle Objekte x_1, y_1, x_2, y_2 gilt.

Definiert man nach Kuratowski und Wiener

$$\langle x,y\rangle := \{\{x\},\{x,y\}\},$$

so läßt sich mit Hilfe der mengentheoretischen Axiome zeigen, daß die genannte Bedingung für geordnete Paare erfüllt ist. – Zusätzlich ist das Objekt $\langle x,y\rangle$ eine Menge, die – sofern x und y Elemente einer Menge A sind – selbst Teilmenge der Potenzmenge von A ist. Also gilt:

$$x,y\in A \Rightarrow \langle x,y\rangle\in\mathfrak{P}(\mathfrak{P}(A)).$$

Man kann jetzt zeigen, daß für Mengen A und B eine Menge existiert, die genau alle geordneten Paare mit erster Komponente aus A und zweiter Komponente aus B als Element hat:

$$\begin{aligned} A\times B &:= \{x\in\mathfrak{P}(\mathfrak{P}(A\cup B)) \mid \text{es gibt } a\in A \text{ und } b\in B \text{ mit } x=\langle a,b\rangle\} \\ &= \{\langle a,b\rangle \mid a\in A \text{ und } b\in B\}. \end{aligned}$$

Die Menge AxB wird *kartesisches Produkt* (oder auch *Kreuzprodukt*) *von* A *und* B genannt.

Beispielsweise ist $\{0,1\}\times\{0,1\} = \{\langle 0,0\rangle,\langle 0,1\rangle,\langle 1,0\rangle,\langle 1,1\rangle\}$ und $\{0,1\}\times\mathbb{N} = \{\langle 0,n\rangle \mid n\in\mathbb{N}\}\cup\{\langle 1,n\rangle \mid n\in\mathbb{N}\}$.

Unter dem *Definitionsbereich einer Menge* A versteht man die Zusammenfassung der ersten Komponenten der geordneten Paare, die Element von A sind:

$$D(A) := \{x \mid \text{es gibt ein } y \text{ mit } \langle x,y\rangle\in A\}.$$

Entsprechend versteht man unter dem *Wertebereich einer Menge* A die Zusammenfassung aller zweiten Komponenten von geordneten Paaren, die Element von A sind:

$$W(A) := \{y \mid \text{es gibt ein } x \text{ mit } \langle x,y\rangle\in A\}.$$

Man kann wiederum nachweisen, daß diese Komprehensionen zulässig sind, indem man zeigt, daß gilt:

$$\langle x,y\rangle = \{\{x\},\{x,y\}\}\in A \Rightarrow x,y\in\bigcup\bigcup A.$$

Denn dann ist

$D(A) = \{x \in \bigcup\bigcup A \mid$ es gibt ein y mit $\langle x,y\rangle \in A\}$ und

$W(A) = \{y \in \bigcup\bigcup A \mid$ es gibt ein x mit $\langle x,y\rangle \in A\}$.

Zum Beispiel gilt:

$D(\{0,1,2\}) = W(\{0,1,2\}) = \emptyset$,

$D(\{1, \langle 0,0\rangle, \langle 2,5\rangle, \langle 4,4\rangle, \langle 6,1\rangle\}) = \{0,2,4,6\}$ und

$W(\{1, \langle 0,0\rangle, \langle 2,5\rangle, \langle 4,4\rangle, \langle 6,1\rangle\}) = \{0,1,4,5\}$.

Den Begriff des geordneten Paares verallgemeinern wir noch zu dem Begriff des *(geordneten) n-Tupels*. Wir definieren:

$\langle x\rangle := x$

$\langle x_1,\ldots,x_{n+1}\rangle := \langle\langle x_1,\ldots,x_n\rangle, x_{n+1}\rangle$ für $n = 1,2,3,\ldots$.

Für geordnete n-Tupel gilt:

$\langle x_1,\ldots,x_n\rangle = \langle y_1,\ldots,y_n\rangle \Leftrightarrow (x_1 = y_1$ und ... und $x_n = y_n)$.

Dies folgt durch wiederholte Anwendung der entsprechenden Aussage für geordnete Paare. Wir zeigen exemplarisch den Fall n=3:

$\langle x_1,x_2,x_3\rangle = \langle y_1,y_2,y_3\rangle \Leftrightarrow \langle\langle x_1,x_2\rangle,x_3\rangle = \langle\langle y_1,y_2\rangle,y_3\rangle$

$\Leftrightarrow \langle x_1,x_2\rangle = \langle y_1,y_2\rangle$ und $x_3 = y_3$

$\Leftrightarrow x_1 = y_1$ und $x_2 = y_2$ und $x_3 = y_3$.

Die Menge aller n-Tupel von Elementen einer Menge A bezeichnen wir mit

$A^n := \{\langle x_1,\ldots,x_n\rangle \mid x_1 \in A$ und ... und $x_n \in A\}$ für $n = 1,2,3,\ldots$.

Durch Induktion über n läßt sich wiederum zeigen, daß diese Komprehensionen zulässig sind.

Es gilt: $A^1 = A$, $A^2 = A\times A$, $A^3 = (A\times A)\times A$ usw.

Relationen und Funktionen definieren wir, wie schon oben angedeutet, in folgender Weise:

Ein Objekt ist genau dann eine *(zweistellige) Relation*, wenn es eine Menge ist und nur geordnete Paare als Elemente hat.

Unter einer *(zweistelligen) Relation* R *in* (einer Menge) A verstehen wir eine Relation, deren geordnete Paare nur Komponenten in A haben, d.h. für die gilt $R \subset A\times A = A^2$.

So sind beispielsweise $\{\langle 1,1\rangle,\langle 2,1\rangle\}$, $\{\langle x,y\rangle \in \mathbb{N}\times\mathbb{N} \mid$ x ist kleiner als $y\}$ und die leere Menge Relationen in $\mathbb{N}$. Die leere Menge ist eine Relation, da ja "$z \in \emptyset \Rightarrow$ z geordnetes Paar" immer wahr ist.

Ist R eine Relation, so schreiben wir anstelle von $\langle x,y\rangle \in R$ auch xRy (wie es etwa für die Kleiner-Relation "<" zwischen Zahlen üblich ist).

Für die Negation $\langle x,y\rangle \notin R$ schreiben wir bisweilen auch $x \not R y$.

Unter einer *n-stelligen Relation* verstehen wir entsprechend eine Menge von n-Tupeln, und unter einer *n-stelligen Relation in* A eine Teilmenge von A^n.

Eine Menge f ist eine *Funktion*, wenn f eine Relation ist und es zu jedem x höchstens ein y mit $\langle x,y\rangle \in f$ gibt.

Die zweite Bedingung ist äquivalent zu der Aussage, daß für alle x,y,z gilt:

$$(\langle x,y\rangle \in f \text{ und } \langle x,z\rangle \in f) \Rightarrow y=z\ .$$

Ist f eine Funktion, so schreibt man auch "$y=f(x)$" für $\langle x,y\rangle \in f$. – Ist x im Definitionsbereich von f, so gibt es genau ein y mit $\langle x,y\rangle \in f$. Dies eindeutig bestimmte y bezeichnen wir mit f(x) und nennen es den *Wert von* x *unter* f. – Ist $\langle x_1,\dots,x_n\rangle$ ein n-Tupel, das im Definitionsbereich von f liegt, so schreiben wir anstelle von "$f(\langle x_1,\dots,x_n\rangle)$" meist "$f(x_1,\dots,x_n)$".

Beispiele für Funktionen sind:

$$\emptyset,\ \{\langle 0,1\rangle, \langle 1,0\rangle\},\ \{\langle\langle 0,0\rangle,0\rangle, \langle\langle 0,1\rangle,1\rangle, \langle\langle 1,0\rangle,1\rangle, \langle\langle 1,1\rangle,1\rangle\},\ \{\langle x,1\rangle \mid x \in \mathbb{N}\}.$$

Wir definieren für Relationen R (und somit auch für Funktionen):

$$R_{|A} := \{\langle x,y\rangle \mid xRy \text{ und } x\in A\} = \{\langle x,y\rangle \in R \mid x \in A\}$$

"*Einschränkung von* R *auf* A"

$$R[A] := \{y \mid \text{es gibt ein } x\in A \text{ mit } xRy\}$$
$$= \{y \in W(R) \mid \text{es gibt ein } x \in A \text{ mit } xRy\}$$

"*Bild von* A *unter* R"

$$Q\circ R := \{\langle x,y\rangle \mid \text{es gibt ein } z \text{ mit } xRz \text{ und } zQy\}$$
$$= \{\langle x,y\rangle \in D(R)\times W(Q) \mid \text{es gibt ein } z \text{ mit } xRz \text{ und } zQy\}$$

"*Verkettung von* Q *mit* R"

$$R^{-1} := \{\langle y,x\rangle \mid xRy\} = \{\langle y,x\rangle \in W(R)\times D(R) \mid xRy\}$$

"*Umkehrung von* R" oder auch "*die zu* R *inverse Relation*"

Weitere übliche Bezeichnungen sind:

$f:A\to B$:⇔ f ist eine Funktion mit Definitionsbereich A und einem Wertebereich, der in B enthalten ist.

"f *bildet* A *in* B *ab*"

$f\,A \twoheadrightarrow B \;\Leftrightarrow\;$ $f\,A \to B$ und $W(f)=B$.
"f *bildet* A *surjektiv in* B *ab*" oder auch "f *bildet* A *auf* B *ab*"

$f:A \rightarrowtail B \;:\Leftrightarrow\;$ $f:A \to B$ und für alle $x,y \in A$ gilt: $(x \neq y \Rightarrow f(x) \neq f(y))$.
$\Leftrightarrow$ $f:A \to B$ und f^{-1} ist eine Funktion.
"f *bildet* A *injektiv in* B *ab*"

$f:A \xrightarrow{\sim} B \;:\Leftrightarrow\;$ $f:A \twoheadrightarrow B$ und $f:A \rightarrowtail B$
$\Leftrightarrow$ $f:A \to B$ und $f^{-1}:B \to A$.
"f *bildet* A *bijektiv auf* B *ab*".

Gewöhnlich werden Funktionen in der Form $f:A \to B$ notiert, da neben der Funktion und ihrem Definitionsbereich schon ein gewisser "Zielbereich" bekannt ist, in dem der wirkliche Wertebereich als Teilmenge enthalten ist. Wenn nun $f:A \twoheadrightarrow B$ geschrieben wird, so wird damit zusätzlich zum Ausdruck gebracht, daß der vorher ins Auge gefaßte Zielbereich tatsächlich mit dem Wertebereich von f übereinstimmt. — Die Injektivität von f besagt, daß zwei verschiedenen Elementen des Definitionsbereichs auch immer zwei verschiedene Werte durch die Funktion zugeordnet werden. Schließlich bildet f genau dann die Menge A bijektiv auf B ab, wenn f die Menge A surjektiv und injektiv in B abbildet.

Ist beispielsweise $f:=\{\langle 0,1\rangle,\langle 1,0\rangle\}$, so gilt $f:\{0,1\} \xrightarrow{\sim} \{0,1\}$. Für die Funktion $g:=\{\langle\langle 0,0\rangle,0\rangle,\langle\langle 0,1\rangle,1\rangle,\langle\langle 1,0\rangle,1\rangle,\langle\langle 1,1\rangle,1\rangle\}$ gilt $g:\{0,1\}^2 \twoheadrightarrow \{0,1\}$, aber nicht $g:\{0,1\}^2 \rightarrowtail \{0,1\}$.

Unter einer *Mengenfamilie* versteht man eine Funktion f mit einem Definitionsbereich $J:=D(f)\neq\emptyset$, so daß für alle $j\in J$ der Wert $A_j := f(j)$ eine Menge ist. Man nennt J die Indexmenge der Mengenfamilie. — Anstelle von "f" schreibt man oft auch "$\langle A_j \mid j\in J\rangle$".

Wir definieren die *Vereinigung über eine Mengenfamilie* $\langle A_j \mid j\in J\rangle$ durch

$$\bigcup_{j\in J} A_j := \bigcup W(\langle A_j \mid j\in J\rangle) = \{x \mid \text{es gibt ein } j\in J \text{ mit } x\in A_j\}.$$

Aus der Existenz von $\bigcup_{j\in J} A_j$ ergibt sich mittels Aussonderung, daß auch der *Durchschnitt über eine Mengenfamilie* existiert:

$$\bigcap_{j\in J} A_j := \{x\in \bigcup_{j\in J} A_j \mid \text{für alle } j\in J \text{ ist } x\in A_j\} = \{x \mid \text{für alle } j\in J \text{ ist } x\in A_j\}.$$

Sind A und B Mengen, so bezeichnet ${}^{A}B$ die Menge aller Funktionen f mit Definitionsbereich $D(f)=A$ und Wertebereich $W(f)\subset B$:

$${}^{A}B := \{f\in \mathfrak{P}(A\times B) \mid f:A\to B\} = \{f \mid f:A\to B\}.$$

So ist zum Beispiel ${}^{\{0,1\}}\{0,1\} = \{ f_0, f_1, f_2, f_3 \}$, wobei $f_0 = \{ \langle 0,0\rangle, \langle 1,0\rangle \}$, $f_1 = \{ \langle 0,1\rangle, \langle 1,1\rangle \}$, $f_2 = \{ \langle 0,0\rangle, \langle 1,1\rangle \}$ und $f_3 = \{ \langle 0,1\rangle, \langle 1,0\rangle \}$ ist.

Eine Menge B heißt *endlich* genau dann, wenn es eine natürliche Zahl k und eine Bijektion f von $\mathbf{S}_k := \{x \in \mathbb{N} \mid x \text{ ist kleiner als } k\} = \{x \in \mathbb{N} \mid x<k\}$ auf B gibt. Die Menge $\mathbf{S}_k = \{x \in \mathbb{N} \mid x<k\}$ ist das durch k bestimmte *Anfangssegment* der natürlichen Zahlen. – Eine nicht endliche Menge heißt auch *unendlich*.

Die leere Menge ist endlich, da die Funktion $\emptyset$ eine Bijektion von $\mathbf{S}_0 = \emptyset$ auf $\emptyset$ ist.

Weiterhin gilt, daß jede Teilmenge einer endlichen Menge endlich ist. (Allgemeiner ist jede Menge, die sich injektiv in eine endliche Menge abbilden läßt, endlich.) Es folgt, daß für endliche Mengen A und beliebige Mengen B auch $A \cap B$ und $A \setminus B$ endlich sind. – Ist die Menge A endlich, so ist auch die Potenzmenge $\mathfrak{P}(A)$ endlich. – Sind schließlich die Mengen A und B endlich, so sind auch $A \cup B$ und $A \times B$ endlich.

Unter einer *endlichen Folge* von Elementen der Menge A verstehen wir eine Funktion f, deren Definitionsbereich ein Anfangssegment $\mathbf{S}_k$ von $\mathbb{N}$ ist und deren Wertebereich eine Teilmenge von A ist, d.h. es gibt ein $k \in \mathbb{N}$ mit $f: \mathbf{S}_k \to A$. – Jede endliche Folge f mit $f: \mathbf{S}_k \to A$ hat die *Länge* k.

Eine endliche Folge f mit Definitionsbereich $\mathbf{S}_k$ und $f(j) = a_j$ für $j<k$ notieren wir auch in der Form "$a_0, a_1, \ldots, a_{k-1}$" oder (sofern keine Mißverständnisse zu befürchten sind) noch kürzer in der Form "$a_0 a_1 \ldots a_{k-1}$".

Zwei endliche Folgen $f = a_0 a_1 \ldots a_{k-1}$ und $g = b_0 b_1 \ldots b_{l-1}$ lassen sich durch *Konkatenation* zu einer neuen Folge (fg) der Länge k+l verbinden:

$$(fg) := a_0 a_1 \ldots a_{k-1} b_0 b_1 \ldots b_{l-1}\,.$$

Genauer bedeutet das

$$(fg) := \{\langle 0,a_0\rangle, \langle 1,a_1\rangle, \ldots, \langle k-1,a_{k-1}\rangle\} \cup \{\langle k,b_0\rangle, \langle k+1,b_1\rangle, \ldots, \langle (k+l)-1, b_{l-1}\rangle\}\,.$$

Für alle endlichen Folgen f,g,h gilt: $((fg)h) = (f(gh))$. Die Konkatenation ist also assoziativ.

Schließlich bemerken wir noch, daß zu jeder Menge A die Menge aller endlichen Folgen von Elementen von A existiert. – Dies folgt sofort mittels Aussonderung, da jedes f mit $f: \mathbf{S}_k \to A$ ein Element von $\mathfrak{P}(\mathbb{N} \times A)$ ist.

Weitere mengentheoretische Axiome, Begriffe und Resultate, die wir gelegentlich benötigen, sind am Ende des Buches als Anhang zusammengestellt.

§ 2 Aussagenlogik

In diesem Paragraphen werden anhand der Aussagenlogik wichtige logische Begriffe wie Gültigkeit, Beweisbarkeit usw. exemplarisch vorgestellt.

Aussagen lassen sich mittels Junktoren zu neuen Aussagen verbinden. Diesen Prozeß der Bildung junktorenlogischer Kombinationen von Aussagen wollen wir rein formal nachspielen. Dazu spezifizieren wir zuerst unser Zeichenmaterial, das Alphabet der (formalen) aussagenlogischen Sprache. Aus den Symbolen des Alphabets lassen sich endliche Symbolfolgen bilden, die *Wörter* oder *Zeichenreihen über dem Alphabet* genannt werden. Unter diesen Wörtern zeichnen wir gewisse Wörter als Aussagenvariablen und gewisse als Formeln aus. Die Bedeutung dieser speziellen Zeichenreihen wird erst durch eine genau umschriebene Semantik festgelegt. Als semantische Grunddaten fungieren dabei zunächst Funktionen, die jeder Aussagenvariablen einfach einen Wahrheitswert zuweisen. Aus diesen Wertzuweisungen für Aussagenvariablen wird in kontrollierbarer Weise ein Wahrheitswert für Formeln definiert. Formeln werden nach fest gegebenen syntaktischen Prinzipien aus Aussagenvariablen mit Hilfe von Klammern und gewissen Elementen des Alphabets, den Junktorzeichen, gebildet. Die Wahrheitswertdefinition für Formeln orientiert sich an diesem syntaktischen Aufbau. Sind beispielsweise p_0 und p_1 Aussagenvariablen und "$\neg$" und "$\rightarrow$" Junktorzeichen, so wird $((p_0 \rightarrow p_1) \rightarrow \neg p_0)$ eine Formel sein. Die Zeichenreihen p_0 und p_1 markieren in der Formel Plätze, die bei einer Deutung mit Wahrheitswerten besetzt werden. Die Junktorzeichen "$\neg$" und "$\rightarrow$" werden als Wahrheitswertfunktionen, die den Junktoren "Nicht..." und "Wenn..., so..." entsprechen, interpretiert. Den Wahrheitswert der gesamten Formel unter einer Deutung der Aussagenvariablen erhält man, indem man diese Wahrheitswertfunktionen auf die Deutung der Aussagenvariablen p_0 und p_1 anwendet.

Nach diesen Vorbemerkungen soll zuerst die formale Sprache der Aussagenlogik, kurz **AL** genannt, genau beschrieben werden. Das Alphabet von **AL** enthält folgende Symbole:

$$p, ', \top, \bot, \neg, \wedge, \vee, \rightarrow, \leftrightarrow, (,).$$

Dabei wird "$\top$" das *Verum*-, "$\bot$" das *Falsum*-, "$\neg$" das *Negations*-, "$\wedge$" das *Konjunktions*-, "$\vee$" das *Disjunktions*-, "$\rightarrow$" das *Implikations*-, "$\leftrightarrow$" das *Äquivalenz*-, "(" das *Klammer-auf*- und ")" das *Klammer-zu-Zeichen* genannt. (Die Benennung der Zeichen ist in diesem Stadium noch vollkommen willkürlich und wird erst durch die weiter unten eingeführte Semantik motiviert.)

Ein Wort oder eine Zeichenreihe über dem Alphabet ist eine endliche Folge von Elementen des Alphabets. Beispiele für Wörter über dem Alphabet der Aussagenlogik sind: $\top$, $\bot$, p, p''', ((()))(, $\neg\neg p \to \top \vee p'''$.

Wir benutzen im folgenden u, v, w (evtl. indiziert) als Variablen für Wörter über dem jeweils zugrundeliegenden Alphabet (das heißt hier für Wörter über dem Alphabet der Aussagenlogik).

Gewisse Wörter werden als Aussagenvariablen und gewisse als Formeln eingeführt. Die *Menge der Aussagenvariablen* wird durch folgende Regeln bestimmt:

(R_p) Das Wort p ist eine Aussagenvariable.

(R') Ist das Wort w schon eine Aussagenvariable, so ist auch das Wort w' eine Aussagenvariable.

Das Wort w' entsteht aus dem Wort w durch Verlängerung um das Symbol '. Die beiden Regeln werden auch wie folgt notiert:

(R_p) $\frac{}{p}$

(R') $\frac{w}{w'}$

Oberhalb des waagerechten Strichs stehen die *Regelprämissen* und unterhalb die *Regelkonklusionen*. Die Regel (R_p) hat keine Prämissen. Eine solche Regel heißt *Anfangsregel*. Ein Wort des zugrundeliegenden Alphabets, das unter dem Bruchstrich einer Anfangsregel steht, heißt *Axiom*. Wir werden später Anfangsregeln kennenlernen, in denen Hilfsvariablen für gewisse andere Zeichenreihen des Alphabets auftreten. In diesem Falle wird der Ausdruck unter dem Bruchstrich als *Axiomenschema* bezeichnet. Neben Regeln mit einer Prämisse, wie (R'), sind auch Regeln mit zwei (oder noch mehr) Prämissen möglich.

Mengentheoretisch gesehen, sind Regeln nichts anderes als gewisse Teilmengen oder Relationen in der Menge der Wörter über dem zugrundeliegenden Alphabet. So entspricht z.B. der Regel (R_p) die Menge {p} und der Regel (R') die Relation $\{\langle w,w'\rangle \mid w$ Wort über dem Alphabet$\}$. – Dabei wird man allerdings nicht jede beliebige Teilmenge oder Relation in der Menge der Wörter als Regel bezeichnen, sondern nur die besonders einfachen, durch Wörter und Hilfsvariablen gegebenen, als solche ansehen.

Die Erzeugung oder Ableitung von Zeichenreihen im Regelsystem für Aussagenvariablen geht wie folgt vonstatten:

Die Zeichenreihe p ist eine Aussagenvariable aufgrund der Anfangsregel (R_p). Ersetzen wir nun in (R') die Hilfsvariable w durch die Zeichenreihe p, so erhalten wir $\frac{p}{p'}$. Weiter ergibt die Ersetzung von w durch p' den "Bruch" $\frac{p'}{p''}$. Als Erzeugung oder – wie wir sagen werden – *Ableitung des Wortes* p" *im Regelsystem* verstehen wir die Wortfolge p, p', p". Diese Folge hat die Eigenschaft, daß jedes Folgenglied v ein Axiom ist oder aus einem vorhergehenden Folgenglied u durch Anwendung einer Regel entsteht. Das letztere bedeutet, daß $\frac{u}{v}$ aus einer Regel entsteht, indem die Hilfsvariablen durch Zeichenreihen des gegebenen Alphabets ersetzt werden. Ein Ausdruck $\frac{u}{v}$, der so entsteht, wird *Instanz einer Regel* genannt. (Rein mengentheoretisch gesehen entsteht v durch Anwendung einer Regel aus u, wenn u und v in der zur Regel gehörenden Relation stehen.)

Wir definieren jetzt:

Eine Zeichenreihe w ist eine *Aussagenvariable* genau dann, wenn es eine Ableitung von w im Regelsystem (R_p), (R') gibt, d.h. wenn es eine endliche Wortfolge gibt, die mit w endet und in der jedes Folgenglied ein Axiom des Systems ist oder durch Anwendung einer Regel des Systems auf vorhergehende Folgenglieder entsteht.

Ein nicht ganz so einfaches Regelsystem erzeugt die *Formeln der Aussagenlogik*. Dieses System hat die Regeln

(R_A) $\overline{q}$, wobei q eine Hilfsvariable für Aussagenvariablen ist;

$(R_\top)$ $\overline{\top}$; $(R_\bot)$ $\overline{\bot}$; $(R_\neg)$ $\frac{v}{\neg v}$;

$(R_\wedge)$ $\frac{v,w}{(v \wedge w)}$; $(R_\vee)$ $\frac{v,w}{(v \vee w)}$; $(R_\rightarrow)$ $\frac{v,w}{(v \rightarrow w)}$; $(R_\leftrightarrow)$ $\frac{v,w}{(v \leftrightarrow w)}$.

Es gibt drei Anfangsregeln, wobei in einer Regel eine Hilfsvariable q für Aussagenvariablen vorkommt. Neben der Regel $(R_\neg)$ mit einer Prämisse gibt es vier Regeln mit zwei Prämissen. Diese Regeln enthalten Hilfsvariablen v und w für Zeichenreihen des Alphabets. Eine Ableitung in diesem Regelsystem ist wiederum eine endliche Wortfolge, in der jedes Folgenglied Axiom oder Instanz eines Axiomenschemas ist oder durch Anwendung einer Regel auf vorhergehende Folgenglieder entsteht. – Unter einer Instanz eines Axiomenschemas verstehen wir dabei eine Zeichenreihe, die aus einem Axiomenschema entsteht, indem die Variablen durch Zeichenreihen ersetzt werden, die dem der Variablen zugewiesenen Bereich entstammen. Dabei ist die Ersetzung einer Hilfsvariablen so gemeint, daß die Variable an allen Stellen ihres Vorkommens im Axiomenschema durch dieselbe Zeichenreihe ersetzt wird. – Im Falle der Regel (R_A) kommt die einzige Hilfsvariable q nur einmal vor. Der Variabilitätsbereich von q besteht aus denjenigen Zeichenreihen des Alphabets, die Aussagenvariablen sind. Die Zeichenreihe p''' ist somit eine Instanz des Axiomenschemas (R_A). Im folgenden wird meistens nicht mehr zwischen direkt gegebenen Axiomen und Instanzen von Axiomenschemata unterschieden. Beides wird unter den Begriff "Axiom" subsumiert.

Die Anwendung von Regeln mit einer Prämisse haben wir schon im Regelsystem für Aussagenvariablen erklärt. Ganz analog entsteht v durch Anwendung einer Regel mit zwei Prämissen auf die Zeichenreihen u_1 und u_2, wenn nämlich $\frac{u_1, u_2}{v}$ eine Instanz der betrachteten Regel ist oder, mengentheoretisch gesehen, wenn $\langle u_1, u_2, v\rangle$ Element der zur Regel gehörenden Relation ist.

Ein Wort w über dem gegebenen Alphabet ist daher eine Formel der Aussagenlogik genau dann, wenn es eine Ableitung von w im Regelsystem (R_A) - ($R_\leftrightarrow$) gibt.

Beispiele für Formeln sind: $\top, \bot, p, p''', (\neg\neg\neg p \to (\bot \vee p'')), (p \leftrightarrow p')$.

Folgende Wortfolgen sind Ableitungen für dieselbe Zeichenreihe im Regelsystem für Formeln:

i) $p', p'', \neg p', \neg\neg p', \bot, \neg\neg\neg p', \neg p'', (\neg\neg\neg p' \wedge p''), ((\neg\neg\neg p' \wedge p'') \vee \neg p'')$

ii) $p', \neg p', \neg\neg p', \neg\neg\neg p', p'', \neg p'', (\neg\neg\neg p' \wedge p''), ((\neg\neg\neg p' \wedge p'') \vee \neg p'')$.

Derartige Ableitungen (insbesondere im Falle komplizierter Regelsysteme) wird man ausführlicher in Form eines "Ableitungsprotokolls" notieren. Die zweite Ableitung liest sich dann so:

(1)	p'	Instanz von (R_A). Dafür schreiben wir kürzer: R_A.
(2)	$\neg p'$	Anwendung von ($R_\neg$) auf Zeile mit Nummer (1). Dafür schreiben wir kurz: $R_\neg$: 1.
(3)	$\neg\neg p'$	$R_\neg$: 2
(4)	$\neg\neg\neg p'$	$R_\neg$: 3
(5)	p''	R_A
(6)	$\neg p''$	$R_\neg$: 5
(7)	$(\neg\neg\neg p' \wedge p'')$	Anwendung von ($R_\wedge$) auf (4),(5). Dafür kurz: $R_\wedge$: 4,5.
(8)	$((\neg\neg\neg p' \wedge p'') \vee p'')$	$R_\vee$: 7, 6.

Im folgenden bezeichnen kleine griechische Buchstaben immer Formeln.

Um das Aufschreiben von Formeln und Formelschemata zu erleichtern, treffen wir folgende Vereinbarungen zur Klammerersparnis:

(i) Außenklammern dürfen beim Hinschreiben einer separaten Formel oder eines Formelschemas weggelassen werden.

Zum Beispiel steht $p'\to(p''\to p''')$ für $(p'\to(p''\to p'''))$ und $\alpha_1\wedge(\alpha_2\to\alpha_3)$ steht für $(\alpha_1\wedge(\alpha_2\to\alpha_3))$.

(ii) Die Zeichen $\wedge$, $\vee$ binden stärker als $\to$, $\leftrightarrow$, so daß entsprechende Klammern weggelassen werden können.

Es steht also $\alpha\wedge\beta\to(\beta\leftrightarrow\neg\neg\alpha\vee\gamma)$ für $(\alpha\wedge\beta)\to(\beta\leftrightarrow(\neg\neg\alpha\vee\gamma))$.

Da eine Zeichenreihe genau dann eine Formel ist, wenn sie sich im Regelsystem für Formeln ableiten läßt, ist folgendes Induktionsprinzip offensichtlich:

Eine Eigenschaft **E** trifft auf alle Formeln zu, wenn folgende Bedingungen erfüllt sind:

i) **E** trifft auf alle Axiome zu.

ii) Ist $\frac{u}{v}$ bzw. $\frac{u_1, u_2}{v}$ Instanz einer Regel des Systems und trifft **E** auf u bzw. u_1 und u_2 zu, so trifft **E** auch auf v zu.

Dieses Prinzip ist nicht nur für Formeln richtig, sondern für alle über derartige Regelsysteme eingeführten Objekte.

Funktionen, deren Definitionsbereich eine solche Menge von Objekten ist, lassen sich im allgemeinen nicht so ohne weiteres über die Ableitungen in Regelsystemen einführen, da es für die gleiche Zeichenreihe verschiedene Ableitungen geben kann und man dann nachweisen muß, daß der Funktionswert unabhängig von den verschiedenen Möglichkeiten der Ableitung definiert ist.

Im System für Formeln gilt jedoch ein Rekursionssatz, der auf folgender Beobachtung fußt:

Für jede Formel α trifft genau einer der folgenden Fälle zu:

(i) α ist eine Aussagenvariable.

(ii) α ist gleich $\top$.

(iii) α ist gleich $\bot$.

(iv) α ist eine Negation, d.h. es gibt ein α_0 mit $\alpha = \neg\alpha_0$.

(v) α ist eine Konjunktion, d.h. es gibt α_0, α_1 mit $\alpha = (\alpha_0\wedge\alpha_1)$.

(vi) α ist eine Disjunktion, d.h. es gibt α_0, α_1 mit $\alpha = (\alpha_0\vee\alpha_1)$.

(vii) α ist eine Implikation, d.h. es gibt α_0, α_1 mit $\alpha = (\alpha_0\to\alpha_1)$.

(viii) α ist eine Äquivalenz, d.h. es gibt α_0, α_1 mit $\alpha = (\alpha_0\leftrightarrow\alpha_1)$.

Dabei sind in (iv)-(viii) die Formeln α_0 und α_1 eindeutig bestimmt. Als Zeichenreihen sind sie jeweils kürzer als das gegebene α.

Aufgrund dieser Feststellung lassen sich Funktionen durch *Rekursion* (oder auch *Induktion*) *über den Formelaufbau* einführen. — Damit ist folgendes gemeint:

> Um eine Funktion f für alle Formeln zu erklären, genügt es, sie zuerst für $\top$, $\bot$ und alle Aussagenvariablen zu definieren, und dann zu sagen, was $f(\alpha)$ in den Fällen
>
> $\alpha = \neg\alpha_0$, $\alpha = (\alpha_1 \wedge \alpha_2)$, $\alpha = (\alpha_1 \vee \alpha_2)$, $\alpha = (\alpha_1 \rightarrow \alpha_2)$ und $\alpha = (\alpha_1 \leftrightarrow \alpha_2)$
>
> ist, wobei auf den Wert $f(\alpha_0)$ bzw. die Werte $f(\alpha_1)$ und $f(\alpha_2)$ zurückgegriffen werden darf.

Ein Beispiel für die Definition einer Funktion durch Rekursion über den Formelaufbau werden wir gleich kennenlernen.

Die oben eingeführten Aussagenvariablen und Formeln sollen jetzt gedeutet werden.

Mit Var_{AL} bezeichnen wir die Menge aller Aussagenvariablen. Es ist also $Var_{AL} = \{p, p', p'', p''', p'''', \ldots\}$. — Für die Menge aller aussagenlogischen Formeln schreiben wir Fm_{AL}.

Unter einer *Belegung der Aussagenvariablen* versteht man eine Funktion h, die jeder Aussagenvariablen einen Wert aus der Menge $\{0,1\}$ zuordnet, d.h. $h: Var_{AL} \rightarrow \{0,1\}$. — Der Wert 1 steht für "wahr", der Wert 0 für "falsch".

Jede Belegung der Aussagenvariablen wird durch Rekursion über den Formelaufbau eindeutig zu einer Deutung aller Formeln fortgesetzt.

Wir definieren jetzt die Funktion $[\![\ ]\!]^h: Fm_{AL} \rightarrow \{0,1\}$ von der Menge aller Formeln in die Menge der Wahrheitswerte $\{0,1\}$. Dabei schreiben wir anstelle von $[\![\ ]\!]^h(\alpha)$ immer $[\![\alpha]\!]^h$. Der Wert $[\![\alpha]\!]^h$ heißt *Wahrheitswert der Formel* α *unter der Belegung* h. — Die Rekursionsbedingungen für $[\![\ ]\!]^h$ lauten:

(2.1) $[\![q]\!]^h = h(q)$ für alle Aussagenvariablen q,

$$[\![\top]\!]^h = 1,$$
$$[\![\bot]\!]^h = 0,$$
$$[\![\neg\alpha]\!]^h = f_\neg([\![\alpha]\!]^h),$$
$$[\![\alpha\wedge\beta]\!]^h = f_\wedge([\![\alpha]\!]^h, [\![\beta]\!]^h),$$
$$[\![\alpha\vee\beta]\!]^h = f_\vee([\![\alpha]\!]^h, [\![\beta]\!]^h),$$
$$[\![\alpha\rightarrow\beta]\!]^h = f_\rightarrow([\![\alpha]\!]^h, [\![\beta]\!]^h),$$
$$[\![\alpha\leftrightarrow\beta]\!]^h = f_\leftrightarrow([\![\alpha]\!]^h, [\![\beta]\!]^h).$$

Die Wahrheitswertfunktionen $f_\neg$, $f_\wedge$, $f_\vee$, $f_\rightarrow$ und $f_\leftrightarrow$ sind dabei wie folgt definiert:

$$f_\neg := \{\langle 1,0\rangle, \langle 0,1\rangle\},$$
$$f_\wedge := \{\langle\langle 1,1\rangle,1\rangle, \langle\langle 1,0\rangle,0\rangle, \langle\langle 0,1\rangle,0\rangle, \langle\langle 0,0\rangle,0\rangle\},$$
$$f_\vee := \{\langle\langle 1,1\rangle,1\rangle, \langle\langle 1,0\rangle,1\rangle, \langle\langle 0,1\rangle,1\rangle, \langle\langle 0,0\rangle,0\rangle\},$$
$$f_\rightarrow := \{\langle\langle 1,1\rangle,1\rangle, \langle\langle 1,0\rangle,0\rangle, \langle\langle 0,1\rangle,1\rangle, \langle\langle 0,0\rangle,1\rangle\},$$
$$f_\leftrightarrow := \{\langle\langle 1,1\rangle,1\rangle, \langle\langle 1,0\rangle,0\rangle, \langle\langle 0,1\rangle,0\rangle, \langle\langle 0,0\rangle,1\rangle\},$$

d.h. $f_\neg(0)=1$, $f_\neg(1)=0$ und $f_\wedge(1,1)=1$, $f_\wedge(1,0)=f_\wedge(0,1)=f_\wedge(0,0)=0$ usw.

In Tabellenform lassen sich die Funktionen folgendermaßen darstellen:

x y	$f_\neg(x)$	$f_\wedge(x,y)$	$f_\vee(x,y)$	$f_\rightarrow(x,y)$	$f_\leftrightarrow(x,y)$
1 1	0	1	1	1	1
1 0	0	0	1	0	0
0 1	1	0	1	1	0
0 0	1	0	0	1	1

Die Funktionen $f_\neg, \ldots, f_\leftrightarrow$ sind als Deutung der Junktorzeichen $\neg, \ldots, \leftrightarrow$ zu verstehen. Diese ist so gegeben, daß die in Paragraph 1 getroffenen Abmachungen über den wahrheitstheoretischen Gebrauch der Junktoren genau wiedergegeben werden. Die Deutung der Junktorzeichen hängt nicht von der Belegung ab. — Ebenfalls unabhängig von Belegungen werden $\top$ und $\bot$ gedeutet. Dabei steht $\top$ für etwas immer "Wahres" und $\bot$ für etwas immer "Falsches". Diese beiden Konstanten sind aus technischen Gründen nützlich, wie sich später zeigen wird.

Wir wollen anhand eines Beispiels zeigen, wie sich der Wahrheitswert einer Formel unter einer Belegung berechnet.

Sei $h(p)=1$, $h(p')=0$, $h(p'')=1$ und für alle anderen Aussagenvariablen q sei $h(q)=0$. Dann gilt:

$$\begin{aligned}
[\![p \rightarrow (\neg p' \wedge \neg p'')]\!]^h &= f_\rightarrow([\![p]\!]^h, [\![\neg p' \wedge \neg p'']\!]^h) \\
&= f_\rightarrow(h(p), f_\wedge([\![\neg p']\!]^h, [\![\neg p'']\!]^h)) \\
&= f_\rightarrow(1, f_\wedge(f_\neg([\![p']\!]^h), f_\neg([\![p'']\!]^h))) \\
&= f_\rightarrow(1, f_\wedge(f_\neg(h(p')), f_\neg(h(p'')))) \\
&= f_\rightarrow(1, f_\wedge(f_\neg(0), f_\neg(1))) \\
&= f_\rightarrow(1, f_\wedge(1, 0)) \\
&= f_\rightarrow(1, 0) \\
&= 0.
\end{aligned}$$

Es ist klar, daß bei der Berechnung des Wahrheitswertes einer Formel α unter einer Belegung h nur die h-Werte der in α wirklich vorkommenden

Aussagenvariablen eine Rolle spielen. Dieser Sachverhalt läßt sich genauer so beschreiben:

(2.2) **Lemma:** Ist α eine Formel und sind h_1 und h_2 Belegungen, die auf den in α vorkommenden Aussagenvariablen übereinstimmen (d.h. für alle Aussagenvariablen q in α gilt $h_1(q)=h_2(q)$), so ist $[\![\alpha]\!]^{h_1} = [\![\alpha]\!]^{h_2}$.

Diese Aussage wird als *Koinzidenzlemma* bezeichnet. Obwohl sie ziemlich offensichtlich ist, wollen wir doch einen Beweis geben, um die Methode der Induktion über den Formelaufbau zu demonstrieren.

Beweis (von (2.2)):
Wir zeigen durch Induktion über den Aufbau von α, daß folgende Eigenschaft (*) auf alle Formeln α zutrifft:

(*) Für alle Belegungen h_1, h_2 der Aussagenvariablen gilt: Stimmen die Belegungen h_1 und h_2 auf den in α vorkommenden Variablen überein, so ist $[\![\alpha]\!]^{h_1} = [\![\alpha]\!]^{h_2}$.

Die Behauptung (*) trifft auf $\top$ und $\bot$ zu. Denn nach Definition von $[\![\ ]\!]^h$ folgt für alle h_1 und h_2, daß $[\![\top]\!]^{h_1}=1=[\![\top]\!]^{h_2}$ und $[\![\bot]\!]^{h_1}=0=[\![\bot]\!]^{h_2}$ gilt.

Für Aussagenvariablen q ist die Behauptung klar, da für Belegungen h_1 und h_2, die auf q übereinstimmen, immer $[\![q]\!]^{h_1}=h_1(q)=h_2(q)=[\![q]\!]^{h_2}$ folgt.

Wir nehmen jetzt an, daß die Aussage (*) für die Formel α schon richtig ist. Alle h_1 und h_2, die auf den Variablen von $\neg\alpha$ übereinstimmen, stimmen auch auf den Variablen von α überein. Denn α und $\neg\alpha$ enthalten genau dieselben Variablen. Nach Induktionsvoraussetzung gilt somit für alle h_1 und h_2, die auf den Variablen der Formel $\neg\alpha$ übereinstimmen, daß $[\![\alpha]\!]^{h_1} = [\![\alpha]\!]^{h_2}$ ist. Daraus folgt mit Hilfe von (2.1) die Behauptung

$$[\![\neg\alpha]\!]^{h_1} = f_\neg([\![\alpha]\!]^{h_1}) = f_\neg([\![\alpha]\!]^{h_2}) = [\![\neg\alpha]\!]^{h_2}.$$

Sei nun (*) bereits für α_1 und α_2 wahr. Stimmen h_1 und h_2 auf den Variablen von $\alpha_1\wedge\alpha_2$ überein, so insbesondere auf den Variablen von α_1 und denen von α_2. Also gilt nach Induktionsvoraussetzung $[\![\alpha_k]\!]^{h_1}=[\![\alpha_k]\!]^{h_2}$ für $k\in\{1,2\}$. Es folgt:

$$[\![\alpha_1\wedge\alpha_2]\!]^{h_1}=f_\wedge([\![\alpha_1]\!]^{h_1},[\![\alpha_2]\!]^{h_1}) = f_\wedge([\![\alpha_1]\!]^{h_2},[\![\alpha_2]\!]^{h_2}) = [\![\alpha_1\wedge\alpha_2]\!]^{h_2}.$$

Im Falle von $\vee$, $\rightarrow$ und $\leftrightarrow$ schließt man analog.

Ω

Gewisse Formeln sind durch die Eigenschaft ausgezeichnet, daß sie unter jeder Belegung der Aussagenvariablen den Wert 1 erhalten. Derartige Formeln heißen *Tautologien* oder *allgemeingültige Formeln*. Aufgrund des

Koinzidenzlemmas ist die Frage, ob eine Formel α Tautologie ist, mit Hilfe von Wahrheitstafeln entscheidbar. Es genügt ja, alle Belegungsmöglichkeiten der in α wirklich vorkommenden Variablen zu betrachten, und die übrigen Variablen jeweils mit 0 zu belegen. Kommen in α genau n verschiedene Variablen vor, so gibt es 2^n Belegungen dieser Art. Jede andere Belegung stimmt auf den Variablen von α mit einer dieser speziellen Belegungen überein. Nach dem Koinzidenzlemma ist daher α Tautologie genau dann, wenn der Wahrheitswert von α unter jeder dieser 2^n Belegungen 1 ist.

Für $(p \to p') \leftrightarrow (\neg p \vee p')$ ergibt sich so folgende Tabelle:

$h(p)$	$h(p')$	$[\![p \to p']\!]^h$	$[\![\neg p]\!]^h$	$[\![\neg p \vee p']\!]^h$	$[\![(p \to p') \leftrightarrow (\neg p \vee p')]\!]^h$
1	1	1	0	1	1
1	0	0	0	0	1
0	1	1	1	1	1
0	0	1	1	1	1

Häufig benutzte Tautologien sind:

(2.3)
(1) $\top$
(2) $\alpha \leftrightarrow \neg\neg\alpha$
(3) $\neg\alpha \leftrightarrow (\alpha \to \bot)$
(4) $\alpha \wedge \beta \leftrightarrow \neg(\neg\alpha \vee \neg\beta)$
(5) $\alpha \vee \beta \leftrightarrow \neg(\neg\alpha \wedge \neg\beta)$
(6) $\alpha \vee \beta \leftrightarrow (\neg\alpha \to \beta)$
(7) $(\alpha \to \beta) \leftrightarrow \neg\alpha \vee \beta$
(8) $(\alpha \to \beta) \leftrightarrow \neg(\alpha \wedge \neg\beta)$
(9) $(\alpha \to \beta) \leftrightarrow (\neg\beta \to \neg\alpha)$
(10) $\alpha \to (\beta \to \alpha)$
(11) $(\alpha \to (\beta \to \gamma)) \to ((\alpha \to \beta) \to (\alpha \to \gamma))$
(12) $\alpha \to (\neg\alpha \to \beta)$
(13) $(\alpha \to \beta) \to ((\neg\alpha \to \beta) \to \beta)$.

Ist der Wahrheitswert einer Formel α unter einer Belegung h gleich 1, so sagen wir, daß α *gültig* (oder *wahr*) *unter* h *ist* — und schreiben:

$$\models \alpha[h] \;:\Leftrightarrow\; [\![\alpha]\!]^h = 1.$$

Ist α nicht gültig unter h, so schreiben wir:

$$\not\models \alpha[h] \;:\Leftrightarrow\; [\![\alpha]\!]^h = 0 \;\Leftrightarrow\; [\![\alpha]\!]^h \neq 1.$$

Die Bedingungen (2.1) lassen sich jetzt auch folgendermaßen schreiben:

(2.4) $\models q[h] \Leftrightarrow h(q)=1$ für Aussagenvariablen q

$\models \top[h]$

$\not\models \bot[h]$

$\models \neg\alpha[h] \Leftrightarrow \not\models \alpha[h]$

$\models (\alpha\wedge\beta)[h] \Leftrightarrow (\models\alpha[h]$ und $\models\beta[h])$

$\models (\alpha\vee\beta)[h] \Leftrightarrow (\models\alpha[h]$ oder $\models\beta[h])$

$\models (\alpha\rightarrow\beta)[h] \Leftrightarrow (\models\alpha[h] \Rightarrow \models\beta[h])$

$\models (\alpha\leftrightarrow\beta)[h] \Leftrightarrow (\models\alpha[h] \Leftrightarrow \models\beta[h])$.

Für "α ist Tautologie" schreiben wir kurz "$\models\alpha$":

$\models\alpha$:$\Leftrightarrow$ für alle Belegungen h ist α unter h wahr

$\Leftrightarrow$ für alle Belegungen h: $\models\alpha[h]$.

Eine Formel α heißt *äquivalent zu* einer Formel β (kurz: α äq β), wenn für alle Belegungen h der Wahrheitswert von α unter h identisch ist mit dem Wahrheitswert von β unter h. Es gilt also:

α äq β :$\Leftrightarrow$ für alle h : $[\![\alpha]\!]^h = [\![\beta]\!]^h$

$\Leftrightarrow$ für alle h : $[\![\alpha\leftrightarrow\beta]\!]^h = 1$

$\Leftrightarrow$ $\models\alpha\leftrightarrow\beta$.

Die Formel α ist also äquivalent zur Formel β genau dann, wenn $\alpha\leftrightarrow\beta$ eine Tautologie ist.

Die Relation "äq" zwischen Formeln hat folgende Eigenschaften, die sich sofort aus der Definition ergeben:

(2.5) Für alle Formeln α, β und γ gilt:

(1) α äq α (*Reflexivität*)

(2) α äq β $\Rightarrow$ β äq α (*Symmetrie*)

(3) α äq β und β äq γ $\Rightarrow$ α äq γ (*Transitivität*).

Eine Relation mit diesen drei Eigenschaften heißt *Äquivalenzrelation*. Die Relation "äq" ist also eine Äquivalenzrelation in der Menge aller Formeln.

In (2.3)(2)-(9) sind schon einige Paare zueinander äquivalenter Formeln angegeben. Weitere Äquivalenzen sind zum Beispiel:

(2.6) (1) $\alpha\wedge\beta$ äq $\beta\wedge\alpha$ (2) $\alpha\vee\beta$ äq $\beta\vee\alpha$

(3) $\alpha\wedge(\beta\wedge\gamma)$ äq $(\alpha\wedge\beta)\wedge\gamma$ (4) $\alpha\vee(\beta\vee\gamma)$ äq $(\alpha\vee\beta)\vee\gamma$

(5) $\alpha\wedge(\beta\vee\gamma)$ äq $(\alpha\wedge\beta)\vee(\alpha\wedge\gamma)$ (6) $\alpha\vee(\beta\wedge\gamma)$ äq $(\alpha\vee\beta)\wedge(\alpha\vee\gamma)$.

Die Aussagen (1) bis (4) zeigen, daß die Reihenfolge und Klammerung mehrfacher "$\wedge$"- beziehungsweise "$\vee$"-Verbindungen unwesentlich ist (jedenfalls vom wahrheitstheoretischen Standpunkt).

Ersetzt man in einer Formel α eine Teilformel σ durch eine äquivalente Formel τ, so ist die resultierende Formel zur Ausgangsformel α äquivalent. — Dies läßt sich aus folgendem Substitutionsprinzip herleiten:

(2.7) **Lemma:** Sind $q_1, \ldots, q_k$ paarweise verschiedene Aussagenvariablen, so gilt für alle Formeln $\alpha, \sigma_1, \ldots, \sigma_k, \tau_1, \ldots, \tau_k$:

$$\sigma_1 \text{ äq } \tau_1 \text{ und} \ldots \text{und } \sigma_k \text{ äq } \tau_k \Rightarrow \alpha(q_1/\sigma_1, \ldots, q_k/\sigma_k) \text{ äq } \alpha(q_1/\tau_1, \ldots, q_k/\tau_k).$$

Dabei meint $\alpha(q_1/\rho_1, \ldots, q_k/\rho_k)$ diejenige Formel, die aus α entsteht, indem die Aussagenvariablen q_j simultan durch ρ_j an allen Stellen ihres Vorkommens ersetzt werden. Schreiben wir $^*\alpha$ für $\alpha(q_1/\rho_1, \ldots, q_k/\rho_k)$, so lautet die genaue Definition (durch Rekursion über den Formelaufbau) der Funktion *:

$$^*q = \begin{cases} \rho_j, & \text{falls } q = q_j \text{ für ein } j \in \{1, \ldots, k\} \\ q, & \text{falls } q \notin \{q_1, \ldots, q_k\} \text{ und } q \text{ eine Aussagenvariable ist} \end{cases}$$

$$^*\top = \top$$

$$^*\bot = \bot$$

$$^*\neg\alpha = \neg{}^*\alpha$$

$$^*(\alpha \wedge \beta) = (^*\alpha \wedge {}^*\beta)$$

$$^*(\alpha \vee \beta) = (^*\alpha \vee {}^*\beta)$$

$$^*(\alpha \rightarrow \beta) = (^*\alpha \rightarrow {}^*\beta)$$

$$^*(\alpha \leftrightarrow \beta) = (^*\alpha \leftrightarrow {}^*\beta).$$

Beweis (von (2.7)):

Die Behauptung ergibt sich aus folgender Beobachtung: Definiert man zu einer Belegung h die an den Stellen $q_1, \ldots, q_k$ veränderte Belegung

$$^*h = h(q_1/[\![\rho_1]\!]^h, \ldots, q_k/[\![\rho_k]\!]^h),$$

indem man $^*h(q_j) = [\![\rho_j]\!]^h$ für $j \in \{1, \ldots, k\}$ und $^*h(q) = h(q)$ für alle anderen Aussagenvariablen q setzt, so ergibt sich leicht durch Induktion über den Formelaufbau, daß für alle Formeln α gilt:

$$[\![\alpha(q_1/\rho_1, \ldots, q_k/\rho_k)]\!]^h = [\![\alpha]\!]^{^*h}.$$

Aus der Voraussetzung σ_j äq τ_j für $j \in \{1, \ldots, k\}$ ergibt sich, daß die Belegungen

$^*h := h(q_1/[\![\sigma_1]\!]^h, \ldots, q_k/[\![\sigma_k]\!]^h)$ und $^+h := h(q_1/[\![\tau_1]\!]^h, \ldots, q_k/[\![\tau_k]\!]^h)$

identisch sind. — Damit gilt aufgrund obiger Beobachtung:

$$[\![\alpha(q_1/\sigma_1, \ldots, q_k/\sigma_k)]\!]^h = [\![\alpha]\!]^{^*h} = [\![\alpha]\!]^{^+h} = [\![\alpha(q_1/\tau_1, \ldots, q_k/\tau_k)]\!]^h$$

für alle Belegungen h. — Also sind die Formeln äquivalent.

Ω

Aus (2.7) kann man weitere Substitutionsprinzipien folgern. Zum Beispiel gilt:

> Ist σ äquivalent zu τ, so sind für alle α die Formeln $\alpha(\sigma /\!/ \tau)$ und α äquivalent. Dabei entsteht $\alpha(\sigma /\!/ \tau)$ aus α, indem ein oder mehrere Vorkommen der Formel σ in α durch die Formel τ ersetzt werden.

Dies kann man sich folgendermaßen plausibel machen:

Eine Formel α, in der die Teilformel σ zum Beispiel an drei Stellen vorkommt, kann aus einer Formel β gewonnen werden, indem geeignete Variablen q_1, q_2, q_3, die in β genau einmal vorkommen, durch σ ersetzt werden. Sollen jetzt zum Beispiel die ersten beiden Vorkommen von σ durch τ ersetzt werden, so ergibt sich, falls σ zu τ äquivalent ist, aus (2.7) die gewünschte Aussage: α äq $\beta(q_1/\tau, q_2/\tau, q_3/\sigma)$.

Aufgrund von (2.3) und (2.7) ist unmittelbar einsichtig, daß jede Formel zu einer Formel äquivalent ist, in der nur die Junktorzeichen $\neg$ und $\wedge$ vorkommen. Das Analoge gilt für $\neg$ und $\vee$, $\neg$ und $\rightarrow$ und auch für $\perp$ und $\rightarrow$. Erweitern wir die Sprache der Aussagenlogik um ein neues Junktorzeichen (beliebiger Stellenzahl) und deuten wir dieses Zeichen durch eine Wahrheitswertfunktion entsprechender Stellenzahl, so läßt sich wiederum zeigen, daß jede Formel der erweiterten Sprache zu einer Formel in $\neg$ und $\wedge$, $\neg$ und $\vee$, usw. äquivalent ist. Die eingeführten Junktoren sind also, vom wahrheitstheoretischen Standpunkt gesehen, vollkommen ausreichend.

Dies soll am Beispiel eines neuen dreistelligen Junktorzeichens ι demonstriert werden. — Zum Alphabet der Aussagenlogik adjungieren wir das Symbol ι. Die Formelbildungsregeln erweitern wir um die Regel

$$(R_\iota) \quad \frac{u, v, w}{(\iota uvw)}$$

Zur Definition von $[\![\;]\!]^h$ nehmen wir $[\![(\iota\alpha\beta\gamma)]\!]^h = f_\iota([\![\alpha]\!]^h, [\![\beta]\!]^h, [\![\gamma]\!]^h)$ hinzu, wobei f_ι durch folgende Tabelle gegeben ist:

x	y	z	$f_\iota(x,y,z)$
1	1	1	0
1	1	0	1
1	0	1	1
1	0	0	0
0	1	1	1
0	1	0	0
0	0	1	0
0	0	0	0

Es ist also $f_\iota(x,y,z)=1$ genau dann, wenn genau zwei der Argumente x,y,z gleich 1 sind.

Um eine Formel $(\iota\alpha\beta\gamma)$ äquivalent in eine Formel, in der nur die Junktorzeichen $\neg$, $\wedge$, und $\vee$ vorkommen, umzuschreiben, schaut man sich die Wahrheitswertkombinationen $\langle x,y,z\rangle$ an, die zu $f_\iota(x,y,z)=1$ führen. Dies ist z.B. für $\langle 1,1,0\rangle$ der Fall. Es gibt nun eine Formel δ in $\neg$ und $\wedge$, so daß für alle Belegungen h gilt, daß δ genau dann unter h wahr wird, wenn α und β unter h wahr werden und γ unter h falsch wird. Man setze z.B. $\delta:=(\alpha\wedge\beta\wedge\neg\gamma)$. — Analog führen die Kombinationen $\langle 1,0,1\rangle$ und $\langle 0,1,1\rangle$ zu Formeln $(\alpha\wedge\neg\beta\wedge\gamma)$ und $(\neg\alpha\wedge\beta\wedge\gamma)$. — Verbinden wir diese Formeln disjunktiv, so gilt: $(\iota\alpha\beta\gamma)$ äq $(\alpha\wedge\beta\wedge\neg\gamma)\vee(\alpha\wedge\neg\beta\wedge\gamma)\vee(\neg\alpha\wedge\beta\wedge\gamma)$.

Allgemein läßt sich zeigen, daß zu jeder aussagenlogischen Formel α eine äquivalente Formel β existiert, die entweder identisch mit $\top$ oder $\bot$ ist, oder die Gestalt einer Disjunktion von Konjunktionen von negierten und nichtnegierten Aussagenvariablen hat. (Dabei fassen wir als Grenzfall eine einzelne Konjunktion von negierten und nichtnegierten Aussagenvariablen auch als Disjunktion von Konjunktionen auf.) Die Formel β kann, weil $\top$ und $\bot$ zugelassen sind, immer so gewählt werden, daß darin nur Aussagenvariablen vorkommen, die schon in α vorkommen.

Ist eine Formel identisch mit $\top$ oder $\bot$ oder von der Form einer Disjunktion von Konjunktionen von negierten und nichtnegierten Aussagenvariablen, so sagen wir, sie sei in *disjunktiver Normalform*.

Kommt in α überhaupt keine Aussagenvariable vor, so ist α junktorenlogische Kombination von $\top$ und $\bot$. Jedes solche α ist dann zu $\top$ oder $\bot$ äquivalent. — Kommen in α die Variablen $q_1,\ldots,q_k$ vor, so betrachten wir die entsprechende Wahrheitstafel. Ist für alle Wahrheitswertkombinationen der Variablen der Wahrheitswert von α identisch 0, so ist α zu $\bot$ äquivalent. Andernfalls greifen wir, wie oben, alle Kombinationen, unter denen α den Wert 1 erhält, heraus und verbinden die dazugehörigen Konjunktionen von negierten und nichtnegierten Aussagenvariablen disjunktiv. — Sei zum Beispiel α eine Formel, in der nur die Aussagenvariablen p_3 und p_7 vorkommen (dabei steht p_3 für p''' und p_7 für p'''''''). Ausserdem gelte:

$h(p_3)$	$h(p_7)$	$[\![\alpha]\!]^h$
1	1	0
1	0	1
0	1	0
0	0	1 .

Dann ist α zu $(p_3 \wedge \neg p_7) \vee (\neg p_3 \wedge \neg p_7)$ äquivalent.

Dual zu obigem Vorgehen kann man in der Tafel einer Formel α auch nur auf Wahrheitswertkombinationen achten, unter denen α falsch wird. Zu jeder Wahrheitswertkombination läßt sich, indem man negierte und nichtnegierte Aussagenvariablen disjunktiv verbindet, eine Formel finden, die nur unter dieser Wahrheitswertkombination den Wert 0 und sonst immer den Wert 1 erhält. Durch konjunktive Verknüpfung der Formeln, die den α falsifizierenden Kombinationen entsprechen, erhält man eine zur gegebenen Formel α äquivalente Formel. — Jede Formel ist damit auch äquivalent zu $\top$, $\bot$ oder einer Konjunktion von Disjunktionen von negierten und nichtnegierten (in α vorkommenden) Aussagenvariablen. — Wir sagen, daß Formeln der letzteren Art in *konjunktiver Normalform* stehen. — In dem obigen Beispiel ist α äq $(\neg p_3 \vee \neg p_7) \wedge (p_3 \vee \neg p_7)$.

Als nächstes soll das Folgern aus Prämissenmengen eingeführt werden. Diesem Begriff liegt folgende Vorstellung zugrunde:

Ein Satz A folgt (wahrheitstheoretisch) aus einer Menge S von Sätzen genau dann, wenn jede Parameterfestlegung, die alle Sätze aus S zu wahren Aussagen macht, auch A wahr macht.

Ist Σ eine Formelmenge, so schreiben wir:

$\models \Sigma[h]$:$\Leftrightarrow$ für alle $\sigma \in \Sigma$ gilt: $\models \sigma[h]$.

Im Rahmen der Aussagenlogik definieren wir die *Folgerungsbeziehung* zwischen einer Formelmenge Σ und einer Formel α durch:

$\Sigma \models \alpha$:$\Leftrightarrow$ für alle Belegungen h: $(\models \Sigma[h] \Rightarrow \models \alpha[h])$

"*aus* Σ *folgt* α" - oder auch "α *folgt aus* Σ"

Ist $\Sigma = \emptyset$, so folgt aus der Definition:

$$\begin{aligned} \emptyset \models \alpha \quad &\Leftrightarrow \quad \text{für alle } h\text{: ((für jedes } \sigma \in \emptyset\text{: } \models \sigma[h]) \Rightarrow \models \alpha[h]) \\ &\Leftrightarrow \quad \text{für alle } h\text{: } \models \alpha[h] \\ &\Leftrightarrow \quad \models \alpha \text{ , — d.h. } \alpha \text{ ist tautologisch.} \end{aligned}$$

Ist $\Sigma = \{\sigma_1, \ldots, \sigma_n\}$ eine endliche Formelmenge, so gilt:

$$\begin{aligned} \{\sigma_1, \ldots, \sigma_n\} \models \alpha \quad &\Leftrightarrow \quad \text{für alle } h\text{: } (\models \{\sigma_1, \ldots, \sigma_n\}[h] \Rightarrow \models \alpha[h]) \\ &\Leftrightarrow \quad \text{für alle } h\text{: } (\models \sigma_1[h] \text{ und} \ldots \text{und } \models \sigma_n[h] \Rightarrow \models \alpha[h]) \\ &\Leftrightarrow \quad \text{für alle } h\text{: } (\models (\sigma_1 \wedge \ldots \wedge \sigma_n)[h] \Rightarrow \models \alpha[h]) \\ &\Leftrightarrow \quad \text{für alle } h\text{: } \models (\sigma_1 \wedge \ldots \wedge \sigma_n \rightarrow \alpha)[h] \text{ .} \end{aligned}$$

Es zeigt sich also, daß $\{\sigma_1, \ldots, \sigma_n\} \models \alpha$ genau dann gilt, wenn die Formel $\sigma_1 \wedge \ldots \wedge \sigma_n \rightarrow \alpha$ eine Tautologie ist.

Beispielsweise gilt: $\{\alpha,\beta\}\models\alpha\wedge\beta$, $\{\alpha\to\beta,\beta\to\gamma,\alpha\}\models\gamma$ und $\{\alpha,\neg\alpha\}\models\bot$.

Für die Folgerungsbeziehung $\models$ gelten einige leicht nachweisbare Eigenschaften:

(2.8) (1) $\alpha\in\Sigma$ oder α ist Tautologie $\Rightarrow$ $\Sigma\models\alpha$.

(2) $\Sigma\subset\Sigma_1$ und $\Sigma\models\alpha$ $\Rightarrow$ $\Sigma_1\models\alpha$.

(3) Gilt $\Sigma\models\delta$ für alle $\delta\in\Delta$, und gilt $\Delta\models\alpha$, so gilt auch $\Sigma\models\alpha$.

Schreiben wir $\Sigma\models\Delta$, falls für alle $\delta\in\Delta$ die Beziehung $\Sigma\models\delta$ besteht, so schreibt sich (3) folgendermaßen: $\Sigma\models\Delta$ und $\Delta\models\alpha$ $\Rightarrow$ $\Sigma\models\alpha$. – Allgemeiner gilt sogar für Formelmengen Γ, Δ und Σ:

(3') $\Sigma\models\Delta$ und $\Delta\models\Gamma$ $\Rightarrow$ $\Sigma\models\Gamma$.

Beweis:

Die Aussagen (1) und (2) ergeben sich unmittelbar aus der Definition der Folgerungsbeziehung. Die Behauptung (3') erhält man so: Ist h eine Belegung, die alle Elemente von Σ wahr macht, so folgt aus $\Sigma\models\Delta$, daß h auch alle Formeln aus Δ wahr macht, und wegen $\Delta\models\Gamma$ werden dann unter h auch alle Formeln aus Γ wahr.

Ω

Ist $\Sigma=\{q_0,q_0\to q_1,q_1\to q_2,q_2\to q_3,\ldots\}=\{q_0\}\cup\{q_j\to q_{j+1}\mid j\in\mathbb{N}\}$, wobei die q_j paarweise verschiedene Aussagenvariablen sind, so gilt $\Sigma\models q_j$ für alle $j\in\mathbb{N}$. Genauer gilt, daß beispielsweise q_2 schon aus der endlichen Teilmenge $\{q_0,q_0\to q_1,q_1\to q_2\}\subset\Sigma$ folgt. Andererseits folgt q_2 nicht aus $\{q_0,q_0\to q_1\}$, da unter jeder Belegung h mit $h(q_0)=h(q_1)=1$ und $h(q_2)=0$ die Formeln q_0 und $q_0\to q_1$ wahr sind – aber q_2 falsch ist. Eine analoge Behauptung ergibt sich für die übrigen q_j. Jedes q_j folgt also schon aus einer endlichen Teilmenge $\Sigma_j\subset\Sigma$. Es wird sich in Kürze zeigen, daß dies ganz allgemein richtig ist. Es gilt nämlich:

$\Sigma\models\alpha$ $\Leftrightarrow$ es gibt eine endliche Teilmenge $\Delta\subset\Sigma$ mit $\Delta\models\alpha$.

Diese Aussage bezeichnet man als den Endlichkeits- oder auch Kompaktheitssatz der Aussagenlogik. (Der Name Kompaktheitssatz rührt daher, daß es topologische Beweise für den Satz gibt, die auf der Kompaktheit des Raumes aller Belegungen beruhen.) Wir werden diesen Satz aus dem Vollständigkeitssatz eines gewissen aussagenlogischen Systems gewinnen. Genauer bedeutet dies, daß wir in Abhängigkeit von Σ Regelsysteme $\mathbf{R}_\Sigma$ angeben, so daß für alle Formeln α gilt:

(*) $\Sigma\models\alpha$ $\Leftrightarrow$ α ist in $\mathbf{R}_\Sigma$ ableitbar.

Der Begriff des Regelsystems wird hier insofern allgemeiner gefaßt, als beliebige Axiomenmengen zugelassen werden. Die Axiome brauchen nicht wie in den zuvor betrachteten Regelsystemen durch endlich viele Axiomenschemata gegeben zu sein. – In den Regelsystemen $\mathbf{R}_\Sigma$ werden zu gewissen logischen Axiomen die Elemente von Σ als weitere Axiome hinzugenommen.

Aus der obigen Vollständigkeitsaussage (*) ergibt sich dann sofort der Kompaktheitssatz, da in eine $\mathbf{R}_\Sigma$-Ableitung von α nur endlich viele Elemente von Σ eingehen. Fassen wir diese zu einer Menge Δ zusammen, so ist α schon in $\mathbf{R}_\Delta$ ableitbar, wobei Δ eine endliche Teilmenge von Σ ist.

Im weiteren wird also dem Begriff der logischen Folgerung, der Bezug auf die Menge aller Belegungen nimmt, ein Regelsystem zur Seite gestellt, das nur mit endlichen Zeichenreihen operiert, und es wird gezeigt, daß Folgerungsbegriff und Ableitungsbegriff übereinstimmen.

Um die Ausführungen kürzer und einfacher zu gestalten, betrachten wir eine Teilsprache der Aussagenlogik. Diese Teilsprache basiert auf dem Alphabet p, ', ¬, →, (,). Als Formelbildungsregeln treten nur die Regeln (R_A), $(R_\neg)$ und $(R_\rightarrow)$ auf.

Die Teilsprache enthält also genau alle Formeln, in denen nur die Junktorzeichen ¬ und → auftreten. Wie wir schon bemerkt haben, ist aufgrund von (2.3) und (2.7) jede Formel der Aussagenlogik zu einer Formel dieser Teilsprache äquivalent. Wenn wir bis zum Ende dieses Paragraphen von Formeln und Formelmengen reden, so meinen wir immer Formeln und Formelmengen dieser Teilsprache. Die Zeichen $\top$, $\bot$, $\wedge$, $\vee$, $\leftrightarrow$ sind im weiteren als Abkürzungen zu verstehen:

$\top$ steht für $(p \rightarrow p)$

$\bot$ steht für $\neg\top$

$(\alpha \vee \beta)$ steht für $(\neg\alpha \rightarrow \beta)$

$(\alpha \wedge \beta)$ steht für $\neg(\alpha \rightarrow \neg\beta)$

$(\alpha \leftrightarrow \beta)$ steht für $(\alpha \rightarrow \beta) \wedge (\beta \rightarrow \alpha)$.

Wir führen zuerst das Regelsystem **R** ein. Zum System **R** gehören folgende Axiomenschemata:

(A_1) $\alpha \rightarrow (\beta \rightarrow \alpha)$

(A_2) $(\alpha \rightarrow (\beta \rightarrow \gamma)) \rightarrow ((\alpha \rightarrow \beta) \rightarrow (\alpha \rightarrow \gamma))$

(A_3) $\alpha \rightarrow (\neg\alpha \rightarrow \beta)$

(A_4) $(\alpha \rightarrow \beta) \rightarrow ((\neg\alpha \rightarrow \beta) \rightarrow \beta)$.

Zu den Axiomen kommt eine Regel mit zwei Prämissen hinzu

(MP) $\dfrac{\alpha\, ,\, \alpha \rightarrow \beta}{\beta}$, der *Modus ponens*.

Ist Σ eine Formelmenge, so bezeichne $\mathbf{R}_\Sigma$ dasjenige Regelsystem, das aus $\mathbf{R}$ entsteht, indem die Elemente von Σ als weitere Axiome hinzugenommen werden. — Für $\Sigma = \emptyset$ gilt: $\mathbf{R}_\Sigma = \mathbf{R}$.

Die durch (A_1)-(A_4) gegebenen Axiome werden als *logische Axiome* bezeichnet. Die Systeme $\mathbf{R}_\Sigma$ haben neben den logischen Axiomen noch die Elemente von Σ als "nichtlogische" Axiome.

Wir schreiben:

$$\Sigma \vdash \alpha \quad :\Leftrightarrow \quad \text{es gibt eine Ableitung von } \alpha \text{ in } \mathbf{R}_\Sigma .$$

Anstelle von "es gibt eine Ableitung von α in $\mathbf{R}_\Sigma$" sagen wir auch "α *ist aus* Σ *beweisbar*".

Ist Σ leer, so schreiben wir für $\emptyset \vdash \alpha$ auch $\vdash \alpha$ und sagen "α *ist beweisbar*".

Es gilt $\Sigma \vdash \alpha$ genau dann, wenn für ein $k \in \mathbb{N}$ eine Formelfolge $\beta_0, \dots, \beta_k$ existiert, so daß $\alpha = \beta_k$ ist, und für $j \in \{0, \dots, k\}$ eine der folgenden Aussagen zutrifft:

i) β_j ist ein logisches Axiom.

ii) β_j ist ein Element von Σ.

iii) β_j ensteht durch Anwendung des Modus ponens auf Formeln β_{j_1} und β_{j_2}, wobei j_1 und j_2 kleiner als j sind.

Wir zeigen zuerst für eine beliebige Formel δ die Beweisbarkeit von $\delta \to \delta$:

1. $(\delta \to ((\delta \to \delta) \to \delta)) \to ((\delta \to (\delta \to \delta)) \to (\delta \to \delta))$, dabei sind in (A_2) folgende Ersetzungen vorgenommen worden: α durch δ, β durch $(\delta \to \delta)$ und γ durch δ. Dafür schreiben wir kürzer: A_2: α/δ, $\beta/(\delta \to \delta)$, γ/δ.

2.	$\delta \to ((\delta \to \delta) \to \delta)$	A_1: α/δ, $\beta/(\delta \to \delta)$
3.	$(\delta \to (\delta \to \delta)) \to (\delta \to \delta)$	MP: 2, 1
4.	$\delta \to (\delta \to \delta)$	A_1: α/δ, β/δ
5.	$\delta \to \delta$	MP: 4, 3

Damit gilt:

(2.9) $\vdash \delta \to \delta$ für alle Formeln δ.

Da nur $\mathbf{R}$-Regeln zur Anwendung gekommen sind, ist dieses Ableitungsschema natürlich auch Ableitungsschema in jedem Regelsystem, das $\mathbf{R}$ umfaßt — also insbesondere in allen $\mathbf{R}_\Sigma$. Dabei meinen wir mit *Ableitungsschema* eine Wortfolge, bestehend aus Wörtern über dem mit Formelvariablen angereicherten Alphabet der Aussagenlogik, die so geartet ist, daß nach uniformer Ersetzung aller Formelvariablen durch Formeln eine Ableitung des Regelsystems entsteht.

Um das Ableiten in Regelsystemen zu verkürzen, wird man Ableitungen und Ableitungsschemata in anderen Ableitungen wiederverwenden, ohne sie noch einmal hinzuschreiben. Verlängert man zum Beispiel eine Ableitung in einem **R***, das **R** umfaßt, um die Formel $p \to p$, so ist klar, daß man die neue Folge zu einer **R***-Ableitung machen kann, indem man nicht nur $p \to p$, sondern alle Formeln anhängt, die man aus den Zeilen 1.-5. durch die Ersetzung δ/p erhält.

Es läßt sich also $\delta \to \delta$ als neue Anfangsregel zu jeder Erweiterung **R*** von **R** hinzunehmen, ohne daß dadurch etwas ableitbar wird, was nicht schon in **R*** selbst ableitbar ist. Das liegt darin begründet, daß wir im Nachweis von $\delta \to \delta$ nur Regeln aus **R** benutzt haben.

Derartige Regeln, die man zu jedem **R***, das **R** umfaßt, hinzunehmen kann, ohne daß etwas Neues ableitbar wird, bezeichnet man als *in* **R** *abgeleitete Regeln.* — Analog zu abgeleiteten Anfangsregeln lassen sich abgeleitete Regeln mit Prämissen einführen.

Um die abgeleiteten Regeln von den primär gegebenen Regeln zu unterscheiden, schreiben wir immer einen Doppelstrich anstelle des einfachen Regelstrichs.

Sofern aus dem Kontext nicht unmittelbar klar ist, in welchem System eine Regel als abgeleitet zu betrachten ist, schreibt man den Namen des Regelsystems an das Ende des Doppelstrichs. Im folgenden werden wir nur in **R** abgeleitete Regeln einführen. Wir lassen daher den entsprechenden Hinweis weg.

Die Anfangsregeln (A_1)-(A_4) geben Anlaß zu folgenden abgeleiteten Regeln:

$$(A_1') \quad \frac{\alpha}{\beta \to \alpha} \qquad\qquad (A_2') \quad \frac{\alpha \to (\beta \to \gamma)\ ,\ \alpha \to \beta}{\alpha \to \gamma}$$

$$(A_3') \quad \frac{\alpha\ ,\ \neg\alpha}{\beta} \qquad\qquad (A_4') \quad \frac{\alpha \to \beta\ ,\ \neg\alpha \to \beta}{\beta}\ .$$

Ist nämlich eine Ableitung $\ldots,\alpha$ in einem $\mathbf{R}^* \supset \mathbf{R}$ gegeben, so ist die verlängerte Folge $\ldots,\alpha,\alpha \to (\beta \to \alpha),\beta \to \alpha$ eine **R***–Ableitung von $\beta \to \alpha$, da $\alpha \to (\beta \to \alpha)$ aufgrund von (A_1) angehängt werden darf, und $\beta \to \alpha$ durch Anwendung des Modus ponens auf α und $\alpha \to (\beta \to \alpha)$ entsteht. Damit ist (A_1') gezeigt. — Sind jetzt $\ldots,\alpha \to (\beta \to \gamma)$ und $\ldots,\alpha \to \beta$ **R***–Ableitungen, so ist

$$\ldots,\alpha \to (\beta \to \gamma), \ldots,\alpha \to \beta, (\alpha \to (\beta \to \gamma)) \to ((\alpha \to \beta) \to (\alpha \to \gamma)), (\alpha \to \beta) \to (\alpha \to \gamma), \alpha \to \gamma$$

aufgrund von (A_2) und zweimaliger Anwendung des Modus ponens eine R^*-Ableitung. Somit ist auch (A_2') richtig. – Analog zeigt man (A_3') und (A_4').

(2.10) **Lemma:** Für die Beweisbarkeitsrelation gelten folgende Aussagen:

(1) $\sigma \in \Sigma$ oder σ logisches Axiom $\Rightarrow$ $\Sigma \vdash \sigma$.

(2) $\Sigma \subset \Sigma_1$ und $\Sigma \vdash \alpha$ $\Rightarrow$ $\Sigma_1 \vdash \alpha$.

(3) Gilt $\Sigma \vdash \delta$ für alle $\delta \in \Delta$, und gilt $\Delta \vdash \alpha$, so gilt auch $\Sigma \vdash \alpha$.

(4) $\Sigma \vdash \alpha$ und $\Sigma \vdash \alpha \to \beta$ $\Rightarrow$ $\Sigma \vdash \beta$.

(5) $\Sigma \vdash \alpha$ $\Leftrightarrow$ es gibt eine endliche Teilmenge $\Delta \subset \Sigma$ mit: $\Delta \vdash \alpha$.

Beweis:

Die Behauptung (1) ist offensichtlich, da die Folge σ in beiden Fällen eine R_Σ-Ableitung für σ ist. – Da jede R_Σ-Ableitung insbesondere auch eine R_{Σ_1}-Ableitung für jedes $\Sigma_1 \supset \Sigma$ ist, ergibt sich (2). – Sei ....,α eine Ableitung von α aus Δ. Fügen wir anstelle jedes $\delta \in \Delta$, das in dieser Ableitung auftritt, eine Ableitung von δ aus Σ ein, so erhalten wir eine Ableitung von α aus Σ. Damit ist (3) gezeigt. – Die Aussage (4) ergibt sich durch Hintereinanderschreiben einer Σ-Ableitung für α und einer Σ-Ableitung für $\alpha \to \beta$ durch Anwendung des Modus ponens. – Schließlich erhalten wir (5) aus der Tatsache, daß in einer Σ-Ableitung für α per Definition nur endlich viele Formeln auftreten. Insbesondere werden nur endlich viele $\sigma \in \Sigma$ benutzt. Faßt man diese zur Menge Δ zusammen, so folgt $\Delta \vdash \alpha$. Gilt andererseits $\Delta \vdash \alpha$ für eine (endliche) Teilmenge $\Delta \subset \Sigma$, so impliziert (2) auch $\Sigma \vdash \alpha$.

Ω

Als nächstes soll eine Aussage über die Beweisbarkeit gezeigt werden, die als *Deduktionstheorem* (der Aussagenlogik) bekannt ist.

(2.11) **Theorem:** Es gilt für alle Σ, α und β : $(\Sigma \cup \{\alpha\} \vdash \beta \Rightarrow \Sigma \vdash \alpha \to \beta)$.

Wenn man also zu den Axiomen σ aus Σ ein weiteres Axiom α hinzunimmt und β beweisen kann, so kann man die Implikation $\alpha \to \beta$ schon aus Σ beweisen.

Beweis:

Sei $\delta_0, \ldots, \delta_k$ mit $\delta_k = \beta$ eine Ableitung von β in $R_{\Sigma \cup \{\alpha\}}$. Wir zeigen induktiv, daß die Aussagen $\Sigma \vdash \alpha \to \delta_0, \ldots, \Sigma \vdash \alpha \to \delta_k$ wahr sind. Da $\alpha \to \delta_k = \alpha \to \beta$ ist, gilt dann, wie behauptet, $\Sigma \vdash \alpha \to \beta$.

Die Aussagen $\Sigma \vdash \alpha \to \delta_0$,..., $\Sigma \vdash \alpha \to \delta_{j-1}$ seien, falls $j>0$ ist, schon nachgewiesen. Wir zeigen, daß unter Benutzung dieser Voraussetzung dann auch $\Sigma \vdash \alpha \to \delta_j$ gilt. Dabei unterscheiden wir zwei Fälle, wobei für $j=0$ nur der erste Fall in Betracht kommt (denn δ_0 kann nur durch eine $R_{\Sigma\cup\{\alpha\}}$-Anfangsregel erzeugt sein).

1. Fall: $\delta_j \in \Sigma\cup\{\alpha\}$ oder δ_j ist logisches Axiom.

Ist δ_j ein Element von Σ oder ein logisches Axiom, so folgt offensichtlich $\Sigma\vdash\delta_j$. Durch Anwendung der Regel (A_1') folgt die Σ-Ableitbarkeit von $\alpha\to\delta_j$. — Ist andererseits $\delta_j=\alpha$, so ergibt (2.9) die gewünschte Aussage $\Sigma\vdash\alpha\to\alpha$.

2. Fall: δ_j ergibt sich in der gegebenen $R_{\Sigma\cup\{\alpha\}}$-Ableitung durch Anwendung des Modus ponens auf zwei vorhergehende Formeln, d.h. es gibt $j_1, j_2 \in \{0,\dots,j-1\}$ mit $\delta_{j_2}=(\delta_{j_1}\to\delta_j)$. Nach Induktionsvoraussetzung gilt dann: $\Sigma\vdash\alpha\to\delta_{j_2}$ und $\Sigma\vdash\alpha\to\delta_{j_1}$. Da $\alpha\to\delta_{j_2}=\alpha\to(\delta_{j_1}\to\delta_j)$ ist, folgt mit Hilfe der abgeleiteten Regel (A_2') die Behauptung $\Sigma\vdash\alpha\to\delta_j$.

Ω

Wir bemerken noch, daß aus $\Sigma\vdash\alpha\to\beta$ auch die Aussage $\Sigma\cup\{\alpha\}\vdash\beta$ folgt. Denn $\Sigma\vdash\alpha\to\beta$ impliziert $\Sigma\cup\{\alpha\}\vdash\alpha\to\beta$. Trivialerweise gilt $\Sigma\cup\{\alpha\}\vdash\alpha$. Mit (2.10)(4) ergibt sich dann, wie behauptet, $\Sigma\cup\{\alpha\}\vdash\beta$.

Wir wollen jetzt zeigen, daß die anfangs eingeführte Folgerungsbeziehung und die Beweisbarkeitsbeziehung übereinstimmen. Das ist die Aussage des *Vollständigkeitssatzes*:

(2.12) **Theorem:** Für alle Formelmengen $\Sigma\cup\{\alpha\}$ gilt: $(\Sigma\models\alpha \Leftrightarrow \Sigma\vdash\alpha)$.

Wir beginnen mit der einfach nachzuweisenden Implikation $(\Sigma\vdash\alpha \Rightarrow \Sigma\models\alpha)$. Diesen Teil des Vollständigkeitssatzes bezeichnet man auch als den *Korrektheitssatz*, da er zum Ausdruck bringt, daß eine Formel nur dann aus einer Formelmenge beweisbar sein kann, wenn sie auch aus der Formelmenge folgt — und somit nur "korrekte" Folgerungen beweisbar sind.

Die umgekehrte Implikation, die schwieriger zu beweisen ist, zeigt, daß unsere Regelsysteme so "vollständig" sind, daß ihnen keine Folgerung entgeht — wir also nicht etwa Regeln vergessen haben.

Um die Korrektheit zu beweisen, genügt es, folgendes zu bemerken:

i) $\Sigma\models\beta$, falls β ein R_Σ-Axiom ist.

ii) $\Sigma\models\beta$ und $\Sigma\models\beta\to\gamma \;\Rightarrow\; \Sigma\models\gamma$.

Ist nämlich $\delta_0,\dots,\delta_k$ ein Beweis für α aus Σ, so ergibt sich aus i) und ii), da jedes δ_j ein R_Σ-Axiom ist oder durch Anwendung des Modus ponens auf vorhergehende δ_{j_i} ensteht, induktiv $\Sigma\models\delta_k$ — und somit folgt $\Sigma\models\alpha$.

Da die Axiome (A_1)-(A_4) (siehe (2.3)) Tautologien sind, ergibt sich i) aus (2.8)(1). — Die Aussage ii) folgt aus der Tatsache, daß jede Belegung h, die β und $\beta\to\gamma$ wahr macht, auch γ wahr macht. — Damit ist die Korrektheitsaussage gezeigt.

Um jetzt die Implikation ($\Sigma\models\alpha \Rightarrow \Sigma\vdash\alpha$) zu zeigen, nehmen wir an, daß aus Σ die Formel α nicht beweisbar ist. — Es ist dann zu zeigen, daß es ein Gegenbeispiel zu $\Sigma\models\alpha$ gibt. Das heißt, es ist die Existenz einer Belegung h^* zu zeigen, unter der alle Formeln aus Σ wahr sind, aber α falsch ist. Da uns außer der Nichtableitbarkeit von α in $\mathbf{R}_\Sigma$ keine weiteren Voraussetzungen zur Verfügung stehen, ist ein solches h^* allein über die internen Eigenschaften des Regelsystems zu gewinnen. Dafür ist folgende Eigenschaft von Formelmengen wichtig:

Γ ist *widerspruchsfrei* $:\Leftrightarrow$ $\Gamma\nvdash\bot$
$\Leftrightarrow$ aus Γ ist $\bot$ nicht beweisbar.

Wir werden zeigen, daß die Nichtbeweisbarkeit von α aus Σ die Widerspruchsfreiheit von $\Gamma:=\Sigma\cup\{\neg\alpha\}$ nach sich zieht. Weiterhin werden wir nachweisen, daß die widerspruchsfreie Menge Γ zu einer maximal widerspruchsfreien Menge Γ^* erweitert werden kann. — Aus einer maximal widerspruchsfreien Menge Γ^* läßt sich dann in kanonischer Weise eine Belegung h^* definieren, so daß für alle Formeln δ gilt:

$$\delta\in\Gamma^* \Leftrightarrow \models\delta[h^*] \Leftrightarrow [\![\delta]\!]^{h^*}=1.$$

Da $\Sigma\cup\{\neg\alpha\}\subset\Gamma^*$ ist, folgt hieraus, daß alle $\delta\in\Sigma\cup\{\neg\alpha\}$ unter h^* wahr sind, und somit ist ein Gegenbeispiel zu $\Sigma\models\alpha$ gewonnen.

Wir weisen zuerst nach, daß die Nichtbeweisbarkeit von α aus Σ die Widerspruchsfreiheit von $\Gamma:=\Sigma\cup\{\neg\alpha\}$ zur Folge hat:

(2.13) **Lemma:** $\Sigma\nvdash\alpha \Rightarrow \Sigma\cup\{\neg\alpha\}\nvdash\bot$.

Beweis:

Wir zeigen die Kontraposition: ($\Sigma\cup\{\neg\alpha\}\vdash\bot \Rightarrow \Sigma\vdash\alpha$). — Sei also

1) $\Sigma\cup\{\neg\alpha\}\vdash\bot$.

Da nach (2.9) die Formel $\top=(p\to p)$ beweisbar ist, gilt auch:

2) $\Sigma\cup\{\neg\alpha\}\vdash\top$.

Da $\bot=\neg\top$ ist, folgt aus 1) und 2) mit $(A_3')(\alpha/\top,\beta/\alpha)$:

3) $\Sigma\cup\{\neg\alpha\}\vdash\alpha$.

Aus 3) folgt mit dem Deduktionstheorem (2.11):

4) $\Sigma\vdash\neg\alpha\to\alpha$.

Aus (2.9) folgt:

5) $\Sigma\vdash\alpha\to\alpha$.

Durch Anwendung von (A_4') ergibt sich aus 5) und 4) schließlich:

6) $\Sigma \vdash \alpha$.

Ω

Als nächstes zeigen wir, daß sich jede widerspruchsfreie Formelmenge zu einer maximal widerspruchsfreien Formelmenge erweitern läßt.

(2.14) **Lemma:** Jede widerspruchsfreie Formelmenge Γ läßt sich zu einer maximal widerspruchsfreien Menge Γ^* erweitern, d.h. es gibt ein widerspruchsfreies Γ^* mit $\Gamma \subset \Gamma^*$, das keine echte widerspruchsfreie Erweiterung mehr zuläßt.

Beweis:

Um zu zeigen, daß sich jede widerspruchsfreie Formelmenge Γ zu einer maximal widerspruchsfreien Formelmenge Γ^* erweitern läßt, wählt man zuerst eine Abzählung $\delta_0, \delta_1, \delta_2, \delta_3, \ldots$ aller Formeln. - Eine solche Abzählung läßt sich wie folgt gewinnen. Den Buchstaben des Alphabets ordnen wir injektiv die Zahlen 1 bis 6 zu:

$$f := \{\langle p,1\rangle, \langle ',2\rangle, \langle \neg,3\rangle, \langle \rightarrow,4\rangle, \langle (,5\rangle, \langle),6\rangle\}.$$

Mit Hilfe von f definieren wir eine Funktion $\overline{f}$ von der Menge aller Wörter über dem Alphabet in die Menge der natürlichen Zahlen, indem wir einem Wort $w = v_0 v_1 \ldots v_k$ die Zahl $\overline{f}(w)$ mit der Dezimaldarstellung $f(v_0)f(v_1)\ldots f(v_k)$ zuordnen. Zum Beispiel wird die Formel $(p'' \rightarrow p')$ durch $\overline{f}$ auf 51224126 abgebildet. Die Funktion $\overline{f}$ ist injektiv. Jede Formel besitzt somit eine eindeutige numerische Verschlüsselung. Eine Abzählung dieser Kodenummern nach der Größe führt nach Entschlüsselung zu einer Abzählung aller Formeln. Mit Hilfe dieser Abzählung definieren wir induktiv eine Folge von Formelmengen $\Gamma_0 \subset \Gamma_1 \subset \Gamma_2 \subset \ldots$:

$$\Gamma_0 = \Gamma \;, \qquad \Gamma_{n+1} = \begin{cases} \Gamma_n \cup \{\delta_n\}, & \text{falls } \Gamma_n \cup \{\delta_n\} \text{ widerspruchsfrei ist;} \\ \Gamma_n & \text{sonst.} \end{cases}$$

Sei Γ^* die Vereinigung über alle Γ_n, d.h.

$$\Gamma^* := \bigcup_{n \in \mathbb{N}} \Gamma_n .$$

Wir behaupten, daß Γ^* maximal widerspruchsfrei ist. — Aus der Widerspruchsfreiheit von Γ folgt die von Γ^*. Denn durch Induktion ergibt sich sofort, daß jedes Γ_n widerspruchsfrei ist. Wäre nun Γ^* widerspruchsvoll, so gäbe es eine Ableitung von $\perp$ aus Γ^*. In dieser Ableitung kämen aber nur endlich viele Formeln aus Γ^* vor, die in einem genügend großen Γ_n alle enthalten wären. Ein solches Γ_n wäre dann *widerspruchsvoll*, d.h. nicht widerspruchsfrei. — Also ist Γ^* widerspruchsfrei.

Die Maximalität von Γ^* ergibt sich so: Ist Δ eine Formelmenge, die Γ^* echt umfaßt, d.h. $\Gamma^* \subset \Delta$ und $\Gamma^* \neq \Delta$, so gibt es eine Formel $\delta \in \Delta$, die nicht in Γ^* liegt. Diese Formel δ kommt in der Abzählung der Formeln vor, und es gilt $\delta=\delta_n$ für ein gewisses $n\in\mathbb{N}$. Da δ_n nicht in Γ^* ist, kann δ_n auch nicht in der Teilmenge Γ_{n+1} sein. Also ist nach Definition von Γ_{n+1} die Menge $\Gamma_n\cup\{\delta_n\}$ widerspruchsvoll. Dann ist aber auch Δ als Obermenge von $\Gamma_n\cup\{\delta_n\}$ widerspruchsvoll. — Also gibt es keine echte widerspruchsfreie Erweiterung von Γ^*.

Ω

Im folgenden Lemma werden wichtige Eigenschaften maximal widerspruchsfreier Formelmengen gezeigt.

(2.15) **Lemma:** Ist Γ^* eine maximal widerspruchsfreie Formelmenge, so gilt für alle Formeln β, γ :

(1) $\beta\in\Gamma^* \quad\Leftrightarrow\quad \Gamma^*\vdash\beta$.

(2) $\neg\beta\in\Gamma^* \quad\Leftrightarrow\quad \beta\notin\Gamma^*$.

(3) $(\beta\to\gamma)\in\Gamma^* \quad\Leftrightarrow\quad (\beta\in\Gamma^* \Rightarrow \gamma\in\Gamma^*)$.

Beweis:

(1) Die Implikation $(\beta\in\Gamma^* \Rightarrow \Gamma^*\vdash\beta)$ ist trivial. — Um die Umkehrung zu zeigen, betrachten wir die Menge $\Delta:=\{\beta|\Gamma^*\vdash\beta\}$. Diese Menge umfaßt Γ^*. Δ ist außerdem widerspruchsfrei, da $\Delta\vdash\bot$ nach (2.10)(3) auch $\Gamma^*\vdash\bot$ zur Folge hätte. Somit ist Δ eine widerspruchsfreie Erweiterung von Γ^*. Da Γ^* nach Voraussetzung maximal widerspruchsfrei ist, muß Δ mit Γ^* identisch sein. Also folgt aus $\Gamma^*\vdash\beta$ auch $\beta\in\Gamma^*$.

(2) Wären β und $\neg\beta$ beide Element von Γ^*, so ergäbe (1): $\Gamma^*\vdash\beta$ und $\Gamma^*\vdash\neg\beta$. Mit (A_3') hätte man dann $\Gamma^*\vdash\bot$. Also ist höchstens eine der beiden Formeln in Γ^*. — Wäre anderseits weder β noch $\neg\beta$ in Γ^*, so wären, da Γ^* maximal widerspruchsfrei ist, die beiden Mengen $\Gamma^*\cup\{\beta\}$ und $\Gamma^*\cup\{\neg\beta\}$ widerspruchsvoll, d.h. $\Gamma^*\cup\{\beta\}\vdash\bot$ und $\Gamma^*\cup\{\neg\beta\}\vdash\bot$. Mit Hilfe des Deduktionstheorems ergäbe sich dann $\Gamma^*\vdash\beta\to\bot$ und $\Gamma^*\vdash\neg\beta\to\bot$. Durch Anwendung von ($A_4$') wäre $\Gamma^*\vdash\bot$, d.h. Γ^* wäre widerspruchsvoll. — Also ist genau eine der Formeln β oder $\neg\beta$ in Γ^*.

(3) Wir zeigen zuerst, daß aus $(\beta\to\gamma)\in\Gamma^*$ und $\beta\in\Gamma^*$ auch $\gamma\in\Gamma^*$ folgt. Aus $(\beta\to\gamma)\in\Gamma^*$ und $\beta\in\Gamma^*$ erhält man mit (1) auch $\Gamma^*\vdash\beta$ und $\Gamma^*\vdash(\beta\to\gamma)$. Mit (2.10)(4) ergibt sich dann $\Gamma^*\vdash\gamma$, woraus wiederum mit (1) die Behauptung $\gamma\in\Gamma^*$ folgt. — Um die andere Implikation nachzuweisen, zeigen wir: $(\beta\notin\Gamma^*\Rightarrow(\beta\to\gamma)\in\Gamma^*)$ und $(\gamma\in\Gamma^*\Rightarrow(\beta\to\gamma)\in\Gamma^*)$. Dies genügt, da ja nach unseren Abmachungen $(\beta\in\Gamma^* \Rightarrow \gamma\in\Gamma^*)$ mit $(\beta\notin\Gamma^*$ oder $\gamma\in\Gamma^*)$ gleichbedeutend ist. — Sei also $\beta\notin\Gamma^*$. Mit (2) folgt daraus $\neg\beta\in\Gamma^*$ — und somit auch $\Gamma^*\vdash\neg\beta$. Unter Benutzung von (A_1') ergibt sich dann $\Gamma^*\vdash\beta\to\neg\beta$. Mit ($A_3$) erhält man andererseits $\Gamma^*\vdash\beta\to(\neg\beta\to\gamma)$. Durch Anwendung von ($A_2$')

erhält man dann $\Gamma^*\vdash\beta\rightarrow\gamma$ – und damit auch $(\beta\rightarrow\gamma)\in\Gamma^*$. – Sei schließlich $\gamma\in\Gamma^*$. Dann gilt $\Gamma^*\vdash\gamma$. Mit (A_1') folgt $\Gamma^*\vdash\beta\rightarrow\gamma$ – und damit gilt auch, wie gewünscht, $(\beta\rightarrow\gamma)\in\Gamma^*$.

Ω

Zu einer maximal widerspruchsfreien Formelmenge Γ^* definieren wir eine Belegung h^* der Aussagenvariablen durch:

$$h^*(q) := \begin{cases} 1, & \text{falls } q \text{ ein Element von } \Gamma^* \text{ ist;} \\ 0 & \text{sonst.} \end{cases}$$

Wir behaupten, daß h^* folgende Eigenschaft hat:

(2.16) **Lemma:** Für alle Formeln δ gilt, daß δ genau dann unter h^* wahr ist, wenn δ Element von Γ^* ist; d.h. es gilt:

$\models\delta[h^*] \Leftrightarrow \delta\in\Gamma^*$.

Beweis:

Die Behauptung zeigen wir durch Induktion über den Aufbau von δ:

Für Aussagenvariablen ist sie nach Definition richtig.

Ist sie andererseits für eine Formel β richtig, so folgt aus (2.15)(2) und der Induktionsvoraussetzung:

$$\models\neg\beta[h^*] \quad\Leftrightarrow\quad \not\models\beta[h^*] \quad\Leftrightarrow\quad \beta\notin\Gamma^* \quad\Leftrightarrow\quad \neg\beta\in\Gamma^*.$$

Sei jetzt die Behauptung für die Formeln β und γ bereits richtig. Dann ergibt (2.15)(3) zusammen mit der Induktionsvoraussetzung:

$$\begin{aligned} \models(\beta\rightarrow\gamma)[h^*] &\Leftrightarrow (\models\beta[h^*] \Rightarrow \models\gamma[h^*]) \\ &\Leftrightarrow (\beta\in\Gamma^* \Rightarrow \gamma\in\Gamma^*) \\ &\Leftrightarrow (\beta\rightarrow\gamma)\in\Gamma^*. \end{aligned}$$

Damit ist (2.16) gezeigt.

Ω

Wie schon anfangs skizziert, ergibt sich der Vollständigkeitssatz (2.12) jetzt folgendermaßen:

Beweis: (von (2.12))

Aus $\Sigma\not\vdash\alpha$ folgt die Widerspruchsfreiheit von $\Gamma := \Sigma\cup\{\neg\alpha\}$. Das ist die Aussage von Lemma (2.13). Nach Lemma (2.14) läßt sich Γ zu einer maximal widerspruchsfreien Menge Γ^* erweitern. Aus (2.16) folgt die Existenz einer Belegung h^*, die alle Elemente von Γ^* wahr macht. Insbesondere sind unter h^* die Elemente von Σ und die Formel $\neg\alpha$ wahr. Also folgt α nicht aus Σ. – Unter Berücksichtigung der Korrektheit ist damit $\Sigma\models\alpha \Leftrightarrow \Sigma\vdash\alpha$ gezeigt. Das ist aber die Aussage von (2.12).

Ω

Aus dem Vollständigkeitssatz erhalten wir sofort den *Kompaktheitssatz* als Korollar:

(2.17) **Korollar:** Ist α eine Formel und Σ eine Formelmenge der Aussagenlogik, so folgt α aus Σ genau dann, wenn es eine endliche Teilmenge von Σ gibt, aus der α folgt, d.h.

$$\Sigma \models \alpha \quad \Leftrightarrow \quad \text{es gibt eine endliche Teilmenge } \Delta \subset \Sigma \text{ mit: } \Delta \models \alpha .$$

Beweis:

Aufgrund des Vollständigkeitssatzes stimmen die Folgerungsrelation und die Beweisbarkeitsrelation überein. Für die Beweisbarkeitsrelation ist aber die entsprechende Behauptung in (2.10)(5) gezeigt.

Ω

Der Kompaktheitssatz hat eine Reihe von interessanten Konsequenzen, die später näher behandelt werden.

Eine Formelmenge Γ heiße *erfüllbar*, wenn es eine Belegung h gibt, die alle Elemente von Γ wahr macht.

Aus der Definition ergibt sich sofort, daß gilt:

$\Sigma \models \alpha \quad \Leftrightarrow \quad \Sigma \cup \{\neg \alpha\}$ ist nicht erfüllbar, und

$\Sigma \not\models \perp \quad \Leftrightarrow \quad \Sigma$ ist erfüllbar.

Der wesentliche Teil des Vollständigkeitsbeweises zeigt, daß jede widerspruchsfreie Formelmenge erfüllbar ist. — Auch der Kompaktheitssatz läßt sich mit Hilfe des Erfüllbarkeitsbegriffs umformulieren:

(2.18) **Korollar:** Für alle Formelmengen Γ gilt: Γ ist genau dann erfüllbar, wenn jede endliche Teilmenge von Γ erfüllbar ist.

Beweis:

Da eine Formelmenge genau dann erfüllbar ist, wenn aus ihr $\perp$ nicht folgt, ergibt sich die Aussage sofort aus (2.17).

Ω

Zum Schluß bemerken wir noch, daß der Vollständigkeitssatz samt Folgerungen auch für aussagenlogische Sprachen mit mehr als abzählbar vielen Aussagenvariablen gilt. Um dabei von einer widerspruchsfreien Formelmenge zu einer maximal widerspruchsfreien zu gelangen, ist allerdings gewöhnlich eine Anwendung des Auswahlaxioms, am bequemsten in Form des Zornschen Lemmas (s. Anhang), nötig.

Genauer argumentiert man so: Zu einer widerspruchsfreien Formelmenge Γ betrachten wir die Menge W aller widerspruchsfreien Erweiterungen von Γ:

$$W := \{ \Delta \mid \Gamma \subset \Delta \text{ und } \Delta \text{ widerspruchsfreie Formelmenge} \}.$$

Diese Menge ist nicht leer, da nach Voraussetzung $\Gamma \in W$. Die Inklusion "$\subset$" ist eine partielle Ordnung in W, bezüglich der jede $\subset$-Kette eine obere Schranke hat:

Ist nämlich eine Inklusionskette K widerspruchsfreier Erweiterungen von Γ gegeben, so ist auch die Vereinigung über alle Kettenelemente widerspruchsfrei. Denn wäre $\perp$ aus der Vereinigung beweisbar, so wäre $\perp$ schon aus einer endlichen Teilmenge $\{\alpha_1,\ldots,\alpha_k\}$ dieser Vereinigung beweisbar. Zu jedem α_j gäbe es ein $\Delta_j \in K$ mit $\alpha_j \in \Delta_j$. Da K eine Kette ist, wären die Δ_j durch $\subset$ linear geordnet – und somit hätte man ein $\Delta \in \{\Delta_1 \ldots, \Delta_k\}$ mit $\Delta_j \subset \Delta$ für $j=1,\ldots,k$. Dann wäre aber $\{\alpha_1,\ldots,\alpha_k\} \subset \Delta$, und somit wäre Δ widerspruchsvoll. Also ist $\bigcup K$ ein Element von W, und da jedes $\Delta \in K$ Teilmenge von $\bigcup K$ ist, stellt $\bigcup K$ eine obere Schranke für die Elemente von K dar.

Die partielle Ordnung $\subset$ erfüllt somit die Voraussetzungen des Zornschen Lemmas. Also gibt es in W $\subset$-maximale Elemente. Jedes $\subset$-maximale Element ist aber nach Definition eine maximal widerspruchsfreie Menge, die Γ umfaßt.

§ 3 Modale Aussagenlogik

Die Sprache der Aussagenlogik wird jetzt erweitert, um die Darstellung gewisser modallogischer Phänomene zu ermöglichen. Dabei haben wir zu berücksichtigen, daß modale Begriffe wie "Es ist notwendig, daß..." und "Es ist möglich, daß..." in vielfältiger Weise benutzt werden. Zum Beispiel kann die Aussage "Es ist notwendig, daß A" im Sinne von "Es ist aus logischen Gründen notwendig, daß A", "Es ist aus physikalischen Gründen notwendig, daß A" oder "Es ist aus ethischen Gründen notwendig, daß A" gebraucht werden. Im ersten Falle wird man modale Sätze der Gestalt

(Es ist notwendig, daß A) $\Rightarrow$ A

wohl als gültig akzeptieren, da ein Satz, der aus logischen Gründen notwendig ist, auch faktisch immer richtig sein sollte. Im Falle der ethischen Notwendigkeit wird man dieses Satzschema wohl nicht als allgemeingültig akzeptieren, da die Verhältnisse selten so sind, wie sie aufgrund ethischer Prinzipien sein sollten.

Wir werden zur Motivation meistens Modalitäten im Sinne von "Es ist logisch notwendig" und "Es ist logisch möglich" heranziehen. Dabei stellt man sich vor, daß ein Satz A in einer gewissen Situation als notwendig wahr angesehen wird, wenn er nicht nur durch die Parameterbestimmungen der gegebenen Situation, sondern auch durch die jeder nur denkbaren Situation zu einer wahren Aussage wird. – Entsprechend wird ein Satz "Es ist möglich, daß A" wahr, wenn man sich überhaupt eine Situation vorstellen kann, in der die Parameterspezifikationen den Satz A wahr machen.

Bei diesen recht vagen Vorstellungen läßt sich noch folgende Relativierung einführen. Wir fragen uns nämlich, wann eine Person P den Satz A in einer gewissen Situation u als notwendig wahr akzeptieren wird. Gemäß dem vorher Ausgeführten kann man zu folgender Antwort kommen:

> Für P wird A notwendig wahr in u sein, wenn in allen Situationen, die sich P ausgehend von u vorstellen kann, A immer wahr ist.

Da das Vorstellungsvermögen einer Person von Situation zu Situation wechseln kann, ist einer Situation u, in der P sich befindet, die Menge aller derjenigen Situationen zugeordnet, die P sich in u vorstellen kann. Jeder Situation u korrespondiert somit eine Menge von Situationen, nämlich die Menge der von u aus (für P) zugänglichen u-Modifikationen. Wir lassen den Bezug auf Personen weg und stellen uns vor, daß abstrakt eine Menge W von Situationen, die wir im folgenden auch als *Referenzpunkte* bezeichnen werden, gegeben ist und daß jedem Referenzpunkt u aus W die Menge der von u aus zugänglichen Punkte zugeordnet ist. Diese Zuordnung verschlüsseln wir in der *Zugänglichkeitsrelation* R:

$uRv :\Leftrightarrow$ v gehört zu den von u aus zugänglichen Referenzpunkten.

Es ist offensichtlich, daß wir aus R die ursprüngliche Funktion eindeutig rekonstruieren können. Einem Referenzpunkt u ist nämlich die Menge $\{v|uRv\}$ zugeordnet. – Umgekehrt definiert jede Relation $R \subset W \times W$ eine Funktion f durch $f(u) := \{v|uRv\}$, aus der sich R wiedergewinnen läßt, da ja $(uRv \Leftrightarrow v \in f(u))$ gilt.

Anstelle von "Referenzpunkt" oder "Situation" ist auch der Terminus "*Welt*" gebräuchlich. Wir verwenden diese Ausdrücke synonym, ohne damit weitere ontologische Voraussetzungen zu verbinden.

Im folgenden sei eine nichtleere Menge von Referenzpunkten W und eine Zugänglichkeitsrelation $R \subset W \times W = W^2$ gegeben. Diese Ausgangsdaten fassen wir im geordneten Paar $\langle W,R \rangle$ zusammen. Man nennt ein solches Tupel einen (modallogischen) *Rahmen.*

Ein Satz "Es ist notwendig, daß A" wird nach obigen Ausführungen in einem Referenzpunkt u für wahr angesehen, wenn A in jedem von u über R zugänglichen Referenzpunkt v wahr ist. – Es stellt sich sofort die Frage, welche Relationen als Zugänglichkeitsrelationen zugelassen werden sollen. Aus unseren sehr allgemeinen und unpräzisen Betrachtungen läßt sich so ohne weiteres keine begründbare Antwort finden.

Wir werden daher zunächst alle Relationen zulassen, um nicht vorzeitig methodische Schranken zu errichten, die nur mit Mühe zu überwinden wären. Im Laufe der Untersuchung wird sich dann zeigen, daß eine Reihe von traditionellen modallogischen Systemen, die ohne Rückgriff auf eine Semantik eingeführt worden sind, sich durch Bedingungen an die Zugänglichkeitsrelation charakterisieren lassen. Diese Resultate stammen im wesentlichen von S. Kripke (s. [38], [39] und [40]).

Die Allgemeinheit der Zugänglichkeitsrelationen hat zur Folge, daß auch Aussagen der Form

(Es ist notwendig, daß A) $\Rightarrow$ A

nicht mehr allgemeingültig sind, da es in jedem nichtleeren W Relationen R gibt, so daß $u \not R u$ für mindestens ein $u \in W$ gilt (man setze z.B. $R := \emptyset$). Ist dann ein Satz A in u mit $u \not R u$ falsch, aber in allen von u aus zugänglichen v wahr, so ist "Notwendig: A" in u wahr – aber A in u falsch.

Es ist wichtig, eine gewisse Übersicht über diejenigen modalen Sätze zu erlangen, die allein aufgrund ihrer logischen Struktur wahr sind. Da die Semantik so angelegt sein wird, daß in jeder "Welt" die übliche Aussagenlogik verbindlich bleibt, sind alle modalen Sätze, die aus aussagenlogischen Tautologien durch Einsetzung entstehen, allgemeingültig. Weiterhin zeigt sich, daß z.B. auch Sätze der Gestalt

(Notwendig: A) und (Notwendig: (A⇒B)) ⇒ (Notwendig: B)

diese Eigenschaft haben. Denn ist in jedem von u aus zugänglichen v sowohl A als auch A⇒B wahr, so ist in jedem solchen v die Aussage B wahr, und somit (Notwendig: B) in u gültig.

Nach diesen allgemeinen Vorbetrachtungen soll jetzt die formale Sprache der Modallogik eingeführt werden.

Das Alphabet der Aussagenlogik erweitern wir um die Symbole $\Box$ und $\Diamond$. Dabei ist $\Box$ ein Symbol für den Notwendigkeitsoperator und $\Diamond$ ein Symbol für den Möglichkeitsoperator. Zu dem Regelsystem für Formeln der Aussagenlogik nehmen wir zwei weitere Regeln hinzu:

$$(R_\Box)\ \frac{v}{\Box v}\,, \qquad (R_\Diamond)\ \frac{v}{\Diamond v}\,.$$

Mit α sind somit auch jeweils $\Box\alpha$ und $\Diamond\alpha$ Formeln. — Ein Wort über dem erweiterten Alphabet ist eine modallogische Formel genau dann, wenn es eine Ableitung für diese Zeichenreihe im Regelsystem $(R_A),\dots,(R_\leftrightarrow),(R_\Box)$, $(R_\Diamond)$ gibt. — Mit Fm_{ML} bezeichnen wir die Menge aller modallogischen Formeln. — Der Wirkungsbereich eines Vorkommens von $\Box$ oder $\Diamond$ in einer modallogischen Formel α ist (wie bei $\neg$) die nächst hinter diesem Vorkommen stehende Teilformel von α.

Beispiele für modallogische Formeln sind (unter Berücksichtigung der aussagenlogischen Klammerkonventionen):

$$\neg\Diamond\neg\Box p\rightarrow\Box\neg\Diamond p\,,\quad \Box(p\wedge p')\rightarrow(\Box p\vee\Box p')\,,\quad \Box\Diamond\bot \text{ und } \Box(\Box p\leftrightarrow p)\rightarrow\Box p\,.$$

Sei jetzt $\langle W,R\rangle$ ein Rahmen, d.h. W ist eine nichtleere Menge und R ist eine (zweistellige) Relation in W. — Unter einer *Belegung* der Aussagenvariablen (bezüglich W) versteht man eine Funktion h, die jeder Aussagenvariablen in jedem Referenzpunkt $v\in W$ einen Wahrheitswert zuordnet, d.h. $h{:}Var_{AL}\times W\rightarrow\{0,1\}$ gilt. — Der Wert $h(q,v)$ ist der *Wahrheitswert von* q *im Punkte* v *unter der Belegung* h.

Unter einem *(Kripke)-Modell* verstehen wir ein Tripel $\mathfrak{M}=\langle W,R,h\rangle$, wobei $\langle W,R\rangle$ ein Rahmen und h eine Belegung bezüglich W ist. Das Modell $\mathfrak{M}$ *basiert* dann *auf* dem Rahmen $\langle W,R\rangle$.

Wir definieren den *Wahrheitswert* $[\![\alpha]\!]_u^{\mathfrak{M}}$ *einer Formel* α *im Modell* $\mathfrak{M}$ *im Punkte* $u \in W$ über den Formelaufbau wie folgt:

(3.1) $[\![q]\!]_u^{\mathfrak{M}} = h(q,u)$ für alle Aussagenvariablen q,

$[\![\top]\!]_u^{\mathfrak{M}} = 1,$

$[\![\bot]\!]_u^{\mathfrak{M}} = 0,$

$[\![\neg\alpha]\!]_u^{\mathfrak{M}} = f_{\neg}([\![\alpha]\!]_u^{\mathfrak{M}}),$

$[\![\alpha\wedge\beta]\!]_u^{\mathfrak{M}} = f_{\wedge}([\![\alpha]\!]_u^{\mathfrak{M}},[\![\beta]\!]_u^{\mathfrak{M}}),$

$[\![\alpha\vee\beta]\!]_u^{\mathfrak{M}} = f_{\vee}([\![\alpha]\!]_u^{\mathfrak{M}},[\![\beta]\!]_u^{\mathfrak{M}}),$

$[\![\alpha\rightarrow\beta]\!]_u^{\mathfrak{M}} = f_{\rightarrow}([\![\alpha]\!]_u^{\mathfrak{M}},[\![\beta]\!]_u^{\mathfrak{M}}),$

$[\![\alpha\leftrightarrow\beta]\!]_u^{\mathfrak{M}} = f_{\leftrightarrow}([\![\alpha]\!]_u^{\mathfrak{M}},[\![\beta]\!]_u^{\mathfrak{M}}),$

$$[\![\Box\alpha]\!]_u^{\mathfrak{M}} = \begin{cases} 1, & \text{falls für alle } v \text{ mit } uRv \text{ gilt: } [\![\alpha]\!]_v^{\mathfrak{M}} = 1; \\ 0 & \text{sonst;} \end{cases}$$

$$[\![\Diamond\alpha]\!]_u^{\mathfrak{M}} = \begin{cases} 1, & \text{falls es ein } v \text{ mit } uRv \text{ gibt, so daß } [\![\alpha]\!]_v^{\mathfrak{M}} = 1; \\ 0 & \text{sonst.} \end{cases}$$

Durch diese Bedingungen ist wiederum eindeutig eine Funktion $[\![\ \ ]\!]^{\mathfrak{M}}$ von $Fm_{ML} \times W$ in die Menge der Wahrheitswerte definiert, die die gegebene Belegung fortsetzt. — Hält man den Referenzpunkt u fest und betrachtet lediglich solche Formeln α, in denen die Symbole $\Box$ und $\Diamond$ nicht vorkommen, die also zur Sprache der reinen Aussagenlogik gehören, so stimmt die frühere Wahrheitsdefinition mit der neuen überein. Genauer heißt dies, daß für Modelle $\mathfrak{M} = \langle W,R,h\rangle$ und $u \in W$ folgendes richtig ist:

Definiert man die Funktion h_u durch $h_u(q) := h(q,u)$ für Aussagenvariablen q, so ist h_u eine Belegung im alten Sinne, und es gilt für alle $\alpha \in Fm_{AL}$:

$[\![\alpha]\!]^{h_u} = [\![\alpha]\!]_u^{\mathfrak{M}}.$

Dies läßt sich leicht durch Induktion über den Aufbau von α zeigen.

Ist der Wahrheitswert einer Formel α im Modell $\mathfrak{M} = \langle W,R,h\rangle$ im Punkte u gleich 1, so sagen wir α *gilt* (oder *ist wahr*) *in* $\mathfrak{M}$ *im Punkte* u. Wir schreiben oft:

$\mathfrak{M} \models \alpha[u]$ $:\Leftrightarrow$ α gilt in $\mathfrak{M}$ im Punkte u,

$\mathfrak{M} \not\models \alpha[u]$ $:\Leftrightarrow$ α gilt nicht in $\mathfrak{M}$ im Punkte u.

Geht aus dem Kontext eindeutig hervor, von welchem Modell $\mathfrak{M}$ die Rede ist, so schreiben wir bisweilen "$\alpha[u]$" für "α gilt (in $\mathfrak{M}$) in u".

Die letzten beiden Fälle der Definition (3.1) schreiben sich in der neuen Notation wie folgt:

$\langle W,R,h\rangle \models \Box\alpha[u]$ $\Leftrightarrow$ für alle $v: (uRv \Rightarrow \langle W,R,h\rangle \models \alpha[v]),$

$\langle W,R,h\rangle \models \Diamond\alpha[u]$ $\Leftrightarrow$ es gibt ein $v: (uRv$ und $\langle W,R,h\rangle \models \alpha[v]).$

Anhand eines Beispiels soll demonstriert werden, wie sich der Wahrheitswert einer Formel bestimmt. Wir wählen als Rahmen die natürlichen Zahlen $\mathbb{N}$ mit der Relation $\leq$ ("kleiner oder gleich"). Sei h eine Belegung mit

$$h(p,m) = \begin{cases} 1, & \text{falls m eine gerade Zahl ist;} \\ 0 & \text{sonst.} \end{cases}$$

$$h(p',m) = \begin{cases} 1, & \text{falls m größer als 5 ist;} \\ 0 & \text{sonst.} \end{cases}$$

Wir betrachten im Modell $\mathfrak{N}=\langle\mathbb{N},\leq,h\rangle$ die Formel $\Box(\Box p\wedge\Diamond p')$ im Punkte 3:

$$\begin{aligned}
\mathfrak{N}\models\Box(\Box p\wedge\Diamond p')[3] \;&\Leftrightarrow\; \text{für alle } k:(3\leq k \Rightarrow \mathfrak{N}\models(\Box p\wedge\Diamond p')[k]) \\
&\Leftrightarrow\; \text{für alle } k:(3\leq k \Rightarrow (\mathfrak{N}\models\Box p[k] \text{ und } \mathfrak{N}\models\Diamond p'[k])) \\
&\Leftrightarrow\; \text{für alle } k:(3\leq k \Rightarrow \\
&\qquad (\text{für alle } l:(k\leq l \Rightarrow \mathfrak{N}\models p[l]), \text{ und} \\
&\qquad\ \text{es gibt ein } m:(k\leq m \text{ und } \mathfrak{N}\models p'[m]))) \\
&\Leftrightarrow\; \text{für alle } k:(3\leq k \Rightarrow \\
&\qquad (\text{für alle } l:(k\leq l \Rightarrow h(p,l)=1), \text{ und} \\
&\qquad\ \text{es gibt ein } m:(k\leq m \text{ und } h(p',m)=1))).
\end{aligned}$$

Für $k=3$ und $l=3$ gilt aber $3\leq k$ und $k\leq l$ und $h(p,l)=0$. — Also folgt, daß die Formel im Punkte 3 unter h falsch ist.

Es ist offensichtlich, daß für die Bestimmung des Wahrheitswertes einer Formel α in $\langle W,R,h\rangle$ im Punkte u nur h-Werte von Argumenten $\langle q,v\rangle$, deren Variable q in α wirklich vorkommt, eine Rolle spielen. Außerdem wird für diese q nur auf solche Punkte v zurückgegriffen, die mit u identisch sind oder von u aus über eine R-Folge erreicht werden können. — Wir nennen dabei eine endliche Folge eine R-Folge, wenn je zwei unmittelbar nacheinander stehende Folgenglieder v_i, v_{i+1} in der Relation R sind. — Genauer definieren wir für alle natürlichen Zahlen k:

Eine Folge $v_0,v_1,\ldots,v_k$ von Elementen aus W heißt R-*Folge der Länge* k (in W) genau dann, wenn $k=0$ ist oder k positiv ist und v_0Rv_1 und...und $v_{k-1}Rv_k$ gilt. — Speziell ist also eine eingliedrige Folge v_0 genau dann eine R-Folge der Länge 0 (in W), wenn $v_0\in W$ gilt.

Weiterhin definieren wir, falls W und R gegeben sind, die Relationen $R^{(k)}$, $R^{(\leq k)}$ (für $k\in\mathbb{N}$) und die Relation R^* durch:

$R^{(k)} := \{\langle u,v\rangle \mid$ es gibt eine R-Folge mit Länge k, die mit u beginnt und mit v endet$\}$,

$R^{(\leq k)} := \{\langle u,v\rangle \mid$ es gibt eine R-Folge mit Länge $\leq k$, die mit u beginnt und mit v endet$\}$,

$$R^* = \bigcup_{k\in\mathbb{N}} R^{(k)} = \bigcup_{k\in\mathbb{N}} R^{(\le k)}.$$

Speziell gilt: $R^{(0)}=R^{(\le 0)}=\{\langle u,u\rangle \mid u\in W\}$ und $R^{(1)}=R$. — Nach Definition von R^* gilt uR^*v genau dann, wenn eine endliche R-Folge existiert, die mit u beginnt und mit v endet.

Die Relation $R^*\subset W^2$ ist offensichtlich reflexiv und transitiv. Andererseits läßt sich leicht induktiv zeigen, daß jede reflexive und transitive Relation $Q\subset W^2$, die R umfaßt, auch jedes $R^{(k)}$ — und damit auch R^* umfaßt. R^* ist somit minimal (bzgl. "$\subset$") unter diesen Relationen. — Man bezeichnet daher R^* als den *reflexiven und transitiven Abschluß von* R (in W).

Wir zählen die maximale Anzahl ineinander verschachtelter Modaloperatoren in α durch den *modalen Rang* $mr(\alpha)$ *von* α, der rekursiv wie folgt eingeführt wird:

$mr(q)=mr(\top)=mr(\bot)=0$,
$mr(\neg\alpha)=mr(\alpha)$,
$mr(\alpha\wedge\beta)=mr(\alpha\vee\beta)=mr(\alpha\rightarrow\beta)=mr(\alpha\leftrightarrow\beta)=$ Maximum von $mr(\alpha)$ und $mr(\beta)$,
$mr(\Box\alpha)=mr(\Diamond\alpha)=mr(\alpha)+1$.

Beispielsweise gilt: $mr(\neg\Diamond\Box((p\wedge\Box p')\rightarrow\Diamond\Diamond p))=4$.

Allgemein ist folgendes Koinzidenzlemma richtig:

(3.2) ***Lemma:*** Gegeben sei ein Rahmen $\langle W,R\rangle$ und eine Formel α. Die Zahl k sei größer oder gleich dem modalen Rang von α. Dann gilt für alle Punkte $u\in W$ und alle Belegungen h_1 und h_2: Stimmen h_1 und h_2 auf der Menge $\{\langle q,v\rangle \mid q$ kommt in α vor und $uR^{(\le k)}v\}$ von Paaren überein, so gilt: $(\langle W,R,h_1\rangle\models\alpha[u] \Leftrightarrow \langle W,R,h_2\rangle\models\alpha[u])$.

Beweis:

Wir zeigen die Behauptung durch Induktion über den Aufbau von α:

Für Aussagenvariablen gilt die Behauptung aufgrund der Voraussetzung über h_1 und h_2. — Für $\top$ und $\bot$ ist sie trivialerweise richtig.

Sei jetzt die Behauptung für β und γ richtig. Ist k größer oder gleich dem modalen Rang einer Junktor-Verbindung von β und γ, so ist $k\ge mr(\beta)$ und $k\ge mr(\gamma)$. Aus der Induktionsvoraussetzung folgt dann die Behauptung sofort für $\neg\beta$, $\beta\wedge\gamma$, $\beta\vee\gamma$, $\beta\rightarrow\gamma$ und $\beta\leftrightarrow\gamma$.

Sei nun $\alpha=\Box\beta$ oder $\alpha=\Diamond\beta$, und die Behauptung sei für β schon richtig. Für $k\ge mr(\alpha)=mr(\Box\beta)=mr(\Diamond\beta)=mr(\beta)+1$ folgt $k-1\ge mr(\beta)$. Nach Induktionsvoraussetzung gilt $(\langle W,R,h\rangle\models\beta[w]\Leftrightarrow\langle W,R,h'\rangle\models\beta[w])$ für alle $w\in W$ und alle Belegungen h und h', die für alle $\langle q,v\rangle$ mit q in β und $wR^{(\le k-1)}v$

übereinstimmen. — Die Belegungen h_1 und h_2 seien jetzt derart, daß sie für alle $\langle q,v \rangle$ mit q in α und $uR^{(\leq k)}v$ übereinstimmen. Da in α und β dieselben Aussagenvariablen vorkommen und da uRw und $wR^{(\leq k-1)}v$ immer $uR^{(\leq k)}v$ impliziert, ergibt sich, daß h_1 und h_2 auch für alle $\langle q,v \rangle$ mit q kommt in β vor und v erfüllt $wR^{(\leq k-1)}v$ übereinstimmen, sofern uRw gilt. Mit Hilfe der Induktionsvoraussetzung folgt dann

$$\begin{aligned} \langle W,R,h_1 \rangle \models \Box\beta[u] &\Leftrightarrow \text{ für alle w mit uRw: } \langle W,R,h_1 \rangle \models \beta[w] \\ &\Leftrightarrow \text{ für alle w mit uRw: } \langle W,R,h_2 \rangle \models \beta[w] \\ &\Leftrightarrow \langle W,R,h_2 \rangle \models \Box\beta[u]. \end{aligned}$$

Für $\alpha = \Diamond\beta$ ergibt sich die Behauptung analog.

Ω

Eine weitere nützliche Beobachtung betrifft die R-Enden eines Rahmens $\langle W,R \rangle$. Dabei verstehen wir unter einem R-*Ende von* $\langle W,R \rangle$ einen Punkt aus W, von dem aus überhaupt kein Punkt R-zugänglich ist, d.h.:

$$u \text{ ist ein R-Ende von } \langle W,R \rangle :\Leftrightarrow u \in W \text{ und für alle v gilt } u \not R v.$$

In einem R-Ende ist jede Notwendigkeitsaussage wahr und jede Möglichkeitsaussage falsch:

(3.3) Ist u ein R-Ende von $\langle W,R \rangle$, so gilt für alle $\alpha \in Fm_{ML}$ und alle Belegungen h bezüglich W: $(\langle W,R,h \rangle \models \Box\alpha[u]$ und $\langle W,R,h \rangle \not\models \Diamond\alpha[u])$.

Beweis:

Da für ein R-Ende u die Aussage uRv für alle $v \in W$ falsch ist, wird die Implikation (uRv $\Rightarrow$ ...) immer richtig und die Konjunktion (uRv und ...) immer falsch. Daraus folgt (3.3), wenn man die Wahrheitsbedingungen für $\Box$ und $\Diamond$ anschaut.

Ω

Ist die Formel α in allen Punkten eines Modells $\mathfrak{M} = \langle W,R,h \rangle$ gültig, so sagen wir, daß α *in* $\mathfrak{M}$ *gilt*. Wir schreiben:

$$\begin{aligned} \mathfrak{M} \models \alpha &:\Leftrightarrow \text{ für alle } u \in W \text{ gilt: } \langle W,R,h \rangle \models \alpha[u] \\ &\Leftrightarrow \alpha \text{ gilt in } \mathfrak{M}. \end{aligned}$$

Weiterhin heißt eine Formel α *im Rahmen* $\langle W,R \rangle$ *gültig*, wenn α in allen Modellen $\mathfrak{M}$, die auf $\langle W,R \rangle$ basieren, gilt. Entsprechend schreibt man:

$$\begin{aligned} \langle W,R \rangle \models \alpha &:\Leftrightarrow \text{ für alle Belegungen h bezüglich W gilt: } \langle W,R,h \rangle \models \alpha \\ &\Leftrightarrow \alpha \text{ gilt in } \langle W,R \rangle. \end{aligned}$$

Schließlich heißt eine Formel α *allgemeingültig*, wenn sie in allen Rahmen gilt. In diesem Falle schreibt man:

$$\begin{aligned} \models_{ML} \alpha &:\Leftrightarrow \alpha \text{ gilt in allen Rahmen} \\ &\Leftrightarrow \alpha \text{ gilt in allen Modellen.} \end{aligned}$$

Wir wollen als nächstes den Bereich der allgemeingültigen Formeln etwas näher studieren.

Ist h eine Belegung der Aussagenvariablen bezüglich W, so ist für festes $u \in W$ die Funktion h_u mit $h_u(q) := h(q,u)$ für Aussagenvariablen q eine Belegung der Aussagenvariablen im Sinne der reinen Aussagenlogik. Wie schon früher bemerkt, gilt für $\alpha \in Fm_{AL}$: $(\models \alpha[h_u] \Leftrightarrow \langle W,R,h\rangle \models \alpha[u])$.

Ist somit α eine aussagenlogische Tautologie, so gilt α in jedem Modell und ist somit allgemeingültig:

(3.4) $\alpha \in Fm_{AL}$ und $\models \alpha \quad \Rightarrow \quad \models_{ML} \alpha$.

Weiterhin ergeben sich aus allgemeingültigen modallogischen Formeln durch Substitution weitere allgemeingültige Formeln:

Man erklärt die Substitution $^*\alpha := \alpha(q_1/\rho_1,\dots,q_k/\rho_k)$ wie in (2.7), wobei jetzt α und die ρ_j Elemente von Fm_{ML} bezeichnen und die Definition der Funktion * um die Klauseln $^*\Box\alpha = \Box{}^*\alpha$, $^*\Diamond\alpha = \Diamond{}^*\alpha$ erweitert wird. Dann gilt analog für alle Belegungen h bezüglich W:

$$\langle W,R,h'\rangle \models \alpha[u] \;\Leftrightarrow\; \langle W,R,h\rangle \models {}^*\alpha[u],$$

wobei mit h' diejenige Belegung gemeint ist, für die gilt:

$h'(q_1,v) = [\![\rho_1]\!]_v^{\langle W,R,h\rangle}, \dots,\ h'(q_k,v) = [\![\rho_k]\!]_v^{\langle W,R,h\rangle}$ für alle $v \in W$ und

$h'(q,v) = h(q,v)$ für alle anderen Aussagenvariablen q und alle $v \in W$.

Aus der Gültigkeit von α im Rahmen $\langle W,R\rangle$ ergibt sich daher auch die Gültigkeit von $^*\alpha$ in $\langle W,R\rangle$. — Insbesondere folgt aus der Allgemeingültigkeit von α auch die von $^*\alpha$. Somit erhalten wir:

(3.5) Die Menge der in einem Rahmen gültigen Formeln und der allgemeingültigen Formeln sind jeweils unter Substitution abgeschlossen.

Für die Gültigkeit in Modellen ist dies im allgemeinen nicht richtig, da beispielsweise $p' = p(p/p')$ ist und doch $h(p,u)=1$ und $h(p',u)=0$ für alle $u \in W$ wahr sein kann.

Andererseits ist die Menge der in einem Modell $\mathfrak{M} = \langle W,R,h\rangle$ gültigen Formeln abgeschlossen unter Modus ponens und *Necessitation*, d.h.:

(3.6) Es gilt für alle Modelle $\mathfrak{M}$:

(1) $\mathfrak{M} \models \alpha$ und $\mathfrak{M} \models \alpha \to \beta \quad \Rightarrow \quad \mathfrak{M} \models \beta$.

(2) $\mathfrak{M} \models \alpha \quad \Rightarrow \quad \mathfrak{M} \models \Box\alpha$.

Beweis:

Die erste Behauptung ergibt sich sofort aus der Tatsache, daß die Gültigkeit von α und $\alpha \to \beta$ in einem Punkte u immer die Gültigkeit von β in u nach sich zieht. Sind jetzt α und $\alpha \to \beta$ in allen Punkten von W wahr, so ist auch β in allen Punkten von W wahr.

Aus $\mathfrak{M} \models \alpha$ folgt nach Definition $\mathfrak{M} \models \alpha[v]$ für alle $v \in W$. Also gilt erst recht für jedes $v \in W$ mit uRv die Aussage $\mathfrak{M} \models \alpha[v]$. Das bedeutet aber, daß in $\mathfrak{M}$ im Punkte u die Formel $\Box\alpha$ gilt. Da $u \in W$ beliebig sein kann, folgt $\mathfrak{M} \models \Box\alpha$. Damit ist auch (2) gezeigt.

Ω

Aus (3.6) erhält man sofort, daß die in einem Rahmen $\langle W,R \rangle$ gültigen Formeln und die allgemeingültigen Formeln jeweils unter Modus ponens und Necessitation abgeschlossen sind. — Weiterhin haben wir:

(3.7) Für alle Formeln α und β gilt:

(1) $\models_{ML} \Box(\alpha \to \beta) \to (\Box\alpha \to \Box\beta)$

(2) $\models_{ML} \Diamond\alpha \leftrightarrow \neg\Box\neg\alpha$

(3) $\models_{ML} \Box\alpha \leftrightarrow \neg\Diamond\neg\alpha$.

Beweis:

Ist nämlich in $\mathfrak{M} = \langle W,R,h \rangle$ der Punkt v von u aus zugänglich, so folgt aus $\mathfrak{M} \models \Box(\alpha \to \beta)[u]$ auch $\mathfrak{M} \models (\alpha \to \beta)[v]$ und aus $\mathfrak{M} \models \Box\alpha[u]$ auch $\mathfrak{M} \models \alpha[v]$. Aus beiden zusammen folgt dann $\mathfrak{M} \models \beta[v]$. Da dies für alle v mit uRv richtig ist, ergibt sich $\mathfrak{M} \models \Box\beta[u]$. — Damit ist (1) gezeigt.

Die zweite Behauptung ergibt sich folgendermaßen:

$\mathfrak{M} \models \Box\neg\alpha[u]$ $\Leftrightarrow$ für alle v: (uRv $\Rightarrow$ $\mathfrak{M} \not\models \alpha[v]$)

$\Leftrightarrow$ für alle v: nicht (uRv und $\mathfrak{M} \models \alpha[v]$)

$\Leftrightarrow$ nicht: es gibt ein v: (uRv und $\mathfrak{M} \models \alpha[v]$).

Daraus folgt dann, wie zu zeigen:

$\mathfrak{M} \models \neg\Box\neg\alpha[u]$ $\Leftrightarrow$ es gibt ein v mit: (uRv und $\mathfrak{M} \models \alpha[v]$)

$\Leftrightarrow$ $\mathfrak{M} \models \Diamond\alpha[u]$.

Die dritte Aussage ergibt sich analog.

Ω

Wir werden jetzt ein Regelsystem angeben, das es gestattet, alle allgemeingültigen modallogischen Formeln abzuleiten. Dabei schränken wir uns der Kürze halber auf eine Teilsprache ein, die nur die logischen Zeichen $\neg$, $\to$ und $\Box$ benutzt. Aufgrund von (3.7) und aussagenlogischen Fakten verlieren wir dadurch nichts, da zu jeder Formel α eine Formel β mit $\models_{ML} \alpha \leftrightarrow \beta$ existiert, in der $\top$, $\bot$, $\wedge$, $\vee$, $\leftrightarrow$ und $\Diamond$ nicht vorkommen.

Zwei Formeln α und β mit $\models_{ML} \alpha \leftrightarrow \beta$ werden (*modallogisch*) *äquivalent* genannt. — Äquivalente Formeln haben offensichtlich in allen Punkten aller

Modelle jeweils denselben Wahrheitswert. — Die Zeichen $\top$, $\bot$, $\wedge$, $\vee$, $\leftrightarrow$ und $\diamond$ benutzen wir im folgenden weiter aber nur als Abkürzungen. Insbesondere steht "$\diamond\alpha$" für "$\neg\Box\neg\alpha$".

Das Regelsystem **K** hat folgende Axiome:

(T) Alle Formeln, die sich aus aussagenlogischen Tautologien ergeben, indem für Aussagenvariablen (simultan) modallogische Formeln substituiert werden.

(D) Alle modallogischen Formeln der Gestalt $\Box(\alpha\rightarrow\beta)\rightarrow(\Box\alpha\rightarrow\Box\beta)$. Die Axiome dieser Art werden *Distributionsaxiome* genannt.

Als Regeln mit Prämissen kommen der Modus ponens und die Necessitationsregel hinzu:

(MP) $\dfrac{\alpha,\ \alpha\rightarrow\beta}{\beta}$, (NR) $\dfrac{\alpha}{\Box\alpha}$.

Anstelle von (T) könnte man auch die Axiomenschemata (A_1)-(A_4) des Paragraphen 2 in **K** aufnehmen, wobei die auftretenden Formelvariablen als Variablen für ML-Formeln zu verstehen wären. — Denn aufgrund des Vollständigkeitssatzes (2.12) ist jede Tautologie α mittels (A_1)-(A_4) und (MP) in **R** ableitbar. Bezeichnet **K'** das System, das aus **K** entsteht, indem man (T) durch (A_1)-(A_4) ersetzt, und ist $*$ eine Substitution, die Aussagenvariablen simultan durch modale Formeln ersetzt, so überlegt man sich leicht, daß jede **R**-Ableitung von α in eine **K'**-Ableitung von $*\alpha$ übergeht, wenn man auf alle Formeln der **R**-Ableitung die Substitution $*$ anwendet. — Wir schreiben kurz:

$\vdash_K\alpha$:$\Leftrightarrow$ es gibt eine Ableitung für α in **K**

$\Leftrightarrow$ α ist **K**-*beweisbar.*

Aufgrund von (3.4)-(3.7) ergibt sich (durch Induktion über die Länge der Ableitungen), daß jede **K**-beweisbare Formel in allen Modellen gilt:

(3.8) Für alle Formeln α gilt: $(\vdash_K\alpha\ \Rightarrow\ \models_{ML}\alpha)$.

Diese Aussage bringt die Korrektheit des Regelsystems in Bezug auf den vorher definierten Gültigkeitsbegriff zum Ausdruck. Die umgekehrte Implikation bedeutet wiederum, daß das gewählte Regelarsenal umfangreich genug ist, um alle gültigen Formeln zu erzeugen. Dies soll in Kürze gezeigt werden. Man erhält dann einen Vollständigkeitssatz, der die Äquivalenz von **K**-Beweisbarkeit und Allgemeingültigkeit in Kripke-Modellen feststellt. — Zunächst geben wir noch einige abgeleitete Regeln von **K** an, um das weitere Vorgehen zu erleichtern. — Zum Beispiel gilt:

(3.9) $\dfrac{\alpha\rightarrow\beta}{\Box\alpha\rightarrow\Box\beta}$.

Beweis:

Ist nämlich eine Ableitung für $\alpha \to \beta$ in einem Regelsystem S, das **K** umfaßt, gegeben, so erhält man eine S-Ableitung für $\Box\alpha \to \Box\beta$, indem man die Ableitung von $\alpha \to \beta$ um die Formeln der Zeilen 1.-3. des folgenden Protokolls verlängert:

0.	$\alpha \to \beta$	
1.	$\Box(\alpha \to \beta)$	NR:0
2.	$\Box(\alpha \to \beta) \to (\Box\alpha \to \Box\beta)$	D
3.	$\Box\alpha \to \Box\beta$	MP:1,2.

Ω

Die Tautologien

(1) $(p \to q) \to ((q \to p) \to (p \leftrightarrow q))$

(2) $(p \leftrightarrow q) \to (p \to q)$

(3) $(p \leftrightarrow q) \to (q \to p)$

(4) $(p \to q) \to ((q \to r) \to (p \to r))$

(5) $(p \leftrightarrow q) \to ((q \leftrightarrow r) \to (p \leftrightarrow r))$

(6) $(p \to q) \to ((p \to r) \to (p \to q \wedge r))$

geben zusammen mit (MP) zu folgenden abgeleiteten Regeln Anlaß:

(3.10) (1) $\dfrac{\alpha \to \beta,\ \beta \to \alpha}{\alpha \leftrightarrow \beta}$ (2) $\dfrac{\alpha \leftrightarrow \beta}{\alpha \to \beta}$

(3) $\dfrac{\alpha \leftrightarrow \beta}{\beta \to \alpha}$ (4) $\dfrac{\alpha \to \beta,\ \beta \to \gamma}{\alpha \to \gamma}$

(5) $\dfrac{\alpha \leftrightarrow \beta,\ \beta \leftrightarrow \gamma}{\alpha \leftrightarrow \gamma}$ (6) $\dfrac{\alpha \to \beta,\ \alpha \to \gamma}{\alpha \to \beta \wedge \gamma}$.

Aus (3.9) und (3.10) folgt:

(3.11) $\dfrac{\alpha \leftrightarrow \beta}{\Box\alpha \leftrightarrow \Box\beta}$.

Dies ergibt sich aus

0.	$\alpha \leftrightarrow \beta$	
1.	$\alpha \to \beta$	(3.10)(2) : 0
2.	$\beta \to \alpha$	(3.10)(3) : 0
3.	$\Box\alpha \to \Box\beta$	(3.9) : 1
4.	$\Box\beta \to \Box\alpha$	(3.9) : 2
5.	$\Box\alpha \leftrightarrow \Box\beta$	(3.10)(1) : 3 , 4.

Wir zeigen jetzt, daß $\Box(\alpha \wedge \beta)$ und $\Box\alpha \wedge \Box\beta$ **K**-äquivalent sind. Dabei heißen zwei Formeln **K**-*äquivalent* genau dann, wenn die Äquivalenz der beiden Formeln **K**-beweisbar ist.

(3.12) $\vdash_K \Box(\alpha\wedge\beta)\leftrightarrow \Box\alpha\wedge\Box\beta$.

Beweis:

1.	$\alpha\wedge\beta\rightarrow\alpha$	T
2.	$\alpha\wedge\beta\rightarrow\beta$	T
3.	$\Box(\alpha\wedge\beta)\rightarrow\Box\alpha$	(3.9): 1
4.	$\Box(\alpha\wedge\beta)\rightarrow\Box\beta$	(3.9): 2
5.	$\Box(\alpha\wedge\beta)\rightarrow\Box\alpha\wedge\Box\beta$	(3.10)(6) : 3,4
7.	$\alpha\rightarrow(\beta\rightarrow\alpha\wedge\beta)$	T
8.	$\Box\alpha\rightarrow\Box(\beta\rightarrow\alpha\wedge\beta)$	(3.9) : 7
9.	$\Box(\beta\rightarrow\alpha\wedge\beta)\rightarrow(\Box\beta\rightarrow\Box(\alpha\wedge\beta))$	D
10.	$\Box\alpha\rightarrow(\Box\beta\rightarrow\Box(\alpha\wedge\beta))$	(3.10)(4) : 8,9
11.	$\Box\alpha\rightarrow(\Box\beta\rightarrow\Box(\alpha\wedge\beta))\rightarrow(\Box\alpha\wedge\Box\beta\rightarrow\Box(\alpha\wedge\beta))$	T
12.	$\Box\alpha\wedge\Box\beta\rightarrow\Box(\alpha\wedge\beta)$	MP : 10,11
13.	$\Box(\alpha\wedge\beta)\leftrightarrow\Box\alpha\wedge\Box\beta$	(3.10))(1) : 5,12.

Ω

Durch Induktion erhält man aus (3.12):

(3.13) $\vdash_K \Box(\alpha_1\wedge\ldots\wedge\alpha_k)\leftrightarrow\Box\alpha_1\wedge\ldots\wedge\Box\alpha_k$.

Neben dem System **K** und der **K**–Beweisbarkeit werden wir noch andere Regelsysteme S mit den entsprechenden Beweisbarkeitsrelationen $\vdash_S$ betrachten. Dabei führen wir in diesem Paragraphen nur sogenannte *normale Systeme* ein, die mit **K** in folgenden Eigenschaften übereinstimmen:

(1) Alle aussagenlogischen Tautologien sind S-beweisbar.

(2) Alle Distributionsaxiome sind S-beweisbar.

(3) Die Menge der S-beweisbaren Formeln ist unter Substitution, Modus ponens und Necessitation abgeschlossen.

Durch Induktion über die Länge der Ableitungen in **K** sieht man sofort, daß für jeden normalen Beweisbarkeitsbegriff $\vdash_S$ gilt:

(3.14) $\vdash_K\alpha \quad\Rightarrow\quad \vdash_S\alpha$.

Wir führen jetzt die traditionellen Regelsysteme **T**, $\mathbf{S_4}$, **B** und $\mathbf{S_5}$ ein, die jeweils aus **K** durch Hinzufügen neuer Axiomenschemata entstehen. Diese sind so geartet, daß mit α auch jeweils $^*\alpha = \alpha(q_1/\rho_1,\ldots,q_k/\rho_k)$ Instanz desselben Schemas ist. In diesen Systemen wird dann jeder Beweis durch Sternbildung wieder in einen Beweis überführt. – Die durch Adjunktion derartiger Axiomenschemata erhältlichen Beweisbarkeitsbegriffe sind somit normal im vorher definierten Sinne.

Wir beginnen mit dem System **T**. Dies entsteht aus **K** durch Hinzunahme des Axiomenschemas $\Box\alpha\rightarrow\alpha$.

Zuerst bemerken wir, daß z.B. das **T**-Axiom $\Box p \to p$ nicht **K**-beweisbar ist. Denn aus der **K**-Beweisbarkeit dieser Formel ergäbe sich aufgrund der Korrektheitsaussage (3.8) die Allgemeingültigkeit. Es gibt aber Rahmen, in denen $\Box p \to p$ nicht gilt. Ist nämlich $\langle W,R \rangle$ derart, daß es ein $u \in W$ mit $u \not R u$ (z.B. $W=\{0\}$ und $R=\emptyset$) gibt, so existiert auch eine Belegung h mit $h(p,u)=0$ und $h(p,v)=1$ für alle von u aus R-zugänglichen Punkte v. In dem so definierten Modell gilt dann $\Box p$ und $\neg p$ in u .

Ist andererseits $\langle W,R \rangle$ reflexiv, d.h. gilt uRu für alle $u \in W$, so folgt für jedes Modell, das auf diesem Rahmen basiert, aus der Gültigkeit von $\Box\alpha$ in einem Punkte u auch die Gültigkeit α in u. — Denn die Gültigkeit von $\Box\alpha$ in u impliziert die Gültigkeit von α in allen v, die von u aus R-zugänglich sind. Unter diesen Punkten kommt wegen der Reflexivität des Rahmens u selbst vor. Somit gilt $\Box\alpha \to \alpha$ in $\langle W,R \rangle$.
Damit ist gezeigt, daß $\Box\alpha \to \alpha$ für beliebiges α in allen reflexiven Rahmen gilt — und daß für jeden nicht reflexiven Rahmen $\Box p \to p$ wenigstens unter einer Belegung in einem Punkte falsch wird. Es gilt also (mit (3.5)):

$$\langle W,R \rangle \text{ ist reflexiv} \Leftrightarrow (\text{für alle } \alpha\text{: } \langle W,R \rangle \models \Box\alpha \to \alpha) \Leftrightarrow \langle W,R \rangle \models \Box p \to p.$$

Durch Induktion über die Länge der **T**-Ableitungen ergibt sich hieraus insbesondere (unter Benutzung von (3.6) und (3.8)) für alle Formeln α:

(3.15) $\vdash_T \alpha \quad \Rightarrow \quad \alpha$ ist in allen reflexiven Rahmen gültig .

Diese Implikation bringt die Korrektheit des Systems **T** in Bezug auf die Gültigkeit in reflexiven Rahmen zum Ausdruck. Wir werden später zeigen, daß die **T**-Beweisbarkeit mit der Gültigkeit in reflexiven Rahmen übereinstimmt. Diese Übereinstimmung der beiden Begriffe bezeichnet man als die Vollständigkeit von **T** in Bezug auf reflexive Rahmen.

Allgemein heißt ein modallogisches Regelsystem S *vollständig in Bezug auf eine Eigenschaft* **E** *von Rahmen*, wenn für alle Formeln α gilt:

$\vdash_S \alpha \quad \Leftrightarrow \quad \alpha$ gilt in allen Rahmen, die die Eigenschaft **E** haben.

Das System $\mathbf{S_4}$ erhält man aus **T** durch Hinzufügen des Axiomenschemas $\Box\alpha \to \Box\Box\alpha$.

In transitiven Rahmen sind alle Instanzen von $\Box\alpha \to \Box\Box\alpha$ gültig. Dabei ist $\langle W,R \rangle$ transitiv, wenn für alle $u,v,w \in W$ aus uRv und vRw immer uRw folgt. — Gilt nämlich in $\mathfrak{M}=\langle W,R,h \rangle$ die Formel $\Box\alpha$ im Punkte u, so gilt α in allen von u zugänglichen v. Aus der Transitivität von $\langle W,R \rangle$ folgt dann, daß α in allen Punkten w wahr ist, zu denen es ein v mit uRv und vRw gibt. Dies bedeutet aber gerade, daß $\Box\Box\alpha$ in u wahr ist. — Ist andererseits die Zugänglichkeitsrelation nicht transitiv, so gibt es u,v,w mit uRv, vRw und $u\not R w$. Definiert man h so, daß h(p,w)=0 und h(p,v)=1 für alle von u aus zugänglichen v gilt, so ergibt sich in dem Modell $\mathfrak{M}=\langle W,R,h\rangle$ im Punkte u die Gültigkeit von $\Box p$ und $\neg\Box\Box p$.

Zusammenfassend erhalten wir für alle Rahmen $\langle W,R\rangle$:

$$\langle W,R\rangle \text{ ist transitiv} \Leftrightarrow (\text{für alle } \alpha: \langle W,R\rangle \models \Box\alpha \rightarrow \Box\Box\alpha) \Leftrightarrow \langle W,R\rangle \models \Box p \rightarrow \Box\Box p.$$

Daraus folgt mit (3.15) eine Korrektheitsaussage für $\mathbf{S_4}$:

(3.16) $\vdash_{S_4}\alpha \;\Rightarrow\;$ α ist in allen Rahmen gültig, die gleichzeitig reflexiv und transitiv sind.

Nimmt man zu den Regeln von **T** das Schema $\alpha\rightarrow\Box\Diamond\alpha$ hinzu, so erhält man das System **B**.

Axiome der Gestalt $\alpha\rightarrow\Box\Diamond\alpha$ sind in jedem symmetrischen Rahmen $\langle W,R\rangle$ gültig. Dabei ist $\langle W,R\rangle$ symmetrisch, wenn für alle u und v aus uRv auch immer vRu folgt. – Ist nämlich $\mathfrak{M}$ ein Modell mit symmetrischer Zugänglichkeitsrelation, so folgt aus der Gültigkeit von α in einem Punkte u, daß es zu jedem v mit uRv ein w gibt, so daß vRw gilt und α in w wahr ist (nämlich wieder u selbst). Das bedeutet aber, daß die Gültigkeit von α in u die Gültigkeit von $\Box\Diamond\alpha$ in u nach sich zieht.

Ist andererseits die Relation R nicht symmetrisch, so gibt es u und v mit uRv und $v\not R u$. Dann existiert aber eine Belegung h, so daß h(p,u)=1 und h(p,w)=0 für jeden von v aus zugänglichen Punkt w gilt. Unter einem solchen h ist aber $\Diamond p$ in v falsch, und da v von u aus zugänglich ist, ergibt sich, daß $\Box\Diamond\alpha$ in u nicht gilt. Also ist $p\rightarrow\Box\Diamond p$ in u falsch. – Damit gilt für beliebige Rahmen:

$$\langle W,R\rangle \text{ ist symmetrisch} \Leftrightarrow (\text{für alle } \alpha: \langle W,R\rangle \models \alpha \rightarrow \Box\Diamond\alpha) \Leftrightarrow \langle W,R\rangle \models p \rightarrow \Box\Diamond p.$$

Es folgt wiederum eine Korrektheitsaussage:

(3.17) $\vdash_B\alpha \;\Rightarrow\;$ α ist in allen reflexiven, symmetrischen Rahmen gültig.

Das System $\mathbf{S_5}$ entsteht aus **T** durch Hinzunahme der Axiomenschemata $\Box\alpha\rightarrow\Box\Box\alpha$, $\alpha\rightarrow\Box\Diamond\alpha$. Somit ist $\mathbf{S_5}$ die Vereinigung der beiden Regelsysteme $\mathbf{S_4}$ und **B**. – Aus (3.16) und (3.17) ergibt sich sofort eine Korrektheitsaussage für $\mathbf{S_5}$:

(3.18) $\vdash_{S_5}\alpha \;\Rightarrow\;$ α ist in allen Rahmen gültig, die gleichzeitig reflexiv, symmetrisch und transitiv sind, d.h. in allen Rahmen $\langle W,R\rangle$, in denen R eine Äquivalenzrelation in W ist.

Nimmt man zu **T** das Axiomenschema $\Diamond\alpha\rightarrow\Box\Diamond\alpha$ hinzu, so zeigt sich, daß in diesem System genau dieselben Formeln wie in $\mathbf{S_5}$ herleitbar sind. Nennen wir das neue Regelsystem momentan S, so gilt für alle Formeln:

(3.19) $\vdash_{S_5}\alpha \iff \vdash_S \alpha.$

Regelsysteme, die genau dieselben Zeichenreihen abzuleiten gestatten, heißen *äquivalent*.

Um die Äquivalenz zweier Systeme S und S' nachzuweisen, genügt es festzustellen, daß jede Regel von S' eine (abgeleitete) Regel von S ist und jede Regel von S auch (abgeleitete) Regel von S' ist. Denn dann läßt sich jede S-Ableitung zu einer S'-Ableitung und jede S'-Ableitung zu einer S-Ableitung ergänzen.

Um (3.19) zu beweisen, genügt es daher, folgende Behauptungen für alle Formeln α zu zeigen:

(1) $\vdash_{S_5} \Diamond\alpha \to \Box\Diamond\alpha$

(2) $\vdash_S \Box\alpha \to \Box\Box\alpha$

(3) $\vdash_S \alpha \to \Box\Diamond\alpha.$

Die Behauptung (1) ergibt sich wie folgt:

Ersetzt man in $\alpha \to \Box\Diamond\alpha$ die Formelvariable α durch $\Diamond\alpha$, so erhält man $\Diamond\alpha \to \Box\Diamond\Diamond\alpha$. Gelingt es, in $\mathbf{S_5}$ die Formel $\Diamond\Diamond\alpha \to \Diamond\alpha$ abzuleiten, so folgt mit (3.9) auch $\Box\Diamond\Diamond\alpha \to \Box\Diamond\alpha$. Eine Anwendung des Kettenschlusses (3.10)(4) ergibt dann, wie gewünscht, die Formel $\Diamond\alpha \to \Box\Diamond\alpha$. — Aus $\Box\alpha \to \Box\Box\alpha$ folgt mittels Ersetzung von α durch $\neg\alpha$ die Formel $\Box\neg\alpha \to \Box\Box\neg\alpha$. Aufgrund von (T) gilt $\Box\neg\alpha \to \neg\neg\Box\neg\alpha$, woraus mit (3.9) die Formel $\Box\Box\neg\alpha \to \Box\neg\neg\Box\neg\alpha$ folgt. Durch Kettenschluß folgt $\Box\neg\alpha \to \Box\neg\neg\Box\neg\alpha$. Unter Benutzung der Tautologie $(p \to q) \to (\neg q \to \neg p)$ und (MP) folgt schließlich $\neg\Box\neg\neg\Box\neg\alpha \to \neg\Box\neg\alpha$, d.h. $\Diamond\Diamond\alpha \to \Diamond\alpha$.

Um die Behauptung (2) zu zeigen, bemerken wir zuerst, daß man in **T** die Zeichenreihe $\alpha \to \Diamond\alpha$ ableiten kann: Aus $\Box\alpha \to \alpha$ erhält man durch Substitution von $\neg\alpha$ für α die Zeichenreihe $\Box\neg\alpha \to \neg\alpha$. Mit Hilfe der Tautologie $(p \to \neg q) \to (q \to \neg p)$ ergibt sich hieraus $\alpha \to \neg\Box\neg\alpha$, d.h. $\alpha \to \Diamond\alpha$.

Indem man α durch $\Box\alpha$ in $\alpha \to \Diamond\alpha$ ersetzt, folgt:

1. $\Box\alpha \to \Diamond\Box\alpha$.

Aus $\Diamond\alpha \to \Box\Diamond\alpha$ ergibt sich durch dieselbe Substitution:

2. $\Diamond\Box\alpha \to \Box\Diamond\Box\alpha$.

Durch Kettenschluß folgt aus 1. und 2.:

3. $\Box\alpha \to \Box\Diamond\Box\alpha$.

Es genügt jetzt zu zeigen, daß $\Diamond\Box\alpha \to \Box\alpha$ in S ableitbar ist, da sich dann nach (3.9) auch $\Box\Diamond\Box\alpha \to \Box\Box\alpha$ ergibt, woraus mit 3. durch Kettenschluß die Behauptung folgt. — Aus $\Diamond\alpha\rightarrow\Box\Diamond\alpha$ erhält man, indem man α durch $\neg\alpha$ ersetzt:

4. $\Diamond\neg\alpha\rightarrow\Box\Diamond\neg\alpha$.

Andererseits zeigt man leicht, daß

5. $\neg\Box\alpha\rightarrow\Diamond\neg\alpha$

und

6. $\Box\Diamond\neg\alpha\rightarrow\Box\neg\Box\alpha$

in **K** ableitbar sind. Durch doppelten Kettenschluß folgt dann $\neg\Box\alpha\rightarrow\Box\neg\Box\alpha$, woraus sich mittels Aussagenlogik $\Diamond\Box\alpha\rightarrow\Box\alpha$ ergibt.

Die Behauptung (3) erhalten wir sofort durch Kettenschluß aus der im Beweis von (2) gezeigten S-Ableitbarkeit von $\alpha\rightarrow\Diamond\alpha$ und dem S-Axiom $\Diamond\alpha\rightarrow\Box\Diamond\alpha$.

Damit ist die in (3.19) behauptete Äquivalenz der Regelsysteme $\mathbf{S_5}$ und S gezeigt.

Neben den bisher betrachteten modalen Systemen werden in der einschlägigen Literatur noch viele andere (insbesondere auch nicht-normale) Systeme betrachtet. — Wir werden hier nur die schon eingeführten Systeme näher studieren. Insbesondere soll jeweils die Vollständigkeit bezüglich gewisser Eigenschaften von Rahmen gezeigt werden. Später wird noch ein weiteres System, das eng mit dem zweiten Gödelschen Unvollständigkeitssatz zusammenhängt, eingehend untersucht.

Bevor wir mit den modallogischen Vollständigkeitsbeweisen beginnen, stellen wir die Systeme noch einmal zusammen. — Es ergibt sich folgendes Bild, wenn man die äquivalenten Systeme $\mathbf{S_5}$ und S identifiziert:

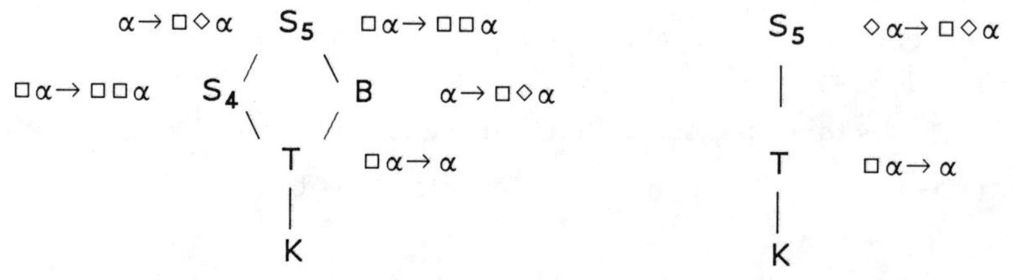

Ist $\mathfrak{M}=\langle W,R,h\rangle$ ein Modell, so wird W auch als *Trägermenge von* $\mathfrak{M}$ bezeichnet. — Man schreibt oft $|\mathfrak{M}|:=W$ für die Trägermenge von $\mathfrak{M}$.

Weiterhin vereinbaren wir noch folgende Schreibweisen für Modelle $\mathfrak{M}$, Formelmengen Σ und Punkte $u\in|\mathfrak{M}|$:

$\mathfrak{M}\models\Sigma[u]$ $:\Leftrightarrow$ für alle $\sigma\in\Sigma$ gilt: $\mathfrak{M}\models\sigma[u]$,

$\mathfrak{M}\models\Sigma$ $:\Leftrightarrow$ für alle $\sigma\in\Sigma$ gilt: $\mathfrak{M}\models\sigma$.

Wie in der Aussagenlogik kann man in der Modallogik einen Folgerungsbegriff einführen. Dieser Begriff wird jedoch auf das zugrundeliegende modallogische System Rücksicht nehmen müssen.

Ist eine Formelmenge Σ und eine Formel α gegeben, so kann man zunächst (in Analogie zur reinen Aussagenlogik) setzen:

$\Sigma \models \alpha$:⇔ für alle Modelle $\mathfrak{M}$ und Punkte $u \in |\mathfrak{M}|$ gilt: $(\mathfrak{M} \models \Sigma[u] \Rightarrow \mathfrak{M} \models \alpha[u])$.

Die ebenso naheliegende Definition

$\Sigma \models \alpha$:⇔ für alle $\mathfrak{M}$ gilt: $(\mathfrak{M} \models \Sigma \Rightarrow \mathfrak{M} \models \alpha)$

hat unerwünschte Konsequenzen (zum Beispiel $\{p\} \models \Box p$, was sich sofort aus (3.6)(2) ergibt) und kommt daher nicht in Betracht. — Aber auch die erste Definition ist lediglich für das System **K** angemessen, da nur in diesem Fall gewährleistet ist, daß in den betrachteten Modellen alle **K**-beweisbaren Formeln wahr sind — und somit die vorgegebene Logik respektiert wird. Für ein beliebiges normales System S wird man daher in der Definition eines S-Folgerungsbegriffs nur S-*Modelle* betrachten, d.h. Modelle, in denen alle S-beweisbaren Formeln wahr sind.

Sieht man Rahmen als wesentliche Träger modallogischer Information an, so wird man nur Modelle betrachten, die schon auf einem Rahmen basieren, in dem alle S-beweisbaren Formeln gültig sind. Einen solchen Rahmen bezeichnen wir im folgenden als *Rahmen für* S (oder kürzer als S-*Rahmen*).

Es ergeben sich damit zwei S-Folgerungsbeziehungen, die genauer so definiert werden:

$\Sigma \models'_S \alpha$:⇔ in jedem Modell $\mathfrak{M}$, in dem alle S-beweisbaren Formeln wahr sind, gilt für alle $u \in |\mathfrak{M}|$: $(\mathfrak{M} \models \Sigma[u] \Rightarrow \mathfrak{M} \models \alpha[u])$.

$\Sigma \models_S \alpha$ ⇔ in jedem Modell $\mathfrak{M}$, das auf einem Rahmen für S basiert, gilt für alle $u \in |\mathfrak{M}|$: $(\mathfrak{M} \models \Sigma[u] \Rightarrow \mathfrak{M} \models \alpha[u])$.

Man überlegt sich sofort, daß für alle Σ, α gilt: $(\Sigma \models'_S \alpha \Rightarrow \Sigma \models_S \alpha)$, denn auf einem Rahmen für S basieren nur Modelle, in denen alle S-beweisbaren Formeln wahr sind.

Im folgenden werden auch auf Seiten der S-Beweisbarkeit Prämissenmengen zugelassen. Für alle normalen Systeme S wird sich dann ergeben, daß der so erweiterte S-Beweisbarkeitsbegriff $\vdash'_S$ mit dem Folgerungsbegriff $\models'_S$ übereinstimmt. Daher leistet dieser Folgerungsbegriff keinen Beitrag zur Klassifikation normaler Systeme.

Als wesentlich interessanter erweist sich der zweite S-Folgerungsbegriff $\models_S$, der in vielen Fällen zu einer übersichtlichen Charakterisierung der

S-Beweisbarkeitsrelation führt. – Sofern nichts anderes gesagt ist, beziehen wir uns hinsichtlich S-Folgerungen im weiteren immer auf die Beziehung $\models_S$. – Aufgrund der früheren Betrachtungen gilt für alle Rahmen $\langle W,R\rangle$:

(3.20)

(1) $\langle W,R\rangle$ ist ein **T**-Rahmen $\Leftrightarrow$ $\langle W,R\rangle$ ist reflexiv;

(2) $\langle W,R\rangle$ ist ein $\mathbf{S_4}$-Rahmen $\Leftrightarrow$ $\langle W,R\rangle$ ist reflexiv und transitiv;

(3) $\langle W,R\rangle$ ist ein **B**-Rahmen $\Leftrightarrow$ $\langle W,R\rangle$ ist reflexiv und symmetrisch;

(4) $\langle W,R\rangle$ ist ein $\mathbf{S_5}$-Rahmen $\Leftrightarrow$ $\langle W,R\rangle$ ist reflexiv, symmetrisch und transitiv.

Daraus erhält man zum Beispiel für das System **T** die Äquivalenz

$\Sigma\models_T\alpha$ $\Leftrightarrow$ in jedem Modell $\mathfrak{M}$, das auf einem reflexiven Rahmen basiert, gilt für alle $u\in|\mathfrak{M}|$: $(\mathfrak{M}\models\Sigma[u] \Rightarrow \mathfrak{M}\models\alpha[u])$.

Für die anderen Systeme gelten entsprechende Aussagen.

Neben der Ableitbarkeit schlechthin soll jetzt für die einzelnen Systeme auch eine Ableitbarkeit aus Prämissenmengen eingeführt werden. Dabei ist dieser Begriff in geeigneter Form zu definieren. Setzt man beispielsweise in **K** für Formelmengen Σ einfach:

$\Sigma\vdash_K\alpha$ $:\Leftrightarrow$ α ist im Regelsystem $\mathbf{K}\cup\Sigma$ ableitbar,

wobei $\mathbf{K}\cup\Sigma$ aus **K** durch Hinzufügen der Elemente von Σ als zusätzliche Axiome entsteht, so zeigt sich aufgrund der Necessitationsregel, daß aus der Menge $\{p\}$ die Formel $\Box p$ ableitbar ist. Dies ist aber, wenn man die Übereinstimmung von Folgerungs- und Ableitbarkeitsbeziehung im Auge hat, nicht wünschenswert, da in vielen Modellen die Formel p in einem Punkte wahr sein kann, ohne daß auch $\Box p$ dort wahr wird. – Als geeignet erweist sich folgende Definition:

$\Sigma\vdash_S\alpha$ $:\Leftrightarrow$ es gibt eine endliche Teilmenge $\Delta=\{\delta_1,\dots,\delta_k\}$ von Σ mit $\vdash_S\delta_1\wedge\dots\wedge\delta_k\rightarrow\alpha$.

Dabei ist auch die leere Teilmenge zugelassen. In diesem Falle soll die letzte Bedingung einfach $\vdash_S\alpha$ bedeuten. – Die S-Ableitbarkeit aus der leeren Menge ist somit zur S-Ableitbarkeit schlechthin äquivalent, d.h. es gilt: $\emptyset\vdash_S\alpha \Leftrightarrow \vdash_S\alpha$.

Die sinngemäße Übertragung des neuen Beweisbarkeitsbegriffs in den rein aussagenlogischen Kontext stimmt mit dem dort schon früher eingeführten Begriff überein. Denn aus (2.10) folgt:

$\Sigma\vdash\alpha$ $\Leftrightarrow$ es gibt eine endliche Teilmenge $\Delta=\{\delta_1,\dots,\delta_k\}$ von Σ mit $\{\delta_1,\dots,\delta_k\}\vdash\alpha$.

Andererseits gilt aufgrund des Deduktionstheorems (2.11):

$$\{\delta_1,\ldots,\delta_k\}\vdash\alpha \quad\Leftrightarrow\quad \vdash\delta_1\wedge\ldots\wedge\delta_k\rightarrow\alpha.$$

Somit gilt:

$$\Sigma\vdash\alpha \quad\Leftrightarrow\quad \text{es gibt eine endliche Menge } \{\delta_1,\ldots,\delta_k\}\subset\Sigma \text{ mit } \vdash\delta_1\wedge\ldots\wedge\delta_k\rightarrow\alpha.$$

Da bei Konjunktionen die Reihenfolge und Klammerung unwesentlich ist, stehe $\delta_1\wedge\ldots\wedge\delta_k$ für eine dieser Konjunktionen über die Formeln $\delta_1,\ldots,\delta_k$ (z.B. für $(\ldots(\delta_1\wedge\delta_2)\wedge\ldots\wedge\delta_k))$. Ist $\Delta=\{\delta_1,\ldots,\delta_k\}$ eine endliche Formelmenge, so schreiben wir oft $\bigwedge\Delta$ anstelle von $\delta_1\wedge\ldots\wedge\delta_k$.

Für alle normalen modallogischen Systeme S erfüllt $\vdash_S$ die (2.10) entsprechenden Eigenschaften:

(3.21) **Lemma:** Es gelten folgende Aussagen:

(1) $\sigma\in\Sigma \quad\Rightarrow\quad \Sigma\vdash_S\sigma$.

(2) $\Sigma\subset\Sigma_1$ und $\Sigma\vdash_S\alpha \Rightarrow \Sigma_1\vdash_S\alpha$. Insbesondere folgt aus $\vdash_S\alpha$ für jede Formelmenge Σ die Aussage $\Sigma\vdash_S\alpha$.

(3) Gilt $\Sigma\vdash_S\gamma$ für alle $\gamma\in\Gamma$, und gilt $\Gamma\vdash_S\alpha$, so gilt auch $\Sigma\vdash_S\alpha$.

(4) $\Sigma\vdash_S\alpha$ und $\Sigma\vdash_S\alpha\rightarrow\beta \quad\Rightarrow\quad \Sigma\vdash_S\beta$.

(5) $\Sigma\vdash_S\alpha \quad\Leftrightarrow\quad$ es gibt eine endliche Menge $\Delta\subset\Sigma$ mit $\Delta\vdash_S\alpha$.

Beweis:

Für normale Systeme S sind alle Instanzen von Tautologien S-beweisbar. Damit gilt $\vdash_S\sigma\rightarrow\sigma$. Aus $\sigma\in\Sigma$ folgt dann nach Definition $\Sigma\vdash_S\sigma$. Somit ist (1) gezeigt.

Die Behauptung (2) ist offensichtlich, da jede Teilmenge von Σ auch Teilmenge von Σ_1 ist.

Aus $\Gamma\vdash_S\alpha$ folgt die Existenz einer Menge $\{\gamma_1,\ldots,\gamma_k\}\subset\Gamma$ mit $\vdash_S\gamma_1\wedge\ldots\wedge\gamma_k\rightarrow\alpha$. Ist jetzt jedes γ_j aus Σ in S ableitbar, so gibt es zu jedem γ_j eine endliche Teilmenge Σ_j von Σ mit $\vdash_S\bigwedge\Sigma_j\rightarrow\gamma_j$. Mit Hilfe der Tautologie

$$(q_1\rightarrow r_1)\rightarrow((q_2\rightarrow r_2)\rightarrow(\ldots\rightarrow((q_k\rightarrow r_k)\rightarrow((r_1\wedge\ldots\wedge r_k\rightarrow p)\rightarrow(q_1\wedge\ldots\wedge q_k\rightarrow p)))\ldots))$$

ergibt sich durch Modus ponens $\vdash_S\bigwedge\Sigma_1\wedge\ldots\wedge\bigwedge\Sigma_k\rightarrow\alpha$. – Also gilt $\Sigma\vdash_S\alpha$.

Die Behauptung (4) erhält man, da aus $\vdash_S\bigwedge\Sigma_1\rightarrow\alpha$ und $\vdash_S\bigwedge\Sigma_2\rightarrow(\alpha\rightarrow\beta)$ mit Hilfe der Tautologie $(r\rightarrow p)\rightarrow((s\rightarrow(p\rightarrow q))\rightarrow(r\wedge s\rightarrow q))$ und des Modus ponens die Aussage $\vdash_S\bigwedge\Sigma_1\wedge\bigwedge\Sigma_2\rightarrow\beta$ folgt.

Die Behauptung (5) folgt wiederum unmittelbar aus der Definition.

Ω

Weiterhin bemerken wir, daß ein Deduktionstheorem, das (2.11) entspricht, für die S-Beweisbarkeit trivialerweise wahr ist:

(3.22) $\quad\Sigma\cup\{\alpha\}\vdash_S\beta \quad\Leftrightarrow\quad \Sigma\vdash_S\alpha\rightarrow\beta.$

Dies folgt sofort aus den beiden Tautologien $((r\wedge p)\rightarrow q)\rightarrow(r\rightarrow(p\rightarrow q))$ und $(r\rightarrow(p\rightarrow q))\rightarrow((r\wedge p)\rightarrow q)$.

Wir zeigen jetzt die Übereinstimmung der entsprechenden Folgerungs- und Ableitbarkeitsbeziehungen. Genauer zeigen wir, daß für jedes normale System S die Begriffe $\models'_S$ und $\vdash_S$ übereinstimmen. Für $S\in\{\mathbf{K},\mathbf{T},\mathbf{B},\mathbf{S_4},\mathbf{S_5}\}$ ergibt sich darüber hinaus, daß dies auch für $\models_S$ und $\vdash_S$ der Fall ist. Da alle diese Systeme normal sind, folgt, daß auch die beiden S-Folgerungsbeziehungen identisch sind.

Aus der Äquivalenz $(\Sigma\models_S\alpha \Leftrightarrow \Sigma\vdash_S\alpha)$ ergibt sich speziell für $\Sigma=\emptyset$, daß α genau dann in allen S-Rahmen gilt, wenn α S-ableitbar ist. Für $S=\mathbf{K}$ bedeutet dies, wenn man (3.8) und die Äquivalenz $(\emptyset\models_K\alpha \Leftrightarrow \models_{ML}\alpha)$ berücksichtigt, daß eine Formel α genau dann **K**-beweisbar ist, wenn sie in allen Rahmen gilt. Das System **K** ist also vollständig bezüglich jeder Eigenschaft **E**, die allen Rahmen zukommt. – Entsprechend erhält man unter Berücksichtigung von (3.20) Vollständigkeitsaussagen für **T**, **B**, $\mathbf{S_4}$ und $\mathbf{S_5}$. Diese werden später genau formuliert.

Die Vollständigkeitsbeweise zerfallen wieder in zwei Teile – nämlich in den Beweis der Korrektheitsaussagen

$(\Sigma\vdash_S\alpha \Rightarrow \Sigma\models_S\alpha)$ und $(\Sigma\vdash_S\alpha \Rightarrow \Sigma\models'_S\alpha)$,

der einfach zu erbringen ist, und in den Beweis der Implikationen

$(\Sigma\models_S\alpha \Rightarrow \Sigma\vdash_S\alpha)$ und $(\Sigma\models'_S\alpha \Rightarrow \Sigma\vdash_S\alpha)$,

der die Hauptarbeit erfordert.

Die Korrektheitsaussagen ergeben sich so:

Da $(\Sigma\models'_S\alpha \Rightarrow \Sigma\models_S\alpha)$ für alle Σ und α gilt, genügt es $(\Sigma\vdash_S\alpha \Rightarrow \Sigma\models'_S\alpha)$ zu zeigen. – Aus $\Sigma\vdash_S\alpha$ folgt aber nach Definition die Existenz einer endlichen Menge $\Delta\subset\Sigma$ mit $\vdash_S\bigwedge\Delta\rightarrow\alpha$. Die Formel $\bigwedge\Delta\rightarrow\alpha$ ist damit in jedem Modell gültig, in dem alle S-beweisbaren Formeln wahr sind. Gilt jetzt in einem solchen Modell, daß alle Formeln aus Σ in einem Punkte u wahr sind, so ist offensichtlich auch $\bigwedge\Delta$ in u wahr. Damit sind $\bigwedge\Delta$ und $\bigwedge\Delta\rightarrow\alpha$ in u wahr. Also ist auch α in u wahr. – Aus $\Sigma\vdash_S\alpha$ folgt daher $\Sigma\models'_S\alpha$.

Die Implikationen $(\Sigma\models_S\alpha \Rightarrow \Sigma\vdash_S\alpha)$ und $(\Sigma\models'_S\alpha \Rightarrow \Sigma\vdash_S\alpha)$ zeigen wir, indem wir $(\Sigma\nvdash_S\alpha \Rightarrow \Sigma\not\models_S\alpha)$ und $(\Sigma\nvdash_S\alpha \Rightarrow \Sigma\not\models'_S\alpha)$ nachweisen. Dabei spielt, wie in der Aussagenlogik, der Begriff der Widerspruchsfreiheit eine zentrale Rolle. Wir definieren daher zuerst:

Eine Formelmenge Γ heißt S-*widerspruchsfrei* oder auch S-*konsistent*, wenn aus Γ die Formel $\perp$ nicht S-beweisbar ist. – Das System S selbst heißt *konsistent*, wenn $\perp$ nicht S-beweisbar ist. Wie man sofort sieht, ist S genau dann konsistent, wenn die leere Menge S-konsistent ist. Für normales S ist dieses wiederum äquivalent zu der Aussage, daß es mindestens eine Formel gibt, die nicht S-beweisbar ist.

Vollkommen analog zu (2.13), (2.14) und (2.15) gelten folgende Aussagen:

(3.23) **Lemma:** $\Sigma \nvdash_S \alpha \;\Rightarrow\; \Gamma := \Sigma \cup \{\neg\alpha\}$ ist S-widerspruchsfrei.

Beweis:

Aus $\Sigma \cup \{\neg\alpha\} \vdash_S \perp$ folgt nach (3.22) auch $\Sigma \vdash_S \neg\alpha \rightarrow \perp$. Da $(\neg\alpha \rightarrow \perp) \rightarrow \alpha$ Instanz einer Tautologie ist, ergibt sich aus (3.21) die Aussage $\Sigma \vdash_S \alpha$.

Ω

(3.24) **Lemma:** Jede S-widerspruchsfreie Formelmenge Γ läßt sich zu einer maximal S-widerspruchsfreien Formelmenge Γ^* erweitern.

(3.25) **Lemma:** Ist Γ^* eine maximal S-widerspruchsfreie Formelmenge, so gilt für alle Formeln β, γ:

(1) $\beta \in \Gamma^* \;\Leftrightarrow\; \Gamma^* \vdash_S \beta$.

(2) $\neg\beta \in \Gamma^* \;\Leftrightarrow\; \beta \notin \Gamma^*$.

(3) $(\beta \rightarrow \gamma) \in \Gamma^* \;\Leftrightarrow\; (\beta \in \Gamma^* \Rightarrow \gamma \in \Gamma^*)$.

Die Beweise erhält man aus denen des zweiten Paragraphen, indem man überall $\vdash$ durch $\vdash_S$ ersetzt und (3.21) und (3.22) berücksichtigt.

Als Korollar ergibt sich aus (3.23) und (3.24):

(3.26) **Korollar:** Ist die Formel α nicht in S ableitbar, so existiert eine maximal S-widerspruchsfreie Formelmenge Γ^*, die $\neg\alpha$ als Element enthält.

Beweis:

Aus $\nvdash_S \alpha$ folgt mit (3.23), daß die Formelmenge $\{\neg\alpha\}$ S-widerspruchsfrei ist. Durch Anwendung von (3.24) folgt daraus die Behauptung.

Ω

Aus dem Korollar ergibt sich insbesondere, daß zu jedem konsistenten normalen modallogischen System S mindestens eine maximal S-widerspruchsfreie Formelmenge existiert. — Die von uns eingeführten Systeme **K**,**T**,**B**,$\mathbf{S_4}$ und $\mathbf{S_5}$ sind konsistent, da die Formel p nicht ableitbar ist (denn andernfalls wäre p in den entsprechenden Rahmen gültig).

Bei der Behandlung S-widerspruchsfreier Mengen haben wir bisher lediglich aussagenlogische Fakten benutzt. Im nächsten Lemma wird wesentlich auf modale Eigenschaften zurückgegriffen.

(3.27) **Lemma:** Sei Γ eine S-widerspruchsfreie Formelmenge, die die Formel $\neg\Box\alpha$ enthält. Dann ist die Menge $\{\beta \mid \Box\beta\in\Gamma\}\cup\{\neg\alpha\}$ S-widerspruchsfrei.

Beweis:

Ist die Formelmenge $\{\beta \mid \Box\beta\in\Gamma\}\cup\{\neg\alpha\}$ nicht S-konsistent, so gibt es Formeln $\beta_1,\ldots,\beta_k$ mit $\{\Box\beta_1,\ldots,\Box\beta_k\}\subset\Gamma$ und $\{\beta_1,\ldots,\beta_k,\neg\alpha\}\vdash_S\bot$. Aussagenlogisch folgt dann $\vdash_S\beta_1\wedge\ldots\wedge\beta_k\rightarrow\alpha$. Durch Anwendung von (3.9) erhält man daraus $\vdash_S\Box(\beta_1\wedge\ldots\wedge\beta_k)\rightarrow\Box\alpha$. Da nach (3.13) $\vdash_S\Box(\beta_1\wedge\ldots\wedge\beta_k)\leftrightarrow\Box\beta_1\wedge\ldots\wedge\Box\beta_k$ gilt, ergibt sich $\vdash_S\Box\beta_1\wedge\ldots\wedge\Box\beta_k\rightarrow\Box\alpha$. Hieraus folgt $\{\Box\beta_1,\ldots,\Box\beta_k,\neg\Box\alpha\}\vdash_S\bot$. Da aber nach Voraussetzung $\{\Box\beta_1,\ldots,\Box\beta_k,\neg\Box\alpha\}\subset\Gamma$ ist, ergibt sich, daß dann auch Γ nicht S-widerspruchsfrei sein kann.

Ω

Unter Benutzung dieser Lemmata soll jetzt für ein beliebiges konsistentes normales modallogisches System S in kanonischer Weise ein Modell $\mathfrak{M}=\langle W,R,h\rangle$ mit speziellen Eigenschaften konstruiert werden.

Sei also S ein konsistentes normales Regelsystem. Wir definieren:

$$W := \{\Gamma^* \mid \Gamma^* \text{ ist maximal S-widerspruchsfreie Formelmenge}\}.$$

Aus (3.26) folgt, wie schon bemerkt, daß es mindestens eine maximal S-widerspruchsfreie Menge Γ^* gibt. Somit ist W nicht leer. – Eine Zugänglichkeitsrelation R wird in W folgendermaßen erklärt:

$$uRv \;:\Leftrightarrow\; \{\alpha\in Fm_{ML} \mid \Box\alpha\in u\}\subset v.$$

Die Relation R besteht also zwischen den maximal S-widerspruchsfreien Mengen u und v genau dann, wenn für jede Formel α gilt: $\Box\alpha\in u \Rightarrow \alpha\in v$.

Schließlich definieren wir die Belegung h für jede Aussagenvariable q und jede maximal S-widerspruchsfreie Formelmenge u durch

$$h(q,u) := \begin{cases} 1, & \text{falls } q\in u \text{ ist;} \\ 0 & \text{sonst.} \end{cases}$$

Man nennt das so definierte Modell $\mathfrak{M}:=\langle W,R,h\rangle$ das *kanonische Modell von* S. – Der Rahmen $\langle W,R\rangle$ heißt der *kanonische Rahmen von* S.

Es gilt das grundlegende Theorem:

(3.28) **Theorem:** Ist $\mathfrak{M}:=\langle W,R,h\rangle$ das kanonische Modell eines konsistenten normalen modallogischen Systems S, so gilt für jede Formel α und jeden Punkt $u\in W$: $(\mathfrak{M}\vDash\alpha[u] \Leftrightarrow \alpha\in u)$.

Beweis (durch Induktion über den Formelaufbau):

Für Aussagenvariablen q ist die Behauptung nach Definition von h richtig:

$$\mathfrak{M}\vDash q[u] \;\Leftrightarrow\; h(q,u)=1 \;\Leftrightarrow\; q\in u.$$

Sei die Behauptung schon für α, β und alle h und u richtig. Dann gilt:

$$\begin{array}{lll} \mathfrak{M}\models\neg\alpha[u] & \Leftrightarrow & \mathfrak{M}\not\models\alpha[u] \\ & \Leftrightarrow & \alpha\notin u \qquad \text{(n. Induktionsvoraus.)} \\ & \Leftrightarrow & \neg\alpha\in u \qquad (3.25)(2). \end{array}$$

$$\begin{array}{lll} \mathfrak{M}\models(\alpha\rightarrow\beta)[u] & \Leftrightarrow & (\mathfrak{M}\models\alpha[u] \Rightarrow \mathfrak{M}\models\beta[u]) \\ & \Leftrightarrow & (\alpha\in u \Rightarrow \beta\in u) \qquad \text{(n. Induktionsvoraus.)} \\ & \Leftrightarrow & (\alpha\rightarrow\beta)\in u \qquad (3.25)(3). \end{array}$$

Die Behauptung sei jetzt für α und alle h und u richtig:

Ist $\Box\alpha\in u$, so folgt nach Definition von R für alle v mit uRv die Aussage $\alpha\in v$. Nach Induktionsvoraussetzung ist $\alpha\in v$ zu $\mathfrak{M}\models\alpha[v]$ äquivalent. Somit gilt für alle v mit uRv auch $\mathfrak{M}\models\alpha[v]$. Daraus folgt $\mathfrak{M}\models\Box\alpha[u]$.

Ist andererseits $\Box\alpha\notin u$, so folgt aus (3.25)(2), daß $\neg\Box\alpha$ Element von u ist. Mit Lemma (3.27) ergibt sich, daß $\{\beta|\,\Box\beta\in u\}\cup\{\neg\alpha\}$ S-widerspruchsfrei ist. Aufgrund von (3.24) läßt sich diese Menge zu einer maximal S-widerspruchsfreien Menge $v\in W$ erweitern. Aus $\{\beta|\,\Box\beta\in u\}\subset v$ folgt nach Definition von R die Aussage uRv, und aus $\neg\alpha\in v$ erhält man mit der Induktionsvoraussetzung und dem für die Formel $\neg\alpha$ Gezeigten, daß auch $\mathfrak{M}\not\models\alpha[v]$ gilt. Somit existiert ein von u aus R-zugängliches v, in dem α unter h falsch ist. Es folgt $\mathfrak{M}\not\models\Box\alpha[u]$.

Damit ist auch $(\mathfrak{M}\models\Box\alpha[u] \Leftrightarrow \Box\alpha\in u)$ gezeigt.

Ω

Als Korollar erhalten wir:

(3.29) **Korollar:** Eine Formel gilt im kanonischen Modell von S genau dann, wenn sie in S ableitbar ist.

Beweis:

Sei $\mathfrak{M}$ das kanonische Modell von S. Ist die Formel α S-beweisbar, so gilt nach (3.21)(2) und (3.25)(1), daß $\alpha\in u$ für jedes $u\in|\mathfrak{M}|$ ist. Aus (3.28) folgt dann die Gültigkeit von α in $\mathfrak{M}$. — Andererseits folgt aus $\nvdash_S\alpha$ mit (3.26), daß es ein $u\in|\mathfrak{M}|$ gibt mit $\neg\alpha\in u$. Aus dem vorhergehenden Theorem ergibt sich dann $\mathfrak{M}\models\neg\alpha[u]$ — und somit gilt α nicht in $\mathfrak{M}$.

Ω

Die in S beweisbaren Formeln sind also vollkommen durch die Gültigkeit im kanonischen Modell bestimmt.

Aus dem bisher Bewiesenen ergibt sich jetzt, wie schon angekündigt:

(3.30) **Lemma:** Für alle normalen Systeme S und alle Σ und α gilt:

(1) $\Sigma\models'_S\alpha \Leftrightarrow \Sigma\vdash_S\alpha$.

(2) Ist außerdem der kanonische Rahmen von S ein Rahmen für S, so gilt $(\Sigma\models_S\alpha \Leftrightarrow \Sigma\vdash_S\alpha)$ — und damit auch $(\Sigma\models_S\alpha \Leftrightarrow \Sigma\models'_S\alpha)$.

Beweis:

Wir können ohne Einschränkung annehmen, daß S konsistent ist, da andernfalls die Behauptungen trivial sind.

Die Korrektheitsaussagen sind schon gezeigt. Es genügt daher, im Falle (1) die Implikation ($\Sigma\nvdash_S\alpha \Rightarrow \Sigma\nvDash'_S\alpha$) und im Falle (2) die Implikation ($\Sigma\nvdash_S\alpha \Rightarrow \Sigma\nvDash_S\alpha$) nachzuweisen.

Aus $\Sigma\nvdash_S\alpha$ folgt nach (3.23) die S-Widerspruchsfreiheit von $\Gamma:=\Sigma\cup\{\neg\alpha\}$. Aufgrund von (3.24) läßt sich diese Menge zu einer maximal widerspruchsfreien Menge $u\in W$ erweitern. Das Theorem (3.28) besagt dann, daß im kanonischen Modell $\mathfrak{M}=\langle W,R,h\rangle$ im Punkte u alle Elemente von Σ und die Formel $\neg\alpha$ wahr sind. Da nach (3.29) $\mathfrak{M}$ ein Modell für S ist, gilt also $\Sigma\nvDash'_S\alpha$. — Ist noch zusätzlich der kanonische Rahmen von S ein Rahmen für S, so gilt auch $\Sigma\nvDash_S\alpha$. Damit sind (1) und (2) gezeigt.

Ω

Die Folgerungsbeziehung $\vDash'_S$ wird im weiteren nicht mehr betrachtet. Wenn also künftig von modallogischen Folgerungen die Rede ist, so ist immer die Relation $\vDash_S$ gemeint.

Wir nennen ein normales System S *strikt vollständig*, wenn die S-Folgerungsbeziehung $\vDash_S$ und die S-Ableitbarkeitsbeziehung $\vdash_S$ übereinstimmen. Weiterhin wird ein konsistentes normales System S *kanonisch* genannt, wenn der kanonische Rahmen von S ein Rahmen für S ist — also alle S-beweisbaren Formeln in allen Modellen, die auf dem kanonischen Rahmen von S basieren, wahr sind.

Lemma (3.30)(2) besagt gerade, daß jedes kanonische System strikt vollständig ist.

Aus (3.21)(5) erhält man sofort, daß jedes strikt vollständige System S auch *kompakt* ist — das bedeutet, daß für alle Σ und α gilt:

$$\Sigma\vDash_S\alpha \Leftrightarrow \text{es gibt eine endliche Menge } \Delta\subset\Sigma \text{ mit: } \Delta\vDash_S\alpha.$$

Da im kanonischen Rahmen eines kanonischen Systems S per Definition alle S-beweisbaren Formeln gültig sind, aber andererseits nach (3.29) schon jede im kanonischen Modell gültige Formel S-beweisbar ist, sind im kanonischen Rahmen eines Systems, das kanonisch ist, genau die S-beweisbaren Formeln wahr.

Nach (3.8) ist jeder Rahmen ein Rahmen für **K**. Daher ist der kanonische Rahmen, der aufgrund der Konsistenz von **K** existiert, ein Rahmen für **K**. Also ist **K** kanonisch und somit strikt vollständig. — Um auch die strikte

Vollständigkeit der Systeme **T**, **B**, $\mathbf{S_4}$ und $\mathbf{S_5}$ zu erhalten, genügt es, da die Systeme konsistent sind, nachzuweisen, daß jeweils der kanonische Rahmen ein Rahmen für das System ist. Wir beginnen mit:

(3.31) **Lemma:** Der kanonische Rahmen von **T** ist reflexiv - und ist somit nach (3.20) ein Rahmen für **T**.

Beweis:

Zu zeigen ist, daß für jedes $u \in W$ die Menge $\{\beta | \Box\beta \in u\} \subset u$ ist. Dann gilt nach Definition von R die Aussage uRu für jedes $u \in W$. Da $\Box\beta \rightarrow \beta$ ein Axiom von **T** ist, folgt aus (3.25)(1), daß $(\Box\beta \rightarrow \beta) \in u$ gilt. Ist nun $\Box\beta \in u$, so ergibt (3.25)(3), daß auch $\beta \in u$ gilt. Damit ist die Behauptung gezeigt.

Ω

Weiterhin gilt:

(3.32) **Lemma:** Der kanonische Rahmen von $\mathbf{S_4}$ ist reflexiv und transitiv — und somit nach (3.20) ein Rahmen für $\mathbf{S_4}$.

Beweis:

Die Reflexivität folgt wie in (3.31), da $\mathbf{S_4} \supset \mathbf{T}$ gilt. — Sei jetzt uRv und vRw wahr. Zu zeigen ist uRw. — Nach Voraussetzung gilt $\{\beta | \Box\beta \in u\} \subset v$ und $\{\beta | \Box\beta \in v\} \subset w$. Da für jedes β die Formel $\Box\beta \rightarrow \Box\Box\beta$ ein $\mathbf{S_4}$-Axiom ist, folgt wiederum mit (3.25)(1), daß $(\Box\beta \rightarrow \Box\Box\beta) \in s$ für jedes $s \in W$ gilt. Ist jetzt $\Box\beta \in u$, so gilt aufgrund von (3.25)(3) auch $\Box\Box\beta \in u$. Aus uRv folgt dann $\Box\beta \in v$. Hieraus erhalten wir mit der Voraussetzung vRw die Aussage $\beta \in w$. Somit gilt, wie behauptet, $\{\beta | \Box\beta \in u\} \subset w$ — d.h. uRw.

Ω

(3.33) **Lemma:** Der kanonische Rahmen des Systems **B** ist reflexiv und symmetrisch — und ist somit nach (3.20) ein Rahmen für **B**.

Beweis:

Die Reflexivität ergibt sich wie vorher. Zu zeigen bleibt, daß die Relation R symmetrisch ist. Gelte also uRv. Wir zeigen $(\beta \notin u \Rightarrow \Box\beta \notin v)$ für alle β. Daraus folgt durch Kontraposition $(\Box\beta \in v \Rightarrow \beta \in u)$ — und somit vRu.

Sei also $\beta \notin u$. Dann gilt, da u maximal widerspruchsfrei ist, $\neg\beta \in u$. Da $\neg\beta \rightarrow \Box\Diamond\neg\beta$ ein Axiom von **B** ist, erhält man $\Box\Diamond\neg\beta \in u$. Aus uRv folgt dann $\Diamond\neg\beta \in v$. Die Formel $\Diamond\neg\beta \rightarrow \neg\Box\beta$ ist **K**-beweisbar — und damit erst recht **B**-beweisbar:

1.	$\beta \rightarrow \neg\neg\beta$	T
2.	$\Box\beta \rightarrow \Box\neg\neg\beta$	(3.9):1
3.	$(\Box\beta \rightarrow \Box\neg\neg\beta) \rightarrow (\neg\Box\neg\neg\beta \rightarrow \neg\Box\beta)$	T
4.	$\Diamond\neg\beta \rightarrow \neg\Box\beta$	MP: 2,3 .

Aus $\Diamond\neg\beta \in v$ ergibt sich daher $\neg\Box\beta \in v$. Die maximale Widerspruchsfreiheit von v impliziert nach (3.25)(2) die Behauptung $\Box\beta \notin v$.

Ω

Aus den Beweisen von (3.32) und (3.33) folgt sofort:

(3.34) **Lemma:** Der kanonische Rahmen von $\mathbf{S_5}$ ist reflexiv, symmetrisch und transitiv – und ist somit nach (3.20) ein Rahmen für $\mathbf{S_5}$.

Wir haben damit für die bisher eingeführten Systeme folgende Aussagen gezeigt:

(3.35) **Theorem:** Die Systeme **K**, **T**, **B**, $\mathbf{S_4}$ und $\mathbf{S_5}$ sind kanonisch – und damit strikt vollständig und kompakt.

Aus der strikten Vollständigkeit eines Systems S erhält man, indem man $\Sigma=\emptyset$ setzt, die Aussage, daß eine Formel genau dann S-beweisbar ist, wenn sie in allen Rahmen für S wahr ist. Dies bezeichnet man als die *Vollständigkeit von* S (im weiter gefaßten Sinne).

Es wird sich später zeigen, daß es vollständige konsistente normale Systeme gibt, die nicht strikt vollständig sind. Im Zusammenhang mit Betrachtungen zum zweiten Gödelschen Unvollständigkeitssatz wird nämlich ein konsistentes normales System **G** einführt, das sich als vollständig und nicht kompakt herausstellen wird. Daher ist **G** nicht strikt vollständig und somit auch nicht kanonisch.

Wir bemerken noch, daß ein normales System genau dann strikt vollständig ist, wenn es vollständig und kompakt ist. Der einfache Nachweis sei dem Leser als Übung überlassen.

In (3.8) und (3.20) sind Eigenschaften angegeben, die die zu den Systemen gehörigen Rahmen genau charakterisieren. Damit erhalten wir Vollständigkeitsaussagen hinsichtlich Eigenschaften von Rahmen. Diese Eigenschaften sind extern, d.h. ohne auf die Logik Bezug zu nehmen, definiert. Als Korollar zu (3.35) notieren wir:

(3.36) **Korollar:** Für alle Formeln α gilt:

(1) $\vdash_K \alpha \iff$ α gilt in allen Rahmen.

(2) $\vdash_T \alpha \iff$ α gilt in allen reflexiven Rahmen.

(3) $\vdash_{S_4} \alpha \iff$ α gilt in allen reflexiven, transitiven Rahmen.

(4) $\vdash_B \alpha \iff$ α gilt in allen reflexiven, symmetrischen Rahmen.

(5) $\vdash_{S_5} \alpha \iff$ α gilt in allen Rahmen $\langle W,R \rangle$, in denen R eine Äquivalenzrelation in W ist.

Wir bemerken, daß es auch normale Systeme gibt, die nicht vollständig sind – die also nicht durch die Gültigkeit in Rahmen charakterisierbar sind. Ein Beispiel werden wir am Ende von Paragraph 8 kennenlernen.

Zur Charakterisierung eines vollständigen modallogischen Systems S ist oft nicht die gesamte Kollektion von Rahmen für S notwendig. Wir werden zum Beispiel in Kürze zeigen, daß für die fünf eingeführten Systeme schon jeweils die endlichen Rahmen des Systems ausreichen. — Um durch semantische Betrachtungen eine Übersicht über die in einem System beweisbaren Formeln zu gewinnen, wird man versuchen, die beweisbaren Formeln durch möglichst einfache Rahmenbedingungen zu charakterisieren. Hierzu sind in der Literatur (s. z.B. [20], [35], [36], [50] und [53]) eine Reihe von Techniken entwickelt worden, von denen hier nur einige behandelt werden können.

Wir werden als erstes zeigen, daß die $\mathbf{S_5}$-beweisbaren Formeln schon durch die Gültigkeit in allen Rahmen mit totaler Zugänglichkeitsrelation (d.h. jeder Punkt steht mit sich selbst und allen anderen in Relation) charakterisiert sind. Es gilt also für alle Formeln α:

(3.37) $\vdash_{S_5}\alpha \quad\Leftrightarrow\quad \alpha$ ist gültig in allen Rahmen der Gestalt $\langle W, W\times W\rangle$.

Da $W\times W$ eine Äquivalenzrelation in W ist, gilt nach dem schon Gezeigten, daß jede $\mathbf{S_5}$-beweisbare Formel in allen diesen Rahmen gültig ist. Um die umgekehrte Implikation zu zeigen, führen wir den Begriff des einfach erzeugten Unterrahmens ein.

Sei $\langle W,R\rangle$ ein Rahmen und t ein Element von W. Der *von* t *erzeugte Unterrahmen* $\langle W_t,R_t\rangle$ *von* $\langle W,R\rangle$ ist definiert durch:

(1) $W_t := \{u \mid tR^*u\}$, wobei R^* der reflexive und transitive Abschluß von R ist. Die Menge W_t besteht also aus dem Element t und allen von t in endlich vielen Schritten R-zugänglichen Elementen von W.

(2) $R_t := R\cap(W_t\times W_t)$. — Für alle $u,v\in W_t$ gilt also: $(uR_tv \Leftrightarrow uRv)$.

Ist $\mathfrak{M}=\langle W,R,h\rangle$ ein Modell und t ein Element von W, so ist das *von* t *erzeugte Untermodell* $\mathfrak{M}_t := \langle W_t,R_t,h_t\rangle$ definiert durch:

(1) $\langle W_t,R_t\rangle$ ist der von t erzeugte Unterrahmen von $\langle W,R\rangle$.

(2) h_t ist die Einschränkung von h auf $Var_{AL}\times W_t$. Das bedeutet, daß für alle Aussagenvariablen q und alle $u\in W_t$ gilt: $h_t(q,u)=h(q,u)$.

Ein Rahmen $\langle W',R'\rangle$ (bzw. Modell $\mathfrak{M}'$) heißt *einfach erzeugter Unterrahmen von* $\langle W,R\rangle$ (bzw. *einfach erzeugtes Untermodell von* $\mathfrak{M}=\langle W,R,h\rangle$), falls es ein $t\in W$ gibt mit $\langle W',R'\rangle=\langle W_t,R_t\rangle$ (bzw. $\mathfrak{M}'=\mathfrak{M}_t$).
Das Element t heißt dann *erzeugendes Element von* $\langle W',R'\rangle$ (bzw. $\mathfrak{M}'$).

Es gilt folgendes Lemma, das durch Induktion über den Formelaufbau bewiesen wird:

(3.38) **Lemma:** Ist $\mathfrak{M}'$ ein einfach erzeugtes Untermodell des Modells $\mathfrak{M}$, so gilt für alle α und alle $u' \in |\mathfrak{M}'|$: $(\mathfrak{M}' \models \alpha[u'] \Leftrightarrow \mathfrak{M} \models \alpha[u'])$.

Beweis:

Für Aussagenvariablen q ist die Behauptung nach Definition des Untermodells richtig: $\mathfrak{M}' \models q[u'] \Leftrightarrow h'(q,u')=1 \Leftrightarrow h(q,u')=1 \Leftrightarrow \mathfrak{M} \models q[u']$.

Sei nun die Behauptung schon für α und β und alle $u' \in W'$ richtig:

$$\begin{aligned} \mathfrak{M}' \models \neg\alpha[u'] &\Leftrightarrow \mathfrak{M}' \not\models \alpha[u'] \\ &\Leftrightarrow \mathfrak{M} \not\models \alpha[u'] \quad \text{(n. Indvor.)} \\ &\Leftrightarrow \mathfrak{M} \models \neg\alpha[u']; \end{aligned}$$

$$\begin{aligned} \mathfrak{M}' \models (\alpha \to \beta)[u'] &\Leftrightarrow (\mathfrak{M}' \models \alpha[u'] \Rightarrow \mathfrak{M}' \models \beta[u']) \\ &\Leftrightarrow (\mathfrak{M} \models \alpha[u'] \Rightarrow \mathfrak{M} \models \beta[u']) \quad \text{(n. Indvor.)} \\ &\Leftrightarrow \mathfrak{M} \models (\alpha \to \beta)[u']. \end{aligned}$$

$$\begin{aligned} \mathfrak{M}' \models \Box\alpha[u'] &\Leftrightarrow \text{für alle } v' \in W' : (u'R'v' \Rightarrow \mathfrak{M}' \models \alpha[v']) \\ &\Leftrightarrow \text{für alle } v' \in W' : (u'Rv' \Rightarrow \mathfrak{M} \models \alpha[v']) \quad \text{(n. Indvor.)} \\ &\Leftrightarrow \text{für alle } v \in W : (u'Rv \Rightarrow \mathfrak{M} \models \alpha[v]) \\ &\Leftrightarrow \mathfrak{M} \models \Box\alpha[u']. \end{aligned}$$

Die vorletzte Äquivalenz ergibt sich aus der Tatsache, daß aus $u' \in W'$ und $u'Rv$ die Aussage $v \in |\mathfrak{M}'|$ folgt. Dies ist offensichtlich, da tR^*u' und $u'Rv$ immer tR^*v impliziert.

Ω

Um den Beweis von (3.37) abzuschließen, müssen wir noch Äquivalenzrelationen näher betrachten.

Sei also R eine Äquivalenzrelation in einer Menge W. Zu $u \in W$ bilden wir die Menge aller zu u in der Relation stehenden v:

$$[u]_R := \{v \mid uRv\}.$$

Man nennt $[u]_R$ die *Äquivalenzklasse von* u *bezüglich* R. — Ist z eine Äquivalenzklasse und gilt $z=[u]_R$, so ist u ein *Repräsentant der Äquivalenzklasse* z. — Wir zeigen jetzt:

(3.39) **Lemma:** Sei R eine Äquivalenzrelation in der Menge W. Dann gilt für alle $u,v \in W$:

(1) $u \in [u]_R \subset W$.

(2) $[u]_R = [v]_R \Leftrightarrow uRv$.

(3) $[u]_R \neq [v]_R \Leftrightarrow [u]_R \cap [v]_R = \emptyset$.

(4) $([u]_R \times [u]_R) \subset R$.

Die Aussagen (1) und (3) besagen gerade, daß W durch R in paarweise disjunkte Äquivalenzklassen aufgeteilt wird. Denn nach (1) ist W die Vereinigung über alle Äquivalenzklassen $[u]_R$ für $u\in W$. Nach (3) sind aber je zwei verschiedene Klassen disjunkt. — Die Aussage (4) besagt, daß die Relation R in jeder Äquivalenzklasse total ist.

Beweis:

ad (1): Die Behauptung folgt sofort aus der Reflexivität von R. Denn uRu impliziert $u\in[u]_R$.

ad (2): Aus $[u]_R=[v]_R$ und $v\in[v]_R$ folgt $v\in[u]_R$ — und somit uRv. Gilt andererseits uRv, so folgt für alle $w\in W$ aus vRw wegen der Transitivität der Relation R auch uRw, d.h. $[v]_R\subset[u]_R$. Da R außerdem symmetrisch ist, gilt mit uRv auch vRu — und durch Rollentausch von u und v ergibt sich dann $[u]_R\subset[v]_R$. Aus uRv folgt somit auch $[u]_R=[v]_R$.

ad (3): $[u]_R=[v]_R$ impliziert $[u]_R\cap[v]_R=[u]_R$. Aus $u\in[u]_R$ folgt dann, daß der Durchschnitt nicht leer ist. — Gibt es andererseits ein gemeinsames Element $w\in[u]_R\cap[v]_R$, so gilt uRw und vRw. Mit der Symmetrie von R folgt auch wRv. Die Transitivität von R ergibt uRv, woraus mit Hilfe von (2) die Aussage $[u]_R=[v]_R$ folgt.

ad (4): Sind v und w Elemente von $[u]_R$, so gilt uRv und uRw. Aus Symmetrie und Transitivität von R folgt vRw. Also stehen in $[u]_R$ je zwei beliebige Punkte stets in der Relation R.

Ω

Nach diesen Vorbereitungen beweisen wir (3.37), d.h. wir zeigen, daß eine Formel genau dann $\mathbf{S_5}$-beweisbar ist, wenn sie in allen Rahmen mit totaler Zugänglichkeit gilt.

Beweis (von (3.37)):

Wie schon bemerkt, ist jede $\mathbf{S_5}$-beweisbare Formel in allen Rahmen mit totaler Zugänglichkeitsrelation gültig.

Sei nun umgekehrt α in allen Rahmen mit totaler Zugänglichkeit wahr. Wir zeigen, daß unter dieser Voraussetzung α auch in allen Rahmen $\langle W,R\rangle$ mit einer Äquivalenzrelation R gültig ist. Dann folgt aus dem Vollständigkeitssatz (3.36)(5) für $\mathbf{S_5}$ die $\mathbf{S_5}$-Beweisbarkeit von α.

Sei also $\mathfrak{M}$ ein Modell, das auf einem Rahmen $\langle W,R\rangle$ mit der Äquivalenzrelation R basiert. Für ein beliebiges Element $t\in W$ betrachten wir das von t erzeugte Untermodell $\mathfrak{M}_t$. Aufgrund von Lemma (3.38) gilt: $(\mathfrak{M}_t\models\alpha[t] \Leftrightarrow \mathfrak{M}\models\alpha[t])$. Nach Voraussetzung ist R reflexiv und transitiv. Somit besteht $|\mathfrak{M}_t|$ gerade aus denjenigen u, die mit t in der Relation R stehen, d.h. aber $|\mathfrak{M}_t|=[t]_R$. Da R_t der Durchschnitt von R mit $[t]_R\times[t]_R$ ist, ergibt (3.39)(4), daß R_t total ist. Die Formel α gilt aber nach Voraussetzung in allen Rahmen mit totaler Zugänglichkeit. Daher folgt

$\mathfrak{M}_t \models \alpha[t]$ – und damit nach (3.38) auch $\mathfrak{M} \models \alpha[t]$. Da h und t beliebig sind, folgt die Gültigkeit von α im Rahmen $\langle W,R \rangle$.

Ω

In Modellen mit totaler Zugänglichkeit vereinfacht sich die Definition der Gültigkeit für Formeln der Gestalt $\Box\alpha$ und $\Diamond\alpha$. Es gilt nämlich:

$\langle W,W\times W,h \rangle \models \Box\alpha[u] \Leftrightarrow$ für alle $v \in W$ gilt: $\langle W,W\times W,h \rangle \models \alpha[v]$;
$\langle W,W\times W,h \rangle \models \Diamond\alpha[u] \Leftrightarrow$ es gibt ein $v \in W$ mit: $\langle W,W\times W,h \rangle \models \alpha[v]$.

Die Gültigkeit von Formeln der Gestalt $\Box\alpha$ und $\Diamond\alpha$ ist daher in Modellen mit totaler Zugänglichkeit nicht mehr vom gegebenen Referenzpunkt u abhängig.

Als nächstes wollen wir eine Methode vorstellen, die für gewisse normale Systeme S zu einem Entscheidungsverfahren für die S-Beweisbarkeit von Formeln führt. Genauer werden wir zeigen, daß die Systeme **K**, **T**, **B**, $\mathbf{S_4}$ und $\mathbf{S_5}$ die starke endliche Modelleigenschaft haben. Grob gesprochen bedeutet dies für ein System S, daß man zu jeder nicht S-beweisbaren Formel α ein endliches S-Modell finden kann, in dem α nicht gilt und dessen Kardinalität in "vernünftiger Weise" durch die Länge der Zeichenreihe α beschränkt ist.

Wir führen zuerst den Begriff der endlichen Modelleigenschaft ein und erklären später, was mit der starken endlichen Modelleigenschaft genau gemeint ist.

Ein System S hat die *endliche Modelleigenschaft* genau dann, wenn es zu jeder Formel α mit $\nvdash_S \alpha$ ein Modell $\mathfrak{M}$ mit folgenden Eigenschaften gibt:

(1) $|\mathfrak{M}|$ ist eine endliche Menge.

(2) $\mathfrak{M} \not\models \alpha$.

(3) Alle S-beweisbaren Formeln sind in $\mathfrak{M}$ gültig.

Um die endliche Modelleigenschaft von Systemen nachzuweisen, bedient man sich oft der Methode des Filtrierens eines Modells durch Formelmengen, die unter Teilformelbildung abgeschlossen sind. Diese Methode werden wir zuerst in einer speziellen Gestalt vorstellen. Anhand der dafür gegebenen Beweise sieht man dann leicht, wie das Verfahren zu verallgemeinern ist. – Zuerst präzisieren wir den Begriff der Teilformel.

Wir definieren sub(α), die *Menge aller Teilformeln der Formel* α, durch Induktion über den Aufbau von α:

$\mathrm{sub}(q)=\{q\}$ für Aussagenvariablen q,
$\mathrm{sub}(\neg\alpha)=\mathrm{sub}(\alpha)\cup\{\neg\alpha\}$, $\mathrm{sub}(\alpha\to\beta)=\mathrm{sub}(\alpha)\cup\mathrm{sub}(\beta)\cup\{\alpha\to\beta\}$,
$\mathrm{sub}(\Box\alpha)=\mathrm{sub}(\alpha)\cup\{\Box\alpha\}$.

Eine Formel β ist eine *Teilformel von* α genau dann, wenn $\beta\in\mathrm{sub}(\alpha)$.

Es gilt beispielsweise $sub(\Diamond p' \to p) = \{p, p', \neg p', \Box \neg p', \Diamond p', \Diamond p' \to p\}$.
Jede Formel ist Teilformel von sich selbst, d.h. für alle α gilt $\alpha \in sub(\alpha)$.

Sei $\mathfrak{M}$ ein Modell und α eine Formel. – Wir definieren eine Äquivalenzrelation $\sim_\alpha$ in $|\mathfrak{M}|$ durch:

$$u \sim_\alpha v \ :\Leftrightarrow \text{ für alle } \beta \in sub(\alpha) \text{ gilt: } (\mathfrak{M} \models \beta[u] \Leftrightarrow \mathfrak{M} \models \beta[v]).$$

Die Relation $\sim_\alpha$ besteht also zwischen u und v genau dann, wenn die Punkte u und v in Bezug auf Teilformeln von α "ununterscheidbar" sind.

Man sieht sofort anhand der Definition, daß $\sim_\alpha$ eine Äquivalenzrelation in $|\mathfrak{M}|$ ist.

Wenn aus dem Kontext klar ist, von welchem α die Rede ist, schreiben wir im folgenden für $\sim_\alpha$ kürzer "$\sim$" – und für $[u]_{\sim_\alpha}$ schreiben wir einfach "$\overline{u}$". Es gilt dann: $\overline{u} = \{v | u \sim v\}$. – Da α zunächst fest bleibt, machen wir von dieser vereinfachten Schreibweise Gebrauch.

Ein Modell $\mathfrak{M}_0 = \langle W_0, R_0, h_0 \rangle$ ist ein *Filtrat von* $\mathfrak{M} = \langle W, R, h \rangle$ *nach den Teilformeln von* α (kurz: α-*Filtrat*), falls folgende Bedingungen erfüllt sind:

(1) $W_0 = \{\overline{u} | u \in W\}$, d.h. $W_0 = |\mathfrak{M}_0|$ besteht aus der Menge der Äquivalenzklassen bezüglich $\sim$ in $W = |\mathfrak{M}|$.

(2) $R_0 = \{\langle x, y \rangle \in W_0 \times W_0 |$ es gibt $u \in x$ und $v \in y$ mit $uRv\}$, d.h., daß zwei Äquivalenzklassen genau dann in der Relation R_0 stehen, wenn mindestens ein Vertreter der ersten Klasse mit mindestens einem Vertreter der zweiten Klasse in der Relation R steht.

(3) Für alle Aussagenvariablen $q \in sub(\alpha)$ und alle Äquivalenzklassen x aus W_0 gilt:

$$h_0(q, x) = h(q, u) \text{ für ein } u \in x.$$

Da zwei Elemente u,v einer Äquivalenzklasse x nicht durch Teilformeln von α unterschieden werden können, folgt speziell für Aussagenvariablen $q \in sub(\alpha)$ und $u, v \in x$, daß $h(q,u) = h(q,v)$ gilt. Der Wahrheitswert von Aussagenvariablen $q \in sub(\alpha)$ unter der Belegung h ist daher in jeder Äquivalenzklasse konstant. Die Forderung an h_0 ist somit äquivalent zu:

$$h_0(q, \overline{u}) = h(q, u) \text{ für alle } u \in |\mathfrak{M}| \text{ und alle Aussagenvariablen } q \in sub(\alpha).$$

Zu jedem $\mathfrak{M}$ und jeder Formel α existieren α-Filtrate von $\mathfrak{M}$. Denn der Rahmen $\langle W_0, R_0 \rangle$ eines α-Filtrates ist durch obige Bedingungen eindeutig bestimmt. Die Belegung h_0 ist lediglich auf den Variablen q, die Element von $sub(\alpha)$ sind, fixiert. Auf den übrigen Variablen kann sie beliebig festgesetzt werden.

Für Filtrate ist das folgende Theorem grundlegend:

(3.40) **Theorem:** Ist α eine Formel und $\mathfrak{M}_0=\langle W_0,R_0,h_0\rangle$ ein α-Filtrat des Modells $\mathfrak{M}=\langle W,R,h\rangle$, so ist $|\mathfrak{M}_0|$ endlich und es gilt für alle Formeln $\beta\in sub(\alpha)$ und alle Punkte $u\in|\mathfrak{M}|$: $(\mathfrak{M}_0\models\beta[\overline{u}] \Leftrightarrow \mathfrak{M}\models\beta[u])$.

Beweis:

Wir zeigen zuerst die zweite Behauptung durch Induktion über den Aufbau der Teilformeln von α. Dies ist möglich, da in der Wahrheitsdefinition für $\beta\in sub(\alpha)$ nur auf Elemente $\gamma\in sub(\beta)\subset sub(\alpha)$ zurückgegriffen wird.

Ist q eine Aussagenvariable, die in α vorkommt, so gilt nach Definition von h_0:

$$\mathfrak{M}_0\models q[\overline{u}] \Leftrightarrow h_0(q,\overline{u})=1 \Leftrightarrow h(q,u)=1 \Leftrightarrow \mathfrak{M}\models q[u].$$

Ist die Behauptung für $\gamma,\delta\in sub(\alpha)$ bereits richtig, so folgt sie auch leicht für $\neg\gamma$ und $(\gamma\rightarrow\delta)$.

Sei nun die Behauptung für die Formel $\gamma\in sub(\alpha)$ und alle $v\in|\mathfrak{M}|$ bereits richtig. Dann gilt für $\Box\gamma\in sub(\alpha)$:

$$\begin{aligned}\mathfrak{M}_0\models\Box\gamma[\overline{u}] &\Leftrightarrow \text{für alle } x\in|\mathfrak{M}_0|:(\overline{u}R_0x \Rightarrow \mathfrak{M}_0\models\gamma[x])\\ &\Leftrightarrow \text{für alle } v\in|\mathfrak{M}|:(\overline{u}R_0\overline{v} \Rightarrow \mathfrak{M}_0\models\gamma[\overline{v}])\\ &\Leftrightarrow \text{für alle } v\in|\mathfrak{M}|:(\overline{u}R_0\overline{v} \Rightarrow \mathfrak{M}\models\gamma[v]) \quad \text{(n. Indvor.)}.\end{aligned}$$

Da $u\in\overline{u}$ und $v\in\overline{v}$ gilt, ergibt sich aus uRv nach Definition der Relation R_0 auch $\overline{u}R_0\overline{v}$. – Aus der letzten Zeile folgt daher für alle $v\in W$ mit uRv die Aussage $\mathfrak{M}\models\gamma[v]$. Somit impliziert diese Zeile $\mathfrak{M}\models\Box\gamma[u]$.

Sei umgekehrt $\mathfrak{M}\models\Box\gamma[u]$ wahr. – Gilt $\overline{u}R_0\overline{v}$, so existieren nach Definition von R_0 Elemente u',v' mit $u\sim u'$, $v\sim v'$ und $u'Rv'$. Aus $\Box\gamma\in sub(\alpha)$ und $u\sim u'$ folgt aber $(\mathfrak{M}\models\Box\gamma[u] \Leftrightarrow \mathfrak{M}\models\Box\gamma[u'])$. Also gilt auch $\mathfrak{M}\models\Box\gamma[u']$. – Aus $u'Rv'$ erhält man dann $\mathfrak{M}\models\gamma[v']$. Wegen $v\sim v'$ sind auch v und v' nicht durch Teilformeln von α unterscheidbar. Somit gilt $\mathfrak{M}\models\gamma[v]$. – Da dies für alle v mit $\overline{u}R_0\overline{v}$ richtig ist, erhalten wir aus $\mathfrak{M}\models\Box\gamma[u]$ auch die letzte Zeile der obigen Äquivalenzen. – Damit ist $(\mathfrak{M}_0\models\Box\gamma[\overline{u}] \Leftrightarrow \mathfrak{M}\models\Box\gamma[u])$ gezeigt.

Um die Endlichkeit von W_0 zu zeigen, definieren wir eine Funktion f, die jedem $\overline{u}\in|\mathfrak{M}_0|$ die Menge aller Teilformeln von α, die in $\mathfrak{M}$ im Punkte u wahr sind, zuordnet. Wir setzen also:

$$f(\overline{u}):=\{\beta\in sub(\alpha)\,|\,\mathfrak{M}\models\beta[u]\}.$$

Die Funktion f ist unabhängig von der Wahl der Repräsentanten der Klassen definiert, da aus $u\sim v$ die Aussage $(\mathfrak{M}\models\beta[u] \Leftrightarrow \mathfrak{M}\models\beta[v])$ für alle $\beta\in sub(\alpha)$ folgt. – Damit ist f eine Abbildung von $|\mathfrak{M}_0|$ in die Menge aller Teilmengen von $sub(\alpha)$, d.h. in die Potenzmenge von $sub(\alpha)$. – Die Funktion f ist injektiv, denn aus $\overline{u}\neq\overline{v}$ folgt $u\not\sim v$. Somit existiert ein β aus sub(α) mit ($\mathfrak{M}\models\beta[u] \not\Leftrightarrow \mathfrak{M}\models\beta[v]$). Das hat aber $f(\overline{u})\neq f(\overline{v})$ zur Folge.

Aus der Injektivität von $f:|\mathfrak{M}_0|\rightarrow\mathfrak{P}(\text{sub}(\alpha))$ folgt aber sofort, daß $|\mathfrak{M}_0|$ höchstens die Kardinalität von $\mathfrak{P}(\text{sub}(\alpha))$ hat. Da die Potenzmenge der endlichen Menge sub(α) auch endlich ist, folgt die Behauptung. Ω

Schaut man sich den Beweis von (3.40) etwas näher an, so stellt man fest, daß von der Relation R_0 nur zwei Eigenschaften benutzt werden, nämlich daß aus uRv immer $\overline{u}R_0\overline{v}$ folgt und daß für alle Teilformeln $\Box\gamma$ von α und alle $u,v\in W$ gilt: ($\overline{u}R_0\overline{v}$ und $\mathfrak{M}\models\Box\gamma[u] \Rightarrow \mathfrak{M}\models\gamma[v]$). – Diese beiden Eigenschaften der speziell definierten Filtratrelation R_0 wurden im Beweis gezeigt.

Wir definieren daher allgemeiner, daß ein Modell $\mathfrak{M}_0=\langle W_0,R_0,h_0\rangle$ ein *α-Filtrat von* $\mathfrak{M}=\langle W,R,h\rangle$ ist, wenn die Bedingungen (1) und (3) der alten Definition erfüllt sind und die Bedingung (2) durch die Bedingung (2') ersetzt wird. Dabei lautet (2'):

(2') R_0 ist eine Relation in $|\mathfrak{M}_0|$, so daß für alle $u,v\in|\mathfrak{M}|$ und $\Box\gamma\in\text{sub}(\alpha)$ gilt:

(i) $uRv \Rightarrow \overline{u}R_0\overline{v}$,

(ii) ($\overline{u}R_0\overline{v}$ und $\mathfrak{M}\models\Box\gamma[u]$) $\Rightarrow$ $\mathfrak{M}\models\gamma[v]$.

Das Theorem (3.40) ist dann auch für die allgemeineren α-Filtrate gültig. Wir bemerken noch, daß in den obigen Beweisen und Definitionen eigentlich nicht die Formel α, sondern die Menge der Teilformeln von α die entscheidende Rolle spielt. Man kann daher sub(α) durch eine beliebige (auch unendliche) Formelmenge, die unter Teilformelbildung abgeschlossen ist, ersetzen. – Ist die benutzte Formelmenge unendlich, so kann natürlich, falls $|\mathfrak{M}|$ unendlich ist, auch $|\mathfrak{M}_0|$ unendlich sein.

Wir zeigen jetzt, daß die von uns eingeführten modallogischen Systeme die endliche Modelleigenschaft haben. Außerdem bemerken wir (ohne ein Beispiel zu geben), daß es normale modallogische Systeme gibt, die diese Eigenschaft nicht haben.

(3.41) **Theorem:** Die Systeme **K**, **T**, **B**, $\mathbf{S_4}$ und $\mathbf{S_5}$ haben die endliche Modelleigenschaft.

Beweis:

Sei allgemein S irgendein konsistentes normales modallogisches System. $\mathfrak{M}=\langle W,R,h\rangle$ sei das kanonische Modell für S. Nach (3.29) ist jede Formel, die nicht S-beweisbar ist, in mindestens einem Punkte des kanonischen Modells falsch, d.h.

$\nvdash_S\alpha \Rightarrow$ es gibt $u\in|\mathfrak{M}|$ mit $\mathfrak{M}\not\models\alpha[u]$.

Ist nun $\mathfrak{M}_0=\langle W_0,R_0,h_0\rangle$ ein Filtrat von $\mathfrak{M}$ nach den Teilformeln von α, so gilt aufgrund von (3.40), daß α in $\mathfrak{M}_0$ in einem Punkte $\overline{u}$ falsch ist. Somit ist α in einem endlichen Modell widerlegt. Die Frage ist jetzt, ob in diesem endlichen Modell alle S-beweisbaren Formeln gültig sind. Für das System **K** ist das natürlich richtig, da die **K**-beweisbaren Formeln in allen Modellen gültig sind. Da das System **T** bezüglich reflexiver Rahmen korrekt ist, genügt es im Falle von **T** zu zeigen, daß $\langle W_0,R_0\rangle$ reflexiv ist, d.h. daß also $\overline{u}R_0\overline{u}$ für alle $u\in|\mathfrak{M}|$ gilt. Da der kanonische Rahmen aufgrund von (3.31) reflexiv ist, gilt uRu für jeden Punkt $u\in|\mathfrak{M}|$. Aus der Filtrateigenschaft (2')(i) folgt dann $\overline{u}R_0\overline{u}$ für alle $u\in|\mathfrak{M}|$. Also ist $\langle W_0,R_0\rangle$ reflexiv – und damit ein Rahmen für **T**.

Um die Behauptung für **B** zu zeigen, greifen wir auf das zuerst eingeführte spezielle α-Filtrat zurück. Die Relation R_0 trifft also genau dann auf die Äquivalenzklassen x und y zu, wenn es Repräsentanten von x und y gibt, auf die R zutrifft. Da der kanonische Rahmen von **B** nach (3.33) reflexiv und symmetrisch ist, folgt, genau wie vorher, die Reflexivität von R_0. Da R aber auch symmetrisch ist, gilt für $x,y\in|\mathfrak{M}_0|$:

$$\begin{aligned} xR_0y &\Rightarrow \text{ es gibt } u\in x \text{ und } v\in y \text{ mit } uRv\\ &\Rightarrow \text{ es gibt } v\in y \text{ und } u\in x \text{ mit } vRu\\ &\Rightarrow yR_0x. \end{aligned}$$

Somit ist auch $\langle W_0,R_0\rangle$ reflexiv und symmetrisch – und damit ein Rahmen für **B**.

Um schließlich die endliche Modelleigenschaft für $\mathbf{S_4}$ und $\mathbf{S_5}$ nachzuweisen, machen wir von allgemeinen Filtraten Gebrauch. Denn die speziellen Filtrate eines transitiven Modells, d.h. eines Modells mit transitivem Rahmen, sind nicht immer transitiv. Wir definieren die Relation R_0 für alle $u,v\in|\mathfrak{M}|$ durch:

$$\overline{u}R_0\overline{v} :\Leftrightarrow \text{ für alle } \Box\gamma\in sub(\alpha) \text{ gilt: } (\mathfrak{M}\models\Box\gamma[u] \Rightarrow \mathfrak{M}\models\Box\gamma[v]).$$

Da Punkte einer Äquivalenzklasse durch Teilformeln von α ununterscheidbar sind, ist die Definition unabhängig von den gewählten Repräsentanten. Die Relation R_0 ist offensichtlich reflexiv und transitiv. Wir zeigen jetzt, daß R_0 die Bedingungen (i) und (ii) von (2') unter der Voraussetzung erfüllt, daß der Rahmen des Ausgangsmodells $\mathfrak{M}$ selbst reflexiv und transitiv ist.

Sei also $\langle W,R\rangle$ reflexiv und transitiv. – Aus uRv und der Transitivität von R folgt, daß jedes w, das von v aus zugänglich ist, auch von u aus zugänglich ist. Damit ergibt sich aus uRv, daß die Gültigkeit von $\Box\gamma$ in u die Gültigkeit von $\Box\gamma$ in v nach sich zieht — und somit uRv auch $\overline{u}R_0\overline{v}$ impliziert. — Damit ist (i) gezeigt.

Die Eigenschaft (ii) ergibt sich folgendermaßen: Sei $\overline{u}R_0\overline{v}$ und für die Formel $\Box\gamma\in sub(\alpha)$ gelte $\mathfrak{M}\models\Box\gamma[u]$. Nach Definition von R_0 gilt dann auch $\mathfrak{M}\models\Box\gamma[v]$. Aus der Reflexivität der Relation R erhalten wir, wie behauptet, $\mathfrak{M}\models\gamma[v]$.

Da nach (3.32) der kanonische Rahmen von $\mathbf{S_4}$ reflexiv und transitiv ist, folgt wiederum aus der entsprechenden Korrektheitsaussage die endliche Modelleigenschaft von $\mathbf{S_4}$.

Im Falle von $\mathbf{S_5}$ gehen wir analog vor, indem wir die Relation R_0 wie folgt definieren:

$$\overline{u}R_0\overline{v} :\Leftrightarrow \text{ für alle } \Box\gamma\in sub(\alpha): (\mathfrak{M}\models\Box\gamma[u] \;\Leftrightarrow\; \mathfrak{M}\models\Box\gamma[v]).$$

Diese Relation ist offensichlich eine Äquivalenzrelation in $|\mathfrak{M}_0|$. Ist die Ausgangsrelation R eine Äquivalenzrelation in $|\mathfrak{M}|$, so hat R_0 wiederum die gewünschten Eigenschaften (i) und (ii). Dies ergibt sich wie vorher, indem man auch noch die Symmetrie von R ausnutzt. Da der kanonische Rahmen von $\mathbf{S_5}$ nach (3.34) reflexiv, symmetrisch und transitiv ist, folgt wieder die endliche Modelleigenschaft.

Ω

Im Beweis von (3.41) haben wir eigentlich mehr gezeigt als behauptet war. Wir haben nämlich nachgewiesen, daß, sofern S eines der obigen fünf Systeme ist, zu jeder S-unbeweisbaren Formel α ein endlicher Rahmen $\langle W_0, R_0\rangle$ für S existiert, in dem die Formel α nicht gilt.

Man definiert daher für Systeme S:

S hat die *endliche Rahmeneigenschaft* genau dann, wenn es zu jeder in S unbeweisbaren Formel α einen endlichen Rahmen für S gibt, in dem die Formel α nicht gilt.

Als Korollar zum Beweis von (3.41) haben wir damit:

(3.42) **Korollar:** Die Systeme **K**, **T**, **B**, $\mathbf{S_4}$ und $\mathbf{S_5}$ haben alle die endliche Rahmeneigenschaft.

Allgemein läßt sich jetzt zeigen:

(3.43) **Lemma:** Jedes normale System S, das die endliche Modelleigenschaft hat, hat auch die endliche Rahmeneigenschaft.

Beweis:

Sei α eine in S unbeweisbare Formel. Aufgrund der endlichen Modelleigenschaft von S gibt es ein endliches S-Modell $\mathfrak{M}$ mit $\mathfrak{M}\not\models\alpha[u]$ für ein $u\in|\mathfrak{M}|$. Indem man gegebenenfalls zu einem Filtrat nach der Menge aller

Formeln übergeht, kann man voraussetzen, daß zu je zwei verschiedenen Elementen $v,w \in |\mathfrak{M}|$ eine Formel $\delta_{v,w}$ existiert mit:

$$\mathfrak{M} \models \delta_{v,w}[v] \text{ und } \mathfrak{M} \models \neg\, \delta_{v,w}[w].$$

Ein solches Modell heißt *separiert*. Wir zeigen jetzt, daß ein beliebiges endliches, separiertes Modell, in welchem alle S-beweisbaren Formeln wahr sind, auf einem Rahmen für S basieren muß. Daraus folgt sofort die Behauptung des Lemmas, da dann jede in S unbeweisbare Formel in einem endlichen Rahmen für S widerlegbar ist.

Sei also $\mathfrak{M} = \langle W,R,h \rangle$ endlich und separiert. Ist $\langle W,R \rangle$ kein Rahmen für S, so gibt es eine S-beweisbare Formel β, die nicht im Rahmen gilt. Zu einem solchen β existiert ein Modell $\mathfrak{M}^* = \langle W,R,h^* \rangle$, das auf $\langle W,R \rangle$ basiert, mit $\mathfrak{M}^* \models \neg \beta[u]$ für ein $u \in W$. In β kommen nur endlich viele Aussagenvariablen $q_1,\ldots,q_k$ vor. Wir zeigen, daß es Formeln $\sigma_1,\ldots,\sigma_k$ gibt, so daß für alle $\delta \in sub(\beta)$ und alle $w \in W$ gilt:

$$\mathfrak{M}^* \models \delta[w] \Leftrightarrow \mathfrak{M} \models {}^*\delta[w],$$

wobei ${}^*\delta = \delta(q_1/\sigma_1,\ldots,q_k/\sigma_k)$ sei.

Für $\delta=\beta$ und $w=u$ folgt dann, daß ${}^*\beta$ im Modell $\mathfrak{M}$ im Punkte u falsch ist. Da aber β nach Voraussetzung S-beweisbar ist und normale Systeme unter Substitution abgeschlossen sind, ist auch ${}^*\beta$ S-beweisbar. Damit gibt es dann eine S-beweisbare Formel, die im Modell $\mathfrak{M}$ nicht gilt.

Um die Formeln σ_j zu definieren, betrachten wir zuerst für $v \in W$ die Konjunktion

$$\gamma_v := \bigwedge \{\delta_{v,w} \mid w \in W \text{ und } w \neq v\},$$

wobei die $\delta_{v,w}$ separierende Formeln für die Punkte in W sind. Die so definierte Formel γ_v ist im Modell $\mathfrak{M}$ im Punkte v wahr, aber in allen anderen Punkten von W falsch, d.h. für alle $w \in W$ gilt:

$$\mathfrak{M} \models \gamma_v[w] \Leftrightarrow v=w.$$

Mit Hilfe der γ_v definieren wir jetzt für jede Aussagenvariable q_j die Formel σ_j, indem wir die Disjunktion über alle γ_v mit $h^*(q_j,v)=1$ bilden:

$$\sigma_j := \bigvee \{\gamma_v \mid v \in W \text{ und } h^*(q_j,v)=1\}.$$

Für alle $w \in W$ folgt dann:

$$\begin{aligned} \mathfrak{M} \models \sigma_j[w] &\Leftrightarrow \text{ es gibt ein } v \text{ mit } h^*(q_j,v)=1 \text{ und } \mathfrak{M} \models \gamma_v[w] \\ &\Leftrightarrow \text{ es gibt ein } v \text{ mit } h^*(q_j,v)=1 \text{ und } v=w \\ &\Leftrightarrow h^*(q_j,w)=1. \end{aligned}$$

Durch Induktion über den Aufbau der Teilformeln δ von β erhält man hieraus leicht die obige Behauptung, daß nämlich für alle Formeln

$\delta \in sub(\beta)$ und alle Punkte $w \in W$ die Äquivalenz $(\mathfrak{M}^* \models \delta[w] \Leftrightarrow \mathfrak{M} \models^* \delta[w])$ gilt. – Damit ist das Lemma bewiesen.

Ω

Als Korollar zum Lemma ergibt sich:

(3.44) **Korollar:** Jedes System S mit der endlichen Modelleigenschaft ist vollständig.

Beweis:

Da aus der endlichen Modelleigenschaft die endliche Rahmeneigenschaft folgt, ist jede Formel, die nicht S-beweisbar ist, in einem endlichen Rahmen für S widerlegbar. Damit ist eine Formel α genau dann S-beweisbar, wenn sie in allen Rahmen für S gilt; das heißt aber, daß S vollständig ist.

Ω

Zum Schluß soll noch kurz angedeutet werden, wie sich für die Systeme **K**, **T**, **B**, $\mathbf{S_4}$ und $\mathbf{S_5}$ aus dem Beweis der endlichen Modelleigenschaft ein Verfahren ergibt, das es (zumindestens theoretisch) gestattet, von jeder vorgelegten Formel in endlich vielen Schritten zu entscheiden, ob sie im System beweisbar ist oder nicht. Dabei stützen wir uns auf die Beobachtung, daß jedes dieser Systeme nicht nur die endliche Modelleigenschaft, sondern sogar die *starke endliche Modelleigenschaft* hat. Das soll bedeuten, daß es zu jeder Formel α mit $\nvdash_S \alpha$ ein Modell $\mathfrak{M}$ mit folgenden Eigenschaften gibt:

(1) Die Anzahl der Elemente von $|\mathfrak{M}|$ ist nicht größer als die Anzahl der Elemente der Potenzmenge von $sub(\alpha)$. Bezeichnet $card(X)$ die Kardinalität von X, so lautet die Bedingung:
$card(|\mathfrak{M}|) \leq 2^{card(sub(\alpha))}$.

(2) $\mathfrak{M} \nvDash \alpha$.

(3) $\mathfrak{M}$ ist ein S-Modell.

Die Bedingung (3) kann aufgrund des Beweises von (3.43) auch durch

(3') $\mathfrak{M}$ basiert auf einem S-Rahmen.

ersetzt werden.

Für die oben genannten Systeme ergibt sich die Eigenschaft (1) aus dem Beweis von (3.40), da beim Nachweis der endlichen Modelleigenschaft immer α-Filtrate benutzt wurden.

Um jetzt allgemein für ein normales System S mit der starken endlichen Modelleigenschaft zu entscheiden, ob eine Formel α S-beweisbar ist oder nicht, genügt es zu prüfen, ob α in allen Rahmen für S gilt, deren Trägermenge höchstens 2^k Elemente hat, wobei k die Anzahl der Teilformeln von α ist.

Dabei sind für jedes n mit $n \in \{1,\dots,2^k\}$ nicht alle Rahmen mit einer n-elementigen Trägermenge zu untersuchen, sondern es genügt, dies für standardisierte Rahmen mit der Trägermenge $\{1,\dots,n\}$ durchzuführen. Denn jeder Rahmen mit n-elementiger Trägermenge ist zu einem Rahmen mit der Trägermenge $\{1,\dots,n\}$ isomorph – und in isomorphen Rahmen gelten, wie wir gleich zeigen werden, dieselben Formeln.

Genauer gehen wir folgendermaßen vor:

Zwei Rahmen $\langle W,R\rangle$ und $\langle W',R'\rangle$ heißen *isomorph*, wenn es eine bijektive Abbildung f von W auf W' gibt, die auch die Relation erhält, d.h. es gibt ein f mit:

$f:W \to W'$ ist bijektiv und für alle $u,v \in W$ gilt: $(uRv \Leftrightarrow f(u)R'f(v))$.

Die Funktion f ist dann ein *Isomorphismus von* $\langle W,R\rangle$ *auf* $\langle W',R'\rangle$.

Weiterhin nennen wir zwei Modelle $\mathfrak{M}=\langle W,R,h\rangle$ und $\mathfrak{M}'=\langle W',R',h'\rangle$ *isomorph*, wenn es eine Abbildung f gibt, die $\langle W,R\rangle$ isomorph auf $\langle W',R'\rangle$ abbildet und außerdem die Bedingung erfüllt, daß für alle Aussagenvariablen q und alle $u \in |\mathfrak{M}|$ gilt:

$h'(q,f(u))=h(q,u)$.

Die Funktion f ist dann ein *Isomorphismus von* dem Modell $\mathfrak{M}$ *auf* das Modell $\mathfrak{M}'$.

Man sieht sofort für Rahmen und Modelle, daß mit f auch die inverse Funktion $f^{-1}=\{\langle v,u\rangle \mid \langle u,v\rangle \in f\}$ ein Isomorphismus ist. – Durch Induktion über den Formelaufbau ergibt sich leicht folgendes Resultat:

(3.45) **Lemma:** Ist f ein Isomorphismus von $\mathfrak{M}$ auf $\mathfrak{M}'$, so gilt für alle Formeln α und alle Punkte $u \in |\mathfrak{M}|$: $(\mathfrak{M} \models \alpha[u] \Leftrightarrow \mathfrak{M}' \models \alpha[f(u)])$.

Beweis:

Der Induktionsanfang und die aussagenlogischen Fälle sind trivial. – Sei jetzt $\alpha=\Box\beta$, und die Behauptung sei schon für β und alle $v \in |\mathfrak{M}|$ richtig.

Gilt $\Box\beta$ in $\mathfrak{M}$ im Punkte u, so gilt β in $\mathfrak{M}$ in allen Punkten v mit uRv. Nach Induktionsvoraussetzung gilt dann β in $\mathfrak{M}'$ in allen Punkten der Menge $\{f(v) \mid uRv\}$. Da f ein Isomorphismus ist, werden die von u aus R-zugänglichen Punkte durch f genau auf die von f(u) R'-zugänglichen Punkte abgebildet, d.h. es gilt $\{f(v) \mid uRv\}=\{v' \mid f(u)R'v'\}$. Somit ist β in allen von f(u) R'-zugänglichen Punkten wahr, woraus die Gültigkeit von $\alpha=\Box\beta$ in f(u) folgt.

Ist andererseits $\Box\beta$ in $\mathfrak{M}$ im Punkte u falsch, so gibt es einen Punkt v mit uRv, in dem β falsch ist. Die Induktionsvoraussetzung ergibt, daß β in $\mathfrak{M}'$ im Punkte f(v) falsch ist. Da aus uRv auch f(u)R'f(v) folgt, ist $\Box\beta$ in f(u) falsch.

Ω

Im Beweis von (3.45) sind nur folgende Eigenschaften der Abbildung $f:|\mathfrak{M}|\rightarrow|\mathfrak{M}'|$ benutzt worden, die für Isomorphismen erfüllt sind:

(i) $\{f(v)|uRv\}=\{v'|f(u)R'v'\}$ für alle $u\in|\mathfrak{M}|$.

(ii) $h'(q,f(u))=h(q,u)$ für alle $u\in|\mathfrak{M}|$ und alle Aussagenvariablen q.

Da Isomorphismen surjektiv sind, ergibt sich aus (3.45), daß die Gültigkeit einer Formel α in $\mathfrak{M}$ zur Gültigkeit von α in $\mathfrak{M}'$ äquivalent ist. In isomorphen Modellen somit dieselben Formeln wahr. – Modelle (bzw. Rahmen), in denen dieselben Formeln gelten, werden im folgenden *modal äquivalent* genannt.

Somit erhalten wir als Korollar zu Lemma (3.45):

(3.46) **Korollar:** Isomorphe Modelle sind modal äquivalent.

Entsprechend gilt für Rahmen:

(3.47) **Korollar:** Isomorphe Rahmen sind modal äquivalent.

Beweis:

Sei f ein Isomorphismus von $\langle W,R\rangle$ auf $\langle W',R'\rangle$. Ist $\mathfrak{M}'=\langle W',R',h'\rangle$ irgendein Modell, das auf $\langle W',R'\rangle$ basiert, so definieren wir eine Belegung h bezüglich W durch:

$h(q,u):= h'(q,f(u))$ für alle Aussagenvariablen q und alle Punkte $u\in W$.

Dann ist f ein Isomorphismus von $\mathfrak{M}:=\langle W,R,h\rangle$ auf $\mathfrak{M}'=\langle W',R',h'\rangle$. – Gilt die Formel α im Rahmen $\langle W,R\rangle$, so gilt sie auch im Modell $\mathfrak{M}$, das ja auf $\langle W,R\rangle$ basiert – und damit nach (3.45) in $\mathfrak{M}'$. Da $\mathfrak{M}'$ ein beliebiges, auf $\langle W',R'\rangle$ basierendes Modell ist, folgt damit aus der Gültigkeit von α in $\langle W,R\rangle$ auch die Gültigkeit von α in $\langle W',R'\rangle$. – Indem man f durch f^{-1} ersetzt, ergibt sich auch die umgekehrte Implikation.

Ω

Jeder endliche Rahmen $\langle W,R\rangle$ mit n Elementen ist isomorph zu einem Rahmen der Gestalt $\langle\{1,..,n\},R'\rangle$, indem man, falls f eine Bijektion von W auf die Menge $\{1,\ldots,n\}$ ist, die Relation R' durch $R':=\{\langle f(u),f(v)\rangle|uRv\}$ definiert. – Analog ist jedes endliche Modell zu einem Modell isomorph, das auf einem Rahmen dieser Art basiert. Man wählt eine Bijektion von $|\mathfrak{M}|$ auf eine Menge der Gestalt $\{1,\ldots,n\}$, definiert R' wie zuvor und setzt für alle Aussagenvariablen q und alle Punkte $u'\in\{1,\ldots,n\}$:

$h'(q,u'):=h(q,f^{-1}(u'))$.

Es gibt nur endlich viele Rahmen, deren Trägermenge die Menge $\{1,\ldots,n\}$ ist. Denn jede Relation ist eine Teilmenge von $\{1,\ldots,n\}\times\{1,\ldots,n\}$. Die Menge $\{1,\ldots,n\}\times\{1,\ldots,n\}$ hat aber n^2 Elemente. Also gibt es 2^{n^2} zweistellige Relationen in $\{1,\ldots,n\}$ – und damit 2^{n^2} Rahmen über $\{1,\ldots,n\}$.

Will man jetzt prüfen, ob die Formel α im Rahmen $\langle\{1,\dots,n\},R'\rangle$ gilt, so genügt es (aufgrund des Koinzidenzlemmas), nur Belegungen zu betrachten, die alle nicht in α auftretenden Aussagenvariablen in allen Punkten u' mit 0 belegen. Davon gibt es aber, falls s die Anzahl der in α vorkommenden Variablen ist, genau $2^{s\cdot n}$ viele. – Also basieren auf jedem Rahmen $\langle\{1,\dots,n\},R'\rangle$ nur endlich viele Modelle, die für die Untersuchung von α relevant sind.

Die Frage, ob die Formel α in dem Modell $\mathfrak{M}'=\langle\{1,\dots,n\},R',h'\rangle$ gilt, ist wegen der Endlichkeit der Trägermenge selbst in endlich vielen Schritten lösbar. – Damit ist für jede Formel α die Frage, ob α in dem Rahmen $\langle\{1,\dots,n\},R'\rangle$ gilt, entscheidbar.

Um zu einem Entscheidungsverfahren für die S-Beweisbarkeit von α zu gelangen, benötigen wir noch ein Verfahren, das entscheidet, ob der Rahmen $\langle\{1,\dots,n\},R'\rangle$ ein Rahmen für S ist. Für $S\in\{\mathbf{K},\mathbf{T},\mathbf{B},\mathbf{S_4},\mathbf{S_5}\}$ ist das aufgrund von (3.20) offensichtlich, da in endlichen Rahmen in endlich vielen Schritten nachprüfbar ist, ob der Rahmen reflexiv, symmetrisch bzw. transitiv ist.

Allgemeiner folgt die Existenz eines solchen Verfahrens für alle Systeme S, die sich aus **K** durch Adjunktion endlich vieler Axiomenschemata ergeben. – Solche Systeme werden *endlich axiomatisierbar* genannt.

Soll nämlich geprüft werden, ob ein Schema im Rahmen $\langle\{1,\dots,n\},R'\rangle$ gilt, so genügt es, da die in Rahmen gültigen Formeln unter Substitution abgeschlossen sind, die im Schema auftretenden Formelvariablen durch Aussagenvariablen zu ersetzen, und das so erhaltene Axiom (wie oben beschrieben) auf Gültigkeit im Rahmen zu testen. – Endet dieser Test positiv, so wird das nächste Schema getestet. Anderenfalls ist der Rahmen kein Rahmen für S. – Da nur endlich viele Schemata zu testen sind, endet das Verfahren nach endlich vielen Schritten.

Es ergibt sich damit folgendes Theorem:

(3.48) **Theorem:** Ist S ein endlich axiomatisierbares modallogisches System mit der starken endlichen Modelleigenschaft, so ist für jede Formel in endlich vielen Schritten entscheidbar, ob sie S-beweisbar ist oder nicht.

Beweis:

Die starke endliche Modelleigenschaft impliziert, daß eine Formel α genau dann S-beweisbar ist, wenn sie in allen Rahmen für S gilt, deren Trägermenge höchstens 2^k Elemente hat, wobei k die Anzahl der Teilformeln von α ist. Aufgrund der obigen Betrachtungen ist dies wiederum genau dann der Fall, wenn α in allen S-Rahmen der Gestalt $\langle\{1,\dots,n\},R'\rangle$ mit

$1 \le n \le 2^k$ gilt. Da S nach Voraussetzung endlich axiomatisierbar ist, läßt sich dies, wie oben begründet, in endlich vielen Schritten testen.

Ω

Man überzeugt sich allerdings leicht, daß die hier beschriebenen Verfahren für längere Formeln in der Praxis nicht durchführbar sind, da die Anzahl der Verfahrensschritte kosmische Größenordnungen schnell überschreitet. Damit stellt sich das Problem, ob man nicht (zumindestens für gewisse Formelklassen) effizientere Algorithmen angeben kann. Auf diese Problematik kann hier jedoch nicht näher eingegangen werden. — Wir bemerken noch, daß man in der Definition der starken endlichen Modelleigenschaft die Funktion "2 hoch Anzahl der Teilformeln von α" allgemeiner durch irgendeine rekursive Funktion von α ersetzen kann, ohne etwas an der obigen Argumentation zu ändern. — Weitergehend kann man jedoch zeigen, daß Theorem (3.48) wahr bleibt, wenn man anstelle der starken endlichen Modelleigenschaft lediglich die endliche Modelleigenschaft fordert. Um in diesem Fall für eine Formel α zu entscheiden, ob sie S-beweisbar ist oder nicht, benutzt man eine effektive Aufzählung $B_0, B_1, B_2, \ldots$ aller möglichen S-Beweise und eine effektive Aufzählung aller endlichen S-Rahmen $\mathbf{R}_0, \mathbf{R}_1, \mathbf{R}_2, \ldots$, denen ein Anfangssegment der natürlichen Zahlen zugrunde liegt. (Aufgrund der endlichen Axiomatisierbarkeit von S existieren solche Aufzählungen.) Ist dann eine Formel α gegeben, so wird schrittweise für $j \in \mathbb{N}$ nachgesehen, ob α Endformel von B_j ist oder ob $\mathbf{R}_j \not\models \alpha$ gilt. Da S nach (3.43) auch die endliche Rahmeneigenschaft hat, gibt es immer ein j, so daß genau einer der beiden Fälle eintritt. Im ersten Fall ist α S-beweisbar — im zweiten Fall ist α nicht S-beweisbar.

Wir haben bereits im Anschluß an (3.45) festgestellt, daß zum Beweis der Aussage ($\mathfrak{M} \models \alpha[u] \Leftrightarrow \mathfrak{M}' \models \alpha[f(u)]$) für alle Formeln α und alle $u \in |\mathfrak{M}|$ nur die Eigenschaften (i) und (ii) der Funktion $f: |\mathfrak{M}| \to |\mathfrak{M}'|$ benötigt werden. Funktionen mit diesen beiden Eigenschaften sind sogenannte p-Morphismen von Modellen.

Wir formulieren die Bedingungen ein wenig handlicher und definieren p-Morphismen von Rahmen und Modellen folgendermaßen:
Eine Funktion $f: W \to W'$ heißt *p-Morphismus von* dem Rahmen $\langle W, R \rangle$ *in* den Rahmen $\langle W', R' \rangle$ genau dann, wenn folgendes richtig ist:

(1) Für alle u und v gilt: $(uRv \Rightarrow f(u)R'f(v))$;

(2) Für alle u und v' gilt: $(f(u)R'v' \Rightarrow$ es gibt ein v mit uRv und $f(v)=v'$).

Offensichtlich ist Bedingung (1) zu $\{f(v) \mid uRv\} \subset \{v' \mid f(u)R'v'\}$ und Bedingung (2) zu $\{v' \mid f(u)R'v'\} \subset \{f(v) \mid uRv\}$ äquivalent. — Damit ist die Konjunktion von (1) und (2) zur alten Bedingung (i) äquivalent.

Für Modelle ist eine Funktion $f:W \to W'$ ein *p-Morphismus von* $\mathfrak{M}=\langle W,R,h\rangle$ *in* $\mathfrak{M}'=\langle W',R',h'\rangle$ genau dann, wenn f ein p-Morphismus der zugehörigen Rahmen ist und zusätzlich gilt:

(3) $h'(q,f(u))=h(q,u)$ für alle $u\in W$ und alle Aussagenvariablen q.

Für p-Morphismen von Modellen sind damit die auf S. 89 formulierten Bedingungen (i) und (ii) erfüllt. Somit erhält man:

(3.49) **Lemma:** Ist f ein p-Morphismus von $\mathfrak{M}$ in $\mathfrak{M}'$, so gilt für alle Formeln α und alle Punkte $u\in|\mathfrak{M}|$: $(\mathfrak{M}\models\alpha[u] \Leftrightarrow \mathfrak{M}'\models\alpha[f(u)])$.

Für surjektive p-Morphismen $f:|\mathfrak{M}|\to|\mathfrak{M}'|$ von $\mathfrak{M}$ in $\mathfrak{M}'$ folgt sofort, daß die Modelle $\mathfrak{M}$ und $\mathfrak{M}'$ modal äquivalent sind.
Wir sagen, daß das Modell $\mathfrak{M}'$ genau dann ein *p-morphes Bild des Modells* $\mathfrak{M}$ ist, wenn es einen surjektiven p-Morphismus von $\mathfrak{M}$ in $\mathfrak{M}'$ gibt. Analog ist ein Rahmen $\langle W',R'\rangle$ ein *p-morphes Bild des Rahmens* $\langle W,R\rangle$ genau dann, wenn es einen surjektiven p-Morphismus von $\langle W,R\rangle$ in $\langle W',R'\rangle$ gibt.

Als Korollar zum vorhergehenden Lemma erhält man:

(3.50) ***Korollar:*** Ist $\mathfrak{M}'$ ein p-morphes Bild des Modells $\mathfrak{M}$, so sind $\mathfrak{M}$ und $\mathfrak{M}'$ modal äquivalent.

Schaut man sich den ersten Teil des Beweises von (3.47) an und ersetzt überall "Isomorphismus" durch "surjektiven p-Morphismus", so ergibt sich als weiteres Korollar:

(3.51) **Korollar:** Ist der Rahmen $\langle W',R'\rangle$ ein p-morphes Bild des Rahmens $\langle W,R\rangle$, so gilt für alle Formeln α: $(\langle W,R\rangle\models\alpha \Rightarrow \langle W',R'\rangle\models\alpha)$. – Für jedes normale modallogische System S ist damit das p-morphe Bild eines S-Rahmens wieder ein S-Rahmen.

Schließlich stellen wir noch zwei kleinere Resultate vor, zu deren Beweis p-Morphismen benutzt werden. Zuerst zeigen wir, daß jedes Modell $\mathfrak{M}=\langle W,R,h\rangle$ p-morphes Bild eines Modells $\mathfrak{M}^+=\langle W^+,R^+,h^+\rangle$ ist, das auf einem irreflexiven Rahmen $\langle W^+,R^+\rangle$ basiert. Die Irreflexivität des Rahmens $\langle W^+,R^+\rangle$ bedeutet dabei, daß $u^+\not R^+u^+$ für alle $u^+\in W^+$ gilt. Ist nämlich $\mathfrak{M}=\langle W,R,h\rangle$ gegeben, so setze man:

$$W^+:=\{0,1\}\times W=\{\langle j,u\rangle \mid j\in\{0,1\} \text{ und } u\in W\}$$

und definiere R^+ für $j_1,j_2\in\{0,1\}$ und $u_1,u_2\in W$ durch:

$$\langle j_1,u_1\rangle R^+\langle j_2,u_2\rangle :\Leftrightarrow j_1\neq j_2 \text{ und } u_1Ru_2.$$

Weiter definiere man h^+ für Aussagenvariablen q und $\langle j,u\rangle\in W^+$ durch:

$$h^+(q,\langle j,u\rangle):=h(q,u).$$

Dann ist, wie man sich sofort überzeugt, die Funktion $f: W^+ \rightarrow W$ mit

$$f(j,u) := u \text{ für alle } \langle j,u\rangle \in W^+$$

surjektiv und ein p-Morphismus von $\mathfrak{M}^+$ in $\mathfrak{M}$. — Die Bedingungen (1) und (3) für p-Morphismen sind offensichtlich erfüllt. Die zweite Bedingung ergibt sich so:

Gilt $f(j,u)Rv$, also uRv, so folgt nach Definition von R^+ auch $\langle j,u\rangle R^+ \langle g(j),v\rangle$ und $f(g(j),v)=v$, wobei $g := \{\langle 0,1\rangle, \langle 1,0\rangle\}$ ist.

Der Rahmen $\langle W^+,R^+\rangle$ ist irreflexiv, da geordnete Paare nur dann identisch sind, wenn sie in beiden Komponenten übereinstimmen. Aufgrund von (3.50) sind $\mathfrak{M}^+$ und $\mathfrak{M}$ modal äquivalent. Damit ergibt sich, daß jedes Modell $\mathfrak{M}$ zu einem Modell $\mathfrak{M}^+$, das auf einem irreflexiven Rahmen basiert, modal äquivalent ist.

Als Konsequenz erhält man hieraus, daß das System **K** auch vollständig bezüglich irreflexiver Rahmen ist, d.h. es gilt für alle Formeln α:

$\vdash_K \alpha \Leftrightarrow \alpha$ gilt in allen irreflexiven Rahmen.

Dies ergibt sich wie folgt:

Da jeder Rahmen ein Rahmen für **K** ist und **K** vollständig ist, haben wir:

$\vdash_K \alpha \Leftrightarrow \alpha$ gilt in allen Rahmen.

Gilt eine Formel in allen Rahmen, so gilt sie erst recht in allen irreflexiven Rahmen. — Ist andererseits eine Formel α nicht in allen Rahmen gültig, so gibt es ein Modell $\mathfrak{M}$ mit $\mathfrak{M} \nvDash \alpha$. Dieses Modell $\mathfrak{M}$ ist aber zu einem Modell $\mathfrak{M}^+$ modal äquivalent, das auf einem irreflexiven Rahmen basiert. Also gilt α auch nicht in allen irreflexiven Rahmen.

Damit ist gezeigt, daß eine Formel genau dann in allen Rahmen gilt, wenn sie in allen irreflexiven Rahmen gilt. Die Irreflexivität läßt sich daher nicht durch eine modallogische Formel α charakterisieren in dem Sinne, daß für alle Rahmen $\langle W,R\rangle$ gilt:

$\langle W,R\rangle \vDash \alpha \Leftrightarrow \langle W,R\rangle$ ist irreflexiv.

Man kann jetzt versuchen, diese Überlegungen auf andere normale vollständige Systeme S zu übertragen. Dies bedeutet, daß man für alle α folgendes nachzuweisen versucht:

$\vdash_S \alpha \Leftrightarrow \alpha$ gilt in alle irreflexiven Rahmen für S.

Hier treten jedoch Probleme auf, da es zum Beispiel für den Fall S=**T** keine irreflexiven Rahmen für S gibt. Selbst wenn es solche Rahmen gibt, muß man, um wie oben zu schließen, noch wissen, daß die obige Konstruktion aus einem Rahmen für S wieder einen Rahmen für S macht. Das ist aber oft nicht der Fall.

Ist zum Beispiel S das normale System, das man aus **K** durch Adjunktion des Axiomenschemas $\Box\alpha\rightarrow\Box\Box\alpha$ erhält, so folgt aus unseren früheren Betrachtungen: ($\vdash_S\alpha \Leftrightarrow \alpha$ gilt in allen transitiven Rahmen). Geht man von einem Modell $\mathfrak{M}=\langle W,R,h\rangle$ mit dem transitiven Rahmen $\langle W,R\rangle$ aus, so erhält man nach obigem Verfahren zwar ein modal äquivalentes Modell $\mathfrak{M}^+$ mit irreflexivem Rahmen — aber die Transitivität des Rahmens geht meist verloren. Dies läßt sich z.B. durch folgende Konstruktion vermeiden: Sei $\mathfrak{M}=\langle W,R,h\rangle$. Für $j,j_1,j_2\in\mathbb{N}$ und $u,u_1,u_2\in W$ setze man dann:

$W^+:=\mathbb{N}\times W$,

$\langle j_1,u_1\rangle R^+\langle j_2,u_2\rangle :\Leftrightarrow (j_1<j_2$ und $u_1Ru_2)$,

$h^+(q,\langle j,u\rangle):=h(q,u)$.

Dann folgt aus der Transitivität der Kleiner-Relation und der Transitivität von R offensichtlich auch die Transitivität von R^+. Da die Kleiner-Relation irreflexiv ist, folgt auch die Irreflexivität von R^+. — Die Funktion f mit $f(j,u):=u$ bildet die Menge W^+ surjektiv auf W ab. f ist aber auch ein p-Morphismus von $\mathfrak{M}^+$ in $\mathfrak{M}$. Lediglich die Bedingung (2) für p-Morphismen bedarf einer Begründung. Wir argumentieren wie folgt:

Es gelte $f(j,u)Rv$. Zu zeigen ist, daß es ein $w^+\in W^+$ gibt mit $\langle j,u\rangle R^+w^+$ und $f(w^+)=v$. Setzen wir $w^+:=\langle j+1,v\rangle$, so gilt $j<j+1$ und uRv. Damit folgt, wie gewünscht, $\langle j,u\rangle R^+w^+$ und $f(w^+)=f(j+1,v)=v$.

Somit ist jedes Modell, das auf einem transitiven Rahmen basiert, p-morphes Bild eines Modells, das auf einem transitiven irreflexiven Rahmen basiert. Es folgt, daß eine Formel genau dann in allen transitiven Rahmen gilt, wenn sie in allen transitiven, irreflexiven Rahmen gilt.

Wir bemerken noch, daß man analoge Resultate erhält, wenn man die Irreflexivität durch gewisse andere Eigenschaften (z.B. Asymmetrie und Antisymmetrie) ersetzt. Dabei ist ein Rahmen $\langle W,R\rangle$ *asymmetrisch* genau dann, wenn ($uRv \Rightarrow v\not{R}u$) für alle u,v gilt, und *antisymmetrisch* genau dann, wenn (uRv und $vRu \Rightarrow u=v$) für alle u,v gilt.

Historische und bibliographische Bemerkungen zur modalen Aussagenlogik sind zum Beispiel in [7], [35] und [41] zu finden.

§ 4 Varianten der modalen Aussagenlogik

Als erstes wird die in Paragraph 3 vorgestellte modale Semantik, die sogenannte *Kripkesche Relational-Semantik*, zu einer Umgebungs-Semantik verallgemeinert. Dazu greifen wir die motivierenden Betrachtungen des dritten Paragraphen wieder auf.

Es sei also eine nichtleere Menge W von Referenzpunkten gegeben. Jedem Punkte u ist nach unserer früheren Vorstellung die Menge der von u aus zugänglichen Referenzpunkte zugeordnet. Einen Ausdruck der Form "Notwendig: A" haben wir als wahr in u angesehen, wenn A in jedem von u aus zugänglichen Punkt wahr ist. Relativiert man nun den Zugänglichkeitsbegriff, so gelangt man zu einer allgemeineren Semantik. Anstelle der Menge der von u aus zugänglichen Punkte ordnet man jedem Punkte u ein System $\mathcal{S}_u$ solcher Mengen (d.h. eine Menge von Teilmengen von W) zu. Der Ausdruck "Notwendig: A" wird dann im Punkt u als wahr angesehen, wenn die Menge $\{v \in W \mid A \text{ wahr in } v\}$ Element des Systems $\mathcal{S}_u$ ist. — "Notwendig: A" ist also wahr in u, wenn A in "genügend vielen Variationen" von u wahr ist, wobei die "Variationsbreite" durch $\mathcal{S}_u$ festgelegt ist. — Die Elemente von $\mathcal{S}_u$ werden auch als u-*Umgebungen* bezeichnet.

Unter einem *Umgebungsrahmen* (kurz: *U-Rahmen*) verstehen wir im folgenden ein Tupel $\langle W, \mathcal{S}\rangle$, wobei W eine nichtleere Menge ist und $\mathcal{S}$ eine Funktion, die jedem u aus W ein System von Teilmengen von W zuordnet, d.h. $\mathcal{S}: W \to \mathfrak{P}(\mathfrak{P}(W))$. Anstelle von $\mathcal{S}(u)$ schreiben wir oft $\mathcal{S}_u$. Man nennt $\mathcal{S}_u$ das *Umgebungssystem von* u.

Unter einer Belegung bezüglich W verstehen wir wiederum eine Funktion h, die jeder Aussagenvariablen in jedem Referenzpunkt einen Wahrheitswert zuordnet. — Ein *U-Modell* ist ein Tripel $\langle W, \mathcal{S}, h\rangle$, wobei $\langle W, \mathcal{S}\rangle$ ein U-Rahmen und h eine Belegung bezüglich W ist.

Der *Wahrheitswert einer Formel* α *im U-Modell* $\mathfrak{M} = \langle W, \mathcal{S}, h\rangle$ ist, bis auf die Fälle $\Box\alpha$ und $\Diamond\alpha$, wie in (3.1) definiert. Für Formeln $\Box\alpha$ lautet die Rekursionsbedingung jetzt:

$$[\![\Box\alpha]\!]_u^{\mathfrak{M}} = \begin{cases} 1, & \text{falls } \{v \mid [\![\alpha]\!]_v^{\mathfrak{M}} = 1\} \in \mathcal{S}_u; \\ 0 & \text{sonst.} \end{cases}$$

Für Formeln α und U-Modelle $\mathfrak{M} = \langle W, \mathcal{S}, h\rangle$ definiert man den $\mathfrak{M}$*-Betrag* $\|\alpha\|^{\mathfrak{M}}$ *von* α durch:

$$\|\alpha\|^{\mathfrak{M}} := \{v \mid [\![\alpha]\!]_v^{\mathfrak{M}} = 1\}.$$

Schreibt man wieder $\mathfrak{M} \models \alpha[u]$ für $[\![\alpha]\!]_u^{\mathfrak{M}} = 1$ und $\mathfrak{M} \not\models \alpha[u]$ für $[\![\alpha]\!]_u^{\mathfrak{M}} = 0$, so gilt:

$\mathfrak{M} \models q[u] \quad \Leftrightarrow \quad u \in \|q\|^{\mathfrak{M}} \quad \Leftrightarrow \quad h(q,u)=1,$

$\mathfrak{M} \models \top[u]$ für alle $u \in W$, d.h. $\|\top\|^{\mathfrak{M}} = W$,

$\mathfrak{M} \not\models \bot[u]$ für alle $u \in W$, d.h. $\|\bot\|^{\mathfrak{M}} = \emptyset$,

$\mathfrak{M} \models \neg\alpha[u] \quad \Leftrightarrow \quad u \in W \setminus \|\alpha\|^{\mathfrak{M}},$

$\mathfrak{M} \models (\alpha\wedge\beta)[u] \quad \Leftrightarrow \quad u \in \|\alpha\|^{\mathfrak{M}} \cap \|\beta\|^{\mathfrak{M}},$

$\mathfrak{M} \models (\alpha\vee\beta)[u] \quad \Leftrightarrow \quad u \in \|\alpha\|^{\mathfrak{M}} \cup \|\beta\|^{\mathfrak{M}},$

$\mathfrak{M} \models (\alpha\rightarrow\beta)[u] \quad \Leftrightarrow \quad (u \in \|\alpha\|^{\mathfrak{M}} \Rightarrow u \in \|\beta\|^{\mathfrak{M}}),$

$\mathfrak{M} \models (\alpha\leftrightarrow\beta)[u] \quad \Leftrightarrow \quad (u \in \|\alpha\|^{\mathfrak{M}} \Leftrightarrow u \in \|\beta\|^{\mathfrak{M}}),$

$\mathfrak{M} \models \Box\alpha[u] \quad \Leftrightarrow \quad \|\alpha\|^{\mathfrak{M}} \in \mathcal{S}_u.$

Den Wahrheitswert der Formeln $\Diamond\alpha$ führt man so ein, daß die Äquivalenz $\Diamond\alpha \leftrightarrow \neg\Box\neg\alpha$ in U-Modellen allgemeingültig bleibt, d.h.:

$$[\![\Diamond\alpha]\!]_u^{\mathfrak{M}} = \begin{cases} 1, & \text{falls } \{v \mid [\![\alpha]\!]_v^{\mathfrak{M}} = 0\} \notin \mathcal{S}_u; \\ 0 & \text{sonst.} \end{cases}$$

In der anderen Notation lautet die Bedingung:

$$\mathfrak{M} \models \Diamond\alpha[u] \quad \Leftrightarrow \quad W \setminus \|\alpha\|^{\mathfrak{M}} \notin \mathcal{S}_u.$$

Die Gültigkeit von Formeln in U-Modellen und in U-Rahmen wird wie in Paragraph 3 eingeführt. — In $\mathfrak{M} = \langle W, \mathcal{S}, h\rangle$ ist also eine Formel α genau dann gültig, wenn $\|\alpha\|^{\mathfrak{M}} = W$ gilt. Sie gilt im Rahmen $\langle W, \mathcal{S}\rangle$, wenn sie in allen Modellen gilt, die auf dem Rahmen basieren. — Speziell ist $(\alpha\rightarrow\beta)$ genau dann in einem Modell $\mathfrak{M}$ gültig, wenn $\|\alpha\|^{\mathfrak{M}} \subset \|\beta\|^{\mathfrak{M}}$ ist — und $(\alpha\leftrightarrow\beta)$ gilt in $\mathfrak{M}$ genau dann, wenn $\|\alpha\|^{\mathfrak{M}} = \|\beta\|^{\mathfrak{M}}$ ist.

Es stellt sich sofort die Frage, welche Formeln in allen U-Modellen gültig sind. Genau wie für die Kripke-Semantik ergibt sich, daß alle Instanzen von Tautologien diese Eigenschaft haben. Außerdem ist offensichtlich, daß die Menge der U-allgemeingültigen Formeln unter Modus ponens und Substitution abgeschlossen ist.

Andererseits sind die U-allgemeingültigen Formeln nicht unter Necessitation abgeschlossen, denn aus der Gültigkeit einer Formel α im U-Modell $\mathfrak{M} = \langle W, \mathcal{S}, h\rangle$ folgt für alle $u \in W$:

$$\langle W, \mathcal{S}, h\rangle \models \Box\alpha[u] \quad \Leftrightarrow \quad \|\alpha\|^{\mathfrak{M}} \in \mathcal{S}_u \quad \Leftrightarrow \quad W \in \mathcal{S}_u.$$

Daraus ergibt sich, daß die in $\mathfrak{M}$ gültigen Formeln unter Necessitation genau dann abgeschlossen sind, wenn die Gesamtmenge W für jedes $u \in W$ im Umgebungssystem $\mathcal{S}_u$ vorkommt.

Als nächstes wollen wir die Distributionsaxiome in Augenschein nehmen. Für ein beliebiges U-Modell $\mathfrak{M} = \langle W, \mathcal{S}, h\rangle$ und $u \in W$ ist $\Box(\alpha\rightarrow\beta)\rightarrow(\Box\alpha\rightarrow\Box\beta)$ in $\mathfrak{M}$ im Punkte u genau dann wahr, wenn gilt:

$$\|\alpha\rightarrow\beta\|^{\mathfrak{M}} \in \mathcal{S}_u \quad \Rightarrow \quad (\|\alpha\|^{\mathfrak{M}} \in \mathcal{S}_u \quad \Rightarrow \quad \|\beta\|^{\mathfrak{M}} \in \mathcal{S}_u).$$

Man kann nun leicht ein U-Modell angeben, in dem das Distributionsaxiom $\Box(p \to p') \to (\Box p \to \Box p')$ nicht wahr ist. — Sei nämlich $\langle W, S \rangle$ der U-Rahmen mit $W=\{0,1,2\}$ und $S_0 = S_1 = S_2 = \{\{2\},\{0,1,2\}\}$. Die Belegung h sei so gewählt, daß $h(p,0)=h(p,1)=0$, $h(p,2)=1$, $h(p',0)=0$ und $h(p',1)=h(p',2)=1$ gilt. Dann folgt für $\mathfrak{M}=\langle W, S, h\rangle$:

$$\|p \to p'\|^{\mathfrak{M}} = \{0,1,2\} \in S_0 \text{ und } \|p\|^{\mathfrak{M}} = \{2\} \in S_0 \text{ — aber } \|p'\|^{\mathfrak{M}} = \{1,2\} \notin S_0 .$$

Wir zeigen jetzt, daß die Menge der in einem U-Rahmen $\langle W, R\rangle$ gültigen Formeln alle Distributionsaxiome enthält und unter Necessitation abgeschlossen ist genau dann, wenn jedes Umgebungssystem S_u ein Filter über W ist. Eine nichtleere Menge F von Teilmengen einer Menge W heißt dabei *Filter über* W genau dann, wenn:

(1) F ist unter Obermengen von W abgeschlossen. Das bedeutet, daß für alle Mengen X, Y gilt: ($X \in F$ und $X \subset Y \subset W \Rightarrow Y \in F$).

(2) F ist unter Durchschnitten abgeschlossen. Das bedeutet, daß für alle X,Y gilt: ($X \in F$ und $Y \in F \Rightarrow X \cap Y \in F$).

Es gilt jetzt:

(4.1) **Lemma:** Die in einem Umgebungsrahmen $\langle W, S\rangle$ gültigen Formeln enthalten genau dann alle Distributionsaxiome und sind unter der Necessitationsregel abgeschlossen, wenn für alle $u \in W$ das Umgebungssystem S_u ein Filter über W ist.

Beweis:

Sei also jedes Distributionsaxiom in $\langle W, S\rangle$ gültig, und die Menge der gültigen Formeln sei unter Necessitation abgeschlossen. Wie wir schon gesehen haben, folgt aus der zweiten Annahme, daß die Menge W Element jedes Umgebungssystems S_u ist. Sei nun $X \in S_u$ und $X \subset Y \subset W$. Wir wählen eine Belegung h mit $(h(p,v)=1 \Leftrightarrow v \in X)$ und $(h(p',v)=1 \Leftrightarrow v \in Y)$ für alle $v \in W$. Dann gilt in $\mathfrak{M}=\langle W, S, h\rangle$ die Aussage: $\|p\|^{\mathfrak{M}}=X$ und $\|p'\|^{\mathfrak{M}}=Y$. Aus der Gültigkeit des Distributionsaxioms $\Box(p \to p') \to (\Box p \to \Box p')$ folgt nun:

$$\|p \to p'\|^{\mathfrak{M}} = (W \setminus X) \cup Y \in S_u \text{ und } \|p\|^{\mathfrak{M}} = X \in S_u \Rightarrow \|p'\|^{\mathfrak{M}} = Y \in S_u .$$

Aus $X \subset Y$ ergibt sich $(W \setminus X) \cup Y = W$. Da $W, X \in S_u$ sind, folgt $Y \in S_u$. Das Umgebungssystem S_u ist somit unter Obermengen abgeschlossen.

Sind jetzt X und Y Elemente von S_u, und ist h eine Belegung mit $\|p\|^{\mathfrak{M}}=X$ und $\|p'\|^{\mathfrak{M}}=Y$, so gilt $\Box p$ und $\Box p'$ in $\mathfrak{M}$. Da $p \to (p' \to p \wedge p')$ eine Tautologie ist, gilt $p \to (p' \to p \wedge p')$, und damit auch $\Box(p \to (p' \to p \wedge p'))$ im Rahmen $\langle W, S\rangle$. Somit sind $\Box p$, $\Box p'$ und $\Box(p \to (p' \to p \wedge p'))$ in $\mathfrak{M}$ wahr. Durch zweifache Distribution erhalten wir daraus die $\mathfrak{M}$-Gültigkeit von $\Box(p \wedge p')$.

Das bedeutet aber, daß $X \cap Y = \|p \wedge p'\|^{\mathfrak{M}} \in S_u$ gilt. — Damit ist S_u auch unter Durchschnitten abgeschlossen — und somit ein Filter.

Ist andererseits jedes S_u ein Filter über W, so gibt es, da ein Filter nach Definition niemals leer ist, eine Menge $X \subset W$ in S_u. Aus der Abgeschlossenheit hinsichtlich Obermengen folgt dann $W \in S_u$. Damit sind die im Rahmen gültigen Formeln unter Necessitation abgeschlossen. — Aus $\|\alpha \to \beta\|^{\mathfrak{M}} = (W \setminus \|\alpha\|^{\mathfrak{M}}) \cup \|\beta\|^{\mathfrak{M}} \in S_u$ und $\|\alpha\|^{\mathfrak{M}} \in S_u$ folgt, da ja Filter unter Durchschnitten abgeschlossen sind, die Aussage:

$$((W \setminus \|\alpha\|^{\mathfrak{M}}) \cup \|\beta\|^{\mathfrak{M}}) \cap \|\alpha\|^{\mathfrak{M}} = \|\beta\|^{\mathfrak{M}} \cap \|\alpha\|^{\mathfrak{M}} \in S_u.$$

Da generell $\|\beta\|^{\mathfrak{M}} \cap \|\alpha\|^{\mathfrak{M}} \subset \|\beta\|^{\mathfrak{M}}$ gilt, folgt aus der Abgeschlossenheit eines Filters unter Obermengen die Aussage $\|\beta\|^{\mathfrak{M}} \in S_u$. Also sind auch alle Distributionsaxiome gültig.

Ω

Man nennt einen *U-Rahmen* $\langle W, S \rangle$ *normal*, wenn für alle Punkte $u \in W$ das System S_u ein Filter über W ist. — Ein *U-Modell* wird als *normal* bezeichnet, wenn der U-Rahmen, auf dem das Modell basiert, normal ist.

Es gilt, daß genau die **K**-beweisbaren Formeln in allen normalen U-Rahmen gültig sind:

(4.2) **Lemma:** Eine Formel α ist genau dann **K**-beweisbar, wenn sie in allen normalen U-Rahmen gültig ist.

Beweis:

Da, wie wir gerade gesehen haben, die in einem normalen U-Rahmen gültigen Formeln alle Tautologien und Distributionsaxiome enthalten und unter Substitution, Necessitation und Modus ponens abgeschlossen sind, ist jede **K**-beweisbare Formel in jedem U-Rahmen gültig.

Ist andererseits eine Formel α nicht **K**-beweisbar, so gibt es aufgrund von (3.36)(1) ein Kripke-Modell $\langle W,R,h \rangle$ und ein $u \in W$ mit $\langle W,R,h \rangle \nvDash \alpha[u]$. Aus diesem relationalen Modell gewinnt man ein U-Modell $\mathfrak{M}$, indem man für $u \in W$ setzt:

$$S_u := \{X \subset W \mid \{v \mid uRv\} \subset X\}.$$

Man rechnet sofort nach, daß alle S_u Filter sind. Weiterhin gilt, wie wir sofort zeigen werden, daß für alle Formeln β die Äquivalenz

$$\langle W,R,h \rangle \vDash \beta[u] \;\Leftrightarrow\; \langle W,S,h \rangle \vDash \beta[u]$$

wahr ist. Daraus folgt dann unmittelbar, daß α im normalen U-Rahmen $\langle W,S \rangle$ nicht gilt. — Die behauptete Äquivalenz ergibt sich leicht durch Induktion über den Formelaufbau. Wir führen nur den Fall $\beta = \Box\gamma$ vor:

$$\begin{aligned}
\langle W,R,h\rangle \models \Box\gamma[u] &\Leftrightarrow \text{für alle } v \text{ mit } uRv \text{ gilt: } \langle W,R,h\rangle \models \gamma[v]\\
&\Leftrightarrow \text{für alle } v \text{ mit } uRv \text{ gilt: } \langle W,\mathcal{S},h\rangle \models \gamma[v] \text{ (n. Indvor.)}\\
&\Leftrightarrow \text{für alle } v \text{ mit } uRv \text{ gilt: } v \in \|\gamma\|^{\mathfrak{M}}\\
&\Leftrightarrow \{v \mid uRv\} \subset \|\gamma\|^{\mathfrak{M}}\\
&\Leftrightarrow \|\gamma\|^{\mathfrak{M}} \in \mathcal{S}_u\\
&\Leftrightarrow \langle W,\mathcal{S},h\rangle \models \Box\gamma[u].
\end{aligned}$$

Damit ist die Behauptung gezeigt.

Ω

Es läßt sich also, wie wir im Beweis von (4.2) gesehen haben, zu jedem relationalen Rahmen ein äquivalenter normaler U-Rahmen finden. Aus jedem U-Rahmen $\langle W,\mathcal{S}\rangle$ kann man andererseits durch die Festsetzung

$$uRv :\Leftrightarrow v \text{ ist Element von jedem Element von } \mathcal{S}_u \Leftrightarrow v \in \bigcap \mathcal{S}_u$$

einen relationalen Rahmen herstellen. Dieser Rahmen ist aber im allgemeinen nicht mehr zum Ausgangsrahmen äquivalent.

Auf der Basis der hier eingeführten Umgebungssemantik lassen sich eine Reihe normaler und auch nicht-normaler modallogischer Systeme studieren. Wir bemerken, ohne auf Beweise einzugehen, daß es normale Systeme gibt, die in Bezug auf Umgebungsrahmen vollständig, aber hinsichtlich relationaler Kripke-Rahmen unvollständig sind (s. [22]).

Vollkommen analog zur Einführung von modalen Begriffen lassen sich temporale Begriffe in den aussagenlogischen Aufbau aufnehmen. Wir wollen dies am Beispiel der Zeitoperatoren "Es war der Fall, daß..." und "Es wird der Fall sein, daß..." demonstrieren. — Die Gültigkeit einer Aussage der Form "Es war der Fall, daß A" nimmt Bezug auf eine Zeitstruktur. Man wird diese Aussage als wahr zu einem Zeitpunkt t_1 ansehen, wenn es einen vor t_1 gelegenen Zeitpunkt t_0 gibt, so daß A zur Zeit t_0 wahr ist.

Unter einem *Zeitrahmen* verstehen wir eine nichtleere Menge T, in der eine Ordnungsrelation < gegeben ist. Die Aussage $t_1<t_2$ bedeutet, daß der Zeitpunkt t_1 vor dem Zeitpunkt t_2 liegt. An eine solche Ordnungsrelation (oder Früher-Später-Beziehung) wird man einige Mindestanforderungen stellen. — Wir fordern hier, daß die Relation < eine (irreflexive) *lineare Ordnung von* T ist, d.h.:

(1) $t \not< t$ für alle $t \in T$. (Irreflexivität)

(2) ($t_1<t_2$ und $t_2<t_3 \Rightarrow t_1<t_3$) für alle $t_1,t_2,t_3 \in T$. (Transitivität)

(3) ($t_1<t_2$ oder $t_1=t_2$ oder $t_2<t_1$) für alle $t_1,t_2,t_3 \in T$. (*Konnexität*)

Man schreibt: $t_1 \le t_2 :\Leftrightarrow (t_1=t_2 \text{ oder } t_1<t_2)$.

Die Eigenschaften (1)-(3) werden sicherlich von jedem vernünftigen Begriff des zeitlichen Nacheinander erfüllt. Andererseits ist der Begriff der linearen Ordnung noch sehr allgemein und läßt viele Realisierungen zu, die mit der üblichen Zeitvorstellung wenig gemein haben. (Bisweilen werden noch allgemeiner Relationen betrachtet, die lediglich irreflexiv und transitiv sind, um gewisse Verzweigungsphänomene zuzulassen.)

Die Sprache der Zeitlogik entsteht aus der der Aussagenlogik durch Hinzunahme von zwei neuen Zeichen P und F ("P" wie "past" und "F" wie "future") und zwei neuen Formelbildungsregeln $\frac{\alpha}{P\alpha}$ und $\frac{\alpha}{F\alpha}$. Ist also α eine Formel, so sind auch $P\alpha$ und $F\alpha$ Formeln.

Zeitlogische Formeln sind beispielsweise $F(Pp \vee FPPp) \rightarrow Pp$ und $PFFF(p \rightarrow p')$. Die Menge der Formeln der Zeitsprache bezeichnen wir mit Fm_{ZL}.

Sei nun $\langle T,<\rangle$ ein zeitlogischer Rahmen, d.h. $T \neq \emptyset$ und $<$ ist eine lineare Ordnung von T. Unter einer Belegung h der Aussagenvariablen bezüglich T versteht man eine Funktion, die jeder Aussagenvariablen in jedem Zeitpunkt einen Wahrheitswert zuordnet, das bedeutet: $h: Var_{AL} \times T \longrightarrow \{0,1\}$.

Ein *zeitlogisches Modell* ist ein Tripel $\mathfrak{M} = \langle T,<,h\rangle$, wobei $\langle T,<\rangle$ ein zeitlogischer Rahmen und h eine Belegung bezüglich T ist. Der *Wahrheitswert* $[\![\alpha]\!]^{\mathfrak{M}}_t$ *einer Formel* α *im Modell* $\mathfrak{M}$ *zum Zeitpunkt* t wird vollkommen analog zu (3.1) durch Rekursion über den Formelaufbau eingeführt. Die aussagenlogischen Rekursionsbedingungen sind wie in (3.1) – man ersetze nur überall u durch t. Im Falle der Zeitoperatoren lauten die Bedingungen:

$$[\![P\alpha]\!]^{\mathfrak{M}}_t = \begin{cases} 1, & \text{falls es ein s gibt, so daß } s<t \text{ und } [\![\alpha]\!]^{\mathfrak{M}}_s = 1; \\ 0 & \text{sonst.} \end{cases}$$

$$[\![F\alpha]\!]^{\mathfrak{M}}_t = \begin{cases} 1, & \text{falls es ein u gibt, so daß } t<u \text{ und } [\![\alpha]\!]^{\mathfrak{M}}_u = 1; \\ 0 & \text{sonst.} \end{cases}$$

In einem zeitlogischen Modell $\mathfrak{M} = \langle T,<,h\rangle$ gilt zum Beispiel:

$$[\![FFFp]\!]^{\mathfrak{M}}_t = 1 \iff \text{es gibt } t_1,t_2,t_3 \text{ mit } t<t_1<t_2<t_3 \text{ und } h(p,t_3)=1.$$

Da jedes Zeitmodell auch ein modallogisches Modell ist, kann man die modallogischen Zeichen $\Box$, $\Diamond$ auch als Zeitoperatoren im Modell $\langle T,<,h\rangle$ deuten. Dabei erhält dann $\Diamond$ die gleiche Deutung wie F. Da $[\![\Box\alpha]\!]^{\mathfrak{M}}_t = 1$ genau dann gilt, wenn für alle t_1 mit $t<t_1$ stets $[\![\alpha]\!]^{\mathfrak{M}}_{t_1} = 1$ ist, besagt "$\Box\alpha$" soviel wie: "In der Zukunft gilt α immer."

Modale und temporale Begriffe lassen sich in einer gemeinsamen Sprache behandeln. Zur Aussagenlogik treten als neue Zeichen $\Box, \Diamond, P, F$ hinzu. Mit α sind dann auch $\Box\alpha$, $\Diamond\alpha$, $P\alpha$ und $F\alpha$ Formeln. Beispiele für Formeln der erweiterten Sprache sind $P\Diamond(p\vee Fp)$ und $(\Box FFp\rightarrow F\Diamond Fp)$. — Einer Deutung dieser Sprache liegt die Vorstellung zugrunde, daß sich jeder Referenzpunkt aus einer Welt- und Zeitkomponente zusammensetzt. Etwas in einem Referenzpunkt $\langle x,t\rangle$ zu betrachten, heißt dann, etwas in der Welt x zur Zeit t zu betrachten. — Wir nehmen im folgenden an, daß allen Welten dieselbe Zeitstruktur zugrunde liegt, obwohl dieser Standpunkt nicht zwingend ist. Weiterhin setzen wir der Einfachheit halber voraus, daß die Zugänglichkeitsrelation zwischen Welten total ist. Ein Rahmen für die Sprache besteht daher aus einer nichtleeren Menge W, den "Welten", und einem zeitlogischen Rahmen $\langle T,<\rangle$. Diese semantischen Grunddaten notieren wir in Form eines Tripels $\langle W,T,<\rangle$. — Eine Belegung h bezüglich $W\times T$ ist eine Funktion, die jeder Aussagenvariablen in jedem Welt-Zeit-Paar einen Wahrheitswert zuordnet. Unter einem Modell verstehen wir ein Quadrupel $\mathfrak{M}=\langle W,T,<,h\rangle$, wobei W eine nichtleere Menge, $\langle T,<\rangle$ ein zeitlogischer Rahmen und h eine Belegung bezüglich $W\times T$ ist.

Den Wahrheitswert $[\![\alpha]\!]^{\mathfrak{M}}_{u}$ einer Formel α im Referenzpunkt $u:=\langle x,t\rangle$ definieren wir in den aussagenlogischen Fällen wie vorher. Das heißt zum Beispiel, daß $[\![q]\!]^{\mathfrak{M}}_{\langle x,t\rangle}= h(q,x,t):=h(q,\langle x,t\rangle)$ für alle Aussagenvariablen q gilt. — Im Falle der Modal- und Zeitoperatoren lauten die Bedingungen so:

$$[\![\Box\alpha]\!]^{\mathfrak{M}}_{\langle x,t\rangle}=\begin{cases}1, & \text{falls für alle } x_1\in W \text{ und } t_1\in T\text{: } [\![\alpha]\!]^{\mathfrak{M}}_{\langle x_1,t_1\rangle}=1;\\ 0 & \text{sonst.}\end{cases}$$

$$[\![\Diamond\alpha]\!]^{\mathfrak{M}}_{\langle x,t\rangle}=\begin{cases}1, & \text{falls es ein } x_1\in W \text{ und } t_1\in T \text{ gibt mit } [\![\alpha]\!]^{\mathfrak{M}}_{\langle x_1,t_1\rangle}=1;\\ 0 & \text{sonst.}\end{cases}$$

$$[\![P\alpha]\!]^{\mathfrak{M}}_{\langle x,t\rangle}=\begin{cases}1, & \text{falls es ein } t_1\in T \text{ gibt mit } t_1<t \text{ und } [\![\alpha]\!]^{\mathfrak{M}}_{\langle x,t_1\rangle}=1;\\ 0 & \text{sonst.}\end{cases}$$

$$[\![F\alpha]\!]^{\mathfrak{M}}_{\langle x,t\rangle}=\begin{cases}1, & \text{falls es ein } t_1\in T \text{ gibt mit } t<t_1 \text{ und } [\![\alpha]\!]^{\mathfrak{M}}_{\langle x,t_1\rangle}=1;\\ 0 & \text{sonst.}\end{cases}$$

Man beachte, daß in den Fällen P und F die Weltkomponente festgehalten wird. Die Zeichen P beziehungsweise F erhalten somit eine Deutung, die am besten mit "Es war in dieser Welt der Fall, daß ..." bzw. "Es wird in dieser Welt der Fall sein, daß ..." wiedergegeben wird.

Es ist offensichtlich, daß sich auch allgemeinere Zugänglichkeitsrelationen in diese Semantik einbinden lassen. Ebenso liegt natürlich in der Wahl der Zeitoperatoren eine große Willkür.

Wir wollen diese speziellen Ansätze nicht weiter verfolgen, sondern uns allgemein den sogenannten multimodalen Systemen zuwenden. In den multimodalen Sprachen gibt es anstelle des einen Modaloperators $\Box$ eine ganze Familie von Modaloperatoren $\{\Box_j|j\in J\}$. Mit α ist dann auch immer $\Box_j\alpha$ für alle $j\in J$ eine Formel dieser Sprache.

Ein zu einer solchen Sprache passender Rahmen $\langle W,\langle R_j|j\in J\rangle\rangle$ besteht aus einer nichtleeren Menge W von Referenzpunkten und einer Familie $\langle R_j|j\in J\rangle$ von zweistelligen Relationen in W, d.h. $R_j\subset W\times W$ für alle $j\in J$. Ist jetzt h eine Belegung bezüglich W, so definieren wir den Wahrheitswert einer Formel α im multimodalen Modell $\mathfrak{M}=\langle W,\langle R_j|j\in J\rangle,h\rangle$ durch die üblichen Klauseln, wobei lediglich für die neuen Modaloperatoren anstelle der $\Box$-Klausel folgende $\Box_j$-Klauseln einzufügen sind:

$$[\![\Box_j\alpha]\!]_u^{\mathfrak{M}} = \begin{cases} 1, & \text{falls für alle } v: (uR_jv \Rightarrow [\![\alpha]\!]_v^{\mathfrak{M}}=1); \\ 0 & \text{sonst.} \end{cases}$$

Unter einem *normalen multimodalen System* S verstehen wir sinngemäß ein System S mit:

(1) Alle aussagenlogischen Tautologien sind S-beweisbar.

(2) Alle Distributionsaxiome $\Box_j(\alpha\to\beta)\to(\Box_j\alpha\to\Box_j\beta)$ für $j\in J$ sind S-beweisbar.

(3) Die S-beweisbaren Formeln sind unter Substitution, Modus ponens und $\Box_j$-Necessitation abgeschlossen. Dabei bedeutet letzteres, daß $(\vdash_S\alpha \Rightarrow \vdash_S\Box_j\alpha)$ für alle Formeln α gilt.

Für jedes normale multimodale Systeme S läßt sich wie im dritten Paragraphen ein kanonisches Modell $\mathfrak{M}_S=\langle W_S,\langle R_j^S|j\in J\rangle,h_S\rangle$ einführen, wobei gilt:

(1) W_S = Menge aller maximal S-widerspruchsfreien Formelmengen.

(2) $(uR_j^Sv \Leftrightarrow \{\beta|\Box_j\beta\in u\}\subset v)$ für alle $u,v\in W_S$ und $j\in J$.

(3) $(h_S(u,q)=1 \Leftrightarrow q\in u)$ für alle Aussagenvariablen q und $u\in W_S$.

Für das multimodale kanonische Modell $\mathfrak{M}_S$ gilt die (3.28) entsprechende Aussage:

(4.3) Für alle α und $u\in W_S$ gilt: $(\mathfrak{M}_S\models\alpha[u] \Leftrightarrow \alpha\in u)$.

Auch der Begriff des einfach erzeugten Unterrahmens (beziehungsweise Untermodells) läßt sich leicht in die multimodale Situation übertragen. Ist nämlich ein multimodaler Rahmen $\langle W,\langle R_j|j\in J\rangle\rangle$ und ein Element $t\in W$ gegeben, so sei $W_t:=\{v|tR^*v\}$, wobei $R:=\bigcup\{R_j|j\in J\}$ die Vereinigung über alle Relationen R_j und R^* der reflexive und transitive Abschluß von R ist. W_t ist dann die kleinste Menge $X\subset W$, die t enthält und unter allen R_j abgeschlossen ist, d.h. $t\in X$ und für alle j,u,v gilt: $(u\in X$ und $uR_jv \Rightarrow v\in X)$.

Der einfach erzeugte Unterrahmen von $\langle W,\langle R_j|j\in J\rangle\rangle$ mit erzeugendem Element t ist dann $\langle W',\langle R_j'|j\in J\rangle\rangle$, wobei $W'=W_t$ und $R_j'=R_j\cap(W_t\times W_t)$ für alle $j\in J$ gilt. — Entsprechend werden einfach erzeugte Untermodelle eingeführt. — Eine zu Lemma (3.38) analoge Aussage ist dann auch im multimodalen Kontext wahr.

Schließlich ist auch die Filtrat-Konstruktion in der allgemeineren Situation durchführbar. — Ist nämlich Δ eine Formelmenge, die unter Subformeln abgeschlossen ist, (z.B. kann Δ die Menge aller Teilformeln einer Formel α sein) und ist $\mathfrak{M}=\langle W,\langle R_j|j\in J\rangle,h\rangle$ ein Modell, so kann man wieder Punkte, die sich nicht durch Formeln aus Δ unterscheiden lassen, zu Äquivalenzklassen zusammenfassen:

$$u\sim_\Delta v \;:\Leftrightarrow\; \text{für alle } \delta\in\Delta \text{ gilt: } (\mathfrak{M}\models\delta[u] \;\Leftrightarrow\; \mathfrak{M}\models\delta[v]).$$

Mit $\overline{u}$ bezeichnen wir wieder für fest gewähltes Δ die $\sim_\Delta$-Äquivalenzklasse, in der u liegt.

Ein Modell $\overline{\mathfrak{M}}=\langle\overline{W},\langle\overline{R}_j|j\in J\rangle,\overline{h}\rangle$ ist ein Δ-Filtrat von $\mathfrak{M}$ genau dann, wenn folgende Bedingungen erfüllt sind:

(1) $\overline{W}=\{\overline{u}\mid u\in W\}$.

(2) Für alle $j\in J$ ist $\overline{R}_j$ eine Relation in $\overline{W}$, so daß für alle $u,v\in W$ gilt:

   (i) $uR_jv \;\Rightarrow\; \overline{u}\,\overline{R}_j\,\overline{v}$;

   (ii) $\overline{u}\,\overline{R}_j\,\overline{v} \;\Rightarrow\;$ für alle $\Box_j\gamma\in\Delta$: $(\mathfrak{M}\models\Box_j\gamma[u] \;\Rightarrow\; \mathfrak{M}\models\gamma[v])$.

(3) Für alle Aussagenvariablen $q\in\Delta$ und alle $u\in W$ gilt: $h(q,u)=\overline{h}(q,\overline{u})$.

Für Δ-Filtrate gilt das Analogon zu Theorem (3.40):

(4.4) Ist $\overline{\mathfrak{M}}=\langle\overline{W},\langle\overline{R}_j|j\in J\rangle,\overline{h}\rangle$ ein Δ-Filtrat des Modells $\mathfrak{M}=\langle W,\langle R_j|j\in J\rangle,h\rangle$, so gilt für alle Formeln $\delta\in\Delta$ und alle $u\in W$: $(\mathfrak{M}\models\beta[u] \;\Leftrightarrow\; \overline{\mathfrak{M}}\models\beta[\overline{u}])$.

Als nächstes sollen einige Aspekte der sogenannten dynamischen Aussagenlogik, die im Zusammenhang mit Fragen der Semantik und Korrektheit von Programmen formuliert worden ist, besprochen werden. Dabei handelt es sich um ein multimodales System, in dem die Modaloperatoren selbst weiter strukturiert sind.

Zur Motivation stellen wir uns vor, daß ein programmierbarer Rechner gegeben ist, der sich einem Zustand u befindet. In diesem Zustand hat der Rechner gewisse Eigenschaften, die vorläufig nicht näher analysiert werden. Wird nun ein Programm π eingegeben und ausgeführt, so ist der Rechner, sofern das Programm terminiert, nach Abarbeitung des Programms in einen gewissen Folgezustand u' übergegangen. Programme verstehen wir dabei in einem nichtdeterministischen Sinne, so daß beispielsweise der Folgezustand von u unter π vom Ausgang eines Zufallsexperimentes, das zur Ausführung von π gehört, abhängen kann. Erreicht also der Rechner später denselben Zustand u wieder, so kann eine erneute Anwendung von π zu einem Folgezustand führen, der von allen vorher erreichten verschieden ist. Die Aktionen eines Programms π kann man durch eine Menge $r(\pi)$ von Zustandspaaren repräsentieren. Setzt man

$$r(\pi):=\{\langle u,v\rangle \mid \text{es gibt einen Programmlauf von } \pi\text{, der im Zustand } u \text{ beginnt und im Zustand } v \text{ endet}\},$$

so ist dem Programm π eine (Zugänglichkeits-)Relation in der Zustandsmenge zugeordnet. Verbindungen zur Modallogik werden sofort deutlich, wenn man Fragen folgender Art stellt:

Endet das Programm π, wenn es im Zustand u beginnt, immer (d.h. notwendig) in einem Zustand, dem eine gewisse Eigenschaft **E** zukommt, oder endet π manchmal (d.h. möglicherweise) in einem solchen Zustand.

Es ist jetzt leicht, ein multimodales System anzugeben, in dem sich diese Fragen formalisieren lassen.

Sei $E:=\{e_k \mid k\in\mathbb{N}\}$ eine Menge von Programmvariablen. Diese Variablen stehen für Elementarprogramme, die nicht weiter analysiert werden. Wir betrachten das multimodale System mit den Modaloperatoren $\{\Box_e \mid e\in E\}$. Diese Sprache wird als Sprache der *elementaren dynamischen Aussagenlogik* bezeichnet. – Anstelle von $\Box_e$ schreiben wir ab jetzt $[e]$. Entsprechend steht $\langle e\rangle\alpha$ für $\neg[e]\neg\alpha$.

Die multimodalen Modelle der Gestalt $\mathfrak{M}=\langle W,\langle R_e \mid e\in E\rangle,h\rangle$ werden auch als Modelle der elementaren dynamischen Aussagenlogik bezeichnet. – Die Funktion $R:=\langle R_e \mid e\in E\rangle$, die jeder Programmvariablen e die Relation $R(e)=R_e$ zuordnet, läßt sich als Belegung der Programmvariablen auffassen. Wir notieren multimodale Modelle (wie gewöhnliche Kripke-Modelle) in der Form $\mathfrak{M}=\langle W,R,h\rangle$, sofern keine Mißverständnisse zu befürchten sind.

Die Gültigkeit einer Formel der Gestalt $\alpha\rightarrow[e]\beta$ in einem Modell $\mathfrak{M}$ kann man jetzt so verstehen, daß immer, wenn ein Zustand $u\in|\mathfrak{M}|$ die Eigenschaft "α" hat (d.h. α in $\mathfrak{M}$ im Punkte u wahr ist), jede terminierende Anwendung des Programms "e" zu einem Zustand mit der Eigenschaft "β" führt – also "e" sich hinsichtlich der Eigenschaften "α" und "β" korrekt verhält.

So wie sich Aussagen mittels Junktoren zu neuen Aussagen verbinden lassen, kann man für Programme Operationen einführen, die aus Programmen (also insbesondere Elementarprogrammen) neue Programme herstellen:

Sind zwei Programme gegeben, so kann man sie nacheinander ausführen – oder man kann das erste oder das zweite ausführen, wobei die Auswahl nicht deterministisch ist. Außerdem kann man ein Programm endlich oft iterieren. Schließlich erhält man aus einer Eigenschaft **E** das "Testprogramm" **E**?, das jeden Zustand mit der Eigenschaft **E** unverändert läßt aber für jeden anderen Zustand zu einem "fail" (d.h. einer nicht-terminierenden beziehungsweise unmöglichen Anwendung) führt.

Diese Bildungen lassen sich auf der formalen Seite nachspielen. Man erweitert das zuvor eingeführte Alphabet um die Symbole ;, $\cup$, $*$ und ?, und definiert Formeln und Programmformen simultan wie folgt:

(1) Aussagenvariablen sind Formeln.

(2) Sind α und β Formeln, so sind auch $\neg\alpha$ und $(\alpha\rightarrow\beta)$ Formeln.

(3) Jede Programmvariable ist Programmform.

(4) Sind a und b bereits Progammformen, so sind auch (a;b), $(a\cup b)$ und a^* Programmformen.

(5) Ist a eine Programmform und α eine Formel, so ist $[a]\alpha$ eine Formel.

(6) Ist α eine Formel, so ist α? eine Programmform.

Die Zeichenreihe (a;b) steht formal für das Hintereinanderausführen von a und b. Entsprechend steht $(a\cup b)$ für das Ausführen von a oder von b, und a^* steht für die endlichmalige Iteration von a. Schließlich steht α? für den durch α bestimmten Test.

Das soeben eingeführte System wird als Sprache der *dynamischen Aussagenlogik* bezeichnet. — Wir benutzen im folgenden die üblichen aussagenlogischen Konventionen und lassen auch in Programmformen, sofern noch eindeutige Lesbarkeit gewährleistet ist, Klammern weg.

Die Menge aller Formeln der dynamischen Aussagenlogik sei Fm_{DA}. Mit PF bezeichnen wir die Menge aller Programmformen. Elemente von PF deuten wir im folgenden durch $a,b,c,a_1,b_1,c_1,\ldots$ an.

Faßt man die Menge der Programmformen als neue Indexmenge für die Modaloperatoren auf, so ist jedes multimodale Modell dieser Sprache von der Gestalt $\mathfrak{M}=\langle W,\langle R_a|a\in PF\rangle,h\rangle$. Der Wahrheitswert einer multimodalen Formel in $\mathfrak{M}$ in einem Punkte u ist dann wie oben definiert. Insbesondere gilt für alle Programmformen $a\in PF$:

$$[\![[a]\alpha]\!]_u^{\mathfrak{M}} = \begin{cases} 1, & \text{falls für alle } v\text{: } uR_av \Rightarrow [\![\alpha]\!]_v^{\mathfrak{M}}=1; \\ 0 & \text{sonst.} \end{cases}$$

$$[\![\langle a\rangle\alpha]\!]_u^{\mathfrak{M}} = \begin{cases} 1, & \text{falls es ein } v \text{ gibt mit } uR_av \text{ und } [\![\alpha]\!]_v^{\mathfrak{M}}=1; \\ 0 & \text{sonst.} \end{cases}$$

In allgemeinen multimodalen Modellen sind z.B. die Relationen R_a, R_b und $R_{(a;b)}$ vollkommen beliebig, so daß $R_{(a;b)}$ unter Umständen nicht das Hintereinander-Ausführen der Programme "a" und dann "b" wiedergibt. Analoges gilt für die anderen Programmoperationen. Modelle, in denen auch die intendierte Bedeutung der Programmoperationen berücksichtigt ist, werden im folgenden als Standardmodelle bezeichnet. Das bedeutet, wenn man Programme als Zugänglichkeitsrelationen in der Zustandsmenge eines Rechners versteht, daß zum Beispiel dem Hintereinander-Ausführen "(a;b)" von "a" und "b" die Relation

$$R_{(a;b)} = \{\langle u,w\rangle |\ \text{es gibt ein } v \text{ mit } uR_a v \text{ und } vR_b w\}$$

zugeordnet sein muß, sofern R_a und R_b die zu a und b gehörigen Relationen sind. Entsprechendes ist für die anderen Programmoperationen zu fordern.

Wir verstehen daher unter einem *Standardmodell (der dynamischen Logik)* ein multimodales Modell $\mathfrak{M}=\langle W,\langle R_a | a\in PF\rangle,h\rangle$, in dem zusätzlich folgende Bedingungen für alle Programmformen a, b, α? erfüllt sind:

$$R_{(a;b)} = R_b \circ R_a = \{\langle u,w\rangle |\ \text{es gibt ein } v \text{ mit } uR_a v \text{ und } vR_b w\},$$

$$R_{(a\cup b)} = R_a \cup R_b,$$

$$R_{a*} = (R_a)^* = \text{reflexiver und transitiver Abschluß von } R_a,$$

$$R_{\alpha?} = \{\langle u,u\rangle \mid \mathfrak{M}\models\alpha[u]\}.$$

Jedes Modell $\mathfrak{M}_0=\langle W,\langle R_e | e\in E\rangle,h\rangle$ der Sprache der elementaren dynamischen Logik, in der ja nur Programmvariablen als Index von Modaloperatoren auftreten, läßt sich auf genau eine Art und Weise zu einem Standardmodell $\mathfrak{M}=\langle W,\langle R_a | a\in PF\rangle,h\rangle$ erweitern. Dies folgt sofort, wenn man die Standardmodell-Bedingungen als Rekursionsbedingungen nutzt, um die Relationen für beliebige zusammengesetzte Programmformen zu definieren.

Einige der üblichen Konstrukte in Programmiersprachen lassen sich leicht in der dynamischen Aussagenlogik definieren:

(if α then a else b)	:=	$((\alpha?;a)\cup(\neg\alpha?;b))$
(while α do a)	:=	$((\alpha?;a)^*;\neg\alpha?)$
(repeat a until α)	:=	$((a;(\neg\alpha?;a)^*);\alpha?)$
skip	:=	$\top?$
abort	:=	$\bot?$
a^0	:=	skip
a^{k+1}	:=	$(a^k;a)$

Man beachte, daß $\{\langle u,u\rangle \mid u\in W\} \subset R_{a*}$ für alle $a\in PF$ gilt.

Wir schreiben kürzer $[a;b]$, $[a\cup b]$, $\langle a;b\rangle$, $\langle a\cup b\rangle$ anstelle von $[(a;b)]$, $[(a\cup b)]$, $\langle (a;b)\rangle$ bzw. $\langle (a\cup b)\rangle$.

Ist $\mathfrak{M}=\langle W,\langle R_a \mid a\in PF\rangle ,h\rangle$ ein Standardmodell, so gilt zum Beispiel:

$R_{skip} = \{\langle u,u\rangle \mid u\in W\}$, $R_{abort} = \emptyset$, $R_{\alpha ?} = R_{\text{if } \alpha \text{ skip else abort}}$,

$\mathfrak{M}\models [a^*]\alpha[u] \quad\Leftrightarrow\quad$ für alle $k\in\mathbb{N}$: $\mathfrak{M}\models [a^k]\alpha[u]$.

Allgemeingültige Formeln der dynamischen Aussagenlogik, d.h. Formeln, die in jedem Standardmodell wahr sind, sind beispielsweise:

$\langle a\cup b\rangle(\alpha\wedge\beta)\rightarrow(\langle a\rangle\alpha\wedge\langle a\rangle\beta)\vee(\langle b\rangle\alpha\wedge\langle b\rangle\beta)$, $[a;b]\alpha\leftrightarrow[a][b]\alpha$,

$[a\cup b]\alpha\leftrightarrow[a]\alpha\wedge[b]\alpha$, $[a^*;a^*]\alpha\leftrightarrow[a^*]\alpha$.

Für die in Standardmodellen allgemeingültigen Formeln geben wir jetzt ein korrektes und vollständiges Regelsystem an. Wir folgen hierbei im wesentlichen der Darstellung von R. Goldblatt in [26].

Das System DAL der dynamischen Aussagenlogik hat folgende Axiome:

(T) Alle Instanzen aussagenlogischer Tautologien.

Die Schemata

(D)	$[a](\alpha\rightarrow\beta)\rightarrow([a]\alpha\rightarrow[a]\beta)$,	("Distribution")
(CO)	$[a;b]\alpha\leftrightarrow[a][b]\alpha$,	("Comprehension")
(UN)	$[a\cup b]\alpha\leftrightarrow[a]\alpha\wedge[b]\alpha$,	("Union")
(TS)	$[\alpha ?]\beta\leftrightarrow(\alpha\rightarrow\beta)$,	("Test")
(MX)	$[a^*]\alpha\rightarrow\alpha\wedge[a][a^*]\alpha$,	("Mix")
(ID)	$[a^*](\alpha\rightarrow[a]\alpha)\rightarrow(\alpha\rightarrow[a^*]\alpha)$.	("Induction")

Hinzu kommen als Regeln mit Prämissen der Modus ponens und für jedes $a\in PF$ eine $[a]$-Necessitationsregel $\frac{\alpha}{[a]\alpha}$.

Durch Induktion über die Länge von DAL-Beweisen läßt sich leicht die Korrektheit des Systems hinsichtlich der Standardsemantik zeigen. Der Beweis sei dem Leser überlassen. Wir zeigen nur exemplarisch die Allgemeingültigkeit von (ID).

Gilt in einem Standardmodell $\mathfrak{M}$ die Formel $[a^*](\alpha\rightarrow[a]\alpha)$ in einem Punkte u, so folgt, da $R_{a*}=(R_a)^*$ ist, daß $\alpha\rightarrow[a]\alpha$ in allen v mit $u(R_a)^*v$ gilt. Aufgrund von $R_a\subset(R_a)^*$ und der Transitivität von $(R_a)^*$ gilt dann in u:

$[a](\alpha\rightarrow[a]\alpha)$, $[a][a](\alpha\rightarrow[a]\alpha)$, $[a][a][a](\alpha\rightarrow[a]\alpha)$,... .

Durch Distribution erhält man daraus, daß

$[a]\alpha\rightarrow[a][a]\alpha$, $[a][a]\alpha\rightarrow[a][a][a]\alpha$, $[a][a][a]\alpha\rightarrow[a][a][a][a]\alpha$,...

in u wahr sind – woraus sich in u mit Hilfe von $\alpha\to\alpha$ und $\alpha\to[a]\alpha$

$$\alpha\to\alpha,\ \alpha\to[a]\alpha,\ \alpha\to[a][a]\alpha,\ \alpha\to[a][a][a]\alpha,\ \alpha\to[a][a][a][a]\alpha,\ldots$$

ergibt. Das bedeutet aber gerade, daß, falls α in u wahr ist, α auch in allen v mit $u(R_a)^*v$ wahr ist – also $\alpha\to[a^*]\alpha$ in u gilt.

Die Vollständigkeit des Kalküls folgt, wenn gezeigt ist, daß zu jeder nicht DAL-beweisbaren Formel α ein Standardmodell existiert, in dem α falsch ist.

Indem wir das System S:=DAL als multimodales System auffassen, folgt aus der S-Unbeweisbarkeit von α (wie im dritten Paragraphen), daß es einen Punkt u_0 im kanonischen Modell $\mathfrak{M}_S$ für S gibt, in dem α falsch ist. Wir lassen der Einfachheit halber im folgenden den Index S weg. Es bezeichne also $\mathfrak{M}=\langle W,\langle R_a|a\in PF\rangle,h\rangle$ das kanonische Modell für S.

Wir zeigen zuerst, daß das kanonische Modell die Standardbedingungen für Programmformen der Gestalt (a;b), (a∪b) und β? erfüllt – daß aber im Falle von a^* lediglich $(R_a)^*\subset R_{a^*}$ gilt. Durch Übergang zu einem geeigneten endlichen Filtrat des kanonischen Modells werden wir dann auch die Standardbedingung für a^* erfüllen können.

(4.5) **Lemma:** Im kanonischen Modell $\mathfrak{M}=\langle W,\langle R_a|a\in PF\rangle,h\rangle$ für S gilt für alle a, b, β?∈PF:

$$R_{(a;b)}=R_b\circ R_a,\quad R_{(a\cup b)}=R_a\cup R_b,\quad R_{\beta?}=\{\langle u,u\rangle\mid\mathfrak{M}\models\beta[u]\}\quad\text{und}\quad (R_a)^*\subset R_{a^*}.$$

Beweis:

Wir zeigen zuerst, daß aus $uR_{(a;b)}w$ die Existenz eines Punktes v mit uR_av und vR_bw folgt. Daraus ergibt sich dann $R_{(a;b)}\subset R_b\circ R_a$.

Es genügt zu zeigen, daß die Menge $\Sigma:=\{\beta|\,[a]\beta\in u\}\cup\{\langle b\rangle\gamma|\,\gamma\in w\}$ S-widerspruchsfrei ist. Denn dann existiert eine maximale S-widerspruchsfreie Menge v, d.h. v∈W, mit $\Sigma\subset v$. Die Inklusion $\{\beta|\,[a]\beta\in u\}\subset v$ ist nach Definition von R_a im kanonischen Modell zu uR_av äquivalent. Aus $\{\langle b\rangle\gamma|\,\gamma\in w\}\subset v$, d.h. für alle γ:$(\gamma\in w\Rightarrow\neg[b]\neg\gamma\in v)$, folgt durch Kontraposition unter Ausnutzung der Maximalität von v und w, daß für alle γ:$([b]\neg\gamma\in v\Rightarrow\neg\gamma\in w)$ gilt. Indem man hierin γ durch $\neg\gamma$ ersetzt, erhält man, da v und w unter K-Folgerungen abgeschlossen sind, die Implikation $([b]\gamma\in v\Rightarrow\gamma\in w)$ für jede Formel γ. Das bedeutet aber gerade, daß vR_bw wahr ist. – Es genügt also zu zeigen, daß gilt: (Σ S-widerspruchsvoll $\Rightarrow u\not R_{(a;b)}w$).

Ist Σ S-widerspruchsvoll, so gibt es Formeln $[a]\beta_1,\ldots,[a]\beta_s\in u$ und $\gamma_1,\ldots,\gamma_t\in w$ mit $\vdash_S\beta_1\wedge\ldots\wedge\beta_s\wedge\langle b\rangle\gamma_1\wedge\ldots\wedge\langle b\rangle\gamma_t\to\bot$. Mittels Aussagenlogik folgt $\vdash_S\beta_1\wedge\ldots\wedge\beta_s\to([b]\neg\gamma_1\vee\ldots\vee[b]\neg\gamma_t)$. Da in normalen Logiken $\Box\gamma\vee\Box\delta\to\Box(\gamma\vee\delta)$

beweisbar ist, erhält man $\vdash_S \beta_1 \wedge \ldots \wedge \beta_s \rightarrow [b](\neg\gamma_1 \vee \ldots \vee \neg\gamma_t)$, woraus sich durch [a]-Necessitation und [a]-Distribution ergibt:

$$\vdash_S [a]\beta_1 \wedge \ldots \wedge [a]\beta_s \rightarrow [a][b](\neg\gamma_1 \vee \ldots \vee \neg\gamma_t).$$

Mit Hilfe des Schemas (CO) folgt: $\vdash_S [a]\beta_1 \wedge \ldots \wedge [a]\beta_s \rightarrow [a;b](\neg\gamma_1 \vee \ldots \vee \neg\gamma_t)$. Da $[a]\beta_1, \ldots, [a]\beta_s \in u$ gilt, erhält man $[a;b](\neg\gamma_1 \vee \ldots \vee \neg\gamma_t) \in u$. Wäre jetzt $uR_{(a;b)}w$ wahr, so wäre nach Definition von $R_{(a;b)}$ auch $(\neg\gamma_1 \vee \ldots \vee \neg\gamma_t) \in w$. Das widerspräche aber $\gamma_1, \ldots, \gamma_t \in w$. — Damit ist $R_{(a;b)} \subset R_b \circ R_a$ gezeigt.

Die umgekehrte Inklusion ergibt sich so: Es gelte $uR_a v$ und $vR_b w$. Aus $[a][b]\gamma \in u$ folgt dann $[b]\gamma \in v$ und $\gamma \in w$. Aufgrund des Axiomenschemas (CO) gilt $([a][b]\gamma \in u \Leftrightarrow [a;b]\gamma \in u)$. Somit ergibt sich für alle γ aus $[a;b]\gamma \in u$ auch $\gamma \in w$, d.h. aber gerade $uR_{(a;b)}w$. Damit gilt im kanonischen Modell: $R_{(a;b)} = R_b \circ R_a$.

Als nächstes zeigen wir, daß $R_{(a \cup b)} = R_a \cup R_b$ gilt:

Aus $[a \cup b]\beta \in u$ folgt mit (UN) auch $[a]\beta \in u$. Gilt jetzt $uR_a v$, so ergibt sich $([a \cup b]\beta \in u \Rightarrow \beta \in u)$ für alle β, d.h. $uR_{(a \cup b)}v$. Also ist $R_a \subset R_{(a \cup b)}$. Analog folgt $R_b \subset R_{(a \cup b)}$ und damit $R_a \cup R_b \subset R_{(a \cup b)}$. Andererseits ergibt sich aus $\{\gamma \mid [a]\gamma \in u\} \not\subset v$ und $\{\delta \mid [b]\delta \in u\} \not\subset v$ die Existenz zweier Formeln γ und δ mit $[a]\gamma \in u$, $\gamma \notin v$, $[b]\delta \in u$ und $\delta \notin v$. Daraus erhält man $([a](\gamma \vee \delta) \wedge [b](\gamma \vee \delta)) \in u$ und $(\gamma \vee \delta) \notin v$. Mittels (UN) folgt $[a \cup b](\gamma \vee \delta) \in u$ und $(\gamma \vee \delta) \notin v$. Daher gilt für alle u,v: $(\langle u,v\rangle \notin R_a \cup R_b \Rightarrow \langle u,v\rangle \notin R_{(a \cup b)})$, d.h. $R_{(a \cup b)} \subset R_a \cup R_b$. Insgesamt erhält man, wie behauptet, $R_{(a \cup b)} = R_a \cup R_b$.

Wir kommen nun zu den Programmformen, die die Gestalt eines Tests haben. Es ist $R_{\beta?} = \{\langle u,u\rangle \mid \mathfrak{M} \models \beta[u]\}$ zu zeigen. Für das kanonische Modell $\mathfrak{M}$ ist aber $\mathfrak{M} \models \beta[u]$ zu $\beta \in u$ äquivalent. Also ist nachzuweisen, daß $R_{\beta?} = \{\langle u,u\rangle \mid \beta \in u\}$ gilt. — Sei zuerst $\beta \in u$. Ist dann eine Formel $[\beta?]\gamma \in u$, so folgt mit (TS), daß auch $(\beta \rightarrow \gamma) \in u$ ist. Mit $\beta \in u$ ergibt sich daraus $\gamma \in u$. Also gilt $\{\gamma \mid [\beta?]\gamma \in u\} \subset u$, d.h. $uR_{\beta?}u$. — Gilt andererseits $uR_{\beta?}v$, so ergibt sich mit (TS), daß $\{\gamma \mid (\beta \rightarrow \gamma) \in u\} \subset v$ ist. Wäre jetzt $\beta \notin u$, so hätte man $\neg\beta \in u$, woraus sich mit der Tautologie $\neg p \rightarrow (p \rightarrow q)$ ergäbe, daß alle Formeln in v wären, was der Widerspruchsfreiheit von v widerspräche. Also ist $\beta \in u$. Aus der Maximalität von u folgt dann $u = \{\gamma \mid (\beta \rightarrow \gamma) \in u\}$. Damit gilt $u \subset v$, woraus sich sofort $u = v$ ergibt (da u, v maximal widerspruchsfrei sind). Somit impliziert $uR_{\beta?}v$ die Aussagen $u = v$ und $\beta \in u$. Damit ist die Behauptung auch im Falle von $\beta?$ gezeigt.

Schließlich bleibt noch $(R_a)^* \subset R_{a*}$ nachzuweisen. Dazu wiederum genügt es zu zeigen, daß gilt:

$$\{\langle u,u\rangle \mid u \in W\} \subset R_{a*} \text{ und für alle } u,v,w\text{: } (uR_a v \text{ und } vR_{a*}w \Rightarrow uR_{a*}w).$$

Da aufgrund von (MX) aus $[a^*]\beta \in u$ auch $\beta \in u$ folgt, ist die erste Behauptung richtig. – Gilt jetzt uR_av und $vR_{a*}w$, so folgt aus $[a^*]\beta\in u$ aufgrund von (MX) auch $[a][a^*]\beta\in u$. Aus uR_av folgt dann $[a^*]\beta\in v$, woraus mit $vR_{a*}w$ auch $\beta\in w$ folgt. Da dies für alle β gilt, erhält man $uR_{a*}w$. Damit ist auch die zweite Behauptung gezeigt und das Lemma bewiesen.

Ω

Wir bemerken noch, daß für jede Programmvariable e und jede Aussagenvariable q folgende Formelmenge S-widerspruchsfrei ist:

$$\{\neg\langle e^k\rangle q \mid k\in\mathbb{N}\}\cup\{\langle e^*\rangle q\}.$$

Daraus folgt, wie man sich leicht überlegt, daß im kanonischen Modell für S gilt: $(R_e)^*\neq R_{e*}$. Das kanonische Modell für S ist somit kein Standardmodell der dynamischen Aussagenlogik.

Um zu einem Standardmodell zu gelangen, in dem α nicht gilt, filtrieren wir das kanonische Modell für S nach einer Formelmenge Δ, die α enthält und außerdem die sogenannten *Fischer-Ladner-Bedingungen* erfüllt:

Ist γ Subformel eines Elementes von Δ, so ist $\gamma\in\Delta$;

$[\beta?]\gamma\in\Delta \quad\Rightarrow\quad \beta\in\Delta$;

$[a;b]\gamma\in\Delta \quad\Rightarrow\quad [a][b]\gamma\in\Delta$;

$[a\cup b]\gamma\in\Delta \quad\Rightarrow\quad [a]\gamma, [b]\gamma\in\Delta$;

$[a^*]\gamma\in\Delta \quad\Rightarrow\quad [a][a^*]\gamma\in\Delta$.

Wesentlich für das weitere ist die Aussage, daß die kleinste solche Menge, also der Durchschnitt über alle Mengen Δ, die den obigen Bedingungen genügen, endlich ist. Den Beweis dieses Lemmas, das von Fischer und Ladner stammt (s. [17]), stellen wir zurück.

Sei also Δ eine endliche Formelmenge, die die Fischer-Ladner-Bedingungen erfüllt. Sei $\overline{\mathfrak{M}}=\langle\overline{W},\langle\overline{R}_a\mid a\in PF\rangle,\overline{h}\rangle$ ein Δ-Filtrat des kanonischen Modells $\mathfrak{M}$ für S=DAL. Das Modell $\overline{\mathfrak{M}}$ schränken wir auf die Programmvariablen ein, d.h. wir betrachten $\overline{\mathfrak{M}}_E:=\langle\overline{W},\langle\overline{R}_a\mid a\in E\rangle,\overline{h}\rangle$. Dieses $\overline{\mathfrak{M}}_E$ wird dann zu einem neuen multimodalen Modell $\overline{\mathfrak{N}}:=\langle\overline{W},\langle\overline{R}'_a\mid a\in PF\rangle,\overline{h}\rangle$ erweitert, indem man rekursiv fordert:

$\overline{R}'_e=\overline{R}_e$ für $e\in E$, $\overline{R}'_{(a;b)}=\overline{R}'_b\circ\overline{R}'_a$, $\overline{R}'_{(a\cup b)}=\overline{R}'_a\cup\overline{R}'_b$, $\overline{R}'_{a*}=(\overline{R}'_a)^*$ und $\overline{R}'_{\beta?}=\{\langle\overline{u},\overline{u}\rangle\mid\mathfrak{M}\models\beta[u]\}$ für $a,b,\beta?\in PF$.

In $\overline{\mathfrak{N}}$ sind für $(a;b)$, $(a\cup b)$ und a^* die Standardbedingungen nach Definition erfüllt. Nur für Tests $\beta?$ sind sie eventuell noch verletzt.

Es sei $P(\Delta)$ die kleinste Menge von Programmformen, die alle Programmvariablen und alle Tests, die in Elementen von Δ vorkommen, enthält und in der mit a,b auch jeweils $(a;b)$, $(a\cup b)$ und a^* vorkommen. – Man zeigt für beliebige Modelle $\langle W,\langle R_a\mid a\in PF\rangle,h\rangle$, daß für alle $\delta\in\Delta$ und $u\in W$ gilt:

$$\langle W,\langle R_a\mid a\in PF\rangle,h\rangle\models\delta[u] \quad\Leftrightarrow\quad \langle W,\langle R_a\mid a\in P(\Delta)\rangle,h\rangle\models\delta[u].$$

Da die Formel α im kanonischen Modell $\mathfrak{M}$ nach Voraussetzung im Punkte u_0 falsch und $\alpha\in\Delta$ ist, folgt, daß α auch in $\mathfrak{M}_\Delta:=\langle W,\langle R_a \mid a\in P(\Delta)\rangle,h\rangle$ in u_0 falsch ist.

Wir werden jetzt mit einiger Mühe zeigen, daß $\overline{\mathfrak{N}}_\Delta:=\langle\overline{W},\langle\overline{R}'_a \mid a\in P(\Delta)\rangle,\overline{h}\rangle$ ein Δ-Filtrat von $\mathfrak{M}_\Delta$ ist. Dann folgt aber mit Hilfe der Aussage (4.4) über Filtrate, daß für alle $\delta\in\Delta$ und alle $u\in W$ gilt:

$$\mathfrak{M}_\Delta\models\delta[u] \quad\Leftrightarrow\quad \overline{\mathfrak{N}}_\Delta\models\delta[\overline{u}].$$

Daraus folgt einerseits, daß in $\overline{\mathfrak{N}}_\Delta$ auch $\overline{R}'_{\beta?}$ für $\beta?\in P(\Delta)$ in Standardform ist. — Andererseits folgt wegen $\mathfrak{M}_\Delta\not\models\alpha[u_0]$ und $\alpha\in\Delta$ auch $\overline{\mathfrak{N}}_\Delta\not\models\alpha[\overline{u}_0]$. Aus diesen beiden Fakten ergibt sich dann, daß α in dem Standardmodell, das auf der Struktur $\overline{\mathfrak{M}}_E=\langle\overline{W},\langle\overline{R}_e \mid e\in E\rangle,\overline{h}\rangle$ basiert, falsch ist.

Der Vollständigkeitssatz ist also bewiesen, wenn gezeigt ist, daß es eine endliche Formelmenge Δ gibt, die α enthält und die Fischer-Ladner-Bedingungen erfüllt, und daß $\overline{\mathfrak{N}}_\Delta$ ein Δ-Filtrat von $\mathfrak{M}_\Delta$ ist. Wir zeigen zuerst die zweite Behauptung.

(4.6) **Lemma:** Ist Δ eine endliche Formelmenge mit den Fischer-Ladner-Eigenschaften, so ist $\overline{\mathfrak{N}}_\Delta$ ein Δ-Filtrat von $\mathfrak{M}_\Delta$.

Beweis:

Aufgrund der Tatsache, daß $\overline{\mathfrak{M}}$ ein Δ-Filtrat von $\mathfrak{M}$ ist, gilt $h(q,u)=\overline{h}(q,\overline{u})$ für alle Aussagenvariablen q in Δ und alle $u\in W$. Damit ist die dritte Filtrat-Bedingung in unserem Falle erfüllt. Die Bedingung (1) ist trivialerweise gegeben. Es sind also noch die Filtrat-Bedingungen (2)(i) und (ii) von S. 97 nachzuweisen.

Zu zeigen ist also, daß für alle $a\in P(\Delta)$, $[a]\gamma\in\Delta$ und alle $u,v\in W$ gilt:

(i) $uR_av \;\Rightarrow\; \overline{u}\overline{R}'_a\overline{v}$.

(ii) $\overline{u}\overline{R}'_a\overline{v}$ und $\mathfrak{M}_\Delta\models[a]\gamma[u] \;\Rightarrow\; \mathfrak{M}_\Delta\models\gamma[v]$.

Da $\overline{\mathfrak{M}}$ ein Δ-Filtrat von $\mathfrak{M}$ und $\overline{R}'_e=\overline{R}_e$ ist, sind die Bedingungen (i) und (ii) für Programmvariablen e richtig. Wir schließen induktiv weiter. Dabei wird wesentlich Lemma (4.5) benutzt. — Seien also die Behauptungen (i) und (ii) für a und b schon richtig:

Aus $uR_{(a;b)}v$ folgt mit (4.3) die Existenz eines $w\in W$ mit uR_aw und wR_bv. Nach Induktionsvoraussetzung gilt dann $\overline{u}\overline{R}'_a\overline{w}$ und $\overline{w}\overline{R}'_b\overline{v}$, woraus mit der Standardbedingung $\overline{u}\overline{R}'_{(a;b)}\overline{v}$ folgt. Damit ist (i) auch für (a;b) gezeigt. Aus $\overline{u}\overline{R}'_{(a;b)}\overline{v}$ folgt wiederum mit der Standardbedingung, daß es ein w gibt mit $\overline{u}\overline{R}'_a\overline{w}$ und $\overline{w}\overline{R}'_b\overline{v}$. Gilt jetzt $\mathfrak{M}_\Delta\models[a;b]\gamma[u]$, so ergibt sich mit Hilfe des Axioms (CO) auch $\mathfrak{M}_\Delta\models[a][b]\gamma[u]$. Da Δ die Fischer-Ladner-Bedingungen erfüllt, ist auch $[a][b]\gamma$ in Δ und die Induktionsvoraussetzung (ii) wird für a und b anwendbar. Es folgt, daß $[b]\gamma$ in w und damit γ im Punkte v wahr wird. Also ist (ii) auch in diesem Fall gezeigt.

Den Fall $(a \cup b)$ kann man ähnlich behandeln.

Wir kommen jetzt zum Test: Aus $uR_{\beta?}v$ und $\beta? \in P(\Delta)$ erhält man aufgrund von (4.5), daß $u=v$ und $\mathfrak{M}_\Delta \models \beta[u]$ gilt. Nach Definition hat dies $\bar{u}\bar{R}'_{\beta?}\bar{v}$ zur Folge. – Aus $\bar{u}\bar{R}'_{\beta?}\bar{v}$ folgt $\bar{u}=\bar{v}$ und $\mathfrak{M}_\Delta \models \beta[u]$. Gilt jetzt $\mathfrak{M}_\Delta \models [\beta?]\gamma[u]$, so ergibt das Axiom (TS), daß $\mathfrak{M}_\Delta \models (\beta \to \gamma)[u]$ und damit $\mathfrak{M}_\Delta \models \gamma[u]$ wahr ist. Da mit $[\beta?]\gamma$ auch γ zu Δ gehört und $\bar{u}=\bar{v}$ gilt, folgt, wie gewünscht, $\mathfrak{M}_\Delta \models \gamma[v]$. Die Bedingungen (i) und (ii) sind damit auch im Falle eines Tests erfüllt.

Schließlich ist noch der a^*-Fall zu behandeln. Bedingung (i) bedeutet jetzt, daß aus $uR_{a*}v$ auch $\bar{u}(\bar{R}'_a)^*\bar{v}$ folgt. Wir halten u fest und betrachten die endliche Menge $X_u := \{\bar{v} \mid \bar{u}(\bar{R}'_a)^*\bar{v}\} \subset \bar{W}$. Da jedes $\bar{v} \in \bar{W}$ gerade aus denjenigen Elementen von W besteht, die nicht durch Formeln aus Δ von v in $\mathfrak{M}$ unterscheidbar sind, und $\mathfrak{M}$ ein kanonisches Modell ist, gibt es zu jedem $\bar{v} \in \bar{W}$ eine Formel $\rho_{\bar{v}}$, so daß für alle $t \in W$ gilt:

$$\rho_{\bar{v}} \in t \Leftrightarrow \bar{t} = \bar{v}.$$

Eine solche Formel ist gegeben durch:

$$\rho_{\bar{v}} := \bigwedge(\{\delta \mid \delta \in \Delta \text{ und } \mathfrak{M} \models \delta[v]\} \cup \{\neg\delta \mid \delta \in \Delta \text{ und } \mathfrak{M} \models \neg\delta[v]\}).$$

Indem man die Disjunktion über die endliche Menge $\{\rho_{\bar{v}} \mid \bar{v} \in X_u\}$ bildet, erhält man eine Formel ρ derart, daß für alle $v \in W$ gilt:

$$(\rho \in v \Leftrightarrow \bar{v} \in X_u).$$

Wir behaupten jetzt, daß $[a^*](\rho \to [a]\rho) \in u$ gilt. – Ist dies gezeigt, so folgt aus dem Axiom (ID), daß auch $(\rho \to [a^*]\rho) \in u$ gilt. Da aber $\bar{u} \in X_u$ ist, folgt $\rho \in u$ – und somit auch $[a^*]\rho \in u$. Die Voraussetzung $uR_{a*}v$ impliziert dann $\rho \in v$. Das aber bedeutet $\bar{v} \in X_u$ und damit $\bar{u}(\bar{R}'_a)^*\bar{v}$.

Die Filtrat-Eigenschaft (i) ist also nachgewiesen, wenn $[a^*](\rho \to [a]\rho) \in u$ gezeigt ist. – Da $\mathfrak{M}$ kanonisch ist, folgt für alle $v \in W$:

$$\mathfrak{M} \models \rho[v] \Leftrightarrow \rho \in v \Leftrightarrow \bar{v} \in X_u.$$

Nach Induktionsvoraussetzung gilt: $(vR_aw \Rightarrow \bar{v}\bar{R}'_a\bar{w})$. Aus $\bar{v} \in X_u$ und $\bar{v}\bar{R}'_a\bar{w}$ erhält man $\bar{w} \in X_u$, woraus wiederum $\rho \in w$ und damit $\mathfrak{M} \models \rho[w]$ folgt. Somit hat man:

$$\mathfrak{M} \models \rho[v] \Rightarrow \text{für jedes } w \text{ mit } vR_aw\text{: } \mathfrak{M} \models \rho[w].$$

In $\mathfrak{M}$ gilt daher die Formel $(\rho \to [a]\rho)$. Also gilt in $\mathfrak{M}$ auch $[a^*](\rho \to [a]\rho)$. Diese Formel gilt dann speziell im Punkte u, woraus $[a^*](\rho \to [a]\rho) \in u$ folgt. – Damit ist die Filtrat-Eigenschaft (i) im a^*-Falle gezeigt.

Die Filtrat-Eigenschaft (ii) ist zu

$$\bar{u}(\bar{R}'_a)^*\bar{v} \Rightarrow \{\beta \mid [a^*]\beta \in u \cap \Delta\} \subset v$$

äquivalent, da ja $\mathfrak{M}$ kanonisch ist. Aufgrund des Axioms (MX) reicht es,

$$\overline{u}(\overline{R}'_a)^*\overline{v} \quad \Rightarrow \quad \Gamma_u := \{[a^*]\beta \mid [a^*]\beta \in u \cap \Delta\} \subset v$$

nachzuweisen. Da trivialerweise $\Gamma_u \subset u$ ist, genügt es zu zeigen, daß

$$\overline{u}\overline{R}'_a\overline{v} \text{ und } \Gamma_u \subset v \text{ und } \overline{v}\overline{R}'_a\overline{w} \quad \Rightarrow \quad \Gamma_u \subset w$$

gilt, da man die Behauptung dann induktiv erhält.

Mit Hilfe des Axioms (MX), des Faktums, daß $[a^*]\beta \in \Delta$ auch $[a][a^*]\beta \in \Delta$ impliziert, und der Voraussetzung, daß $\overline{R}'_a$ Filtrat von R_a ist, ergibt sich die noch ausstehende Behauptung wie folgt:

$$[a^*]\beta \in u \cap \Delta \Rightarrow [a^*]\beta \in v \cap \Delta \underset{(MX)+(Fak.)}{\Rightarrow} [a][a^*]\beta \in v \cap \Delta \underset{(Vor.)}{\Rightarrow} [a^*]\beta \in w.$$

Damit ist Lemma (4.6) bewiesen.

Ω

Um den Beweis des Vollständigkeitssatzes zu vollenden, ist nur noch zu zeigen, daß die kleinste Menge, die eine vorgegebene Formel α enthält und die Fischer-Ladner-Bedingungen erfüllt, endlich ist.

Wir definieren in der Menge aller Formeln der dynamischen Logik eine Funktion V, die einer Formel τ eine endliche Menge $V(\tau)$ von "Vorgänger-Formeln" zuordnet, durch die Bedingungen:

Ist $\tau=[\beta?]\gamma$, so ist $V(\tau)=\{\sigma \mid \sigma$ ist Teilformel von $\beta\}$.

Ist $\tau=[a;b]\gamma$, so ist $V(\tau)=\{[a][b]\gamma, [b]\gamma\}$.

Ist $\tau=[a\cup b]\gamma$, so ist $V(\tau)=\{[a]\gamma, [b]\gamma\}$.

Ist $\tau=[a^*]\gamma$, so ist $V(\tau)=\{[a][a^*]\gamma\}$.

Ist τ nicht von der Gestalt $[\beta?]\gamma$, $[a;b]\gamma$, $[a\cup b]\gamma$ oder $[a^*]\gamma$, so ist $V(\tau)=\emptyset$.

Gilt $\delta \in V(\tau)$, so sagen wir, daß δ ein Vorgänger von τ ist. Nur Formeln, die mit einem Notwendigkeits-Operator beginnen, haben Vorgänger.

Als wichtig erweist sich die Beobachtung, daß aus $[a]\beta \in V([b]\delta)$ folgt, daß b keine Programmvariable ist und daß a weniger Symbole des Alphabets enthält als b. Aus diesem Faktum ergibt sich, daß es keine unendlich absteigenden Vorgänger-Ketten gibt. Denn jede Vorgänger-Kette endet nach endlichem Abbau der Programmformen entweder mit einer Formel der Gestalt $[e]\gamma$, wobei e eine Programmvariable ist, oder mit einer Formel, der kein Notwendigkeits-Operator vorangeht. — Mit "$\leq$" bezeichnen wir den reflexiven und transitiven Abschluß dieser Vorgänger-Relation.

Wir behaupten jetzt, daß für jede Formel γ die Menge $\{\delta \mid \delta \leq \gamma\}$ endlich ist. Dies ergibt sich wie folgt:

Wäre für ein γ die Menge $\{\delta \mid \delta \leq \gamma\}$ unendlich, so wäre auch für mindestens eine Formel γ_1 aus der endlichen Menge $V(\gamma)$ die Menge $\{\delta \mid \delta \leq \gamma_1\}$

unendlich. Zu solch einem γ_1 gäbe es wiederum ein $\gamma_2 \in V(\gamma_1)$, so daß $\{\delta | \delta \le \gamma_2\}$ unendlich wäre, usw. Genauer könnte man induktiv definieren:

$\gamma_0 = \gamma$

γ_{k+1} = die kleinste Formel δ_1 (hinsichtlich einer fest gewählten lexikographischen Ordnung der Formeln) in $V(\gamma_k)$, so daß $\{\delta | \delta \le \delta_1\}$ unendlich ist.

Dann wäre jedoch $\gamma_0 > \gamma_1 > \gamma_2 > \ldots$ eine unendlich absteigende Vorgänger-Kette, was der obigen Beobachtung widerspräche.

Also ist für jedes γ die Menge $\{\delta | \delta \le \gamma\}$ endlich. — Mustert man jetzt die Fälle der Vorgänger-Definition durch, so ergibt sich leicht induktiv, daß für jede unter Teilformelbildung abgeschlossene Menge Γ und jedes $\gamma \in \Gamma$ auch die Menge $\Gamma \cup \{\delta | \delta \le \gamma\}$ unter Teilformelbildung abgeschlossen ist.

Eine endliche Fischer-Ladner-Menge Δ, die eine vorgegebene Formel α enthält, ergibt sich jetzt, indem man zu sub(α), der Menge aller Teilformeln von α, für alle $\gamma \in$ sub(α) die Mengen $\{\delta | \delta \le \gamma\}$ hinzunimmt:

$\Delta := \mathrm{sub}(\alpha) \cup \{\delta \mid \text{es gibt ein } \gamma \in \mathrm{sub}(\alpha) \text{ mit } \delta \le \gamma\}$.

Damit ist der Vollständigkeitssatz für die dynamische Aussagenlogik bewiesen:

(4.5) **Theorem:** Für alle Formeln α der dynamischen Aussagenlogik gilt:
$\vdash_{DAL} \alpha \Leftrightarrow \alpha$ ist in allen Standardmodellen wahr.

Das System DAL hat, wie wir mit gezeigt haben, die endliche Modelleigenschaft. Daraus folgt wie in Paragraph 3 die Entscheidbarkeit.

Betrachtet man nicht nur die in Standardmodellen allgemeingültigen Formeln, sondern auch Folgerungen aus unendlichen Prämissenmengen, indem man setzt:

$$\Sigma \models \alpha \;:\Leftrightarrow \begin{cases} \text{für jedes Standardmodell } \mathfrak{M} \text{ und alle Punkte } u \text{ von } \mathfrak{M} \text{ gilt:} \\ (\text{für alle } \sigma \in \Sigma: \mathfrak{M} \models \sigma[u]) \Rightarrow \mathfrak{M} \models \alpha[u], \end{cases}$$

so stellt man fest, daß dieser Folgerungsbegriff nicht mehr kompakt ist. Denn es gilt $\{p, [e]p, [e][e]p, [e][e][e]p, \ldots\} \models [e^*]p$, aber es gibt, wie man sich leicht überlegt, keine endliche Teilmenge der Prämissenmenge, aus der $[e^*]p$ folgt.

Die dynamische Logik ist von Pratt [48] eingeführt worden. Fischer und Ladner [17] haben die Entscheidbarkeit der in allen Standardmodellen gültigen Formeln gezeigt. Der Vollständigkeitssatz ist von Parikh, Gabbay und Segerberg bewiesen worden (s. Bemerkungen in [25] S. 193-194).

§ 5 Grundbegriffe der Prädikatenlogik

In diesem Paragraphen sollen Aussagen, die junktorenlogisch unzerlegbar sind, näher analysiert werden. Dabei stellen wir uns vor, daß die elementarsten Aussagen das Zutreffen einer Eigenschaft E auf ein Individuum a_0 beziehungsweise auf ein n-Tupel $\langle a_0,\ldots,a_{n-1}\rangle$ von Individuen behaupten. Diese elementaren Aussagen lassen sich durch Junktoren zu komplexeren Aussagen verbinden. In natürlicher Weise treten neben diesen aussagenlogischen Verknüpfungen auch All- und Existenzquantifikationen auf. Faßt man z.B. eine nichtleere Menge A von Individuen ins Auge, so sind oft Aussagen der Gestalt "Alle Elemente von A haben die Eigenschaft E" oder "Es gibt ein Element von A, das die Eigenschaft E hat" von Bedeutung.

Eigenschaften von Elementen von A identifizieren wir im folgenden mit der Menge der Elemente von A, die die Eigenschaft haben. Denn ist **E** eine Eigenschaft und A eine Menge, so gilt, falls $E_A:=\{x\in A|\mathbf{E}(x)\}$ ist, für alle $a\in A$ die Aussage:

$$a\in E_A \Leftrightarrow \mathbf{E}(a).$$

Allgemeiner wird eine Eigenschaft von n-Tupeln von Elementen von A identifiziert mit einer Teilmenge des n-fachen kartesischen Produktes von A. Ist nämlich $R_A:=\{\langle x_0,\ldots,x_{n-1}\rangle\in A^n|\mathbf{E}(\langle x_0,\ldots,x_{n-1}\rangle)\}$, so gilt für alle $a_0,\ldots,a_{n-1}\in A$:

$$\langle a_0,\ldots,a_{n-1}\rangle\in R_A \Leftrightarrow \mathbf{E}(\langle a_0,\ldots,a_{n-1}\rangle).$$

Eine Teilmenge R von A^n, wobei $n\in\mathbb{N}$ positiv ist, bezeichnet man auch als *n-stellige Relation in* A. Einstellige Relationen in A, d.h. Teilmengen von A, werden einfach auch *Eigenschaften in* A genannt. Anstelle von $a\in E$ schreibt man auch suggestiver $E(a)$ und für $\langle a_0,\ldots,a_{n-1}\rangle\in R$ auch $R(a_0,\ldots,a_{n-1})$.

Im folgenden stellen wir uns vor, daß eine nichtleere Menge A und gewisse Relationen in A gegeben sind. Außerdem können gewisse Elemente von A einen festen Namen haben. Passend zu dieser Ausgangssituation wird eine formale Sprache eingeführt. Zu jeder gegebenen Relation wählt man ein Relationszeichen der gleichen Stellenzahl, und für jedes durch einen festen Namen bezeichnete Element wird ein eigenes Zeichen, eine Konstante, hinzugenommen. Neben diesen Zeichen und den Zeichen für aussagenlogische Junktoren kommen noch Individuenvariablen $v_0,v_1,v_2,v_3,\ldots$ und die Zeichen $\forall$ und $\exists$ für "für alle..." und "es gibt..." hinzu.

Ist z.B. die Menge $\mathbb{N}$ aller natürlichen Zahlen und die (2-stellige) Teilbarkeitsrelation in $\mathbb{N}$ gegeben, so läßt sich die Aussage, daß es zu jeder natürlichen Zahl eine natürliche Zahl gibt, die durch die zuerst genannte teilbar ist, durch folgende Zeichenreihe formalisieren:

$\forall v_0 \exists v_1 T(v_0, v_1)$,

"lies: Für alle v_0 gibt es ein v_1 mit T von v_0 Komma v_1".

Dabei steht $T(v_0,v_1)$ formal für "v_0 teilt v_1". Die Variablen v_0 und v_1 markieren dabei die Komponenten der Relation, über die die All- bzw. Existenz-Quantifikation läuft. Die spezielle Gestalt der Variablen ist dabei unwesentlich, sofern nur klar ist, auf welche Komponenten sich die Quantifikationen beziehen. Die Formel $\forall v_6 \exists v_3 T(v_6,v_3)$ formalisiert daher den obigen Sachverhalt genau so gut wie die vorher angegebene Formel. Die Wahl der Variablen ist natürlich nicht vollkommen beliebig, da es meist von Bedeutung ist, die einzelnen Komponenten auseinanderzuhalten. So drückt z.B. die Formel $\forall v_0 \exists v_0 T(v_0,v_0)$ etwas ganz anderes aus, da über die beiden Komponenten von T nicht mehr unabhängig geredet wird.

Zieht man in den natürlichen Zahlen neben der Teilbarkeitsrelation auch die Kleiner-Relation in Betracht, so läßt sich die Aussage, daß jede natürliche Zahl durch 1 teilbar und keine durch eine größere Zahl teilbar ist, durch folgende Zeichenreihe formalisieren, wobei $K(v_0,v_1)$ für "v_0 ist kleiner als v_1" und c für die Eins steht:

$\forall v_0 T(c,v_0) \wedge \forall v_0 \forall v_1 (K(v_0,v_1) \rightarrow \neg T(v_1,v_0))$

"Für alle v_0: (c teilt v_0), und für alle v_0, für alle v_1: (Wenn v_0 kleiner als v_1 ist, so teilt v_1 nicht v_0)".

Da die Identitätsrelation oft benötigt wird, empfiehlt sich der Gebrauch eines speziellen Zeichens. Wir wählen das Zeichen $\doteq$ und deuten es später immer als die Identitätsrelation $id_A := \{\langle x,x\rangle \mid x \in A\}$ in der Individuenmenge A.

Im Falle zweistelliger Relationszeichen T schreibt man auch oft $v_0 T v_1$ für $T(v_0,v_1)$. Insbesondere schreiben wir immer $v_0 \doteq v_1$ anstelle von $\doteq(v_0,v_1)$.

Ebenso wie die Identität spielen auch oft Funktionen eine ausgezeichnete Rolle. Jede Funktion ist natürlich auch eine Relation. Trotzdem empfiehlt es sich später (aus Übersichtlichkeitsgründen), Funktionen separat zu behandeln. — Nach diesen Vorbemerkungen sollen die formalen Sprachen jetzt genau definiert werden.

Das Alphabet aller hier betrachteten Sprachen enthält zunächst einmal die Symbole: v, ', $\top$, $\bot$, $\neg$, $\wedge$, $\vee$, $\rightarrow$, $\leftrightarrow$, $\forall$, $\exists$, $\doteq$, (,), ,.

Wir schreiben: $v_0 := v$ und $v_{k+1} := {}'v_k$. Es ist also z.B. $v_3 = {}'''v$.

Das Zeichen "$\forall$" wird *Allzeichen*, das Zeichen "$\exists$" *Existenzzeichen* und das Zeichen "$\doteq$" *Identitätszeichen* genannt. Die Zeichenreihen "v_k" werden *Individuenvariablen* (oder einfach *Variablen*) genannt. Die Menge aller Variablen bezeichnen wir mit Var, d.h. $Var:=\{v_k | k\in\mathbb{N}\}$. Die Buchstaben x,y,z (evtl. indiziert) deuten im folgenden immer Variablen an.

Zu diesen Grundzeichen kommen gegebenenfalls Relationszeichen und Konstanten hinzu. Da man einem Relationszeichen nicht unmittelbar ansehen kann, als wievielstelliges Zeichen es verwendet werden soll, wird diese Information in einer Stellenzahlfunktion kodiert. Diese Funktion ordnet jedem in Frage kommenden Relationszeichen eine positive natürliche Zahl zu. Um Schwierigkeiten zu entgehen, nehmen wir im folgenden immer an, daß alle Zeichen des Alphabets untereinander verschieden und mengentheoretisch unzerlegbar — und somit Urelemente im Sinne der Mengentheorie sind.

Unter einem *Sprachtyp* $\mathfrak{L}$ verstehen wir ein Tripel $\mathfrak{L}=\langle\mathfrak{R},\mathfrak{K},s\rangle$ bestehend aus zwei disjunkten Mengen $\mathfrak{R}$, $\mathfrak{K}$ und einer Funktion s, die jedem Element von $\mathfrak{R}$ eine positive natürliche Zahl zuordnet. Dabei ist $\mathfrak{R}$ die *Menge der Relationszeichen*, $\mathfrak{K}$ die *Menge der Konstanten* und s die *Stellenzahlfunktion von* $\mathfrak{L}$. Ein Element $Q\in\mathfrak{R}$ mit $s(Q)=n$ heißt *n-stelliges Relationszeichen* (*von* $\mathfrak{L}$); ein Element $c\in\mathfrak{K}$ ist eine *Konstante* (*von* $\mathfrak{L}$).

Da jedem Sprachtyp $\mathfrak{L}$, wie wir sehen werden, eindeutig eine formale Sprache zugeordnet ist, sprechen wir salopp auch von der *Sprache* $\mathfrak{L}$.

Die Sprache $\mathfrak{L}_{id}=\langle\emptyset,\emptyset,\emptyset\rangle$, in der neben dem Identitätszeichen keine anderen Relationszeichen und überhaupt keine Konstanten auftreten, heißt *Sprache der (reinen) Identitätslogik*.

Die $\mathfrak{L}$-Terme und $\mathfrak{L}$-Formeln einer Sprache $\mathfrak{L}=\langle\mathfrak{R},\mathfrak{K},s\rangle$ werden rekursiv eingeführt.

Eine Zeichenreihe t (über dem um die Symbole aus $\mathfrak{R}\cup\mathfrak{K}$ erweiterten Grundalphabet) ist ein $\mathfrak{L}$-*Term* genau dann, wenn t eine Individuenvariable oder eine Konstante von $\mathfrak{L}$ ist. Mit $Tm_{\mathfrak{L}}$ bezeichen wir die Menge der $\mathfrak{L}$-Terme. Es gilt daher:

$$Tm_{\mathfrak{L}}=Var\cup\mathfrak{K}.$$

Die Zeichen $t,t_0,t_1,t_2,\ldots.$ deuten im folgenden Terme an.

$\mathfrak{L}$-*Formeln* werden durch das folgende Regelsystem eingeführt, das wir nicht explizit angeben, sondern nur umgangssprachlich beschreiben:

(PF_0) Sind t_1 und t_2 $\mathfrak{L}$-Terme, so ist die Zeichenreihe $t_1\doteq t_2$ eine $\mathfrak{L}$-Formel.

(PF_n) Ist Q ein n-stelliges Relationszeichen von $\mathfrak{L}$ und sind $t_1,\ldots,t_n$ $\mathfrak{L}$-Terme, so ist die Zeichenreihe $Q(t_1,\ldots,t_n)$ eine $\mathfrak{L}$-Formel.

Dabei durchläuft n alle natürlichen Zahlen, die im Wertebereich der Stellenzahlfunktion s von $\mathfrak{L}$ vorkommen.

(F_{AL}) Die Zeichenreihen $\top$ und $\bot$ sind $\mathfrak{L}$-Formeln. Sind schon α und β $\mathfrak{L}$-Formeln, so sind auch die Zeichenreihen $\neg\alpha$, $(\alpha\wedge\beta)$, $(\alpha\vee\beta)$, $(\alpha\rightarrow\beta)$ und $(\alpha\leftrightarrow\beta)$ $\mathfrak{L}$-Formeln.

(F_Q) Ist α eine $\mathfrak{L}$-Formel und x eine Individuenvariable, so sind die Zeichenreihen $\forall x\alpha$ und $\exists x\alpha$ $\mathfrak{L}$-Formeln.

Die Menge aller $\mathfrak{L}$-Formeln bezeichnen wir mit $Fm_{\mathfrak{L}}$. Die Formeln $\top$, $\bot$ und die nach (PF_0) und (PF_n) gebildeten Formeln werden *Primformeln* oder *atomare Formeln* genannt.

Formeln von $\mathfrak{L}_{id}=\langle\emptyset,\emptyset,\emptyset\rangle$ sind beispielsweise:

$v_1 \doteq v_3$, $\forall v_1\exists v_0\neg v_0\doteq v_1$ und $\forall v_0\forall v_1\forall v_2(v_0\doteq v_1\vee v_1\doteq v_2)$.

Ist $\mathfrak{L}=\langle\{Q\},\{c\},\{\langle Q,2\rangle\}\rangle$, so sind folgende Zeichenreihen $\mathfrak{L}$-Formeln:

$c\doteq c$, $\forall v_1 Q(c,v_1)$, $\forall v_0\exists v_1(\neg v_0\doteq c\rightarrow(Q(v_0,v_1)\wedge\neg c\doteq v_1))$.

Im folgenden deuten wir Formeln durch die kleinen griechischen Buchstaben α, β, γ, δ, ρ, σ und τ (evtl. indiziert) an.

Neben den Abmachungen, die schon in der Aussagenlogik zur Klammerersparnis getroffen wurden, soll noch folgendes vereinbart werden:

$\forall x_1\ldots x_n\alpha$ steht für $\forall x_1\ldots\forall x_n\alpha$,
$\exists x_1\ldots x_n\alpha$ steht für $\exists x_1\ldots\exists x_n\alpha$.

Es läßt sich zeigen, daß für jede $\mathfrak{L}$-Formel α genau einer der folgenden Fälle zutrifft:

(i) α ist eine Primformel.
(ii) α ist eine Negation.
(iii) α ist Konjunktion.
(iv) α ist eine Disjunktion.
(v) α ist eine Implikation.
(vi) α ist eine Äquivalenz.
(vii) α beginnt mit einem Allquantor, d.h. α ist von der Gestalt $\forall x\alpha_0$, wobei die Variable x und die Formel α_0 eindeutig bestimmt sind.
(viii) α beginnt mit einem Existenzquantor, d.h. α ist von der Gestalt $\exists x\alpha_0$, mit eindeutig bestimmtem x und α_0.

Aus dieser Beobachtung erhält man wiederum einen Rekursionssatz, der die Einführung von Funktionen über den Formelaufbau gestattet.

Weiterhin folgt, daß zu jedem Vorkommen einer Zeichenreihe $\forall x$ in einer Formel α eine eindeutig bestimmte Teilformel α_0 gehört, so daß sich α eindeutig in der Form $\alpha = w_1 \forall x \alpha_0 w_2$ schreiben läßt, wobei w_1 und w_2 Wörter über dem Alphabet von $\mathfrak{L}$ sind. Man bezeichnet diese Teilformel α_0 als den *Wirkungsbereich dieses Vorkommens von* $\forall x$ *in* α. — Analog führt man den Wirkungsbereich für ein Vorkommen von $\exists x$ in α ein.

Ein Vorkommen von $\forall x$ oder $\exists x$ in α "wirkt" also (genau wie das Negationszeichen) auf die nächste dahinter stehende Teilformel von α.

Beispielsweise ist der Wirkungsbereich des zweiten Vorkommens von $\exists v_0$ in der Formel

$$(\forall v_0 \exists v_0 Q(v_0,v_1) \wedge \neg \exists v_0 \forall v_1 \neg T(v_0,v_1))$$

die Teilformel $\forall v_1 \neg T(v_0,v_1)$. Entsprechend ist der Wirkungsbereich des einzigen Vorkommens von $\forall v_1$ die Teilformel $\neg T(v_0,v_1)$. — Weiterhin ist jedes Vorkommen der Variablen v_0 (das nicht direkt hinter den Zeichen $\forall$, $\exists$ steht) im Wirkungsbereich eines Vorkommens von $\forall v_0$ oder $\exists v_0$ — und ist somit "gebunden". Das erste Vorkommen von v_1 ist weder durch $\forall v_1$ noch noch $\exists v_1$ gebunden und ist daher ein "freies" Vorkommen dieser Variablen.

Durch Induktion über den Term- und Formelaufbau wird eine Funktion Fr definiert, die jedem Term t und jeder Formel α die *Menge der Variablen* zuordnet, *die an mindestens einer Stelle in* α *frei vorkommen*:

$Fr(x) = \{x\}$ für Variablen x,

$Fr(c) = \emptyset$ für Konstanten $c \in \mathfrak{K}$,

$Fr(\top) = Fr(\bot) = \emptyset$,

$Fr(t_1 \doteq t_2) = Fr(t_1) \cup Fr(t_2)$,

$Fr(Q(t_1,\ldots,t_n)) = Fr(t_1) \cup \ldots \cup Fr(t_n)$,

$Fr(\alpha \wedge \beta) = Fr(\alpha \vee \beta) = Fr(\alpha \rightarrow \beta) = Fr(\alpha \leftrightarrow \beta) = Fr(\alpha) \cup Fr(\beta)$,

$Fr(\forall x \alpha) = Fr(\exists x \alpha) = Fr(\alpha) \setminus \{x\}$ = Menge der freien Variablen von α ohne x.

Eine $\mathfrak{L}$-Formel ohne freie Variable wird $\mathfrak{L}$-*Aussage* genannt. Die Menge aller $\mathfrak{L}$-Aussagen bezeichnen wir mit

$$Aus_{\mathfrak{L}} := \{\alpha \in Fm_{\mathfrak{L}} \mid Fr(\alpha) = \emptyset\}.$$

Um Terme und Formeln zu deuten, müssen wir zuerst den Bereich angeben, über den die Variablen laufen sollen. Diese Menge wird Individuenbereich oder Trägermenge der Deutung genannt. Weiterhin muß die Deutung der Relationszeichen von $\mathfrak{L}$ durch Relationen der entsprechenden Stellenzahl im Individuenbereich gegeben sein. Dann ist z.B. die Deutung einer Aussage $\forall v_0 P(v_0)$ klar. Ist nämlich A der ins Auge gefaßte Individuenbereich und I(P) die Deutung des einstelligen Relationszeichens P durch eine einstellige Relation in A, d.h. $I(P)\subset A$, so wird $\forall v_0 P(v_0)$ unter dieser Deutung genau dann wahr, wenn jedes Element von A in I(P) ist, d.h. wenn $A = I(P)$ gilt.

Deuten wir ein zweistelliges Relationszeichen Q durch die zweistellige Relation $I(Q)\subset A\times A$, so wird die Aussage $\forall v_0 \exists v_1 Q(v_0,v_1)$ unter dieser Deutung wahr, wenn es zu jedem $a\in A$ ein $b\in A$ gibt mit $\langle a,b\rangle \in I(Q)$. Versucht man die Deutung von $\forall v_0 \exists v_1 Q(v_0,v_1)$ auf die Deutung der Bestandteile zurückzuführen, so ist man gezwungen, auch Deutungen von Formeln mit freien Variablen vorzunehmen. Dazu führen wir Belegungen von Individuenvariablen ein. Eine Belegung h der Individuenvariablen in A ist einfach eine Funktion, die jeder Individuenvariablen ein Element von A zuweist. Das Element h(x) ist die Deutung von x unter h.

Die zur Deutung von Aussagen notwendigen Daten fassen wir im Begriff der Struktur zusammen. Neben dem Individuenbereich und der Deutung der Relationszeichen wird in einer Struktur auch die Deutung der Konstanten der Sprachen gegeben. Syntaktisch gesehen spielen Konstanten die gleiche Rolle wie freie Variablen. Dabei ist jedoch zu beachten, daß eine Variable in ein und derselben Formel (bzw. Formelmenge) sowohl frei als auch gebunden vorkommen kann. Konstanten hingegen werden nie durch Quantoren gebunden.

Belegungen erlauben es, die Deutung von Aussagen durch Induktion über den Formelaufbau einzuführen. Daß dabei immer sämtliche Individuenvariablen gedeutet werden, hat rein technische Gründe. Wir werden in Kürze zeigen, daß nur die Deutung der frei vorkommenden Variablen eine Rolle spielt. — Nach diesen einführenden Betrachtungen werden jetzt die semantischen Begriffe genau definiert.

Unter einer $\mathfrak{L}$-*Struktur*, wobei $\mathfrak{L}=\langle \mathfrak{R},\mathfrak{K},s\rangle$ ist, verstehen wir ein geordnetes Paar $\mathfrak{A}=\langle A,I\rangle$, wobei A eine nichtleere Menge und I eine Funktion ist, die $\mathfrak{R}\cup\mathfrak{K}$ als Definitionsbereich hat und folgende Bedingungen erfüllt:

(1) $I(Q)\subset A^n$ für $Q\in\mathfrak{R}$ mit $s(Q)=n$, d.h. jedem n-stelligen Relationszeichen von $\mathfrak{L}$ wird durch I eine n-stellige Relation in A (d.h eine Menge von n-Tupeln von Elementen von A) zugeordnet.

(2) $I(c)\in A$ für $c\in\mathfrak{K}$. Jede Konstante wird durch I als Element von A gedeutet.

Ist $\mathfrak{A}=\langle A,I\rangle$ eine $\mathfrak{L}$-Struktur, so wird A die *Trägermenge* (oder auch der *Individuenbereich*) *von* $\mathfrak{A}$ genannt. Wir schreiben oft $|\mathfrak{A}|:=A$ für die Trägermenge von $\mathfrak{A}$. Weiterhin schreiben wir auch $Q^{\mathfrak{A}}$ für die Deutung des Relationszeichens Q in $\mathfrak{A}$ und $c^{\mathfrak{A}}$ für die Deutung der Konstanten c in $\mathfrak{A}$:

$$Q^{\mathfrak{A}}:=I(Q) \text{ für } Q\in\mathfrak{R} \text{ und } c^{\mathfrak{A}}:=I(c) \text{ für } c\in\mathfrak{K}.$$

Unter einer *Belegung der Individuenvariablen in einer Menge* A verstehen wir eine Funktion h, die jeder Individuenvariablen v_k ein Element von A zuordnet, d.h. es ist $h:\mathrm{Var}\to A$.

Der *Wert* $[\![t]\!]^{\mathfrak{A},h}$ *eines* $\mathfrak{L}$*-Terms* t *in der* $\mathfrak{L}$*-Struktur* $\mathfrak{A}=\langle A,I\rangle$ *unter der Belegung* h *in* $|\mathfrak{A}|$ ist definiert durch:

$$[\![t]\!]^{\mathfrak{A},h}:=\begin{cases} h(t), & \text{falls t eine Variable ist;}\\ I(t), & \text{falls t eine Konstante ist.}\end{cases}$$

Anstelle von $[\![t]\!]^{\mathfrak{A},h}$ schreiben wir oft kürzer $t^{\mathfrak{A},h}$.

Der *Wahrheitswert* $[\![\alpha]\!]^{\mathfrak{A},h}$ *einer Formel* α *in der Struktur* $\mathfrak{A}$ *unter der Belegung* h *in* A wird definiert durch:

$$[\![\top]\!]^{\mathfrak{A},h}=1,\quad [\![\bot]\!]^{\mathfrak{A},h}=0,$$

$$[\![t_1\doteq t_2]\!]^{\mathfrak{A},h}=\begin{cases}1, & \text{falls } t_1^{\mathfrak{A},h}=t_2^{\mathfrak{A},h};\\ 0 & \text{sonst.}\end{cases}$$

$$[\![Q(t_1,\dots,t_n)]\!]^{\mathfrak{A},h}=\begin{cases}1, & \text{falls } \langle t_1^{\mathfrak{A},h},\dots,t_n^{\mathfrak{A},h}\rangle\in I(Q)=Q^{\mathfrak{A}};\\ 0 & \text{sonst.}\end{cases}$$

$$[\![\neg\alpha]\!]^{\mathfrak{A},h}=f_{\neg}([\![\alpha]\!]^{\mathfrak{A},h}),$$
$$[\![\alpha\wedge\beta]\!]^{\mathfrak{A},h}=f_{\wedge}([\![\alpha]\!]^{\mathfrak{A},h},[\![\beta]\!]^{\mathfrak{A},h}),$$
$$[\![\alpha\vee\beta]\!]^{\mathfrak{A},h}=f_{\vee}([\![\alpha]\!]^{\mathfrak{A},h},[\![\beta]\!]^{\mathfrak{A},h}),$$
$$[\![\alpha\to\beta]\!]^{\mathfrak{A},h}=f_{\to}([\![\alpha]\!]^{\mathfrak{A},h},[\![\beta]\!]^{\mathfrak{A},h}),$$
$$[\![\alpha\leftrightarrow\beta]\!]^{\mathfrak{A},h}=f_{\leftrightarrow}([\![\alpha]\!]^{\mathfrak{A},h},[\![\beta]\!]^{\mathfrak{A},h}).$$

Um den Wahrheitswert von $\forall x\alpha$ und $\exists x\alpha$ zu definieren, führen wir einen neuen Begriff ein:

Eine Belegung h' in A heißt x-*Variante einer Belegung* h in A, falls h und h' auf allen Variablen, die von x verschieden sind, übereinstimmen. Ist also h' eine x-Variante von h, so gilt $h(y)=h'(y)$ für alle y, die von x verschieden sind. — Ist a ein Element von A und h eine Belegung in A, so bezeichnen wir mit h_a^x diejenige x-Variante von h, die der Variablen x das Element a aus A zuordnet, d.h. $h_a^x:=(h\setminus\{\langle x,h(x)\rangle\})\cup\{\langle x,a\rangle\}$.

Es gilt also für alle Variablen y: $h_a^x(y)=\begin{cases}h(y), & \text{falls } y\neq x;\\ a, & \text{falls } y=x.\end{cases}$

Jede x-Variante h' einer Belegung h in A ist offenbar von der Gestalt h^x_a.

Wir definieren jetzt den Wahrheitswert von $\forall x\alpha$ und $\exists x\alpha$ unter h in $\mathfrak{A}$, wobei wir induktiv annehmen, daß der Wahrheitswert von α schon für alle Belegungen in A definiert ist:

$$[\![\forall x\alpha]\!]^{\mathfrak{A},h} = \begin{cases} 1, & \text{falls für alle x-Varianten h' von h in A gilt: } [\![\alpha]\!]^{\mathfrak{A},h'} = 1; \\ 0 & \text{sonst.} \end{cases}$$

$$[\![\exists x\alpha]\!]^{\mathfrak{A},h} = \begin{cases} 1, & \text{falls es eine x-Variante h' von h in A gibt mit } [\![\alpha]\!]^{\mathfrak{A},h'} = 1; \\ 0 & \text{sonst.} \end{cases}$$

Ist der Wahrheitswert einer Formel α in $\mathfrak{A}$ unter h gleich 1, so sagen wir, daß α *in* $\mathfrak{A}$ *unter* h *gilt*.

Wir schreiben meistens "$\mathfrak{A}\models\alpha[h]$" für "$\alpha$ gilt in $\mathfrak{A}$ unter h":

$$\mathfrak{A}\models\alpha[h] \quad :\Leftrightarrow \quad [\![\alpha]\!]^{\mathfrak{A},h} = 1\,;$$

und "$\mathfrak{A}\not\models\alpha[h]$" für "$\alpha$ gilt nicht in $\mathfrak{A}$ unter h":

$$\mathfrak{A}\not\models\alpha[h] \quad :\Leftrightarrow \quad [\![\alpha]\!]^{\mathfrak{A},h} = 0\,.$$

Da jede x-Variante h' der Belegung h in A von der Form h^x_a für ein $a\in A$ ist, lassen sich die Wahrheitsbedingungen für die Quantoren auch folgendermaßen schreiben:

$$\mathfrak{A}\models\forall x\alpha[h] \quad \Leftrightarrow \quad \text{für alle } a\in A \text{ gilt: } \mathfrak{A}\models\alpha[h^x_a]\,,$$
$$\mathfrak{A}\models\exists x\alpha[h] \quad \Leftrightarrow \quad \text{es gibt ein } a\in A \text{ mit: } \mathfrak{A}\models\alpha[h^x_a]\,.$$

Wir betrachten ein Beispiel. Sei $\mathfrak{L}=\langle\{Q\},\emptyset,\{\langle Q,2\rangle\}\rangle$, d.h. das zweistellige Relationszeichen Q ist das einzige "nicht-logische" Zeichen von $\mathfrak{L}$. Sei jetzt $\mathfrak{A}=\langle\mathbb{N},I\rangle$ die $\mathfrak{L}$-Struktur mit

$$Q^{\mathfrak{A}} = \{\langle m,n\rangle\in\mathbb{N}^2 \mid m \text{ ist kleiner oder gleich } n\} = \{\langle m,n\rangle \mid m\leq n\}$$

und h die Belegung in $\mathbb{N}$, die allen Variablen die Zahl 0 zuweist. Dann gilt für den Wahrheitswert der Formel $\forall v_3 Q(v_1,v_3)$ in $\mathfrak{A}$ unter h:

$$\begin{aligned} \mathfrak{A}\models\forall v_3 Q(v_1,v_3)[h] \quad &\Leftrightarrow \quad \text{für alle } a\in\mathbb{N} \text{ gilt: } \mathfrak{A}\models Q(v_1,v_3)[h^{v_3}_a] \\ &\Leftrightarrow \quad \text{für alle } a\in\mathbb{N} \text{ gilt: } \langle h^{v_3}_a(v_1), h^{v_3}_a(v_3)\rangle\in Q^{\mathfrak{A}} \\ &\Leftrightarrow \quad \text{für alle } a\in\mathbb{N} \text{ gilt: } \langle 0,a\rangle\in Q^{\mathfrak{A}} \\ &\Leftrightarrow \quad \text{für alle } a\in\mathbb{N} \text{ ist 0 kleiner oder gleich } a. \end{aligned}$$

Die Formel erhält in $\mathfrak{A}$ unter h den Wert 1 und ist somit in $\mathfrak{A}$ unter h wahr.

Es soll jetzt gezeigt werden, daß der Wahrheitswert einer Formel nur von der Struktur und der Belegung der freien Variablen der Formel abhängt. Es gilt folgende Koinzidenzaussage:

(5.1) **Lemma:** Ist $\mathfrak{A}$ eine $\mathfrak{L}$-Struktur und sind h_1 und h_2 Belegungen in $A=|\mathfrak{A}|$, die auf den freien Variablen einer Formel α übereinstimmen, d.h. $h_1(x)=h_2(x)$ für alle $x\in Fr(\alpha)$, so gilt: $(\mathfrak{A}\models\alpha[h_1] \Leftrightarrow \mathfrak{A}\models\alpha[h_2])$.

Beweis:

Wir zeigen durch Induktion über den Aufbau von α, daß für alle Belegungen h_1 und h_2 in A gilt:

$$\text{Stimmen } h_1 \text{ und } h_2 \text{ auf } Fr(\alpha) \text{ überein} \quad\Rightarrow\quad (\mathfrak{A}\models\alpha[h_1] \Leftrightarrow \mathfrak{A}\models\alpha[h_2]).$$

Für $\alpha=\top$ und $\alpha=\bot$ ist die Behauptung trivial. — Ist α eine Primformel der Gestalt $t_1\doteq t_2$ oder der Gestalt $Q(t_1,\dots,t_n)$, so gilt für h_1 und h_2, die auf den freien Variablen von α übereinstimmen:

$$\begin{aligned} \mathfrak{A}\models t_1\doteq t_2[h_1] &\Leftrightarrow t_1^{\mathfrak{A},h_1}=t_2^{\mathfrak{A},h_1}\\ &\Leftrightarrow t_1^{\mathfrak{A},h_2}=t_2^{\mathfrak{A},h_2}\\ &\Leftrightarrow \mathfrak{A}\models t_1\doteq t_2[h_2], \end{aligned}$$

$$\begin{aligned} \mathfrak{A}\models Q(t_1,\dots,t_n)[h_1] &\Leftrightarrow \langle t_1^{\mathfrak{A},h_1},\dots,t_n^{\mathfrak{A},h_1}\rangle\in Q^{\mathfrak{A}}\\ &\Leftrightarrow \langle t_1^{\mathfrak{A},h_2},\dots,t_n^{\mathfrak{A},h_2}\rangle\in Q^{\mathfrak{A}}\\ &\Leftrightarrow \mathfrak{A}\models Q(t_1,\dots,t_n)[h_2]\,. \end{aligned}$$

Die hierbei benutzten Identitäten $t_j^{\mathfrak{A},h_1}=t_j^{\mathfrak{A},h_2}$ ergeben sich unmittelbar aus der Voraussetzung über h_1 und h_2.

Im Falle aussagenlogischer Verknüpfungen folgt die Behauptung aus der Induktionsvoraussetzung, wobei zu beachten ist, daß $Fr(\alpha_j)\subset Fr(\alpha)$ gilt für $\alpha=\neg\alpha_0$, $\alpha=(\alpha_0\wedge\alpha_1)$, . . . , $\alpha=(\alpha_0\leftrightarrow\alpha_1)$. Stimmen dann h_1 und h_2 auf den Variablen aus $Fr(\alpha)$ überein, so stimmen sie erst recht auf denen aus $Fr(\alpha_j)$ überein und die Induktionsvoraussetzung ist anwendbar.

Im Falle $\alpha=\forall x\beta$ schließt man folgendermaßen: Stimmen h_1 und h_2 auf $Fr(\alpha)=Fr(\beta)\setminus\{x\}$ überein, so stimmen die Belegungen $h_1{}^x_a$ und $h_2{}^x_a$ auf den freien Variablen von β überein, da ja speziell $h_1{}^x_a(x)=h_2{}^x_a(x)=a$ gilt. Mit Hilfe der Induktionsvoraussetzung für β und $h_j{}^x_a$, $a\in A$, folgt dann:

$$\begin{aligned} \mathfrak{A}\models\forall x\beta[h_1] &\Leftrightarrow \text{für alle } a\in A \text{ gilt: } \mathfrak{A}\models\beta[h_1{}^x_a]\\ &\Leftrightarrow \text{für alle } a\in A \text{ gilt: } \mathfrak{A}\models\beta[h_2{}^x_a] \quad (\text{n. Ind.vor.})\\ &\Leftrightarrow \mathfrak{A}\models\forall x\beta[h_2]. \end{aligned}$$

Der Fall $\alpha=\exists x\beta$ ergibt sich analog.

Ω

Für Formeln ohne freie Variablen erhalten wir, da in diesem Falle an die Belegungen keine Bedingungen geknüpft sind:

(5.2) ***Korollar:*** Ist $\mathfrak{A}$ eine $\mathfrak{L}$-Struktur und α eine $\mathfrak{L}$-Aussage, so gilt für alle Belegungen h_1 und h_2 in $|\mathfrak{A}|$: $(\mathfrak{A}\models\alpha[h_1] \Leftrightarrow \mathfrak{A}\models\alpha[h_2])$.

Es macht daher Sinn, ohne Angabe einer Belegung zu sagen, daß eine Aussage in einer Struktur wahr oder falsch ist.

Definieren wir für beliebige Formeln β die *Gültigkeit von* β *in* $\mathfrak{A}$ durch

$$\mathfrak{A}\models\beta \ :\Leftrightarrow \text{ für alle Belegungen } h \text{ in } |\mathfrak{A}| \text{ gilt: } \mathfrak{A}\models\beta[h],$$

so gilt speziell für alle Aussagen α, daß entweder α oder $\neg\alpha$ in $\mathfrak{A}$ gültig ist. Denn ist α eine Aussage, so ist offensichtlich auch $\neg\alpha$ eine Aussage, und die Behauptung folgt sofort aus dem Korollar.

Für alle $\mathfrak{L}$-Formeln α, Variablen x und $\mathfrak{L}$-Strukturen $\mathfrak{A}$ erhält man:

(5.3) $\mathfrak{A}\models\alpha \Leftrightarrow \mathfrak{A}\models\forall x\alpha.$

Beweis:

Gilt nämlich für alle Belegungen h die Aussage $\mathfrak{A}\models\alpha[h]$, so gilt für beliebiges h und $a\in|\mathfrak{A}|$ auch $\mathfrak{A}\models\alpha[h^x_a]$. Somit gilt auch $\mathfrak{A}\models\forall x\alpha[h]$ für beliebiges h. — Andererseits folgt aus $\mathfrak{A}\models\forall x\alpha[h]$, daß $\mathfrak{A}\models\alpha[h^x_a]$ für jedes $a\in A$ wahr ist. Wählt man speziell $a:=h(x)$ und beachtet $h^x_a=h^x_{h(x)}=h$, so folgt $\mathfrak{A}\models\alpha[h]$.

Ω

Durch Induktion folgt für $x_1,\ldots,x_k$ die Aussage: $(\mathfrak{A}\models\alpha \Leftrightarrow \mathfrak{A}\models\forall x_1\ldots\forall x_k\alpha)$.

Wir definieren die *Generalisierte* $\boldsymbol{\forall}\alpha$ *von* α durch:

$$\boldsymbol{\forall}\alpha := \forall v_{j_1}\ldots\forall v_{j_k}\alpha, \text{ falls } Fr(\alpha)=\{v_{j_1},\ldots,v_{j_k}\} \text{ und } j_1<\ldots<j_k \text{ gilt.}$$

Zum Beispiel ist:

$$\boldsymbol{\forall}(P(v_1)\rightarrow\exists v_2Q(v_4,v_2,v_0,v_1)) = \forall v_0\forall v_1\forall v_4(P(v_1)\rightarrow\exists v_2Q(v_4,v_2,v_0,v_1)).$$

Alle freien Variablen werden also durch Allquantoren gebunden, wobei die Reihenfolge durch die natürliche Ordnung in der Indexmenge der Variablen gegeben ist.

Aus (5.3) ergibt sich unmittelbar:

(5.4) Für alle $\mathfrak{L}$-Formeln α und alle $\mathfrak{L}$-Strukturen $\mathfrak{A}$ gilt: $(\mathfrak{A}\models\alpha \Leftrightarrow \mathfrak{A}\models\boldsymbol{\forall}\alpha)$.

Ist Σ eine $\mathfrak{L}$-Formelmenge und $\mathfrak{A}$ eine $\mathfrak{L}$-Struktur, so sagen wir, daß $\mathfrak{A}$ ein *Modell von* Σ ist genau dann, wenn jede Formel aus Σ in $\mathfrak{A}$ gilt:

$$\mathfrak{A}\models\Sigma \ :\Leftrightarrow \text{ für alle } \sigma\in\Sigma \text{ gilt: } \mathfrak{A}\models\sigma.$$

Wir führen die Folgerungsrelation wie in der reinen Aussagenlogik ein: *Aus einer* $\mathfrak{L}$*-Formelmenge* Σ *folgt die* $\mathfrak{L}$*-Formel* α (in Zeichen: "$\Sigma\models\alpha$") genau dann, wenn in jedem Modell von Σ auch α gilt, d.h.

$$\Sigma\models\alpha \ :\Leftrightarrow \text{ für alle } \mathfrak{L}\text{-Strukturen } \mathfrak{A} \text{ gilt: } (\mathfrak{A}\models\Sigma \Rightarrow \mathfrak{A}\models\alpha).$$

Nach Definition erhält man sofort:

$$\emptyset\models\alpha \Leftrightarrow \alpha \text{ gilt in allen } \mathfrak{L}\text{-Strukturen.}$$

Anstelle von "$\emptyset \models \alpha$" schreibt man auch kürzer "$\models \alpha$". Formeln, die in allen Strukturen gelten, werden *allgemeingültig* genannt.

Als nächstes wollen wir uns eine gewisse Übersicht über die allgemeingültigen Formeln verschaffen. Wie im Falle der Modallogik (s. (3.4)) ergibt sich sofort, daß jede aussagenlogische Tautologie bei uniformer Ersetzung der Aussagenvariablen durch prädikatenlogische Formeln zu einer allgemeingültigen prädikatenlogischen Formel wird:

(5.5) **Lemma:** Ist α eine Tautologie und sind $q_1,\ldots,q_k$ paarweise verschiedene Aussagenvariablen, unter denen alle in α vorkommenden Aussagenvariablen auftreten, so ist für alle $\mathfrak{L}$-Formeln $\sigma_1,\ldots,\sigma_k$ die $\mathfrak{L}$-Formel $^*\alpha := \alpha(q_1/\sigma_1,\ldots,q_k/\sigma_k)$ allgemeingültig, d.h. es gilt $\models {}^*\alpha$.

Dabei bezeichnet $\alpha(q_1/\sigma_1,\ldots,q_k/\sigma_k)$ diejenige Formel, die man aus α erhält, indem man überall die Aussagenvariablen q_j durch die entsprechenden Zeichenreihen σ_j ersetzt.

Beweis:

Ist $\mathfrak{A}$ eine $\mathfrak{L}$-Struktur und h eine Belegung in $|\mathfrak{A}|$, so definieren wir eine Belegung h^* der Aussagenvariablen durch:

$h^*(q_1) = [\![\sigma_1]\!]^{\mathfrak{A},h},\ldots, h^*(q_k) = [\![\sigma_k]\!]^{\mathfrak{A},h}$ und
$h^*(q) = 0$ für alle Aussagenvariablen $q \notin \{q_1,\ldots,q_k\}$.

Durch Induktion über den Aufbau von α zeigt man nun leicht die Aussage:

$$[\![\alpha]\!]^{h^*} = [\![\alpha(q_1/\sigma_1,\ldots,q_k/\sigma_k)]\!]^{\mathfrak{A},h} = [\![{}^*\alpha]\!]^{\mathfrak{A},h}.$$

Ist jetzt α eine aussagenlogische Tautologie, so ist $[\![\alpha]\!]^{h^*}$ für alle h gleich 1 und somit ist $^*\alpha$ in allen Strukturen $\mathfrak{A}$ gültig.

Ω

Da das Identitätszeichen "$\doteq$" immer als gewöhnliche Identitätsrelation in einer Menge gedeutet wird, ist die Allgemeingültigkeit folgender Formeln unmittelbar klar:

(5.6) (1) $t_1 \doteq t_1$,
(2) $t_1 \doteq t_2 \rightarrow t_2 \doteq t_1$,
(3) $t_1 \doteq t_2 \wedge t_2 \doteq t_3 \rightarrow t_1 \doteq t_3$,
$(4)_n$ $t_1 \doteq t_1' \wedge \ldots \wedge t_n \doteq t_n' \rightarrow (Q(t_1,\ldots,t_n) \leftrightarrow Q(t_1',\ldots,t_n'))$
für n-stellige Relationszeichen Q.

Aufgrund der Wahrheitsdefinition gilt: $(\mathfrak{A} \models \alpha[h]$ und $\mathfrak{A} \models (\alpha \rightarrow \beta)[h] \Rightarrow \mathfrak{A} \models \beta[h])$. Daraus folgt sofort, daß die Menge der in einer Struktur gültigen Formeln und die Menge der allgemeingültigen Formeln jeweils unter Modus ponens abgeschlossen sind, d.h. es gilt:

(5.7) (1) $\mathfrak{A} \models \alpha$ und $\mathfrak{A} \models \alpha \rightarrow \beta \Rightarrow \mathfrak{A} \models \beta$,
(2) $\models \alpha$ und $\models \alpha \rightarrow \beta \Rightarrow \models \beta$.

Weiterhin ist aufgrund der Wahrheitsdefinition unmittelbar klar, daß für die Quantoren gilt:

(5.8) (1) $\models \forall x\alpha \leftrightarrow \neg\exists x\neg\alpha$.

(2) $\models \exists x\alpha \leftrightarrow \neg\forall x\neg\alpha$.

Für den Allquantor ist außerdem folgendes Distributionsschema gültig:

(5.9) $\models \forall x(\alpha\to\beta)\to(\forall x\alpha\to\forall x\beta)$.

Beweis:

Aus $\mathfrak{A}\models\forall x(\alpha\to\beta)[h]$ und $\mathfrak{A}\models\forall x\alpha[h]$ folgt für $a\in|\mathfrak{A}|$, daß $\mathfrak{A}\models(\alpha\to\beta)[h^x_a]$ und $\mathfrak{A}\models\alpha[h^x_a]$ und damit auch $\mathfrak{A}\models\beta[h^x_a]$ gilt. Somit folgt $\mathfrak{A}\models\forall x\beta[h]$.

Ω

Weiterhin zeigt sich, daß die Quantifikation von Variablen, die in einer Formel nicht frei vorkommen, den Wahrheitswert nicht verändert.

(5.10) $\models\alpha\leftrightarrow\forall x\alpha$ und $\models\alpha\leftrightarrow\exists x\alpha$, falls $x\notin Fr(\alpha)$.

Beweis:

Aus der Voraussetzung, daß x nicht frei in α vorkommt, folgt für alle h in $|\mathfrak{A}|$ und $a\in|\mathfrak{A}|$, daß h und h^x_a auf den freien Variablen von α übereinstimmen. Aufgrund des Koinzidenzlemmas (5.1) erhält man, daß $\mathfrak{A}\models\alpha[h]$ zu $\mathfrak{A}\models\alpha[h^x_a]$ äquivalent ist. Daraus folgt

$$\mathfrak{A}\models\alpha[h] \Leftrightarrow \text{für alle } a\in|\mathfrak{A}|: \mathfrak{A}\models\alpha[h^x_a] \Leftrightarrow \mathfrak{A}\models\forall x\alpha[h],$$

$$\mathfrak{A}\models\alpha[h] \Leftrightarrow \text{es gibt } a\in|\mathfrak{A}|: \mathfrak{A}\models\alpha[h^x_a] \Leftrightarrow \mathfrak{A}\models\exists x\alpha[h].$$

Ω

Schließlich wollen wir zeigen, daß aus der Wahrheit einer Formel $\forall x\alpha$ in $\mathfrak{A}$ unter der Belegung h die Wahrheit jedes "geeigneten Beispiels" $\alpha(x/t)$ in $\mathfrak{A}$ unter h folgt. Dabei bezeichnet $\alpha(x/t)$ diejenige Formel, die aus α entsteht, wenn jedes freie Vorkommen der Variablen x in α durch den Term t ersetzt wird.

Nach genauer Definition der Ersetzung von x durch t werden wir also zeigen, daß alle Formeln der Gestalt $\forall x\alpha\to\alpha(x/t)$ allgemeingültig sind, sofern nur α, x und t einer gewissen syntaktischen Bedingung genügen. Nimmt man nämlich für α die Formel $\exists y\neg x\doteq y$ und ersetzt x durch y, so erhält man die Formel $\exists y\neg y\doteq y$. Wäre nun $\forall x\alpha\to\alpha(x/t)$ ohne Einschränkung allgemeingültig, so wäre insbesondere $\forall x\exists y\neg x\doteq y\to\exists y\neg y\doteq y$ allgemeingültig. Dies ist aber falsch, denn das vordere Glied der Implikation wird in jeder Menge mit mindestens zwei Elementen wahr, das hintere Glied wird dagegen niemals wahr. Diese Beispielbildung ist nicht korrekt, da die Variable y, wenn sie an die Stelle des freien Vorkommens von x in $\exists y\neg x\doteq y$ tritt, durch den Quantor $\exists y$ "eingefangen" wird, und somit eine

Bindung von Stellen hergestellt wird, die vorher durch unabhängige Variablen besetzt waren. Findet eine solche Bindung nicht statt, so ist, wie wir zeigen werden, $\forall x\alpha \rightarrow \alpha(x/t)$ allgemeingültig.

Die *Substitution* $\alpha(x/t)$ wird durch Induktion über den Aufbau der Terme und Formeln eingeführt, wobei wir für "$\alpha(x/t)$" kurz "$^*\alpha$" schreiben:

$$^*y = \begin{cases} t, & \text{falls } y=x \text{ ist;} \\ y & \text{sonst,} \end{cases}$$

$^*c = c$ für $\mathfrak{L}$-Konstanten c,

$^*\top = \top$ und $^*\bot = \bot$,

$^*(t_1 \doteq t_2) = {^*t_1} \doteq {^*t_2}$,

$^*Q(t_1,\dots,t_n) = Q(^*t_1,\dots,{^*t_n})$,

$^*\neg\alpha = \neg{^*\alpha}$,

$^*(\alpha\wedge\beta) = (^*\alpha\wedge{^*\beta})$,

$^*(\alpha\vee\beta) = (^*\alpha\vee{^*\beta})$,

$^*(\alpha\rightarrow\beta) = (^*\alpha\rightarrow{^*\beta})$,

$^*(\alpha\leftrightarrow\beta) = (^*\alpha\leftrightarrow{^*\beta})$,

$$^*\forall y\alpha = \begin{cases} \forall y\alpha, & \text{falls } y=x; \\ \forall y{^*\alpha} & \text{sonst,} \end{cases}$$

$$^*\exists y\alpha = \begin{cases} \exists y\alpha, & \text{falls } y=x; \\ \exists y{^*\alpha} & \text{sonst.} \end{cases}$$

Ein Term t heißt *frei* (*zur Substitution*) *für* die Variable x *in* α, falls kein freies Vorkommen von x im Wirkungsbereich eines Quantors $\forall y$ oder $\exists y$ liegt, dessen Variable y in t vorkommt. Im vorliegenden Kontext bedeutet das Vorkommen einer Variablen in einem Term lediglich, daß die Variable mit dem Term identisch ist. Wir haben jedoch die Formulierung so gewählt, daß sie auch später für einen allgemeineren Termbegriff geeignet bleibt.

Aus der Definition folgt sofort, daß Konstanten immer frei zur Substitution für jede Variable sind.

Genauer läßt sich der Begriff durch Induktion über den Formelaufbau von α definieren. Wir schreiben "$F(t,x,\alpha)$" für "t ist frei für x in α" und setzen:

$F(t,x,\alpha)$, falls α eine Primformel ist,

$F(t,x,\neg\alpha) \;\Leftrightarrow\; F(t,x,\alpha)$,

$F(t,x,\alpha\circ\beta) \;\Leftrightarrow\; F(t,x,\alpha)$ und $F(t,x,\beta)$,
falls $\circ$ eines der Zeichen $\wedge$, $\vee$, $\rightarrow$, $\leftrightarrow$ ist,

$F(t,x,\forall y\alpha) \quad \Leftrightarrow \quad x \notin Fr(\forall y\alpha)$ oder ($F(t,x,\alpha)$ und y ist von jeder in t vorkommenden Variable verschieden),

$F(t,x,\exists y\alpha) \quad \Leftrightarrow \quad x \notin Fr(\exists y\alpha)$ oder ($F(t,x,\alpha)$ und y ist von jeder in t vorkommenden Variable verschieden).

Um die Allgemeingültigkeit von $\forall x\alpha \to \alpha(x/t)$ unter der Bedingung t frei für x in α zu zeigen, benötigen wir ein technisches Lemma, das oft *Überführungslemma* genannt wird.

(5.11) **Lemma:** Ist α eine $\mathfrak{L}$-Formel, und ist der $\mathfrak{L}$-Term t frei für die Variable x in α, so gilt für alle $\mathfrak{L}$-Strukturen $\mathfrak{A}$ und alle Belegungen h in $|\mathfrak{A}|$ die Äquivalenz: $(\mathfrak{A} \models \alpha(x/t)[h] \Leftrightarrow \mathfrak{A} \models \alpha[h^x_{t^{\mathfrak{A},h}}])$.

Der Wahrheitswert von $\alpha(x/t)$ unter h ist derselbe wie der von α unter der x-Variante h' von h, die x mit dem h-Wert von t belegt.

Beweis:

Durch Induktion über den Formelaufbau von α zeigen wir die Implikation

$$t \text{ frei für } x \text{ in } \alpha \Rightarrow (\mathfrak{A} \models \alpha(x/t)[h] \Leftrightarrow \mathfrak{A} \models \alpha[h']),$$

wobei $h' := h^x_{t^{\mathfrak{A},h}}$ ist.

Zuerst überlegen wir uns, daß $t'(x/t)^{\mathfrak{A},h} = t'^{\mathfrak{A},h'}$ für alle Terme t' gilt. Da $c(x/t)=c$ gilt und Konstanten unabhängig von Belegungen gedeutet werden, ist die Behauptung für konstante Terme richtig.

Ist t_j eine Variable, d.h. $t_j=y$, so gilt, falls $y=x$ ist:

$$y(x/t)^{\mathfrak{A},h} = t^{\mathfrak{A},h} = h'(x) = h'(y) = y^{\mathfrak{A},h'}.$$

Ist andererseits $y \neq x$, so folgt $y(x/t)=y$ und $h(y)=h'(y)$, da h' eine x-Variante von h ist. Somit gilt auch in diesem Falle die gewünschte Identität.

Für Primformeln ergibt sich daraus mit den Identitäten $\top(x/t)=\top$, $\bot(x/t)=\bot$, $(t_1 \doteq t_2)(x/t) = (t_1(x/t) \doteq t_2(x/t))$ und $Q(t_1,\ldots,t_n)(x/t) = Q(t_1(x/t),\ldots,t_n(x/t))$ wie behauptet:

$$\mathfrak{A} \models \top(x/t)[h] \Leftrightarrow \mathfrak{A} \models \top[h] \quad \text{und} \quad \mathfrak{A} \models \bot(x/t)[h] \Leftrightarrow \mathfrak{A} \models \bot[h],$$

$$\begin{aligned}
\mathfrak{A} \models (t_1 \doteq t_2)(x/t)[h] \quad &\Leftrightarrow \quad t_1(x/t)^{\mathfrak{A},h} = t_2(x/t)^{\mathfrak{A},h} \\
&\Leftrightarrow \quad t_1^{\mathfrak{A},h'} = t_2^{\mathfrak{A},h'} \\
&\Leftrightarrow \quad \mathfrak{A} \models t_1 \doteq t_2[h'],
\end{aligned}$$

$$\begin{aligned}
\mathfrak{A} \models Q(t_1,\ldots,t_n)(x/t)[h] \quad &\Leftrightarrow \quad \langle t_1(x/t)^{\mathfrak{A},h},\ldots,t_n(x/t)^{\mathfrak{A},h} \rangle \in Q^{\mathfrak{A}} \\
&\Leftrightarrow \quad \langle t_1^{\mathfrak{A},h'},\ldots,t_n^{\mathfrak{A},h'} \rangle \in Q^{\mathfrak{A}} \\
&\Leftrightarrow \quad \mathfrak{A} \models Q(t_1,\ldots,t_n)[h'].
\end{aligned}$$

Ist nun t frei für x in $\neg\alpha$, so ist nach Definition des Begriffs auch t frei für x in α. Ebenso folgt aus t frei für x in $(\alpha \wedge \beta)$,... oder $(\alpha \leftrightarrow \beta)$

auch, daß t frei für x in α und in β ist. Dadurch wird in allen diesen Fällen die Induktionsvoraussetzung anwendbar und die Behauptung ergibt sich leicht.

Im Falle von $\forall y\alpha$ und t frei für x in $\forall y\alpha$ unterscheiden wir die Fälle, ob x in $\forall y\alpha$ frei vorkommt oder nicht.

Im Falle $x \notin Fr(\forall y\alpha)$ gilt nach Definition von (x/t), daß $(\forall y\alpha)(x/t) = \forall y\alpha$ ist. Mit Hilfe des Koinzidenzlemmas (5.1) folgt dann:

$$\mathfrak{A} \models (\forall y\alpha)(x/t)[h] \iff \mathfrak{A} \models \forall y\alpha[h] \iff \mathfrak{A} \models \forall y\alpha[h'].$$

Ist andererseits $x \in Fr(\forall y\alpha)$, so muß y von x verschieden sein. Dann ist aber $(\forall y\alpha)(x/t) = \forall y(\alpha(x/t))$. Daraus ergibt sich, indem man die Induktionsvoraussetzung für α und die Belegungen h^y_b ausnutzt, daß gilt:

$$\begin{aligned} \mathfrak{A} \models (\forall y\alpha)(x/t)[h] &\iff \mathfrak{A} \models \forall y(\alpha(x/t))[h] \\ &\iff \text{für alle } b \in |\mathfrak{A}| : \mathfrak{A} \models \alpha(x/t)[h^y_b] \\ &\iff \text{für alle } b \in |\mathfrak{A}| : \mathfrak{A} \models \alpha[(h^y_b)^x_{b(t)}], \text{ wobei } b(t) \text{ die} \\ &\qquad \text{Deutung von } t \text{ in } \mathfrak{A} \text{ unter } h^y_b \text{ sei.} \end{aligned}$$

Da nach Voraussetzung t frei für x in $\forall y\alpha$ ist, muß y von jeder in t vorkommenden Variablen verschieden sein. Der Wert von t in $\mathfrak{A}$ unter h ist damit identisch mit dem Wert von t in $\mathfrak{A}$ unter h^y_b. Es gilt also $b(t) = t^{\mathfrak{A},h}$. Hieraus erhält man, indem man die Verschiedenheit von x und y berücksichtigt, die Identitäten $(h^y_b)^x_{b(t)} = (h^x_{b(t)})^y_b = h'^y_b$.

Aus dem zuvor Gezeigten ergibt sich dann die Induktionsbehauptung:

$$\begin{aligned} \mathfrak{A} \models (\forall y\alpha)(x/t)[h] &\iff \text{für alle } b \in |\mathfrak{A}| : \mathfrak{A} \models \alpha[h'^y_b] \\ &\iff \mathfrak{A} \models \forall y\alpha[h']. \end{aligned}$$

Für $\exists y\alpha$ ist der Beweis vollkommen analog.

Ω

Mit Hilfe des Überführungslemmas zeigen wir jetzt:

(5.12) Ist der Term t frei zur Substitution für x in der Formel α, so gilt:

(1) $\models \forall x\alpha \to \alpha(x/t)$

(2) $\models \alpha(x/t) \to \exists x\alpha$.

Beweis:

Aus $\mathfrak{A} \models \forall x\alpha[h]$ folgt $\mathfrak{A} \models \alpha[h^x_a]$ für alle $a \in |\mathfrak{A}|$. Wählt man speziell $a := t^{\mathfrak{A},h}$, so gilt $\mathfrak{A} \models \alpha[h^x_{t^{\mathfrak{A},h}}]$. Aus dem vorhergehenden Lemma ergibt sich dann $\mathfrak{A} \models \alpha(x/t)[h]$. Damit ist (1) gezeigt. Gilt andererseits $\mathfrak{A} \models \alpha(x/t)[h]$, so gibt es nach dem Lemma ein $a \in |\mathfrak{A}|$ mit $\mathfrak{A} \models \alpha[h^x_a]$, nämlich $t^{\mathfrak{A},h}$. Damit gilt dann auch $\mathfrak{A} \models \exists x\alpha[h]$ und (2) ist ebenfalls nachgewiesen.

Ω

Nachdem wir (5.12) gezeigt haben, ist uns genügend über die allgemeingültigen Formeln bekannt, um ein vollständiges Regelsystem aufzustellen, das alle allgemeingültigen Formeln abzuleiten gestattet. Bevor wir dies ausführen, wollen wir Funktionen mit in unsere Sprache aufnehmen. Bisher können wir diese nur als Relationen behandeln. Das ist zwar, wie sich zeigt, kein prinzipieller Nachteil, führt aber gewöhnlich zu schwerfälligen und unübersichtlichen Formalisierungen.

Betrachtet man die natürlichen Zahlen mit der zweistelligen Funktion "Addition", so kann man diese Funktion bisher nur als dreistellige Relation behandeln. Ist in der formalen Sprache ein entsprechendstelliges Relationszeichen Q vorhanden, so läßt sich die Assoziativität der Addition "(l+m)+n = l+(m+n)" nur umständlich formalisieren – beispielsweise so:

$$\forall(Q(x,y,u_1)\wedge Q(u_1,z,u_2)\wedge Q(y,z,u_3)\wedge Q(x,u_3,u_4) \rightarrow u_2 \doteq u_4).$$

Dabei steht "Q(s,t,u)" formal für "s+t=u". Deutet man diese Formel in einer anderen Struktur, so ist nicht sichergestellt, daß die Deutung von Q eine Funktion ist. Dies läßt sich erst erzwingen, wenn man die Formel

$$\forall xy(\exists u Q(x,y,u)\wedge \forall uv(Q(x,y,u)\wedge Q(x,y,v) \rightarrow u \doteq v))$$

hinzunimmt, die ausdrückt, daß es zu jedem Paar $\langle x,y\rangle$ genau ein Objekt u gibt, so daß Q(x,y,u) zutrifft.

Allgemein gilt, falls u und v verschiedene Variablen sind und die Variable v in der Formel α überhaupt nicht vorkommt, für alle $\mathfrak{A}$ und alle h:

$\mathfrak{A}\models \forall uv(\alpha\wedge\alpha(u/v) \rightarrow u\doteq v)[h] \Leftrightarrow$ es gibt höchstens ein $a\in|\mathfrak{A}|$ mit $\mathfrak{A}\models\alpha[h^u_a]$.

Dies ergibt sich folgendermaßen:

$\mathfrak{A}\models \forall uv(\alpha\wedge\alpha(u/v) \rightarrow u\doteq v)[h] \Leftrightarrow$ für alle $a,b\in|\mathfrak{A}|$:
$(\mathfrak{A}\models\alpha[(h^u_a)^v_b]$ und $\mathfrak{A}\models\alpha(u/v)[(h^u_a)^v_b] \Rightarrow a=b)$.

Da nach Voraussetzung die Variable v in α nicht frei vorkommt, ist nach dem Koinzidenzlemma $\mathfrak{A}\models\alpha[(h^u_a)^v_b]$ zu $\mathfrak{A}\models\alpha[h^u_a]$ äquivalent. Andererseits wird durch die Substitution (u/v) jedes freie Vorkommen von u beseitigt. Da nach Voraussetzung v in α überhaupt nicht vorkommt, tritt in α auch kein Quantor der Form $\forall v$ oder $\exists v$ auf. Die Variable v ist damit frei zur Substitution für u in α. Mit Lemma (5.11) und dem Koinzidenzlemma folgt dann, daß $\mathfrak{A}\models\alpha(u/v)[(h^u_a)^v_b]$ zu $\mathfrak{A}\models\alpha[h^u_b]$ äquivalent ist. Also gilt:

$\mathfrak{A}\models \forall uv(\alpha\wedge\alpha(u/v) \rightarrow u\doteq v)[h] \Leftrightarrow$ für alle $a,b\in|\mathfrak{A}|$:
$(\mathfrak{A}\models\alpha[h^u_a]$ und $\mathfrak{A}\models\alpha[h^u_b] \Rightarrow a=b)$.

Die Formel sagt daher, daß es nicht mehr als ein $a\in|\mathfrak{A}|$ mit $\mathfrak{A}\models\alpha[h^u_a]$ geben kann. Da $\mathfrak{A}\models\exists u\alpha[h]$ genau dann gilt, wenn es mindestens ein $a\in|\mathfrak{A}|$

mit $\mathfrak{A}\models\alpha[h^u_a]$ gibt, sagt die Konjunktion beider Formeln, daß es genau ein $a\in|\mathfrak{A}|$ gibt mit $\mathfrak{A}\models\alpha[h^u_a]$. Abkürzend schreibt man $\overset{=1}{\exists}u\alpha$ ("es gibt genau ein u mit α") für die Konjunktion $(\exists u\alpha\wedge\forall uv(\alpha\wedge\alpha(u/v)\rightarrow u\doteq v))$.

Etwas eleganter läßt sich "es gibt genau ein u mit α" durch die Formel $\exists v\forall u(\alpha\leftrightarrow u\doteq v)$ ausdrücken. Dabei ist die Variable v so zu wählen, daß sie nicht frei in α vorkommt.

Die Aussage $\forall xy\overset{=1}{\exists}zQ(x,y,z)$ gilt also in einer Struktur $\mathfrak{A}$ genau dann, wenn die Deutung von Q eine Funktion von $|\mathfrak{A}|\times|\mathfrak{A}|$ in $|\mathfrak{A}|$ ist.

Wir werden jetzt Sprachen mit selbständigen Funktionszeichen einführen. Nimmt man beispielsweise für die Addition ein zweistelliges Funktionszeichen f hinzu und schreibt formal "f(u,v)" für das Objekt, das sich als "Summe von u und v" ergibt, so läßt sich die Assoziativität folgendermaßen schreiben:

$f(f(x,y),z)\doteq f(x,f(y,z))$, oder: $(xfy)fz\doteq xf(yfz)$,

falls man, wie bei zweistelligen Funktionen üblich, das Funktionszeichen zwischen die Argumente schreibt. Das Zeichen f wird in allen Strukturen als zweistellige Funktion, die für alle geordneten Paare von Individuen erklärt ist, gedeutet.

Unter einem Sprachtyp $\mathfrak{L}$ verstehen wir ab jetzt immer ein Quadrupel $\mathfrak{L}=\langle\mathfrak{R},\mathfrak{F},\mathfrak{K},s\rangle$ bestehend aus drei paarweise disjunkten Mengen $\mathfrak{R}$, $\mathfrak{F}$, $\mathfrak{K}$ und einer Funktion s, die jedem Element von $\mathfrak{R}\cup\mathfrak{F}$ eine positive natürliche Zahl zuordnet. Dabei ist $\mathfrak{R}$ die Menge der Relationszeichen, $\mathfrak{F}$ die *Menge der Funktionszeichen*, $\mathfrak{K}$ die Menge der Konstanten und s die Stellenzahlfunktion von $\mathfrak{L}$. Ein Element $f\in\mathfrak{F}$ mit $s(f)=n$ heißt n-*stelliges Funktionszeichen*.

Einem (relationalen) Typ $\mathfrak{L}=\langle\mathfrak{R},\mathfrak{K},s\rangle$ entspricht jetzt unter der allgemeineren Definition der Typ $\langle\mathfrak{R},\emptyset,\mathfrak{K},s\rangle$, den wir einfach wieder mit "$\mathfrak{L}$" bezeichnen.

Die Termbildungsregeln sind für allgemeine Typen $\mathfrak{L}=\langle\mathfrak{R},\mathfrak{F},\mathfrak{K},s\rangle$ jetzt wie folgt gegeben:

(T_0) Jede Variable und jede Konstante von $\mathfrak{L}$ ist ein $\mathfrak{L}$-Term.

(T_n) Sind $t_1,\ldots,t_n$ $\mathfrak{L}$-Terme und ist f ein n-stelliges Funktionszeichen von $\mathfrak{L}$, so ist auch die Zeichenreihe $f(t_1,\ldots,t_n)$ ein $\mathfrak{L}$-Term.

Die Menge aller $\mathfrak{L}$-Terme bezeichnen wir wieder mit $Tm_{\mathfrak{L}}$.

Man überlegt sich leicht, daß jeder $\mathfrak{L}$-Term entweder eine Variable, eine Konstante oder von der Gestalt $f(t_1,\ldots,t_n)$ ist, wobei das Zeichen $f\in\mathfrak{F}$

und die Terme $t_1,\dots,t_n$ eindeutig bestimmt sind. — Diese Bemerkung erlaubt es, Term-Funktionen über den Termaufbau zu definieren.

$\mathfrak{L}$-Formeln werden genau wie vorher eingeführt, wobei in der Definition der Primformeln auf die allgemeinen Terme zurückgegriffen wird.

Die Definition der Menge der freien Variablen eines $\mathfrak{L}$-Terms und einer $\mathfrak{L}$-Formel α ist wie folgt zu ergänzen:

$Fr(x)=\{x\}$ für Variablen x,

$Fr(c)=\emptyset$ für Konstanten c,

$Fr(f(t_1,\dots,t_n))=Fr(t_1)\cup\dots\cup Fr(t_n)$ für Terme der Gestalt $f(t_1,\dots,t_n)$,

und man setzt dann wie vorher:

$Fr(t_1 \doteq t_2)=Fr(t_1)\cup Fr(t_2)$, $Fr(Q(t_1,\dots,t_n))=Fr(t_1)\cup\dots\cup Fr(t_n)$, usw.

Weiterhin ist in der Definition der Substitution $*\alpha:=\alpha(x/t)$ die Klausel

$$*f(t_1,\dots,t_n)=f(*t_1,\dots,*t_n)$$

für n-stellige Funktionszeichen $f\in\mathfrak{F}$ hinzuzufügen.

Der Begriff der $\mathfrak{L}$-Struktur ist jetzt so zu fassen, daß auch eventuell vorkommende Funktionszeichen sinngemäß gedeutet werden. Das Paar $\mathfrak{A}=\langle A,I\rangle$ ist also eine $\mathfrak{L}$-Struktur genau dann, wenn A eine nichtleere Menge und I eine Funktion mit Definitionsbereich $\mathfrak{R}\cup\mathfrak{F}\cup\mathfrak{K}$ ist, so daß gilt:

(1) $I(Q)\subset A^n$ für $Q\in\mathfrak{R}$ und $s(Q)=n$;

(2) $I(f)$ ist eine Funktion mit Definitionsbereich A^n und Werten in A, falls $f\in\mathfrak{F}$ und $s(f)=n$;

(3) $I(c)\in A$ für $c\in\mathfrak{K}$.

Wir schreiben wieder:

$Q^{\mathfrak{A}}:=I(Q)$, $f^{\mathfrak{A}}:=I(f)$ und $c^{\mathfrak{A}}:=I(c)$.

Weiter bezeichne $|\mathfrak{A}|$ wieder die Trägermenge der Struktur $\mathfrak{A}=\langle A,I\rangle$, d.h. $|\mathfrak{A}|:=A$.

Man beachte, daß jedes n-stellige Funktionszeichen durch eine n-stellige Funktion gedeutet wird, die für jedes n-Tupel von Elementen aus A erklärt ist. Läßt man diese Bedingung weg, so kann die "Auswertung eines Terms" unter Umständen nicht definiert sein. Um diesen Komplikationen zu entgehen, werden nur Zeichen für total definierte Funktionen in die Sprache aufgenommen. Partiell definierte Funktionen werden weiter als Relationen behandelt.

Belegungen der Variablen in einer Menge A werden wie vorher eingeführt. Der Wert eines $\mathfrak{L}$-Terms t in der $\mathfrak{L}$-Struktur $\mathfrak{A}$ unter der Belegung h in $|\mathfrak{A}|$ ist definiert durch:

$$[\![x]\!]^{\mathfrak{A},h} = x^{\mathfrak{A},h} = h(x) \text{ für Variablen } x,$$
$$[\![c]\!]^{\mathfrak{A},h} = c^{\mathfrak{A},h} = c^{\mathfrak{A}} = I(c) \text{ für Konstanten } c,$$
$$[\![f(t_1,\dots,t_n)]\!]^{\mathfrak{A},h} = f(t_1,\dots,t_n)^{\mathfrak{A},h} = f^{\mathfrak{A}}(t_1^{\mathfrak{A},h},\dots,t_n^{\mathfrak{A},h}).$$

Der Wahrheitswert von Formeln ist wie früher definiert. Alles, was über allgemeingültige Formeln gesagt wurde, bleibt richtig. Zu den allgemeingültigen identitätslogischen Formeln kommt jedoch noch folgendes Formelschema für Funktionszeichen $f \in \mathfrak{F}$, wobei $n = s(f)$ ist, hinzu:

$$t_1 \doteq t_1' \wedge \dots \wedge t_n \doteq t_n' \rightarrow f(t_1,\dots,t_n) \doteq f(t_1',\dots,t_n').$$

Wir werden jetzt zeigen, wie man Formeln mit Funktionszeichen in eine rein relationale Sprache übersetzen kann.

Sei also $\mathfrak{L} = \langle \mathfrak{R}, \mathfrak{F}, \mathfrak{K}, s \rangle$ ein allgemeiner Sprachtyp. Der zu $\mathfrak{L}$ gehörige relationale Typ (d.h. ein Typ ohne Funktionszeichen), den wir mit $\mathfrak{L}'$ bezeichnen, wird wie folgt definiert:

Für jedes Funktionszeichen $f \in \mathfrak{F}$ wählen wir ein neues $(s(f)+1)$-stelliges Relationszeichen G_f. Die Relationszeichen von $\mathfrak{L}'$ sind dann genau die Elemente von $\mathfrak{R} \cup \{G_f | f \in \mathfrak{F}\}$, wobei jedes $Q \in \mathfrak{R}$ weiter die Stellenzahl $s(Q)$ und jedes G_f die Stellenzahl $s(f)+1$ besitzt. Außerdem habe $\mathfrak{L}'$ dieselben Konstanten wie $\mathfrak{L}$.

Wir werden zuerst zeigen, daß man zu jeder $\mathfrak{L}$-Formel eine äquivalente $\mathfrak{L}$-Formel finden kann, in der Funktionszeichen nur noch in Primformeln der Gestalt $y \doteq f(x_1,\dots,x_n)$ auftreten, wobei $y, x_1,\dots,x_n$ Variablen sind. Eine solche Primformel ist in einer $\mathfrak{L}$-Struktur $\mathfrak{A}$ unter einer Belegung h genau dann wahr, wenn $h(y) = f^{\mathfrak{A}}(h(x_1),\dots,h(x_n))$ gilt. Deuten wir jetzt das Relationszeichen G_f durch $R := \{\langle a_1,\dots,a_n, f^{\mathfrak{A}}(a_1,\dots,a_n)\rangle | a_1,\dots,a_n \in A\} = f^{\mathfrak{A}}$, so gilt $(h(y) = f^{\mathfrak{A}}(h(x_1),\dots,h(x_n)) \Leftrightarrow \langle h(x_1),\dots,h(x_n),h(y)\rangle \in R)$. Definiert man daher zu einer gegebenen $\mathfrak{L}$-Struktur $\mathfrak{A}$ eine $\mathfrak{L}'$-Struktur $\mathfrak{A}'$ mit demselben Individuenbereich durch

$$|\mathfrak{A}'| := |\mathfrak{A}|,\quad Q^{\mathfrak{A}'} := Q^{\mathfrak{A}} \text{ für } Q \in \mathfrak{R},\quad G_f^{\mathfrak{A}'} := f^{\mathfrak{A}} \text{ für } f \in \mathfrak{F} \text{ und } c^{\mathfrak{A}'} = c^{\mathfrak{A}} \text{ für } c \in \mathfrak{K},$$

so gilt für alle h in $|\mathfrak{A}|$:

$$\mathfrak{A} \models y \doteq f(x_1,\dots,x_n)[h] \quad \Leftrightarrow \quad \mathfrak{A}' \models G_f(x_1,\dots,x_n,y)[h].$$

Jede Formel α, in der Funktionszeichen nur in Primformeln dieser speziellen Gestalt auftreten, läßt sich sofort in die relationale Sprache übersetzen. Man ersetzt nämlich jede in α vorkommende Gleichung $y \doteq f(x_1,\dots,x_n)$ durch die korrespondierende Primformel $G_f(x_1,\dots,x_n,y)$ und stellt fest, daß die Ausgangsformel α in $\mathfrak{A}$ unter h genau dann gilt, wenn dies für die Übersetzung $'\alpha$ in $\mathfrak{A}'$ der Fall ist.

Wir zeigen also zuerst:

(5.13) **Lemma:** Zu jeder $\mathfrak{L}$-Formel α gibt es eine $\mathfrak{L}$-Formel β mit den Eigenschaften:

(1) In der Formel β treten Funktionszeichen nur in atomaren Teilformeln der Gestalt $y \doteq f(x_1,\dots,x_n)$ auf, wobei $y,x_1,\dots,x_n$ Variablen sind.

(2) β ist äquivalent zu α, d.h. $\alpha \leftrightarrow \beta$ ist in allen $\mathfrak{L}$-Strukturen gültig.

(3) α und β haben dieselben freien Variablen, d.h. $Fr(\alpha)=Fr(\beta)$.

Beweis:

Für $\top$ und $\bot$ ist nichts zu zeigen. – Ist α eine Primformel der Gestalt $t_1 \doteq t_2$, so ist α äquivalent zu der Formel $\exists y(y \doteq t_1 \wedge y \doteq t_2)$, wobei die Variable y so gewählt ist, daß sie weder in t_1 noch t_2 vorkommt. – Analog ist jede Primformel $Q(t_1,\dots,t_n)$ zu $\exists y_1 \dots \exists y_n(y_1 \doteq t_1 \wedge \dots \wedge y_n \doteq t_n \wedge Q(y_1,\dots,y_n))$ äquivalent, wobei die paarweise verschiedenen Variablen y_j so gewählt sind, daß sie in $Q(t_1,\dots,t_n)$ nicht vorkommen.

Um die Behauptung für Primformeln zu zeigen, genügt es daher, sie für Primformeln der Gestalt $y \doteq t$ nachzuweisen, wobei die Variable y in t nicht vorkommt. Dies geschieht durch Induktion über den Aufbau von t:

Enthält t keine Funktionszeichen, so hat die Primformel bereits die gewünschte Gestalt. – Sei jetzt $y \doteq f(t_1,\dots,t_n)$, und jede Gleichung $y_j \doteq t_j$ mit y_j nicht in t_j sei schon zu einer Formel β_j äquivalent, die die Bedingungen (1) bis (3) erfüllt. Dann ist, falls kein y_j in einem t_i vorkommt und alle y_j von y verschieden sind, folgendes allgemeingültig:

$$\begin{aligned} y \doteq f(t_1,\dots,t_n) &\leftrightarrow \exists y_1 \dots \exists y_n(y_1 \doteq t_1 \wedge \dots \wedge y_n \doteq t_n \wedge y \doteq f(y_1,\dots,y_n)) \\ &\leftrightarrow \exists y_1 \dots \exists y_n(\beta_1 \wedge \dots \wedge \beta_n \wedge y \doteq f(y_1,\dots,y_n)). \end{aligned}$$

Dabei macht man von den leicht nachzuweisenden Fakten Gebrauch, daß allgemein aus $\models \gamma_j \leftrightarrow \delta_j$ auch $\models \gamma_1 \wedge \dots \wedge \gamma_{n+1} \leftrightarrow \delta_1 \wedge \dots \wedge \delta_{n+1}$ und aus $\models \gamma \leftrightarrow \delta$ auch $\models \exists y_1 \dots \exists y_n \delta \leftrightarrow \exists y_1 \dots \exists y_n \gamma$ folgt.

Damit ist die Behauptung für Primformeln richtig. Die allgemeine Behauptung ergibt sich hieraus durch Induktion über den Aufbau der Formeln. Dabei ist zu beachten, daß aus den Äquivalenzen $\models \alpha_1 \leftrightarrow \beta_1$ und $\models \alpha_2 \leftrightarrow \beta_2$ auch $\models \neg\alpha_1 \leftrightarrow \neg\beta_1$, $\models \alpha_1 \wedge \alpha_2 \leftrightarrow \beta_1 \wedge \beta_2$, ..., $\models (\alpha_1 \leftrightarrow \alpha_2) \leftrightarrow (\beta_1 \leftrightarrow \beta_2)$, $\models \forall x \alpha_1 \leftrightarrow \forall x \beta_1$ und $\models \exists x \alpha_1 \leftrightarrow \exists x \beta_1$ folgt.

Ω

Für $\mathfrak{L}$-Formeln α, in denen Funktionszeichen nur in Primformeln der Gestalt $y \doteq f(x_1,\dots,x_n)$ vorkommen, definiert man eine Übersetzung $'\alpha$ in $\mathfrak{L}'$-Formeln durch:

Ist α eine Primformel, die keine Funktionszeichen enthält, so sei $'\alpha = \alpha$.

Ist α von der Gestalt $y \doteq f(x_1,\dots,x_n)$, so sei $'\alpha = G_f(x_1,\dots,x_n,y)$.

Weiterhin setzen wir:

$$'\top=\top,\quad '\bot=\bot,\quad '\neg\alpha=\neg '\alpha,\quad '(\alpha\wedge\beta)=('\alpha\wedge '\beta),\quad '(\alpha\vee\beta)=('\alpha\vee '\beta),$$
$$'(\alpha\rightarrow\beta)=('\alpha\rightarrow '\beta),\quad '(\alpha\leftrightarrow\beta)=('\alpha\leftrightarrow '\beta),\quad '\forall x\alpha=\forall x'\alpha,\quad '\exists x\alpha=\exists x'\alpha .$$

Durch Induktion über den Aufbau solcher Formeln zeigt man leicht, daß für alle $\mathfrak{L}$-Strukturen $\mathfrak{A}$ und alle h in $|\mathfrak{A}|$ gilt: $(\mathfrak{A}\models\alpha[h] \Leftrightarrow \mathfrak{A}'\models '\alpha[h])$.

Daraus ergibt sich sofort mit (5.13), daß es zu jeder $\mathfrak{L}$-Formel α eine $\mathfrak{L}'$-Formel α' mit $Fr(\alpha)=Fr(\alpha')$ gibt, so daß für alle $\mathfrak{L}$-Strukturen $\mathfrak{A}$ und alle Belegungen h in $|\mathfrak{A}|$ die Äquivalenz $(\mathfrak{A}\models\alpha[h] \Leftrightarrow \mathfrak{A}'\models\alpha'[h])$ gültig ist. Indem man geeignete Normierungen einführt, kann man effektiv zu jeder $\mathfrak{L}$-Formel α eine derartige $\mathfrak{L}'$-Formel α' angeben.

Jeder $\mathfrak{L}$-Struktur $\mathfrak{A}$ ist damit in natürlicher Weise die $\mathfrak{L}'$-Struktur $\mathfrak{A}'$ zugeordnet. Offensichtlich läßt sich umgekehrt nicht jede $\mathfrak{L}'$-Struktur $\mathfrak{B}'$ als $\mathfrak{L}$-Struktur auffassen, da die Relationszeichen G_f durch Relationen, die keine Funktionen sind, gedeutet sein können. Das heißt, daß in $\mathfrak{B}'$ eine Aussage

$$\gamma_f := \forall x_1\ldots x_n \overset{=1}{\exists} y\, G_f(x_1,\ldots,x_n,y)$$

für ein n-stelliges $f\in\mathfrak{F}$ unter Umständen falsch ist.

Gilt jedoch für jedes $f\in\mathfrak{F}$ die entsprechende Aussage γ_f in der $\mathfrak{L}'$-Struktur $\mathfrak{B}'$, so gibt es zu jedem n-Tupel $\langle b_1,\ldots,b_n\rangle\in|\mathfrak{B}'|^n$ genau ein $b\in|\mathfrak{B}'|$ mit $\langle b_1,\ldots,b_n,b\rangle=\langle\langle b_1,\ldots,b_n\rangle,b\rangle\in G_f^{\mathfrak{B}'}$, d.h. jedes G_f wird dann durch eine s(f)-stellige, überall definierte Funktion gedeutet. In diesem Falle erhält man aus der $\mathfrak{L}'$-Struktur $\mathfrak{B}'$ sofort eine $\mathfrak{L}$-Struktur $\mathfrak{B}$, in der die Äquivalenz $(\mathfrak{B}\models\alpha[h] \Leftrightarrow \mathfrak{B}'\models\alpha'[h])$ für alle Belegungen h in $|\mathfrak{B}'|$ und alle $\mathfrak{L}$-Formeln α gilt. Man setzt einfach:

$$|\mathfrak{B}|:=|\mathfrak{B}'|,\quad Q^{\mathfrak{B}}:=Q^{\mathfrak{B}'} \text{ für } Q\in\mathfrak{R},\quad f^{\mathfrak{B}}:=G_f^{\mathfrak{B}'} \text{ für } f\in\mathfrak{F} \text{ und } c^{\mathfrak{B}}:=c^{\mathfrak{B}'} \text{ für } c\in\mathfrak{K}.$$

Aus obigen Konstruktionen ist sofort ersichtlich, daß der Übergang von der $\mathfrak{L}$-Struktur $\mathfrak{A}$ zu der $\mathfrak{L}'$-Struktur $\mathfrak{B}':=\mathfrak{A}'$ gefolgt vom Übergang von $\mathfrak{B}'$ zur $\mathfrak{L}$-Struktur $\mathfrak{B}$ gerade wieder $\mathfrak{A}$ ergibt. Analog erhält man aus einer $\mathfrak{L}'$-Struktur $\mathfrak{B}'$, in der alle γ_f wahr sind, eine $\mathfrak{L}$-Struktur $\mathfrak{B}$, aus der man durch die Operation ' gerade wieder $\mathfrak{B}'$ gewinnt.

Ist Σ eine $\mathfrak{L}$-Formelmenge, so bezeichne $\Sigma':=\{\sigma'|\sigma\in\Sigma\}$, wobei σ' eine im obigen Sinne zu σ gehörige Formel ist. — Wir zeigen jetzt:

(5.14) **Lemma:** Für alle $\Sigma\cup\{\alpha\}\subset Fm_{\mathfrak{L}}$ gilt: $(\Sigma\models\alpha \Leftrightarrow \Sigma'\cup\{\gamma_f|\, f\in\mathfrak{F}\}\models\alpha')$, wobei γ_f für n-stelliges f die $\mathfrak{L}'$-Aussage $\forall v_0\ldots v_{n-1}\overset{=1}{\exists} v_n G_f(v_0,\ldots,v_n)$ ist.

Beweis:

Es gelte $\Sigma\models\alpha$. In jedem $\mathfrak{L}$-Modell von Σ ist dann α wahr. Sei nun $\mathfrak{B}'$ ein $\mathfrak{L}'$-Modell von $\Sigma'\cup\{\gamma_f|f\in\mathfrak{F}\}$. Da alle γ_f in $\mathfrak{B}'$ wahr sind, erhält man aus $\mathfrak{B}'$

eine $\mathfrak{L}$-Struktur $\mathfrak{B}$, in der, wie vorher dargelegt, alle Elemente von Σ wahr sind. Aufgrund von $\Sigma \models \alpha$ ist $\mathfrak{B}$ auch Modell von α, woraus durch Strichbildung folgt, daß $\mathfrak{B}'$ Modell von α' ist. Da dies für alle Modelle $\mathfrak{B}'$ von $\Sigma' \cup \{\gamma_f | f \in \mathfrak{F}\}$ gilt, ergibt sich die gewünschte Aussage $\Sigma' \cup \{\gamma_f | f \in \mathfrak{F}\} \models \alpha'$.

Gilt andererseits $\Sigma' \cup \{\gamma_f | f \in \mathfrak{F}\} \models \alpha'$, und ist $\mathfrak{A}$ ein $\mathfrak{L}$-Modell von Σ, so folgt aus der Konstruktion von $\mathfrak{A}'$, daß $\mathfrak{A}'$ ein Modell von $\Sigma' \cup \{\gamma_f | f \in \mathfrak{F}\}$ ist. Nach Voraussetzung ist dann $\mathfrak{A}'$ auch Modell von α' – und somit ist $\mathfrak{A}$ ein Modell von α. Daraus folgt $\Sigma \models \alpha$.

Ω

Aufgrund dieser Betrachtungen ist deutlich, daß eigenständige Funktionszeichen prinzipiell entbehrlich sind. – Da man Konstanten als nullstellige Funktionszeichen ansehen kann, ist zu vermuten, daß auch sie im Prinzip nicht benötigt werden und durch einstellige neue Relationszeichen ersetzbar sind. Die Bestätigung dieser Vermutung sei dem Leser als Übung überlassen. Wir begnügen uns mit einem Beispiel:

Gegeben sei die Sprache $\mathfrak{L} = \langle \{Q\}, \emptyset, \{c\}, \{\langle Q,2 \rangle\} \rangle$, d.h. die Sprache, die nur das zweistellige Relationszeichen Q und die Konstante c besitzt. Man wählt ein neues einstelliges Relationszeichen P und bildet den neuen Typ $\mathfrak{L}' := \langle \{P,Q\}, \emptyset, \emptyset, \{\langle P,1 \rangle, \langle Q,2 \rangle\} \rangle$, der keine Konstante mehr enthält.

Dabei liegt die Vorstellung zugrunde, daß P die Eigenschaft andeutet "identisch mit c zu sein". Demgemäß ordnet man jeder $\mathfrak{L}$-Struktur $\mathfrak{A}$ eindeutig eine $\mathfrak{L}'$-Struktur $\mathfrak{A}'$ zu, die man aus $\mathfrak{A}$ erhält, indem man P durch $\{c^{\mathfrak{A}}\}$ deutet, $Q^{\mathfrak{A}'} = Q^{\mathfrak{A}}$ setzt und die Deutung von c vergißt.

Ist beispielsweise eine $\mathfrak{L}$-Formel $Q(x,c)$ gegeben, so ist diese Formel zur $\mathfrak{L}$-Formel $\exists y(y \doteq c \wedge Q(x,y))$ äquivalent. Es genügt daher, eine Übersetzung für die Gleichung $y \doteq c$ anzugeben. – Offensichtlich gelten nach Konstruktion von $\mathfrak{A}'$ für alle Belegungen h in $|\mathfrak{A}|$ die Äquivalenzen:

$$\mathfrak{A} \models y \doteq c[h] \iff h(y) = c^{\mathfrak{A}} \iff h(y) \in \{c^{\mathfrak{A}}\} \iff h(y) \in P^{\mathfrak{A}'} \iff \mathfrak{A}' \models P(y)[h].$$

Die Übersetzung der Primformel $y \doteq c$ ist also $P(y)$. Für alle Formeln, in denen die Konstante nur in Gleichungen der Gestalt $y \doteq c$ auftritt, geht man dann genau wie im Funktionsfalle vor. Da wiederum jede $\mathfrak{L}$-Formel zu einer $\mathfrak{L}$-Formel dieses speziellen Typs äquivalent ist, folgt, daß es zu jeder $\mathfrak{L}$-Formel α eine $\mathfrak{L}'$-Formel α' mit denselben freien Variablen gibt, so daß die Äquivalenz $(\mathfrak{A} \models \alpha[h] \iff \mathfrak{A}' \models \alpha'[h])$ für alle $\mathfrak{L}$-Strukturen $\mathfrak{A}$ und alle Belegungen h in $|\mathfrak{A}|$ wahr ist.

Aus einer $\mathfrak{L}'$-Struktur $\mathfrak{B}'$ erhält man nur dann auf eindeutige Weise eine $\mathfrak{L}$-Struktur $\mathfrak{B}$, wenn die Eigenschaft $P^{\mathfrak{B}'}$ auf genau ein Element zutrifft, d.h. wenn in $\mathfrak{B}'$ die Aussage $\overset{=1}{\exists} v_0 P(v_0)$ gilt.

Genau wie in (5.14) folgt für $\Sigma\cup\{\alpha\}\subset Fm_{\mathfrak{L}}$: $(\Sigma\models\alpha \Leftrightarrow \Sigma'\cup\{\overset{=1}{\exists} v_0 P(v_0)\}\models\alpha')$.

Konstanten sind somit in Bezug auf logische Folgerungen ebenfalls entbehrlich.

Das Zeichen $\doteq$ wird in allen Strukturen immer als echte Identität im Trägerbereich gedeutet. Verzichtet man hierauf und fordert nur, daß die als Deutung des Identitätszeichens auftretende Relation in Bezug auf die in der Struktur explizit genannten Relationen und Funktionen sich wie die Identität verhält, so gelangt man zu einem allgemeineren Strukturbegriff. Es wird sich jedoch zeigen, daß man aus jeder solchen allgemeinen Struktur durch Äquivalenzklassenbildung eine semantisch gleichwertige Struktur mit gewöhnlicher Identität gewinnen kann. Dazu führen wir den Begriff der Kongruenzrelation ein und betrachten Strukturen, in denen das Identitätszeichen durch eine Kongruenzrelation gedeutet wird.

Gegeben sei die Sprache $\mathfrak{L}=\langle\mathfrak{R},\mathfrak{F},\mathfrak{K},s\rangle$ und eine $\mathfrak{L}$-Struktur $\mathfrak{A}$. Eine zweistellige Relation I in der Trägermenge von $\mathfrak{A}$ wird *Kongruenzrelation in* $\mathfrak{A}$ genannt, falls folgende Bedingungen erfüllt sind:

(1) I ist eine Äquivalenzrelation in $|\mathfrak{A}|$.

(2) Für alle $Q\in\mathfrak{R}$ und alle $a_1,\ldots,a_{s(Q)},b_1,\ldots b_{s(Q)}\in|\mathfrak{A}|$ gilt:

$$a_1Ib_1,\ldots,a_{s(Q)}Ib_{s(Q)} \Rightarrow (\langle a_1,\ldots,a_{s(Q)}\rangle\in Q^{\mathfrak{A}} \Leftrightarrow \langle b_1,\ldots,b_{s(Q)}\rangle\in Q^{\mathfrak{A}});$$

und für alle $f\in\mathfrak{F}$ und alle $a_1,\ldots,a_{s(f)},b_1,\ldots b_{s(f)}\in|\mathfrak{A}|$ gilt:

$$a_1Ib_1,\ldots,a_{s(f)}Ib_{s(f)} \Rightarrow f^{\mathfrak{A}}(a_1,\ldots,a_{s(f)})If^{\mathfrak{A}}(b_1,\ldots,b_{s(f)}).$$

Wir erweitern den Strukturbegriff, indem wir von der Sonderrolle des Zeichens $\doteq$ absehen und dieses als gewöhnliches zweistelliges Relationszeichen auffassen, das zunächst durch beliebige zweistellige Relationen in der Trägermenge einer Struktur deutbar ist. Die Deutung von $\doteq$ in einer Struktur $\mathfrak{A}$ bezeichnen wir im folgenden mit $I^{\mathfrak{A}}$. Für die in diesem Sinne verallgemeinerten Strukturen gilt:

$$\mathfrak{A}\models x\doteq y[h] \Leftrightarrow \langle h(x),h(y)\rangle\in I^{\mathfrak{A}} \Leftrightarrow h(x)I^{\mathfrak{A}}h(y).$$

Im folgenden werden allerdings nur solche verallgemeinerten $\mathfrak{L}$-Strukturen in Betracht gezogen, die das Identitätszeichen $\doteq$ durch eine Kongruenzrelation deuten. Dies läßt sich so formulieren, daß wir nur Strukturen dieser allgemeineren Art betrachten, in denen die bekannten identitätslogischen Formeln

$$v_0\doteq v_0\,,\quad v_0\doteq v_1\to v_1\doteq v_0\,,\quad v_0\doteq v_1\wedge v_1\doteq v_2\to v_0\doteq v_2\,,$$

$$v_1\doteq v_{n+1}\wedge\ldots\wedge v_n\doteq v_{2n}\to(Q(v_1,\ldots,v_n)\leftrightarrow Q(v_{n+1},\ldots,v_{2n}))\text{ für } Q\in\mathfrak{R} \text{ und } s(Q)=n,$$

$$v_1\doteq v_{n+1}\wedge\ldots\wedge v_n\doteq v_{2n}\to f(v_1,\ldots,v_n)\doteq f(v_{n+1},\ldots,v_{2n}))\text{ für } f\in\mathfrak{F} \text{ und } s(f)=n$$

gelten. Die Menge dieser Formeln bezeichnen wir mit $\mathrm{Id}_{\mathfrak{L}}$. Es gilt daher:

$\mathfrak{A} \models \mathrm{Id}_{\mathfrak{L}} \Leftrightarrow I^{\mathfrak{A}}$ ist eine Kongruenzrelation in $\mathfrak{A}$.

Jeder allgemeinen $\mathfrak{L}$-Struktur $\mathfrak{A}$ mit der Kongruenzrelation $I^{\mathfrak{A}}$ ordnen wir eine $\mathfrak{L}$-Struktur $\overline{\mathfrak{A}}$ auf folgende Weise zu:

Die Trägermenge von $\overline{\mathfrak{A}}$ besteht gerade aus den Äquivalenzklassen von $I^{\mathfrak{A}}$, d.h. $|\overline{\mathfrak{A}}| := \{\bar{a} \mid a \in |\mathfrak{A}|\}$, wobei $\bar{a} := [a]_{I^{\mathfrak{A}}}$ die durch a repräsentierte Äquivalenzklasse bezeichnet.

Für n-stelliges $Q \in \mathfrak{R}$ sei: $Q^{\overline{\mathfrak{A}}} := \{\langle \bar{a}_1, \ldots, \bar{a}_n \rangle \mid \langle a_1, \ldots, a_n \rangle \in Q^{\mathfrak{A}}\}$.

Für n-stelliges $f \in \mathfrak{F}$ sei $f^{\overline{\mathfrak{A}}}$ gegeben durch: $f^{\overline{\mathfrak{A}}}(\bar{a}_1, \ldots, \bar{a}_n) := \overline{f^{\mathfrak{A}}(a_1, \ldots, a_n)}$ für alle $a_1, \ldots, a_n \in |\mathfrak{A}|$.

Für $c \in \mathfrak{K}$ sei: $c^{\overline{\mathfrak{A}}} := \overline{c^{\mathfrak{A}}}$.

Da $I^{\mathfrak{A}}$ eine Äquivalenzrelation ist, gilt $(\bar{a}_1 = \bar{a}_2 \Leftrightarrow a_1 I^{\mathfrak{A}} a_2)$. Aus der Kongruenzeigenschaft von $I^{\mathfrak{A}}$ hinsichtlich $f^{\mathfrak{A}}$ folgt dann, daß die Definition von $f^{\overline{\mathfrak{A}}}$ nur von den vorgegebenen Klassen und nicht von den speziell gewählten Repräsentanten abhängt. Das Identitätszeichen $\doteq$ wird jetzt in $\overline{\mathfrak{A}}$ durch $I^{\mathfrak{A}} = \{\langle \bar{a}_1, \bar{a}_2 \rangle \mid a_1 I^{\mathfrak{A}} a_2\} = \{\langle e, e \rangle \mid e \in |\overline{\mathfrak{A}}|\}$ gedeutet. Dies ist aber gerade die Identitätsrelation in $|\overline{\mathfrak{A}}|$. Somit ist $\overline{\mathfrak{A}}$ eine Struktur im engeren Sinne, die aus der Struktur $\mathfrak{A}$ durch Identifikation kongruenter Elemente entsteht.

Ist h eine Belegung in $|\mathfrak{A}|$, so sei $\bar{h}$ diejenige Belegung in $|\overline{\mathfrak{A}}|$, die jeder Variablen x die Äquivalenzklasse von h(x) zuordnet, d.h. $\bar{h}(x) = \overline{h(x)}$ für alle Variablen x. Es zeigt sich jetzt, daß in den Strukturen $\mathfrak{A}$ und $\overline{\mathfrak{A}}$ dieselben Formeln gültig sind:

(5.15) **Lemma:** Gegeben sei eine allgemeine $\mathfrak{L}$-Struktur $\mathfrak{A}$ mit der Kongruenzrelation $I^{\mathfrak{A}}$. Die Struktur $\overline{\mathfrak{A}}$ entstehe aus $\mathfrak{A}$ wie oben durch Identifikation kongruenter Elemente. Dann gilt für alle Belegungen h in $|\mathfrak{A}|$ und alle $\mathfrak{L}$-Formeln α: $(\mathfrak{A} \models \alpha[h] \Leftrightarrow \overline{\mathfrak{A}} \models \alpha[\bar{h}])$.

Beweis:

Zuerst überlegt man sich durch Induktion über den Termaufbau, daß für $\mathfrak{L}$-Terme t immer $\overline{t^{\mathfrak{A},h}} = t^{\overline{\mathfrak{A}},\bar{h}}$ gilt. Für Variablen und Konstanten ist das nach Definition richtig, da $\overline{x^{\mathfrak{A},h}} = \overline{h(x)} = \bar{h}(x) = x^{\overline{\mathfrak{A}},\bar{h}}$ und $\overline{c^{\mathfrak{A},h}} = \overline{c^{\mathfrak{A}}} = c^{\overline{\mathfrak{A}}} = c^{\overline{\mathfrak{A}},\bar{h}}$ gilt. – Ist die Behauptung schon für die Terme $t_1, \ldots, t_n$ richtig, so folgt:

$$\begin{aligned}\overline{f(t_1,\ldots,t_n)^{\mathfrak{A},h}} = \overline{f^{\mathfrak{A}}(t_1^{\mathfrak{A},h},\ldots,t_n^{\mathfrak{A},h})} &= f^{\overline{\mathfrak{A}}}(\overline{t_1^{\mathfrak{A},h}},\ldots,\overline{t_n^{\mathfrak{A},h}}) \\ &= f^{\overline{\mathfrak{A}}}(t_1^{\overline{\mathfrak{A}},\bar{h}},\ldots,t_n^{\overline{\mathfrak{A}},\bar{h}}) = f(t_1,\ldots,t_n)^{\overline{\mathfrak{A}},\bar{h}}.\end{aligned}$$

Damit ist die Aussage für alle Terme richtig. Unter Benutzung dieses Faktums zeigen wir das Lemma durch Induktion über den Aufbau von α.

Für Gleichungen ergibt sich:

$\mathfrak{A} \models t_1 \doteq t_2[h] \Leftrightarrow t_1^{\mathfrak{A},h} I^{\mathfrak{A}} t_2^{\mathfrak{A},h} \Leftrightarrow \overline{t_1^{\mathfrak{A},h}} = \overline{t_2^{\mathfrak{A},h}} \Leftrightarrow t_1^{\overline{\mathfrak{A}},\overline{h}} = t_2^{\overline{\mathfrak{A}},\overline{h}} \Leftrightarrow \overline{\mathfrak{A}} \models t_1 \doteq t_2[\overline{h}]$.

Für Primformeln der Gestalt $Q(t_1,\dots,t_n)$ gilt:

$$\mathfrak{A} \models Q(t_1,\dots,t_n)[h] \Leftrightarrow \langle t_1^{\mathfrak{A},h},\dots,t_n^{\mathfrak{A},h}\rangle \in Q^{\mathfrak{A}},$$

$$\overline{\mathfrak{A}} \models Q(t_1,\dots,t_n)[\overline{h}] \Leftrightarrow \langle t_1^{\overline{\mathfrak{A}},\overline{h}},\dots,t_n^{\overline{\mathfrak{A}},\overline{h}}\rangle \in Q^{\overline{\mathfrak{A}}} \Leftrightarrow \langle \overline{t_1^{\mathfrak{A},h}},\dots,\overline{t_n^{\mathfrak{A},h}}\rangle \in Q^{\overline{\mathfrak{A}}}.$$

Aus $\langle t_1^{\mathfrak{A},h},\dots,t_n^{\mathfrak{A},h}\rangle \in Q^{\mathfrak{A}}$ folgt nach Definition von $Q^{\overline{\mathfrak{A}}}$ unmittelbar auch $\langle \overline{t_1^{\mathfrak{A},h}},\dots,\overline{t_n^{\mathfrak{A},h}}\rangle \in Q^{\overline{\mathfrak{A}}}$. – Umgekehrt erhalten wir aus $\langle \overline{t_1^{\mathfrak{A},h}},\dots,\overline{t_n^{\mathfrak{A},h}}\rangle \in Q^{\overline{\mathfrak{A}}}$ zuerst die Existenz von Elementen $a_1,\dots,a_n \in |\mathfrak{A}|$ mit $\langle a_1,\dots,a_n\rangle \in Q^{\mathfrak{A}}$ und $\overline{a_j} = \overline{t_j^{\mathfrak{A},h}}$ für $j \in \{1,\dots,n\}$. Da aber $I^{\mathfrak{A}}$ eine Kongruenzrelation ist, ergibt sich auch $\langle t_1^{\mathfrak{A},h},\dots,t_n^{\mathfrak{A},h}\rangle \in Q^{\mathfrak{A}}$. Damit gilt die Behauptung für alle Primformeln.

Der aussagenlogische Teil der Induktion ist reine Routine. – Im Falle eines Existenzquantors argumentieren wir so:

Sei jetzt die Behauptung für α und alle Belegungen h' schon richtig. Es gilt $\mathfrak{A} \models \exists x\alpha[h]$ genau dann, wenn es ein $a \in |\mathfrak{A}|$ mit $\mathfrak{A} \models \alpha[h^x_a]$ gibt. Nach Induktionsvoraussetzung ist aber $\mathfrak{A} \models \alpha[h^x_a]$ zu $\overline{\mathfrak{A}} \models \alpha[\overline{h^x_a}]$ äquivalent. Da $\overline{h^x_a} = \overline{h}^x_{\overline{a}}$ ist, folgt aus $\mathfrak{A} \models \alpha[h^x_a]$ auch $\overline{\mathfrak{A}} \models \alpha[\overline{h}^x_{\overline{a}}]$ – und somit $\overline{\mathfrak{A}} \models \exists x\alpha[\overline{h}]$. Umgekehrt impliziert $\overline{\mathfrak{A}} \models \exists x\alpha[\overline{h}]$ die Existenz einer Äquivalenzklasse e mit $\overline{\mathfrak{A}} \models \alpha[\overline{h}^x_e]$. Da aber $e = \overline{a}$ für ein $a \in |\mathfrak{A}|$ ist, folgt aus $\overline{h^x_a} = \overline{h}^x_{\overline{a}}$ und der Induktionsvoraussetzung $\mathfrak{A} \models \alpha[h^x_a]$ – und damit auch $\mathfrak{A} \models \exists x\alpha[h]$.

Der verbleibende Fall eines Allquantors läßt sich leicht auf den zuvor behandelten Fall zurückführen.

Ω

Als Korollar zum Lemma ergibt sich:

(5.16) **Korollar:** Für alle allgemeinen $\mathfrak{L}$-Strukturen mit Kongruenzrelation gilt, daß in $\mathfrak{A}$ und $\overline{\mathfrak{A}}$ dieselben Aussagen gültig sind, d.h. für alle $\mathfrak{L}$-Aussagen α gilt die Äquivalenz: $(\mathfrak{A} \models \alpha \Leftrightarrow \mathfrak{A} \models \alpha)$.

Beweis:

Aus $\mathfrak{A} \models \alpha$ folgt, wenn h irgendeine Belegung in $|\mathfrak{A}|$ ist, auch $\mathfrak{A} \models \alpha[h]$. Mit (5.15) erhält man daraus die Gültigkeit von $\overline{\mathfrak{A}} \models \alpha[\overline{h}]$. Da α nach Voraussetzung eine Aussage ist, folgt $\overline{\mathfrak{A}} \models \alpha$.

Gilt andererseits $\mathfrak{A} \not\models \alpha$, so folgt für Aussagen α auch $\mathfrak{A} \models \neg\alpha$. Hieraus erhält man mit (5.15), wie vorher, $\overline{\mathfrak{A}} \models \neg\alpha$ – und somit folgt $\overline{\mathfrak{A}} \models \alpha$.

Ω

Damit ist klar, daß durch allgemeinere Stukturen nichts wesentlich Neues gewonnen wird. Im folgenden sind daher, sofern nichts anderes gesagt ist, Strukturen wieder im engeren Sinne zu verstehen. Wir werden später vom Verfahren, aus allgemeinen Strukturen spezielle zu gewinnen, mehrfach Gebrauch machen. Dies ist darin begründet, daß gewisse Konstruktionen in natürlicher Weise zu allgemeinen Strukturen führen.

Neben Funktionen und deren Ineinanderschachtelung könnte man weitere Termbildungsprozesse in die Sprache aufnehmen. Ist beispielsweise eine Formel α und eine Variable x gegeben, so kann man einen "ε-Term" $\varepsilon x\alpha$ einführen. In einer Struktur $\mathfrak{A}$, in der die Deutung von α schon unter jeder Belegung h in $|\mathfrak{A}|$ festgelegt ist, soll $\varepsilon x\alpha$ durch ein $a\in|\mathfrak{A}|$ mit $\mathfrak{A}\models\alpha[h_a^x]$ gedeutet werden, sofern ein solches a existiert. Andernfalls wird $\varepsilon x\alpha$ durch irgendein Element von $|\mathfrak{A}|$ gedeutet. Der Ausdruck $\varepsilon x\alpha$ soll also immer ein "Element mit der Eigenschaft α" andeuten, sofern ein solches existiert.

Genauer bedeutet dies, daß zuerst das Regelsystem für $\mathfrak{L}$-Terme und $\mathfrak{L}$-Formeln um die folgende Regel erweitert wird:

Ist α schon eine Formel und x eine Variable, so ist $\varepsilon x\alpha$ ein Term.

Enthält $\mathfrak{L}$ das zweistellige Relationszeichen Q, so ist beispielsweise die Zeichenreihe $\varepsilon v_0(\forall v_2 Q(v_0,\varepsilon v_1 Q(v_1,v_2)))$ ein Term dieser Sprache.

Um jetzt zu einer Deutung von ε-Termen zu gelangen, wird der Strukturbegriff erweitert, indem zu jeder gewöhnlichen $\mathfrak{L}$-Struktur $\mathfrak{A}$ noch eine Funktion $\boldsymbol{\nu}$ hinzugenommen wird, die aus jeder nichtleeren Teilmenge von $|\mathfrak{A}|$ ein Element auswählt. Der leeren Menge soll eine solche Funktion $\boldsymbol{\nu}$ irgendein Element von $|\mathfrak{A}|$ zuordnen.

Unter einer ε-Struktur für $\mathfrak{L}$ verstehen wir daher ein Tupel $\langle\mathfrak{A},\boldsymbol{\nu}\rangle$, wobei $\mathfrak{A}$ eine $\mathfrak{L}$-Struktur ist und $\boldsymbol{\nu}:\mathfrak{P}(|\mathfrak{A}|)\rightarrow|\mathfrak{A}|$ eine Funktion ist, die jeder nichtleeren Teilmenge $X\subset|\mathfrak{A}|$ ein Element von X zuordnet, d.h. $\boldsymbol{\nu}(X)\in X$ für alle X mit $\emptyset\neq X\subset|\mathfrak{A}|$.

Für Belegungen h in $|\mathfrak{A}|$ werden $[\![t]\!]^{\langle\mathfrak{A},\boldsymbol{\nu}\rangle,h}$ und $[\![\alpha]\!]^{\langle\mathfrak{A},\boldsymbol{\nu}\rangle,h}$ wie früher eingeführt, wobei für ε-Terme folgende Bedingung hinzukommt:

$$[\![\varepsilon x\alpha]\!]^{\langle\mathfrak{A},\boldsymbol{\nu}\rangle,h} = \boldsymbol{\nu}(\{a\in|\mathfrak{A}| \mid \mathfrak{A}\models\alpha[h_a^x]\}).$$

Bei der Deutung von $\varepsilon x\alpha$ wird von der speziellen h-Deutung der Variablen x abstrahiert. Somit wird in $\varepsilon x\alpha$ jedes freie Vorkommen von x in α durch εx gebunden.

In der ε-Sprache werden die Quantoren entbehrlich, da für ε-Strukturen $\langle\mathfrak{A},\boldsymbol{\nu}\rangle$ folgende Äquivalenzen allgemeingültig sind (sofern $\varepsilon x\alpha$ frei zur Substitution für x in α ist):

$$\exists x\alpha\leftrightarrow\alpha(x/\varepsilon x\alpha) \text{ und } \forall x\alpha\leftrightarrow\alpha(x/\varepsilon x\neg\alpha).$$

Aus dem Auswahlaxiom folgt, daß sich jede gewöhnliche $\mathfrak{L}$-Struktur $\mathfrak{A}$ zu einer ε-Struktur $\langle\mathfrak{A},\mathfrak{v}\rangle$ erweitern läßt. Daraus erhält man, daß für Formelmengen und Formeln, die keine ε-Terme enthalten, die Folgerungsbeziehung hinsichtlich gewöhnlicher $\mathfrak{L}$-Strukturen mit der Folgerungsbeziehung in Bezug auf ε-Strukturen übereinstimmt.

Wir wollen jetzt zu den "gewöhnlichen" prädikatenlogischen Sprachen zurückkehren und als erstes ein Regelsystem **P** angeben, das die Ableitung aller allgemeingültigen Formeln gestattet. Allgemeiner werden wir wieder, wie in der Aussagenlogik, die Folgerungsbeziehungen $\Sigma\models\alpha$ durch Regelsysteme $\mathbf{P}_\Sigma$ charakterisieren.

Der Einfachheit halber schränken wir uns im folgenden auf Teilsprachen ein, die nur noch die Junktorzeichen $\neg$ und $\rightarrow$ enthalten. Die übrigen Junktorzeichen benutzen wir zwar weiter, aber nur als Abkürzungen für Ausdrücke in $\neg$ und $\rightarrow$. Wir definieren daher:

$$\top := (\forall v_0\, v_0 \doteq v_0 \rightarrow \forall v_0\, v_0 \doteq v_0) \text{ und } \bot := \neg\top.$$

Die Zeichenreihen $\top$ und $\bot$ sind dann Aussagen der reinen Identitätslogik und somit für jedes $\mathfrak{L}$ in $\mathrm{Aus}_{\mathfrak{L}}$. Dabei ist $\top$ (bzw. $\bot$) aus rein aussagenlogischen Gründen wahr (bzw. falsch). Die Zeichen $\wedge$, $\vee$ und $\leftrightarrow$ werden wie üblich (s. §2) eingeführt. Weiterhin benutzen wir nur noch das Zeichen "$\forall$" und setzen $\exists x := \neg\forall x\neg$. — Die Sprache $\mathfrak{L}=\langle\mathfrak{R},\mathfrak{F},\mathfrak{K},s\rangle$ sei im folgenden fest gewählt; wir meinen mit Termen und Formeln, sofern nicht ausdrücklich etwas anderes gesagt ist, $\mathfrak{L}$-Terme und $\mathfrak{L}$-Formeln.

Das Regelsystem **P** hat folgende Axiome:

(T) Alle Formeln, die sich aus aussagenlogischen Tautologien ergeben, indem für alle vorkommenden Aussagenvariablen prädikatenlogische Formeln substituiert werden.

(I) Die identitätslogischen Axiome
$t\doteq t$, $t_1\doteq t_2\rightarrow t_2\doteq t_1$, $t_1\doteq t_2\wedge t_2\doteq t_3\rightarrow t_1\doteq t_3$,
$t_1\doteq t_1'\wedge\ldots\wedge t_n\doteq t_n' \rightarrow (Q(t_1,\ldots,t_n)\leftrightarrow Q(t_1',\ldots,t_n'))$ für $Q\in\mathfrak{R}$ mit $s(Q)=n$,
$t_1\doteq t_1'\wedge\ldots\wedge t_n\doteq t_n' \rightarrow f(t_1,\ldots,t_n)\doteq f(t_1',\ldots,t_n')$ für $f\in\mathfrak{F}$ mit $s(f)=n$.
Dabei sind $t,t_1,\ldots,t_1',\ldots$ beliebige Terme.

(B) Die "Beispielbildungen" $\forall x\alpha\rightarrow\alpha(x/t)$, falls t frei für x in α ist.

(D) Die Distributionsaxiome $\forall x(\alpha\rightarrow\beta)\rightarrow(\forall x\alpha\rightarrow\forall x\beta)$.

(H) Die "hintere Einführung" des Allquantors $\alpha\rightarrow\forall x\alpha$, falls $x\notin Fr(\alpha)$ ist.

Als Regeln mit Prämissen kommen hinzu der Modus ponens (MP) und die *Generalisierungsregel* (GR):

$$\text{(MP)}\quad \frac{\alpha,\ \alpha\rightarrow\beta}{\beta}, \qquad\qquad \text{(GR)}\quad \frac{\alpha}{\forall x\alpha}.$$

Ist jetzt Σ eine Formelmenge, so entsteht das Regelsystem $\mathbf{P}_\Sigma$ aus dem System $\mathbf{P}$ durch Hinzunahme der Formeln von Σ als weitere Axiome. Nach Definition gilt $\mathbf{P}=\mathbf{P}_\emptyset$. Wir schreiben wieder:

$$\Sigma\vdash\alpha \;:\Leftrightarrow\; \text{es gibt eine } \mathbf{P}_\Sigma\text{-Ableitung von } \alpha .$$

Gilt $\Sigma\vdash\alpha$, so sagt man auch wieder, daß α aus Σ beweisbar ist.

Für die Beweisbarkeitsrelation $\vdash$ sind wiederum die in (2.10)(1)-(5) aufgelisteten Eigenschaften erfüllt. Aufgrund von (5.4)-(5.10) und (5.12) folgt sofort durch Induktion über die Länge der Ableitungen, daß die Regelsysteme korrekt sind:

(5.17) Für alle $\Sigma\cup\{\alpha\}\subset Fm_{\mathfrak{S}}$ gilt: $(\Sigma\vdash\alpha \Rightarrow \Sigma\models\alpha)$.

Um die Vollständigkeit nachzuweisen, benötigen wir einige Vorbereitungen. Insbesondere werden wir zuerst in $\mathbf{P}$ neue Regeln ableiten, um Beweise übersichtlicher zu gestalten. Dabei wird auf Ableitungsschemata des dritten Paragraphen zurückgegriffen, die man als Schemata von $\mathbf{P}$ auffassen kann.

Aufgrund von (T) ist offensichtlich, daß die in (3.10) angegebenen Regeln auch für $\mathbf{P}$ gelten. Ersetzt man in den Ableitungsschemata von (3.9), (3.11), (3.12) und (3.13) das Zeichen $\Box$ durch die Zeichenreihe $\forall x$ und schreibt im Protokoll anstelle von NR immer GR, so erhält man Ableitungsschemata von $\mathbf{P}$. Damit sind folgende abgeleitete Regeln für $\mathbf{P}$ richtig:

(5.18) (1) $\dfrac{\alpha\to\beta}{\forall x\alpha\to\forall x\beta}$ (2) $\dfrac{\alpha\leftrightarrow\beta}{\forall x\alpha\leftrightarrow\forall x\beta}$

(3) $\overline{\overline{\forall x(\alpha_1\wedge\ldots\wedge\alpha_n)\leftrightarrow\forall x\alpha_1\wedge\ldots\wedge\forall x\alpha_n}}$.

Weitere abgeleitete Regeln sind:

(5.19) (HG) $\dfrac{\alpha\to\beta}{\alpha\to\forall x\beta}$, falls $x\notin Fr(\alpha)$. *"Hintere Generalisierung"*

(VP) $\dfrac{\alpha\to\beta}{\exists x\alpha\to\beta}$, falls $x\notin Fr(\beta)$. *"Vordere Partikularisierung"*

(VG) $\dfrac{\alpha\to\beta}{\forall x\alpha\to\beta}$ *"Vordere Generalisierung"*

(HP) $\dfrac{\alpha\to\beta}{\alpha\to\exists x\beta}$ *"Hintere Partikularisierung"*

(AB) $\dfrac{\forall x\alpha}{\alpha(x/t)}$, falls t frei für x in α ist. *"Allbeseitigung"*

Man beachte, daß Anwendungen der hinteren Generalisierung, der vorderen Partikularisierung und der Allbeseitigung an Nebenbedingungen geknüpft sind.

Beweis:

Wir geben jeweils Schemata für die Ableitungsprotokolle an:

(HG)	0.	$\alpha \to \beta$	Annahme
	1.	$\forall x\alpha \to \forall x\beta$	(5.18)(1): 0
	2.	$\alpha \to \forall x\alpha$	H, da nach Voraussetzung $x \notin Fr(\alpha)$ gilt.
	3.	$\alpha \to \forall x\beta$	(3.10)(4): 2,1.
(VP)	0.	$\alpha \to \beta$	Annahme
	1.	$(\alpha \to \beta) \to (\neg\beta \to \neg\alpha)$	T
	2.	$\neg\beta \to \neg\alpha$	MP: 0,1
	3.	$\neg\beta \to \forall x\neg\alpha$	HG: 2, da $x \notin Fr(\beta) = Fr(\neg\beta)$.
	4.	$(\neg\beta \to \forall x\neg\alpha) \to (\neg\forall x\neg\alpha \to \beta)$	T
	5.	$\exists x\alpha \to \beta$	MP: 3,4.
(VG)	0.	$\alpha \to \beta$	Annahme
	1.	$\forall x\alpha \to \alpha$	B, da x frei für x in α und $\alpha(x/x) = \alpha$ ist.
	2.	$\forall x\alpha \to \beta$	(3.10)(4): 1,0 .
(HP)	0.	$\alpha \to \beta$	Annahme
	1.	$(\alpha \to \beta) \to (\neg\beta \to \neg\alpha)$	T
	2.	$\neg\beta \to \neg\alpha$	MP: 0,1
	3.	$\forall x\neg\beta \to \neg\alpha$	VG
	4.	$(\forall x\neg\beta \to \neg\alpha) \to (\alpha \to \neg\forall x\neg\beta)$	T
	5.	$\alpha \to \exists x\beta$	MP: 3,4.
(AB)	0.	$\forall x\alpha$	Annahme
	1.	$\forall x\alpha \to \alpha(x/t)$	B, da t frei für x in α ist.
	2.	$\alpha(x/t)$	MP: 0,1 .

Ω

Für die Identität ergeben sich folgende abgeleitete Regeln:

(5.20)

(1) $\dfrac{t_1 \doteq t_1', \ldots, t_n \doteq t_n'}{Q(t_1,\ldots,t_n) \leftrightarrow Q(t_1',\ldots,t_n')}$, falls $Q \in \mathfrak{R}$ und $s(Q) = n$.

(2) $\dfrac{t_1 \doteq t_1', \ldots, t_n \doteq t_n'}{f(t_1,\ldots,t_n) \doteq f(t_1',\ldots,t_n')}$, falls $f \in \mathfrak{F}$ und $s(f) = n$.

(3) $\dfrac{t \doteq t'}{t_0(x/t) \doteq t_0(x/t')}$.

(4) $\dfrac{t \doteq t'}{\alpha(x/t) \leftrightarrow \alpha(x/t')}$.

Beweis:

Die Behauptung (1) ergibt sich aus:

0.	$t_1 \doteq t_1', \ldots, t_n \doteq t_n'$	Annahmen
1.	$t_1 \doteq t_1' \to (t_2 \doteq t_2' \to (\ldots(t_n \doteq t_n' \to t_1 \doteq t_1' \wedge \ldots \wedge t_n \doteq t_n')\ldots))$	T
2.	$t_1 \doteq t_1' \wedge \ldots \wedge t_n \doteq t_n'$	n-mal MP:0,(1)
3.	$t_1 \doteq t_1' \wedge \ldots \wedge t_n \doteq t_n' \to (Q(t_1,\ldots,t_n) \leftrightarrow Q(t_1',\ldots,t_n'))$	I
4.	$Q(t_1,\ldots,t_n) \leftrightarrow Q(t_1',\ldots,t_n')$	MP:2,3 .

Die zweite Regel zeigt man analog. — Die dritte ergibt sich aus der zweiten und Identitätsaxiomen durch Induktion über den Aufbau von t_0.

Schließlich folgt (4) mit Hilfe von (1) und (3) durch Induktion über den Aufbau von α. Dabei benutzt man im Induktionsschritt für den Quantor die Aussage (5.18)(2).

Ω

Wir zeigen als nächstes das *Deduktionstheorem der Prädikatenlogik*:

(5.21) **Theorem:** Für alle $\mathfrak{L}$-Formelmengen $\Sigma \cup \{\alpha,\beta\}$ gilt die Implikation:

$\Sigma \cup \{\alpha\} \vdash \beta$ und α ist eine Aussage $\Rightarrow$ $\Sigma \vdash \alpha \to \beta$.

Beweis:

Die Behauptung folgt genau wie in (2.11), wobei natürlich **R** durch **P** zu ersetzen ist. Neu ist nur die Berücksichtigung der Generalisierungsregel, die zu einem dritten Fall im Beweis führt:

3. Fall: δ_j ergibt sich in der gegebenen $\mathbf{P}_{\Sigma \cup \{\alpha\}}$-Ableitung durch Anwendung der Generalisierungsregel auf eine vorhergehende Formel δ_i, d.h. $\delta_j = \forall x \delta_i$ und $i \in \{0,\ldots,j-1\}$.

Ist $\ldots, \alpha \to \delta_0, \ldots, \alpha \to \delta_i, \ldots\ldots, \alpha \to \delta_{j-1}$ eine $\mathbf{P}_\Sigma$-Ableitung, die nach Induktionsvoraussetzung existiert, so läßt sich diese durch Anwendung der hinteren Generalisierung auf $\alpha \to \delta_i$ zu $\ldots, \alpha \to \delta_0, \ldots, \alpha \to \delta_i, \ldots, \alpha \to \delta_{j-1}, \alpha \to \forall x \delta_i$ verlängern. Dies ist aber ein Beweis für $\alpha \to \delta_j$ aus Σ, da die Anwendung von (HG) wegen $Fr(\alpha) = \emptyset$ statthaft ist.

Ω

Auf die Voraussetzung, daß α eine Aussage ist, kann im allgemeinen nicht verzichtet werden, wie folgendes Beispiel zeigt: Aus $\{v_0 \doteq v_1\} \vdash v_0 \doteq v_1$ folgt mit der Generalisierungsregel $\{v_0 \doteq v_1\} \vdash \forall v_1 v_0 \doteq v_1$. Durch Allbeseitigung mit v_1/v_2 ergibt sich $\{v_0 \doteq v_1\} \vdash v_0 \doteq v_2$. Die Implikation $v_0 \doteq v_1 \to v_0 \doteq v_2$ ist jedoch nicht beweisbar, da sie nicht allgemeingültig ist (s. (5.17)).

Weitere Eigenschaften der Beweisbarkeitsrelation werden im folgenden Lemma angegeben:

(5.22) **Lemma:** Ist $\Sigma \cup \{\alpha\}$ eine $\mathfrak{L}$-Formelmenge, so gilt:

(1) $\Sigma \vdash \alpha \Leftrightarrow \{\forall\sigma | \sigma \in \Sigma\} \vdash \forall\alpha$. Dabei bezeichnet, wie früher eingeführt, $\forall\delta$ die Generalisierte von δ.

(2) Ist y eine Variable, die frei zur Substitution für x in α ist und in α nicht frei vorkommt, so gilt $\vdash \forall x\alpha \leftrightarrow \forall y\alpha(x/y)$. Man sagt in diesem Falle, daß die Formel $\forall y\alpha(x/y)$ aus $\forall x\alpha$ durch *Umbenennung der gebundenen Variablen* x *in* y (kurz: *gebundene Umbenennung*) entsteht.

Beweis:
Sei $\forall\Sigma := \{\forall\sigma | \sigma \in \Sigma\}$. Da aufgrund der Allbeseitigungsregel für $\sigma \in \Sigma$ immer $\forall\Sigma \vdash \sigma$ gilt, folgt aus $\Sigma \vdash \alpha$ mit (2.10)(3) auch $\forall\Sigma \vdash \alpha$. Die Generalisierungsregel liefert dann $\forall\Sigma \vdash \forall\alpha$. Umgekehrt folgt aus $\forall\Sigma \vdash \forall\alpha$ durch Allbeseitigung $\forall\Sigma \vdash \alpha$ und durch Generalisierung $\Sigma \vdash \forall\sigma$ für $\sigma \in \Sigma$. Die Eigenschaft (2.10)(3) des Ableitungsbegriffs ergibt dann $\Sigma \vdash \alpha$. — Damit ist (1) gezeigt.

Durch Beispielbildung ergibt sich $\vdash \forall x\alpha \rightarrow \alpha(x/y)$, falls y frei für x in α ist. Kommt außerdem y in α nicht frei vor, so kommt y auch nicht in $\forall x\alpha$ frei vor — und die hintere Generalisierung nach y ist zulässig. Damit folgt unter diesen Voraussetzungen $\vdash \forall x\alpha \rightarrow \forall y\alpha(x/y)$. — Um auch die Allgemeingültigkeit der anderen Implikation zu zeigen, bemerken wir zuerst, daß aus y frei für x in α und $y \notin Fr(\alpha)$ auch x frei für y in $\alpha(x/y)$ und $\alpha = (\alpha(x/y))(y/x)$ folgt. Dies läßt sich durch Induktion über den Aufbau von α nachweisen. Also ergibt sich unter diesen Voraussetzungen durch Beispielbildung $\vdash \forall y\alpha(x/y) \rightarrow (\alpha(x/y))(y/x)$, d.h. $\vdash \forall y\alpha(x/y) \rightarrow \alpha$. Da aber x in $\forall y\alpha(x/y)$ nicht frei vorkommt, ist die hintere Generalisierungsregel anwendbar und es ergibt sich $\vdash \forall y\alpha(x/y) \rightarrow \forall x\alpha$. — Aus $\vdash \forall x\alpha \rightarrow \forall y\alpha(x/y)$ und $\vdash \forall y\alpha(x/y) \rightarrow \forall x\alpha$ folgt mit (3.10)(1) die Behauptung (2).

Ω

Wir schließen den Paragraphen mit zwei kleinen Beobachtungen zur Modallogik. Im nächsten Paragraphen soll dann gezeigt werden, wie man die Frage nach der Allgemeingültigkeit einer prädikatenlogischen Aussage auf ein gewisses aussagenlogisches Problem reduzieren kann. Dies ist der Inhalt des Satzes von Herbrand. Daran anschließend wird die Vollständigkeit der prädikatenlogischen Regelsysteme, d.h. das Gödelsche Vollständigkeitstheorem bewiesen.

Wir zeigen zuerst noch, daß die modallogische Gültigkeit einer Formel α in einem Modell $\mathfrak{M} = \langle W, R, h \rangle$ zur prädikatenlogischen Gültigkeit einer Aussage ${}^{\#}\alpha$ in einer dem Modell zugeordneten prädikatenlogischen Struktur äquivalent ist.

Die prädikatenlogische Sprache $\mathfrak{L}$ enthalte neben dem zweistelligen Relationszeichen Q, das formal für die Zugänglichkeitsrelation stehe, noch die einstelligen Relationszeichen P_j, wobei j alle natürlichen Zahlen durchläuft. Dabei steht P_j formal für die Menge der Welten, in denen die Aussagenvariable p_j den Wert 1 erhält.

Einem modallogischen Modell $\mathfrak{M} = \langle W,R,h\rangle$ ordnen wir eine $\mathfrak{L}$-Struktur $\mathfrak{A}(\mathfrak{M})$ in folgender Weise zu:

Die Trägermenge von $\mathfrak{A}(\mathfrak{M})$ sei W, d.h. $|\mathfrak{A}(\mathfrak{M})|:=W$.

Weiterhin setzen wir:

$$Q^{\mathfrak{A}(\mathfrak{M})}:=R \quad \text{und} \quad P_j^{\mathfrak{A}(\mathfrak{M})}:=\{u\in W \mid h(p_j,u)=1\} \quad \text{für } j\in\mathbb{N}.$$

Die Übersetzungsfunktion $^{\#}$ von modallogischen Formeln α in $\mathfrak{L}$-Formeln $^{\#}\alpha$ wird rekursiv definiert durch:

$^{\#}p_j = P_j(v_0)$,

$^{\#}\neg\alpha = \neg{}^{\#}\alpha$,

$^{\#}(\alpha\rightarrow\beta) = ({}^{\#}\alpha\rightarrow{}^{\#}\beta)$,

$^{\#}\Box\alpha = \forall x(Q(v_0,x)\rightarrow({}^{\#}\alpha)(v_0/x))$, wobei x die Variable mit kleinstem Index ist, die in $^{\#}\alpha$ nicht vorkommt.

In den Übersetzungen modallogischer Formeln kommt höchstens die Variable v_0 frei vor. Nach dem Koinzidenzlemma (5.1) genügt es, um den Wahrheitswert solcher Formeln in einer $\mathfrak{L}$-Struktur zu bestimmen, die Belegung von v_0 anzugeben. Wir schreiben daher "$\mathfrak{A}\models{}^{\#}\alpha[a]$" für "$^{\#}\alpha$ gilt in $\mathfrak{A}$ unter einer (und damit auch jeder) Belegung der Individuenvariablen, die der Variablen v_0 das Element a zuordnet".

Durch Induktion über den Aufbau der modallogischen Formeln zeigt man leicht, daß jetzt für alle α und alle $u\in W$ gilt:

$$\mathfrak{M}\models\alpha[u] \Leftrightarrow \mathfrak{A}(\mathfrak{M})\models{}^{\#}\alpha[u].$$

Somit ist die Gültigkeit der modallogischen Formel α in $\mathfrak{M}$ äquivalent zu der Gültigkeit von $\forall v_0{}^{\#}\alpha$ in $\mathfrak{A}(\mathfrak{M})$, d.h. es gilt:

$$\mathfrak{M}\models\alpha \Leftrightarrow \mathfrak{A}(\mathfrak{M})\models\forall v_0{}^{\#}\alpha.$$

Versucht man, auch die Gültigkeit in Rahmen $\langle W,R\rangle$ in analoger Weise zu behandeln, so hat man alle Belegungen der Aussagenvariablen bezüglich W zu betrachten. Dies führt zu einer Quantifikation über alle möglichen Belegungen der in der Formel vorkommenden p_j — also auf der prädikatenlogischen Seite zu Quantifikationen über alle Teilmengen von W. Hier wird dann der Rahmen der Prädikatenlogik der ersten Stufe, die nur Quantifikationen über Individuen zuläßt, verlassen.

Als zweites möchten wir auf eine einfache Tatsache, die die S_5-Beweisbarkeit betrifft, aufmerksam machen. Substituiert man nämlich in modallogischen Formeln für die Aussagenvariablen prädikatenlogische Formeln und ersetzt das Notwendigkeitszeichen $\Box$ überall durch denselben Quantor $\forall x$, so gehen S_5-beweisbare Formeln in prädikatenlogisch beweisbare über. — Genauer definiert man wieder eine Übersetzung * modallogischer Formeln in prädikatenlogische, indem man zuerst jeder Aussagenvariablen p_j eine $\mathfrak{L}$-Formel $^*p_j$ zuordnet und dann weiter fordert:

$$^*\neg\alpha = \neg{}^*\alpha,\quad ^*(\alpha\to\beta) = (^*\alpha\to{}^*\beta) \quad \text{und} \quad ^*\Box\alpha = \forall x^*\alpha.$$

Ist $\alpha_0,\dots,\alpha_k$ ein modallogischer Beweis im System S_5, so ist die Formelfolge $^*\alpha_0,\dots,{}^*\alpha_k$ ein prädikatenlogischer Beweis im System **P**. Denn durch *-Bildung geht jede Tautologie in ein **P**-Axiom der Form (T) und jedes modallogische Distributionsaxiom $\Box(\alpha\to\beta)\to(\Box\alpha\to\Box\beta)$ in ein Distributionsaxiom $\forall x(^*\alpha\to{}^*\beta)\to(\forall x^*\alpha\to\forall x^*\beta)$ von **P** über. — Da in jedem prädikatenlogischen δ die Variable x frei für x in δ ist und $\delta(x/x)=\delta$ gilt, geht jede Instanz von $\Box\alpha\to\alpha$ in die Beispielbildung $\forall x^*\alpha\to{}^*\alpha$ über. — Weiterhin erhält man aus einem Axiom $\Diamond\alpha\to\Box\Diamond\alpha$ die Formel $\exists x^*\alpha\to\forall x\exists x^*\alpha$, die sich, da x nicht frei in $\exists x^*\alpha$ ist, als Instanz von (HG) erweist. — Jede Anwendung des Modus ponens ergibt wieder eine Anwendung des Modus ponens auf der *-Seite, und schließlich führt eine Anwendung der Necessitationsregel (NR) zu einer Anwendung der Generalisierungsregel (GR).

Damit ist gezeigt, daß für alle modallogischen Formeln α und alle solchen Übersetzungen * die Implikation ($\vdash_{S_5}\alpha \Rightarrow \vdash{}^*\alpha$) gilt. — Ist andererseits eine modallogische Formel α nicht S_5-beweisbar, so gibt es, wie wir sofort zeigen werden, eine Übersetzung * in die Sprache der reinen Identitätslogik, so daß $^*\alpha$ nicht **P**-beweisbar ist. Damit ergibt sich dann folgende Charakterisierung für die S_5-Beweisbarkeit:

(5.23) $\vdash_{S_5}\alpha \Leftrightarrow$ für alle Übersetzungsfunktionen * mit obigen Eigenschaften gilt: $\vdash{}^*\alpha$.

Beweis:

Sei α nicht S_5-beweisbar. Dann folgt aus (3.37), daß es ein Modell $\mathfrak{M}$ mit totaler Zugänglichkeitsrelation gibt, in dem die Formel α in einem Punkte falsch wird. Indem wir gegebenenfalls zu einem α-Filtrat von $\mathfrak{M}$ übergehen (s. (3.40)), können wir annehmen, daß $\mathfrak{M}$ endlich ist (man beachte, daß nach Konstruktion jedes Filtrat eines Modells mit totaler Zugänglichkeit selbst ein Modell mit totaler Zugänglichkeit ist). — Somit folgt aus der S_5-Unbeweisbarkeit von α, daß es ein endliches Modell $\mathfrak{M}=\langle W,W\times W,g\rangle$ und ein $u\in W$ mit $\mathfrak{M}\nvDash\alpha[u]$ gibt. Indem man gegebenenfalls einen Isomorphismus einschaltet, kann man $W=\{1,\dots,s\}\subset\mathbb{N}$ annehmen.

Wir definieren Übersetzungen $^*p_j$ der Aussagenvariablen p_j durch:

$^*p_j := \bigvee\{v_0 \doteq v_u \mid g(p_j,u)=1\}$ = Disjunktion über alle Gleichungen $v_0 \doteq v_u$, wobei u derart ist, daß p_j im Punkte u unter g wahr ist. Dabei sei $\bigvee\emptyset := \bot$.

Es gilt dann:

$$\mathfrak{M}\vDash p_j[u] \Leftrightarrow g(p_j,u)=1 \Leftrightarrow v_0 \doteq v_u \text{ kommt als Disjunktionsglied in } {}^*p_j \text{ vor.}$$

Ist $\mathfrak{A}$ die $\mathfrak{L}_{id}$-Struktur mit der Trägermenge $|\mathfrak{A}|=W$ und h eine Belegung der Individuenvariablen in W mit $h(v_1)=1$, $h(v_2)=2,\ldots, h(v_s)=s$, so gilt für alle $u \in W$:

$$\mathfrak{A}\vDash {}^*p_j[h^{v_0}_u] \Leftrightarrow v_0 \doteq v_u \text{ kommt als Disjunktionglied in } {}^*p_j \text{ vor.}$$

Damit ergibt sich für alle $u \in W$:

$$\mathfrak{M}\vDash p_j[u] \Leftrightarrow \mathfrak{A}\vDash {}^*p_j[h^{v_0}_u].$$

Die Übersetzung der Aussagenvariablen besitzt genau eine Erweiterung * auf alle modallogischen Formeln mit $^*\neg\gamma = \neg{}^*\gamma$, $^*(\gamma\to\delta) = ({}^*\gamma\to{}^*\delta)$ und $^*\Box\gamma = \forall v_0{}^*\gamma$. Durch Induktion über den Aufbau der modallogischen Formeln ergibt sich jetzt allgemein für alle Formeln γ und alle $u \in W$:

$$\mathfrak{M}\vDash\gamma[u] \Leftrightarrow \mathfrak{A}\vDash{}^*\gamma[h^{v_0}_u].$$

Für Aussagenvariablen ist dies, wie wir schon gesehen haben richtig. Da $^*\neg\gamma=\neg{}^*\gamma$ und $^*(\gamma\to\delta)=({}^*\gamma\to{}^*\delta)$ gilt, sind die aussagenlogischen Fälle offensichtlich. Im $\Box$-Falle hat man:

$$\begin{aligned}\mathfrak{M}\vDash\Box\gamma[u] &\Leftrightarrow \text{für alle } w\in W \text{ gilt: } \mathfrak{M}\vDash\gamma[w]\\ &\Leftrightarrow \text{für alle } w\in W \text{ gilt: } \mathfrak{A}\vDash{}^*\gamma[h^{v_0}_w] \quad \text{(n. Indvor.)}\\ &\Leftrightarrow \mathfrak{A}\vDash\forall v_0{}^*\gamma[h]\\ &\Leftrightarrow \mathfrak{A}\vDash{}^*\Box\gamma[h^{v_0}_u], \text{ da } {}^*\Box\gamma = \forall v_0{}^*\gamma \text{ und } v_0\notin Fr(\forall v_0{}^*\gamma).\end{aligned}$$

Damit ist die Zwischenbehauptung gezeigt.

Für die $\mathbf{S_5}$-unbeweisbare Formel α ergibt sich dann aus $\mathfrak{M}\nvDash\alpha[u]$ die Aussage $\mathfrak{A}\nvDash{}^*\alpha[h^{v_0}_u]$. Also ist $^*\alpha$ nicht allgemeingültig und somit aufgrund der Korrektheit von **P** auch nicht **P**-beweisbar.

Ω

§ 6 Normalformen und der Satz von Herbrand

Wir zeigen zuerst, daß man zu jeder Formel α eine *logisch äquivalente* Formel π, d.h. eine Formel π mit $\models\alpha\leftrightarrow\pi$, konstruieren kann, in der alle Quantoren am Anfang der Formel stehen und somit ein "Präfix" für den quantorenfreien Teil bilden. Derartige Formeln sind oft leichter zu handhaben.

Eine quantorenfreie Formel wird bisweilen auch *offene Formel* genannt. Wir sagen, daß eine Formel α in *pränexer Normalform* ist, wenn sie offen ist oder die Gestalt $Q_1x_1\ldots Q_kx_k\delta$ hat, wobei jedes Q_j entweder $\forall$ oder $\exists$ ist, alle Variablen x_j untereinander verschieden sind und δ offen ist. Die Zeichenreihe $Q_1x_1\ldots Q_kx_k$ wird als *Präfix* von $Q_1x_1\ldots Q_kx_k\delta$ bezeichnet, und δ ist die *Matrix* von $Q_1x_1\ldots Q_kx_k\delta$.

Mit diesen Bezeichnungen gilt:

(6.1) **Lemma:** Zu jeder $\mathfrak{L}$-Formel α existiert eine logisch äquivalente $\mathfrak{L}$-Formel π mit $Fr(\alpha)=Fr(\pi)$, die in pränexer Normalform ist.

Beweis:

Wir bemerken zuerst, daß aus $\models\beta\leftrightarrow\beta'$ und $\models\gamma\leftrightarrow\gamma'$ immer $\models\neg\beta\leftrightarrow\neg\beta'$ und $\models(\beta\circ\gamma)\leftrightarrow(\beta'\circ\gamma')$ folgt, sofern $\circ$ ein Junktorzeichen ist, das in der Liste $\wedge$, $\vee$, $\rightarrow$, $\leftrightarrow$ vorkommt. Dies ergibt sich sofort aus entsprechenden aussagenlogischen Tautologien (s. Lemma (5.5)). Im Falle von $\wedge$ benutzt man zum Beispiel die Tautologie $(p\leftrightarrow p')\rightarrow((q\leftrightarrow q')\rightarrow(p\wedge q\leftrightarrow p'\wedge q'))$.

Weiterhin ergibt sich sofort, daß aus $\models\beta\leftrightarrow\beta'$ auch immer $\models\forall x\beta\leftrightarrow\forall x\beta'$ und $\models\exists x\beta\leftrightarrow\exists x\beta'$ folgt. Außerdem wird von den Äquivalenzen $\models\neg\forall x\beta\leftrightarrow\exists x\neg\beta$ und $\models\neg\exists x\beta\leftrightarrow\forall x\neg\beta$ Gebrauch gemacht.

Aus diesen Beobachtungen folgt, daß die Negation einer Formel in pränexer Normalform wieder zu einer Formel in pränexer Normalform äquivalent ist. Dies ergibt sich durch Induktion über die Länge des Präfixes.

Ist nämlich das Präfix leer, so ist die Behauptung trivial. Für jede Formel in pränexer Normalform mit einem Präfix der Länge k-1 sei die Behauptung jetzt schon richtig. Ist nun $Q_1x_1\ldots Q_kx_k\delta$ gegeben, so folgt zuerst $\models\neg Q_1x_1\ldots Q_kx_k\delta\leftrightarrow Q_1'x_1\neg Q_2x_2\ldots Q_kx_k\delta$, wobei $Q_1'=\forall$, falls $Q_1=\exists$, und $Q_1'=\exists$, falls $Q_1=\forall$ ist. Nach Induktionsvoraussetzung gibt es ein π in pränexer Normalform mit $\models\neg Q_2x_2\ldots Q_kx_k\delta\leftrightarrow\pi$ und $Fr(\neg Q_2x_2\ldots Q_kx_k\delta)=Fr(\pi)$. Daraus erhält man die Aussage $\models Q_1'x_1\neg Q_2x_2\ldots Q_kx_k\delta\leftrightarrow Q_1'x_1\pi$ — und somit $\models\neg Q_1x_1\ldots Q_kx_k\delta\leftrightarrow Q_1'x_1\pi$, wobei $Q_1'x_1\pi$ in pränexer Normalform ist und die Variablenbedingung erfüllt ist.

Als nächstes zeigen wir, daß die Konjunktion zweier Formeln in pränexer Normalform zu einer Formel in pränexer Normalform äquivalent ist.

Indem wir wieder induktiv nach der Gesamtanzahl der Quantoren vorgehen, genügt es zu zeigen, daß jede Formel der Gestalt $Qx\beta\wedge\gamma$ zu einer Formel $Qy(\beta(x/y)\wedge\gamma)$ (und entsprechend jede Formel der Gestalt $\beta\wedge Qx\gamma$ zu einer Formel $Qy(\beta\wedge\gamma(x/y)))$ äquivalent ist. Die Induktionsvoraussetzung ist dann anwendbar, da die durch Variablen-Ersetzung enstehende Formel $\beta(x/y)$ genau so viele Quantoren wie β hat.

Wir betrachten zuerst den Fall, daß eine Formel der Gestalt $\forall x\beta\wedge\gamma$ gegeben ist. Ist y eine Variable, die weder in β noch in γ vorkommt, so erhält man durch gebundene Umbenennung nach (5.22)(2) die Formel $\forall y\beta(x/y)$, die zu $\forall x\beta$ äquivalent ist. Also gilt $\models\forall x\beta\wedge\gamma\leftrightarrow\forall y\beta(x/y)\wedge\gamma$ und y kommt in γ nicht frei vor. Somit genügt es zu zeigen, daß für alle Formeln β und γ gilt: $\models\forall y\beta\wedge\gamma\leftrightarrow\forall y(\beta\wedge\gamma)$, falls y nicht frei in γ vorkommt.

Aus (5.18)(3) ergibt sich $\models\forall y\beta\wedge\forall y\gamma\leftrightarrow\forall y(\beta\wedge\gamma)$. Da y nicht frei in γ vorkommt, ist nach (5.10) die Formel $\forall y\gamma$ zu γ äquivalent. Also folgt, wie behauptet, $\models\forall y\beta\wedge\gamma\leftrightarrow\forall y(\beta\wedge\gamma)$. — Der Fall, daß die Ausgangsformel die Gestalt $\beta\wedge\forall x\gamma$ hat, kann auf den soeben behandelten Fall zurückgeführt oder vollkommen analog bewiesen werden.

Wir behandeln jetzt den Fall, daß $\exists x\beta\wedge\gamma$ gegeben ist. Da die Formel $\exists x\beta\wedge\gamma$ zu $\neg(\forall x\neg\beta\vee\neg\gamma)$ äquivalent ist, genügt es zu zeigen, daß für alle y, die weder in β noch in γ vorkommen, $\models\forall x\neg\beta\vee\neg\gamma\leftrightarrow\forall y(\neg\beta(x/y)\vee\neg\gamma)$ gilt. — Denn daraus ergibt sich, indem man die Äquivalenz von $\neg\forall y\ldots$ zu $\exists y\neg\ldots$ und einige aussagenlogische Fakten berücksichtigt, daß auch die gewünschte Äquivalenz $\models(\exists x\beta\wedge\gamma)\leftrightarrow\exists y(\beta(x/y)\wedge\gamma)$ gilt.

Wir zeigen $\models\forall y\beta\vee\gamma\leftrightarrow\forall y(\beta\vee\gamma)$ für alle β und γ und alle $y\notin Fr(\gamma)$:
Aus der allgemeingültigen Formel $\models\forall y\beta\rightarrow\beta$ folgt mit Aussagenlogik auch $\models\forall y\beta\vee\gamma\rightarrow\beta\vee\gamma$. Da $y\notin Fr(\gamma)$ — und somit auch $y\notin Fr(\forall y\beta\vee\gamma)$ — gilt, folgt durch hintere Generalisierung $\models\forall y\beta\vee\gamma\rightarrow\forall y(\beta\vee\gamma)$. — Aus $\models\forall y(\beta\vee\gamma)\rightarrow\beta\vee\gamma$ ergibt sich andererseits durch Aussagenlogik $\models\forall y(\beta\vee\gamma)\wedge\neg\gamma\rightarrow\beta$. Durch hintere Generalisierung ($y\notin Fr(\gamma)$!) folgt $\models\forall y(\beta\vee\gamma)\wedge\neg\gamma\rightarrow\forall y\beta$. Wiederum durch Aussagenlogik ergibt sich daraus $\models\forall y(\beta\vee\gamma)\rightarrow\forall y\beta\vee\gamma$. Indem wir die beiden allgemeingültigen Implikationen zusammensetzen, erhalten wir, wie gewünscht, die Äquivalenz $\models\forall y\beta\vee\gamma\leftrightarrow\forall y(\beta\vee\gamma)$.

Schreiben wir einen Quantor Qz vor eine Formel $Q_1x_1\ldots Q_kx_k\delta$, die in pränexer Normalform ist, so ist $QzQ_1x_1\ldots Q_kx_k\delta$ selbst in pränexer Normalform, sofern z von allen x_j verschieden ist. Ist aber z gleich einem x_j, so ist nach (5.10) die Formel $QzQ_1x_1\ldots Q_kx_k\delta$ zu $Q_1x_1\ldots Q_kx_k\delta$ äquivalent.

Zusammenfassend ergibt sich, daß die Menge aller Formeln, zu denen eine äquivalente Formel in pränexer Normalform mit denselben freien

Variablen existiert, alle Primformeln enthält und unter Negation, Konjunktion und Quantifikation abgeschlossen ist. – Da man jede Formel so äquivalent umformen kann, daß nur noch die Junktorzeichen $\neg$ und $\wedge$ vorkommen und die freien Variablen dieselben bleiben, folgt die Behauptung des Lemmas. Ω

Sollen konkret Formeln in pränexe Normalform gebracht werden, so wird man zweckmäßigerweise zuerst weitere Prinzipien aufstellen, die es direkt erlauben, Quantoren auch über Disjunktionen und Implikationen nach vorne zu bewegen. Nur der Doppelpfeil nimmt eine gewisse Sonderstellung ein, so daß es günstiger ist, zuerst alle Vorkommen von $\leftrightarrow$ durch andere Junktorkombinationen zu ersetzen. Mit Hilfe der folgenden Formeloperationen läßt sich jede Formel, in der das Äquivalenzzeichen nicht auftritt, in pränexe Normalform bringen:

(a) Ersetzung einer Teilformel β durch eine Formel β', die aus β durch gebundene Umbenennung mit einer neuen Variablen hervorgeht.

(b) Ersetzung einer Teilformel $\neg Qx\beta$ durch $Q'x\neg\beta$, wobei gilt

$$Q' = \begin{cases} \forall, & \text{falls } Q = \exists; \\ \exists, & \text{falls } Q = \forall. \end{cases}$$

(c) Ersetzung einer Teilformel

(i) $Qx\beta\wedge\gamma$ durch $Qx(\beta\wedge\gamma)$
(ii) $Qx\beta\vee\gamma$ durch $Qx(\beta\vee\gamma)$ $\Big\}$, falls $x\notin Fr(\gamma)$;

(iii) $\beta\wedge Qx\gamma$ durch $Qx(\beta\wedge\gamma)$
(iv) $\beta\vee Qx\gamma$ durch $Qx(\beta\vee\gamma)$ $\Big\}$, falls $x\notin Fr(\beta)$;

(v) $\beta\rightarrow Qx\gamma$ durch $Qx(\beta\rightarrow\gamma)$, falls $x\notin Fr(\beta)$;

(vi) $Qx\beta\rightarrow\gamma$ durch $Q'x(\beta\rightarrow\gamma)$, falls $x\notin Fr(\gamma)$ und Q' wie oben definiert ist.

Die "Korrektheit" dieser Operationen läßt sich leicht mit den Fakten, die im Beweis von (6.1) stehen, nachweisen. Wir zeigen exemplarisch für den Allquantor die Fälle (v) und (vi) in (c). Folgende Aussagen sind zu zeigen: $\models(\beta\rightarrow\forall x\gamma)\leftrightarrow\forall x(\beta\rightarrow\gamma)$, falls $x\notin Fr(\beta)$, und $\models(\forall x\beta\rightarrow\gamma)\leftrightarrow\exists x(\beta\rightarrow\gamma)$, falls $x\notin Fr(\gamma)$.

Die erste Behauptung ergibt sich so: Aus $\models\forall x\gamma\rightarrow\gamma$ folgt aussagenlogisch $\models(\beta\rightarrow\forall x\gamma)\rightarrow(\beta\rightarrow\gamma)$. Da $x\notin Fr(\beta)$ ist, ergibt sich daraus durch hintere Generalisierung $\models(\beta\rightarrow\forall x\gamma)\rightarrow\forall x(\beta\rightarrow\gamma)$. Andererseits ergibt sich aus der allgemeingültigen Formel $\forall x(\beta\rightarrow\gamma)\rightarrow(\beta\rightarrow\gamma)$ aussagenlogisch $\models\forall x(\beta\rightarrow\gamma)\wedge\beta\rightarrow\gamma$, woraus wiederum durch hintere Generalisierung $\models\forall x(\beta\rightarrow\gamma)\wedge\beta\rightarrow\forall x\gamma$ – und damit auch $\models\forall x(\beta\rightarrow\gamma)\rightarrow(\beta\rightarrow\forall x\gamma)$ folgt. Somit ist die erste Behauptung gezeigt.

Die zweite erhält man wie folgt: Aus $x \notin Fr(\gamma)$ ergibt sich die Äquivalenz $\models \forall x\beta \wedge \neg\gamma \leftrightarrow \forall x(\beta \wedge \neg\gamma)$, woraus aussagenlogisch $\models (\forall x\beta \to \gamma) \leftrightarrow \neg\forall x(\beta \wedge \neg\gamma)$ folgt. Aus $\models \neg\forall x(\beta \wedge \neg\gamma) \leftrightarrow \exists x \neg(\beta \wedge \neg\gamma)$ und $\models \neg(\beta \wedge \neg\gamma) \leftrightarrow (\beta \to \gamma)$ folgt dann die Behauptung.

Mit Hilfe der "pränexen" Operationen kann man leicht jede Formel, in der das Zeichen $\leftrightarrow$ nicht vorkommt, in pränexe Normalform überführen. Dies sei an einem Beispiel demonstriert. – Gegeben sei die Formel:

$$\exists v_0 P(v_0) \to \forall v_2(S(v_2,v_3) \vee \neg \exists v_3 Q(v_3,v_0)).$$

Anwendung von (a) ergibt:

$$\exists v_1 P(v_1) \to \forall v_2(S(v_2,v_3) \vee \neg \exists v_4 Q(v_4,v_0)).$$

Durch Anwendung von (c)(v) und (vi) erhält man daraus:

$$\forall v_2 \forall v_1 (P(v_1) \to (S(v_2,v_3) \vee \neg \exists v_4 Q(v_4,v_0))).$$

Anwendung von (b) ergibt dann:

$$\forall v_2 \forall v_1 (P(v_1) \to (S(v_2,v_3) \vee \forall v_4 \neg Q(v_4,v_0))).$$

Schließlich erhält man durch (c)(iv) und (c)(v):

$$\forall v_2 \forall v_1 \forall v_4 (P(v_1) \to (S(v_2,v_3) \vee \neg Q(v_4,v_0))).$$

Es ist anhand des Beispiels offensichtlich, daß die Reihenfolge der Anwendungen der Operationen einer gewissen Willkür unterliegt, so daß die pränexen Normalformen zu einer Formel keineswegs eindeutig bestimmt sind. – Indem man die Matrix einer pränexen Formel in disjunktive Normalform bringt, wie dies in Paragraph 2 dargestellt ist, erhält man zu jeder Formel eine logisch äquivalente Formel, die in pränexer Normalform und deren Matrix eine Disjunktion von Konjunktionen von Basisformeln ist. Die Menge der *Basisformeln* besteht dabei gerade aus den Primformeln und den negierten Primformeln.

Entsprechend kann man eine äquivalente Formel in pränexer Normalform angeben, deren Matrix eine Konjunktion von Disjunktionen von Basisformeln ist.

Im folgenden soll gezeigt werden, wie man die prädikatenlogische Frage, ob aus endlich vielen Aussagen $\sigma_1,\ldots,\sigma_k$ die Aussage β folgt, in ein aussagenlogisches Problem übersetzen kann.

Wir nennen eine Aussage *erfüllbar*, falls sie in mindestens einer Struktur wahr ist und *unerfüllbar* andernfalls. Dann ist $\{\sigma_1,\ldots,\sigma_k\} \models \beta$ offensichtlich zur Unerfüllbarkeit von $\sigma_1 \wedge \ldots \wedge \sigma_k \wedge \neg\beta$ äquivalent. Es genügt somit die Erfüllbarkeit (beziehungsweise Unerfüllbarkeit) einzelner Aussagen zu untersuchen. Dazu zeigen wir zuerst, daß man zu jeder Aussage α eine Allaussage in einer um Funktionszeichen und Konstanten erweiterten

Sprache finden kann, die genau dann erfüllbar ist, wenn α erfüllbar ist. Dabei verstehen wir unter einer *Allaussage* eine Aussage in pränexer Normalform, in der das Präfix entweder leer ist oder nur aus Allquantoren besteht. Wir wollen das Verfahren zuerst an Beispielen erläutern.

Als erstes Beispiel betrachten wir eine Aussage $\alpha := \forall x_1 \forall x_2 \exists y R(x_1,x_2,y)$. Wir führen ein neues zweistelliges Funktionszeichen f ein und bilden die Allformel $\alpha_S := \forall x_1 \forall x_2 R(x_1,x_2,f(x_1,x_2))$. Dann ist α genau dann erfüllbar, wenn α_S erfüllbar ist. Dies sieht man folgendermaßen ein:

Aus der Gültigkeit von α in einer Struktur $\mathfrak{A}$ folgt, daß es für alle $a_1,a_2 \in |\mathfrak{A}|$ mindestens ein $b \in |\mathfrak{A}|$ gibt mit $\langle a_1,a_2,b\rangle \in R^{\mathfrak{A}}$, d.h. für alle $a_1,a_2 \in |\mathfrak{A}|$ ist die Menge $E_{a_1,a_2} := \{b \in |\mathfrak{A}| \mid \langle a_1,a_2,b\rangle \in R^{\mathfrak{A}}\}$ nicht leer. Sei jetzt $\boldsymbol{\nu}$ eine Auswahlfunktion für das Mengensystem $\{E_{a_1,a_2} \mid a_1,a_2 \in |\mathfrak{A}|\}$, d.h. $\boldsymbol{\nu}$ ist eine Funktion, die aus jedem E_{a_1,a_2} ein Element auswählt, so daß also für alle $a_1,a_2 \in |\mathfrak{A}|$ die Aussage $\boldsymbol{\nu}(E_{a_1,a_2}) \in E_{a_1,a_2}$ gilt. Die Existenz einer solchen Funktion wird durch das Auswahlaxiom garantiert. Mit Hilfe von $\boldsymbol{\nu}$ definieren wir die Funktion F, indem wir $F(a_1,a_2) := \boldsymbol{\nu}(E_{a_1,a_2})$ setzen. Für die Struktur $\mathfrak{A}'$, die wie $\mathfrak{A}$ ist, aber zusätzlich das Funktionszeichen f durch F deutet, gilt $\langle a_1,a_2,f^{\mathfrak{A}'}(a_1,a_2)\rangle \in R^{\mathfrak{A}'}$ für alle $a_1,a_2 \in |\mathfrak{A}'| = |\mathfrak{A}|$. Also gilt $\mathfrak{A}' \models \alpha_S$. Damit folgt aus der Erfüllbarkeit von α auch die von α_S.

Ist umgekehrt α_S in einer Struktur $\mathfrak{A}'$ wahr, so gibt es zu allen Elementen $a_1,a_2 \in |\mathfrak{A}'|$ ein $b \in |\mathfrak{A}'|$, zum Beispiel $f^{\mathfrak{A}'}(a_1,a_2)$, mit $\langle a_1,a_2,b\rangle \in R^{\mathfrak{A}'}$. Also ist α in der Struktur $\mathfrak{A}$, die aus $\mathfrak{A}'$ durch Weglassen der Deutung des Zeichens f entsteht, wahr und somit erfüllbar.

Als zweites Beispiel wählen wir eine Aussage der Gestalt $\alpha := \exists x P(x)$. In diesem Fall führt man eine neue Konstante, sagen wir c, ein und setzt $\alpha_S := P(x/c) = P(c)$. Ist dann α in einer Struktur $\mathfrak{A}$ wahr, so gibt es ein $a_0 \in |\mathfrak{A}|$ mit $a_0 \in P^{\mathfrak{A}}$. Erweitern wir $\mathfrak{A}$ durch Deutung von c zu einer Struktur $\mathfrak{A}'$, indem wir $c^{\mathfrak{A}'} := a_0$ setzen, so ist auch in $\mathfrak{A}'$ die Aussage P(c) wahr. Umgekehrt folgt aus der Gültigkeit von P(c) in einer Struktur $\mathfrak{A}'$ die Gültigkeit von $\exists x P(x)$ in $\mathfrak{A}'$ und damit die Gültigkeit von $\exists x P(x)$ in der Struktur $\mathfrak{A}$, die aus $\mathfrak{A}'$ durch Weglassen der Deutung von c entsteht. Damit ist wiederum gezeigt, daß die Aussage α genau dann erfüllbar ist, wenn dies für α_S der Fall ist.

Allgemein sei jetzt eine Sprache $\mathfrak{L}$ und eine $\mathfrak{L}$-Aussage α in pränexer Normalform gegeben. Der Aussage α ordnen wir durch Induktion über die Länge des Präfixes eine Allaussage α_S einer geeigneten Erweiterungssprache auf folgende Weise zu:

(S_0) Ist α schon eine Allaussage, so sei $\alpha_S = \alpha$.

(S_1) Beginnt das Präfix von α mit einem Existenzquantor, d.h. $\alpha = \exists x \beta$, so sei $\alpha_S = (\beta(x/c))_S$, wobei c eine Konstante ist, die in α nicht vorkommt. — Man beachte, daß die Aussage $\beta(x/c)$ auch in pränexer Normalform ist und im Präfix einen Quantor weniger als α hat, so daß nach Induktionsvoraussetzung $(\beta(x/c))_S$ schon definiert ist.

(S_2) Beginnt das Präfix von α mit einem Quantorenblock $\forall x_1 \ldots x_n \exists y$, d.h. ist α von der Gestalt $\forall x_1 \ldots x_n \exists y \beta$, so sei α_S gegeben durch $\alpha_S = (\forall x_1 \ldots x_n \beta(y/f(x_1,\ldots,x_n)))_S$, wobei f ein n-stelliges Funktionszeichen ist, das nicht in α vorkommt. — Wiederum ist $\forall x_1 \ldots x_n \beta(y/f(x_1,\ldots,x_n))$ in pränexer Normalform, wobei das Präfix kürzer ist als das von α.

Zum Beispiel ergibt sich:

$$\begin{aligned}(\exists u \forall v \forall w \exists x \exists y \forall z Q(u,g(v,w,x,z),y))_S &= (\forall v \forall w \exists x \exists y \forall z Q(c,g(v,w,x,z),y))_S \\ &= (\forall v \forall w \exists y \forall z Q(c,g(v,w,f(v,w),z),y))_S \\ &= \forall v \forall w \forall z Q(c,g(v,w,f(v,w),z),f'(v,w)).\end{aligned}$$

Jeder Aussage in pränexer Normalform ist auf diese Weise eine Allaussage zugeordnet, die als eine *Skolemsche Normalform von* α bezeichnet wird. Dabei ist die Wahl der neuen Konstanten und Funktionszeichen noch weitgehend willkürlich. Durch Einschränkung auf einen gewissen Standardvorrat an Zeichen läßt sich dies beheben.

Genau wie in den behandelten Beispielen gilt allgemein folgendes Lemma:

(6.2) **Lemma:** Ist α eine $\mathfrak{L}$-Aussage in pränexer Normalform und ist α_S eine gemäß obigen Regeln gebildete Skolemsche Normalform von α, so ist α_S genau dann erfüllbar, wenn α erfüllbar ist.

Bevor wir den Beweis detailliert ausführen, sollen noch einige Fakten über Spracherweiterungen zusammengestellt werden.

Sind $\mathfrak{L} = \langle \mathfrak{R}, \mathfrak{F}, \mathfrak{K}, s \rangle$ und $\mathfrak{L}' = \langle \mathfrak{R}', \mathfrak{F}', \mathfrak{K}', s' \rangle$ Sprachen, so heißt $\mathfrak{L}$ *Teilsprache von* $\mathfrak{L}'$, falls alle Zeichen von $\mathfrak{L}$ in $\mathfrak{L}'$ vorkommen und in $\mathfrak{L}'$ die gleiche Stellenzahl haben wie in $\mathfrak{L}$. (Genauer bedeutet das $\mathfrak{R} \subset \mathfrak{R}'$, $\mathfrak{F} \subset \mathfrak{F}'$, $\mathfrak{K} \subset \mathfrak{K}'$ und $s(X) = s'(X)$ für alle $X \in \mathfrak{R} \cup \mathfrak{F}$.)

Ist $\mathfrak{L}$ eine Teilsprache von $\mathfrak{L}'$ und $\mathfrak{A}'$ eine $\mathfrak{L}'$-Struktur, so verstehen wir unter dem *$\mathfrak{L}$-Redukt von* $\mathfrak{A}'$ (in Zeichen: $(\mathfrak{A}' \upharpoonright \mathfrak{L})$) diejenige $\mathfrak{L}$-Struktur, die aus $\mathfrak{L}'$ durch Weglassen der Deutungen aller Zeichen, die nicht in $\mathfrak{L}$ sind, entsteht. Ist $\mathfrak{A}' = \langle A', I' \rangle$, so ist $(\mathfrak{A}' \upharpoonright \mathfrak{L}) = \langle A', I \rangle$, wobei I die Einschränkung von I' auf die Zeichen in $\mathfrak{R} \cup \mathfrak{F} \cup \mathfrak{K}$ ist.

Da der Wahrheitswert einer Formel unter einer Belegung nur von der

Deutung der in der Formel wirklich vorkommenden Zeichen abhängt, ist folgende Behauptung offensichtlich:

(6.3) Ist α eine $\mathfrak{L}$-Formel und $\mathfrak{L}$ eine Teilsprache von $\mathfrak{L}'$, so gilt für alle $\mathfrak{L}'$-Strukturen $\mathfrak{A}'$ und alle Belegungen h in $|\mathfrak{A}'|$: $(\mathfrak{A}' \models \alpha[h] \Leftrightarrow (\mathfrak{A}' \upharpoonright \mathfrak{L}) \models \alpha[h])$.

Dies bestätigt man sofort durch Induktion über den Aufbau der $\mathfrak{L}$-Formeln. Hieraus ergibt sich weiter:

(6.4) **Lemma:** Ist die Sprache $\mathfrak{L}$ Teilsprache der Sprache $\mathfrak{L}'$ und ist Σ eine Menge von $\mathfrak{L}$-Aussagen, so gilt:

(1) Σ ist in einer $\mathfrak{L}$-Struktur erfüllbar genau dann, wenn dies in einer $\mathfrak{L}'$-Struktur der Fall ist.

(2) Σ gilt in allen $\mathfrak{L}$-Strukturen genau dann, wenn Σ in allen $\mathfrak{L}'$-Strukturen gilt.

Beweis:
Sei $\mathfrak{L}$ eine Teilsprache von $\mathfrak{L}'$. Dann läßt sich jede $\mathfrak{L}$-Struktur $\mathfrak{A}$ zu einer $\mathfrak{L}'$-Struktur $\mathfrak{A}'$ erweitern, so daß $\mathfrak{A} = (\mathfrak{A}' \upharpoonright \mathfrak{L})$ gilt. Dazu sind nur die Zeichen von $\mathfrak{L}'$, die nicht in $\mathfrak{L}$ sind, geeignet zu deuten. Z.B. kann man alle Relationszeichen aus $\mathfrak{R}' \setminus \mathfrak{R}$ durch die leere Relation $\emptyset$ und alle n-stelligen Funktionszeichen aus $\mathfrak{F}' \setminus \mathfrak{F}$ durch die n-stellige konstante Funktion mit Wert a_0 deuten, wobei a_0 ein fest gewähltes Element von $|\mathfrak{A}|$ ist. Dasselbe Element a_0 kann dann auch als Deutung aller Konstanten aus $\mathfrak{K}' \setminus \mathfrak{K}$ dienen. Ist jetzt die $\mathfrak{L}$-Struktur $\mathfrak{A}$ ein Modell von Σ, so läßt sich $\mathfrak{A}$ zu einer $\mathfrak{L}'$-Struktur $\mathfrak{A}'$ mit $\mathfrak{A} = (\mathfrak{A}' \upharpoonright \mathfrak{L})$ erweitern. Aus (6.3) folgt, daß auch $\mathfrak{A}'$ ein Modell von Σ ist. Ist umgekehrt die $\mathfrak{L}'$-Struktur $\mathfrak{A}'$ ein Modell von Σ, so ist wiederum aufgrund von (6.3) die $\mathfrak{L}$-Struktur $(\mathfrak{A}' \upharpoonright \mathfrak{L})$ ein Σ-Modell. Damit ist (1) gezeigt. — Die Behauptung (2) ergibt sich analog.

Ω

Um die weiteren Argumente übersichtlicher zu halten, vereinbaren wir noch folgende Notation, falls ein n-Tupel $\langle z_1,\dots,z_n \rangle$ paarweise verschiedener Variablen fixiert ist:

$\mathfrak{A} \models \alpha[a_1,\dots,a_n]$:⇔ für jede Belegung h in $|\mathfrak{A}|$ mit $h(z_1)=a_1,\dots,h(z_n)=a_n$ gilt $\mathfrak{A} \models \alpha[h]$.

Kommen alle freien Variablen von α unter den z_j vor, so gilt aufgrund des Koinzidenzlemmas:

$\mathfrak{A} \models \alpha[a_1,\dots,a_n]$ ⇔ es gibt ein h in $|\mathfrak{A}|$ mit $h(z_1)=a_1,\dots,h(z_n)=a_n$ und $\mathfrak{A} \models \alpha[h]$.

Wir kommen jetzt zum Beweis von Lemma (6.2):

Beweis:

Es genügt zu zeigen, daß allgemein die Erfüllbarkeit einer Aussage $\exists x\beta$ (beziehungsweise $\forall x_1 \ldots \forall x_n \exists y \beta$) äquivalent ist zur Erfüllbarkeit der Aussage $\beta(x/c)$ (beziehungsweise $\forall x_1 \ldots \forall x_n \beta(y/f(x_1,\ldots,x_n))$, sofern die Konstante c in β nicht vorkommt (bzw. das Funktionszeichen f in β nicht vorkommt und der Term $f(x_1,\ldots,x_n)$ frei zur Substitution für y in β ist). Die letzte Bedingung ist, da bei Bildung einer Skolemschen Normalform von einer Formel α in pränexer Normalform ausgegangen wird, immer erfüllt, denn die Variablen des Präfixes sind nach Voraussetzung alle untereinander verschieden und somit kommen die Variablen x_j im Präfix der verbleibenden Formel β nicht mehr vor.

Ist jetzt $\exists x\beta$ in einer $\mathfrak{L}$-Struktur $\mathfrak{A}$ wahr, so gibt es (für x) ein $a_0 \in |\mathfrak{A}|$ mit $\mathfrak{A} \models \beta[a_0]$. Wir erweitern die Struktur $\mathfrak{A}$ zur $\mathfrak{L}'$-Struktur $\mathfrak{A}'$, indem wir die neue Konstante c durch a_0 deuten, also $c^{\mathfrak{A}'} := a_0$ setzen. Nach (6.3) gilt dann auch $\mathfrak{A}' \models \beta[a_0]$. Da die Konstante c frei für die Variable x in β ist, ergibt sich $\mathfrak{A}' \models \beta(x/c)$ mit (5.11). — Gilt umgekehrt $\beta(x/c)$ in einer Struktur $\mathfrak{A}'$, so gilt wiederum mit (5.11) die Formel β in $\mathfrak{A}'$ auch unter jeder Belegung h mit $h(x) = c^{\mathfrak{A}'}$. Mit (6.3) ergibt sich $(\mathfrak{A}' \restriction \mathfrak{L}) \models \beta[c^{\mathfrak{A}'}]$ — und somit ist $\exists x\beta$ in einer $\mathfrak{L}$-Struktur erfüllbar.

Ist in $\mathfrak{A}$ die Aussage $\forall x_1 \ldots \forall x_n \exists y \beta$ wahr, so ist für alle Elemente $a_1,\ldots,a_n \in |\mathfrak{A}|$ die Menge $E_{a_1,\ldots,a_n} := \{b \in |\mathfrak{A}| \mid \mathfrak{A} \models \beta[a_1,\ldots,a_n,b]\}$ nicht leer, wobei die oben vereinbarte Konvention für die Variablenfolge $\langle x_1,\ldots,x_n,y\rangle$ benutzt wird. — Sei nun $\boldsymbol{\nu}$ eine Auswahlfunktion für das Mengensystem $\{E_{a_1,\ldots,a_n} \mid a_1,\ldots,a_n \in |\mathfrak{A}|\}$. Die Funktion F sei definiert durch:

$$F(a_1,\ldots,a_n) := \boldsymbol{\nu}(E_{a_1,\ldots,a_n}) \quad \text{für alle } a_1,\ldots,a_n \in |\mathfrak{A}|.$$

Wir erweitern die Struktur $\mathfrak{A}$ zu der Struktur $\mathfrak{A}'$, indem wir das Zeichen f durch die Funktion $f^{\mathfrak{A}'} := F$ deuten. Unter Benutzung von (6.3) erhält man für alle $a_1,\ldots,a_n,b \in |\mathfrak{A}| = |\mathfrak{A}'|$ die Äquivalenzen

$$\mathfrak{A}' \models \beta[a_1,\ldots,a_n,b] \Leftrightarrow \mathfrak{A} \models \beta[a_1,\ldots,a_n,b] \Leftrightarrow b \in E_{a_1,\ldots,a_n}.$$

Da $f^{\mathfrak{A}'}(a_1,\ldots,a_n) = \boldsymbol{\nu}(E_{a_1,\ldots,a_n}) \in E_{a_1,\ldots,a_n}$ ist, ergibt sich daraus die Aussage $\mathfrak{A}' \models \beta[a_1,\ldots,a_n,f^{\mathfrak{A}'}(a_1,\ldots,a_n)]$. Nach Voraussetzung ist aber der Term $f(x_1,\ldots,x_n)$ frei für die Variable y in β. Daher folgt mit (5.11) die Aussage $\mathfrak{A}' \models \beta(y/f(x_1,\ldots,x_n))[a_1,\ldots,a_n]$ für alle $a_1,\ldots,a_n \in |\mathfrak{A}'|$. Das bedeutet aber, daß in der Struktur $\mathfrak{A}'$ die Aussage $\forall x_1 \ldots x_n \beta(y/f(x_1,\ldots,x_n))$ gilt. Somit ist $\forall x_1 \ldots x_n \beta(y/f(x_1,\ldots,x_n))$ erfüllbar.

Gilt umgekehrt $\forall x_1 \ldots x_n \beta(y/f(x_1,\ldots,x_n))$ in einer $\mathfrak{L}'$-Struktur $\mathfrak{A}'$, so ist für alle $a_1,\ldots,a_n \in |\mathfrak{A}'|$ auch $\mathfrak{A}' \models \beta(y/f(x_1,\ldots,x_n))[a_1,\ldots,a_n]$ wahr. Wiederum mit (5.11) folgt $\mathfrak{A}' \models \beta[a_1,\ldots,a_n,f^{\mathfrak{A}'}(a_1,\ldots,a_n)]$ für alle $a_1,\ldots,a_n \in |\mathfrak{A}'|$. Damit gibt es zu jedem n-Tupel $\langle a_1,\dots,a_n\rangle$ ein b mit $\mathfrak{A}'\models\beta[a_1,\dots,a_n,b]$, d.h. die $\mathfrak{L}$-Aussage $\forall x_1\dots\forall x_n\exists y\beta$ gilt in $\mathfrak{A}'$. Nach (6.3) gilt sie dann auch in der $\mathfrak{L}$-Struktur $(\mathfrak{A}'\restriction\mathfrak{L})$.

Ω

Da jede beliebige Aussage α nach (6.1) zu Aussagen in pränexer Normalform äquivalent ist, reduziert sich mit (6.2) die Frage nach der Erfüllbarkeit der Aussage α auf die Frage nach der Erfüllbarkeit einer gewissen Allaussage. Im weiteren versuchen wir daher Kriterien für die Erfüllbarkeit von Allaussagen aufzustellen. Wir beginnen mit einer einfachen Beobachtung, die man sofort aus (5.11) erhält:

(6.5) Gegeben sei eine $\mathfrak{L}$-Struktur $\mathfrak{A}$ und eine Menge C von konstanten $\mathfrak{L}$-Termen. Gibt es dann zu jedem Individuum $a\in|\mathfrak{A}|$ ein $t\in C$ mit $t^{\mathfrak{A}}=a$, so gilt für alle $\mathfrak{L}$-Aussagen $\forall x_1\dots\forall x_n\beta$:

$$\mathfrak{A}\models\forall x_1\dots x_n\beta \iff \text{für alle } t_1,\dots,t_n\in C \text{ gilt } \mathfrak{A}\models\beta(x_1/t_1,\dots,x_n/t_n).$$

Ein konstanter Term ist dabei ein Term, der keine Variablen enthält und somit allein aus Konstanten und Funktionszeichen zusammengesetzt ist. Da die Deutung eines konstanten Terms für alle Belegungen h in $|\mathfrak{A}|$ dieselbe ist, können wir in diesem Fall auf die Angabe einer Belegung verzichten. — Mit $\beta(x_1/t_1,\dots,x_n/t_n)$ bezeichnen wir die Formel, die man aus der Formel β erhält, indem man nacheinander die Substitutionen $(x_1/t_1),\dots,(x_n/t_n)$ ausführt. Da nur konstante Terme substituiert werden, verifiziert man leicht, daß das Ergebnis nicht von der Reihenfolge abhängt, in der die Substitutionen vorgenommen werden.

Ist $\mathfrak{L}=\langle\mathfrak{R},\mathfrak{F},\mathfrak{K},s\rangle$ und α eine $\mathfrak{L}$-Formel, so verstehen wir unter $\mathfrak{L}(\alpha)$ diejenige Teilsprache von $\mathfrak{L}$, die genau die Elemente von $\mathfrak{R}\cup\mathfrak{F}\cup\mathfrak{K}$ enthält, die in α wirklich vorkommen. So ist zum Beispiel $\mathfrak{L}(\top)$ die Sprache der reinen Identitätslogik und $\mathfrak{L}(\forall v_0 Q(v_0,f(c)))$ die Sprache mit dem zweistelligen Relationszeichen Q, dem einstelligen Funktionzeichen f und der Konstanten c. Aufgrund von (6.4) ist die Erfüllbarkeit einer Aussage α in einer $\mathfrak{L}$-Struktur äquivalent zur Erfüllbarkeit von α in einer $\mathfrak{L}(\alpha)$-Struktur.

Sei c eine Konstante, die nicht in $\mathfrak{L}$ vorkommt. Unter $\overline{\mathfrak{L}}(\alpha)$ verstehen wir dann $\mathfrak{L}(\alpha)$, falls in α mindestens eine Konstante vorkommt, und $\mathfrak{L}(\alpha)$ vermehrt um die nicht in $\mathfrak{L}$ vorkommende Konstante c sonst. — Wiederum ist nach (6.4) die Erfüllbarkeit von α in einer $\mathfrak{L}$-Struktur zur Erfüllbarkeit von α in einer $\overline{\mathfrak{L}}(\alpha)$-Struktur äquivalent.

Das *Herbrand-Universum von* α, das wir mit $H(\alpha)$ bezeichnen, ist die Menge aller konstanten Terme von $\overline{\mathfrak{L}}(\alpha)$. Diese Menge ist nach Voraussetzung nie leer. Zum Beispiel ist:

$H(\forall v_1 Q(c', v_1)) = \{c'\}$,

$H(\forall v_0 \forall v_1 Q(f(v_0), v_1)) = \{c, f(c), f(f(c)), f(f(f(c))), \ldots\}$,

$H(\forall v_0 Q(v_0, f(c))) = \{c, f(c), f(f(c)), f(f(f(c))), \ldots\}$,

$H(\forall v_0 Q(g(v_0, v_0), f(c))) = \{c, f(c), g(c,c), g(c, f(c)), g(f(c), c), g(f(c), f(c)), f(f(c)), f(g(c,c)), f(g(c, f(c))), \ldots\}$.

Ist $\alpha = Qx_1 \ldots Qx_k \delta$ eine Aussage in pränexer Normalform mit der Matrix δ, so verstehen wir unter einer *Herbrand-Instanz von* α eine Aussage der Form $\delta(x_1/t_1, \ldots, x_k/t_k)$, wobei $t_1, \ldots, t_k \in H(\alpha)$ sind. – Jede Herbrand-Instanz von α ist eine aussagenlogische Kombination von Primaussagen der Sprache $\overline{\mathfrak{L}}(\alpha)$.

Ist eine Allaussage $\alpha = \forall x_1 \ldots \forall x_n \delta$ mit der Matrix δ in der $\overline{\mathfrak{L}}(\alpha)$-Struktur $\mathfrak{A}$ wahr, so sind in der Struktur $\mathfrak{A}$ natürlich auch alle Herbrand-Instanzen $\delta(x_1/t_1, \ldots, x_n/t_n)$ von α wahr.

Sind in den Identitätsaxiomen

(I) $t_1 \doteq t_1$, $t_1 \doteq t_2 \to t_2 \doteq t_1$, $t_1 \doteq t_2 \wedge t_2 \doteq t_3 \to t_1 \doteq t_3$,

$t_1 \doteq t'_1 \wedge \ldots \wedge t_n \doteq t'_n \to (Q(t_1, \ldots, t_n) \leftrightarrow Q(t'_1, \ldots, t'_n))$ für $Q \in \mathfrak{R}$ und $s(Q) = n$,

$t_1 \doteq t'_1 \wedge \ldots \wedge t_n \doteq t'_n \to f(t_1, \ldots, t_n) \doteq f(t'_1, \ldots, t'_n)$ für $f \in \mathfrak{F}$ und $s(f) = n$

alle vorkommenden Terme t_j und t'_j in $H(\alpha)$ und kommen Q und f in α vor, so bezeichnen wir diese Aussagen als $H(\alpha)$-*Instanzen von Identitätsaxiomen.* Sie sind offensichtlich in jeder $\overline{\mathfrak{L}}(\alpha)$-Struktur $\mathfrak{A}$ wahr.

Da die Sprache $\overline{\mathfrak{L}}(\alpha)$ nur endlich viele Relations-, Funktions- und Konstantenzeichen besitzt, gibt es höchstens abzählbar viele $\overline{\mathfrak{L}}(\alpha)$-Primaussagen. Mithin gibt es eine injektive Funktion, die jeder Primaussage γ eine Aussagenvariable q_γ zuordnet. Eine solche fest gewählte Funktion läßt sich eindeutig zu einer Funktion $*$ fortsetzen, die für alle quantorenfreien $\overline{\mathfrak{L}}(\alpha)$-Aussagen definiert ist und folgende Bedingungen erfüllt:

$^*\gamma = q_\gamma$ für Primaussagen γ,

$^*\neg\sigma = \neg{}^*\sigma$ und $^*(\sigma \circ \tau) = ({}^*\sigma \circ {}^*\tau)$ für $\circ \in \{\wedge, \vee, \to, \leftrightarrow\}$.

Die Funktion $*$ wird lediglich zur Präzisierung des Sachverhaltes benutzt, daß man Primaussagen von $\overline{\mathfrak{L}}(\alpha)$ auch als Aussagenvariablen auffassen kann und daß man damit die Möglichkeit gewinnt, die Begriffsbildungen des Paragraphen 2 auf die vorliegende Situation zu übertragen.

Eine quantorenfreie $\overline{\mathfrak{L}}(\alpha)$-Aussage σ heiße *tautologisch* genau dann, wenn $^*\sigma$ tautologisch ist. – Weiter heiße eine Menge Σ von quantorenfreien $\overline{\mathfrak{L}}(\alpha)$-Aussagen *aussagenlogisch erfüllbar* genau dann, wenn es eine Belegung h der Aussagenvariablen gibt, unter der alle $*$-Bilder von Elementen aus Σ wahr werden, d.h. wenn $[\![*\sigma]\!]^h=1$ für alle $\sigma\in\Sigma$ gilt.

Sei jetzt $\mathfrak{A}$ eine $\overline{\mathfrak{L}}(\alpha)$-Struktur. Eine Belegung h der Aussagenvariablen erfülle für alle $\overline{\mathfrak{L}}(\alpha)$-Primaussagen γ die Bedingung

$$h(q_\gamma)=1 \iff \mathfrak{A}\models\gamma.$$

Dann gilt für alle quantorenfreien $\overline{\mathfrak{L}}(\alpha)$-Aussagen σ, wie man sofort durch Induktion über den Aufbau bestätigt:

$$([\![*\sigma]\!]^h=1 \iff \mathfrak{A}\models\sigma).$$

Im folgenden verstehen wir unter einer *H-Instanz von* α eine Herbrand-Instanz von α oder eine $H(\alpha)$-Instanz eines Identitätsaxioms. Ist jetzt $\mathfrak{A}$ ein Modell einer Allaussage α, so sind alle H-Instanzen von α in $\mathfrak{A}$ wahr. Aus der (prädikatenlogischen) Erfüllbarkeit der Allaussage α folgt damit die aussagenlogische Erfüllbarkeit der Menge aller H-Instanzen von α.

Wir zeigen jetzt umgekehrt, daß man aus jeder 0-1-Belegung der Primaussagen von $\overline{\mathfrak{L}}(\alpha)$, unter der alle *-Bilder der H-Instanzen von α den Wert 1 erhalten, ein Modell der Allaussage α gewinnen kann.

Unter Ausnutzung des Kompaktheitssatzes der Aussagenlogik ergibt sich dann, daß eine Allformel α genau dann erfüllbar ist, wenn jede endliche Konjunktion von H-Instanzen von α aussagenlogisch erfüllbar ist. Dies ist eine erste Fassung des Theorems von Herbrand.

(6.6) **Theorem:** Eine Allaussage α ist genau dann prädikatenlogisch erfüllbar, wenn jede endliche Konjunktion von H-Instanzen von α aussagenlogisch erfüllbar ist.

Beweis:

Es ist nur noch zu zeigen, daß aus der aussagenlogischen Erfüllbarkeit jeder endlichen Konjunktion von H-Instanzen von α die Existenz eines Modells der Aussage α folgt. Ist jede endliche Menge von H-Instanzen von α aussagenlogisch erfüllbar, so folgt mit dem Kompaktheitssatz (2.18) die simultane aussagenlogische Erfüllbarkeit aller H-Instanzen. Es gibt dann eine 0-1-Belegung h der *-Bilder der $\overline{\mathfrak{L}}(\alpha)$-Primaussagen, so daß $[\![*\beta]\!]^h=1$ für alle H-Instanzen β von α gilt. Wir definieren mit Hilfe von h eine $\overline{\mathfrak{L}}(\alpha)$-Struktur $\mathfrak{A}$ mit $\mathfrak{A}\models\alpha$, in der die Deutung des Identitätszeichens durch eine Kongruenzrelation I gegeben ist. Durch Äquivalenzklassenbildung nach I erhalten wir dann aus $\mathfrak{A}$ eine Quotienten-Struktur $\overline{\mathfrak{A}}$, in der α gilt.

Sei also h eine Belegung mit $[\![*\beta]\!]^h=1$ für alle H-Instanzen β von α. Die Struktur $\mathfrak{A}$ wird mit Hilfe von h folgendermaßen eingeführt:

Der Individuenbereich von $\mathfrak{A}$ ist die Menge der konstanten Terme von $\overline{\mathfrak{L}}(\alpha)$. Es gilt also: $|\mathfrak{A}|:=H(\alpha)=$Herbrand-Universum von α.

Ist Q ein n-stelliges Relationszeichen von $\overline{\mathfrak{L}}(\alpha)$, d.h. ein n-stelliges Relationzeichen, das in der Aussage α vorkommt, so definieren wir:

$Q^{\mathfrak{A}} := \{ \langle t_1,\ldots,t_n\rangle \mid t_1,\ldots,t_n \in H(\alpha) \text{ und } h(*Q(t_1,\ldots,t_n))=1 \}$.

Für ein n-stelliges Funktionszeichen f von $\overline{\mathfrak{L}}(\alpha)$, d.h. ein n-stelliges Funktionszeichen, das in α vorkommt, definieren wir die Deutung $f^{\mathfrak{A}}$ von f, indem wir $f^{\mathfrak{A}}(t_1,\ldots,t_n) := f(t_1,\ldots,t_n)$ für $t_1,\ldots,t_n \in H(\alpha)$ setzen. Das $f^{\mathfrak{A}}$-Bild der konstanten Terme $t_1,\ldots,t_n$ ist also der konstante Term $f(t_1,\ldots,t_n)$.

Für alle Konstanten c von $\overline{\mathfrak{L}}(\alpha)$ sei $c^{\mathfrak{A}} := c$.

Weiterhin sei die Relation I in $|\mathfrak{A}|$ definiert durch:

$I := \{ \langle t_1,t_2\rangle \mid t_1,t_2 \in H(\alpha) \text{ und } h(*(t_1 \doteq t_2))=1\}$.

Da alle *-Bilder von $H(\alpha)$-Instanzen der Identitätsaxiome unter h wahr sind und $h(*\neg\gamma)=f_\neg(h(*\gamma))$ und $h(*(\gamma_1\to\gamma_2))=f_\to(h(*(\gamma_1),h(*(\gamma_2)))$ gilt, ist I eine Kongruenzrelation in $\mathfrak{A}$.

Die Struktur $\mathfrak{A}$ mit I als Deutung von $\doteq$ kann somit als Struktur im weiteren Sinne (siehe §5) verstanden werden. Für alle $\overline{\mathfrak{L}}(\alpha)$-Primaussagen γ gilt die Äquivalenz ($\mathfrak{A}\models\gamma \Leftrightarrow h(*\gamma)=1$), woraus sofort für alle quantorenfreien $\overline{\mathfrak{L}}(\alpha)$-Aussagen σ auch ($\mathfrak{A}\models\sigma \Leftrightarrow [\![*\sigma]\!]^h=1$) folgt. In $\mathfrak{A}$ sind daher alle Herbrand-Instanzen von α wahr.

Da für alle $t\in H(\alpha)$ die Gleichung $t^{\mathfrak{A}}=t$ gilt, ist jedes Element des Individuenbereichs von $\mathfrak{A}$ Deutung eines konstanten Terms. Mit (6.5) folgt dann aus der Gültigkeit aller Herbrand-Instanzen von α in $\mathfrak{A}$ auch die Gültigkeit der Allaussage α in $\mathfrak{A}$.

Indem wir kongruente Individuen von $\mathfrak{A}$ identifizieren, erhalten wir eine Struktur $\overline{\mathfrak{A}}$ im eigentlichen Sinne, in der nach (5.16) α wahr ist. Damit ist die Behauptung des Theorems gezeigt.

Ω

Wir bemerken, daß man die obige Konstruktion vereinfachen kann, falls in der Allaussage α das Identitätszeichen nicht auftritt. Man betrachtet in diesem Falle $\mathfrak{A}$ als Struktur im engeren Sinne, in der das Identitätszeichen durch die Identität $\{\langle t,t\rangle \mid t\in H(\alpha)\}$ in $H(\alpha)$ gedeutet wird. Für alle Teilaussagen σ von Herbrand-Instanzen von α, in denen ja keine Gleichungen auftreten, folgt dann durch Induktion über den aussagenlogischen Aufbau wiederum die Äquivalenz ($\mathfrak{A}\models\sigma \Leftrightarrow [\![*\sigma]\!]^h=1$). Somit sind alle Herbrand-Instanzen von α in $\mathfrak{A}$ wahr. Nach (6.5) ist dann α in $\mathfrak{A}$ ebenfalls wahr. Damit ergibt sich für Allaussagen, in denen das Identitätszeichen nicht vorkommt, folgende Formulierung von (6.6):

(6.6)' Eine Allaussage α, in der das Identitätszeichen nicht auftritt, ist genau dann prädikatenlogisch erfüllbar, wenn jede endliche Konjunktion von Herbrand-Instanzen von α aussagenlogisch erfüllbar ist.

In einem weiteren Grenzfall, daß nämlich das Präfix der Allaussage α leer ist (also schon eine quantorenfreie Aussage vorliegt), sagt das Theorem (6.6), daß α genau dann prädikatenlogisch erfüllbar ist, wenn α selbst und alle $H(\alpha)$-Instanzen von Identitätsaxiomen aussagenlogisch erfüllbar sind. Dabei kann im allgemeinen auf die Bedingung für die $H(\alpha)$-Instanzen nicht verzichtet werden, wie das Beispiel $c_0 \doteq c_1 \wedge c_1 \doteq c_2 \wedge \neg c_0 \doteq c_2$ zeigt. Diese Aussage ist zwar aussagenlogisch erfüllbar (man setze nur $h(*(c_0 \doteq c_1)) = h(*(c_1 \doteq c_2)) = 1$ und $h(*(c_0 \doteq c_2)) = 0$, aber natürlich prädikatenlogisch unerfüllbar. Tritt jedoch in der quantorenfreien Aussage das Identitätszeichen nicht auf, so folgt aus (6.6)' die Äquivalenz von prädikatenlogischer und aussagenlogischer Erfüllbarkeit von α.

Aus (6.1), (6.2) und (6.6) läßt sich ein Test für die prädikatenlogische Allgemeingültigkeit von Aussagen aufstellen, den wir an einigen Beispielen demonstrieren werden.

Da wir, wie in (6.1) gezeigt, zu jeder Formel eine logisch äquivalente Formel in pränexer Normalform finden können, kann man ohne Einschränkung annehmen, daß die auf Allgemeingültigkeit zu untersuchende Aussage τ schon in pränexer Normalform vorliegt.

Sei also eine Aussage τ in pränexer Normalform gegeben, d.h. τ habe die Gestalt $\tau = Q_1 x_1 \ldots Q_k x_k \delta$ mit offenem δ. Die Allgemeingültigkeit der Aussage τ ist äquivalent zur Unerfüllbarkeit von $\neg\tau$. Das bedeutet aber, wenn man die Negation $\neg\tau$ wieder in pränexe Normalform bringt, daß die Aussage $\tau' := Q_1' x_1 \ldots Q_k' x_k \neg\delta$ nicht erfüllbar ist. Dabei ist $\forall' = \exists$ und $\exists' = \forall$. Durch Übergang zu einer Skolemschen Normalform $\alpha := (\tau')_S$ erhalten wir eine Allaussage α, die nach (6.2) genau dann unerfüllbar ist, wenn τ allgemeingültig ist. Aufgrund von (6.6) ist die prädikatenlogische Unerfüllbarkeit von α äquivalent dazu, daß es eine eine endliche Konjunktion von H-Instanzen von α gibt, die aussagenlogisch unerfüllbar ist. Eine $\mathfrak{L}(\alpha)$-Aussage ist aber genau dann aussagenlogisch unerfüllbar, wenn ihre Negation tautologisch ist. Da die Negation einer Konjunktion von Formeln zur Disjunktion der Negationen dieser Formeln äquivalent ist, ergibt sich schließlich, daß die prädikatenlogische Allgemeingültigkeit von τ zu der Bedingung äquivalent ist, daß es eine endliche Disjunktion von Negationen von H-Instanzen von $(\tau')_S$ gibt, die tautologisch ist. Um also festzustellen, ob τ allgemeingültig ist, genügt es, systematisch solche endlichen

Disjunktionen auf die Tautologie-Eigenschaft zu prüfen. Ist τ allgemeingültig, so stößt man irgendwann auf eine solche Tautologie, im anderen Falle geht die Suche unendlich weiter. Das Verfahren ist daher, wie man sagt, nur *semi-effektiv*.

Um den Test ein wenig zu vereinfachen, definiert man für jede pränexe Aussage τ eine *Herbrandsche Normalform* τ_H durch die Bedingungen:

(H_0) Ist τ eine Existenzaussage, d.h. eine Aussage in pränexer Normalform mit leerem oder nur aus Existenzquantoren bestehenden Präfix, so setzen wir $\tau_H=\tau$.

(H_1) Beginnt andererseits das Präfix von τ mit einem Allquantor, d.h. $\tau=\forall x\beta$, so sei $\tau_H=(\beta(x/c))_H$, wobei c eine Konstante ist, die in τ nicht vorkommt.

(H_2) Beginnt das Präfix von τ mit einem Quantorenblock $\exists x_1...x_n\forall y$, d.h. τ ist von der Gestalt $\exists x_1...x_n\forall y\beta$, so sei τ_H gegeben durch $\tau_H=(\exists x_1...x_n\beta(y/f(x_1,...,x_n)))_H$, wobei f ein n-stelliges Funktionszeichen ist, das in τ nicht vorkommt.

Bildet man gemäß (H_0)-(H_2) zur Aussage $\tau=Q_1x_1...Q_kx_k\delta$ die Existenzaussage τ_H, so ist (bei entsprechender Wahl der neuen Funktionszeichen und Konstanten) die Negation der Matrix von τ_H identisch mit der Matrix von $(\tau')_S=(Q_1'x_1...Q_k'x_k\neg\delta)_S$. Somit ist jede Negation einer Herbrand-Instanz von $(\tau')_S$ aussagenlogisch äquivalent zu einer Herbrand-Instanz von τ_H und umgekehrt. Wie wir oben schon gesehen haben, ist τ genau dann allgemeingültig, wenn es eine Tautologie gibt, die die Gestalt $\neg\gamma_1\vee...\vee\neg\gamma_s\vee\neg\delta_1'\vee...\vee\neg\delta_t'$ hat, wobei die γ_j $H((\tau')_S)$-Instanzen von Identitätsaxiomen und die δ_j' Herbrand-Instanzen von $(\tau')_S$ sind. — Aus der Identität $H((\tau')_S)=H(\tau_H)$ und der Äquivalenz der $\neg\delta_j'$ zu Herbrand-Instanzen δ_j von τ_H ergibt sich mittels Aussagenlogik, daß jede Disjunktion $\neg\gamma_1\vee...\vee\neg\gamma_s\vee\neg\delta_1'\vee...\vee\neg\delta_t'$ zu einer Implikation $\gamma_1\wedge...\wedge\gamma_s\rightarrow\delta_1\vee...\vee\delta_t$ äquivalent ist, in der die γ_j $H(\tau_H)$-Instanzen von Identitätsaxiomen und die δ_j Herbrand-Instanzen von τ_H sind. Damit nimmt das *Theorem von Herbrand* (s. [33]) folgende Gestalt an:

(6.7) **Theorem:** Eine Aussage τ in pränexer Normalform ist genau dann allgemeingültig, wenn es endlich viele $H(\tau_H)$-Instanzen $\gamma_1,...,\gamma_s$ von Identitätsaxiomen und endlich viele Herbrand-Instanzen $\delta_1,...,\delta_t$ von τ_H gibt, so daß $\gamma_1\wedge...\wedge\gamma_s\rightarrow\delta_1\vee...\vee\delta_t$ tautologisch ist.

Der Originalbeweis von Herbrand ist rein syntaktisch und gibt daher wesentlich mehr Information als der hier präsentierte Beweis.

Kommt in der Aussage τ das Identitätszeichen nicht vor, so vereinfacht sich aufgrund von (6.6)' das Theorem zu:

(6.7)' Eine Aussage τ, die in pränexer Normalform ist und in der das Identitätszeichen nicht vorkommt, ist genau dann allgemeingültig, wenn eine endliche Disjunktion von Herbrand-Instanzen von τ_H tautologisch ist.

Wir betrachten zwei Beispiele. — Gegeben sei als erstes die Aussage $\exists y \forall x Q(x,y) \to \forall x \exists y Q(x,y)$. Aufgrund semantischer Betrachtungen ist sofort klar, daß diese Aussage allgemeingültig ist. Mit Hilfe der Herbrand-Methode läßt sich dies in systematischer Weise nachvollziehen:

Eine pränexe Normalform der Aussage ist z.B. $\forall u \forall x \exists v \exists y (Q(v,u) \to Q(x,y))$. Daraus ergibt sich $\exists v \exists y (Q(v,c) \to Q(c',y))$ als Herbrandsche Normalform. Das entsprechende Herbrand-Universum besteht gerade aus den Konstanten c und c'. Ersetzen wir jetzt in der Matrix v durch c' und y durch c, so erhalten wir die tautologische Formel $Q(c',c) \to Q(c',c)$.

Als zweites Beispiel betrachten wir die Aussage:

$$\exists x \forall y \neg f(y) \doteq x \wedge \forall x \forall y (f(x) \doteq f(y) \to x \doteq y) \to \exists z_0 \exists z_1 \exists z_2 (\neg z_0 \doteq z_1 \wedge \neg z_1 \doteq z_2 \wedge \neg z_0 \doteq z_2).$$

Die Allgemeingültigkeit dieser Aussage ist wiederum aufgrund inhaltlicher Überlegungen klar, da injektive Funktionen einer endlichen Menge in sich immer surjektiv sind (s. Anhang). Die Prämisse der Implikation ist daher nur in Strukturen mit unendlicher Trägermenge wahr.

Eine pränexe Normalform der obigen Aussage ist zum Beispiel:

$$\forall x \exists y u v z_0 z_1 z_2 (\neg f(y) \doteq x \wedge (f(u) \doteq f(v) \to u \doteq v) \to (\neg z_0 \doteq z_1 \wedge \neg z_1 \doteq z_2 \wedge \neg z_0 \doteq z_2)),$$

woraus sich sofort die Herbrandsche-Normalform

$$\exists y u v z_0 z_1 z_2 (\neg f(y) \doteq c \wedge (f(u) \doteq f(v) \to u \doteq v) \to (\neg z_0 \doteq z_1 \wedge \neg z_1 \doteq z_2 \wedge \neg z_0 \doteq z_2))$$

ergibt. — Das Herbrand-Universum ist dann $\{c, f(c), f(f(c)), f(f(f(c))), \ldots\}$.

Bildet man jetzt eine Herbrand-Instanz, indem man in der Matrix die Substitution $(y/c, u/c, v/f(c), z_0/c, z_1/f(c), z_2/f(f(c)))$ ausführt, so erhält man die Aussage:

$$\delta_1 := \neg f(c) \doteq c \wedge (f(c) \doteq f(f(c)) \to c \doteq f(c)) \to (\neg c \doteq f(c) \wedge \neg f(c) \doteq f(f(c)) \wedge \neg c \doteq f(f(c))),$$

die die aussagenlogische Form $\neg q_0 \wedge (q_1 \to q_2) \to \neg q_2 \wedge \neg q_1 \wedge \neg q_3$ hat. Andererseits ist $\gamma_1 := (c \doteq f(c) \to f(c) \doteq c)$ Instanz eines Identitätsaxioms, das die Gestalt $q_2 \to q_0$ hat. Die Implikation $(q_2 \to q_0) \to (\neg q_0 \wedge (q_1 \to q_2) \to \neg q_2 \wedge \neg q_1 \wedge \neg q_3)$ wird nur falsch, wenn $h(q_0) = h(q_1) = h(q_2) = 0$ und $h(q_3) = 1$ ist. Betrachtet man jetzt noch die Substitution, die y durch f(c) ersetzt und sonst wie die vorherige ist, so erhält man die Herbrand-Instanz

$\delta_2 := \neg f(f(c)) \doteq c \wedge (f(c) \doteq f(f(c)) \to c \doteq f(c)) \to (\neg c \doteq f(c) \wedge \neg f(c) \doteq f(f(c)) \wedge \neg c \doteq f(f(c)))$,

die unter jeder Belegung h mit $h(q_4)=1$, wobei $q_4 := *(f(f(c)) \doteq c)$ ist, wahr wird. Ist $\gamma_2 := (c \doteq f(f(c)) \to f(f(c)) \doteq c)$, so ist γ_2 Instanz eines Identitätsaxioms und von der Gestalt $q_3 \to q_4$. Daraus erhält man schließlich, daß die Formel $\gamma_1 \wedge \gamma_2 \to \delta_1 \vee \delta_2$ tautologisch ist.

Die Frage, ob aus gewissen Axiomen $\sigma_1, \ldots, \sigma_k$ eine Aussage α folgt, ist somit auf ein aussagenlogisches Problem reduziert. Damit ist aber keineswegs ein effektives Verfahren zur Lösung der Frage gegeben. Wir werden im Paragraphen 8 andeuten, daß für nicht zu einfache Sprachen die Frage nach der Allgemeingültigkeit effektiv unlösbar ist, d.h. daß es kein rekursives Verfahren gibt, das von jeder vorgelegten Aussage in endlich vielen Schritten entscheidet, ob diese Aussage allgemeingültig ist oder nicht. Andererseits lassen sich alle allgemeingültigen Formeln einer endlichen oder effektiv abzählbaren Sprache systematisch erzeugen. Dies folgt einerseits aus dem Vollständigkeitstheorem (s. Paragraph 7), indem man mit Hilfe des vollständigen Regelsystems alle möglichen Beweise systematisch produziert und die Endformeln notiert, oder indem man mit Hilfe des Satzes von Herbrand systematisch Aussagen auf die Tautologie-Eigenschaft untersucht. Man erhält damit auf zweierlei Weisen semi-effektive Verfahren für die Frage nach der Allgemeingültigkeit, also Verfahren, die bei Allgemeingültigkeit in endlich vielen Schritten die Antwort "ja" geben, im anderen Falle aber unendlich weitersuchen und keine Antwort geben. Die auf dem Satz von Herbrand basierenden semi-effektiven Verfahren haben den Vorteil, mit relativ übersichtlichen Aussagen zu arbeiten.

Die Unentscheidbarkeit der Allgemeingültigkeit beliebiger Formeln schließt natürlich nicht aus, daß man für Formeln von spezieller Bauart, z.B. von speziellem Präfixtyp, ein Entscheidungsverfahren angeben kann. Auch bei derartigen Untersuchungen ist die Herbrand-Methode von Nutzen (s. z.B. [12]).

Schließlich sei noch auf ein Faktum aufmerksam gemacht, daß wir beiläufig mitbewiesen haben. Ist nämlich eine Aussage erfüllbar, so gibt es immer schon ein Modell dieser Aussage, das durch Äquivalenzklassenbildung aus einem $H(\alpha)$ hervorgeht. Da die Mengen $H(\alpha)$ alle endlich oder abzählbar unendlich sind und durch Äquivalenzklassenbildung höchstens noch kleinere Bereiche daraus entstehen, ist eine Aussage genau dann erfüllbar, wenn sie schon in einem endlichen oder abzählbaren Bereich erfüllbar ist. Dies ist eine einfache Version des Satzes von Löwenheim und Skolem, den wir später in voller Allgemeinheit beweisen werden.

§ 7 Der Gödelsche Vollständigkeitssatz

In diesem Paragraphen soll, wie schon in Paragraph 5 angekündigt, die Vollständigkeit der Regelsysteme $\mathbf{P}_\Sigma$ gezeigt werden.

Die Substitution eines Terms für eine Variable ist früher eingeführt worden. Im folgenden wird umgekehrt von der Substitution einer Variablen x für eine Konstante c in einer Formel α Gebrauch gemacht. Mit $\alpha(c/x)$ bezeichnen wir ab jetzt die Formel, die aus α entsteht, indem man an allen Stellen in α das Zeichen c durch die Variable x ersetzt.

Als erstes zeigen wir, daß man aus einem Beweis, in dem eine Konstante c auftritt, wiederum einen Beweis erhält, wenn man für die Konstante c an allen Stellen ihres Vorkommens eine neue Variable substituiert.

(7.1) **Lemma:** Sei eine Sprache $\mathfrak{L}$ mit einer Konstanten c gegeben. Weiter sei Σ eine $\mathfrak{L}$-Formelmenge, in deren Formeln die Konstante c nicht vorkommt. Ist dann die $\mathfrak{L}$-Formelfolge $\alpha_0,\dots,\alpha_k$ eine $\mathbf{P}_\Sigma$-Ableitung und ist y eine Variable, die in keiner der Formeln $\alpha_0,\dots,\alpha_k$ vorkommt, so ist die Folge $\alpha_0(c/y),\dots,\alpha_k(c/y)$ ebenfalls eine $\mathbf{P}_\Sigma$-Ableitung.

Beweis:

Wir zeigen, daß durch die Substitution $^*\gamma := \gamma(c/y)$ jedes $\mathbf{P}_\Sigma$-Axiom unter den α_i wieder in ein $\mathbf{P}_\Sigma$-Axiom übergeht und daß für jedes α_i, das durch Anwendung des Modus ponens oder der Generalisierungsregel auf gewisse vorhergehende α_j entsteht, sich $^*\alpha_i$ durch Anwendung derselben Regel auf die $^*\alpha_j$ ergibt. Durch Induktion über die Beweislänge folgt dann die Behauptung des Lemmas.

Es ist offensichtlich, daß aufgrund von $^*(\beta\to\gamma)=(^*\beta\to{}^*\gamma)$ und $^*\neg\beta=\neg{}^*\beta$ jede Instanz einer aussagenlogischen Tautologie durch Sternbildung wieder in eine solche übergeht. Weiter ist die Behauptung für Identitätsaxiome richtig. Da $^*\forall x\beta=\forall x{}^*\beta$ gilt, folgt mit der schon genannten Pfeilklausel, daß jedes Distributionsaxiom wieder in ein Distributionsaxiom übergeht. Aus denselben Gründen ist die Behauptung für den Modus ponens und die Generalisierungsregel richtig. Da nach Voraussetzung die Elemente von Σ die Konstante c nicht enthalten, gilt $^*\sigma=\sigma$ für alle σ aus Σ, und die Behauptung ist daher auch für diese Axiome richtig. Somit sind nur noch die Fälle der hinteren Einführung des Allquantors und die Beispielbildungen zu behandeln.

Für Axiome des Typs (H) gilt die Identität $^*(\beta\to\forall x\beta)=({}^*\beta\to\forall x{}^*\beta)$. Ist nun $x\notin Fr(\beta)$, so folgt, da die Variable y nach Voraussetzung von allen in $\alpha_i=(\beta\to\forall x\beta)$ vorkommenden Variablen, also insbesondere von x verschieden ist, daß x auch nicht zu den freien Variablen von $^*\beta$ gehört. Also ist $^*\alpha_i$ eine Instanz von (H).

Schließlich gilt für Beispielbildungen $\alpha_i = (\forall x\beta \rightarrow \beta(x/t))$ mit t frei für x in der Formel β zuerst $^*\alpha_i = {}^*(\forall x\beta \rightarrow \beta(x/t)) = (\forall x{}^*\beta \rightarrow {}^*(\beta(x/t)))$. Da y nicht in α_i vorkommt, zeigt man leicht, daß $(\beta(x/t))(c/y) = (\beta(c/y))(x/t(c/y))$ und $^*t := t(c/y)$ frei für x in $^*\beta = \beta(c/y)$ gilt. Damit folgt $^*\alpha_i = (\forall x{}^*\beta \rightarrow {}^*\beta(x/{}^*t))$ und $^*t$ ist frei für x in $^*\beta$. Die Formel $^*\alpha_i$ ist daher eine zulässige Instanz von (B).

Ω

Im folgenden müssen wir auch Erweiterungen der gegebenen Sprache $\mathfrak{L}$ um neue Konstanten ins Auge fassen. Eine Sprache $\mathfrak{L}'$ entsteht dabei aus einer Sprache $\mathfrak{L}$ *durch Hinzunahme neuer Konstanten*, falls $\mathfrak{L}'$ bis auf die Konstanten genau wie $\mathfrak{L}$ ist und die Konstantenmenge $\mathfrak{K}'$ von $\mathfrak{L}'$ die von $\mathfrak{L}$ umfaßt. Da die Beweisbarkeitsbeziehung von der gewählten Sprache abhängt, schreiben wir $\Sigma\vdash_{\mathfrak{L}}\alpha$, falls es einen Beweis für α aus Σ gibt, in dem nur $\mathfrak{L}$-Formeln auftreten. Aus obigem Lemma folgt, daß die Beweisbarkeitsbeziehung hinsichtlich der Hinzunahme von Konstanten konservativ ist. Genauer bedeutet dies:

(7.2) **Korollar:** Entsteht $\mathfrak{L}'$ aus $\mathfrak{L}$ durch Hinzunahme neuer Konstanten, so gilt für alle Formelmengen $\Sigma\cup\{\alpha\}\subset Fm_{\mathfrak{L}}$: $(\Sigma\vdash_{\mathfrak{L}}\alpha \Leftrightarrow \Sigma\vdash_{\mathfrak{L}'}\alpha)$.

Beweis:

Da jeder $\mathfrak{L}$-Beweis für α aus Σ auch ein $\mathfrak{L}'$-Beweis für α aus Σ ist, folgt die Implikation $(\Sigma\vdash_{\mathfrak{L}}\alpha \Rightarrow \Sigma\vdash_{\mathfrak{L}'}\alpha)$. – Ist andererseits $\alpha_0,\ldots,\alpha_k$ ein $\mathfrak{L}'$-Beweis für α aus Σ, so treten in den α_j nur endlich viele der neuen Konstanten auf. Durch sukzessive Ersetzung dieser Konstanten durch jeweils neue Variablen geht die Folge aufgrund von (7.1) in einen $\mathfrak{L}$-Beweis aus Σ über. Da α zur kleineren Sprache $\mathfrak{L}$ gehört und damit keine der neuen Konstanten enthält, ist α durch diese Substitutionen nicht berührt. Somit folgt auch die Implikation $(\Sigma\vdash_{\mathfrak{L}'}\alpha \Rightarrow \Sigma\vdash_{\mathfrak{L}}\alpha)$.

Ω

Da wir im folgenden nur Erweiterungen einer Grundsprache $\mathfrak{L}$ um Konstanten betrachten, kann aufgrund des Korollars der Index an der Beweisbarkeitsrelation wieder weggelassen werden.

Wir haben jetzt genügend Material zusammengetragen, um den Beweis des Vollständigkeitssatzes in Angriff zu nehmen. Der Satz stammt von K. Gödel [23]. Im Beweis benützen wir eine Konstruktion, die unabhängig von G. Hasenjaeger [30] und L. Henkin [31] eingeführt wurde.

Wie in der Aussagenlogik zeigen wir, daß man aus einer Unbeweisbarkeit $\Sigma\nvdash\alpha$ ein Modell für $\Gamma := \Sigma\cup\{\neg\alpha\}$ gewinnen kann. Damit folgt dann $(\Sigma\models\alpha \Rightarrow \Sigma\vdash\alpha)$. Zusammen mit der Korrektheitsaussage erhält man daraus die Übereinstimmung von Folgerungs- und Ableitbarkeitsbeziehung. Aufgrund von (5.4) und (5.22)(1) genügt es dies unter der Voraussetzung zu zeigen, daß α und alle Elemente von Σ Aussagen sind.

Eine $\mathfrak{L}$-Formelmenge Γ heißt *widerspruchsfrei in* $\mathfrak{L}$, falls $\perp$ nicht aus Γ $\mathfrak{L}$-beweisbar ist. Aufgrund von (7.2) ist $\Gamma \subset Fm_{\mathfrak{L}}$ genau dann widerspruchsfrei in $\mathfrak{L}$, wenn Γ auch widerspruchsfrei in jedem $\mathfrak{L}'$ ist, das aus $\mathfrak{L}$ durch Hinzunahme neuer Konstanten entsteht. Da im folgenden nur Spracherweiterungen um Konstanten in Betracht gezogen werden, sprechen wir einfach von widerspruchsfreien Formelmengen.

Im aussagenlogischen Fall haben wir die widerspruchsfreie Formelmenge Γ zu einer maximal widerspruchsfreien Formelmenge Γ^* erweitert, aus der sich dann ein Modell von Γ ergab. Um dieses Verfahren auch für die Prädikatenlogik nutzen zu können, erweitert man zuerst die Aussagenmenge Γ zu einer widerspruchsfreien Menge Γ^+, die die Elimination von Quantoren in Aussagen gestattet. Das bedeutet genauer, daß man in einer geeigneten Spracherweiterung um Konstanten, die wir mit $\mathfrak{L}^*$ bezeichnen, zur widerspruchsfreien $\mathfrak{L}$-Aussagenmenge Γ eine $\mathfrak{L}^*$-Aussagenmenge Γ^+ konstruieren kann, die folgende Bedingungen erfüllt:

(i) $\Gamma \subset \Gamma^+$ und Γ^+ ist widerspruchsfrei.

(ii) Zu jeder $\mathfrak{L}^*$-Aussage β gibt es eine quantorenfreie $\mathfrak{L}^*$-Aussage δ mit $\Gamma^+ \vdash \beta \leftrightarrow \delta$.

Hinsichtlich einer solchen Menge Γ^+ (und damit auch jeder Obermenge Γ^* von Γ^+) ist jede $\mathfrak{L}^*$-Aussage zu einer aussagenlogischen Kombination von Primaussagen äquivalent. Damit ist das quantorenlogische Problem in gewisser Weise auf ein aussagenlogisches reduziert. Wählt man dann wie früher eine maximal widerspruchsfreie Erweiterung Γ^* von Γ^+, so erhält man aus Γ^* eine 0-1-Belegung der Primaussagen, aus der sich ein Modell von Γ^* — und somit auch von Γ — gewinnen läßt.

Sei also $\Gamma \subset Aus_{\mathfrak{L}}$ eine widerspruchsfreie Aussagenmenge. Der Schlüssel zur Konstruktion einer Menge Γ^+ mit obigen Eigenschaften liegt in folgender Beobachtung:

(7.3) **Lemma:** Gegeben sei eine Aussagenmenge $\Gamma \subset Aus_{\mathfrak{L}}$ und eine Aussage $\forall x \delta \in Aus_{\mathfrak{L}}$. Die Sprache $\mathfrak{L}'$ sei eine Erweiterung von $\mathfrak{L}$ um Konstanten. Dann gilt für jede Konstante c von $\mathfrak{L}'$, die nicht in $\mathfrak{L}$ ist:

$$\Gamma \text{ ist widerspruchsfrei} \iff \Gamma' := \Gamma \cup \{\forall x \delta \leftrightarrow \delta(x/c)\} \text{ ist widerspruchsfrei}.$$

Beweis:

Da jede Teilmenge einer widerspruchsfreien Menge widerspruchsfrei ist, folgt aus der Widerspruchfreiheit von Γ' auch die von Γ. Ist andererseits Γ' widerspruchsvoll — gilt also $\Gamma' \vdash \perp$ —, so ergibt sich, da nach

Voraussetzung $\forall x\delta \in \mathrm{Aus}_{\mathfrak{L}}$ ist, mit Hilfe des Deduktionstheorems (5.21):

$$\Gamma \vdash (\forall x\delta \leftrightarrow \delta(x/c)) \rightarrow \bot .$$

Da aber $\forall x\delta \rightarrow \delta(x/c)$ ein prädikatenlogisches Axiom ist, folgt mittels Aussagenlogik hieraus:

$$\Gamma \vdash \delta(x/c) \wedge \neg \forall x\delta ,$$

und damit auch:

$$\Gamma \vdash \delta(x/c) \text{ und } \Gamma \vdash \neg \forall x\delta .$$

Sei jetzt $\alpha_0,\ldots,\alpha_k$ ein Beweis für $\delta(x/c)$ aus Γ. Ist nun y eine Variable, die in keinem der α_i vorkommt, so folgt aus Lemma (7.1), daß die Formel $(\delta(x/c))(c/y) = \delta(x/y)$ aus Γ beweisbar ist. Durch Generalisierung ergibt sich dann:

$$\Gamma \vdash \forall y(\delta(x/y)).$$

Da $\forall y(\delta(x/y))$ durch Umbenennung der gebundenen Variablen x in y entsteht, folgt mit (5.22)(2):

$$\Gamma \vdash \forall x\delta .$$

Somit ist aus Γ die Aussage $\forall x\delta$ und ihre Negation beweisbar. Also ist Γ ebenfalls widerspruchsvoll.

Ω

Das Lemma zeigt, daß man in konsistenter Weise zu jeder Aussage, die mit einem Allquantor beginnt, eine sogenannte generische Konstante einführen kann, die die Allquantifikation ersetzt. — Indem man simultan für alle $\mathfrak{L}$-Aussagen, die mit dem Allzeichen beginnen, solche generische Konstanten hinzunimmt, nämlich $c_{x,\delta}$ für $\forall x\delta$, gelangt man zu einer Sprache $\mathfrak{L}'$, in der zu jedem $\forall x\delta \in \mathrm{Aus}_{\mathfrak{L}}$ die Aussage $\vartheta_{x,\delta} := (\forall x\delta \leftrightarrow \delta(x/c_{x,\delta}))$ bildbar ist. Die neuen Konstanten werden dabei so gewählt, daß verschiedenen Formeln auch verschiedene neue Konstanten zugeordnet sind. Dies läßt sich mengentheoretisch leicht realisieren, indem man eine geeignete Menge c (z.B. $c := \mathfrak{K}$) mit den Formeln "indiziert", d.h. geordnete Paare $c_{x,\delta} := \langle c, \forall x\delta \rangle$ bildet. Die Konstantenmenge der Sprache $\mathfrak{L}'$ ist dann $\mathfrak{K}' := \mathfrak{K} \cup \{c_{x,\delta} \mid \forall x\delta \in \mathrm{Aus}_{\mathfrak{L}}\}$.

Aus dem vorhergehenden Lemma erhält man als Korollar:

(7.4) **Korollar:** Ist $\Delta \subset \mathrm{Aus}_{\mathfrak{L}}$ widerspruchsfrei, so ist auch die $\mathfrak{L}'$-Aussagenmenge $\Delta' := \Delta \cup \{\vartheta_{x,\delta} \mid \forall x\delta \in \mathrm{Aus}_{\mathfrak{L}}\}$, wobei $\vartheta_{x,\delta} := (\forall x\delta \leftrightarrow \delta(x/c_{x,\delta}))$, widerspruchfrei.

Beweis:

Ist die Menge Δ' widerspruchsvoll, so gibt es schon endlich viele verschiedene Aussagen $\vartheta_{x_1,\delta_1},\ldots,\vartheta_{x_k,\delta_k}$ mit $\Delta \cup \{\vartheta_{x_1,\delta_1},\ldots,\vartheta_{x_k,\delta_k}\} \vdash \bot$. Da die Konstante c_{x_1,δ_1} in den Aussagen von Δ und den übrigen ϑ nicht vorkommt, ist Lemma (7.3) anwendbar. Also ist $\Delta \cup \{\vartheta_{x_2,\delta_2},\ldots,\vartheta_{x_k,\delta_k}\}$ widerspruchsvoll. Per Induktion folgt dann, daß Δ widerspruchsvoll ist.

Ω

Beim Übergang von $\mathfrak{L}$ zu $\mathfrak{L}'$ wird für jede $\mathfrak{L}$-Aussage, die mit "$\forall$" beginnt, eine generische Konstante hinzugenommen. In $\mathfrak{L}'$ existieren jetzt aber mit "$\forall$" beginnende Aussagen, in denen neue Konstanten vorkommen. Zu solchen Aussagen sind in $\mathfrak{L}'$ noch keine generischen Konstanten vorhanden. Indem man jedoch den Übergang von $\mathfrak{L}$ zu $\mathfrak{L}'$ abzählbar oft iteriert, gelangt man schließlich zu einer Sprache $\mathfrak{L}^*$, in der zu jeder $\mathfrak{L}^*$-Aussage, die mit einem Allquantor beginnt, schon eine generische Konstante in $\mathfrak{L}^*$ selbst vorkommt. Genauer definieren wir $\mathfrak{K}_j$, $\mathfrak{L}_j$ und Θ_j für $\mathfrak{L}=\langle\mathfrak{R},\mathfrak{F},\mathfrak{K},s\rangle$ durch:

$$\mathfrak{K}_0 = \mathfrak{K}, \qquad \mathfrak{L}_0 = \mathfrak{L}, \qquad \Theta_0 = \emptyset$$

$$\mathfrak{K}_{j+1} = (\mathfrak{K}_j)', \qquad \mathfrak{L}_{j+1} = (\mathfrak{L}_j)', \qquad \Theta_{j+1} = \Theta_j \cup \{\forall x\delta \leftrightarrow \delta(x/c_{x,\delta}) \mid \forall x\delta \in Aus_{\mathfrak{L}_j}\},$$

wobei $(\mathfrak{K}_j)' = \mathfrak{K}_j \cup \{c_{x,\delta} \mid \forall x\delta \in Aus_{\mathfrak{L}_j}\}$ und $(\mathfrak{L}_j)'$ die aus $\mathfrak{L}_j$ durch Hinzunahme der Konstantenmenge $\{c_{x,\delta} \mid \forall x\delta \in Aus_{\mathfrak{L}_j}\}$ entstehende Sprache ist. Schließlich setzen wir:

$$\mathfrak{K}^* := \bigcup_{j\in\mathbb{N}} \mathfrak{K}_j, \qquad \mathfrak{L}^* := \langle\mathfrak{R},\mathfrak{F},\mathfrak{K}^*,s\rangle \quad \text{und} \quad \Theta^* := \bigcup_{j\in\mathbb{N}} \Theta_j.$$

Da in einer Formel höchstens endlich viele Konstanten auftreten, folgt, daß die Konstanten einer $\mathfrak{L}^*$-Aussage $\forall x\delta$ schon in einem $\mathfrak{K}_j$ liegen und somit $\forall x\delta$ zu den Aussagen von $\mathfrak{L}_j$ gehört. Daher gibt es zu $\forall x\delta$ eine generische Konstante in $\mathfrak{L}_{j+1}$ und damit auch in $\mathfrak{L}^*$.

Aus (7.4) folgt induktiv für jede widerspruchsfreie Menge $\Delta \subset Aus_{\mathfrak{L}}$, daß $\Delta \cup \Theta_j$ für alle $j\in\mathbb{N}$ widerspruchsfrei ist. Dann ist aber auch die Vereinigung $\bigcup_{j\in\mathbb{N}}(\Delta \cup \Theta_j) = \Delta \cup \bigcup_{j\in\mathbb{N}} \Theta_j = \Delta \cup \Theta^*$ über die aufsteigende Kette der widerspruchsfreien Mengen $\Delta \cup \Theta_j$ selbst widerspruchsfrei. Wir notieren daher:

(7.5) Ist $\Delta \subset Aus_{\mathfrak{L}}$ widerspruchsfrei, so ist auch $\Delta \cup \Theta^* \subset Aus_{\mathfrak{L}^*}$ widerspruchsfrei.

Außerdem bemerken wir noch, daß man durch Induktion über die Anzahl der in einer Aussage auftretenden Allzeichen leicht zeigen kann, daß zu jeder $\mathfrak{L}^*$-Aussage γ eine quantorenfreie $\mathfrak{L}^*$-Aussage δ existiert, so daß $\Theta^* \vdash \gamma \leftrightarrow \delta$ gilt. Da wir von dieser Tatsache keinen direkten Gebrauch machen werden, überlassen wir den Nachweis dem Leser.

Sei jetzt die $\mathfrak{L}$-Aussage α nicht aus der $\mathfrak{L}$-Formelmenge Σ beweisbar. Dann ist $\Gamma := \Sigma \cup \{\neg\alpha\}$ widerspruchsfrei (siehe (2.13)). Mit (7.5) folgt die Widerspruchsfreiheit der $\mathfrak{L}^*$-Aussagenmenge $\Gamma^+ := \Gamma \cup \Theta^*$. Die widerspruchsfreie Menge Γ^+ läßt sich mit Hilfe des Zornschen Lemmas oder, falls die Sprache abzählbar ist, mit Hilfe einer Abzählung aller Aussagen zu einer in $Aus_{\mathfrak{L}^*}$ maximal widerspruchsfreien Aussagenmenge Γ^* erweitern. (Dies ist ausführlich in Paragraph 2 dargestellt.) Maximal widerspruchsfreie Mengen in $Aus_{\mathfrak{L}^*}$, die Θ^* umfassen, haben folgende Eigenschaften:

(7.5) **Lemma:** Ist Γ^* eine eine maximal widerspruchsfreie Menge in $Aus_{\mathfrak{L}^*}$, die Θ^* umfaßt, so gilt für alle $\gamma, \gamma_1, \gamma_2, \forall x\delta \in Aus_{\mathfrak{L}^*}$:
(1) $\gamma \in \Gamma^* \Leftrightarrow \Gamma^* \vdash \gamma$.
(2) $\neg\gamma \in \Gamma^* \Leftrightarrow \gamma \notin \Gamma^*$.
(3) $(\gamma_1 \rightarrow \gamma_2) \in \Gamma^* \Leftrightarrow (\gamma_1 \in \Gamma^* \Rightarrow \gamma_2 \in \Gamma^*)$.
(4) $\forall x\delta \in \Gamma^* \Leftrightarrow$ für jeden konstanten $\mathfrak{L}^*$-Term t ist $\delta(x/t) \in \Gamma^*$.

Ein Term ist dabei *konstant*, wenn er keine Variablen enthält.

Beweis:

Die Aussagen (1), (2) und (3) folgen genau wie in (2.15). Der Teil (4) ergibt sich unter Berücksichtigung von (1)-(3) folgendermaßen:
Da ein konstanter Term frei zur Substitution für jede Variable x in allen Formeln ist, folgt mittels Allbeseitigung aus $\Gamma^* \vdash \forall x\delta$ sofort $\Gamma^* \vdash \delta(x/t)$. Gilt andererseits $\Gamma^* \vdash \delta(x/t)$ für jeden konstanten Term, so gilt insbesondere $\Gamma^* \vdash \delta(x/c_{x,\delta})$, wobei $c_{x,\delta}$ eine generische Konstante für $\forall x\delta$ ist. Aus $\Theta^* \subset \Gamma^*$ folgt, daß $\Gamma^* \vdash \forall x\delta \leftrightarrow \delta(x/c_{x,\delta})$ gilt. Damit ergibt sich $\Gamma^* \vdash \forall x\delta$.

Ω

Im folgenden bezeichne T^* die Menge aller konstanten Terme von $\mathfrak{L}^*$. Aus einer maximal widerspruchsfreien Aussagenmenge Γ^* von $\mathfrak{L}^*$, die Θ^* umfaßt, gewinnt man, wie wir zeigen werden, ein Modell von Γ^*, wobei das Identitätszeichen durch eine Kongruenzrelation gedeutet ist. Aufgrund von (5.16) läßt sich dies allgemeinere Modell durch Äquivalenzklassenbildung in ein echtes Modell von Γ^* verwandeln. Wir definieren nun das allgemeinere Modell von Γ^* wie folgt:

Die $\mathfrak{L}^*$-Struktur $\mathfrak{A}^*$ habe als Individuenbereich die Menge T^* aller konstanten $\mathfrak{L}^*$-Terme, d.h. $|\mathfrak{A}^*| := T^*$.

Die Deutung I^* des Identitätszeichens in $\mathfrak{A}^*$ definiert man durch: $I^* := \{\langle t_1, t_2\rangle \mid t_1, t_2 \in T^* \text{ und } t_1 \doteq t_2 \in \Gamma^*\}$.

Entsprechend definieren wir für n-stellige Relationszeichen Q von $\mathfrak{L}^*$: $Q^{\mathfrak{A}^*} := \{\langle t_1, \ldots, t_n\rangle \mid t_1, \ldots, t_n \in T^* \text{ und } Q(t_1, \ldots, t_n) \in \Gamma^*\}$.

Für Funktionszeichen f von $\mathfrak{L}^*$ der Stellenzahl n ist $f^{\mathfrak{A}^*}$ gegeben durch: $f^{\mathfrak{A}^*}(t_1, \ldots, t_n) := f(t_1, \ldots, t_n)$. — Das $f^{\mathfrak{A}^*}$-Bild der konstanten Terme $t_1, \ldots, t_n$ ist also der konstante Term $f(t_1, \ldots, t_n)$.

Schließlich ist die $\mathfrak{A}^*$-Deutung einer Konstanten von $\mathfrak{L}^*$ die Konstante selbst, d.h. $c^{\mathfrak{A}^*} := c$ für alle $\mathfrak{L}^*$-Konstanten c.

Da alle T*-Instanzen der Identitätsaxiome beweisbar sind und somit als Elemente von Γ^* auftreten, ist aufgrund von (7.5)(1)-(3) die Relation I^* eine Kongruenzrelation in $\mathfrak{A}^*$.

Weiterhin ist für alle Terme $t \in T^*$ offensichtlich, daß $t^{\mathfrak{A}} = t$ gilt. Somit ist jedes Element von $|\mathfrak{A}^*|$ Deutung eines konstanten Terms. Aus Lemma (5.11) folgt dann, da konstante Terme immer frei zur Substitution sind, daß für $\mathfrak{L}^*$-Aussagen der Gestalt $\forall x\delta$ folgende Äquivalenz richtig ist:

(7.6) $\mathfrak{A}^* \models \forall x\delta \Leftrightarrow$ für alle $t \in T^* = |\mathfrak{A}^*|$ gilt: $\mathfrak{A}^* \models \delta(x/t)$.

Durch Induktion über die Anzahl der in $\mathfrak{L}^*$-Aussagen vorkommenden Junktor- und Quantorzeichen folgt:

(7.7) **Lemma:** Für alle $\mathfrak{L}^*$-Aussagen γ gilt: $(\mathfrak{A}^* \models \gamma \Leftrightarrow \gamma \in \Gamma^*)$.

Beweis:

Für Primaussagen gilt unter Benutzung von $t^{\mathfrak{A}^*} = t$ für $t \in T^*$ nach Definition:

$$\mathfrak{A}^* \models t_1 \doteq t_2 \Leftrightarrow \langle t_1^{\mathfrak{A}^*}, t_2^{\mathfrak{A}^*} \rangle \in \mathrm{I}^* \Leftrightarrow \langle t_1, t_2 \rangle \in \mathrm{I}^* \Leftrightarrow t_1 \doteq t_2 \in \Gamma^*,$$

$$\mathfrak{A}^* \models Q(t_1,\ldots,t_n) \Leftrightarrow \langle t_1^{\mathfrak{A}^*},\ldots,t_n^{\mathfrak{A}^*} \rangle \in Q^{\mathfrak{A}^*} \Leftrightarrow \langle t_1,\ldots,t_n \rangle \in Q^{\mathfrak{A}^*} \Leftrightarrow Q(t_1,\ldots,t_n) \in \Gamma^*.$$

Im Falle der Zeichen "$\neg$" und "$\rightarrow$" ergibt sich die Behauptung mit Hilfe der Induktionsvoraussetzung und (7.5)(2) und (7.5)(3) folgendermaßen:

$$\mathfrak{A}^* \models \neg\gamma \Leftrightarrow \mathfrak{A}^* \not\models \gamma \Leftrightarrow \gamma \notin \Gamma^* \Leftrightarrow \neg\gamma \in \Gamma^*,$$

$$\mathfrak{A}^* \models (\gamma_1 \rightarrow \gamma_2) \Leftrightarrow (\mathfrak{A}^* \models \gamma_1 \Rightarrow \mathfrak{A}^* \models \gamma_2) \Leftrightarrow (\gamma_1 \in \Gamma^* \Rightarrow \gamma_2 \in \Gamma^*) \Leftrightarrow (\gamma_1 \rightarrow \gamma_2) \in \Gamma^*.$$

Schließlich erhält man im Falle eines Allquantors aus der Induktionsvoraussetzung unter Benutzung von (7.6) und (7.5)(4) die Äquivalenzen:

$$\mathfrak{A}^* \models \forall x\delta \Leftrightarrow (\text{für alle } t \in T^*: \mathfrak{A}^* \models \delta(x/t)) \Leftrightarrow (\text{für alle } t \in T^*: \delta(x/t) \in \Gamma^*)$$
$$\Leftrightarrow \forall x\delta \in \Gamma^*.$$

Ω

Mit Hilfe von (5.16) folgt:

(7.8) **Korollar:** Jede widerspruchsfreie Aussagenmenge $\Gamma \subset Aus_{\mathfrak{L}}$ ist erfüllbar, d.h. besitzt ein Modell.

Beweis:

Eine widerspruchsfreie Menge $\Gamma \subset Aus_{\mathfrak{L}}$ läßt sich, wie wir gezeigt haben, zu einer Θ^* umfassenden maximal widerspruchsfreien Menge Γ^* erweitern. Mit Hilfe der Menge Γ^* erhält man die allgemeine Struktur $\mathfrak{A}^*$, in der nach (7.7) alle Elemente von Γ^* wahr sind. Durch Äquivalenzklassenbildung entsteht aus $\mathfrak{A}^*$ eine eigentliche $\mathfrak{L}^*$-Struktur $\overline{\mathfrak{A}^*}$, die aufgrund von (5.16) ebenfalls Modell von Γ^* ist. Indem man die Deutung der

$\mathfrak{L}^*$-Konstanten, die nicht in $\mathfrak{L}$ sind, vergißt, d.h. zum $\mathfrak{L}$-Redukt $\mathfrak{A}:=(\overline{\mathfrak{A}^*}\restriction\mathfrak{L})$ übergeht, ergibt sich eine $\mathfrak{L}$-Struktur, in der dieselben $\mathfrak{L}$-Aussagen wie in $\overline{\mathfrak{A}^*}$ wahr sind. Da $\Gamma\subset\Gamma^*$ und $\Gamma\subset Aus_{\mathfrak{L}}$ gilt, folgt, daß $\mathfrak{A}$ ein Modell der Aussagenmenge Γ ist.

Ω

Der *Gödelsche Vollständigkeitssatz* ergibt sich jetzt leicht:

(7.9) **Theorem:** Für alle $\Sigma\cup\{\alpha\}\subset Fm_{\mathfrak{L}}$ gilt die Äquivalenz ($\Sigma\models\alpha \Leftrightarrow \Sigma\vdash\alpha$), d.h. Folgerungs- und Beweisbarkeitsrelation stimmen überein.

Beweis:

Aufgrund der Korrektheitsaussage genügt es, ($\Sigma\models\alpha \Rightarrow \Sigma\vdash\alpha$) – oder äquivalent dazu ($\Sigma\nvdash\alpha \Rightarrow \Sigma\not\models\alpha$) – nachzuweisen. Mit (5.22)(1) und (5.3) kann man ohne Einschränkung annehmen, daß $\Sigma\cup\{\alpha\}$ nur Aussagen enthält. Aus $\Sigma\nvdash\alpha$ folgt (s. (2.13)) die Widerspruchsfreiheit von $\Gamma:=\Sigma\cup\{\neg\alpha\}$. Aus (7.8) folgt dann die Existenz eines Modells von Γ. Somit ergibt sich $\Sigma\not\models\alpha$.

Ω

Das Gödelsche Theorem hat eine Reihe von Konsequenzen. Wir erwähnen zuerst (ohne auf die Begriffe, die im nächsten Paragraphen behandelt werden, näher einzugehen), daß folgendes gilt: Enthält z.B. $\mathfrak{L}$ nur endlichviele Relations-, Funktions- und Konstantenzeichen, so folgt, indem man alle Σ-Beweise systematisch auflistet und die Endformeln notiert, daß $\{\alpha\in Aus_{\mathfrak{L}} \mid \Sigma\models\alpha\}$ rekursiv aufzählbar ist, sofern nur entscheidbar ist, ob eine $\mathfrak{L}$-Aussage zu Σ gehört oder nicht. – Als weitere Konsequenz erhalten wir aus der Vollständigkeitsaussage wie in (2.18) sofort das *Kompaktheitstheorem für die Prädikatenlogik:*

(7.10) **Theorem:** Eine $\mathfrak{L}$-Aussagenmenge Σ besitzt genau dann ein Modell, wenn jede endliche Teilmenge von Σ ein Modell besitzt.

Aus dem Beweis von (7.8), daß jede widerspruchsfreie $\mathfrak{L}$-Aussagenmenge Γ ein Modell $\mathfrak{A}$ besitzt, erhält man noch unter Ausnutzung leichter mengentheoretischer Überlegungen eine Schranke für die Kardinalität von $|\mathfrak{A}|$. Da ja der Individuenbereich der im Beweis konstruierten Struktur $\mathfrak{A}$ durch Äquivalenzklassenbildung aus der Menge T^* der konstanten Terme von $\mathfrak{L}^*$ entsteht, ist die Kardinalität von $|\mathfrak{A}|$ kleiner oder gleich der Kardinalität von T^*. Es genügt daher, die Kardinalität der Menge T^* abzuschätzen. Dazu bemerkt man zunächst, daß $T^*=\bigcup_{j\in\mathbb{N}} T_j$ gilt, wobei T_j die Menge der konstanten Terme von $\mathfrak{L}_j$ bezeichnet. Durch Induktion über j erhält man, wie wir zeigen werden, daß $card(T_j)\leq card_{\mathfrak{L}}$ ist. Dabei bezeichnet $card_{\mathfrak{L}}$ die *Kardinalität der Sprache* $\mathfrak{L}=\langle\mathfrak{R},\mathfrak{F},\mathfrak{K},s\rangle$, die als die Kardinalität der Menge $\mathbb{N}\cup\mathfrak{R}\cup\mathfrak{F}\cup\mathfrak{K}$ definiert ist, d.h.

$$card_{\mathfrak{L}}:=card(\mathbb{N}\cup\mathfrak{R}\cup\mathfrak{F}\cup\mathfrak{K}).$$

Aus $\mathrm{card}(T_j) \le \mathrm{card}_{\mathfrak{L}}$ und $T^* = \bigcup_{j \in \mathbb{N}} T_j$ folgt mit Hilfe der im Anhang angegebenen Fakten, daß $\mathrm{card}(|\mathfrak{A}|) \le \mathrm{card}(T^*) \le \max(\omega, \mathrm{card}_{\mathfrak{L}}) = \mathrm{card}_{\mathfrak{L}}$ gilt.

Es bleibt also noch zu zeigen, daß für alle $j \in \mathbb{N}$ die Ungleichung $\mathrm{card}(T_j) \le \mathrm{card}_{\mathfrak{L}}$ gilt. Dazu wird induktiv nachgewiesen, daß sowohl die Kardinalität von T_j als auch die von $\mathrm{Aus}_{\mathfrak{L}_j}$ kleiner oder gleich $\mathrm{card}_{\mathfrak{L}}$ ist.

Da $\mathfrak{L}_0 = \mathfrak{L}$ ist, läßt sich das Zeichenmaterial von $\mathfrak{L}$, wie man sich leicht überlegt, injektiv in die Menge $\mathbb{N} \cup \mathfrak{R} \cup \mathfrak{F} \cup \mathfrak{K}$ abbilden. Jeder $\mathfrak{L}$-Term und jede $\mathfrak{L}$-Aussage ist eine endliche Folge der Grundzeichen von $\mathfrak{L}$. Daher haben T_0 und $\mathrm{Aus}_{\mathfrak{L}_0}$ höchstens die Mächtigkeit der Menge aller endlichen Folgen über $\mathbb{N} \cup \mathfrak{R} \cup \mathfrak{F} \cup \mathfrak{K}$. Da für unendliche Mengen die Menge aller endlichen Folgen, die aus Elementen der Menge bestehen, dieselbe Kardinalität wie die Ausgangsmenge hat, folgt die Abschätzung:

$$\mathrm{card}(T_0), \mathrm{card}(\mathrm{Aus}_{\mathfrak{L}_0}) \le \mathrm{card}(\mathbb{N} \cup \mathfrak{R} \cup \mathfrak{F} \cup \mathfrak{K}) = \mathrm{card}_{\mathfrak{L}}.$$

Ist jetzt die Behauptung schon für j richtig, so gilt, da ja $\mathfrak{K}_{j+1}$ aus $\mathfrak{K}_j$ entsteht, indem für jede mit einem Allquantor beginnende $\mathfrak{L}_j$-Aussage eine neue Konstante hinzugenommen wird, daß $\mathrm{card}(\mathfrak{K}_{j+1}) \le \mathrm{card}_{\mathfrak{L}}$ ist. Es folgt daraus, daß $\mathrm{card}_{\mathfrak{L}_{j+1}} = \mathrm{card}_{\mathfrak{L}}$ gilt. Argumentiert man jetzt genau wie im Fall $j=0$ weiter, so erhält man die Behauptung für $j+1$.

Jede widerspruchsfreie Aussagenmenge besitzt somit ein Modell $\mathfrak{A}$, dessen Trägermenge höchstens die Kardinalität $\mathrm{card}_{\mathfrak{L}}$ hat.

Da aufgrund der Korrektheit des Kalküls jede erfüllbare Aussagenmenge auch widerspruchsfrei ist, folgt mit (7.8), daß eine Aussagenmenge genau dann erfüllbar ist, wenn sie widerspruchsfrei ist. Aus den vorherigen Überlegungen ergibt sich somit folgendes Resultat, das auf L. Löwenheim [43] und T. Skolem [55] zurückgeht:

(7.11) **Theorem:** Jede Aussagenmenge einer Sprache $\mathfrak{L}$, die überhaupt ein Modell besitzt, besitzt schon ein Modell, dessen Trägermenge höchstens die Kardinalität $\mathrm{card}_{\mathfrak{L}}$ hat.

Ist insbesondere eine abzählbare Sprache $\mathfrak{L}$ gegeben, so ist jede erfüllbare $\mathfrak{L}$-Aussagenmenge schon in einer abzählbaren Struktur erfüllbar. Hieraus ergeben sich einige auf den ersten Blick paradox anmutende Folgerungen.

Formalisiert die in Paragraph 1 und im Anhang vorgestellte Mengenlehre, wie es unten ausgeführt wird, so ergibt sich unter der Voraussetzung der Widerspruchsfreiheit dieser Axiome aus (7.8) und (7.11), daß es ein abzählbares Modell der Mengenlehre gibt. Andererseits ist in der Mengenlehre beweisbar, daß nicht jede Menge abzählbar ist. Somit stellt sich die scheinbar paradoxe Situation ein, daß in einem abzählbaren Universum überabzählbare Mengen vorkommen, deren Elemente alle dem abzählbaren Universum angehören. Genauer betrachtet zeigt sich aber nur, daß unter der Voraussetzung der Widerspruchsfreiheit der Mengenlehre der Begriff der Abzählbarkeit in einem Modell nicht mit dem entsprechenden Begriff in der mathematischen Umgangswelt übereinzustimmen braucht. Der Begriff ist daher, wie man sagt, nicht absolut.

Wir kommen jetzt zur versprochenen Formalisierung der Mengenlehre, wobei wir uns auf die im ersten Paragraphen vorgestellten Axiome beschränken (alles weitere ist im Anhang zu finden).

Als Grundzeichen wählen wir M, N, ε, s, o. Dabei sind M, N einstellige Relationszeichen, ε ist ein zweistelliges Relationszeichen, s ist ein einstelliges Funktionszeichen und o ist eine Konstante. — Zugrunde liegt die Vorstellung, daß die Quantoren über einen Bereich von Objekten laufen, unter denen die Mengen vorkommen. Das Prädikat M sagt nun, welche Objekte Mengen sind, d.h. "M(x)" steht auf der formalen Seite für "x ist eine Menge". Analog steht "N(x)" für "x ist eine natürliche Zahl" und "$\varepsilon(x,y)$" für "x ist Element von y". Anstelle von "$\varepsilon(x,y)$" schreiben wir im folgenden immer "$x\varepsilon y$". Schließlich steht s für die Nachfolgerfunktion im Bereich der natürlichen Zahlen und o als Konstante für die natürliche Zahl 0. Da wir nur total definierte Funktionen zugelassen haben, muß man sich die Nachfolgerfunktion der natürlichen Zahlen auf irgendeine Weise auf den Gesamtbereich der Objekte fortgesetzt denken. Die Axiome lauten jetzt:

(A_0) $\forall u(\neg M(u) \rightarrow \forall v \neg v\varepsilon u)$

("Nicht-Mengen haben keine Elemente").

(A_1) $\forall u \forall v\,(M(u) \wedge M(v) \wedge \forall x(x\varepsilon u \leftrightarrow x\varepsilon v) \rightarrow u \doteq v)$

(Extensionalitätsaxiom für Mengen).

(A_2) $\exists u(M(u) \wedge \forall x(x\varepsilon u \leftrightarrow N(x)))$

(Existenz der Menge aller natürlichen Zahlen).

(A_3) $\forall u \forall v \exists w(M(w) \wedge \forall x(x\varepsilon w \leftrightarrow x \doteq u \vee x \doteq v))$

(Existenz der Paarmenge zweier Objekte).

(A_4) $\forall u(M(u) \rightarrow \exists v(M(v) \wedge \forall x(x\varepsilon v \leftrightarrow \exists y(y\varepsilon u \wedge x\varepsilon y))))$

(Existenz der Vereinigungsmenge über alle Elemente einer Menge).

(A_5) $\forall u(M(u) \rightarrow \exists v(M(v) \wedge \forall x(x\varepsilon v \leftrightarrow M(x) \wedge \forall y(y\varepsilon x \rightarrow y\varepsilon u))))$

(Existenz der Potenzmenge einer Menge).

(A_6) $\forall u(M(u)\rightarrow \exists v(M(v)\wedge\forall x(x\varepsilon v\leftrightarrow x\varepsilon u\wedge\alpha)))$, wobei α eine Formel der Sprache der Mengenlehre ist, in der die Variable v nicht frei vorkommt.
(Existenz der Aussonderungsmenge durch α).

(A_7) $N(o)\wedge\forall u(N(u)\rightarrow N(s(u))$
("0 ist eine natürliche Zahl, und der Nachfolger jeder natürlichen Zahl ist eine natürliche Zahl").

(A_8) $\forall u\forall v(N(u)\wedge N(v)\wedge s(u)\doteq s(v)\rightarrow u\doteq v)$
("Verschiedene natürliche Zahlen haben auch verschiedene Nachfolger" (Injektivität der Nachfolgerfunktion in den natürlichen Zahlen)).

(A_9) $\forall u(N(u)\rightarrow\neg s(u)\doteq o)$
("Der Nachfolger einer natürlichen Zahl ist immer ungleich 0").

(A_{10}) $\forall u(M(u)\wedge o\varepsilon u\wedge\forall x(x\varepsilon u\rightarrow s(x)\varepsilon u)\rightarrow\forall x(N(x)\rightarrow x\varepsilon u))$
("Jede Menge, die 0 enthält und unter Nachfolgerbildung abgeschlossen ist, enthält alle natürlichen Zahlen" (Induktionsaxiom)).

Weitere Axiome wie zum Beispiel Ersetzungs-, Fundierungs- und Auswahlaxiom sind im mengentheoretischen Anhang formalisiert. Wir weisen noch darauf hin, daß *(A_6)* aus unendlich vielen Axiomen besteht, die nach einem festen Schema zu jeder geeigneten Formel α gebildet werden. Man nennt daher *(A_6)* ein *Axiomenschema*.

Da die Anzahl der Zeichen der Sprache der Mengenlehre endlich ist, folgt aus (7.9), daß die Axiome ein abzählbares Modell besitzen, sofern sie überhaupt erfüllbar sind.

Zum Schluß soll noch eine Anwendung des Kompaktheitstheorems vorgestellt werden. Weitere Anwendungen sind im Teil über Modelltheorie zu finden. – Wir betrachten die Sprache $\mathfrak{L}$, die als einziges nichtlogisches Zeichen das zweistellige Relationszeichen Q hat. Anstelle von "Q(x,y)" schreiben wir "xQy". Eine zur Sprache passende Struktur notieren wir in der Form $\mathfrak{A}=\langle A,R\rangle$, wobei A die Trägermenge der Struktur $\mathfrak{A}$ und R die Deutung $Q^{\mathfrak{A}}$ des Relationszeichens Q in der Struktur $\mathfrak{A}$ ist.

Eine $\mathfrak{L}$-Struktur $\mathfrak{A}$ ist eine *partielle Ordnung* genau dann, wenn in $\mathfrak{A}$ die Aussagen $\forall x\neg xQx$ und $\forall x\forall y\forall z(xQy\wedge yQz\rightarrow xQz)$ gültig sind, also die Relation $R\subset A\times A$ irreflexiv und transitiv ist.

Die $\mathfrak{L}$-Struktur $\mathfrak{A}$ ist eine *lineare Ordnung*, wenn $\mathfrak{A}$ eine partielle Ordnung ist, in der außerdem je zwei verschiedene Elemente R-vergleichbar sind, die Relation R also zusätzlich *konnex* ist. Letzteres ist äquivalent zur Gültigkeit der Aussage $\forall x\forall y(xQy\vee x\doteq y\vee yQx)$ in $\mathfrak{A}$.

Schließlich ist $\mathfrak{A}$ eine *Wohlordnung* genau dann, wenn $\mathfrak{A}$ eine lineare Ordnung ist und außerdem jede nichtleere Teilmenge $B \subset A$ ein R-kleinstes Element besitzt, d.h. es gibt zu jeder nichtleeren Teilmenge $B \subset A$ ein $b' \in B$, so daß für alle $b \in B$ entweder $b' = b$ oder $b'Rb$ gilt. Beispiele für Wohlordnungen sind lineare Ordnungen mit endlicher Trägermenge und weiterhin die Menge aller natürlichen Zahlen mit der gewöhnlichen Kleiner-Relation.

Wir zeigen jetzt, daß es keine $\mathfrak{L}$-Aussagenmenge Σ gibt, so daß für alle $\mathfrak{L}$-Strukturen $\mathfrak{A}$ gilt: ($\mathfrak{A} \models \Sigma \Leftrightarrow \mathfrak{A}$ ist eine Wohlordnung). Der Begriff der Wohlordnung ist also in der Prädikatenlogik der ersten Stufe nicht adäquat beschreibbar und ist somit (im Gegensatz zu den Begriffen partielle Ordnung, lineare Ordnung usw.) nicht "elementar".

Wir gehen indirekt vor und nehmen an, daß es eine Aussagenmenge Σ gibt, so daß für alle $\mathfrak{A}$ gilt:($\mathfrak{A} \models \Sigma \Leftrightarrow \mathfrak{A}$ ist ein Wohlordnung). Man erweitert die Sprache $\mathfrak{L}$, indem man unendlich viele paarweise verschiedene Konstanten $c_0, c_1, c_2, c_3, \ldots$ hinzunimmt. In dieser erweiterten Sprache $\mathfrak{L}'$ betrachtet man die Aussagenmenge $\Gamma := \Sigma \cup \{c_{j+1} Q c_j \mid j \in \mathbb{N}\}$. Wir behaupten, daß Γ erfüllbar ist. Aufgrund des Kompaktheitssatzes genügt es zu zeigen, daß jede endliche Teilmenge von Γ erfüllbar ist. Da jede endliche Teilmenge von Γ in einer der Mengen $\Gamma_k := \Sigma \cup \{c_1 Q c_0,\ c_2 Q c_1, \ldots,\ c_k Q c_{k-1}\}$ enthalten ist, genügt es, die Erfüllbarkeit der Mengen Γ_k nachzuweisen. Die $\mathfrak{L}'$-Aussagenmenge Γ_k ist aber in der wie folgt definierten $\mathfrak{L}'$-Struktur $\mathfrak{A}'_k$ wahr:

Die Trägermenge von $\mathfrak{A}'_k$ ist das Anfangssegment $S_k := \{0,1,2,\ldots,k\}$ der natürlichen Zahlen. Die Deutung von Q in $\mathfrak{A}'_k$ sei $<_k$, die gewöhnliche Kleiner-Relation auf S_k beschränkt. Schließlich sei c_0 durch k, c_1 durch k-1, ... und c_k durch 0 gedeutet.

Da $\langle S_k, <_k \rangle$ eine lineare Ordnung mit endlichem Träger ist, liegt eine Wohlordnung vor. Damit gilt nach Voraussetzung Σ in $\langle S_k, <_k \rangle$ und somit in $\mathfrak{A}'_k$. Weiter ist nach Definition der Struktur $\mathfrak{A}'_k$ die Aussagenmenge $\{c_1 Q c_0, c_2 Q c_1, \ldots, c_k Q c_{k-1}\}$ in $\mathfrak{A}'_k$ wahr. Somit ist Γ_k erfüllbar.

Aufgrund des Kompaktheitssatzes erhält man jetzt die Existenz eines Modelles $\mathfrak{A}'$ von Γ. Ist $<'$ die Deutung von Q in $\mathfrak{A}'$ und b_j die Deutung von c_j in $\mathfrak{A}'$, so sind, da $\mathfrak{A}' \models c_{j+1} Q c_j$ gilt, die Ungleichungen $b_{j+1} <' b_j$ für alle $j \in \mathbb{N}$ wahr. Also gibt es in der Menge $B := \{b_j \mid j \in \mathbb{N}\}$ kein kleinstes Element hinsichtlich $<'$. Die $\mathfrak{L}$-Struktur $\mathfrak{A} := \langle |\mathfrak{A}'|, <' \rangle$ ist somit keine Wohlordnung. Andererseits ist aber $\mathfrak{A}$ als $\mathfrak{L}$-Redukt von $\mathfrak{A}'$ ein Modell von Σ. Damit ist die obige Annahme zum Widerspruch geführt und die Behauptung bewiesen.

§ 8 Modallogische Aspekte der Gödelschen Unvollständigkeitssätze

Im folgenden sollen der erste und zweite Gödelsche Unvollständigkeitssatz formuliert und die Beweise skizziert werden. Dabei wird sich zeigen, daß das formale Beweisbarkeitsprädikat der Arithmetik als Notwendigkeitsoperator eines gewissen modallogischen Systems verstanden werden kann. Dieses System der modalen Aussagenlogik wird dann mit den Methoden des dritten Paragraphen untersucht. Insbesondere werden wir die Vollständigkeit dieses modallogischen Systems hinsichtlich einer gewissen Eigenschaft von Rahmen zeigen.

Die üblichen Eigenschaften der natürlichen Zahlen sind leicht in einer geeigneten prädikatenlogischen Sprache formalisierbar. Aus technischen Gründen wählen wir eine Sprache mit einem zweistelligen Relationszeichen für die Kleiner-Relation $<$, einem einstelligen Funktionszeichen für die Nachfolgerfunktion s, jeweils einem zweistelligen Funktionszeichen für die Addition $+$ und die Multiplikation $\cdot$ und einer Konstanten für die Zahl 0. Wir benutzen der besseren Lesbarkeit halber die metasprachlichen Zeichen $<$, s, $+$, $\cdot$, 0 auch in der formalen Sprache. Da Variablen ausschließlich über Elemente des Zahlbereichs laufen sollen, läßt sich das Induktionsaxiom nur als unendliches Schema schreiben. Die im folgenden zugrundegelegten Axiome, auch *Peano-Axiome* genannt, lauten:

$\forall v_0 \neg s(v_0) \doteq 0$,

$\forall v_0 \forall v_1 \, (s(v_0) \doteq s(v_1) \rightarrow v_0 \doteq v_1)$,

$\forall v_0 \; v_0 + 0 \doteq v_0$,

$\forall v_0 \forall v_1 \; v_0 + s(v_1) \doteq s(v_0 + v_1)$,

$\forall v_0 \; v_0 \cdot 0 \doteq 0$,

$\forall v_0 \forall v_1 \; v_0 \cdot s(v_1) \doteq (v_0 \cdot v_1) + v_0$,

$\forall v_0 \neg v_0 < 0$,

$\forall v_0 \forall v_1 \, (v_0 < s(v_1) \leftrightarrow v_0 < v_1 \vee v_0 \doteq v_1)$,

$\forall v_0 \forall v_1 \, (v_0 < v_1 \vee v_0 \doteq v_1 \vee v_1 < v_0)$.

Dazu kommen als *Induktionsaxiome* die Generalisierungen der Formeln

$(\alpha(v_0/0) \wedge \forall v_0(\alpha \rightarrow \alpha(v_0/s(v_0))) \rightarrow \forall v_0 \alpha)$,

wobei α eine beliebige arithmetische Formel ist.

Die Menge dieser Axiome bezeichnen wir mit **PA**. – Es steht also $\mathbf{PA} \vdash \alpha$ für die (metasprachliche) Aussage, daß α aus den Axiomen der Peano-Arithmetik prädikatenlogisch beweisbar ist.

Es bezeichne **EA** ("Elementare Arithmetik") die Menge der Peano-Axiome ohne die Induktionsaxiome. Die durch diese neun Axiome gegebene Teiltheorie der Peano-Arithmetik wird sich im weiteren als wichtig erweisen.

In **PA** (und damit natürlich erst recht in **EA**) sind offenbar nur wahre arithmetische Aussagen beweisbar. – Es stellt sich sofort die Frage, ob auch alle wahren Aussagen der Arithmetik aus **PA** beweisbar sind. Aus dem ersten Gödelschen Unvollständigkeitssatz ergibt sich die Existenz von wahren, in **PA** unbeweisbaren arithmetischen Aussagen. Dies scheint nicht sonderlich aufregend zu sein, da die **PA**-Axiome ziemlich willkürlich gewählt und notwendige Axiome einfach übersehen worden sind. Man sucht also weitere wahre arithmetische Aussagen und adjungiert sie zu **PA** in der Hoffnung, damit ein Axiomensystem zu gewinnen, aus dem sich alle wahren arithmetischen Formeln ableiten lassen. Es zeigt sich jedoch aufgrund des Gödelschen Satzes, daß es kein "überschaubares" Axiomensystem gibt, das dies leistet. Von einer überschaubaren Axiomenmenge wird man dabei mindestens fordern, daß es ein Verfahren gibt, das es gestattet, von einer beliebig vorgelegten arithmetischen Aussage in endlich vielen Schritten zu entscheiden, ob diese Aussage zu den Axiomen gehört oder nicht. Der erste Gödelsche Unvollständigkeitssatz besagt nun allgemein, daß es keine widerspruchsfreie, überschaubare, **PA** (es genügt **EA**) umfassende Aussagenmenge gibt, aus der für jede arithmetische Aussage α entweder α oder $\neg\alpha$ beweisbar ist. Insbesondere kann also aus keinem widerspruchsfreien, überschaubaren Axiomensystem jede in den natürlichen Zahlen wahre Aussage beweisbar sein. (Zu betonen ist dabei das Wort "überschaubar", da man andernfalls die Menge aller wahren arithmetischen Aussagen selbst als Axiomensystem nehmen könnte.) Die Peano-Arithmetik ist somit in einem starken Sinne unvollständig.

Man könnte meinen, daß dieses Resultat von der speziellen Formalisierung der Arithmetik abhängt, die eben nur Quantifikationen über Zahlen zuläßt. Bei näherer Betrachtung folgt jedoch, daß alle Systeme, die ein gewisses Maß an Arithmetik enthalten (wie zum Beispiel die in Paragraph 7 und im Anhang formalisierte Mengenlehre), schon unvollständig bezüglich arithmetischer Aussagen sind, sofern nur das Axiomensystem und der Ableitbarkeitsbegriff gewissen "vernünftigen" Forderungen genügen.

Der zweite Gödelsche Unvollständigkeitssatz besagt, daß eine spezielle arithmetische Aussage, die formal die Widerspruchsfreiheit von **PA** zum Ausdruck bringt, eine wahre, in **PA** unbeweisbare Aussage ist. – Auch dieses Resultat ist nicht auf **PA** beschränkt, sondern gilt sinngemäß für alle überschaubaren Axiomensysteme, in denen ein **PA** entsprechender Teil an Arithmetik vorhanden ist.

Um eine Beweisskizze dieser Sätze zu liefern, ist natürlich zuerst eine Präzisierung des Begriffs "vernünftig" oder, wie man sagt, "*entscheidbar*" oder synonym dazu "*berechenbar*" vonnöten. Dazu wird der Einfachheit halber die Sprache arithmetisiert, so daß es genügt, einen Entscheidbarkeits- oder Berechenbarkeitsbegriff für Funktionen und Relationen in den natürlichen Zahlen zu definieren.

Die Arithmetisierung der Zeichenreihen kann man wie folgt vornehmen: Jedem Symbol a des Alphabets ordnen wir eine Symbolnummer $\nu(a)$ zu, indem wir

$$\nu(v)=11,\ \nu(')=12,\ \nu(\neg)=13,\ \nu(\rightarrow)=14,\ \nu(\forall)=15,\ \nu(\doteq)=16,\ \nu(()=17,$$

$$\nu())=18,\ \nu(,)=19,\ \nu(<)=21,\ \nu(s)=22,\ \nu(+)=23,\ \nu(\cdot)=24 \text{ und } \nu(0)=25$$

setzen. Die Nummern sind so gewählt, daß in der Dezimaldarstellung keine Null auftritt, da wir die Null als Trennungszeichen für Folgen von Wörtern benutzen wollen. Mit Hilfe dieser Symbolnummern definieren wir eine Funktion, die jedem Wort w über dem gegebenen Alphabet die Kodenummer $\ulcorner w \urcorner$ zuordnet:

Ist $w=a_0 \ldots a_k$, so sei $\ulcorner w \urcorner$ die Zahl, deren Dezimaldarstellung man durch Hintereinanderschreiben der Dezimaldarstellungen von $\nu(a_0)$, $\nu(a_1), \ldots$ und $\nu(a_k)$ erhält.

Die Kodenummer $\ulcorner w \urcorner$ von w wird auch als *Gödelnummer von* w bezeichnet.

Zum Beispiel entspricht der Formel $\forall v_1 v_1{+}0 \doteq v_1$ (ohne Schreibkonventionen ist das die Zeichenreihe $\forall 'v{+}('v,0) \doteq 'v$) die Zahl mit der Dezimalnotation 151211231712111925181612 11.

Damit ist jedem arithmetischen Term und jeder arithmetischen Formel auf eineindeutige Weise eine natürliche Zahl zugeordnet.

Wir werden jetzt den Entscheidbarkeits- oder Berechenbarkeitsbegriff für Funktionen und Relationen von natürlichen Zahlen präzisieren. Dafür gibt es unterschiedliche Ansätze – wie z.B. die Turing-Berechenbarkeit und die μ-Rekursivität. Es stellt sich aber heraus, daß alle bisher bekannten Ansätze zur selben Menge berechenbarer Funktionen und Relationen führen. Wir erklären hier nur die Begriffe der μ-rekursiven Funktion und Relation. Eine genaueres Studium dieser Funktionen und Relationen, wie es für die Beweise der Gödelschen Sätze benötigt wird, kann man z.B. im Buch von Shoenfield [54] finden, auf das wir in diesem Paragraphen zurückgreifen.

Die Menge der *(μ-)rekursiven Funktionen* ist die kleinste Menge X von Funktionen von $\mathbb{N}$ in $\mathbb{N}$ (beliebiger Stellenzahl), die unter folgenden Regeln abgeschlossen ist:

(R1) Die Funktionen I_j^n für $1 \le j \le n$, $+$, $\cdot$ und $\chi_<$ sind in X.
Dabei ist $I_j^n : \mathbb{N}^n \rightarrow \mathbb{N}$ die *Projektion der n-Tupel auf die j-te*

Komponente, d.h. es gilt $I_j^n(a_1,\ldots,a_n)=a_j$ für alle $a_1,\ldots,a_n\in\mathbb{N}$, und $\chi_<:\mathbb{N}^2\longrightarrow\mathbb{N}$ ist die *charakteristische Funktion der Kleiner-Relation*, d.h. es gilt für alle $a_1,a_2\in\mathbb{N}$:

$$\chi_<(a_1,a_2)=\begin{cases}0, & \text{falls } a_1<a_2;\\ 1 & \text{sonst.}\end{cases}$$

(R2) Ist $G:\mathbb{N}^k\rightarrow\mathbb{N}$ in X und sind die n-stelligen Funktionen $H_1,\ldots,H_k$ in in X, so ist auch $F:\mathbb{N}^n\rightarrow\mathbb{N}$ in X, wobei F definiert ist durch:

$$F(a_1,\ldots,a_n):=G(H_1(a_1,\ldots,a_n),\ldots,H_k(a_1,\ldots,a_n)) \text{ für alle } a_1,\ldots,a_n\in\mathbb{N}.$$

Man sagt in diesem Falle, daß F aus G durch *Einsetzung der Funktionen* H_j für die Argumente ensteht.

(R3) Ist $G:\mathbb{N}^{n+1}\rightarrow\mathbb{N}$ in X und gibt es zu jedem n-Tupel $\langle a_1,\ldots,a_n\rangle\in\mathbb{N}^n$ ein $b\in\mathbb{N}$ mit $G(a_1,\ldots,a_n,b)=0$, so ist auch die Funktion $F:\mathbb{N}^n\rightarrow\mathbb{N}$ mit $F(a_1,\ldots a_n)=$(kleinste natürliche Zahl x mit $G(a_1,\ldots,a_n,x)=0$) in X.

Man schreibt oft $\mu_x(\ldots)$ für das kleinste $x\in\mathbb{N}$ mit $(\ldots)$, sofern solch ein x existiert; anderenfalls ist $\mu_x(\ldots)$ undefiniert.

Die Definition von F in (R3) schreibt sich dann kürzer so:

$$F(a_1,\ldots,a_n)=\mu_x(\,G(a_1,\ldots,a_n,x)=0\,).$$

Man sagt, daß F aus G durch *Anwendung des μ-Operators* entsteht.

Die Menge der rekursiven Funktionen besteht also gerade aus den Funktionen, die sich durch endlichmalige Anwendung von (R2) und (R3) aus den in (R1) gegebenen Grundfunktionen gewinnen lassen. Offensichtlich sind diese Funktionen im intuitiven Sinne berechenbar.

In (R3) beachte man, daß die Einsicht, daß der "*Normalfall*" vorliegt — es also zu jedem n-Tupel $\langle a_1,\ldots,a_n\rangle$ mindestens ein b mit $G(a_1,\ldots,a_n,b)=0$ gibt — nicht konstruktiv gewonnen zu sein braucht. Weiß man, daß es zu $\langle a_1,\ldots,a_n\rangle$ immer mindestens ein b mit $G(a_1,\ldots,a_n,b)=0$ gibt, so berechnet man nacheinander $G(a_1,\ldots,a_n,0)$, $G(a_1,\ldots,a_n,1)$, $G(a_1,\ldots,a_n,2),\ldots$ bis zum ersten Mal der Wert 0 auftritt. Nach Voraussetzung tritt dieser Fall immer irgendwann ein. Man beendet dann das Ausrechnen der Funktionswerte und schreibt das entsprechende b auf. Intuitiv gesehen ist damit jede aus einer berechenbaren Funktion durch Anwendung des μ-Operators im Normalfall gewonnene Funktion ebenfalls berechenbar.

Mittels geeigneter Folgenkodierung läßt sich zeigen, daß die Menge der rekursiven Funktionen auch unter der *primitiven Rekursion* abgeschlossen ist, d.h. sind $G:\mathbb{N}^n\rightarrow\mathbb{N}$ und $H:\mathbb{N}^{n+2}\rightarrow\mathbb{N}$ rekursiv, so ist auch die durch folgende Rekursionsgleichungen definierte Funktion F rekursiv:

$F(a_1,\dots,a_n,0) = G(a_1,\dots,a_n)$,
$F(a_1,\dots,a_n, k+1) = H(F(a_1,\dots,a_n, k),a_1,\dots,a_n,k)$.

Weiter heißt eine n-stellige *Relation* R *(μ-)rekursiv* genau dann, wenn die *charakteristische Funktion* χ_R *von* R rekursiv ist, wobei χ_R durch

$$\chi_R(a_1,\dots,a_n) = \begin{cases} 0, & \text{falls } \langle a_1,\dots,a_n\rangle \in R \text{ ist;} \\ 1 & \text{sonst} \end{cases}$$

definiert ist. — Insbesondere ist eine Menge A von natürlichen Zahlen genau dann rekursiv, wenn ihre charakteristische Funktion $\chi_A: \mathbb{N}\rightarrow\{0,1\}$ mit $(\chi_A(m)=0 \Leftrightarrow m\in A)$ für alle $m\in\mathbb{N}$ rekursiv ist.

Aufgrund der Erfahrung, daß alle bisher aufgestellten Berechenbarkeitsbegriffe äquivalent sind und daß jede intuitiv berechenbare Funktion sich auch als rekursiv herausgestellt hat, ist man versucht, diesen Erfahrungsschatz in einer Arbeitshypothese, der sogenannten *Churchschen These*, zusammenzufassen:

Jede intuitiv berechenbare Funktion und Relation ist rekursiv.

Wir werden im folgenden von dieser Hypothese Gebrauch machen, um nicht zu viele technische Details präsentieren zu müssen. Wer sorgfältig durchgeführte Beweise sehen möchte, möge in dem schon erwähnten Buch von J. R. Shoenfield nachschauen.

Für die Kodierung der syntaktischen Begriffe ist eine gewisse Teilmenge der rekursiven Funktionen besonders wichtig — die Menge der *primitiv rekursiven Funktionen*. Sie ist definiert als kleinste Funktionenmenge *Y*, die unter folgenden Regeln abgeschlossen ist:

(PR1) Die konstante Funktion C_0 mit $C_0(x)=0$ für alle $x\in\mathbb{N}$, die Nachfolgerfunktion s und alle Projektionen I_j^n sind in *Y*.

(PR2) Ist $G: \mathbb{N}^k\rightarrow\mathbb{N}$ in *Y* und sind die n-stelligen Funktionen $H_1,\dots,H_k$ in *Y*, so ist auch $F: \mathbb{N}^n\rightarrow\mathbb{N}$ in *Y*, wobei F definiert ist durch: $F(a_1,\dots,a_n) := G(H_1(a_1,\dots,a_n),\dots,H_k(a_1,\dots,a_n))$ für alle $a_1,\dots,a_n\in\mathbb{N}$.

(PR3) Sind die Funktionen $G:\mathbb{N}^n\rightarrow\mathbb{N}$ und $H:\mathbb{N}^{n+2}\rightarrow\mathbb{N}$ in *Y*, so ist auch die durch folgende Rekursionsgleichungen definierte Funktion in *Y*:
$F(a_1,\dots,a_n,0) = G(a_1,\dots,a_n)$,
$F(a_1,\dots,a_n,k+1) = H(F(a_1,\dots,a_n,k),a_1,\dots,a_n,k)$.

Eine Funktion ist also genau dann primitiv rekursiv, wenn sie sich durch endlichmalige Anwendung von Einsetzung und primitiver Rekursion aus den in (PR1) gegebenen Grundfunktionen gewinnen läßt. — Aufgrund der oben erwähnten Tatsache, daß die Menge der rekursiven Funktionen auch unter der primitiven Rekursion abgeschlossen ist, ergibt sich, daß jede primitiv rekursive Funktion rekursiv ist. Die Umkehrung ist falsch: Es gibt rekursive Funktionen, die nicht primitiv rekursiv sind.

Wir erklären jetzt, was es heißt, daß eine Funktion in der elementaren Arithmetik **EA** ziffernweise repräsentierbar ist. Zuerst definieren wir für natürliche Zahlen m Terme Z(m), die *Ziffern* genannt werden, durch:

$$Z(0)=0 \text{ und } Z(m+1)=s(Z(m)).$$

Beispielsweise ist Z(3)=s(s(s(0))). – Der Übersichtlichkeit halber schreiben wir für Z(m) oft *m*.

Man zeigt leicht, daß für alle natürlichen Zahlen m,n gilt:

$$(m=n \Rightarrow \mathbf{EA}\vdash m \doteq n) \text{ und } (m\neq n \Rightarrow \mathbf{EA}\vdash \neg\, m \doteq n).$$

Eine Funktion F von $\mathbb{N}^k$ in $\mathbb{N}$ heißt *ziffernweise repräsentierbar in* **EA** (kurz: repräsentierbar in **EA**), wenn es eine Formel α der Sprache der Arithmetik mit den freien Variablen $v_0,\dots,v_k$ gibt, so daß für alle $m_0,\dots,m_{k-1},n\in\mathbb{N}$ gilt:

$$F(m_0,\dots,m_{k-1})=n \quad\Rightarrow\quad \mathbf{EA}\vdash n\doteq v_k \leftrightarrow \alpha(v_0/m_0,\dots,v_{k-1}/m_{k-1}).$$

Anstelle von $\delta(v_0/t_0,\dots,v_r/t_r)$ schreiben wir im folgenden oft kürzer $\delta(t_0,\dots,t_r)$.

Eine k-stellige Funktion F ist also genau dann repräsentierbar in **EA**, wenn es eine Formel α mit $Fr(\alpha)=\{v_0,\dots,v_k\}$ gibt, so daß gilt:

$$F(m_0,\dots,m_{k-1})=n \Rightarrow \begin{cases} \mathbf{EA}\vdash \alpha(m_0,\dots,m_{k-1},n)) \text{ und} \\ \mathbf{EA}\vdash \neg\, n\doteq v_k \rightarrow \neg\,\alpha(m_0,\dots,m_{k-1},v_k)). \end{cases}$$

Insbesondere folgt aus der Repräsentierbarkeit der Funktion F durch die Formel α, daß $F(m_0,\dots,m_{k-1})\neq n \Rightarrow \mathbf{EA}\vdash \neg\,\alpha(m_0,\dots,m_{k-1},n)$ gilt. Dabei wird die oben erwähnte Tatsache ($m\neq n \Rightarrow \mathbf{EA}\vdash \neg\, m\doteq n$) benutzt.

Beispielsweise repräsentiert die Formel $v_0+v_1\doteq v_2$ die Addition. Dazu ist zu zeigen, daß in **EA** die Äquivalenz $n\doteq v_2 \leftrightarrow m_0+m_1\doteq v_2$ beweisbar ist, falls $n=m_0+m_1$ gilt. Dies folgt aber leicht aus der durch Induktion über m_1 beweisbaren Tatsache, daß $m_0+m_1=n$ die **EA**-Beweisbarkeit von $m_0+m_1\doteq n$ impliziert.

Eine k-stellige *Relation* R wird *ziffernweise repräsentierbar in* **EA** (kurz: repräsentierbar in **EA**) genannt, wenn es eine Formel ρ mit den freien Variablen $v_0,\dots,v_{k-1}$ gibt, so daß für alle $m_0,\dots,m_{k-1}\in\mathbb{N}$ gilt:

$$\langle m_0,\dots,m_{k-1}\rangle\in R \quad\Rightarrow\quad \mathbf{EA}\vdash\rho(m_0,\dots,m_{k-1}),$$
$$\langle m_0,\dots,m_{k-1}\rangle\notin R \quad\Rightarrow\quad \mathbf{EA}\vdash\neg\,\rho(m_0,\dots,m_{k-1}).$$

Wird R durch ρ repräsentiert, so repräsentiert, wie man leicht zeigt, die Formel $(\rho \wedge v_k \doteq 0) \vee (\neg \rho \wedge v_k \doteq 1)$ die charakteristische Funktion χ_R von R.

Es gilt das grundlegende Theorem (zum Beweis siehe [54] (6.7)):

(8.1) **Theorem:** Jede rekursive Funktion und jede rekursive Relation ist in **EA** ziffernweise repräsentierbar.

Das System **EA** ist gerade so gewählt worden, daß die ziffernweise Repräsentierbarkeit rekursiver Funktionen und Relationen beweisbar wird.

Primitiv rekursive Funktionen sind insofern von Bedeutung, als man (über die ziffernweise Repräsentierbarkeit hinaus) Formeln angeben kann, die die Funktionen so definieren, daß auch viele ihrer Eigenschaften in **PA** (**EA** ist meist nicht mehr ausreichend) beweisbar werden. Dies ist für den zweiten Unvollständigkeitssatz von größter Bedeutung.

Jeder Zeichenreihe w über dem Alphabet der Arithmetik ist — wie zu Anfang des Paragraphen angegeben — eine Kodezahl $\ulcorner w \urcorner$ zugeordnet. Einer endlichen Folge von Zeichenreihen $w_0, w_1, \ldots, w_l$ ordnen wir die Kodezahl $\ulcorner w_0 \urcorner 0 \ulcorner w_1 \urcorner 0 \ldots 0 \ulcorner w_l \urcorner 0$ (in Dezimalnotation) zu. Zum Beispiel ist der zweigliedrigen Formelfolge $\forall v \neg s(v) \doteq 0, \neg s(s(v)) \doteq 0$ die Zahl mit der Dezimaldarstellung 151113221711181625013221722171118181625O zugeordnet.

Da in den Kodierungen der w_j keine Null auftritt, läßt sich aus der Kodenummer von $w_0, w_1, \ldots, w_l$ die Folge selbst eindeutig rekonstruieren. (Die letzte Null zeigt im Falle l=0 an, daß eine Wortfolge vorliegt.)

Folgende Relationen und Funktionen in den natürlichen Zahlen sind rekursiv (genauer: sogar primitiv rekursiv):

Va := { m | m ist Gödelnummer einer Variablen } = { $\ulcorner x \urcorner$ | x∈Var },

Tm := { m | m ist Gödelnummer eines arithmetischen Terms } = { $\ulcorner t \urcorner$ | $t \in Tm_{\mathfrak{L}}$ }, wobei $\mathfrak{L}$ die Sprache der Arithmetik bezeichnet,

Num mit Num(n) := $\ulcorner Z(n) \urcorner$ = Gödelnummer des Terms n (= Z(n)),

Fm := { m | m ist Gödelnummer einer $\mathfrak{L}$-Formel } = { $\ulcorner \alpha \urcorner$ | $\alpha \in Fm_{\mathfrak{L}}$ }.

Frs := { $\langle \ulcorner \alpha \urcorner, \ulcorner x \urcorner, \ulcorner t \urcorner \rangle$ | $\alpha \in Fm_{\mathfrak{L}}$, x∈Var, $t \in Tm_{\mathfrak{L}}$ und t ist frei für x in α },

Subst mit Subst($\ulcorner \alpha \urcorner, \ulcorner x \urcorner, \ulcorner t \urcorner$) := $\ulcorner \alpha(x/t) \urcorner$ für alle $\alpha \in Fm_{\mathfrak{L}}$, x∈Var, $t \in Tm_{\mathfrak{L}}$ mit t frei für x in α — und Subst(k,l,m) := 0 sonst,

Neg mit Neg($\ulcorner \alpha \urcorner$) := $\ulcorner \neg \alpha \urcorner$ für alle $\alpha \in Fm_{\mathfrak{L}}$ — und Neg(m) := 0 sonst,

Imp mit Imp($\ulcorner \alpha \urcorner, \ulcorner \beta \urcorner$) := $\ulcorner (\alpha \to \beta) \urcorner$ für alle $\alpha, \beta \in Fm_{\mathfrak{L}}$ — und Imp(l,m) := 0 sonst,

All mit All($\ulcorner \alpha \urcorner, \ulcorner x \urcorner$) := $\ulcorner \forall x \alpha \urcorner$ für alle $\alpha \in Fm_{\mathfrak{L}}$, x∈Var — und All(l,m) := 0 sonst,

$Ax_{EA} := \{ \ulcorner\alpha\urcorner \mid \alpha$ ist ein logisches Axiom oder α ist ein Element von **EA**$\}$,

$Ax_{PA} := \{ \ulcorner\alpha\urcorner \mid \alpha$ ist ein logisches Axiom oder α ist ein Element von **PA**$\}$,

$Mp := \{ \langle \ulcorner\alpha\urcorner, \ulcorner(\alpha\rightarrow\beta)\urcorner, \ulcorner\beta\urcorner \rangle \mid \alpha,\beta \in Fm_{\mathfrak{L}} \}$,

$Bw_{EA} := \{ \langle \ulcorner\alpha\urcorner, m\rangle \mid \alpha \in Fm_{\mathfrak{L}}$ und m ist Kode eines **EA**-Beweises von $\alpha \}$,

$Bw_{PA} := \{ \langle \ulcorner\alpha\urcorner, m\rangle \mid \alpha \in Fm_{\mathfrak{L}}$ und m ist Kode eines **PA**-Beweises von $\alpha \}$.

Die intuitive Berechenbarkeit der oben genannten Funktionen und Relationen kann man sich relativ leicht klarmachen. Zum Beispiel ist eine natürliche Zahl m Kode einer Variablen, wenn ihre Dezimalentwicklung entweder 11 ist oder von der Gestalt 1212...1211 ist. Dies ist offensichtlich entscheidbar — und somit nach der Churchschen These rekursiv. Ähnlich ist in den übrigen Fällen plausibel, daß die entsprechenden Relationen und Funktionen rekursiv sind. — Aufgrund von (8.1) lassen sich diese Relationen und Funktionen in **EA** ziffernweise repräsentieren. Dies genügt, um den ersten Gödelschen Unvollständigkeitssatz zu beweisen. Um auch den zweiten Unvollständigkeitssatz zu erhalten, ist eine sorgfältige Wahl der repräsentierenden Formeln nötig.

Der erste Unvollständigkeitssatz besagt in vorläufiger Fassung, daß es eine wahre, in **PA** unbeweisbare Aussage gibt. "Wahr" meint dabei, daß diese Aussage in den natürlichen Zahlen unter der Standarddeutung der Zeichen $<, s, +, \cdot, 0$ in $\mathbb{N}$ wahr ist.

Zentral für das folgende ist das *Diagonallemma von Gödel*:

(8.2) **Lemma:** Ist σ eine arithmetische Formel mit $Fr(\sigma)=\{v_0,v_1,\dots,v_s\}$, so gibt es eine Formel δ mit: $\mathbf{EA} \vdash \delta \leftrightarrow \sigma(v_0/Z(\ulcorner\delta\urcorner))$ und $Fr(\delta)=\{v_1,\dots,v_s\}$.

Beweis:

Wir betrachten die zweistellige (primitiv) rekursive Funktion F, die durch $F(k,m) := Subst(k, \ulcorner v_0\urcorner, Num(m))$ für alle $k,m \in \mathbb{N}$ gegeben ist. Für alle Formeln γ und natürlichen Zahlen m gilt dann:

$$F(\ulcorner\gamma\urcorner, m) = Subst(\ulcorner\gamma\urcorner, 11, Num(m)) = \ulcorner\gamma(v_0/Z(m))\urcorner = \ulcorner\gamma(v_0/\mathit{m})\urcorner,$$

da $\ulcorner v_0\urcorner = 11$ und Num(m) der Kode von $\mathit{m} = Z(m)$ ist. — Die Formel α mit $Fr(\alpha)=\{v_0,v_1,v_2\}$ repräsentiere F in **EA**, d.h. es gelte für alle $k,m,n \in \mathbb{N}$:

$$F(k,m)=n \;\Rightarrow\; \mathbf{EA} \vdash \mathit{n} \doteq v_2 \leftrightarrow \alpha(v_0/\mathit{k}, v_1/\mathit{m}).$$

Indem man eventuell gebunden umbenennt, kann man voraussetzen, daß die Variable v_0 frei zur Substitution für v_1 in α ist. Aus einer solchen Formel α und dem gegebenen σ bilden wir

$$\gamma := \exists x\, (\alpha(v_1/v_0, v_2/x) \wedge \sigma(v_0/x)),$$

wobei x eine Variable ist, die weder in α noch in σ vorkommt. Die Gödelnummer von γ sei m, d.h. $m=\ulcorner\gamma\urcorner$. Wir setzen:

$$\delta := \gamma(v_0/Z(\ulcorner\gamma\urcorner)) = \gamma(v_0/m).$$

Dann gilt $F(m,m)=F(\ulcorner\gamma\urcorner,m)= \ulcorner\gamma(v_0/m)\urcorner = \ulcorner\delta\urcorner$. Da α die Funktion F repräsentiert, folgt mittels Generalisierung nach der Variablen v_2:

$$\mathbf{EA}\vdash \forall v_2(Z(\ulcorner\delta\urcorner)\doteq v_2 \leftrightarrow \alpha(v_0/m, v_1/m)),$$

woraus sich, da x nach Voraussetzung in α nicht vorkommt, durch gebundene Umbenennung von v_2 in x und nachfolgende Allbeseitigung ergibt:

$$\mathbf{EA}\vdash Z(\ulcorner\delta\urcorner)\doteq x \leftrightarrow \alpha(v_0/m, v_1/m, v_2/x)$$

Da v_0 frei für v_1 in α ist, gilt außerdem:

$$\delta = (\exists x(\alpha(v_1/v_0, v_2/x) \wedge \sigma(v_0/x)))(v_0/m) = \exists x(\alpha(v_0/m, v_1/m, v_2/x) \wedge \sigma(v_0/x)).$$

Durch Ausnutzung der vorhergehenden Äquivalenz erhält man:

$$\mathbf{EA}\vdash \delta \leftrightarrow \exists x(Z(\ulcorner\delta\urcorner)\doteq x \wedge \sigma(v_0/x)).$$

Aus identitätslogischen Gründen ergibt sich daraus — wie behauptet:

$$\mathbf{EA}\vdash \delta \leftrightarrow \sigma(v_0/Z(\ulcorner\delta\urcorner)).$$

Ω

Man nennt ein δ mit $\Gamma\vdash\delta\leftrightarrow\sigma(v_0/Z(\ulcorner\delta\urcorner))$ einen Γ-*Fixpunkt von* σ. — Wir schreiben im folgenden oft $\ulcorner\delta\urcorner$ für den Term $Z(\ulcorner\delta\urcorner)$, d.h. $\ulcorner\delta\urcorner := Z(\ulcorner\delta\urcorner)$. Unter Berücksichtigung der Konvention $\delta(t) := \delta(v_0/t)$ ist somit δ genau dann ein Γ-Fixpunkt von σ, wenn $\Gamma\vdash\delta\leftrightarrow\sigma(\ulcorner\delta\urcorner)$ gilt.

Mit Hilfe des Diagonallemmas zeigen wir zuerst ein Theorem von Church:

(8.3) **Theorem:** Ist Σ eine widerspruchsfreie $\mathfrak{L}$-Aussagenmenge, die **EA** umfaßt, so ist die Menge der Gödelnummern der aus Σ beweisbaren $\mathfrak{L}$-Aussagen nicht rekursiv. — Man sagt in diesem Falle, daß die *Theorie von* Σ *unentscheidbar ist.*

Beweis:

Ist die Menge $G := \{\ulcorner\delta\urcorner \mid \delta\in \mathrm{Aus}_{\mathfrak{L}} \text{ und } \Sigma\vdash\delta\}$ rekursiv, so ist sie aufgrund von (8.1) in **EA** durch eine Formel β mit $Fr(\beta)=\{v_0\}$ repräsentierbar. Für alle $\delta\in \mathrm{Aus}_{\mathfrak{L}}$ gilt dann:

$$(\Sigma\vdash\delta \Rightarrow \ulcorner\delta\urcorner\in G \Rightarrow \mathbf{EA}\vdash\beta(\ulcorner\delta\urcorner)) \text{ und } (\Sigma\nvdash\delta \Rightarrow \ulcorner\delta\urcorner\notin G \Rightarrow \mathbf{EA}\vdash\neg\beta(\ulcorner\delta\urcorner)).$$

Andererseits besitzt aufgrund von (8.2) die Formel $\neg\beta$ einen **EA**-Fixpunkt, d.h. es gibt eine $\mathfrak{L}$-Aussage δ mit $\mathbf{EA}\vdash\delta\leftrightarrow\neg\beta(\ulcorner\delta\urcorner)$. Für einen derartigen Fixpunkt δ folgt, da nach Voraussetzung $\mathbf{EA}\subset\Sigma$ ist:

$$\Sigma\nvdash\delta \Rightarrow \mathbf{EA}\vdash\neg\beta(\ulcorner\delta\urcorner) \Leftrightarrow \mathbf{EA}\vdash\delta \Rightarrow \Sigma\vdash\delta$$

Daraus ergibt sich $\Sigma\vdash\delta$. Analog erhält man, da $\mathbf{EA}\vdash\neg\delta\leftrightarrow\beta(\ulcorner\delta\urcorner)$ gilt,

$\Sigma\vdash\delta \Rightarrow \mathbf{EA}\vdash\beta(\ulcorner\delta\urcorner) \Leftrightarrow \mathbf{EA}\vdash\neg\delta \Rightarrow \Sigma\vdash\neg\delta$.

Die Menge Σ ist daher inkonsistent.

Ω

Aus dem Theorem folgt sofort, daß die Menge $G_{\mathfrak{N}}$ der Gödelnummern aller im Standardmodell gültigen Aussagen nicht rekursiv ist. Denn die Menge $\{\delta\in Aus_{\mathfrak{L}} \mid \mathfrak{N}\models\delta\}$ aller im Standardmodell $\mathfrak{N}:=\langle\mathbb{N},<,s,+,\cdot,0\rangle$ gültigen Aussagen ist widerspruchsfrei, umfaßt **EA** und ist unter Ableitungen abgeschlossen. Allgemeiner (s. (8.1)) gilt nach Tarski, daß es überhaupt keine Formel τ mit $Fr(\tau)=\{v_0\}$ gibt, so daß $(\mathfrak{N}\models\delta \Leftrightarrow \mathfrak{N}\models\tau(\ulcorner\delta\urcorner))$ für alle $\mathfrak{L}$-Aussagen δ gilt. Denn andernfalls wähle man einen **EA**-Fixpunkt δ_0 für $\neg\tau$. Da $\mathfrak{N}\models\mathbf{EA}$ ist, hätte man dann den Widerspruch

$\mathfrak{N}\models\delta_0\leftrightarrow\neg\tau(\ulcorner\delta_0\urcorner)$ und $\mathfrak{N}\models\delta_0\leftrightarrow\tau(\ulcorner\delta_0\urcorner)$.

Es gibt also keine Formel, die im Modell $\mathfrak{N}$ die Menge (der Gödelnummern) aller in $\mathfrak{N}$ wahren Aussagen definiert.

Aus (8.3) erhält man auch:

(8.4) **Korollar:** Jedes rekursive, widerspruchsfreie Axiomensystem Σ, das **EA** erweitert, ist *unvollständig*, d.h. es gibt eine arithmetische Aussage δ derart, daß weder δ noch $\neg\delta$ aus Σ ableitbar ist.

Unter einem *rekursiven Axiomensystem* verstehen wir dabei eine Aussagenmenge Σ, deren Gödelnummernmenge $\{\ulcorner\sigma\urcorner \mid \sigma\in\Sigma\}$ rekursiv ist. — Daß weder δ noch $\neg\delta$ aus Σ ableitbar ist, ist offenbar äquivalent zu der Aussage, daß $\Sigma\cup\{\neg\delta\}$ und $\Sigma\cup\{\delta\}$ widerspruchsfrei sind.

Beweisskizze:

Da die Aussagenmenge Σ rekursiv ist, erhält man wie für **EA** und **PA** eine rekursive Relation Bw_Σ mit

$Bw_\Sigma = \{\langle\ulcorner\alpha\urcorner,m\rangle \mid \alpha\in Fm_{\mathfrak{L}}$ und m ist Kode eines Σ-Beweises von $\alpha\}$.

Wäre für jede $\mathfrak{L}$-Aussage δ entweder δ oder $\neg\delta$ aus Σ ableitbar — wäre also Σ *vollständig* —, so gäbe es, wie wir sofort skizzieren werden, ein Verfahren, um festzustellen, ob eine Zahl k Kode einer aus Σ ableitbaren Aussage ist oder nicht. Damit wäre aber die Menge der Kodenummern von Σ-beweisbaren Formeln rekursiv, was (8.3) widerspräche.

Die Entscheidbarkeit der Theorie eines vollständigen, rekursiven Axiomensystems Σ sieht man anhand folgenden Verfahrens ein:

Von einer gegebenen natürlichen Zahl k stellt man zuerst fest, ob k Kode einer $\mathfrak{L}$-Aussage ist. Wenn dies nicht der Fall ist, gehört k nicht zur Menge. Im positiven Falle prüft man nacheinander für m=0,1,2,3,... , ob $\langle k,m\rangle\in Bw_\Sigma$ oder $\langle Neg(k),m\rangle\in Bw_\Sigma$ gilt. Da die Axiomenmenge Σ als vollständig vorausgesetzt ist, gibt es einen Beweis für die durch k kodierte Aussage oder für die Negation dieser Aussage. Somit gibt es zu k immer ein m, so daß die obige Disjunktion wahr wird. Erreicht man das erste m, das die Disjunktion erfüllt, so prüft man, ob $\langle k,m\rangle \in Bw_\Sigma$ gilt. Genau dann, wenn die Antwort positiv ausfällt, kodiert die Zahl k eine aus Σ ableitbare Aussage.

Ω

Die **PA**-Axiome bilden offensichtlich ein rekursives Axiomensystem, das nach (8.4) unvollständig ist. Es gibt daher eine wahre, in **PA** unbeweisbare Aussage. Damit ist die bloße Existenz einer solchen Aussage gezeigt. Der ursprüngliche Beweis von Gödel liefert ein Beispiel. Dies soll als nächstes vorgestellt werden. — Im folgenden sei Σ ein rekursives Axiomensystem, das **EA** erweitert und nur Aussagen enthält, die im Standardmodell wahr sind. Das ist zum Beispiel für Σ=**EA** oder Σ=**PA** der Fall. Die Formel β mit $Fr(\beta)=\{v_0,v_1\}$ repräsentiere die Σ-Beweisrelation Bw_Σ in **EA**. Durch $\beta(v_0,v_1)$ wird daher ausgedrückt, daß "v_1" ein Σ-Beweis für die Aussage "v_0" ist. Der *erste Gödelsche Unvollständigkeitssatz* (s. [24]) besagt:

(8.5) **Theorem:** Ist γ ein Σ-Fixpunkt der Formel $\neg\exists v_1\beta$, so ist die Aussage γ im Standardmodell wahr — aber nicht Σ-beweisbar.

Beweis:

Die Formel $\neg\exists v_1\beta(v_0,v_1)$ drückt aus, daß "v_0" nicht aus Σ beweisbar ist. Ein Σ-Fixpunkt γ dieser Formel, d.h. ein γ mit $\Sigma\vdash\gamma\leftrightarrow\neg\exists v_1\beta(\ulcorner\gamma\urcorner,v_1)$, sagt somit in Σ: "Ich bin Σ-unbeweisbar." — Fixpunkte dieser Art werden *Gödel-Fixpunkte bezüglich* Σ genannt.

Wäre jetzt ein solcher Fixpunkt γ Σ-beweisbar, so gäbe es einen Σ-Beweis für γ, der eine gewisse Zahl m als Kode hätte. Also wäre $\langle\ulcorner\gamma\urcorner,m\rangle\in Bw_\Sigma$. Da aber β die Relation Bw_Σ in **EA** repräsentiert, hätte man $\mathbf{EA}\vdash\beta(\ulcorner\gamma\urcorner,m)$ und damit auch $\Sigma\vdash\exists v_1\beta(\ulcorner\gamma\urcorner,v_1)$. Aufgrund der Fixpunkteigenschaft von γ wäre dann auch $\neg\gamma$ Σ-beweisbar. Die durch Σ axiomatisierte Theorie wäre dann (entgegen den Voraussetzungen) widerspruchsvoll. Damit ist gezeigt, daß kein Gödel-Fixpunkt bezüglich Σ aus Σ beweisbar ist.

Andererseits ist jeder Gödel-Fixpunkt γ bezüglich Σ im Standardmodell $\mathfrak{N}$ wahr. Denn wäre ein solches γ in $\mathfrak{N}$ falsch, so wäre aufgrund der Fixpunkteigenschaft von γ und der Voraussetzung, daß $\mathfrak{N}$ ein Σ-Modell ist, die Aussage $\exists v_1\beta(\ulcorner\gamma\urcorner,v_1)$ in $\mathfrak{N}$ wahr. Somit gäbe es eine natürliche Zahl m, so daß $\beta(\ulcorner\gamma\urcorner,m)$ in $\mathfrak{N}$ wahr wäre. Da aber

$$\langle\ulcorner\gamma\urcorner,m\rangle\notin Bw_\Sigma \;\Rightarrow\; \mathbf{EA}\vdash\neg\beta(\ulcorner\gamma\urcorner,m) \;\Rightarrow\; \mathfrak{N}\nvDash\beta(\ulcorner\gamma\urcorner,m)$$

gilt, hätte man $\langle\ulcorner\gamma\urcorner,m\rangle\in Bw_\Sigma$ — und γ wäre damit doch Σ-beweisbar.

Ω

Aus (8.5) folgt wiederum die Unvollständigkeit des Axiomensystems Σ: Ist nämlich γ ein Gödel-Fixpunkt bezüglich Σ, d.h. ein Fixpunkt der Formel $\neg\exists v_1\beta(v_0,v_1)$, wobei β die Relation Bw_Σ repäsentiert, so ist γ im Standardmodell wahr, aber nicht Σ-beweisbar. Die Negation ist dann aber auch nicht Σ-beweisbar, da alle Σ-beweisbaren Aussagen (nach Voraussetzung über Σ) im Standardmodell wahr sind. Für jeden Gödel-Fixpunkt γ bzgl. Σ ist daher sowohl $\Sigma\cup\{\gamma\}$ als auch $\Sigma\cup\{\neg\gamma\}$ widerspruchsfrei.

Verzichtet man auf die Voraussetzung, daß Σ nur wahre arithmetische Aussagen enthält, so kann man wie oben zeigen, daß jeder Gödelfixpunkt γ bezüglich Σ nicht Σ-beweisbar ist. Daraus läßt sich aber nicht wie vorher die Unvollständigkeit von Σ folgern. — Setzt man zum Beispiel $\Sigma:=\mathbf{PA}\cup\{\neg\gamma\}$, wobei γ einen Gödel-Fixpunkt bezüglich **PA** bezeichnet, so ist Σ offensichtlich ein rekursives, widerspruchsfreies Axiomensystem, das **EA** erweitert. Das Standardmodell $\mathfrak{N}$ ist aber kein Modell von Σ. Das obige Unvollständigkeits-Argument ist daher auf dieses Beispiel nicht anwendbar. Um die Unvollständigkeit auch solcher Axiomensysteme durch Beispiele zu belegen, betrachtet man die Fixpunkte einer etwas komplizierteren Formel, die von J.B. Rosser entdeckt wurde.

Die Formel β repräsentiere wieder die Relation Bw_Σ in **EA**. Weiterhin repräsentiere die Formel $\overline{\beta}$ in **EA** die ebenfalls rekursive Relation $\overline{Bw_\Sigma}$ mit $\overline{Bw_\Sigma}:=\{\langle k,m\rangle \mid \langle Neg(k),m\rangle\in Bw_\Sigma\}$. Dabei gilt $Neg(\ulcorner\alpha\urcorner)=\ulcorner\neg\alpha\urcorner$ für alle Formeln α. Die Formel $\overline{\beta}$ sei außerdem so gewählt, daß die Variable v_2 in $\overline{\beta}$ nicht vorkommt. — Wir definieren:

$$\sigma(v_0):=\forall v_1(\beta(v_0,v_1)\to\exists v_2(v_2<v_1\wedge\overline{\beta}(v_0,v_2))).$$

Aufgrund von (8.2) gibt es Σ-Fixpunkte ρ von σ, d.h. es gilt:

$$\Sigma\vdash\rho\leftrightarrow\forall v_1(\beta(\ulcorner\rho\urcorner,v_1)\to\exists v_2(v_2<v_1\wedge\overline{\beta}(\ulcorner\rho\urcorner,v_2))).$$

Eine solche Aussage ρ, die *Rosser-Fixpunkt bezüglich* Σ genannt wird, drückt in Σ aus, daß es zu jedem Beweis für ρ mit einer Nummer m einen Beweis für $\neg\rho$ gibt, der eine kleinere Kodenummer als m hat. Wir zeigen jetzt, daß weder ρ noch $\neg\rho$ aus Σ beweisbar ist.

Angenommen, ρ ist Σ-beweisbar. Dann gibt es eine natürliche Zahl m mit $\langle\ulcorner\rho\urcorner,m\rangle\in Bw_\Sigma$. Somit ist $\beta(\ulcorner\rho\urcorner,\mathit{m})$ **EA**-beweisbar. Da ρ ein Fixpunkt von σ ist, folgt aus $\Sigma\vdash\rho$ und $\Sigma\vdash\beta(\ulcorner\rho\urcorner,\mathit{m})$ auch $\Sigma\vdash\exists v_2(v_2<\mathit{m}\wedge\overline{\beta}(\ulcorner\rho\urcorner,v_2))$. Andererseits ist $(v_2<\mathit{m}\to v_2\doteq\mathit{0}\vee\ldots\vee v_2\doteq\mathit{m-1})$ **EA**-beweisbar. Es folgt:

$$\Sigma\vdash\overline{\beta}(\ulcorner\rho\urcorner,\mathit{0})\vee\ldots\vee\overline{\beta}(\ulcorner\rho\urcorner,\mathit{m-1}).$$

Wäre jetzt für alle j mit $0\leq j<m$ die Aussage $\langle\ulcorner\rho\urcorner,j\rangle\notin\overline{Bw_\Sigma}$ wahr, so

hätte man, da $\overline{\beta}$ die Relation $\overline{Bw_\Sigma}$ in **EA** repräsentiert und **EA**$\subset\Sigma$ ist, auch $\Sigma\vdash\neg\overline{\beta}(\ulcorner\rho\urcorner,j)$ für $0\leq j<m$. Damit hätte man auch:

$$\Sigma\vdash\neg\overline{\beta}(\ulcorner\rho\urcorner,0)\wedge\ldots\wedge\neg\overline{\beta}(\ulcorner\rho\urcorner,m-1).$$

Das widerspräche aber dem zuvor Festgestellten. — Also gibt es ein j mit $\langle\ulcorner\rho\urcorner,j\rangle\in\overline{Bw_\Sigma}$. Dann ist aber auch $\neg\rho$ Σ-beweisbar. Somit wäre Σ inkonsistent.

Nehmen wir andererseits an, daß $\neg\rho$ Σ-beweisbar ist, so gibt es ein $m\in\mathbb{N}$ mit **EA**$\vdash\overline{\beta}(\ulcorner\rho\urcorner,m)$. Außerdem folgt aus $\Sigma\vdash\neg\rho$ und der Fixpunkteigenschaft von ρ, daß gilt:

$$\Sigma\vdash\exists v_1(\beta(\ulcorner\rho\urcorner,v_1)\wedge\forall v_2(v_2<v_1\rightarrow\neg\overline{\beta}(\ulcorner\rho\urcorner,v_2))).$$

Zusammen ergibt sich $\Sigma\vdash\exists v_1(\beta(\ulcorner\rho\urcorner,v_1)\wedge(v_1<m\vee v_1\doteq m))$, woraus wiederum $\Sigma\vdash(\beta(\ulcorner\rho\urcorner,0)\vee\ldots\vee\beta(\ulcorner\rho\urcorner,m))$ und damit die Existenz einer Zahl j mit $0\leq j\leq m$ und $\langle\ulcorner\rho\urcorner,j\rangle\in Bw_\Sigma$ folgt. Somit wäre auch ρ Σ-beweisbar — und Σ wäre inkonsistent.

Damit ist auch im allgemeinen Falle die Unvollständigkeit durch Beispiele belegt. Allerdings sind diese Beispiele "künstlich" durch Kodierung der formalen Sprache gewonnen worden. Was ihnen fehlt, ist direkter "zahlentheoretischer Gehalt". Aussagen, die auch dieser Anforderung genügen, sind erst in in neuerer Zeit gefunden worden. Es handelt sich um kombinatorische Aussagen, wie zum Beispiel eine gewisse Verschärfung des endlichen Ramseyschen Satzes. Die **PA**-Unbeweisbarkeit dieser Ramsey-Aussage ist 1977 von J. Paris und L. Harrington (s. [47] und [36]) gezeigt worden.

Bevor wir uns dem zweiten Unvollständigkeitssatz zuwenden, soll noch erwähnt werden, daß aus Satz (8.3) die Unentscheidbarkeit der Prädikatenlogik folgt. Genauer erhalten wir, daß die Menge der prädikatenlogisch beweisbaren Aussagen einer Sprache, die die Zeichen <, s, +, ·, 0 enthält, unentscheidbar ist, d.h. $\{\ulcorner\alpha\urcorner\mid\alpha\in Aus_{\mathfrak{L}}\text{ und }\vdash\alpha\}$ ist nicht rekursiv. Dieses Resultat stammt von A. Church.

(8.6) **Theorem:** Die Menge der prädikatenlogisch beweisbaren Aussagen einer Sprache, die die Zeichen <, s, +, ·, 0 enthält, ist unentscheidbar.

Dies folgt sofort aus (8.3). — Verbindet man nämlich die neun Axiome von **EA** konjunktiv zu einer einzigen Aussage σ, so ist klar, daß die Rekursivität von $\{\ulcorner\alpha\urcorner\mid\vdash\alpha\}$ die Rekursivität von $\{\ulcorner\alpha\urcorner\mid\vdash\sigma\rightarrow\alpha\}=\{\ulcorner\alpha\urcorner\mid\mathbf{EA}\vdash\alpha\}$ nach sich zöge. Da die zuletzt genannte Menge nach (8.3) nicht rekursiv ist, erhält man die Behauptung. — Indem man die elementare Arithmetik **EA** in Theorien interpretiert, die in einfacheren Sprachen formuliert sind, kann man z.B. zeigen, daß (8.6) auch für jede Sprache gilt, die mindestens ein zweistelliges Relationszeichen enthält.

Wir wenden uns jetzt dem zweiten Gödelschen Unvollständigkeitssatz zu. Als erstes wird skizziert, wie man für die **PA**-Beweisrelation eine repräsentierende Formel $\beta(v_0,v_1)$ finden kann, die, sofern man $B\delta := \exists v_1 \beta(\ulcorner\delta\urcorner, v_1)$ für alle Formeln δ setzt, den sogenannten Ableitbarkeitsbedingungen genügt. Die folgenden Ausführungen sind recht technisch. Ist man bereit, dieses Resultat ohne nähere Begründung zu akzeptieren, kann man die Lektüre auf Seite 187 fortsetzen.

Wir beginnen mit einer Folgenkodierung in **PA**. Unter Ausnutzung des Chinesischen Restsatzes kann man eine $\mathfrak{L}$-Formel τ mit $Fr(\tau)=\{v_0,v_1,v_2\}$ finden, so daß in **PA** folgendes beweisbar ist:

$$\forall v_0 \forall v_1 \overset{=1}{\exists} v_2\, \tau(v_0,v_1,v_2),$$

$$\tau(v_0,v_1,v_2) \rightarrow v_2 < v_0 \vee v_0 \doteq 0,$$

$$\forall v_1 \overset{=1}{\exists} v_2 \alpha(v_1,v_2) \rightarrow \forall z \exists v_0 \forall v_1 (v_1 < z \rightarrow \forall v_2(\tau(v_0,v_1,v_2) \leftrightarrow \alpha(v_1,v_2))).$$

Die Formeln sagen, daß τ eine zweistellige Funktion f_τ definiert, die durch das erste Argument in einfacher Weise beschränkt und außerdem so geartet ist, daß es zu jeder einstelligen, durch eine Formel α definierten Funktion g und jeder Zahl b ein a gibt, so daß $f_\tau(a,x)$ und $g(x)$ für alle $x<b$ überstimmen. Aus a und b kann man also mit Hilfe von f_τ die Folge $g(0),g(1),\ldots,g(b-1)$ eindeutig rekonstruieren. Als Kode für diese Zahlenfolge $g(0),g(1),\ldots,g(b-1)$ wählt man nun die kleinste Zahl e, für die gilt:

$$f_\tau(e,0)=b,\quad f_\tau(e,1)=g(0),\quad f_\tau(e,2)=g(1),\ldots,\quad f_\tau(e,b)=g(b-1)$$

Eine solche Zahl e gibt es nach Voraussetzung über f_τ, da, falls g im obigen Sinne definierbar ist, die Funktion g' mit $g'(0)=b$ und $g'(x+1)=g(x)$ für $0<x$ auch durch eine Formel definierbar ist. Aus der Zahl e erhält man dann die Folge zurück, indem man zuerst $f_\tau(e,0)$ bestimmt und dann nacheinander $f_\tau(e,z)$ für alle positiven $z<f_\tau(e,0)$ ausrechnet.

Mit Hilfe dieser Gödelschen Folgenkodierung lassen sich die primitiv rekursiven Funktionen auf natürliche Weise in **PA** beschreiben:

Die in (PR1) genannten Ausgangsfunktionen werden durch die Formeln

$$v_1 \doteq 0,\quad v_1 \doteq s(v_0) \text{ und } v_0 \doteq v_0 \wedge \ldots \wedge v_{n-1} \doteq v_{n-1} \wedge v_n \doteq v_j \quad \text{für } j,n \in \mathbb{N} \text{ und } 0 \leq j \leq n-1$$

gegeben. — Sind im Falle von (PR2) die Funktionen $G,H_1,\ldots,H_k$ bereits durch die $\mathfrak{L}$-Formeln $\alpha(v_0,\ldots,v_k)$, $\delta_1(v_0,\ldots,v_n)$, …, $\delta_k(v_0,\ldots,v_n)$ gegeben, so wird die Funktion F mit $F(a_0,\ldots,a_{n-1})=G(H_1(a_0,\ldots,a_{n-1}),\ldots,H_k(a_0,\ldots,a_{n-1}))$ durch

$$\exists x_1\ldots\exists x_k(\alpha(x_1,\ldots,x_k,v_n)\wedge\delta_1(v_0,\ldots,v_{n-1},x_1)\wedge\ldots\wedge\delta_k(v_0,\ldots,v_{n-1},x_k))$$

gegeben. Dabei sind die paarweise verschiedenen Variablen $x_1,\ldots,x_k$ so gewählt, daß sie in α und den δ_j nicht vorkommen. — Im Falle der primitiven Rekursion (PR3) wählt man, wenn G und H schon durch Formeln gegeben sind, für F die Formel:

$\exists x($"x kodiert eine Folge $g_0,\ldots,g_{v_n}$ mit $g_0=G(v_0,\ldots,v_{n-1})$, $g_{v_n}=v_{n+1}$ und für alle $y<v_n$ gilt $g_{y+1}=H(g_y,v_0,\ldots,v_{n-1},y)$").

Jede primitiv rekursive Funktion $F:\mathbb{N}^{n+1}\rightarrow\mathbb{N}$ läßt sich auf unendlich viele verschiedene Weisen mittels (PR1), (PR2) und (PR3) ableiten. Dies führt dann auch zu unterschiedlichen Beschreibungen der Funktion. Es läßt sich leicht zeigen, daß jede in obiger Weise gewonnene Beschreibung einer (PR1)-(PR3)-Ableitung einer Funktion F diese Funktion ziffernweise in **PA** repräsentiert. Weiter gilt für jede Ableitungsbeschreibung $\alpha(v_0,\ldots,v_k)$ einer primitiv rekursiven Funktion, daß $\forall v_0\ldots\forall v_{k-1}\overset{=1}{\exists}v_k\alpha(v_0,\ldots,v_k)$ **PA**-beweisbar ist. In jedem **PA**-Modell definiert ein solches α somit eine k-stellige Funktion. Im folgenden erweist es sich als zweckmäßig, für die so definierten Funktionen eigene Funktionszeichen in die formale Sprache aufzunehmen. Prinzipiell ist das unnötig — es erleichtert aber die Formulierung der beiden folgenden Theoreme.

Jeder (PR1)-(PR3)-Ableitung einer k-stelligen primitiv rekursiven Funktion wird also ein neues k-stelliges Funktionszeichen zugeordnet. Die um diese Zeichen erweiterte Sprache der Arithmetik bezeichnen wir mit $\mathfrak{L}^+$. Wir erweitern das Axiomensystem **PA** zu dem System **PA**$^+$, indem wir folgende $\mathfrak{L}^+$-Aussagen als neue Axiome hinzunehmen:

$$\forall v_0\ldots\forall v_k(f(v_0,\ldots,v_{k-1})\doteq v_k\leftrightarrow\alpha(v_0,\ldots,v_k)),$$

wobei f und α zur selben Ableitung einer k-stelligen primitiv rekursiven Funktion gehören. — Es ist leicht einzusehen (s. 5.13), daß **PA**$^+$ eine *konservative Erweiterung* von **PA** ist, d.h. für alle $\mathfrak{L}$-Aussagen δ gilt:

$$\mathbf{PA}^+\vdash\delta \Leftrightarrow \mathbf{PA}\vdash\delta.$$

Die Kodierung der Syntax der erweiterten Sprache $\mathfrak{L}^+$ läßt sich wie vorher durchführen. — Es zeigt sich wiederum, daß die entsprechenden Funktionen subst, Num und die charakteristische Funktion χ^+ von Bw_{PA^+} primitiv rekursiv sind. Wir wählen eine feste Ableitung von χ^+ mittels (PR1), (PR2) und (PR3). Ist b das zu dieser Ableitung gehörige zweistellige Funktionszeichen, so setzen wir:

$$B(v_0):=\exists v_1\, b(v_0,v_1)\doteq 0 \text{ und } B\delta:=B(\ulcorner\delta\urcorner) \text{ für } \mathfrak{L}^+\text{-Formeln } \delta.$$

$B\delta$ drückt formal aus, daß δ in $\mathbf{PA}^+$ beweisbar ist. Folgende beiden Eigenschaften von B sind leicht nachweisbar:

(D1) $\mathbf{PA}^+ \vdash \alpha \;\Rightarrow\; \mathbf{PA}^+ \vdash B\alpha$

(D2) $\mathbf{PA}^+ \vdash B(\alpha \to \beta) \to (B\alpha \to B\beta)$

Die Aussage (D1) beruht einfach darauf, daß die Beschreibung der charakteristischen Funktion von Bw_{PA^+} die Funktion ziffernweise in $\mathbf{PA}^+$ repräsentiert. – (D2) erhält man durch Formalisierung des folgenden Argumentes: Aus einem $\mathbf{PA}^+$-Beweis von $(\alpha \to \beta)$ und einem $\mathbf{PA}^+$-Beweis von α erhält man mit Modus ponens durch Hintereinanderschreiben und Anfügen von β einen $\mathbf{PA}^+$-Beweis von β. – Die dritte wichtige Bedingung,

(D3) $\mathbf{PA}^+ \vdash B\alpha \to BB\alpha$,

folgt aus einem allgemeineren Resultat, dessen Beweis ziemlich langwierig ist (s. [57], [54]):

(8.7) **Theorem**: Zu jedem k-stelligen Funktionszeichen f von $\mathbf{PA}^+$ existiert ein k-stelliges Funktionszeichen g von $\mathbf{PA}^+$, so daß gilt:

$$\mathbf{PA}^+ \vdash f(v_0,\dots,v_{k-1}) \doteq v_k \to b(\ulcorner f(\dot{v}_0,\dots,\dot{v}_{k-1}) \doteq \dot{v}_k \urcorner, g(v_0,\dots,v_{k-1})) \doteq 0\,,$$

wobei für beliebige $\mathfrak{L}^+$-Formeln γ der $\mathfrak{L}^+$-Term $\ulcorner \gamma(\dot{v}_0,\dots,\dot{v}_s)\urcorner$ wie folgt definiert ist:

$$\ulcorner \gamma(\dot{v}_0)\urcorner := \mathbf{subst}(\ulcorner\gamma\urcorner, \ulcorner v_0\urcorner, \mathbf{Num}(v_0)),$$

$$\ulcorner \gamma(\dot{v}_0,\dots,\dot{v}_s)\urcorner := \mathbf{subst}(\ulcorner \gamma(\dot{v}_0,\dots,\dot{v}_{s-1})\urcorner, \ulcorner v_s\urcorner, \mathbf{Num}(v_s)).$$

Dabei sind **subst** und **Num** die zu einer fest gewählten (PR1)-(PR3)-Ableitung von subst und Num gehörigen Funktionszeichen.

Das Resultat besagt, daß, wenn eine primitiv rekursive Funktion für ein k-Tupel einen Wert annimmt, man auch in primitiv rekursiver Weise aus dem k-Tupel einen Beweis für diese Tatsache finden kann.

Aus diesem Theorem folgt die sogenannte *Σ_1-Vollständigkeit* der Peano-Arithmetik:

(8.8) **Theorem:** Ist $t(v_0,\dots,v_{k-1})$ ein Term von $\mathfrak{L}^+$, in dem höchstens die freien Variablen $v_0,\dots,v_{k-1}$ vorkommen, so gilt für die ($\mathbf{\Sigma_1}$-)Formel $\delta := \exists v_{k-1}\, t(v_0,\dots,v_{k-1}) \doteq 0$ die Beweisbarkeit

$$\mathbf{PA}^+ \vdash \delta \to \exists w\, b(\ulcorner \delta(\dot{v}_0,\dots,\dot{v}_{k-2})\urcorner, w) \doteq 0\,.$$

Um (8.8) aus (8.7) zu erhalten, benutzt man das Faktum, daß wegen (PR1) und (PR2) zu jedem $\mathfrak{L}^+$-Term $t(v_0,\dots,v_{k-1})$ ein k-stelliges Funktionszeichen f von $\mathfrak{L}^+$ existiert, so daß $\mathbf{PA}^+ \vdash t(v_0,\dots,v_{k-1}) \doteq f(v_0,\dots,v_{k-1})$ gilt. Ersetzt man dann in (8.7) die Variable v_k durch die Konstante 0, so folgt:

$$\mathbf{PA}^+ \vdash f(v_0,\dots,v_{k-1}) \doteq 0 \to \exists w\, b(\ulcorner f(\dot{v}_0,\dots,\dot{v}_{k-1}) \doteq 0\urcorner, w) \doteq 0\,.$$

Indem man den Schluß von γ auf $\exists v_{k-1}\gamma$ formalisiert, erhält man

$$PA^{+}\vdash f(v_0,\dots,v_{k-1})\doteq 0 \rightarrow \exists wb(\ulcorner\delta(\dot{v_0},\dots,\dot{v_{k-2}})\urcorner, w)\doteq 0,$$

woraus durch vordere Partikularisierung die Σ_1-Vollständigkeit folgt.

Benutzt man die Σ_1-Vollständigkeit speziell für den Term $b(v_0,v_1)$, so ergibt sich

$$PA^{+}\vdash \exists v_1 b(v_0,v_1)\doteq 0 \rightarrow \exists wb(\ulcorner \exists v_1 b(v_0,v_1)\doteq 0\urcorner, w)\doteq 0,$$

woraus durch Substitution von $\ulcorner\alpha\urcorner$ für v_0 die Behauptung folgt:

$$PA^{+}\vdash B\alpha\rightarrow BB\alpha.$$

Indem man zur Peano–Arithmetik **PA** zurückkehrt und die durch Definition eingeführten Funktionszeichen eliminiert, erhält man aus $b(v_0,v_1)\doteq 0$ eine $\mathfrak{L}$-Formel $\beta(v_0,v_1)$ mit den freien Variablen v_0,v_1, die wieder (D1)-(D3) erfüllt, sofern man $B(v_0):=\exists v_1\beta(v_0,v_1)$ und $B\delta:=B(\ulcorner\delta\urcorner)$ für $\mathfrak{L}$-Formeln δ setzt:

(D1) $PA\vdash\alpha \;\Rightarrow\; PA\vdash B\alpha$,

(D2) $PA\vdash B(\alpha\rightarrow\beta)\rightarrow(B\alpha\rightarrow B\beta)$,

(D3) $PA\vdash B\alpha\rightarrow BB\alpha$.

Diese drei Bedingungen sind als die *Ableitbarkeitsbedingungen* bekannt. In wesentlich technischerer Form sind sie im Buche von Hilbert und Bernays [34] eingeführt. Die hier angegebene elegante Formulierung stammt von M.H. Löb (s. [42]). – Die Formel $B\delta:=B(\ulcorner\delta\urcorner)$ bringt also in **PA** zum Ausdruck, daß δ **PA**-beweisbar ist. Im folgenden wird hauptsächlich mit den Ableitbarkeitsbedingungen für B gearbeitet, so daß man ihre skizzenhafte Einführung, die einen gewissen Eindruck von den involvierten Argumenten vermitteln sollte, weitgehend vergessen kann.

Die oben angestellten Betrachtungen gelten natürlich nicht nur für **PA** sondern auch für primitiv rekursive Erweiterungen von **PA**. Wir beschränken uns aber auch im folgenden immer auf **PA**. Unter *Fixpunkten* verstehen wir daher, sofern nichts anderes gesagt ist, immer Fixpunkte bezüglich **PA**. Den Terminus *Gödel-Fixpunkt* verwenden wir nur noch für Fixpunkte der Formel $\neg B(v_0)$, wobei wichtig ist, daß B den Ableitbarkeitsbedingungen genügt.

Da eine Aussagenmenge nach Definition genau dann widerspruchsfrei ist, wenn aus ihr $\perp$ nicht ableitbar ist, wird formal die Widerspruchsfreiheit von **PA** durch die Aussage $Con_{PA}:=\neg B(\ulcorner\perp\urcorner)=\neg B\perp$ ("Con" wie "consistent") wiedergegeben. Der *zweite Gödelsche Unvollständigkeitssatz* von 1931 (s. [24]) besagt jetzt, daß Con_{PA} nicht aus **PA** beweisbar ist:

(8.9) **Theorem :** $PA\nvdash Con_{PA}$.

Beweis:

Sei γ ein Fixpunkt der Formel $\neg B(v_0)$. Dann gilt $\mathbf{PA}\vdash\gamma\leftrightarrow\neg B\gamma$, woraus $\mathbf{PA}\vdash B\gamma\rightarrow\neg\gamma$ folgt. Mit Hilfe von (D1) ergibt sich dann $\mathbf{PA}\vdash B(B\gamma\rightarrow\neg\gamma)$. Da aufgrund von (D2) $\mathbf{PA}\vdash B(B\gamma\rightarrow\neg\gamma)\rightarrow(BB\gamma\rightarrow B\neg\gamma)$ gilt, erhält man durch Abtrennung $\mathbf{PA}\vdash BB\gamma\rightarrow B\neg\gamma$. Nach (D3) gilt $\mathbf{PA}\vdash B\gamma\rightarrow BB\gamma$. Durch Kettenschluß folgt $\mathbf{PA}\vdash B\gamma\rightarrow B\neg\gamma$. Aus der Tautologie $\gamma\rightarrow(\neg\gamma\rightarrow\bot)$ erhält man andererseits mit (D1) und (D2) auch $\mathbf{PA}\vdash B\gamma\rightarrow(B\neg\gamma\rightarrow B\bot)$. Mit Hilfe der soeben gezeigten Aussage $\mathbf{PA}\vdash B\gamma\rightarrow B\neg\gamma$ ergibt sich daraus $\mathbf{PA}\vdash B\gamma\rightarrow B\bot$. Durch Kontraposition folgt $\mathbf{PA}\vdash Con_{PA}\rightarrow\neg B\gamma$. Da γ nach Voraussetzung ein Fixpunkt von $\neg B(v_0)$ ist, erhält man $\mathbf{PA}\vdash Con_{PA}\rightarrow\gamma$. Wäre jetzt Con_{PA} **PA**-beweisbar, so hätte man auch die Beweisbarkeit des Gödel-Fixpunktes γ. Ein solcher Fixpunkt kann aber nicht **PA**-beweisbar sein, da aus $\mathbf{PA}\vdash\gamma$ mit (D1) $\mathbf{PA}\vdash B\gamma$ und damit aufgrund der Fixpunkteigenschaft $\mathbf{PA}\vdash\neg\gamma$ folgen würde und **PA** somit widerspruchsvoll wäre.

Ω

Der Hauptteil des Beweises von (8.13) bestand darin nachzuweisen, daß $\mathbf{PA}\vdash Con_{PA}\rightarrow\gamma$ für jeden Gödelfixpunkt γ gilt. Andererseits ist aber auch $\gamma\rightarrow Con_{PA}$ für jeden Gödel-Fixpunkt γ **PA**-beweisbar. Dies folgt, indem man (D1) und (D2) auf die Tautologie $\bot\rightarrow\gamma$ anwendet und $\mathbf{PA}\vdash B\bot\rightarrow B\gamma$ erhält. Mittels Kontraposition und Fixpunkteigenschaft folgt dann die Behauptung $\mathbf{PA}\vdash\gamma\rightarrow Con_{PA}$.

Damit ist in **PA** beweisbar, daß jeder Gödel-Fixpunkt zu Con_{PA} äquivalent ist. Insbesondere sind in **PA** alle Gödel-Fixpunkte untereinander äquivalent.

Als analoge Frage drängt sich auf, ob auch alle *Henkin-Fixpunkte*, das bedeutet alle Fixpunkte der Formel $B(v_0)$, **PA**-äquivalent sind. (Eine Aussage δ ist also ein Henkin-Fixpunkt genau dann, wenn $\mathbf{PA}\vdash\delta\leftrightarrow B\delta$ gilt.) Das folgende *Theorem von Löb* (s. [42]) bestätigt dies:

(8.10) **Theorem:** Für alle $\mathfrak{L}$-Aussagen δ gilt, daß aus $\mathbf{PA}\vdash B\delta\rightarrow\delta$ immer $\mathbf{PA}\vdash\delta$ folgt. Insbesondere sind damit in **PA** alle Henkin-Fixpunkte zu $\top$ äquivalent.

Beweis:

Sei δ eine $\mathfrak{L}$-Aussage mit $\mathbf{PA}\vdash B\delta\rightarrow\delta$. Wir wählen (s. (8.2)) einen Fixpunkt λ der Formel $B(v_0)\rightarrow\delta$. Dann gilt $\mathbf{PA}\vdash\lambda\leftrightarrow(B\lambda\rightarrow\delta)$ und somit insbesondere $\mathbf{PA}\vdash\lambda\rightarrow(B\lambda\rightarrow\delta)$. Durch Anwendung von (D1) und (D2) erhält man daraus $\mathbf{PA}\vdash B\lambda\rightarrow(BB\lambda\rightarrow B\delta)$. Da nach (D3) $\mathbf{PA}\vdash B\lambda\rightarrow BB\lambda$ und nach Voraussetzung $\mathbf{PA}\vdash B\delta\rightarrow\delta$ gilt, ergibt sich $\mathbf{PA}\vdash B\lambda\rightarrow\delta$. Aufgrund der Fixpunkteigenschaft von λ folgt $\mathbf{PA}\vdash\lambda$. Unter Ausnutzung von (D1) folgt daraus $\mathbf{PA}\vdash B\lambda$. Aus

$PA \vdash \lambda \rightarrow (B\lambda \rightarrow \delta)$ erhalten wir dann durch zweimalige Anwendung des Modus ponens die Behauptung $PA \vdash \delta$.

Ω

Es sei bemerkt, daß aus dem Theorem von Löb der zweite Gödelsche Unvollständigkeitssatz folgt. Denn aus $PA \vdash Con_{PA}$ ergäbe sich mit der Tautologie $\neg B\bot \rightarrow (\top \rightarrow \neg B\bot)$ auch $PA \vdash \top \rightarrow \neg B\bot$, woraus $PA \vdash B\bot \rightarrow \bot$ folgen würde. Durch Anwendung von Löb's Theorem ergäbe sich $PA \vdash \bot$.

Für die weiteren Betrachtungen wird noch eine formalisierte Version des Theorems von Löb benötigt. Diese besagt, daß für alle $\mathfrak{L}$-Aussagen δ gilt:

(FL) $PA \vdash B(B\delta \rightarrow \delta) \rightarrow B\delta$.

Um (FL) zu zeigen, gehen wir wieder von einem Fixpunkt λ der Formel $B(v_0) \rightarrow \delta$ aus. Wie im Beweis von (8.10) folgt $PA \vdash B\lambda \rightarrow (BB\lambda \rightarrow B\delta)$. Unter Ausnutzung von $PA \vdash B\lambda \rightarrow BB\lambda$ ergibt sich daraus $PA \vdash B\lambda \rightarrow B\delta$. Hieraus wiederum folgt $PA \vdash (B\delta \rightarrow \delta) \rightarrow (B\lambda \rightarrow \delta)$. Die Fixpunkteigenschaft von λ, d.h. $PA \vdash \lambda \leftrightarrow (B\lambda \rightarrow \delta)$, impliziert dann $PA \vdash (B\delta \rightarrow \delta) \rightarrow \lambda$. Mit (D1) und (D2) ergibt sich hieraus $PA \vdash B(B\delta \rightarrow \delta) \rightarrow B\lambda$, woraus mit Hilfe von $PA \vdash B\lambda \rightarrow B\delta$ die Behauptung (FL) folgt.

Das Arbeiten mit den Ableitbarkeitsbedingungen vollzieht sich genau so wie das Ableiten in dem normalen modallogischen System, das aus **K** durch Hinzunahme des Axiomenschemas $\Box\alpha \rightarrow \Box\Box\alpha$ entsteht. Dabei entspricht dem arithmetischen Beweisbarkeitsoperator B der Notwendigkeitsoperator $\Box$, der Bedingung (D1) die Necessitationsregel (NR), der Bedingung (D2) die Distributionsaxiome (D) und der Bedingung (D3) die Axiome der Form $\Box\alpha \rightarrow \Box\Box\alpha$. – Neben den Ableitbarkeitsbedingungen ist auf der arithmetischen Seite auch auf das Diagonallemma, das die Existenz von Fixpunkten sichert, zurückgegriffen worden. Auf der modallogischen Seite hat dieses Lemma keinen direkten Gegenpart. Nimmt man jedoch das (FL) entsprechende Axiomenschema $\Box(\Box\alpha \rightarrow \alpha) \rightarrow \Box\alpha$ zu dem modalen System **K** hinzu, so erhält man das System **G**, in dem sich wesentliche Eigenschaften der arithmetischen Beweisbarkeit widerspiegeln (Solovayscher Vollständigkeitssatz). Insbesondere ist in **G** für geeignete Formeln ein Diagonallemma (der de Jongh-Sambinsche Fixpunktsatz) beweisbar.

Das normale modallogische System **G** (zuerst von Segerberg in einem rein modallogischen Kontext unter der Bezeichnung **KW** eingeführt) entsteht also aus **K** durch Hinzunahme des Axiomenschemas

(G) $\Box(\Box\alpha \rightarrow \alpha) \rightarrow \Box\alpha$.

Wir zeigen zuerst, daß $\Box\alpha \rightarrow \Box\Box\alpha$ für alle modallogischen Formeln α in **G** beweisbar ist. Dies ergibt sich folgendermaßen:

Ausgangspunkt ist die Tautologie $\alpha\to(\Box\alpha\wedge\Box\Box\alpha\to\alpha\wedge\Box\alpha)$. — Da nach (3.13) die Äquivalenz $\Box(\alpha\wedge\Box\alpha)\leftrightarrow(\Box\alpha\wedge\Box\Box\alpha)$ **K**-beweisbar ist, folgt auch die Formel $\alpha\to(\Box(\alpha\wedge\Box\alpha)\to\alpha\wedge\Box\alpha)$. Durch Anwendung von (NR), (D) und (MP) folgt daraus die **K**-Beweisbarkeit von $\Box\alpha\to\Box(\Box(\alpha\wedge\Box\alpha)\to\alpha\wedge\Box\alpha)$. Unter Benutzung der (G)-Instanz $\Box(\Box(\alpha\wedge\Box\alpha)\to\alpha\wedge\Box\alpha)\to\Box(\alpha\wedge\Box\alpha)$ ergibt sich die **G**-Beweisbarkeit von $\Box\alpha\to\Box(\alpha\wedge\Box\alpha)$, woraus mit (3.13) die **G**-Beweisbarkeit von $\Box\alpha\to\Box\alpha\wedge\Box\Box\alpha$ und damit auch die von $\Box\alpha\to\Box\Box\alpha$ folgt.

Unter einer *arithmetischen Interpretation der modallogischen Formeln* verstehen wir eine Funktion $*$, die jeder modallogischen Formel α eine arithmetische Aussage $*\alpha$ zuordnet, so daß folgende Bedingungen gelten:

$$*\neg\delta = \neg *\delta, \quad *(\delta_1\to\delta_2) = (*\delta_1\to *\delta_2), \quad *\Box\delta = B*\delta.$$

Aufgrund der Ableitbarkeitsbedingungen (D1)–(D3) und des formalisierten Theorems von Löb (FL) ist sofort klar, daß folgende Korrektheitsaussage für alle modallogischen Formeln α gilt:

$\vdash_G\alpha \Rightarrow$ für alle arithmetischen Interpretationen $*$ gilt: $\mathbf{PA}\vdash *\alpha$.

Die umgekehrte Implikation ist die zentrale Aussage des *Solovayschen Vollständigkeitssatzes* (s. [58]):

(8.11) **Theorem:** Eine modallogische Formel α ist genau dann **G**-beweisbar, wenn für jede arithmetische Interpretation $*$ die Aussage $*\alpha$ **PA**-beweisbar ist:

$\vdash_G\alpha \Leftrightarrow$ für alle arithmetischen Interpretationen $*$ gilt: $\mathbf{PA}\vdash *\alpha$.

Wir zeigen zuerst, daß das System **G** hinsichlich einer gewissen Eigenschaft von endlichen Rahmen vollständig ist. Daraus ergibt sich dann, daß es zu jedem nicht in **G** beweisbaren α einen endlichen Rahmen mit dieser Eigenschaft gibt, in dem alle **G**-beweisbaren Formeln wahr sind — aber α in einem gewissen Punkte u unter einer gewissen Belegung h falsch ist. Durch eine komplizierte arithmetische Verschlüsselung dieses Rahmens erhält man dann eine arithmetische Interpretation $*$ mit $\mathbf{PA}\nvdash *\alpha$. Damit ist dann auch der schwierige Teil des Solovayschen Satzes gezeigt. — Im folgenden werden wir den modallogischen Teil dieses Programms komplett ausführen, auf der arithmetischen Seite werden wir jedoch, wie zu Beginn des Paragraphen, in Beweisen mehr oder minder große Lücken lassen.

Wir beginnen mit der Frage, in welchen Rahmen $\langle W,R\rangle$ das **G**-Axiom $\Box(\Box p\to p)\to\Box p$ gültig ist. Es zeigt sich, daß dies genau dann der Fall ist, wenn der Rahmen $\langle W,R\rangle$ transitiv ist und jede nichtleere Teilmenge $S\subset W$

R-maximale Elemente enthält. Dabei ist ein Element $u_0 \in S$ *R-maximal in* S genau dann, wenn für kein $v \in S$ die Bedingung $u_0 R v$ erfüllt ist.

(8.12) **Lemma:** Für alle Rahmen $\langle W,R\rangle$ gilt:

$\langle W,R\rangle \models \Box(\Box p \rightarrow p) \rightarrow \Box p \;\Leftrightarrow\;$ $\langle W,R\rangle$ ist transitiv und in jeder nichtleeren Menge $S \subset W$ existieren R-maximale Elemente.

Beweis:
Da $\Box p \rightarrow \Box\Box p$ **G**-beweisbar ist, folgt aus der Gültigkeit von $\Box(\Box p \rightarrow p) \rightarrow \Box p$ im Rahmen $\langle W,R\rangle$ auch die Gültigkeit von $\Box p \rightarrow \Box\Box p$ im Rahmen $\langle W,R\rangle$. Somit ist jeder Rahmen, in dem $\Box(\Box p \rightarrow p) \rightarrow \Box p$ gilt, transitiv. — Ist jetzt in einem Rahmen $\langle W,R\rangle$ eine nichtleere Teilmenge $S \subset W$ gegeben, die kein R-maximales Element besitzt, so sei h eine Belegung der Aussagenvariablen bezüglich W mit $h(p,v)=0$ für alle $v \in S$ und $h(p,v)=1$ für $v \in W \setminus S$. Da S kein R-maximales Element besitzt, gibt es zu jedem $u \in S$ ein $v \in S$ mit uRv. In jedem Punkte $u \in S$ ist daher $\Box p$ unter der Belegung h falsch. Da p unter h außerhalb von S wahr ist, gilt $\Box p \rightarrow p$ in allen Punkten von W. Daher gilt speziell in allen $u \in S$ die Formel $\Box(\Box p \rightarrow p)$ unter h, aber $\Box p$ ist in solchen Punkten unter h falsch. Gibt es also eine nichtleere Menge $S \subset W$, die kein R-maximales Element besitzt, so ist $\Box(\Box p \rightarrow p) \rightarrow \Box p$ in $\langle W,R\rangle$ nicht gültig. Damit ist die eine Implikation der behaupteten Äquivalenz gezeigt.

Sei andererseits ein transitiver Rahmen $\langle W,R\rangle$ gegeben, in dem jede nichtleere Menge $S \subset W$ ein R-maximales Element besitzt. Wäre nun $\Box(\Box p \rightarrow p) \rightarrow \Box p$ unter einer Belegung h in einem Punkte $u_0 \in W$ falsch, so wäre unter h in u_0 die Formel $\Box(\Box p \rightarrow p)$ wahr und die Formel $\Box p$ falsch. Letzteres hätte zur Folge, daß die Menge $S := \{v \mid u_0 R v \text{ und } h(p,v)=0\}$ nicht leer wäre. Nach Voraussetzung gäbe es in S ein R-maximales Element v_0. Dann wäre aber weiter, da ja $\Box(\Box p \rightarrow p)$ unter h in u_0 wahr wäre und $u_0 R v_0$ gälte, $\Box p \rightarrow p$ in v_0 unter h wahr. Aus $h(p,v_0)=0$ ergäbe sich dann, daß auch $\Box p$ unter h in v_0 falsch wäre. Mithin gäbe es ein w mit $v_0 R w$ und $h(p,w)=0$. Da wegen $u_0 R v_0$ und $v_0 R w$ aufgrund der Transitivität von R auch $u_0 R w$ wahr wäre, hätte man $w \in S$ und damit einen Widerspruch zur R-Maximalität von v_0 in S. Ω

Damit haben wir gezeigt, daß das Axiom $\Box(\Box p \rightarrow p) \rightarrow \Box p$ in einem Rahmen $\langle W,R\rangle$ genau dann gilt, wenn $\langle W,R\rangle$ transitiv ist und jede nichtleere Teilmenge von W R-maximale Elemente enthält. Aus dieser Charakterisierung folgt sofort, daß das System **G** nicht kompakt und damit auch nicht strikt vollständig und nicht kanonisch ist. Wir betrachten dazu die Formelmenge $\Sigma := \{\Diamond p_0\} \cup \{\Box(p_j \rightarrow \Diamond p_{j+1}) \mid j \in \mathbb{N}\}$. Zu jeder endlichen Teilmenge

Σ_0 von Σ gibt es, wie man sich leicht überlegt, einen Rahmen der Gestalt $\langle S_k, <_k \rangle$ mit $S_k := \{0,1,\ldots,k-1\}$ und $<_k := < \cap S_k^2$, eine Belegung h und ein $u \in S_k$, so daß $\langle S_k, <_k, h \rangle \models \Sigma_0[u]$ gilt. Aufgrund von (8.12) ist jeder dieser Rahmen ein Rahmen für **G**. Jede endliche Teilmenge von Σ ist daher in einem Rahmen für **G** erfüllbar. Somit gilt $\Sigma_0 \nvDash_{\mathbf{G}} \perp$ für jede endliche Teilmenge Σ_0 von Σ. Andererseits zeigen wir jetzt, daß ein Modell $\mathfrak{M}$ mit $\mathfrak{M} \models \Sigma[u]$ für ein $u \in |\mathfrak{M}|$ nicht auf einem Rahmen für **G** basieren kann. Daraus folgt dann $\Sigma \models_{\mathbf{G}} \perp$ – und **G** ist nicht kompakt. – Aufgrund von (8.12) genügt es zu zeigen, daß aus $\langle W,R,h \rangle \models \Sigma[u]$ für ein $u \in W$ und der Transitivität von $\langle W,R \rangle$ die Existenz einer nichtleeren Menge $S \subset W$ ohne R-maximales Element folgt. – Sei $\mathfrak{M} = \langle W,R,h \rangle$ solch ein Modell. Aus $\mathfrak{M} \models \Diamond p_0[u]$ folgt, daß es ein u_0 mit uRu_0 und $\mathfrak{M} \models p_0[u_0]$ gibt. Gilt in $\mathfrak{M}$ jetzt p_j schon in einem Punkte u_j mit uRu_j, so folgt aus der Gültigkeit von $\Box(p_j \rightarrow \Diamond p_{j+1})$ in u, daß auch $p_j \rightarrow \Diamond p_{j+1}$ in u_j gilt. Also gilt $\Diamond p_{j+1}$ in u_j. Es gibt daher ein u_{j+1} mit $u_j R u_{j+1}$ und $\mathfrak{M} \models p_{j+1}[u_{j+1}]$. Da R transitiv ist, folgt auch uRu_{j+1}. Induktiv ergibt sich so eine R-Folge $u_0 R u_1 R u_2 R \ldots$. Dann besitzt aber $S := \{u_j \mid j \in \mathbb{N}\}$ kein R-maximales Element.

Wir werden jetzt zeigen, daß **G** vollständig ist. Genauer wird gezeigt, daß **G** vollständig ist bezüglich aller endlichen Rahmen $\langle W,R \rangle$, die gleichzeitig transitiv und irreflexiv sind. Letzteres heißt, daß $u \not R u$ für alle $u \in W$ gilt. In diesen Rahmen hat sicherlich jede nichtleere Teilmenge R-maximale Elemente. Somit sind alle diese Rahmen Rahmen für **G**. Wir definieren daher:

$\langle W,R \rangle$ ist ein *G-Rahmen* :$\Leftrightarrow$ $\langle W,R \rangle$ ist endlich, irreflexiv und transitiv.

In jedem G-Rahmen sind aufgrund von (8.12) alle **G**-beweisbaren Formeln wahr. – Wir bemerken noch, daß weder die Eigenschaft, ein G-Rahmen zu sein, noch die Eigenschaft, daß jede nichtleere Teilmenge R-maximale Elemente enthält, in der Prädikatenlogik der ersten Stufe adäquat ausdrückbar sind, d.h. es gibt keine Aussagenmenge Σ in der prädikatenlogischen Sprache mit dem zweistelligen Relationssymbol Q, so daß für alle Rahmen $\langle W,R \rangle$ gilt:

$\langle W,R \rangle \models \Sigma \quad \Leftrightarrow \quad \langle W,R \rangle$ ist ein G-Rahmen.

Analog dazu gibt es auch keine Aussagenmenge Σ dieser Sprache mit:

$\langle W,R \rangle \models \Sigma \quad \Leftrightarrow \quad \langle W,R \rangle$ ist transitiv und jede nichtleere Teilmenge von W besitzt R-maximale Elemente.

Diese Eigenschaften von Rahmen sind also nicht elementar. Der Nachweis besteht, wie im Falle von Wohlordnungen (s. Ende des §7), aus einem Kompaktheitsargument. Der am Ende von Paragraph 7 gegebene Beweis läßt sich fast wörtlich übernehmen.

Es soll jetzt die modallogische Vollständigkeit von **G** bezüglich der G-Rahmen gezeigt werden. Nach dem schon Bewiesenen genügt es zu zeigen, daß für alle modallogischen Formeln α gilt:

$\nvdash_G \alpha \Rightarrow$ es gibt ein Modell $\mathfrak{M}$ mit $\mathfrak{M} \nvDash \alpha$, das auf einem G-Rahmen basiert.

Die Vollständigkeit von G werden wir aus dem Beweis des folgenden Interpolationssatzes als Nebenprodukt herausbekommen. Wir folgen dem Beweis von C. Smorynski [56]:

(8.13) **Theorem:** Sind α und β modallogische Formeln mit $\vdash_G \alpha \to \beta$, so gibt es eine Formel δ mit folgenden beiden Eigenschaften:

(1) $\vdash_G \alpha \to \delta$ und $\vdash_G \delta \to \beta$.

(2) δ enthält nur Aussagenvariablen, die sowohl in α als auch in β vorkommen, oder, wenn es keine gemeinsamen Variablen gibt, so ist δ eine Formel in $\top$, d.h. δ entsteht aus einer Formel, in der nur die Variable p_0 vorkommt, durch Substitution von $\top$ für p_0. (Der Wahrheitswert einer Formel in $\top$ ist nur vom Rahmen und Referenzpunkt, aber nicht von der Belegung abhängig!)

Wir führen zuerst einige neue Begriffe ein und beweisen ein Hilfslemma.

Eine Formel τ heiße im folgenden *γ-Formel*, falls τ eine Formel in $\top$ ist oder τ nur Aussagenvariablen enthält, die auch in γ vorkommen.

Sei jetzt X eine endliche Menge von α-Formeln und Y eine endliche Menge von β-Formeln. Dann heißen X und Y *trennbar (bezüglich α und β)*, wenn es eine Formel δ gibt, die sowohl α-Formel als auch β-Formel ist und $\vdash_G \bigwedge X \to \delta$ und $\vdash_G \bigwedge Y \to \neg\delta$ erfüllt. Andernfalls heißen X und Y *untrennbar*. Dabei steht hier und im folgenden $\bigwedge X$ (bzw. $\bigwedge Y$) für die Konjunktion über die Elemente von X (bzw. von Y) in irgendeiner Reihenfolge. Unter $\bigwedge\emptyset$ (bzw. $\bigvee\emptyset$) verstehen wir die Formel $\top$ (bzw. $\bot$).

Die Aussage, daß es zu gegebenen α und β kein δ mit (8.13)(1) und (2) gibt, ist ersichtlich äquivalent zu der Behauptung, daß $\{\alpha\}$ und $\{\neg\beta\}$ untrennbar sind. Wir zeigen im folgenden, daß die Untrennbarkeit von $\{\alpha\}$ und $\{\neg\beta\}$ die Existenz eines Modells $\mathfrak{M} = \langle W,R,h \rangle$ impliziert mit:

$\langle W,R \rangle$ ist ein G-Rahmen und es gibt ein $u \in |\mathfrak{M}|$ mit: $\mathfrak{M} \vDash (\alpha \wedge \neg\beta)[u]$.

Sind also $\{\alpha\}$ und $\{\neg\beta\}$ untrennbar, so ist die Implikation $\alpha \to \beta$ nicht **G**-beweisbar. Damit ist dann das Interpolationstheorem gezeigt. Außerdem erhält man hieraus auch die Vollständigkeit von **G** bezüglich G-Rahmen. Ist nämlich α nicht **G**-beweisbar, so sind $\{\top\}$ und $\{\neg\alpha\}$ untrennbar, da $\vdash_G \top\to\delta$ und $\vdash_G \neg\alpha\to\neg\delta$ auch $\vdash_G \top\to\alpha$ und damit $\vdash_G \alpha$ zur Folge hätte. Aus der Untrennbarkeit von $\{\top\}$ und $\{\neg\alpha\}$ ergibt sich dann mit dem noch zu zeigenden Faktum die Existenz eines G-Rahmens, in dem die Formel α nicht gilt.

Die Formeln α und β seien gegeben. Wir betrachten die endlichen Mengen $S(\alpha)$ und $S(\beta)$, wobei für eine beliebige modallogische Formel γ die Menge $S(\gamma)$ wie folgt definiert ist:

$$S(\gamma) := sub(\gamma)\cup\{\neg\tau \mid \tau\in sub(\gamma)\}\cup\{\top,\bot\}.$$

Wie in Paragraph 3 bezeichnet $sub(\gamma)$ die Menge aller Teilformeln von γ (einschließlich γ). — Ein geordnetes Paar $\langle X,Y\rangle$ (endlicher) Formelmengen wird *S-vollständig* (bzgl. α und β) genannt genau dann, wenn folgende Bedingungen erfüllt sind:

i) $X\subset S(\alpha)$ und $Y\subset S(\beta)$.

ii) X und Y sind untrennbar.

iii) Für jedes $\tau\in sub(\alpha)$ ist τ oder $\neg\tau$ in X, und für jedes $\tau\in sub(\beta)$ ist τ oder $\neg\tau$ in Y.

Ist $\langle X,Y\rangle$ S-vollständig, so ist sowohl X als auch Y **G**-widerspruchsfrei. Denn wäre beispielsweise X **G**-widerspruchsvoll, so hätte man $\vdash_G \bigwedge X\to\bot$ und $\vdash_G \bigwedge Y\to\top$ und X und Y wären doch trennbar. Aus der S-Vollständigkeit von $\langle X,Y\rangle$ folgt weiterhin, daß $(\tau\in X \Leftrightarrow \tau\in Y)$ für alle $\tau\in S(\alpha)\cap S(\beta)$ gilt. Andernfalls hätte man einen Widerspruch zur Untrennbarkeit von X und Y. — Weiter gilt:

(8.14) **Lemma:** Zu jedem bezüglich α und β untrennbaren Paar $\langle X_0,Y_0\rangle$ existiert ein bezüglich α und β S-vollständiges Paar $\langle X,Y\rangle$ mit $X_0\subset X$ und $Y_0\subset Y$.

Beweis:

Sei $S(\alpha)=\{\sigma_0,\ldots,\sigma_m\}$ und $S(\beta)=\{\rho_0,\ldots,\rho_n\}$. Dann definiert man induktiv:

$$X_{k+1} = \begin{cases} X_k\cup\{\sigma_k\}, & \text{falls } X_k\cup\{\sigma_k\} \text{ und } Y_k \text{ untrennbar sind und } k\leq m \text{ ist;} \\ X_k & \text{sonst.}\end{cases}$$

$$Y_{k+1} = \begin{cases} Y_k\cup\{\rho_k\}, & \text{falls } X_{k+1} \text{ und } Y_k\cup\{\rho_k\} \text{ untrennbar sind und } k\leq n \text{ ist;} \\ Y_k & \text{sonst.}\end{cases}$$

Man setzt $X:=X_{m+1}$, $Y:=Y_{n+1}$. Für alle $k\in\mathbb{N}$ gilt $X_k\subset X$ und $Y_k\subset Y$. Das Paar $\langle X,Y\rangle$ ist S-vollständig. Denn nach Konstruktion ist $X\subset S(\alpha)$, $Y\subset S(\beta)$, und durch Induktion folgt aus der Untrennbarkeit von X_0 und Y_0 auch die aller X_k und Y_k. — Wäre jetzt für ein $\sigma \in sub(\alpha)$ weder σ noch $\neg\sigma \in X$, so hätte man $\sigma = \sigma_r$ und $\neg\sigma = \sigma_s$ für gewisse $r,s \leq m$ und die Paare $\langle X_r \cup \{\sigma_r\}, Y_r\rangle$ und $\langle X_s \cup \{\sigma_s\}, Y_s\rangle$ wären jeweils trennbar. Da aus $X' \subset X$, $Y' \subset Y$ und der Trennbarkeit von X' und Y' auch die Trennbarkeit von X und Y folgt, ergäbe sich auch die Trennbarkeit der Paare $\langle X \cup \{\sigma\}, Y\rangle$ und $\langle X \cup \{\neg\sigma\}, Y\rangle$, d.h. es gäbe Formeln δ und δ', die gleichzeitig α-Formeln und β-Formeln wären (im folgenden kurz: α-β-Formeln), mit:

$$\vdash_G \bigwedge X \wedge \sigma \rightarrow \delta, \ \vdash_G \bigwedge Y \rightarrow \neg\delta \text{ und } \ \vdash_G \bigwedge X \wedge \neg\sigma \rightarrow \delta', \ \vdash_G \bigwedge Y \rightarrow \neg\delta'.$$

Daraus ergäbe sich $\vdash_G \bigwedge X \rightarrow \delta \vee \delta'$ und $\vdash_G \bigwedge Y \rightarrow \neg(\delta \vee \delta')$ für die α-β-Formel $\delta \vee \delta'$. Dann wären aber X und Y trennbar. — Im Falle einer Formel $\rho \in sub(\beta)$ mit $\rho \notin Y$ und $\neg\rho \notin Y$ schließt man vollkommen analog. — Das Paar $\langle X,Y\rangle$ ist damit S-vollständig.

Jedes untrennbare Paar läßt sich somit zu einem S-vollständigen Paar erweitern.

Ω

Nach diesen Vorbereitungen schreiten wir zum Beweis des Interpolationstheorems (8.13):

Beweis:

Gibt es keine Formel δ mit (1), (2) von (8.13), so ist $\langle\{\alpha\},\{\neg\beta\}\rangle$ bezüglich α und β untrennbar. Aufgrund von (8.14) gibt es dann mindestens eine S-vollständige Erweiterung dieses Paars. Ein Modell $\mathfrak{M} = \langle W,R,h\rangle$ definieren wir jetzt folgendermaßen:

Als Referenzpunktmenge wählt man die Menge aller S-vollständigen Paare bezüglich α und β, d.h.

$$W := \{\langle X,Y\rangle \mid \langle X,Y\rangle \text{ ist S-vollständig bzgl. } \alpha, \beta\}.$$

Jedes $u \in W$ läßt sich eindeutig in der Form $u = \langle X_u, Y_u\rangle$ schreiben. Die Menge W ist endlich.

Die Zugänglichkeitsrelation R in W erklären wir durch:

$$uRv :\Leftrightarrow \text{ für alle } \tau \text{ gilt: } (\Box\tau \in X_u \cup Y_u \Rightarrow \tau, \Box\tau \in X_v \cup Y_v), \text{ und es gibt ein } \tau \text{ mit } \Box\tau \in X_v \cup Y_v \text{ und } \Box\tau \notin X_u \cup Y_u.$$

Diese Relation ist offensichtlich irreflexiv in W. Andererseits ist sie auch transitiv. Denn aus uRv und $\Box\tau \in X_u \cup Y_u$ folgt insbesondere $\Box\tau \in X_v \cup Y_v$. Gilt auch vRw, so ergibt sich $\Box\tau, \tau \in X_w \cup Y_w$. Weiter folgt aus $\Box\tau \in X_w \cup Y_w$, $\Box\tau \notin X_v \cup Y_v$ und uRv auch $\Box\tau \notin X_u \cup Y_u$, da sonst nach Definition von R doch $\Box\tau \in X_v \cup Y_v$ gälte. — Somit ist $\langle W,R\rangle$ ein G-Rahmen.

Die Belegung h bezüglich W definieren wir für Aussagenvariablen q und Punkte $u \in W$ durch:

$$h(q,u) := \begin{cases} 1, & \text{falls } q \in X_u \cup Y_u; \\ 0 & \text{sonst.} \end{cases}$$

In Analogie zu (3.28) zeigen wir jetzt:

(∗) Für alle $u \in W$ und alle $\tau \in S(\alpha) \cup S(\beta)$ gilt: $(\mathfrak{M} \models \tau[u] \Leftrightarrow \tau \in X_u \cup Y_u)$.

Aus (∗) folgt sofort das Theorem, da zu dem als untrennbar angenommenen Paar $\langle\{\alpha\},\{\neg\beta\}\rangle$, wie wir mit Hilfe von (8.14) gezeigt haben, ein $u \in W$ mit $\alpha \in X_u$ und $\neg\beta \in Y_u$ existiert. In dem Modell $\mathfrak{M}$, das auf einem G-Rahmen basiert, ist dann im Punkte u die Implikation $\alpha \to \beta$ falsch.

Wir zeigen (∗) durch Induktion über den Formelaufbau. Der aussagenlogische Teil der Induktion ergibt sich wie folgt:

Für Aussagenvariablen ist die Behauptung nach Definition von h richtig. Sei jetzt $\tau \in S(\alpha) \cup S(\beta)$ und τ von der Gestalt $\tau = \neg\rho$. Dann ist auch ρ aus $S(\alpha) \cup S(\beta)$ und nach Induktionsvoraussetzung gilt $(\mathfrak{M} \models \rho[u] \Leftrightarrow \rho \in X_u \cup Y_u)$. Ist jetzt $\neg\rho \in X_u \cup Y_u$, so folgt $\rho \notin X_u \cup Y_u$. Andernfalls wäre, da aufgrund der S-Vollständigkeit von u die Mengen X_u und Y_u **G**-widerspruchsfrei sind, entweder ($\rho \in X_u$ und $\neg\rho \in Y_u$) oder ($\neg\rho \in X_u$ und $\rho \in Y_u$). In jedem Falle wäre dann $\rho \in S(\alpha) \cap S(\beta)$ und X_u und Y_u wären trennbar. Umgekehrt erhält man aus $\rho \notin X_u \cup Y_u$ und $\neg\rho \in S(\alpha) \cup S(\beta)$ aufgrund von iii) in der Definition der S-Vollständigkeit sofort $\neg\rho \in X_u \cup Y_u$. Somit gilt für $\neg\rho \in S(\alpha) \cup S(\beta)$ immer $(\neg\rho \in X_u \cup Y_u \Leftrightarrow \rho \notin X_u \cup Y_u)$. Mit der Induktionsvoraussetzung folgt hieraus sofort die Behauptung für $\neg\rho$.

Ähnlich argumentiert man im Falle einer Implikation, wobei man wiederum wesentlich die S-Vollständigkeit von u ausgenutzt.

Sei schließlich τ von der Gestalt $\tau = \Box\rho$, wobei $\tau \in S(\alpha) \cup S(\beta)$ ist. — Aus der Annahme $\Box\rho \in X_u \cup Y_u$ folgt nach Definition von R für alle v mit uRv auch $\rho \in X_v \cup Y_v$, woraus mit der Induktionsvoraussetzung für alle v mit uRv die Aussage $\mathfrak{M} \models \rho[v]$ und somit $\mathfrak{M} \models \Box\rho[u]$ folgt. — Die umgekehrte Implikation ist schwieriger zu zeigen. (Bisher sind noch keine speziellen Eigenschaften von **G** ausgenutzt worden, lediglich die Definition von R ist auf das System **G** zugeschnitten.)

Sei jetzt $\Box\rho \notin X_u \cup Y_u$. Zu zeigen ist, daß $\mathfrak{M} \not\models \Box\rho[u]$ gilt — oder äquivalent dazu, daß es ein v mit uRv und $\mathfrak{M} \not\models \rho[v]$ gibt. Nach Induktionsvoraussetzung ist dies äquivalent zur Existenz eines Punktes v mit uRv und $\neg\rho \in X_v \cup Y_v$. Dazu wiederum genügt es zu zeigen, daß es untrennbare Mengen $X_0 \subset S(\alpha)$ und $Y_0 \subset S(\beta)$ gibt, die die drei folgenden Bedingungen erfüllen:

i') Für alle σ gilt: $(\Box\sigma \in X_u \Rightarrow \sigma, \Box\sigma \in X_0)$.

ii') Für alle τ gilt: $(\Box\tau \in Y_u \Rightarrow \tau, \Box\tau \in Y_0)$.

iii') $\neg\rho, \Box\rho \in X_0 \cup Y_0$.

Denn jedes solche Paar $\langle X_0,Y_0\rangle$ läßt sich, wie wir gezeigt haben, zu einem S-vollständigen Paar $v=\langle X_v,Y_v\rangle$ erweitern. Die Bedingungen i')-iii') für X_0 und Y_0 sagen zusammen mit der Voraussetzung $\Box\rho\notin X_u\cup Y_u$, daß uRv und $\neg\rho\in X_v\cup Y_v$ gilt.

Sei $\sigma_0,\ldots,\sigma_m$ eine Abzählung aller σ mit $\Box\sigma\in X_u$, und $\tau_0,\ldots,\tau_n$ eine Abzählung aller τ mit $\Box\tau\in Y_u$. Ist jetzt die gegebene Formel $\Box\rho$ ein Element von $S(\alpha)$, so setzen wir:

$$X_0:=\{\sigma_0,\ldots,\sigma_m,\ \Box\sigma_0,\ldots,\Box\sigma_m,\neg\rho,\Box\rho\} \text{ und } Y_0:=\{\tau_0,\ldots,\tau_n,\Box\tau_0,\ldots,\Box\tau_n\};$$

andernfalls sei:

$$X_0:=\{\sigma_0,\ldots,\sigma_m,\ \Box\sigma_0,\ldots,\Box\sigma_m\} \text{ und } Y_0:=\{\tau_0,\ldots,\tau_n,\Box\tau_0,\ldots,\Box\tau_n,\ \neg\rho,\Box\rho\}.$$

Wir behandeln nur den ersten Fall, da der Beweis des zweiten vollkommen analog verläuft. Es wird gezeigt, daß die Trennbarkeit von X_0 und Y_0 durch eine Formel δ die Trennbarkeit von X_u und Y_u durch die Formel $\Diamond\delta$ zur Folge hätte. — Sind X_0 und Y_0 durch δ trennbar, so gilt:

$$\vdash_G \sigma_0\wedge\ldots\wedge\sigma_m\wedge\Box\sigma_0\wedge\ldots\wedge\Box\sigma_m\wedge\neg\rho\wedge\Box\rho\rightarrow\delta \text{ und } \vdash_G \tau_0\wedge\ldots\wedge\tau_n\wedge\Box\tau_0\wedge\ldots\wedge\Box\tau_n\rightarrow\neg\delta.$$

Die erste Aussage ist aber äquivalent zu

$$\vdash_G \sigma_0\wedge\ldots\wedge\sigma_m\wedge\Box\sigma_0\wedge\ldots\wedge\Box\sigma_m\wedge\neg\delta\rightarrow(\Box\rho\rightarrow\rho),$$

woraus durch Anwendung der Necessitationsregel und der Distribution

$$\vdash_G \Box(\sigma_0\wedge\ldots\wedge\sigma_m\wedge\Box\sigma_0\wedge\ldots\wedge\Box\sigma_m\wedge\neg\delta)\rightarrow\Box(\Box\rho\rightarrow\rho)$$

folgt. Da der Notwendigkeitsoperator äquivalent über Konjunktionen verteilt werden kann, ergibt sich:

$$\vdash_G \Box\sigma_0\wedge\ldots\wedge\Box\sigma_m\wedge\Box\Box\sigma_0\wedge\ldots\wedge\Box\Box\sigma_m\wedge\Box\neg\delta\rightarrow\Box(\Box\rho\rightarrow\rho).$$

Daraus wiederum folgt mit $\vdash_G\Box\sigma_j\rightarrow\Box\Box\sigma_j$ und $\vdash_G\Box(\Box\rho\rightarrow\rho)\rightarrow\Box\rho$ auch

$$\vdash_G \Box\sigma_0\wedge\ldots\wedge\Box\sigma_m\wedge\Box\neg\delta\ \rightarrow\Box\rho$$

und somit

$$\vdash_G \Box\sigma_0\wedge\ldots\wedge\Box\sigma_m\wedge\neg\Box\rho\rightarrow\neg\Box\neg\delta.$$

Die Formeln $\Box\sigma_j$ sind alle in X_u. Da die Formel $\Box\rho$ in $S(\alpha)$ und somit Element von $sub(\alpha)$ ist, aber $\Box\rho\notin X_u\cup Y_u$ vorausgesetzt ist, muß (wegen der S-Vollständigkeit von u) die Formel $\neg\Box\rho$ in X_u sein. Mithin gilt $\vdash_G\bigwedge X_u\rightarrow\neg\Box\neg\delta$. Andererseits folgt aus $\vdash_G\tau_0\wedge\ldots\wedge\tau_n\wedge\Box\tau_0\wedge\ldots\wedge\Box\tau_n\rightarrow\neg\delta$ genau wie oben $\vdash_G\Box\tau_0\wedge\ldots\wedge\Box\tau_n\rightarrow\Box\neg\delta$ und somit auch $\vdash_G\Box\tau_0\wedge\ldots\wedge\Box\tau_n\rightarrow\neg\neg\Box\neg\delta$. Da alle $\Box\tau_j$ in Y_u sind, hätte man auch $\vdash_G\bigwedge Y_u\rightarrow\neg\neg\Box\neg\delta$, was der Untrennbarkeit von X_u und Y_u widerspräche.

Ω

Aus dem Beweis des Interpolationssatzes ergibt sich, wie schon früher bemerkt, die Vollständigkeit von **G** bezüglich G-Rahmen:

(8.15) **Korollar:** Das System **G** ist vollständig bezüglich G-Rahmen.

Für eine Reihe modallogischer Systeme kann man analog Interpolationstheoreme beweisen. In den Fällen **K** und **T** ist lediglich die Definition der Relation R durch die folgende zu ersetzen:

$uRv :\Leftrightarrow \{\tau|\Box\tau \in X_u \cup Y_u\} \subset X_v \cup Y_v$.

Anstelle von i')-iii') ist zu zeigen, daß es ein untrennbares Paar $\langle X_0, Y_0\rangle$ mit $\{\sigma|\Box\sigma \in X_u\} \subset X_0$, $\{\tau|\Box\tau \in Y_u\} \subset Y_0$ und $\neg\rho \in X_0 \cup Y_0$ gibt. — Für **K** und **T** erhält man so auch wieder die Vollständigkeit und endliche Modelleigenschaft. — In den Fällen **B**, $\mathbf{S_4}$ und $\mathbf{S_5}$ betrachtet man anstelle der endlichen Mengen $S(\alpha)$ und $S(\beta)$ alle α-Formeln und alle β-Formeln und nennt X und Y untrennbar, wenn für alle endlichen Teilmengen $X_0 \subset X$ und $Y_0 \subset Y$ die Paare $\langle X_0, Y_0\rangle$ untrennbar im alten Sinne sind. Definiert man dann R wie für **K** und **T**, so folgt jeweils die Interpolationseigenschaft. Daraus folgen wieder Vollständigkeitsaussagen. Da aber die entstehenden Modelle unendlich sein können, folgt nicht mehr automatisch die endliche Modelleigenschaft.

Bevor wir den Beweis des Solovayschen Vollständigkeitssatzes skizzieren, sollen noch einige Folgerungen aus dem Interpolationstheorem gezogen werden. Wir definieren zuerst:

Eine Variable p wird durch die Formel α *implizit* (*in* **G**) *definiert* genau dann, wenn für eine Aussagenvariable q, die nicht in α vorkommt, die Implikation $\alpha \wedge \alpha(p/q) \rightarrow (p \leftrightarrow q)$ **G**-beweisbar ist.

Die Variable p wird durch α *explizit* (*in* **G**) *definiert* genau dann, wenn es eine Formel δ gibt mit $\vdash_G \alpha \rightarrow (p \leftrightarrow \delta)$, wobei δ eine Formel in $\top$ ist oder nur von p verschiedene Variablen enthält, die in α vorkommen.

Der *Bethsche Definierbarkeitssatz für* **G** lautet:

(8.16) **Theorem:** Die Variable p ist durch die Formel α explizit in **G** definiert genau dann, wenn p durch α implizit in **G** definiert ist.

Beweis:

Aus $\vdash_G \alpha \rightarrow (p \leftrightarrow \delta)$ folgt, falls p nicht in δ vorkommt oder δ eine Formel in $\top$ ist, $\vdash_G \alpha(p/q) \rightarrow (q \leftrightarrow \delta)$, indem man in einem **G**-Beweis, der q nicht enthält, überall p durch q ersetzt. Daraus ergibt sich $\vdash_G \alpha \wedge \alpha(p/q) \rightarrow (p \leftrightarrow q)$. Wenn also α die Variable p explizit definiert, so definiert α die Variable p auch implizit. — Umgekehrt folgt aus $\vdash_G \alpha \wedge \alpha(p/q) \rightarrow (p \leftrightarrow q)$ aussagenlogisch $\vdash_G \alpha \wedge p \rightarrow (\alpha(p/q) \rightarrow q)$. Ist q verschieden von p und kommt q nicht in α vor, so folgt mit Hilfe des Interpolationstheorems (8.13) die Existenz einer Formel δ mit $\vdash_G \alpha \wedge p \rightarrow \delta$, $\vdash_G \delta \rightarrow (\alpha(p/q) \rightarrow q)$, wobei δ eine Formel in $\top$ ist oder δ nur Variablen enthält, die von p und q verschieden sind und in α vorkommen. Die Aussage $\vdash_G \alpha \wedge p \rightarrow \delta$ ist äquivalent zu $\vdash_G \alpha \rightarrow (p \rightarrow \delta)$.

Aus der zweiten Aussage $\vdash_G \delta\to(\alpha(p/q)\to q)$ folgt durch Substitution von p für q unter Beachtung von $\delta(q/p)=\delta$ und $(\alpha(p/q))(q/p)=\alpha$ die Aussage $\vdash_G \delta\to(\alpha\to p)$. Daraus folgt mittels Aussagenlogik $\vdash_G \alpha\to(\delta\to p)$. Zusammen erhält man $\vdash_G \alpha\to(p\leftrightarrow\delta)$. Damit ist p auch explizit definierbar.

Ω

Im folgenden schreiben wir: $\boxtimes\alpha := \alpha\wedge\Box\alpha$.

Es gilt, wie man sofort bestätigt, für alle Formeln α und β:

(8.17) $\vdash_G \boxtimes\alpha\to\beta \;\Rightarrow\; \vdash_G \boxtimes\alpha\to\boxtimes\beta$.

Durch Induktion über den Aufbau von α zeigt man außerdem leicht die folgende Aussage:

(8.18) $\vdash_G \boxtimes(\sigma\leftrightarrow\tau)\to\boxtimes(\alpha(p/\sigma)\leftrightarrow\alpha(p/\tau))$.

Es soll jetzt gezeigt werden, daß das System **G** auch die in der Arithmetik mögliche Diagonalisierung widerspiegelt. Das ist die Aussage des *de Jongh-Sambinschen Fixpunktsatzes* (s. z.B. [56]):

(8.19) **Theorem:** Ist α eine Formel, in der jedes Vorkommen der Variablen p im Wirkungsbereich mindestens eines Vorkommens von $\Box$ liegt, so existiert eine Formel δ mit:

(1) δ ist eine Formel in $\top$ oder δ enthält nur Variablen, die in α vorkommen und von p verschieden sind;

(2) $\vdash_G \delta\leftrightarrow\alpha(p/\delta)$;

(3) $\vdash_G \boxtimes(p\leftrightarrow\alpha)\to(p\leftrightarrow\delta)$.

α besitzt somit Fixpunkte, und diese Fixpunkte sind bis auf Äquivalenz eindeutig. Die Bedingung, daß p nur "modalisiert" vorkommen darf, ist notwendig, da z.B. die Formel $\neg p$ keinen Fixpunkt besitzen kann.

Zuerst zeigen wir ein Hilfslemma:

(8.20) **Lemma:** Sei $\langle W,R\rangle$ ein G-Rahmen. Die Formel α erfülle die Voraussetzungen des Theorems. Dann gilt:

(1) $\langle W,R\rangle\vDash\boxtimes(p\leftrightarrow\alpha)\wedge\boxtimes(q\leftrightarrow\alpha(p/q))\to(p\leftrightarrow q)$, wobei q eine Variable ist, die in α nicht vorkommt.

(2) Zu jeder Belegung h bzgl. W gibt es eine p-Variante h' von h (d.h. eine Belegung h' mit $h'(q,v)=h(q,v)$ für alle $q\neq p$ und $v\in W$), so daß im Modell $\langle W,R,h'\rangle$ die Formel $\boxtimes(p\leftrightarrow\alpha)$ gilt.

Beweis:

Da α nach Voraussetzung in p modalisiert ist, läßt sich α in der Form $\beta(r_1/\Box\delta_1,\ldots,r_k/\Box\delta_k)$ schreiben, wobei β eine rein aussagenlogische Formel in von p verschiedenen Variablen $r_1,\ldots,r_k$ ist. Gäbe es jetzt h und $u\in W$

mit $\langle W,R,h\rangle \models \boxtimes(p\leftrightarrow\alpha)\wedge\boxtimes(q\leftrightarrow\alpha(p/q))\wedge\neg(p\leftrightarrow q)[u]$, so gäbe es in der Menge $S:=\{u\}\cup\{v \mid uRv \text{ und } \langle W,R,h\rangle \models \neg(p\leftrightarrow q)[v]\}$ ein R-maximales Element v_0. Da R transitiv ist, hätte man für alle $w\in W$:

$$v_0Rw \Rightarrow \langle W,R,h\rangle \models (p\leftrightarrow q)[w].$$

Daraus ergäbe sich unter nochmaliger Ausnutzung der Transitivität von R:

$$v_0Rw \Rightarrow \langle W,R,h\rangle \models \boxtimes(p\leftrightarrow q)[w].$$

Mit Hilfe von (8.18) hätte man dann

$$v_0Rw \Rightarrow \langle W,R,h\rangle \models (\delta_j\leftrightarrow\delta_j(p/q))[w],$$

woraus $\langle W,R,h\rangle \models (\Box\delta_j\leftrightarrow\Box\delta_j(p/q))[v_0]$ folgen würde. Da α eine aussagenlogische Kombination der $\Box\delta_j$ ist, hätte man $\langle W,R,h\rangle \models (\alpha\leftrightarrow\alpha(p/q))[v_0]$. Hieraus ergäbe sich zusammen mit den Aussagen ($u=v_0$ oder uRv_0) und $\langle W,R,h\rangle \models (\boxtimes(p\leftrightarrow\alpha)\wedge\boxtimes(q\leftrightarrow\alpha(p/q)))[u]$ doch $\langle W,R,h\rangle \models (p\leftrightarrow q)[v_0]$, und v_0 wäre nicht in S. Damit ist (1) gezeigt.

Um (2) zu zeigen, betrachten wir die Menge aller p-Varianten einer gegebenen Belegung h. Ist h' eine p-Variante von h, so bezeichne V(h') die Menge aller Punkte u, in denen $(p\leftrightarrow\alpha)$ in $\langle W,R\rangle$ unter h' wahr ist, d.h. $V(h'):=\{u\in W \mid \langle W,R,h'\rangle \models (p\leftrightarrow\alpha)[u]\}$. Die Behauptung (2) ist gezeigt, wenn es ein h' mit V(h')=W gibt. Denn dann gilt $(p\leftrightarrow\alpha)$ in $\langle W,R,h'\rangle$ – und somit auch $\boxtimes(p\leftrightarrow\alpha)$. Da W endlich ist, gibt es ein h', so daß card(V(h')), die Anzahl der Elemente in V(h'), maximal ist, d.h. card(V(h')) ist größer oder gleich card(V(h'')) für jede p-Variante h''. Gilt card(V(h'))=card(W), so sind wir fertig. Andernfalls gäbe es in der Menge $S:=W\setminus V(h')$ ein R-maximales Element u_0. Für alle v mit u_0Rv wäre daher $v\in V(h')$, und somit wäre auch $\langle W,R,h'\rangle \models (p\leftrightarrow\alpha)[v]$ für alle diese v gültig. Die Wahrheitswerte der Formeln $\Box\delta_j$ in u_0 wären ausschließlich von der Belegung der Aussagenvariablen in den von u_0 aus in endlich vielen Schritten R-zugänglichen v abhängig, unter denen (R ist irreflexiv) der Punkt u_0 nicht vorkäme. Da α eine aussagenlogische Kombination der $\Box\delta_j$ ist, wäre der Wahrheitswert von α ebenfalls nur von der Belegung der Variablen in diesen Punkten abhängig. Für die Belegung h'' mit

$$h''(p,u_0):=[\![\alpha]\!]_{u_0}^{\langle W,R,h'\rangle} \text{ und } h''(q,u):=h(q,u) \text{ sonst}$$

wäre dann $\{u_0\}\cup V(h')\subset V(h'')$ und $u_0\notin V(h')$, was der Wahl von h' widerspräche. – Also ist V(h')=W für mindestens eine p-Variante h' von h. Damit ist auch (2) gezeigt.

Ω

Mit Hilfe des Lemmas beweisen wir jetzt das Theorem (8.19):

Beweis:

Aus (8.20)(1) folgt mit der Vollständigkeit von **G** bezüglich G-Rahmen:

$$\vdash_G \boxtimes(p\leftrightarrow\alpha)\wedge\boxtimes(q\leftrightarrow\alpha(p/q))\rightarrow(p\leftrightarrow q).$$

Die Formel $\boxtimes(p\leftrightarrow\alpha)$ definiert daher p implizit in **G**. Aufgrund des Bethschen Definierbarkeitssatzes existiert eine Formel δ, die (8.19)(1) erfüllt, mit $\vdash_G\boxtimes(p\leftrightarrow\alpha)\rightarrow(p\leftrightarrow\delta)$. Damit hat δ auch die Eigenschaft (8.19)(3). – Um auch die Eigenschaft (8.18)(2) zu zeigen, folgern wir hieraus mit (8.17), daß $\vdash_G\boxtimes(p\leftrightarrow\alpha)\rightarrow\boxtimes(p\leftrightarrow\delta)$ gilt. Andererseits ergibt (8.18):

$$\vdash_G\boxtimes(p\leftrightarrow\delta)\rightarrow\boxtimes((p\leftrightarrow\alpha)\leftrightarrow(\delta\leftrightarrow\alpha(p/\delta))).$$

Zusammen folgt $\vdash_G\boxtimes(p\leftrightarrow\alpha)\rightarrow(\delta\leftrightarrow\alpha(p/\delta))$. – Wäre nun $(\delta\leftrightarrow\alpha(p/\delta))$ nicht **G**-beweisbar, so gäbe es aufgrund der Vollständigkeit von **G** bezüglich G-Rahmen einen G-Rahmen $\langle W,R\rangle$, eine Belegung h bezüglich W und einen Punkt $u\in W$ mit $\langle W,R,h\rangle\nvDash(\delta\leftrightarrow\alpha(p/\delta))[u]$. Nach (8.20)(2) gäbe es eine p-Variante h' von h mit $\langle W,R,h'\rangle\vDash\boxtimes(p\leftrightarrow\alpha)[u]$. Da δ die Variable p nicht enthält, wäre auch $\langle W,R,h'\rangle\nvDash(\delta\leftrightarrow\alpha(p/\delta))[u]$ wahr. Das widerspräche aber der zuvor festgestellten **G**-Beweisbarkeit von $\boxtimes(p\leftrightarrow\alpha)\rightarrow(\delta\leftrightarrow\alpha(p/\delta))$. Damit ist das Theorem bewiesen. Ω

Wir kehren nach diesem Exkurs zum Solovayschen Vollständigkeitssatz zurück. Neben arithmetischen Fakten, die wir am Anfang des Paragraphen zusammengestellt haben, wird nur die Vollständigkeit von **G** hinsichtlich G-Rahmen benutzt.

Beweisskizze von (8.11):

Es ist zu zeigen, daß $\nvdash_G\alpha$ die Existenz einer arithmetischen Interpretation * mit $PA\nvdash{}^*\alpha$ impliziert. Aus der Vollständigkeitsaussage für **G** (8.15) folgt zunächst die Existenz eines G-Rahmens $\langle W,R\rangle$, einer Belegung h bezüglich W und eines Punktes $u\in W$ mit $\langle W,R,h\rangle\nvDash\alpha[u]$. Indem man gegebenenfalls zu einer isomorphen Kopie des Rahmens übergeht, kann man ohne Einschränkung voraussetzen, daß $W=\{1,2,\ldots,n\}$ (für ein gewisses $n\in\mathbb{N}$) und $u=1$ ist. Es gelte also $\langle\{1,\ldots,n\},R,h\rangle\nvDash\alpha[1]$. Aus technischen Gründen nehmen wir noch 0 als Fußpunkt zu $\langle W,R\rangle$ hinzu, d.h. wir erweitern die Relation R zur Relation $R':=R\cup\{\langle 0,j\rangle\mid 1\le j\le n\}$. Wir werden jetzt die Existenz von arithmetischen Aussagen $\delta_0,\ldots,\delta_n$ mit folgenden Eigenschaften zeigen:

(a) $PA\vdash\delta_j\rightarrow\neg\delta_k$, falls $j\neq k$ ist;

(b) $PA\vdash\delta_0\vee\ldots\vee\delta_n$;

(c) $jR'k \Rightarrow PA\vdash\delta_j\rightarrow\neg B\neg\delta_k$;

(d) $j\neq 0 \Rightarrow PA\vdash\delta_j\rightarrow B\neg\delta_j$;

(e) $j\neq 0 \Rightarrow PA\vdash\delta_j\rightarrow B\bigvee\{\delta_k\mid jRk\}$.

Dabei bezeichnet (wie schon früher) $\bigvee\Delta$ für eine endliche Formelmenge Δ die Disjunktion über die Elemente von Δ. Ist $\Delta=\emptyset$, so sei wieder $\bigvee\Delta=\bot$.

Mittels $\delta_0,\ldots,\delta_k$ läßt sich das modallogische Modell $\mathfrak{M}:=\langle W,R,h\rangle$ arithmetisch beschreiben. Daraus ergibt sich, wie wir zuerst zeigen werden, die Behauptung des Theorems. Man betrachtet die arithmetische Interpretation $*$, die einer Aussagenvariablen q folgende arithmetische Formel zuweist:

$$*q := \bigvee\{\delta_k \mid 1\leq k\leq n \text{ und } \mathfrak{M}\models q[k]\}.$$

Es gilt dann, wie wir sofort sehen werden, für alle Teilformeln τ von α und alle j mit $1\leq j\leq n$:

(f) $(\mathfrak{M}\models\tau[j] \Rightarrow \mathbf{PA}\vdash\delta_j\to *\tau)$, $(\mathfrak{M}\not\models\tau[j] \Rightarrow \mathbf{PA}\vdash\delta_j\to\neg *\tau)$.

Aus (a)-(f) ergibt sich die Behauptung des Theorems wie folgt:

Für $\tau=\alpha$ ergibt sich aus der Voraussetzung $\mathfrak{M}\not\models\alpha[1]$ mittels (f) die Aussage $\mathbf{PA}\vdash\delta_1\to\neg *\alpha$. Durch Anwendung der Ableitbarkeitsbedingungen und Kontraposition folgt $\mathbf{PA}\vdash\neg B\neg\delta_1\to\neg B*\alpha$. Mit (c) folgt aus OR'1 die Aussage $\mathbf{PA}\vdash\delta_0\to\neg B\neg\delta_1$. Zusammen ergibt sich $\mathbf{PA}\vdash\delta_0\to\neg B*\alpha$. — Andererseits ist im Standardmodell $\mathfrak{N}$ aufgrund von (a) und (b) genau ein δ_j wahr. Wäre dieses j größer oder gleich 1, so wäre nach (d) auch $\delta_j\to B\neg\delta_j$ in $\mathfrak{N}$ wahr. Zusammen ergäbe sich die Gültigkeit von $B\neg\delta_j$ in $\mathfrak{N}$, was aber die **PA**-Beweisbarkeit von $\neg\delta_j$ und damit auch die Gültigkeit von $\neg\delta_j$ in $\mathfrak{N}$ zur Folge hätte. Also ist δ_0 in $\mathfrak{N}$ wahr, woraus mit der oben gezeigten Aussage $\mathbf{PA}\vdash\delta_0\to\neg B*\alpha$ die Gültigkeit von $\neg B*\alpha$ in $\mathfrak{N}$ folgt. Dann ist aber $*\alpha$, wie zu zeigen, nicht **PA**-beweisbar, denn andernfalls ergäbe sich aus $\mathbf{PA}\vdash *\alpha$ mit (D1) auch die **PA**-Beweisbarkeit der Formel $B*\alpha$, die dann in $\mathfrak{N}$ zugleich mit $\neg B*\alpha$ wahr wäre.

Die Eigenschaft (f) folgt unter Benutzung der Ableitbarkeitsbedingungen aus (a)-(e) durch Induktion über den Formelaufbau:

Für Aussagenvariablen q gilt:

$$\begin{aligned}\mathfrak{M}\models q[j] &\Rightarrow \delta_j\in\Delta:=\{\delta_k\mid 1\leq k\leq n \text{ und } \mathfrak{M}\models q[k]\}\\ &\Rightarrow \mathbf{PA}\vdash\delta_j\to *q,\ \text{da } *q=\textstyle\bigvee\Delta \text{ ist;}\\ \mathfrak{M}\not\models q[j] &\Rightarrow \delta_j\notin\Delta \underset{(a)}{\Rightarrow} \mathbf{PA}\vdash\delta_j\to\neg\textstyle\bigvee\Delta,\ \text{d.h. } \mathbf{PA}\vdash\delta_j\to\neg *q.\end{aligned}$$

Der Negations- und Implikationsfall sind Routine. Im Falle $\tau=\Box\sigma$ schließt man so:

$$\begin{aligned}\mathfrak{M}\models\Box\sigma[j] &\Rightarrow \text{für alle k mit jRk gilt } \mathfrak{M}\models\sigma[k]\\ &\Rightarrow \text{für alle k mit jRk gilt } \mathbf{PA}\vdash\delta_k\to *\sigma \text{ (n. Indvor.)}\\ &\Rightarrow \mathbf{PA}\vdash\textstyle\bigvee\{\delta_k\mid jRk\}\to *\sigma\\ &\Rightarrow \mathbf{PA}\vdash B\textstyle\bigvee\{\delta_k\mid jRk\}\to B*\sigma.\end{aligned}$$

Mit (e) folgt aus der letzten Zeile unter Berücksichtigung von $B*\sigma=*\Box\sigma$ die gewünschte Aussage $\mathbf{PA}\vdash\delta_j\to *\Box\sigma$. Andererseits ergibt sich:

$\mathfrak{M} \nvDash \Box\sigma[j] \Rightarrow$ es gibt ein k mit jRk und $\mathfrak{M} \nvDash \sigma[k]$

$\Rightarrow$ es gibt ein k mit jRk und $\mathbf{PA} \vdash \delta_k \to \neg{}^*\sigma$ (n. Indvor.).

Daraus folgt durch Kontraposition mit den Ableitbarkeitsbedingungen, daß es ein k gibt mit jRk und $\mathbf{PA} \vdash \neg B \neg \delta_k \to \neg B^*\sigma$. Da jRk immer jR'k zur Folge hat, ergibt sich aus (c) auch $\mathbf{PA} \vdash \delta_j \to \neg B \neg \delta_k$. Zusammen folgt, wie gewünscht, $\mathbf{PA} \vdash \delta_j \to \neg B^*\sigma$, d.h. $\mathbf{PA} \vdash \delta_j \to \neg{}^*\Box\sigma$.

Somit ist die Wahrheit von (f) und damit die Behauptung des Satzes gezeigt, sofern arithmetische Formeln $\delta_0,\ldots,\delta_n$ mit den Eigenschaften (a)-(e) existieren.

Im weiteren skizzieren wir einen Beweis für die Existenz solcher Formeln. Zuerst wird eine primitiv rekursive Funktion g beschrieben, deren Wertebereich eine Teilmenge von $\{0,\ldots,n\}$ ist. Diese Funktion hat die folgende Eigenschaft:

$g(0)=0$ und $g(z+1)\in\{g(z)\}\cup\{k|g(z)R'k\})$ für alle $z\in\mathbb{N}$.

Da die Relation R' irreflexiv und transitiv ist und nur endlich viele Werte zur Verfügung stehen, muß g schließlich konstant werden, d.h. es gibt genau ein $k\in\{0,\ldots,n\}$, zu dem es ein $t\in\mathbb{N}$ gibt, so daß $g(z)=k$ für alle $z>t$ gilt. Wir schreiben $\lim g=k$, falls es ein $t\in\mathbb{N}$ gibt, so daß für alle $z>t$ die Gleichung $g(z)=k$ gilt. Mittels Diagonalisierung wird die Funktion g so in **PA** definiert, daß sie über eine Gödelnummer auf sich selbst Bezug nehmen kann. In $\mathfrak{N}$ soll g folgende Eigenschaften haben:

> $g(0)=0$ und $g(z+1)=g(z)$, falls z nicht Kode eines **PA**-Beweises einer Formalisierung der Aussage $\lim g\neq k$ für ein k mit $g(z)R'k$ ist.
>
> Ist aber z Kode eines **PA**-Beweises der Formalisierung einer Aussage $\lim g\neq k$, wobei $g(z)R'k$ gilt, so sei $g(z+1)=k$.

Die Aussagen δ_j für $0\leq j\leq n$ werden dann als Formalisierungen der Aussagen $\lim g=j$ definiert. Genauer gehen wir so vor:

Sei $\varphi(v_0,v_1,v_2)$ die Beschreibung der primitiv rekursiven Funktion f mit:

> $f(m,j)= \ulcorner\neg\exists v_1\forall v_0(v_1<v_0\to\rho(v_0,j))\urcorner$, falls m Kode einer Formel ρ ist, die eine einstellige primitiv rekursive Funktion beschreibt; andernfalls sei $f(m,j)=0$.

Mit Hilfe von φ läßt sich dann eine Formel $\psi(v_0,v_1,v_2)$ definieren, die ausdrückt, daß es eine Folge $a_0,\ldots,a_{v_0}$ der Länge v_0+1 gibt mit:

(1) $a_0=0$ und $a_{v_0}=v_1$;

(2) für alle $z<v_0$ und alle $j\leq n$ gilt:

$a_{z+1}=j$, falls z Kode eines Beweises von $f(v_2,j)$ mit $a_zR'j$ ist;

$a_{z+1}=a_z$, wenn es kein solches j gibt.

Aufgrund des Diagonallemmas gibt es dann eine Formel $\gamma(v_0,v_1)$ mit:

$$PA\vdash\gamma(v_0,v_1)\leftrightarrow\psi(v_0,v_1,\ulcorner\gamma(v_0,v_1)\urcorner).$$

Man überlegt sich anhand der Definition von ψ und des Beweises des Diagonallemmas, daß γ als Beschreibung einer primitiv rekursiven Funktion g gewählt werden kann.

Sei jetzt $\delta_j := \exists v_1 \forall v_0 (v_1 < v_0 \rightarrow \gamma(v_0, j))$. Die Aussage δ_j sagt, daß g schließlich konstant den Wert j annimmt, d.h. $\lim g = j$.

Die so definierten Aussagen $\delta_0,\ldots,\delta_n$ haben die Eigenschaften (a)-(e):

(a) Dies ist unmittelbar klar, da $\lim g=j$ für höchstens ein j gilt.

(b) Es genügt zu zeigen, daß $PA\vdash\gamma(v_0,j)\rightarrow\delta_j\vee\bigvee\{\delta_k \mid jR'k\}$ für $0\leq j\leq n$ gilt. Denn dann gilt für j=0 und $v_0/0$ auch $PA\vdash\gamma(0,0)\rightarrow\delta_0\vee\ldots\vee\delta_n$. Da aber nach Definition von γ die Aussage $\gamma(0,0)$ PA-beweisbar ist, folgt (b). — Die Behauptung $PA\vdash\gamma(v_0,j)\rightarrow\delta_j\vee\bigvee\{\delta_k \mid jR'k\}$ ist aber offensichtlich, da aus $g(z)=j$ folgt, daß für $l\geq z$ die Funktion g definitionsgemäß nur Werte annehmen kann, die in $\{j\}\cup\{k \mid jR'k\}$ liegen. Da diese Menge höchstens n+1 Elemente hat und R' irreflexiv und transitiv ist, muß, falls $\lim g\neq j$ ist, $\lim g=k$ für ein k mit jR'k gelten.

(c) Zu zeigen ist, daß $PA\vdash\delta_j\rightarrow\neg B\neg\delta_k$ für alle k mit jR'k gilt. Es wird von der Tatsache Gebrauch gemacht, daß jede PA-beweisbare Formel α unendlich viele Beweise besitzt, man also zu jeder Zahl t eine Zahl z>t finden kann, die einen PA-Beweis von α kodiert. Ist jetzt $\lim g=j$, so folgt die Existenz eines minimalen t, so daß für alle z>t die Gleichung $g(z)=g(t)=j$ gilt. Gilt außerdem jR'k und wäre $\neg\delta_k$ PA-beweisbar, so gäbe es (nach der vorangestellten Bemerkung) einen PA-Beweis von $\neg\delta_k$ mit einer Nummer $z_0>t$. Dann gälte aber nach Definition von g die Gleichung $g(z_0+1)=k$. Wegen jR'k wäre aber $j\neq k$. Dies stände im Widerspruch zu $g(z)=j$ für alle z>t. Durch Formalisierung dieses Argumentes erhält man die Behauptung von (c).

(d) Sei $1\leq j\leq n$. Zu zeigen ist $PA\vdash\delta_j\rightarrow B\neg\delta_j$. Aus der Definition von g folgt, daß g nur dann einen Wert $j\geq1$ annehmen kann, wenn es einen PA-Beweis für $\neg\delta_j$ gibt. Daher gilt $PA\vdash\gamma(v_0,j)\rightarrow B\neg\delta_j$ und somit auch $PA\vdash\exists v_0\gamma(v_0,j)\rightarrow B\neg\delta_j$. Da aber $PA\vdash\delta_j\rightarrow\exists v_0\gamma(v_0,j)$ richtig ist, ergibt sich die Behauptung.

(e) Wie in (b) schon bemerkt, gilt $PA\vdash\gamma(v_0,j)\rightarrow\delta_j\vee\bigvee\{\delta_k \mid jR'k\}$, woraus $PA\vdash\exists v_0\gamma(v_0,j)\rightarrow(\neg\delta_j\rightarrow\bigvee\{\delta_k \mid jR'k\})$ folgt. Durch Anwendung der Ableitbarkeitsbedingungen (D1) und (D2) ergibt sich dann:

$PA\vdash B\exists v_0\gamma(v_0,j)\rightarrow(B\neg\delta_j\rightarrow B\bigvee\{\delta_k|jR'k\})$.

Aus der Σ_1-Vollständigkeit von **PA** (s. (8.8)) erhält man:

$PA\vdash \exists v_0\gamma(v_0,j)\rightarrow B\exists v_0\gamma(v_0,j)$.

Mit $PA\vdash\delta_j\rightarrow\exists v_0\gamma(v_0,j)$ folgt dann $PA\vdash \delta_j\rightarrow(B\neg\delta_j\rightarrow B\bigvee\{\delta_k|jR'k\})$, woraus sich mit (d) die Behauptung von (e) ergibt.

Damit sind die Eigenschaften (a)-(e) nachgewiesen und die Beweisskizze von (8.11) abgeschlossen.

Mit Hilfe des Solovayschen Satzes kann man beispielsweise die Existenz einer arithmetischen Aussage α mit $B(B\alpha\vee B\neg\alpha)\wedge\neg B\alpha\wedge\neg B\neg\alpha$ zeigen. Dies folgt aus (8.11) sofort, da die modallogische Formel $\Box(\Box p\vee\Box\neg p)\rightarrow\Box p\vee\Box\neg p$ nicht **G**-beweisbar ist. Denn $\langle\{0,1,2\},\{\langle 0,1\rangle,\langle 0,2\rangle\}\rangle$ ist ein G-Rahmen, aber die Formel $\Box(\Box p\vee\Box\neg p)\rightarrow\Box p\vee\Box\neg p$ ist unter jeder Belegung h mit $h(p,1)=0$ und $h(p,2)=1$ im Punkte 0 falsch. Aus dem Theorem folgt dann die Existenz einer arithmetischen Aussage mit obiger Eigenschaft.

Fragt man nach einer modallogischen Charakterisierung der Aussagen, die im Standardmodell $\mathfrak{N}$ gültig sind, so kommt man zu einem System **G***, das neben allen **G**-beweisbaren Formeln auch die Formeln der Gestalt $\Box\alpha\rightarrow\alpha$ als Axiome hat. Als einzige Ableitungsregel wird der Modus Ponens zugelassen. Es gilt dann das ebenfalls von Solovay [58] bewiesene Theorem, daß eine modallogische Formel genau dann **G***-beweisbar ist, wenn alle arithmetischen Interpretationen im Standardmodell $\mathfrak{N}$ wahr sind. Es ist nicht schwierig einzusehen, daß **G*** kein normales modales System mehr ist.

Wir erwähnen noch ein Resultat von G. Boolos [5], das durch folgende Frage motiviert ist:

Deutet man die Aussagenvariable p mittels * arithmetisch durch einen Gödel-Fixpunkt, so kann man zeigen, daß für die Formeln $\alpha=(p\leftrightarrow\neg\Box\bot)$ und $\beta=(\neg\Box\bot\rightarrow\neg\Box p\wedge\neg\Box\neg p)$ gilt:

$PA\vdash{}^*\alpha$ und $PA\nvdash{}^*\beta$.

Ist jedoch $^*p$ ein Rosser-Fixpunkt, so ist die Situation genau umgekehrt:

$PA\nvdash{}^*\alpha$ und $PA\vdash{}^*\beta$.

Um also die beiden nicht **G**-beweisbaren Formeln α und β arithmetisch zu widerlegen, haben wir zwei inäquivalente arithmetische Deutungen von p vorgenommen. Es fragt sich, ob man nicht mit einer einzigen arithmetischen Deutung * auskommt, so daß $PA\nvdash{}^*\alpha$ und $PA\nvdash{}^*\beta$ gilt. G. Boolos hat nun allgemein gezeigt, daß es arithmetische Aussagen σ_j für $j\in\mathbb{N}$ gibt, so daß für alle modallogischen Formeln τ unter der Interpretation $^*p_j=\sigma_j$ für $j\in\mathbb{N}$ gilt: $(\vdash_G\tau\Leftrightarrow PA\vdash{}^*\tau)$.

Die Aussagen σ_j nennt Boolos *extrem* **PA**-*unentscheidbare Aussagen*. Da weder p_j noch $\neg p_j$ **G**-beweisbar sind, folgt die **PA**-Unbeweisbarkeit von σ_j und $\neg\sigma_j$. Jede extrem **PA**-unentscheidbare Aussage ist damit auch eine in **PA** unentscheidbare Aussage.

Als weiterführende Literatur empfehlen wir den Artikel von R. Solovay [58], die Bücher von G. Boolos [4] und C. Smorynski [57] und das von L. Esakia und S. Artemov herausgegebene Heft der Studia Logica [15].

Zum Schluß soll noch ein Beispiel für ein normales aber unvollständiges modallogisches System angegeben werden. Dieses System, das wir hier kurz **H** nennen, entsteht aus **K** durch Hinzunahme des Axiomenschemas $\Box(\Box\alpha\leftrightarrow\alpha)\rightarrow\Box\alpha$. Da das Axiomenschema **H** eine Abschwächung des **G**-Schemas $\Box(\Box\alpha\rightarrow\alpha)\rightarrow\Box\alpha$ darstellt, ist jede **H**-beweisbare Formel auch **G**-beweisbar. Wir werden im folgenden zeigen, daß jeder Rahmen für **H** auch ein Rahmen für **G** ist und daß damit **G** und **H** in denselben Rahmen wahr sind. Andererseits wird sich zeigen, daß die Formel $\Box p\rightarrow\Box\Box p$ nicht **H**-beweisbar ist. Das System **H** ist somit echt schwächer als **G**. Da, wie wir gesehen haben, **G** durch die Rahmen für **G** charakterisiert ist, läßt sich **H** nicht durch Rahmen charakterisieren und ist somit nicht vollständig. Das hier betrachtete Beispiel stammt von R. Magari und ist von G. Boolos und G. Sambin (s. [6]) und M. Cresswell vereinfacht worden. – Wir zeigen zuerst, daß jeder Rahmen $\langle W,R\rangle$ für **H** transitiv ist:

Gegeben seien $u_0,u_1,u_2\in W$ mit u_0Ru_1 und u_1Ru_2. Zu zeigen ist u_0Ru_2. Sei jetzt h eine Belegung, die für alle $v\in W$ folgende Bedingung erfüllt:

$$h(p,v)=1 \Leftrightarrow \text{für alle } x:(vR^*x \Rightarrow u_0Rx).$$

Dabei ist R^* der reflexive und transitive Abschluß von R. Wir behaupten, daß in $\mathfrak{M}:=\langle W,R,h\rangle$ die Formel $\Box(\Box p\leftrightarrow p)$ im Punkte u_0 wahr ist. Dann folgt, da $\langle W,R\rangle$ ein Rahmen für **H** ist, daß auch $\mathfrak{M}\models\Box p[u_0]$ gilt. Aus u_0Ru_1 erhält man damit $h(p,u_1)=1$. Da u_1Ru_2 trivialerweise $u_1R^*u_2$ impliziert, ergibt sich aus $h(p,u_1)=1$ nach Definition von h auch u_0Ru_2.

Es bleibt also noch zu zeigen, daß $(\Box p\leftrightarrow p)$ in allen v mit u_0Rv gilt. Da vRw und wR^*x stets vR^*x impliziert, folgt aus $h(p,v)=1$ und vRw auch $h(p,w)=1$. Da dies für alle w mit vRw richtig ist, gilt $p\rightarrow\Box p$ im Punkte v. Andererseits folgt aus $h(p,v)=0$ die Existenz eines Punktes x mit vR^*x und $u_0\not{R}x$. Aus u_0Rv folgt dann $x\neq v$. Wegen vR^*x gibt es daher ein w mit vRw, wR^*x und $u_0\not{R}x$. Das heißt aber, daß $h(p,w)=0$ für ein w mit vRw gilt. Also ist $\Box p$ in v falsch. Damit gilt $\Box p\rightarrow p$ in v. Insgesamt folgt $(\Box p\leftrightarrow p)$ in allen Punkten v mit u_0Rv – und die Behauptung ist gezeigt.

Als nächstes zeigen wir, daß jeder Rahmen für **H** auch ein Rahmen für **G** ist. Da, wie gerade bewiesen, alle Rahmen für **H** transitiv sind, genügt es aufgrund von Lemma (8.12) nachzuweisen, daß es in jeder nichtleeren Teilmenge $S \subset W$ eines Rahmens $\langle W,R\rangle$ für **H** wenigstens ein R-maximales Element gibt. Sei $\langle W,R\rangle$ ein Rahmen mit einer nichtleeren Menge $S \subset W$, die kein R-maximales Element besitzt. Wir wählen eine Belegung h, die für alle $u \in W$ folgende Bedingung erfüllt:

$$h(p,u)=0 \Leftrightarrow \text{es gibt ein } v \in S \text{ mit } uRv.$$

Sei $\mathfrak{M} := \langle W,R,h\rangle$. Da R transitiv ist und S keine R-maximalen Elemente hat, folgt für beliebiges $u \in W$:

$$\begin{aligned} \mathfrak{M} \nvDash \Box p[u] &\Leftrightarrow \text{es gibt ein } s \text{ mit (} uRs \text{ und } h(p,s)=0) \\ &\Leftrightarrow \text{es gibt ein } s \text{ mit (} uRs \text{ und es gibt ein } v \in S \text{ mit } sRv) \\ &\Leftrightarrow \text{es gibt ein } v \in S \text{ mit } uRv \\ &\Leftrightarrow \mathfrak{M} \nvDash p[u]. \end{aligned}$$

Es folgt $\mathfrak{M} \vDash \Box p \leftrightarrow p$ und damit auch $\mathfrak{M} \vDash \Box(\Box p \leftrightarrow p)$. Da S keine R-maximalen Elemente enthält, gilt $\mathfrak{M} \nvDash p[v]$ nach Definition von h für alle $v \in S$ und damit auch $\mathfrak{M} \nvDash \Box p[v]$ für alle $v \in S$. Für $v \in S$ folgt $\mathfrak{M} \vDash (\Box(\Box p \leftrightarrow p) \wedge \neg \Box p)[v]$. Also ist $\langle W,R\rangle$ kein Rahmen für **H**. Damit ist die Behauptung gezeigt.

Schließlich geben wir ein Modell $\mathfrak{M}$ an, in dem alle **H**-beweisbaren Formeln wahr sind, aber die **G**-beweisbare Formel $\Box p \rightarrow \Box\Box p$ falsch ist. Damit ist dann gezeigt, daß **H** echt schwächer als **G** ist. Wir definieren das Modell $\mathfrak{M} = \langle W,R,h\rangle$ folgendermaßen:

Die Trägermenge W ist gegeben durch:

$W := \{\dots,-3,-2,-1,0,1,2,3,\dots\}$ = Menge aller ganzen Zahlen.

Für $u \in W$ ist die Menge $f(u)$ der von u aus zugänglichen $v \in W$ wie folgt definiert:

$f(0) = W$,
$f(n+1) = \{\dots,-3,-2,-1\} \cup \{n,n+1,n+2,n+3,\dots\}$ für $n \in \mathbb{N}$,
$f(-1) = \emptyset$,
$f(-n-2) = \{-n-1,\dots,-1\}$ für $n \in \mathbb{N}$.

Die Zugänglichkeitsrelation ist dann:

$R := \{\langle u,v\rangle \mid v \in f(u)\}$.

Schließlich sei h diejenige Belegung, die für $\langle p,0\rangle$ den Wert 0 und sonst immer den Wert 1 annimmt.

Durch Induktion über den Formelaufbau ergibt sich leicht, daß für jede Formel γ in $\mathfrak{M} := \langle W,R,h\rangle$ die Menge $\|\gamma\|$ oder die Menge $W \setminus \|\gamma\|$ endlich ist. Dabei ist $\|\gamma\| := \{u \in W \mid \mathfrak{M} \vDash \gamma[u]\}$. Diese Tatsache wird in Kürze benutzt.

Offensichtlich gilt in $\mathfrak{M}$ die Formel $\Box p$ im Punkte 2. Aus 2R1, 1R0 und h(p,0)=0 folgt aber, daß $\Box\Box p$ im Punkte 2 falsch ist. Also gilt die **G**-beweisbare Formel $\Box p \rightarrow \Box\Box p$ nicht in $\mathfrak{M}$.

Wir zeigen jetzt, daß alle **H**-beweisbaren Formeln in $\mathfrak{M}$ gültig sind. Dazu wiederum genügt es, für alle α die $\mathfrak{M}$-Gültigkeit von $\Box(\Box\alpha \leftrightarrow \alpha) \rightarrow \Box\alpha$ nachzuweisen. Setzt man $\gamma := (\Box(\Box\alpha \leftrightarrow \alpha) \rightarrow \Box\alpha)$, so ist dies äquivalent dazu, daß $\|\gamma\| = W$ gilt. Zuerst wird gezeigt, daß alle negativen Zahlen in $\|\gamma\|$ sind.

Da nach Definition -1 ein R-Ende ist, ist $\Box\alpha$ in -1 wahr. Daraus folgt $-1 \in \|\gamma\|$. Ist im Punkte $-k-2$ die Formel $\Box(\Box\alpha \leftrightarrow \alpha)$ wahr, so gilt $\Box\alpha \leftrightarrow \alpha$ in den Punkten $-k-1,\dots,-1$. Da $\Box\alpha$ in -1 wahr ist, folgt, daß dann auch α in -1 wahr ist. Aus $f(-2)=\{-1\}$ folgt dann die Gültigkeit von $\Box\alpha$ in -2, woraus sich wiederum die Gültigkeit von α in -2 ergibt. Induktiv erhält man so, daß α in allen Punkten aus $f(-k-2)=\{k-1,\dots,-1\}$ wahr ist. Damit ist $\Box\alpha$ in $-k-2$ wahr. Also gilt $-k-2 \in \|\gamma\|$. Mithin ist $\{\dots,-3,-2,-1\} \subset \|\gamma\|$ und $\|\gamma\|$ ist damit unendlich. Die oben erwähnte Tatsache, daß immer $\|\gamma\|$ oder $W \setminus \|\gamma\|$ endlich ist, impliziert jetzt, daß $W \setminus \|\gamma\|$ endlich ist. Also können nur endlich viele natürliche Zahlen nicht in $\|\gamma\|$ sein. Gibt es keine solche Zahl, so sind wir fertig. Andernfalls gibt es eine größte natürliche Zahl k, die nicht in $\|\gamma\|$ ist. Dann gilt $\Box(\Box\alpha \leftrightarrow \alpha) \wedge \neg\Box\alpha$ in k. Aus $f(k+1) \subset f(k)$ folgt, daß $\Box(\Box\alpha \leftrightarrow \alpha)$ auch in $k+1$ wahr ist. Da $k+1$ Element von $\|\gamma\|$ ist, gilt $\Box\alpha$ im Punkte $k+1$. Wegen $k \in f(k+1)$ ist dann α im Punkte k wahr. Da $k \in f(k)$ gilt, folgt aus der Gültigkeit der Formel $\Box(\Box\alpha \leftrightarrow \alpha)$ in k auch die von $\Box\alpha \leftrightarrow \alpha$ in k. Da aber α in k gilt, ist damit $\Box\alpha$ in k wahr. Das widerspricht jedoch der Annahme $k \notin \|\gamma\|$.

Damit ist auch die letzte Behauptung, daß nämlich alle **H**-beweisbaren Formeln in $\mathfrak{M}$ wahr sind, gezeigt. Das normale System **H** ist somit nicht vollständig im Sinne der Kripke-Semantik.

§ 9 Einige modelltheoretische Begriffe und Sätze

Im folgenden werden Beziehungen zwischen Strukturen näher studiert. Wir beginnen mit der Substrukturbeziehung.

Gegeben sei eine Sprache $\mathfrak{L}=\langle\mathfrak{R},\mathfrak{F},\mathfrak{K},s\rangle$. Eine $\mathfrak{L}$-Struktur $\mathfrak{A}$ ist eine *Substruktur* der $\mathfrak{L}$-Struktur $\mathfrak{B}$ genau dann, wenn folgende Bedingungen erfüllt sind:

(1) Die Trägermenge von $\mathfrak{A}$ ist in der Trägermenge von $\mathfrak{B}$ enthalten, d.h. $|\mathfrak{A}|\subset|\mathfrak{B}|$.

(2) Auf den Elementen von $|\mathfrak{A}|$ stimmen die Relationen und Funktionen von $\mathfrak{B}$ mit denen von $\mathfrak{A}$ überein, d.h. für $Q\in\mathfrak{R}$ und $f\in\mathfrak{F}$ gilt:
$(\langle a_1,\ldots,a_{s(Q)}\rangle\in Q^{\mathfrak{A}} \Leftrightarrow \langle a_1,\ldots,a_{s(Q)}\rangle\in Q^{\mathfrak{B}})$ für alle $a_1,\ldots,a_{s(Q)}\in|\mathfrak{A}|$,
$f^{\mathfrak{A}}(a_1,\ldots,a_{s(f)})=f^{\mathfrak{B}}(a_1,\ldots,a_{s(f)})$ für alle $a_1,\ldots,a_{s(f)}\in|\mathfrak{A}|$.
Diese Bedingungen lassen sich auch etwas kürzer so formulieren:
$Q^{\mathfrak{A}}=Q^{\mathfrak{B}}\cap|\mathfrak{A}|^{s(Q)}$ und
$f^{\mathfrak{A}}=$ (Einschränkung von $f^{\mathfrak{B}}$ auf $|\mathfrak{A}|^{s(f)}$) $= f^{\mathfrak{B}}|_{|\mathfrak{A}|^{s(f)}}$.

(3) Die Deutungen der $\mathfrak{L}$-Konstanten stimmen in $\mathfrak{A}$ und $\mathfrak{B}$ überein, d.h. für alle $c\in\mathfrak{K}$ gilt: $c^{\mathfrak{A}}=c^{\mathfrak{B}}$.

Wir schreiben im folgenden "$\mathfrak{A}\subset\mathfrak{B}$" für "$\mathfrak{A}$ ist Substruktur von $\mathfrak{B}$". Es gilt:

(9.1) **Lemma:** Sei $\mathfrak{B}$ eine $\mathfrak{L}$-Struktur. Eine Menge $A\subset|\mathfrak{B}|$ ist genau dann die Trägermenge einer (eindeutig bestimmten) Substruktur von $\mathfrak{B}$, wenn A unter allen Funktionen $f^{\mathfrak{B}}$ für $f\in\mathfrak{F}$ abgeschlossen ist und außerdem für jede Konstante $c\in\mathfrak{K}$ die Deutung $c^{\mathfrak{B}}$ in A liegt. Die Abgeschlossenheit von A unter einem n-stelligen $f^{\mathfrak{B}}$ bedeutet dabei, daß für alle $a_1,\ldots,a_n\in A$ auch $f^{\mathfrak{B}}(a_1,\ldots,a_n)\in A$ gilt.

Beweis:

Gilt nämlich $A=|\mathfrak{A}|$ für eine Substruktur $\mathfrak{A}\subset\mathfrak{B}$, so ist nach Definition der Substruktur $c^{\mathfrak{B}}=c^{\mathfrak{A}}\in A$ für $c\in\mathfrak{K}$ und $f^{\mathfrak{A}}$ ist gleich der Einschränkung von $f^{\mathfrak{B}}$ auf $A^{s(f)}$. Da $\mathfrak{A}$ eine $\mathfrak{L}$-Struktur ist, folgt $f^{\mathfrak{A}}:A^{s(f)}\to A$. Damit ist aber A unter den Funktionen $f^{\mathfrak{B}}$ abgeschlossen.

Erfüllt andererseits A die oben genannten Abgeschlossenheitsbedingungen, so läßt sich genau eine Substruktur $\mathfrak{A}$ von $\mathfrak{B}$ erklären, die wir als *Einschränkung von* $\mathfrak{B}$ *auf* A bezeichnen (in Zeichen: $\mathfrak{A}=\mathfrak{B}|_A$), indem wir setzen:

$|\mathfrak{A}|:=A$, $Q^{\mathfrak{A}}:=Q^{\mathfrak{B}}\cap A^{s(Q)}$ für $Q\in\mathfrak{R}$, $f^{\mathfrak{A}}:=f^{\mathfrak{B}}|_{A^{s(f)}}$ für $f\in\mathfrak{F}$ und $c^{\mathfrak{A}}:=c^{\mathfrak{B}}$ für $c\in\mathfrak{K}$.

Aus der Abgeschlossenheit von A unter der Funktion $f^{\mathfrak{B}}$ folgt, daß $f^{\mathfrak{A}}$ eine s(f)-stellige Funktion von A in A ist.

Ω

Hat zum Beispiel die Sprache $\mathfrak{L}$ als einzige nichtlogische Zeichen das zweistellige Funktionszeichen f und die Konstante c und ist $\mathfrak{B}$ die $\mathfrak{L}$-Struktur mit $|\mathfrak{B}|=\mathbb{N}$, $f^{\mathfrak{B}}=$ (Addition in $\mathbb{N}$) und $c^{\mathfrak{B}}=0$, so sind die geraden Zahlen $2\mathbb{N}:=\{2\cdot k|k\in\mathbb{N}\}$ Trägermenge genau einer Substruktur von $\mathfrak{B}$, da 0 zu $2\mathbb{N}$ gehört und die Summe zweier gerader Zahlen gerade ist.

Im folgenden schreiben wir, wie schon in §6, für $\mathfrak{L}$-Strukturen $\mathfrak{A}$ und $\mathfrak{L}$-Formeln α:

$\mathfrak{A}\models\alpha[a_0,\ldots,a_k]$:⇔ (für alle Belegungen h in $|\mathfrak{A}|$ mit $h(v_0)=a_0,\ldots,h(v_k)=a_k$ gilt: $\mathfrak{A}\models\alpha[h]$).

Wir schreiben oft $\alpha(t_0,\ldots,t_k)$ für die Formel, die man aus der Formel α erhält, indem man nacheinander die Term-Substitutionen $(v_0/t_0),\ldots,(v_k/t_k)$ ausführt. Falls die Terme $t_0,\ldots,t_k$ konstant sind, d.h. ohne Variablen, ist das Ergebnis offensichtlich von der Reihenfolge der Substitutionen unabhängig. — Kommen alle freien Variablen der $\mathfrak{L}$-Formel α unter den Variablen $v_0,\ldots,v_k$ vor, ist also $Fr(\alpha)\subset\{v_0,\ldots,v_k\}$, so gilt aufgrund von (5.11) für alle konstanten $\mathfrak{L}$-Terme $t_0,\ldots,t_k$:

$$\mathfrak{A}\models\alpha[t_0^{\mathfrak{A}},\ldots,t_k^{\mathfrak{A}}] \Leftrightarrow \mathfrak{A}\models\alpha(v_0/t_0,\ldots,v_k/t_k).$$

Ist U eine Menge, so bezeichne im folgenden $\mathfrak{L}_U$ die Sprache, die aus $\mathfrak{L}$ durch Hinzunahme neuer Konstanten c_u für jedes $u\in U$ entsteht. Aus jeder $\mathfrak{L}_U$-Struktur $\mathfrak{B}'$ erhält man durch Weglassen der Deutung der neuen Konstanten die $\mathfrak{L}$-Struktur $\mathfrak{B}:=(\mathfrak{B}'\restriction\mathfrak{L})$, das *$\mathfrak{L}$-Redukt von* $\mathfrak{B}'$. Umgekehrt erhält man aus jeder $\mathfrak{L}$-Struktur $\mathfrak{B}$ durch Deutung der neuen Konstanten eine $\mathfrak{L}_U$-Struktur $\mathfrak{B}'$. — Wenn U Teilmenge der Trägermenge einer $\mathfrak{L}$-Struktur $\mathfrak{A}$ ist, so verstehen wir unter $\mathfrak{A}_U$ diejenige $\mathfrak{L}_U$-Struktur, die aus der $\mathfrak{L}$-Struktur $\mathfrak{A}$ ensteht, indem die neuen Konstanten c_u jeweils durch das Element u von $|\mathfrak{A}|$ gedeutet werden, d.h. $c_u^{\mathfrak{A}_U}=u$ für alle $u\in U$. — Anstelle von c_u schreiben wir im weiteren meist $\mathbf{u}$, d.h. $\mathbf{u}:=c_u$.

Die $\mathfrak{L}_U$-Struktur $\mathfrak{A}_U$ ist eindeutig durch die Bedingungen $(\mathfrak{A}_U\restriction\mathfrak{L})=\mathfrak{A}$ und $\mathbf{u}^{\mathfrak{A}_U}=u$ für alle $u\in U$ gekennzeichnet.

Aus den Definitionen ergibt sich sofort, daß für alle $U\subset|\mathfrak{A}|$ die Aussage gilt: $(\mathfrak{A}\subset\mathfrak{B} \Leftrightarrow \mathfrak{A}_U\subset\mathfrak{B}_U)$. — Weiter gilt:

(9.2) **Lemma:** Für alle $\mathfrak{L}$-Strukturen $\mathfrak{A}$ und $\mathfrak{B}$ mit $A=|\mathfrak{A}|\subset|\mathfrak{B}|$ sind folgende Aussagen äquivalent:

(1) $\mathfrak{A}\subset\mathfrak{B}$.

(2) Für alle quantorenfreien $\mathfrak{L}$-Formeln δ und alle Belegungen h in A gilt: $(\mathfrak{A}\models\delta[h] \Leftrightarrow \mathfrak{B}\models\delta[h])$.

(3) Für alle quantorenfreien $\mathfrak{L}_A$-Aussagen δ gilt: $(\mathfrak{A}_A\models\delta \Leftrightarrow \mathfrak{B}_A\models\delta)$.

Beweis:

Durch Induktion über den Termaufbau ergibt sich aus $\mathfrak{A} \subset \mathfrak{B}$, da $c^{\mathfrak{A}} = c^{\mathfrak{B}}$ für alle $\mathfrak{L}$-Konstanten c und $f^{\mathfrak{A}}(a_1,\ldots,a_n) = f^{\mathfrak{B}}(a_1,\ldots,a_n)$ für alle $a_1,\ldots,a_n \in A$ und alle n-stelligen Funktionszeichen f von $\mathfrak{L}$ gilt, für alle $\mathfrak{L}$-Terme t die Gleichung $t^{\mathfrak{A},h} = t^{\mathfrak{B},h}$. Da nach Definition der Substrukturbeziehung die Relationen $R^{\mathfrak{A}}$ und $R^{\mathfrak{B}}$ für Elemente von $|\mathfrak{A}|^{s(R)}$ übereinstimmen, ergibt sich damit (2) für Primformeln, woraus sofort die Aussage für quantorenfreie Formeln folgt. — Umgekehrt ergibt sich aus (2), daß für alle Elemente $a_0,\ldots,a_n$ von A, falls $h(v_0) = a_0,\ldots,h(v_n) = a_n$ gilt,

$$\begin{aligned} \langle a_1,\ldots,a_n\rangle \in Q^{\mathfrak{A}} &\Leftrightarrow \mathfrak{A} \models Q(v_1,\ldots,v_n)[h] \\ &\Leftrightarrow \mathfrak{B} \models Q(v_1,\ldots,v_n)[h] \\ &\Leftrightarrow \langle a_1,\ldots,a_n\rangle \in Q^{\mathfrak{B}}, \\ f^{\mathfrak{A}}(a_1,\ldots,a_n) = a_0 &\Leftrightarrow \mathfrak{A} \models f(v_1,\ldots,v_n) \doteq v_0[h] \\ &\Leftrightarrow \mathfrak{B} \models f(v_1,\ldots,v_n) \doteq v_0[h] \\ &\Leftrightarrow f^{\mathfrak{B}}(a_1,\ldots,a_n) = a_0, \\ c^{\mathfrak{A}} = a_0 &\Leftrightarrow \mathfrak{A} \models c \doteq v_0[h] \\ &\Leftrightarrow \mathfrak{B} \models c \doteq v_0[h] \\ &\Leftrightarrow c^{\mathfrak{B}} = a_0. \end{aligned}$$

Somit impliziert (2) auch $\mathfrak{A} \subset \mathfrak{B}$ und die Äquivalenz von (1) und (2) ist gezeigt. — Ist γ eine $\mathfrak{L}$-Formel, in der höchstens $v_0,\ldots,v_k$ frei vorkommen, so gilt, wie schon früher bemerkt, für jede $\mathfrak{L}$-Struktur $\mathfrak{C}$ mit $\mathfrak{A} \subset \mathfrak{C}$:

$$\mathfrak{C}_A \models \gamma[a_0,\ldots,a_k] \Leftrightarrow \mathfrak{C}_A \models \gamma(\mathbf{a_0},\ldots,\mathbf{a_k}).$$

Da in der $\mathfrak{L}$-Formel γ die neuen Konstanten nicht auftreten, gilt auch:

$$\mathfrak{C} \models \gamma[a_0,\ldots,a_k] \Leftrightarrow \mathfrak{C}_A \models \gamma[a_0,\ldots,a_k].$$

Also folgt für $\mathfrak{L}$-Formeln γ mit $Fr(\gamma) \subset \{v_0,\ldots,v_k\}$ und alle $a_0,\ldots,a_k \in A$:

$$\mathfrak{C} \models \gamma[a_0,\ldots,a_k] \Leftrightarrow \mathfrak{C}_A \models \gamma(\mathbf{a_0},\ldots,\mathbf{a_k}).$$

Da jede quantorenfreie $\mathfrak{L}_A$-Aussage in der Gestalt $\gamma(\mathbf{a_0},\ldots,\mathbf{a_k})$, wobei γ eine quantorenfreie $\mathfrak{L}$-Formel ist, dargestellt werden kann, erhält man, indem man für $\mathfrak{C}$ nacheinander $\mathfrak{A}$ und $\mathfrak{B}$ setzt, die Äquivalenz von (2) und (3).

Ω

Unter einer *Allformel* verstehen wir eine Formel der Gestalt $\forall x_1\ldots\forall x_m\delta$, wobei δ quantorenfrei ist und die Variablen x_j paarweise verschieden sind. Entsprechend ist eine Formel der Gestalt $\exists x_1\ldots\exists x_m\delta$ mit quantorenfreiem δ und paarweise verschiedenen x_j eine *Existenzformel.*

Offensichtlich ist die Negation einer Allformel logisch äquivalent zu einer Existenzformel und umgekehrt.

Als Korollar zu obigem Lemma erhalten wir folgendes Persistenzprinzip:

(9.3) **Korollar:** Ist $\mathfrak{A}$ eine Substruktur der $\mathfrak{L}$-Struktur $\mathfrak{B}$, so gilt für alle Belegungen h in $|\mathfrak{A}|$ und alle Existenzformeln α: $(\mathfrak{A}\models\alpha[h] \Rightarrow \mathfrak{B}\models\alpha[h])$.

Beweis:

Aus $\mathfrak{A}\models\exists x_1\ldots\exists x_m\delta[h]$ folgt die Existenz einer Variante h' von h in Bezug auf die Variablen $x_1,\ldots,x_m$ mit $\mathfrak{A}\models\delta[h']$. Ist jetzt $\mathfrak{A}$ Substruktur von $\mathfrak{B}$, so ergibt sich aus (9.2)(2) auch $\mathfrak{B}\models\delta[h']$ und damit $\mathfrak{B}\models\exists x_1\ldots\exists x_m\delta[h]$.

Ω

Da die Negation einer Existenzformel zu einer Allformel äquivalent ist, folgt aus $\mathfrak{A}\subset\mathfrak{B}$ entsprechend für jede Allformel α und alle h in $|\mathfrak{A}|$:

$$\mathfrak{B}\models\alpha[h] \Rightarrow \mathfrak{A}\models\alpha[h].$$

Die Substrukturbeziehung ist offensichlich transitiv, d.h. für alle $\mathfrak{L}$-Strukturen $\mathfrak{A},\mathfrak{B},\mathfrak{C}$ gilt: $(\mathfrak{A}\subset\mathfrak{B}$ und $\mathfrak{B}\subset\mathfrak{C} \Rightarrow \mathfrak{A}\subset\mathfrak{C})$.

Sind allgemeiner $\mathfrak{L}$-Strukturen $\mathfrak{A}_j$ mit $\mathfrak{A}_j\subset\mathfrak{A}_{j+1}$ für alle $j\in\mathbb{N}$ gegeben, so folgt aus der Transitivität und Reflexivität der Substrukturbeziehung auch $\mathfrak{A}_j\subset\mathfrak{A}_k$ für alle $j\leq k$. Eine solche abzählbare Kette hinsichtlich der Substrukturbeziehung notieren wir oft suggestiver durch $\mathfrak{A}_0\subset\mathfrak{A}_1\subset\ldots\subset\mathfrak{A}_j\subset\ldots$.

Wir betrachten hier der Einfachheit halber nur abzählbare Ketten, obwohl Verallgemeinerungen naheliegend und auch wichtig sind.

Zu jeder Kette von Substrukturen $\mathfrak{A}_0\subset\mathfrak{A}_1\subset\ldots\subset\mathfrak{A}_j\subset\ldots$ läßt sich ein *Limes* $\mathfrak{A}:=\bigcup_{j\in\mathbb{N}}\mathfrak{A}_j$ finden, der wie folgt definiert ist:

$|\mathfrak{A}|:=\bigcup_{j\in\mathbb{N}}|\mathfrak{A}_j|$, $R^{\mathfrak{A}}:=\bigcup_{j\in\mathbb{N}}R^{\mathfrak{A}_j}$ für $R\in\mathfrak{R}$, $f^{\mathfrak{A}}:=\bigcup_{j\in\mathbb{N}}f^{\mathfrak{A}_j}$ für $f\in\mathfrak{F}$ und $c^{\mathfrak{A}}=c^{\mathfrak{A}_0}$ für $c\in\mathfrak{K}$.

Für $f\in\mathfrak{F}$ ist $f^{\mathfrak{A}}$ eine s(f)-stellige Funktion von $|\mathfrak{A}|$ in $|\mathfrak{A}|$, da $f^{\mathfrak{A}_j}$ für $j\leq k$ die Einschränkung von $f^{\mathfrak{A}_k}$ auf $|\mathfrak{A}_j|$ und $|\mathfrak{A}|$ die Vereinigung über alle $|\mathfrak{A}_j|$ ist. Somit ist $\mathfrak{A}$ eine $\mathfrak{L}$-Struktur. – Die Relationen und Funktionen der Limes-Struktur sind charakterisiert durch:

$(\langle a_1,\ldots,a_{s(R)}\rangle\in R^{\mathfrak{A}_j} \Leftrightarrow \langle a_1,\ldots,a_{s(R)}\rangle\in R^{\mathfrak{A}})$ für $a_1,\ldots,a_{s(R)}\in|\mathfrak{A}_j|$ und $j\in\mathbb{N}$,

$f^{\mathfrak{A}_j}(a_1,\ldots,a_{s(f)})=f^{\mathfrak{A}}(a_1,\ldots,a_{s(f)})$ für $a_1,\ldots,a_{s(f)}\in|\mathfrak{A}_j|$ und $j\in\mathbb{N}$.

Da außerdem $c^{\mathfrak{A}_j}=c^{\mathfrak{A}}$ für alle $j\in\mathbb{N}$ gilt, ist jedes $\mathfrak{A}_j$ eine Substruktur der Limes-Struktur $\mathfrak{A}$.

Eine **∀∃**-*Formel* ist eine Formel in der Gestalt $\forall x_1\ldots\forall x_k\exists y_1\ldots\exists y_m\delta$, wobei δ quantorenfrei ist und die Variablen $x_1,\ldots,x_k,y_1,\ldots,y_m$ paarweise verschieden sind. – Für **∀∃**-Aussagen gilt:

(9.4) **Lemma:** Ist $\mathfrak{A}_0\subset\mathfrak{A}_1\subset\ldots\subset\mathfrak{A}_j\subset\ldots$ eine Kette von $\mathfrak{L}$-Strukturen und α eine **∀∃**-Aussage, die in allen Kettengliedern $\mathfrak{A}_j$ gilt, so gilt α auch in der Limes-Struktur $\mathfrak{A}=\bigcup_{j\in\mathbb{N}}\mathfrak{A}_j$.

Beweis:

Nach eventuellen gebundenen Umbenennungen können wir annehmen, daß α die Gestalt $\forall v_0 \ldots \forall v_k \gamma$ hat, wobei γ eine Existenzformel ist. Zu zeigen ist jetzt, daß $\mathfrak{A} \models \gamma[a_0,\ldots,a_k]$ für alle $a_0,\ldots,a_k \in |\mathfrak{A}|$ gilt.

Zu $a_0,\ldots,a_k$ aus der Trägermenge von $\mathfrak{A}$ gibt es aber, da

$$|\mathfrak{A}_0| \subset |\mathfrak{A}_1| \subset \ldots \subset |\mathfrak{A}_j| \subset \ldots \subset \bigcup_{j\in\mathbb{N}} |\mathfrak{A}_j| = |\mathfrak{A}|$$

ist, eine natürliche Zahl j mit $a_0,\ldots,a_k \in |\mathfrak{A}_j|$. Nach Voraussetzung gilt in jeder Struktur $\mathfrak{A}_j$ die $\forall\exists$-Aussage α. Sind daher die Elemente $a_0,\ldots,a_k$ in der Trägermenge von $\mathfrak{A}_j$, so folgt $\mathfrak{A}_j \models \gamma[a_0,\ldots,a_k]$. Da γ eine Existenzformel ist, ergibt sich aus $\mathfrak{A}_j \subset \mathfrak{A}$ mit Hilfe von (9.3), wie gewünscht, $\mathfrak{A} \models \gamma[a_0,\ldots,a_k]$.

Ω

Ist $\mathfrak{A}$ eine $\mathfrak{L}$-Struktur und d eine injektive Abbildung der Trägermenge von $\mathfrak{A}$ in eine Menge B, d.h. $d:|\mathfrak{A}| \to B$ und für alle $a_1,a_2 \in |\mathfrak{A}|$ impliziert $a_1 \neq a_2$ auch $d(a_1) \neq d(a_2)$, so läßt sich auf dem d-Bild von $|\mathfrak{A}|$ eine $\mathfrak{L}$-Struktur $\mathfrak{C}$, die wir auch mit $d[\mathfrak{A}]$ bezeichnen, wie folgt erklären:

$|\mathfrak{C}| := \{d(a) \mid a \in |\mathfrak{A}|\} = d[|\mathfrak{A}|]$,

$Q^{\mathfrak{C}} := \{\langle d(a_1),\ldots,d(a_{s(Q)})\rangle \mid \langle a_1,\ldots,a_{s(Q)}\rangle \in Q^{\mathfrak{A}}\}$ für $Q \in \mathfrak{R}$,

$f^{\mathfrak{C}} := \{\langle d(a_1),\ldots,d(a_{s(f)}),d(a)\rangle \mid f^{\mathfrak{A}}(a_1,\ldots,a_{s(f)}) = a\}$ für $f \in \mathfrak{F}$,

$c^{\mathfrak{C}} := d(c^{\mathfrak{A}})$ für $c \in \mathfrak{K}$.

Aufgrund der Injektivität von d ist jedes $f^{\mathfrak{C}}$ wieder eine Funktion, die auf ganz $|\mathfrak{C}|^{s(f)}$ definiert ist und ihre Werte in $|\mathfrak{C}|$ hat.

Die injektive Funktion d wird damit zu einer strukturerhaltenden Funktion, die in der Menge B die "Kopie" $d[\mathfrak{A}]$ der Struktur $\mathfrak{A}$ aufspannt.

Sind $\mathfrak{A}$ und $\mathfrak{B}$ $\mathfrak{L}$-Strukturen und ist d eine Funktion, so heißt d ein *Isomorphismus von* $\mathfrak{A}$ *auf* $\mathfrak{B}$, in Zeichen $d:\mathfrak{A} \cong \mathfrak{B}$, genau dann, wenn d eine Bijektion von $|\mathfrak{A}|$ auf $|\mathfrak{B}|$ ist und die Bildstruktur $\mathfrak{C} := d[\mathfrak{A}]$ mit der Struktur $\mathfrak{B}$ identisch ist, d.h.

$d:\mathfrak{A} \cong \mathfrak{B} \quad :\Leftrightarrow \quad d:|\mathfrak{A}| \to |\mathfrak{B}|$ ist bijektiv und $d[\mathfrak{A}] = \mathfrak{B}$.

Die Aussage $d:\mathfrak{A} \cong \mathfrak{B}$ ist, wenn man die Definition zurückverfolgt, äquivalent zu den Bedingungen, daß $d:|\mathfrak{A}| \to |\mathfrak{B}|$ bijektiv ist und daß

$(\langle a_1,\ldots,a_{s(Q)}\rangle \in Q^{\mathfrak{A}} \Leftrightarrow \langle d(a_1),\ldots,d(a_{s(Q)})\rangle \in Q^{\mathfrak{B}})$ für $a_1,\ldots,a_{s(Q)} \in |\mathfrak{A}|$, $Q \in \mathfrak{R}$,

$d(f^{\mathfrak{A}}(a_1,\ldots,a_{s(f)})) = f^{\mathfrak{B}}(d(a_1),\ldots,d(a_{s(f)}))$ für $a_1,\ldots,a_{s(f)} \in |\mathfrak{A}|$, $f \in \mathfrak{F}$ und

$d(c^{\mathfrak{A}}) = c^{\mathfrak{B}}$ für $c \in \mathfrak{K}$

gilt. – Wir sagen $\mathfrak{A}$ ist *isomorph zu* $\mathfrak{B}$, in Zeichen $\mathfrak{A} \cong \mathfrak{B}$, genau dann, wenn es eine Funktion d mit $d:\mathfrak{A} \cong \mathfrak{B}$ gibt.

Da $id_{|\mathfrak{A}|}=\{\langle a,a\rangle | a\in|\mathfrak{A}|\}$ trivialerweise ein Isomorphismus von $\mathfrak{A}$ auf $\mathfrak{A}$ ist, gilt $\mathfrak{A}\cong\mathfrak{A}$. – Aus $d:\mathfrak{A}\cong\mathfrak{B}$ folgt, wie man sofort bestätigt, $d^{-1}:\mathfrak{B}\cong\mathfrak{A}$. Somit folgt aus $\mathfrak{A}\cong\mathfrak{B}$ auch $\mathfrak{B}\cong\mathfrak{A}$. – Schließlich erhält man aus $d:\mathfrak{A}\cong\mathfrak{B}$ und $e:\mathfrak{B}\cong\mathfrak{C}$ auch $e\circ d:\mathfrak{A}\cong\mathfrak{C}$. Es folgt, daß $\mathfrak{A}\cong\mathfrak{B}$ und $\mathfrak{B}\cong\mathfrak{C}$ auch $\mathfrak{A}\cong\mathfrak{C}$ impliziert.

Im Bereich aller $\mathfrak{L}$-Strukturen ist daher durch "$\cong$" ein Äquivalenzbegriff definiert.

Eine Funktion $d:|\mathfrak{A}|\to|\mathfrak{B}|$ heißt *Einbettung von* $\mathfrak{A}$ *in* $\mathfrak{B}$, in Zeichen $d:\mathfrak{A}\hookrightarrow\mathfrak{B}$, wenn d injektiv und $d[\mathfrak{A}]$ eine Substruktur von $\mathfrak{B}$ ist, d.h.

$$d:\mathfrak{A}\hookrightarrow\mathfrak{B} \;:\Leftrightarrow\; d:|\mathfrak{A}|\to|\mathfrak{B}| \text{ ist injektiv und } d[\mathfrak{A}]\subset\mathfrak{B}\,.$$

Offenbar ist d genau dann eine Einbettung von $\mathfrak{A}$ in $\mathfrak{B}$, wenn die Funktion $d:|\mathfrak{A}|\to|\mathfrak{B}|$ injektiv ist und für alle Relationszeichen Q, alle Funktionszeichen f und alle Konstanten c von $\mathfrak{L}$ gilt:

$$(\langle a_1,\dots,a_{s(Q)}\rangle\in Q^{\mathfrak{A}} \Leftrightarrow \langle d(a_1),\dots,d(a_{s(Q)})\rangle\in Q^{\mathfrak{B}}) \text{ für } a_1,\dots,a_{s(Q)}\in|\mathfrak{A}|,$$

$$d(f^{\mathfrak{A}}(a_1,\dots,a_{s(f)})) = f^{\mathfrak{B}}(d(a_1),\dots,d(a_{s(f)})) \text{ für } a_1,\dots,a_{s(f)}\in|\mathfrak{A}|,$$

$$d(c^{\mathfrak{A}})=c^{\mathfrak{B}}.$$

Eine Einbettung d von $\mathfrak{A}$ in $\mathfrak{B}$ ist also genau dann ein Isomorphismus, wenn $d:|\mathfrak{A}|\to|\mathfrak{B}|$ bijektiv ist.

Sei beispielsweise $\mathfrak{L}$ die Sprache, die als einziges nichtlogisches Zeichen das zweistelliges Relationszeichen Q enthält. $\mathfrak{A}=\langle\mathbb{N},\leq\rangle$ bezeichne die $\mathfrak{L}$-Struktur mit der Trägermenge $\mathbb{N}$ und der gewöhnlichen Kleiner-Gleich-Relation in $\mathbb{N}$ als Deutung des Relationszeichens Q. Die Abbildung d mit $d(n)=n+1$ für alle $n\in\mathbb{N}$ ist eine Einbettung von $\mathfrak{A}$ in sich selbst, da $m\leq n$ äquivalent zu $d(m)\leq d(n)$ ist.

Nimmt man jedoch für die Null eine Konstante c in die Sprache auf und betrachtet die erweiterte Struktur $\mathfrak{A}'=\langle\mathbb{N},\leq,0\rangle$, so ist die Funktion d keine Einbettung von $\mathfrak{A}'$ in $\mathfrak{A}'$ mehr, da $d(c^{\mathfrak{A}'})=d(0)=1\neq0=c^{\mathfrak{A}'}$ gilt.

In isomorphen Strukturen gelten dieselben Aussagen. Dies ergibt sich aus folgendem Lemma:

(9.5) **Lemma:** Ist d ein Isomorphismus von $\mathfrak{A}$ auf $\mathfrak{B}$, so gilt für alle Belegungen $h:Var\to|\mathfrak{A}|$ und alle $\mathfrak{L}$-Formeln $\alpha:(\mathfrak{A}\models\alpha[h] \Leftrightarrow \mathfrak{B}\models\alpha[d\circ h])$. Dabei ist $d\circ h$ die Belegung, die jeder Variablen x das Element $d(h(x))$ in $|\mathfrak{B}|$ zuweist.

Beweis:

Zuerst zeigt man durch Induktion über den Termaufbau, daß für alle $\mathfrak{L}$-Terme t und alle Belegungen h in $|\mathfrak{A}|$ immer $d(t^{\mathfrak{A},h})=t^{\mathfrak{B},d\circ h}$ gilt:

Für Variablen gilt dies, da $d(x^{\mathfrak{A},h}) = d(h(x)) = (d\circ h)(x)= x^{\mathfrak{B},d\circ h}$ ist. Dabei wird lediglich die Definition von $d \circ h$ benutzt. Für Konstanten erhält man aufgrund der Isomorphiebedingungen $d(c^{\mathfrak{A},h}) = d(c^{\mathfrak{A}}) = c^{\mathfrak{B}} = c^{\mathfrak{B},d \circ h}$. Ist jetzt die Behauptung schon für die Terme $t_1,\dots,t_n$ wahr, so folgt aus den Bedingungen für Funktionen und der Induktionsvoraussetzung:

$$d(f^{\mathfrak{A}}(t_1^{\mathfrak{A},h},\dots,t_n^{\mathfrak{A},h})) = f^{\mathfrak{B}}(d(t_1^{\mathfrak{A},h}),\dots,d(t_n^{\mathfrak{A},h})) = f^{\mathfrak{B}}(t_1^{\mathfrak{B},d\circ h},\dots,t_n^{\mathfrak{B},d\circ h})$$
$$= (f(t_1,\dots,t_n))^{\mathfrak{B},d\circ h}.$$

Damit ist die Behauptung für alle Terme t gezeigt. — Da d eine injektive Funktion ist, erhält man unter Benutzung dieses Resultats, daß gilt:

$$\mathfrak{A} \models t_1 \doteq t_2[h] \iff t_1^{\mathfrak{A},h} = t_2^{\mathfrak{A},h} \iff d(t_1^{\mathfrak{A},h}) = d(t_2^{\mathfrak{A},h})$$
$$\iff t_1^{\mathfrak{B},d\circ h} = t_2^{\mathfrak{B},d\circ h}$$
$$\iff \mathfrak{B} \models t_1 \doteq t_2[d\circ h].$$

Ebenso ergibt sich für Primformeln der Gestalt $Q(t_1,\dots,t_n)$, daß gilt:

$$\mathfrak{A} \models Q(t_1,\dots,t_n)[h] \iff \langle t_1^{\mathfrak{A},h},\dots,t_n^{\mathfrak{A},h}\rangle \in Q^{\mathfrak{A}}$$
$$\iff \langle d(t_1^{\mathfrak{A},h}),\dots,d(t_n^{\mathfrak{A},h})\rangle \in Q^{\mathfrak{B}}$$
$$\iff \langle t_1^{\mathfrak{B},d\circ h},\dots,t_n^{\mathfrak{B},d\circ h}\rangle \in Q^{\mathfrak{B}}$$
$$\iff \mathfrak{B} \models Q(t_1,\dots,t_n)[d\circ h].$$

Der aussagenlogische Teil der Induktion ist offensichtlich. Im Falle $\alpha = \forall x\beta$ argumentiert man so: Nach Induktionsvoraussetzung sei die Behauptung für β und alle Belegungen h in $|\mathfrak{A}|$ schon richtig ist. Dann folgt:

$$\mathfrak{A} \models \forall x\beta[h] \iff \text{für alle } a \in |\mathfrak{A}|: \mathfrak{A} \models \beta[h_a^x]$$
$$\iff \text{für alle } a \in |\mathfrak{A}|: \mathfrak{B} \models \beta[d\circ(h_a^x)].$$

Es gilt $d\circ(h_a^x) = (d\circ h)_{d(a)}^x$ für alle $a \in |\mathfrak{A}|$. Aus der Surjektivität von d folgt, daß wenn a die Menge $|\mathfrak{A}|$ durchläuft, die Bilder d(a) die Menge $|\mathfrak{B}|$ durchlaufen. Somit ergibt sich:

$$\text{für alle } a \in |\mathfrak{A}|: \mathfrak{B} \models \beta[d\circ(h_a^x)] \iff \text{für alle } b \in |\mathfrak{B}|: \mathfrak{B} \models \beta[(d\circ h)_b^x]$$
$$\iff \mathfrak{B} \models \forall x\beta[d\circ h].$$

Damit ist die Behauptung auch im Quantorenfall gezeigt.

Ω

Die Surjektivität der Funktion d ist in obigem Argument nur im Quantorenfall benutzt worden. Wir erhalten daher als Korollar zum Beweis des Lemmas:

(9.6) **Korollar:** Ist d eine Einbettung der $\mathfrak{L}$-Struktur $\mathfrak{A}$ in die $\mathfrak{L}$-Struktur $\mathfrak{B}$, so gilt für alle quantorenfreien $\mathfrak{L}$-Formeln δ und alle Belegungen h in $|\mathfrak{A}|$: $(\mathfrak{A} \models \delta[h] \iff \mathfrak{B} \models \delta[d\circ h])$.

Sei d ein Isomorphismus von $\mathfrak{A}$ auf $\mathfrak{B}$. Sei weiter h irgendeine Belegung in $|\mathfrak{A}|$. Da $(\mathfrak{A} \models \alpha \iff \mathfrak{A} \models \alpha[h])$ und $(\mathfrak{B} \models \alpha \iff \mathfrak{B} \models \alpha[d\circ h])$ für $\mathfrak{L}$-Aussagen α

gilt, folgt mit (9.5) auch ($\mathfrak{A}\models\alpha \Leftrightarrow \mathfrak{B}\models\alpha$) für alle $\mathfrak{L}$-Aussagen α. In isomorphen Strukturen gelten somit dieselben Aussagen.

Zwei $\mathfrak{L}$-Strukturen $\mathfrak{A}$ und $\mathfrak{B}$ werden *elementar äquivalent* (in Zeichen: $\mathfrak{A}\equiv\mathfrak{B}$) genannt genau dann, wenn in ihnen dieselben $\mathfrak{L}$-Aussagen gelten:

$$\mathfrak{A}\equiv\mathfrak{B} \;:\Leftrightarrow\; \text{für alle } \alpha\in Aus_{\mathfrak{L}}: (\mathfrak{A}\models\alpha \Leftrightarrow \mathfrak{B}\models\alpha).$$

Als weiteres Korollar zum Lemma erhalten wir daher:

(9.7) **Korollar:** Isomorphe Strukturen sind elementar äquivalent, d.h. für alle $\mathfrak{L}$-Strukturen $\mathfrak{A}$ und $\mathfrak{B}$ gilt: ($\mathfrak{A}\cong\mathfrak{B} \Rightarrow \mathfrak{A}\equiv\mathfrak{B}$).

Die umgekehrte Implikation ist, wie wir in Kürze sehen werden, im allgemeinen nicht richtig. Sie ist jedoch wahr, wenn in der Sprache genügend konstante Terme zur Verfügung stehen, so daß jedes Element der beiden Strukturen als Deutung mindestens eines konstanten Terms auftritt. Genauer gilt:

(9.8) **Lemma:** Sei T eine Menge konstanter $\mathfrak{L}$-Terme. Weiterhin seien $\mathfrak{A}$ und $\mathfrak{B}$ $\mathfrak{L}$-Strukturen und es gelte $|\mathfrak{A}|=\{t^{\mathfrak{A}}\mid t\in T\}$. Sind in $\mathfrak{A}$ und $\mathfrak{B}$ dieselben quantorenfreien $\mathfrak{L}$-Aussagen wahr, so ist $d:=\{\langle t^{\mathfrak{A}},t^{\mathfrak{B}}\rangle\mid t\in T\}$ eine Einbettung von $\mathfrak{A}$ in $\mathfrak{B}$. – Gilt zusätzlich $|\mathfrak{B}|=\{t^{\mathfrak{B}}\mid t\in T\}$, so ist d sogar ein Isomorphismus von $\mathfrak{A}$ auf $\mathfrak{B}$.

Beweis:

Da in $\mathfrak{A}$ und $\mathfrak{B}$ nach Voraussetzung dieselben quantorenfreien Aussagen gelten, ergibt sich für $t_1,t_2\in T$:

$$t_1^{\mathfrak{A}}=t_2^{\mathfrak{A}} \;\Leftrightarrow\; \mathfrak{A}\models t_1\doteq t_2 \;\Leftrightarrow\; \mathfrak{B}\models t_1\doteq t_2 \;\Leftrightarrow\; t_1^{\mathfrak{B}}=t_2^{\mathfrak{B}}.$$

Also ist d eine injektive Funktion, die wegen $|\mathfrak{A}|=\{t^{\mathfrak{A}}\mid t\in T\}$ den Definitionsbereich $|\mathfrak{A}|$ und Werte in $|\mathfrak{B}|$ hat. – Zu allen $a_1,\dots,a_n,a\in|\mathfrak{A}|$ gibt es, da $|\mathfrak{A}|=\{t^{\mathfrak{A}}\mid t\in T\}$ ist, Terme $t_1,\dots,t_n,t\in T$ mit $t_1^{\mathfrak{A}}=a_1,\dots,t_n^{\mathfrak{A}}=a_n, t^{\mathfrak{A}}=a$. Da in beiden Strukturen dieselben quantorenfreien Aussagen gelten, folgt:

$$\begin{aligned}
\langle a_1,\dots,a_n\rangle\in Q^{\mathfrak{A}} &\Leftrightarrow \mathfrak{A}\models Q(t_1,\dots,t_n)\\
&\Leftrightarrow \mathfrak{B}\models Q(t_1,\dots,t_n)\\
&\Leftrightarrow \langle t_1^{\mathfrak{B}},\dots,t_n^{\mathfrak{B}}\rangle\in Q^{\mathfrak{B}}\\
&\Leftrightarrow \langle d(a_1),\dots,d(a_n)\rangle\in Q^{\mathfrak{B}},\\
f^{\mathfrak{A}}(a_1,\dots,a_n)=a &\Leftrightarrow \mathfrak{A}\models f(t_1,\dots,t_n)\doteq t\\
&\Leftrightarrow \mathfrak{B}\models f(t_1,\dots,t_n)\doteq t\\
&\Leftrightarrow f^{\mathfrak{B}}(t_1^{\mathfrak{B}},\dots,t_n^{\mathfrak{B}})=t^{\mathfrak{B}}\\
&\Leftrightarrow f^{\mathfrak{B}}(d(a_1),\dots,d(a_n))=d(a).
\end{aligned}$$

Zu jeder $\mathfrak{L}$-Konstanten $c\in\mathfrak{K}$ gibt es nach Voraussetzung ein $t\in T$ mit $c^{\mathfrak{A}}=t^{\mathfrak{A}}$. Es folgt $\mathfrak{A}\models c\doteq t$. Nach Voraussetzung über $\mathfrak{A}$ und $\mathfrak{B}$ ergibt sich dann $\mathfrak{B}\models c\doteq t$ und damit $c^{\mathfrak{B}}=t^{\mathfrak{B}}$. Da aber $d(t^{\mathfrak{A}})=t^{\mathfrak{B}}$ nach Definition von d gilt, folgt $d(c^{\mathfrak{A}})=c^{\mathfrak{B}}$ für alle $c\in\mathfrak{K}$. Somit ist d eine Einbettung von $\mathfrak{A}$ in $\mathfrak{B}$. — Gilt zusätzlich $|\mathfrak{B}|=\{t^{\mathfrak{B}}|t\in T\}$, so ist der Wertebereich der Einbettung d ganz $|\mathfrak{B}|$ und d ist damit ein Isomorphismus von $\mathfrak{A}$ auf $\mathfrak{B}$.

Ω

Für Einbettungen stellen wir noch folgende Charakterisierung bereit:

(9.9) **Lemma:** Für $\mathfrak{L}$-Strukturen $\mathfrak{A}$ und $\mathfrak{B}$ und Funktionen $d:|\mathfrak{A}|\rightarrow|\mathfrak{B}|$ sind folgende Aussagen äquivalent:

(1) $d:\mathfrak{A}\hookrightarrow\mathfrak{B}$.

(2) Für alle quantorenfreien Formeln δ und alle Belegungen h in $|\mathfrak{A}|$ gilt: $(\mathfrak{A}\models\delta[h] \Leftrightarrow \mathfrak{B}\models\delta[d\circ h])$.

Beweis:

Das Korollar (9.6) besagt gerade, daß (2) aus (1) folgt. — Gilt umgekehrt (2), so folgt für $a_0,a_1\in|\mathfrak{A}|$, indem man eine Belegung h mit $h(v_0)=a_0$ und $h(v_1)=a_1$ wählt, daß

$$a_0=a_1 \Leftrightarrow \mathfrak{A}\models v_0\doteq v_1[h] \Leftrightarrow \mathfrak{B}\models v_0\doteq v_1[d\circ h] \Leftrightarrow (d\circ h)(v_0)=(d\circ h)(v_1)$$
$$\Leftrightarrow d(a_0)=d(a_1)$$

gilt. Damit ist die Funktion d injektiv. — Für $a_1,\ldots,a_n\in|\mathfrak{A}|$ und Belegungen h in $|\mathfrak{A}|$ mit $h(v_1)=d(a_1),\ldots,h(v_n)=d(a_n)$ gilt unter Benutzung von (2):

$$\langle a_1,\ldots,a_n\rangle\in Q^{\mathfrak{A}} \Leftrightarrow \mathfrak{A}\models Q(v_1,\ldots,v_n)[h] \Leftrightarrow \mathfrak{B}\models Q(v_1,\ldots,v_n)[d\circ h]$$
$$\Leftrightarrow \langle d(a_1),\ldots,d(a_n)\rangle\in Q^{\mathfrak{B}}.$$

Analog verfährt man mit Funktionen und Konstanten und stellt damit fest, daß $d:|\mathfrak{A}|\rightarrow|\mathfrak{B}|$ eine Einbettung von $\mathfrak{A}$ in $\mathfrak{B}$ ist.

Ω

Verschärft man in (9.2) (bzw. (9.9)) die Aussage (2) dahingehend, daß man die entsprechende Bedingung für alle Formeln — und nicht nur für die quantorenfreien — fordert, so gelangt man zum Begriff der elementaren Substruktur (bzw. zum Begriff der elementaren Einbettung). Wir definieren daher für $\mathfrak{L}$-Strukturen $\mathfrak{A}$ und $\mathfrak{B}$:

$\mathfrak{A}$ ist *elementare Substruktur von* $\mathfrak{B}$, in Zeichen $\mathfrak{A}\prec\mathfrak{B}$, genau dann, wenn $|\mathfrak{A}|\subset|\mathfrak{B}|$ ist und für alle $\mathfrak{L}$-Formeln α und alle Belegungen h in $|\mathfrak{A}|$ gilt: $(\mathfrak{A}\models\alpha[h] \Leftrightarrow \mathfrak{B}\models\alpha[h])$.

Mit (9.2) folgt, daß jede elementare Substruktur auch eine Substruktur ist.

Allgemeiner ist eine Funktion d eine *elementare Einbettung von* $\mathfrak{A}$ *in* $\mathfrak{B}$ genau dann, wenn $d:|\mathfrak{A}|\rightarrow|\mathfrak{B}|$ und für alle $\mathfrak{L}$-Formeln α und für alle Belegungen h in $|\mathfrak{A}|$ gilt: $(\mathfrak{A}\models\alpha[h] \Leftrightarrow \mathfrak{B}\models\alpha[d\circ h])$.

Aufgrund von Lemma (9.9) ist jede elementare Einbettung eine Einbettung.

Weiterhin bestätigt man mit (9.5), daß d genau dann eine elementare Einbettung von $\mathfrak{A}$ in $\mathfrak{B}$ ist, wenn d eine Einbettung von $\mathfrak{A}$ in $\mathfrak{B}$ ist und das Bild $d[\mathfrak{A}]$ eine elementare Substruktur von $\mathfrak{B}$ ist.

Wir bemerken noch, daß $\mathfrak{A}$ genau dann Substruktur von $\mathfrak{B}$ (bzw. elementare Substruktur von $\mathfrak{B}$) ist, wenn $d := id_{|\mathfrak{A}|} = \{\langle a,a\rangle | a \in |\mathfrak{A}|\}$ eine Einbettung (bzw. elementare Einbettung) von $\mathfrak{A}$ in $\mathfrak{B}$ ist.

Betrachtet man in den Definitionen von elementarer Substruktur und elementarer Einbettung nur Aussagen, so ist offensichtlich, daß aus der elementaren Substrukturbeziehung und aus der elementaren Einbettbarkeit jeweils die elementare Äquivalenz folgt:

$\mathfrak{A} \prec \mathfrak{B} \Rightarrow \mathfrak{A} \equiv \mathfrak{B}$,

(es gibt eine elementare Einbettung von $\mathfrak{A}$ in $\mathfrak{B}$) $\Rightarrow \mathfrak{A} \equiv \mathfrak{B}$.

Die umgekehrten Implikationen sind im allgemeinen nicht richtig. Sei nämlich $\mathfrak{A} = \langle 2\mathbb{N}, \leq' \rangle$, wobei $2\mathbb{N}$ die Menge der geraden natürlichen Zahlen und $\leq' := \{\langle m,n\rangle | \ m,n \in 2\mathbb{N}$ und $m \leq n\}$ ist, und sei $\mathfrak{B} = \langle \mathbb{N}, \leq \rangle$. Dann sind $\mathfrak{B}$ und $\mathfrak{A}$ isomorph, denn d mit $d(n) = 2 \cdot n$ für $n \in \mathbb{N}$ ist ein Isomorphismus von $\mathfrak{B}$ auf $\mathfrak{A}$. Also sind $\mathfrak{A}$ und $\mathfrak{B}$ elementar äquivalent. Offensichtlich ist $\mathfrak{A}$ eine Substruktur von $\mathfrak{B}$ – aber keine elementare. Denn in $\mathfrak{A}$ liegt zwischen 0 und 2 kein Element. In $\mathfrak{B}$ liegt aber die Zahl 1 zwischen 0 und 2. Wählt man also eine Belegung h mit $h(v_0) = 0$ und $h(v_2) = 2$, so gilt für die Formel $\alpha := \exists v_1 (\neg v_1 \doteq v_0 \wedge \neg v_1 \doteq v_2 \wedge Q(v_0,v_1) \wedge Q(v_1,v_2))$, daß $\mathfrak{A} \not\models \alpha[h]$ und $\mathfrak{B} \models \alpha[h]$.

Das *Diagramm* der $\mathfrak{L}$-Struktur $\mathfrak{A}$ mit der Trägermenge $A := |\mathfrak{A}|$ wird folgendermaßen eingeführt:

$\mathrm{Diag}(\mathfrak{A}) := \Big\{$ Menge aller Primaussagen und negierten Primaussagen der Sprache $\mathfrak{L}_A$, die in $\mathfrak{A}_A$ wahr sind.

Faßt man Primaussagen und Negationen von Primaussagen unter dem Begriff *Basisaussage* zusammen, so ist:

$\mathrm{Diag}(\mathfrak{A}) = \{\delta \mid \delta \ \mathfrak{L}_A\text{-Basisaussage und } \mathfrak{A}_A \models \delta\}$.

Im Diagramm von $\mathfrak{A}$ steht genau die Information, die notwendig ist, um die Gültigkeit quantorenfreier $\mathfrak{L}_A$-Aussagen in $\mathfrak{A}_A$ festzulegen, d.h. es gilt für alle quantorenfreien $\mathfrak{L}_A$-Aussagen $\delta : (\mathfrak{A}_A \models \delta \Leftrightarrow \mathrm{Diag}(\mathfrak{A}) \models \delta)$. Dies folgt sofort durch Induktion über den aussagenlogischen Aufbau von δ.

Als Korollar zu Lemma (9.8) erhalten wir, da ja $|\mathfrak{A}| = \{\mathbf{a}^{\mathfrak{A}} | a \in |\mathfrak{A}|\}$ gilt, folgende Aussage:

(9.10) **Korollar:** Ist die $\mathfrak{L}_A$-Struktur $\mathfrak{B}'$ ein Modell des Diagramms von $\mathfrak{A}$, so ist $d := \{\langle a, \mathbf{a}^{\mathfrak{B}'}\rangle | \ a \in |\mathfrak{A}|\}$ eine Einbettung von $\mathfrak{A}_A$ in $\mathfrak{B}'$ und damit erst recht eine Einbettung von $\mathfrak{A}$ in $\mathfrak{B} := (\mathfrak{B}' \upharpoonright \mathfrak{L})$.

Umgekehrt gibt es zu jeder Einbettung d der $\mathfrak{L}$-Struktur $\mathfrak{A}$ in eine $\mathfrak{L}$-Struktur $\mathfrak{B}$ eine $\mathfrak{L}_A$-Struktur $\mathfrak{B}'$ gibt mit $(\mathfrak{B}'\restriction\mathfrak{L})=\mathfrak{B}$ und $\mathfrak{B}'\models\mathrm{Diag}(\mathfrak{A})$. Man erweitere einfach $\mathfrak{B}$ zur $\mathfrak{L}'$-Struktur $\mathfrak{B}'$, indem man $\mathbf{a}^{\mathfrak{B}'}:=d(a)$ für $a\in|\mathfrak{A}|$ setzt. Eine $\mathfrak{L}$-Struktur $\mathfrak{A}$ ist also genau dann in die $\mathfrak{L}$-Struktur $\mathfrak{B}$ einbettbar, wenn $\mathfrak{B}$ zu einer $\mathfrak{L}_A$-Struktur $\mathfrak{B}'$ mit $\mathfrak{B}'\models\mathrm{Diag}(\mathfrak{A})$ erweitert werden kann.

Ist $\mathfrak{A}$ eine $\mathfrak{L}$-Struktur mit $A:=|\mathfrak{A}|$, so bezeichnet man die Menge aller $\mathfrak{L}$-Aussagen, die in $\mathfrak{A}$ gelten, als die *Theorie von* $\mathfrak{A}$. Wir schreiben:

$$\mathrm{Th}(\mathfrak{A}):=\{\alpha\in\mathrm{Aus}_{\mathfrak{L}}\mid\mathfrak{A}\models\alpha\}=\text{Theorie von }\mathfrak{A}.$$

Aus der Definition folgt sofort, daß $\mathrm{Th}(\mathfrak{A})$ unter logischen Folgerungen abgeschlossen ist. Solche Aussagenmengen, sofern sie überhaupt erfüllbar sind, bezeichnen wir im folgenden allgemein als *Theorien*:

$$T\subset\mathrm{Aus}_{\mathfrak{L}}\text{ ist eine Theorie }:\Leftrightarrow\ T\not\models\bot\ \text{ und }\ \{\alpha\in\mathrm{Aus}_{\mathfrak{L}}\mid T\models\alpha\}\subset T.$$

Wir zeigen jetzt, daß jede $\mathfrak{L}$-Struktur $\mathfrak{A}$ sich elementar in das $\mathfrak{L}$-Redukt $\mathfrak{B}$ jedes Modells $\mathfrak{B}'$ von $\mathrm{Th}(\mathfrak{A}_{|\mathfrak{A}|})$ einbetten läßt.

(9.11) **Lemma:** Ist $\mathfrak{A}$ eine $\mathfrak{L}$-Struktur mit Trägermenge A und ist die $\mathfrak{L}_A$-Struktur $\mathfrak{B}'$ ein Modell von $\mathrm{Th}(\mathfrak{A}_A)$, so ist $d:=\{\langle a,\mathbf{a}^{\mathfrak{B}'}\rangle\mid a\in A\}$ eine elementare Einbettung von $\mathfrak{A}_A$ in $\mathfrak{B}'$ und damit auch eine elementare Einbettung von $\mathfrak{A}$ in $\mathfrak{B}:=(\mathfrak{B}'\restriction\mathfrak{L})$.

Beweis:

Da $\mathrm{Diag}(\mathfrak{A})\subset\mathrm{Th}(\mathfrak{A}_A)$ gilt, ist d eine Injektion von $|\mathfrak{A}|$ in $|\mathfrak{B}|$. Für alle $\mathfrak{L}_A$-Formeln α mit $\mathrm{Fr}(\alpha)\subset\{v_0,\dots,v_k\}$ gilt:

$$\mathfrak{A}_A\models\alpha[a_0,\dots,a_k]\Leftrightarrow\mathfrak{A}_A\models\alpha(\mathbf{a_0},\dots,\mathbf{a_k}),\quad\mathfrak{B}'\models\alpha[d(a_0),\dots,d(a_k)]\Leftrightarrow\mathfrak{B}'\models\alpha(\mathbf{a_0},\dots,\mathbf{a_k}).$$

Nach Definition von $\mathrm{Th}(\mathfrak{A}_A)$ folgt:

$$\mathfrak{A}_A\models\alpha(\mathbf{a_0},\dots,\mathbf{a_k})\ \Leftrightarrow\ \alpha(\mathbf{a_0},\dots,\mathbf{a_k})\in\mathrm{Th}(\mathfrak{A}_A),$$

$$\mathfrak{A}_A\not\models\alpha(\mathbf{a_0},\dots,\mathbf{a_k})\ \Leftrightarrow\ \neg\alpha(\mathbf{a_0},\dots,\mathbf{a_k})\in\mathrm{Th}(\mathfrak{A}_A).$$

Da $\mathfrak{B}'$ ein Modell von $\mathrm{Th}(\mathfrak{A}_A)$ ist, folgt:

$$\mathfrak{A}_A\models\alpha(\mathbf{a_0},\dots,\mathbf{a_k})\ \Leftrightarrow\ \mathfrak{B}'\models\alpha(\mathbf{a_0},\dots,\mathbf{a_k}),$$

und somit auch:

$$\mathfrak{A}_A\models\alpha[a_0,\dots,a_k]\ \Leftrightarrow\ \mathfrak{B}'\models\alpha[d(a_0),\dots,d(a_k)].$$

Also ist die Funktion d eine elementare Einbettung von $\mathfrak{A}_A$ in $\mathfrak{B}'$.

Ω

Ist allgemein d eine Einbettung einer Struktur $\mathfrak{A}$ in eine Struktur $\mathfrak{B}$, so gibt es immer, wie wir gleich zeigen werden, eine Struktur $\mathfrak{B}_0$ mit $\mathfrak{A}\subset\mathfrak{B}_0$ und einen Isomorphismus d_0 von $\mathfrak{B}_0$ auf $\mathfrak{B}$, der die Einbettung d fortsetzt, d.h. $d_0|_{|\mathfrak{A}|}=d$ gilt. Ist d sogar eine elementare Einbettung, so ergibt sich aus der Konstruktion von $\mathfrak{B}_0$ und d_0, daß dann auch $\mathfrak{A}$ eine elementare Substruktur von $\mathfrak{B}_0$ ist. Man kann also (bis auf Isomorphie) anstelle von Einbettungen (bzw. elementaren Einbettungen) immer von Substrukturen (bzw. elementaren Substrukturen) ausgehen, da in mathematischen Zusammenhängen isomorphe Strukturen als gleichwertig angesehen werden. Eine derartige Struktur $\mathfrak{B}_0$ und eine entsprechende Abbildung d_0 erhält man, indem man das d-Bild von $\mathfrak{A}$ mit $\mathfrak{A}$ identifiziert. Genauer heißt das folgendes:

Die Trägermenge von $\mathfrak{B}$ läßt sich als disjunkte Vereinigung der Mengen $d[|\mathfrak{A}|]$ und $E := |\mathfrak{B}| \setminus d[|\mathfrak{A}|]$ schreiben:

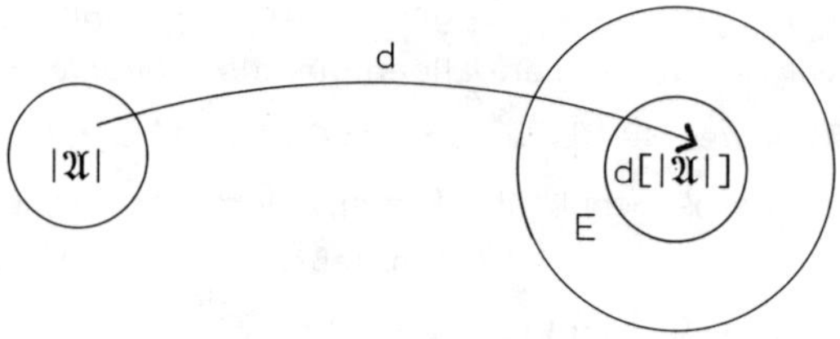

Aus einfachen mengentheoretischen Überlegungen folgt, daß es eine zu $|\mathfrak{A}|$ disjunkte Menge E_0 gibt, die durch eine Funktion g bijektiv auf E abgebildet wird:

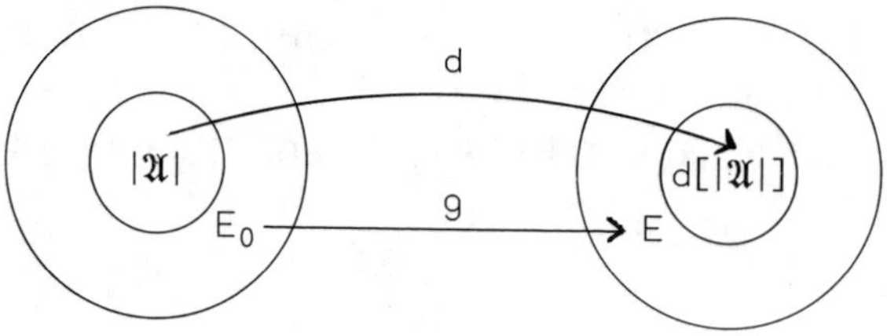

Durch Vereinigung von d und g erhält man eine Bijektion $d_0 := d \cup g$ von $|\mathfrak{A}| \cup E_0$ auf $d[|\mathfrak{A}|] \cup E$. Indem man nun die Struktur $\mathfrak{B}$ mit Hilfe der Umkehrfunktion d_0^{-1} auf $|\mathfrak{A}| \cup E_0$ verpflanzt, d.h. zu $\mathfrak{B}_0 := d_0^{-1}[\mathfrak{B}]$ übergeht, erhält man die zu $\mathfrak{B}$ isomorphe Struktur $\mathfrak{B}_0$ mit $|\mathfrak{B}_0| = |\mathfrak{A}| \cup E_0$. Aus $d_0^{-1} \circ d = id_{|\mathfrak{A}|}$ folgt dann, daß $\mathfrak{A}$ Substruktur (bzw. elementare Substruktur) von $\mathfrak{B}_0$ ist.

Wir wollen jetzt an den Paragraphen 7 anknüpfen, um mit den neuen Begriffen Verschärfungen des Theorems (7.11) von Löwenheim und Skolem zu formulieren.

Wir zeigen zuerst ein Theorem, das man auch als "*Löwenheim-Skolem-Aufwärts-Theorem*" bezeichnet:

(9.12) **Theorem:** Sei $\mathfrak{A}$ eine unendliche $\mathfrak{L}$-Struktur, d.h. $\omega \leq \mathrm{card}(|\mathfrak{A}|)$. Dann gibt es zu jeder Kardinalzahl $\varkappa$ eine $\mathfrak{L}$-Struktur $\mathfrak{B}$ mit $\mathfrak{A} \prec \mathfrak{B}$ und $\varkappa \leq \mathrm{card}(|\mathfrak{B}|)$. Jede unendliche Struktur besitzt also elementare Erweiterungen beliebig großer Mächtigkeit.

Man beachte, daß die Unendlichkeit von $|\mathfrak{A}|$ notwendig gefordert werden muß. Hat nämlich die Trägermenge von $\mathfrak{A}$ höchstens n Elemente, so gilt in $\mathfrak{A}$ die Aussage $\exists v_1 \ldots \exists v_n \forall v_0 (v_0 \doteq v_1 \vee \ldots \vee v_0 \doteq v_n)$. Da aber aus der elementaren Substrukturbeziehung die elementare Äquivalenz folgt, muß diese Aussage in jedem $\mathfrak{B}$ mit $\mathfrak{A} \prec \mathfrak{B}$ gelten. Also hat ein solches $\mathfrak{B}$ auch wiederum eine höchstens n-elementige Trägermenge und muß daher mit $\mathfrak{A}$ identisch sein.

Beweis:

Sei $A := |\mathfrak{A}|$, $\Sigma := \mathrm{Th}(\mathfrak{A}_A)$ und U eine Menge der Kardinalität $\varkappa$. Die Sprache $\mathfrak{L}''$ entstehe aus $\mathfrak{L}' := \mathfrak{L}_A$ durch Hinzunahme neuer Konstanten c_u für jedes $u \in U$. In $\mathfrak{L}''$ betrachten wir die Aussagenmenge

$$\Gamma := \Sigma \cup \{\neg c_u \doteq c_w \mid u, w \in U \text{ und } u \neq w\}$$

und behaupten, daß Γ erfüllbar ist. Aufgrund des Kompaktheitstheorems (7.10) genügt es zu zeigen, daß jede endliche Teilmenge von Γ erfüllbar ist. Dazu wiederum reicht es nachzuweisen, daß Σ vereinigt mit irgendeiner endlichen Teilmenge von $\{\neg c_u \doteq c_w \mid u,w \in U \text{ und } u \neq w\}$ erfüllbar ist.

Sind n solche Ungleichungen $\neg c_{u_1} \doteq c_{w_1}, \ldots, \neg c_{u_n} \doteq c_{w_n}$ gegeben, so gibt es, da A unendlich ist, eine Injektion d von $\{u_1, \ldots, u_n, w_1, \ldots, w_n\}$ in A. Deuten wir die Konstanten c_{u_j} und c_{w_j} durch die d-Bilder von u_j beziehungsweise w_j und die restlichen c_u durch irgendwelche Elemente von A, so ist $\mathfrak{A}_A$ "verlängert" um diese Deutung der Konstanten ein $\mathfrak{L}''$-Modell der Aussagenmenge $\Sigma \cup \{\neg c_{u_1} \doteq c_{w_1}, \ldots, \neg c_{u_n} \doteq c_{w_n}\}$.

Das Kompaktheitstheorem impliziert die Existenz eines Modells $\mathfrak{B}''$ von Γ. Die Trägermenge von $\mathfrak{B}''$ hat mindestens die Mächtigkeit von U, da durch $d(u) := c_u^{\mathfrak{B}''}$ eine Injektion von U in $|\mathfrak{B}''|$ gegeben ist. Bilden wir das $\mathfrak{L}_A$-Redukt $\mathfrak{B}'$ von $\mathfrak{B}''$, so ist die $\mathfrak{L}_A$-Struktur $\mathfrak{B}'$ Modell der Theorie von $\mathfrak{A}_A$. Nach (9.11) ist daher $\mathfrak{A}$ in das $\mathfrak{L}$-Redukt $\mathfrak{B} := (\mathfrak{B}' \upharpoonright \mathfrak{L})$ elementar einbettbar. Durch Identifikation des Bildes von $\mathfrak{A}$ in $\mathfrak{B}$ mit $\mathfrak{A}$ erhalten wir dann die gewünschte elementare Oberstruktur von $\mathfrak{A}$, die mindestens die Mächtigkeit $\mathrm{card}(U) = \varkappa$ hat.

Ω

Aus dem Theorem (9.12) folgt, daß $\mathfrak{N} := \langle \mathbb{N}, <, s, +, \cdot, 0 \rangle$, das Standardmodell der Arithmetik, elementare Erweiterungen beliebig großer Mächtigkeit besitzt. Es gibt somit viele Nicht-Standardmodelle von $\mathrm{Th}(\mathfrak{N})$.

Weiterhin ergibt sich aus dem Theorem, daß die Isomorphie eine viel feinere Klassifikation der Strukturen als die elementare Äquivalenz liefert. Beide Begriffe erfüllen im Bereich aller $\mathfrak{L}$-Strukturen die Bedingungen einer Äquivalenz – sind also reflexiv, symmetrisch und transitiv. Für je zwei isomorphe Strukturen gilt, daß sie dieselbe Mächtigkeit haben und elementar äquivalent sind. Aufgrund des obigen Theorems zerfallen aber die Klassen der elementar äquivalenten unendlichen Strukturen stets in weitere Isomorphieklassen.

Als nächstes wird ein *Löwenheim-Skolem-Abwärts-Theorem* gezeigt:

(9.13) **Theorem:** Zu jeder $\mathfrak{L}$-Struktur $\mathfrak{A}$ und jeder Teilmenge $U \subset |\mathfrak{A}|$ gibt es eine elementare Substruktur $\mathfrak{A}_0 \prec \mathfrak{A}$ mit:

$U \subset |\mathfrak{A}_0|$ und $\mathrm{card}(|\mathfrak{A}_0|) \leq \max(\mathrm{card}(U), \mathrm{card}_{\mathfrak{L}})$.

Ist also insbesondere $\mathrm{card}_{\mathfrak{L}} \leq \mathrm{card}(U)$, so gibt es stets eine elementare Substruktur $\mathfrak{A}_0 \prec \mathfrak{A}$ mit $U \subset |\mathfrak{A}_0|$ und $\mathrm{card}(|\mathfrak{A}_0|) = \mathrm{card}(U)$.

Das Theorem (9.13) wird durch "Skolemisierung" bewiesen. Diese Methode soll zuerst separat erklärt werden.

Wir erweitern die Sprache $\mathfrak{L}$ zur Sprache $\mathfrak{L}'$, indem wir für jede endliche Variablenfolge $x_1,\dots,x_n,y$, wobei $n>1$ ist, und jede $\mathfrak{L}$-Formel β mit $Fr(\beta) \subset \{x_1,\dots,x_n,y\}$ ein neues n-stelliges Funktionszeichen $f_{x_1,\dots,x_n,y;\beta}$ zu $\mathfrak{L}$ hinzunehmen. Dies soll jedoch nur dann geschehen, wenn die Variablen $x_1,\dots,x_n,y$ paarweise verschieden und außerdem $x_1,\dots,x_n$ jeweils frei zur Substitution für y in β sind. – Weiterhin adjungieren wir zu $\mathfrak{L}$ für jede Variable y und jede $\mathfrak{L}$-Formel β mit $Fr(\beta) \subset \{y\}$ eine neue Konstante $c_{y;\beta}$.

Zu jeder Folge $x_1,\dots,x_n,y;\beta$ und jeder Folge $y;\beta$, die den vorher genannten Bedingungen genügen, definieren wir in $\mathfrak{L}'$ ein sogenanntes *Skolem-Axiom*:

(1) $\forall x_1 \dots x_n(\exists y\beta \leftrightarrow \beta(y/f(x_1,\dots,x_n)))$

(2) $(\exists y\beta \leftrightarrow \beta(y/c))$.

Dabei sei f das zu $x_1,\dots,x_n,y;\beta$ gewählte Funktionszeichen, und c sei die zu $y;\beta$ gewählte Konstante.

Wir iterieren den Übergang von $\mathfrak{L}$ zu $\mathfrak{L}'$ abzählbar oft, d.h. wir bilden $\mathfrak{L}_0 := \mathfrak{L}$ und $\mathfrak{L}_{k+1} = (\mathfrak{L}_k)'$ für alle $k \in \mathbb{N}$. Als "Limes" ergibt sich dann eine Sprache $\mathfrak{L}^s$, die man als eine *Skolemisierung von* $\mathfrak{L}$ bezeichnet. – Bei jedem Übergang von $\mathfrak{L}_k$ zu $\mathfrak{L}_{k+1}$ ergeben sich neue, in $\mathfrak{L}_{k+1}$ formulierte Skolem-Axiome, die zu geeigneten Variablenfolgen und Formeln von $\mathfrak{L}_k$ gehören.

Da in jeder $\mathfrak{L}^s$-Formel nur endlich viele neue Zeichen auftreten, gibt es zu jeder $\mathfrak{L}^s$-Formel β eine Zahl k, so daß β schon eine $\mathfrak{L}_k$-Formel ist.

Dann existiert aber zu jeder Folge $x_1,\ldots,x_n,y$ paarweise verschiedener Variablen, die für β geeignet ist (d.h. es gilt $Fr(\beta)\subset\{x_1,\ldots,x_n,y\}$ und für $j\in\{1,\ldots,n\}$ ist x_j frei für y in β) in $\mathfrak{L}_{k+1}$ ein n-stelliges Funktionszeichen f, das nicht in $\mathfrak{L}_k$ vorkommt. Das korrespondierende Skolem-Axiom (1) ist somit eine $\mathfrak{L}_{k+1}$- und damit erst recht eine $\mathfrak{L}^s$-Aussage. — Analog gibt es zu jeder $\mathfrak{L}^s$-Aussage $\exists y\beta$ eine Zahl k, so daß β schon zu $\mathfrak{L}_k$ gehört. In $\mathfrak{L}_{k+1}$ existiert dann zu $y;\beta$ eine Konstante c, die nicht in $\mathfrak{L}_k$ ist. Das dazu gehörige Skolem-Axiom ist dann auch in $\mathfrak{L}_{k+1}$ — und somit erst recht in $\mathfrak{L}^s$.

Jede $\mathfrak{L}$-Struktur $\mathfrak{A}$ läßt sich mit Hilfe des Auswahlaxioms zu einer $\mathfrak{L}^s$-Struktur $\mathfrak{A}^s$, die Modell aller Skolem-Axiome ist, erweitern. Das ist die Aussage des nächsten Lemmas.

(9.14) **Lemma:** Jede $\mathfrak{L}$-Struktur $\mathfrak{A}$ kann durch geeignete Deutung der neuen Konstanten und Funktionszeichen zu einer $\mathfrak{L}^s$-Struktur $\mathfrak{A}^s$ erweitert werden, in der alle Skolemaxiome gültig sind. Eine derartige $\mathfrak{L}^s$-Struktur $\mathfrak{A}^s$ nennen wir eine *Skolemisierung von* $\mathfrak{A}$.

Beweis:

Da $\mathfrak{L}^s$ als Limes der $\mathfrak{L}_k$ eingeführt ist, genügt es für beliebiges $\mathfrak{L}$ zu zeigen, daß man jede $\mathfrak{L}$-Struktur $\mathfrak{A}$ zu einer $\mathfrak{L}'$-Struktur $\mathfrak{A}'$ erweitern kann, so daß alle in $\mathfrak{L}'$ liegenden Axiome vom Typ (1) und (2) wahr werden.

Sei also $\mathfrak{A}$ eine $\mathfrak{L}$-Struktur. Aufgrund des Auswahlaxioms existiert eine Auswahlfunktion $\boldsymbol{\nu}$ für die nichtleeren Teilmengen von $A:=|\mathfrak{A}|$, d.h. eine Funktion $\boldsymbol{\nu}$ mit $\boldsymbol{\nu}(X)\in X$ für alle nichtleeren Mengen $X\subset A$.

Ist jetzt eine Variablenfolge $x_1,\ldots,x_n,y$ und eine $\mathfrak{L}$-Formel β mit den obigen Bedingungen gegeben, so setzen wir, falls $f:=f_{x_1,\ldots,x_n,y;\beta}$ ist:

$$f^{\mathfrak{A}'}(a_1,\ldots,a_n)=\begin{cases}\boldsymbol{\nu}(A)\text{ , falls } \mathfrak{A}_A\not\models\exists y\beta(\mathbf{a_1},\ldots,\mathbf{a_n},y);\\ \boldsymbol{\nu}(\{b\in A\mid \mathfrak{A}_A\models\beta(\mathbf{a_1},\ldots,\mathbf{a_n},\mathbf{b})\})\text{ sonst.}\end{cases}$$

Im zweiten Falle, wenn also $y;\beta$ und die Konstante $c:=c_{y;\beta}$ gegeben sind, setzen wir analog:

$$c^{\mathfrak{A}'}=\begin{cases}\boldsymbol{\nu}(A)\text{ , falls } \mathfrak{A}\not\models\exists y\beta(y);\\ \boldsymbol{\nu}(\{b\in A\mid \mathfrak{A}_A\models\beta(\mathbf{b})\})\text{ sonst.}\end{cases}$$

Anhand der Definition folgt sofort mit (5.11) für alle $a_1,\ldots,a_n\in A$:

$$\begin{aligned}\mathfrak{A}'_A\models\exists y\beta(\mathbf{a_1},\ldots,\mathbf{a_n},y) &\Leftrightarrow \{b\in A\mid \mathfrak{A}_A\models\beta(\mathbf{a_1},\ldots,\mathbf{a_n},\mathbf{b})\}\neq\emptyset\\ &\Leftrightarrow \mathfrak{A}'_A\models\beta(\mathbf{a_1},\ldots,\mathbf{a_n},\mathbf{b}) \text{ und } b=f^{\mathfrak{A}'}(a_1,\ldots,a_n)\\ &\Leftrightarrow \mathfrak{A}'_A\models\beta(\mathbf{a_1},\ldots,\mathbf{a_n},f(\mathbf{a_1},\ldots,\mathbf{a_n})),\end{aligned}$$

$$\mathfrak{A}'_A \models \exists y\beta(y) \;\Leftrightarrow\; \{b\in A \mid \mathfrak{A}_A \models \beta(\mathbf{b})\} \neq \emptyset \;\Leftrightarrow\; \mathfrak{A}'_A \models \beta(\mathbf{b}) \text{ und } b = c^{\mathfrak{A}'}$$
$$\Leftrightarrow\; \mathfrak{A}'_A \models \beta(c).$$

Damit ist das Lemma gezeigt.

Ω

Wir zeigen jetzt, daß jede Substruktur einer $\mathfrak{L}^s$-Struktur $\mathfrak{B}'$, in der alle Skolemaxiome wahr sind, schon eine elementare Substruktur von $\mathfrak{B}'$ ist. Dazu benötigen wir ein einfaches Hilfslemma, das ein (auch in anderen Zusammenhängen nützliches) Kriterium für das Bestehen der elementaren Substrukturbeziehung bereitstellt.

(9.15) **Lemma:** Seien $\mathfrak{A}$ und $\mathfrak{B}$ $\mathfrak{L}$-Strukturen. Folgende Aussagen sind äquivalent:

(1) $\mathfrak{A} \prec \mathfrak{B}$.

(2) $A := |\mathfrak{A}| \subset |\mathfrak{B}|$ und $\mathfrak{A}_A \equiv \mathfrak{B}_A$.

(3) $\mathfrak{A} \subset \mathfrak{B}$ und für jede $\mathfrak{L}$-Formel der Gestalt $\exists y\beta$ und jede Belegung h in $|\mathfrak{A}|$ gilt: ($\mathfrak{B} \models \exists y\beta[h] \Rightarrow$ es gibt ein $a \in |\mathfrak{A}|$ mit $\mathfrak{B} \models \beta[h^y_a]$).

Beweis:

Die Äquivalenz von (1) und (2) folgt wie in (9.2), indem man anstelle von quantorenfreien Formeln beliebige Formeln betrachtet.

Ist jetzt $\mathfrak{A}$ eine elementare Substruktur von $\mathfrak{B}$ und gilt $\mathfrak{B} \models \exists y\beta[h]$ für die Belegung h in $|\mathfrak{A}|$, so folgt mit (1) auch $\mathfrak{A} \models \exists y\beta[h]$. Somit gibt es ein $a \in |\mathfrak{A}|$ mit $\mathfrak{A} \models \beta[h^y_a]$. Indem man wiederum $\mathfrak{A} \prec \mathfrak{B}$ ausnutzt, folgt, daß es ein $a \in |\mathfrak{A}|$ mit $\mathfrak{B} \models \beta[h^y_a]$ gibt. Also impliziert (1) stets (3).

Sei umgekehrt (3) erfüllt. Wir zeigen durch Induktion über den Formelaufbau, daß ($\mathfrak{A} \models \gamma[h] \Leftrightarrow \mathfrak{B} \models \gamma[h]$) für alle Formeln γ und alle Belegungen h in $|\mathfrak{A}|$ gilt. Dann folgt aus (3) auch (1).

Für Primaussagen ist dies aufgrund von $\mathfrak{A} \subset \mathfrak{B}$ richtig. – Weiter sind die aussagenlogischen Fälle der Induktion trivial.

Sei jetzt $\forall y\gamma$ gegeben, und die Behauptung sei für γ und alle Belegungen h in $|\mathfrak{A}|$ schon richtig. Dann gilt:

Aus $\mathfrak{B} \models \forall y\gamma[h]$ folgt $\mathfrak{B} \models \gamma[h^y_a]$ für alle $a \in |\mathfrak{A}|$. Nach Induktionsvoraussetzung ergibt sich daraus $\mathfrak{A} \models \gamma[h^y_a]$ für alle $a \in |\mathfrak{A}|$ und damit $\mathfrak{A} \models \forall y\gamma[h]$.

Aus $\mathfrak{B} \not\models \forall y\gamma[h]$ folgt andererseits $\mathfrak{B} \models \exists y\neg\gamma[h]$. Aufgrund von (3) gibt es dann ein $a \in |\mathfrak{A}|$ mit $\mathfrak{B} \models \neg\gamma[h^y_a]$. Aus $\mathfrak{B} \not\models \gamma[h^y_a]$ erhält man nach Induktionsvoraussetzung $\mathfrak{A} \not\models \gamma[h^y_a]$, woraus $\mathfrak{A} \not\models \forall y\gamma[h]$ folgt.

Ω

Wir zeigen als nächstes – wie schon angekündigt:

(9.16) **Lemma:** Sind $\mathfrak{A}'$, $\mathfrak{B}'$ $\mathfrak{L}^s$-Strukturen mit $\mathfrak{A}' \subset \mathfrak{B}'$ und sind in $\mathfrak{B}'$ alle Skolemaxiome wahr, so gilt $\mathfrak{A}' \prec \mathfrak{B}'$.

Beweis:
Aufgrund von (9.15)(3) genügt es zu zeigen, daß für alle $\mathfrak{L}^s$-Formeln der Gestalt $\exists y\beta$ und alle Belegungen h in $|\mathfrak{A}|$ gilt:

$$\mathfrak{B}' \models \exists y\beta[h] \quad \Rightarrow \text{ es gibt ein } a \in |\mathfrak{A}| \text{ mit } \mathfrak{B}' \models \beta[h^y_a].$$

Gilt $Fr(\beta) \subset \{y\}$, so gibt es ein Skolem-Axiom $(\exists y\beta \leftrightarrow \beta(y/c))$, das nach Voraussetzung in $\mathfrak{B}'$ wahr ist. Aus $\mathfrak{B}' \models \exists y\beta[h]$ folgt dann $\mathfrak{B}' \models \beta(y/c)[h]$. Andererseits gilt $c^{\mathfrak{B}'} = c^{\mathfrak{A}'} \in |\mathfrak{A}'|$, da $\mathfrak{A}'$ eine Substruktur von $\mathfrak{B}'$ ist. Für $a := c^{\mathfrak{A}'}$ folgt dann mit Hilfe des Überführungslemmas $\mathfrak{B} \models \beta[h^y_a]$.

Sei jetzt $Fr(\beta) = \{x_1, \ldots, x_n, y\}$, wobei $x_1, \ldots, x_n, y$ paarweise verschieden sind. Indem man gegebenenfalls in β gebundene Umbenennungen vornimmt, kann man voraussetzen, daß die Variablen $x_1, \ldots, x_n$ frei zur Substitution für y in β sind. Unter den Skolem-Axiomen kommt dann auch ein Axiom der Form $\forall x_1 \ldots \forall x_n(\exists y\beta \leftrightarrow \beta(y/f(x_1, \ldots, x_n))$ vor. Aus der Gültigkeit dieses Axioms in $\mathfrak{B}'$ und $\mathfrak{B}' \models \exists y\beta[h]$ folgt dann, daß $\mathfrak{B}' \models \beta(y/f(x_1, \ldots, x_n))[h]$ gilt. Ist jetzt h eine Belegung in $|\mathfrak{A}'|$, so folgt aus der Substrukturbeziehung $\mathfrak{A}' \subset \mathfrak{B}'$ auch $a := f^{\mathfrak{B}'}(h(x_1), \ldots, h(x_n)) = f^{\mathfrak{A}'}(h(x_1), \ldots, h(x_n)) \in |\mathfrak{A}'|$. Aufgrund des Überführungslemmas ergibt sich daraus sofort $\mathfrak{B}' \models \beta[h^y_a]$. — Damit ist auch in diesem Falle die Behauptung gezeigt.

Ω

Wir haben jetzt genügend Rüstzeug bereitgestellt, um den Beweis von (9.13) in Angriff zu nehmen:

Beweis:
Sei $\mathfrak{A}$ eine $\mathfrak{L}$-Struktur. Ist dann $U \subset A := |\mathfrak{A}|$ gegeben, so erweitern wir $\mathfrak{L}$ zu $\mathfrak{L}_U$, nehmen also Namen für die Elemente von U hinzu, und gehen zu den Skolemisierungen $\mathfrak{L}' := (\mathfrak{L}_U)^s$ von $\mathfrak{L}_U$ und $\mathfrak{A}' := (\mathfrak{A}_U)^s$ von $\mathfrak{A}_U$ über. Dann ist $\mathfrak{A}'$ eine $\mathfrak{L}'$-Struktur mit $(\mathfrak{A}' \restriction \mathfrak{L}) = \mathfrak{A}$, in der alle Skolemaxiome gültig sind. Wir setzen $A_0 := \{t^{\mathfrak{A}'} \mid t \text{ konstanter Term von } \mathfrak{L}'\}$. Die $\mathfrak{A}'$-Deutung jeder $\mathfrak{L}'$-Konstanten ist somit Element von A_0. Insbesondere ergibt sich für alle $u \in U$, daß $u = \mathbf{u}^{\mathfrak{A}'} \in A_0$ ist. Damit gilt auch $U \subset A_0$. Weiterhin enthält die Menge A_0 nicht nur die Deutungen aller Konstanten von $\mathfrak{L}'$, sondern ist auch unter allen Funktionen $f^{\mathfrak{A}'}$, wobei f ein Funktionszeichen von $\mathfrak{L}'$ ist, abgeschlossen. Denn für Elemente $a_1, \ldots, a_n \in A_0$ gibt es ja nach Definition von A_0 konstante Terme $t_1, \ldots, t_n$ von $\mathfrak{L}'$ mit $a_1 = t_1^{\mathfrak{A}'}, \ldots, a_n = t_n^{\mathfrak{A}'}$, woraus dann für n-stellige Funktionszeichen f von $\mathfrak{L}'$ folgt:

$$f^{\mathfrak{A}'}(a_1, \ldots, a_n) = f^{\mathfrak{A}'}(t_1^{\mathfrak{A}'}, \ldots, t_n^{\mathfrak{A}'}) = (f(t_1, \ldots, t_n))^{\mathfrak{A}'} \in A_0 .$$

Aufgrund von Lemma (9.1) ist damit A_0 Trägermenge einer eindeutig bestimmten Substruktur $\mathfrak{A}'_0$ von $\mathfrak{A}'$. Da die Skolemaxiome in $\mathfrak{A}'$ gültig sind, folgt aus (9.16), daß $\mathfrak{A}'_0$ sogar eine elementare Substruktur von $\mathfrak{A}'$ ist.

Bildet man die $\mathfrak{L}$-Redukte, so folgt weiter, daß $\mathfrak{A}_0 := (\mathfrak{A}'_0 \upharpoonright \mathfrak{L})$ eine elementare Substruktur von $\mathfrak{A}$ ist: $\mathfrak{A}_0 = (\mathfrak{A}'_0 \upharpoonright \mathfrak{L}) \prec (\mathfrak{A}' \upharpoonright \mathfrak{L}) = \mathfrak{A}$. Da $U \subset A_0 = |\mathfrak{A}_0|$ gilt, ist nur noch eine Abschätzung von $card(A_0)$ durchzuführen.

Die Funktion g mit $g(t) := t^{\mathfrak{A}'}$ bildet die konstanten Terme von $\mathfrak{L}'$ surjektiv auf A_0 ab. Damit ist $card(A_0) \leq card(T')$, wobei T' die Menge der konstanten Terme von $\mathfrak{L}'$ ist. Ähnlich wie im Beweis von (7.11) folgt, daß $card(T') \leq card_{\mathfrak{L}_U}$ gilt. Andererseits ist $card_{\mathfrak{L}_U} \leq \max(card(U), card_{\mathfrak{L}})$ wahr. Damit ergibt sich $card(A_0) \leq \max(card(U), card_{\mathfrak{L}})$.

Ω

Eine Substrukturkette $\mathfrak{A}_0 \subset \mathfrak{A}_1 \subset \ldots \subset \mathfrak{A}_j \subset \ldots$, in der $\mathfrak{A}_j \prec \mathfrak{A}_{j+1}$ für alle $j \in \mathbb{N}$ gilt, heißt *elementare Kette.*

Offensichtlich ist die elementare Substrukturbeziehung reflexiv und transitiv, so daß aus $\mathfrak{A}_j \prec \mathfrak{A}_{j+1}$ für alle $j \in \mathbb{N}$ auch $\mathfrak{A}_j \prec \mathfrak{A}_k$ für alle $j,k \in \mathbb{N}$ mit $j \leq k$ folgt.

Für elementare Ketten $\mathfrak{A}_0 \prec \mathfrak{A}_1 \prec \ldots \prec \mathfrak{A}_j \prec \ldots$ gilt, daß jedes $\mathfrak{A}_j$ eine elementare Substruktur des Limes $\mathfrak{A} := \bigcup_{j \in \mathbb{N}} \mathfrak{A}_j$ ist:

(9.17) **Lemma:** Ist $\mathfrak{A}_0 \prec \mathfrak{A}_1 \prec \ldots \prec \mathfrak{A}_j \prec \ldots$ eine elementare Kette, so gilt für alle $k \in \mathbb{N}$: $\mathfrak{A}_k \prec \mathfrak{A} := \bigcup_{j \in \mathbb{N}} \mathfrak{A}_j$.

Beweis:

Für alle Formeln α, natürlichen Zahlen k und Belegungen h in $|\mathfrak{A}_k|$ ist zu zeigen, daß $(\mathfrak{A}_k \models \alpha[h] \Leftrightarrow \mathfrak{A} \models \alpha[h])$ gilt. Dies wird durch Induktion über den Aufbau von α nachgewiesen:

Für Primformeln ist die Behauptung richtig, da ja jedes $\mathfrak{A}_k$ eine Substruktur des Limes $\mathfrak{A}$ ist. – Der aussagenlogische Teil der Induktion ist offensichtlich. – Zu zeigen bleibt, daß $(\mathfrak{A}_k \models \forall x\beta[h] \Leftrightarrow \mathfrak{A} \models \forall x\beta[h])$ gilt, sofern für alle $k' \in \mathbb{N}$ und alle h' in $|\mathfrak{A}_{k'}|$ schon $(\mathfrak{A}_{k'} \models \beta[h'] \Leftrightarrow \mathfrak{A} \models \beta[h'])$ wahr ist:

$\mathfrak{A} \models \forall x\beta[h] \Rightarrow$ für alle $a \in |\mathfrak{A}| : \mathfrak{A} \models \beta[h^x_a]$
$\Rightarrow$ für alle $a \in |\mathfrak{A}_k| : \mathfrak{A} \models \beta[h^x_a]$
$\Rightarrow$ für alle $a \in |\mathfrak{A}_k| : \mathfrak{A}_k \models \beta[h^x_a]$ (Indvor. für k, $h' := h^x_a$, β)
$\Rightarrow \mathfrak{A}_k \models \forall x\beta[h]$;

$\mathfrak{A} \not\models \forall x\beta[h] \Rightarrow$ es gibt ein $a \in |\mathfrak{A}| : \mathfrak{A} \not\models \beta[h^x_a]$
$\Rightarrow$ es gibt $k' \geq k$ und $a \in |\mathfrak{A}_{k'}| : \mathfrak{A} \not\models \beta[h^x_a]$
$\Rightarrow$ es gibt $k' \geq k$ und $a \in |\mathfrak{A}_{k'}| : \mathfrak{A}_{k'} \not\models \beta[h^x_a]$ (Indvor. für k', h', β)
$\Rightarrow$ es gibt $k' \geq k$ mit $\mathfrak{A}_{k'} \not\models \forall x\beta[h]$.

Aus $k \leq k'$ folgt $\mathfrak{A}_k \prec \mathfrak{A}_{k'}$ – und somit ergibt sich, da h eine Belegung in $|\mathfrak{A}_k|$ ist, daß $\mathfrak{A}_{k'} \not\models \forall x\beta[h]$ auch $\mathfrak{A}_k \not\models \forall x\beta[h]$ impliziert.

Ω

In der Modelltheorie spielt auch folgende Abschwächung der elementaren Substrukturbeziehung eine wichtige Rolle:

Die $\mathfrak{L}$-Struktur $\mathfrak{A}$ ist *existentiell abgeschlossen in* der $\mathfrak{L}$-Struktur $\mathfrak{B}$ (in Zeichen: $\mathfrak{A} \prec_\exists \mathfrak{B}$) genau dann, wenn $\mathfrak{A}$ eine Substruktur von $\mathfrak{B}$ ist und für alle Existenzformeln α und alle h in $|\mathfrak{A}|$ gilt: $(\mathfrak{A} \models \alpha[h] \Leftrightarrow \mathfrak{B} \models \alpha[h])$.

Aufgrund von Lemma (9.3) genügt es anstelle von $(\mathfrak{A} \models \alpha[h] \Leftrightarrow \mathfrak{B} \models \alpha[h])$ lediglich $(\mathfrak{B} \models \alpha[h] \Rightarrow \mathfrak{A} \models \alpha[h])$ zu fordern.

Die existentielle Abgeschlossenheit einer Struktur in einer anderen läßt sich folgendermaßen charakterisieren:

(9.18) **Lemma:** Für alle $\mathfrak{L}$-Strukturen $\mathfrak{A}$ und $\mathfrak{B}$ gilt:

$\mathfrak{A} \prec_\exists \mathfrak{B} \Leftrightarrow$ es gibt eine $\mathfrak{L}$-Struktur $\mathfrak{C}$ mit: $(\mathfrak{A} \prec \mathfrak{C}$ und $\mathfrak{B} \subset \mathfrak{C})$.

Beweis:

Gibt es eine $\mathfrak{L}$-Struktur $\mathfrak{C}$ mit $\mathfrak{A} \prec \mathfrak{C}$ und $\mathfrak{B} \subset \mathfrak{C}$, so folgt für jede Belegung h in $|\mathfrak{A}|$ und jede Existenzformel α mit Hilfe von (9.3) die Implikation $(\mathfrak{B} \models \alpha[h] \Rightarrow \mathfrak{C} \models \alpha[h])$. Da aber $\mathfrak{A}$ eine elementare Substruktur von $\mathfrak{C}$ ist, folgt $(\mathfrak{C} \models \alpha[h] \Rightarrow \mathfrak{A} \models \alpha[h])$ und somit $(\mathfrak{B} \models \alpha[h] \Rightarrow \mathfrak{A} \models \alpha[h])$. Daher ist $\mathfrak{A}$ existentiell abgeschlossen in $\mathfrak{B}$.

Sei jetzt umgekehrt $\mathfrak{A}$ existentiell abgeschlossen in $\mathfrak{B}$. Es genügt zu zeigen, daß die $\mathfrak{L}_{|\mathfrak{B}|}$-Aussagenmenge $\Sigma := Th(\mathfrak{A}_{|\mathfrak{A}|}) \cup Diag(\mathfrak{B})$ ein Modell besitzt. Denn ist $\mathfrak{C}'$ ein Modell von Σ, so ist $\mathfrak{C}'$ ein Modell von $Diag(\mathfrak{B})$ und damit ist nach (9.10) die Abbildung $d := \{\langle b, \mathbf{b}^{\mathfrak{C}'} \rangle \mid b \in |\mathfrak{B}|\}$ eine Einbettung von $\mathfrak{B}$ in die $\mathfrak{L}$-Struktur $\mathfrak{C} := (\mathfrak{C}' \upharpoonright \mathfrak{L})$. Andererseits folgt aus $\mathfrak{C}' \models Th(\mathfrak{A}_{|\mathfrak{A}|})$ mit (9.11) unter Berücksichtigung von $\mathfrak{A} \subset \mathfrak{B}$, daß $d_{||\mathfrak{A}|} = \{\langle b, \mathbf{b}^{\mathfrak{C}'} \rangle \mid b \in |\mathfrak{A}|\}$ eine elementare Einbettung von $\mathfrak{A}$ in $\mathfrak{C}$ ist. Durch Identifikation von $\mathfrak{B}$ mit $d[\mathfrak{B}]$, ergibt sich dann, wie gewünscht, $\mathfrak{B} \subset \mathfrak{C}$ und $\mathfrak{A} \prec \mathfrak{C}$. Es ist also nur noch zu zeigen, daß die Aussagenmenge Σ erfüllbar ist.

Ist Σ nicht erfüllbar, so gibt es aufgrund des Kompaktheitstheorems schon eine endliche Menge $\Delta \subset Diag(\mathfrak{B})$, so daß $Th(\mathfrak{A}_{|\mathfrak{A}|}) \cup \Delta$ unerfüllbar ist. Sei $\Delta = \{\delta_1, \ldots, \delta_k\}$ eine solche Menge. Jedes δ_j läßt sich in der Gestalt $\delta_j'(\mathbf{b_1}, \ldots, \mathbf{b_m})$ schreiben, wobei $b_1, \ldots, b_m \in |\mathfrak{B}| \setminus |\mathfrak{A}|$ und $\delta_j'(v_1, \ldots, v_m)$ eine Formel der Sprache $\mathfrak{L}_{|\mathfrak{A}|}$ ist. Aus der Unerfüllbarkeit von $Th(\mathfrak{A}_{|\mathfrak{A}|}) \cup \Delta$ folgt $Th(\mathfrak{A}_{|\mathfrak{A}|}) \models \gamma(\mathbf{b_1}, \ldots, \mathbf{b_m})$ für $\gamma := \neg \delta_1'(v_1, \ldots, v_m) \vee \ldots \vee \neg \delta_k'(v_1, \ldots, v_m)$. Da die Konstanten $\mathbf{b_1}, \ldots, \mathbf{b_m}$ in den Aussagen von $Th(\mathfrak{A}_{|\mathfrak{A}|})$ nicht vorkommen, ergibt sich (z.B. mit (7.1)) leicht $Th(\mathfrak{A}_{|\mathfrak{A}|}) \models \forall v_1 \ldots \forall v_m \gamma(v_1, \ldots, v_m)$. Also ist die $\mathfrak{L}_{|\mathfrak{A}|}$-Allaussage $\forall v_1 \ldots \forall v_m \gamma(v_1, \ldots, v_m)$ in $\mathfrak{A}_{|\mathfrak{A}|}$ wahr. Da $\mathfrak{A}$ existentiell abgeschlossen in $\mathfrak{B}$ ist, ist auch die erweiterte Struktur $\mathfrak{A}_{|\mathfrak{A}|}$ existentiell abgeschlossen in $\mathfrak{B}_{|\mathfrak{A}|}$. Damit ist $\forall v_1 \ldots \forall v_m \gamma(v_1, \ldots, v_m)$ auch in $\mathfrak{B}_{|\mathfrak{A}|}$ wahr. Die $\delta_j'(\mathbf{b_1}, \ldots, \mathbf{b_m})$ sind Elemente des Diagramms von $\mathfrak{B}$ und somit alle in

$\mathfrak{B}_{|\mathfrak{A}|}$ wahr, woraus sich in der Struktur $\mathfrak{B}_{|\mathfrak{A}|}$ die Gültigkeit der Aussage $\neg\gamma(b_1,\ldots,b_m)$ ergibt. Das widerspricht jedoch $\mathfrak{B}_{|\mathfrak{A}|} \models \forall v_1\ldots\forall v_m \gamma(v_1,\ldots,v_m)$. Die existentielle Abgeschlossenheit von $\mathfrak{A}$ in $\mathfrak{B}$ impliziert somit die Erfüllbarkeit von Σ.

Ω

Im weiteren bezeichnen $T, T', T_0, T_1, \ldots$ $\mathfrak{L}$-Theorien, also erfüllbare $\mathfrak{L}$-Aussagenmengen, die unter Folgerungen abgeschlossen sind.

Ist Σ eine erfüllbare $\mathfrak{L}$-Aussagenmenge, so sei $Th(\Sigma) := \{\alpha \in Aus_{\mathfrak{L}} \mid \Sigma \models \alpha\}$ die *Theorie von* Σ. Offensichtlich ist $Th(\Sigma)$ immer eine Theorie.

Gilt $T = Th(\Sigma)$, so sagen wir, daß die *Theorie* T *durch* Σ *axiomatisiert wird*.

Die Theorie $Th(\mathfrak{A}) = \{\alpha \in Aus_{\mathfrak{L}} \mid \mathfrak{A} \models \alpha\}$ einer $\mathfrak{L}$-Struktur $\mathfrak{A}$ hat die besondere Eigenschaft, daß für alle $\alpha \in Aus_{\mathfrak{L}}$ entweder α oder $\neg\alpha$ Element von $Th(\mathfrak{A})$ ist. Derartige Theorien werden als vollständig bezeichnet:

Eine $\mathfrak{L}$-Theorie T heißt *vollständig* genau dann, wenn für alle $\alpha \in Aus_{\mathfrak{L}}$ gilt: $(\alpha \in T \Leftrightarrow \neg\alpha \notin T)$.

Die Vollständigkeit einer Theorie T ist, wie man sich leicht überlegt, äquivalent zu der Aussage, daß je zwei T-Modelle elementar äquivalent sind.

Weiterhin folgt für vollständige $\mathfrak{L}$-Theorien T_0 und beliebige $\mathfrak{L}$-Theorien T_1 aus $T_0 \subset T_1$ immer $T_0 = T_1$.

Ein hinreichendes Kriterium für die Vollständigkeit von Theorien ist in folgendem Lemma gegeben (*Vaught's-Test*):

(9.20) **Lemma:** Sei T eine $\mathfrak{L}$-Theorie, die nur unendliche Modelle hat, und sei $\varkappa$ eine Kardinalzahl, die größer oder gleich $card_{\mathfrak{L}}$ (der Kardinalität der Sprache $\mathfrak{L}$) ist. Sind dann alle T-Modelle der Mächtigkeit $\varkappa$ untereinander isomorph, so ist die Theorie T vollständig.

Beweis:

Da T nur unendliche Modelle zuläßt, ist aufgrund der Löwenheim-Skolem-Sätze jedes T-Modell zu einem T-Modell der Mächtigkeit $\varkappa$ elementar äquivalent. Da aber nach Voraussetzung alle T-Modelle der Mächtigkeit $\varkappa$ isomorph und damit elementar äquivalent sind, folgt, daß überhaupt alle T-Modelle elementar äquivalent sind und die Theorie T somit vollständig ist.

Ω

Theorien T mit der Eigenschaft, daß je zwei T-Modelle der Mächtigkeit $\varkappa$ isomorph sind, werden auch *$\varkappa$-kategorisch* genannt. — Wir werden in Kürze zeigen, daß die *Theorie* T_{DO} *der dichten linearen Ordnungen* (ohne

Anfangs- und ohne Endpunkt) ω-kategorisch ist. Diese Theorie ist in der Sprache mit dem zweistelligen Relationszeichen $<$ formuliert und hat folgende Axiome:

(1) Axiome, die besagen, daß "$<$" eine lineare Ordnung ist.

(2) $\forall x \forall y(x<y \rightarrow \exists z(x<z \wedge z<y))$ ("Dichtheit")

(3) $\forall x \exists y \exists z(y<x \wedge x<z)$ ("ohne Anfangs- und Endpunkt").

Offensichtlich besitzt T_{DO} nur unendliche Modelle. Aufgrund von Vaughts-Test folgt aus der ω-Kategorizität auch die Vollständigkeit von T_{DO} .

In mathematischen Anwendungen der Modelltheorie spielen modellvollständige Theorien eine bedeutende Rolle. Dieser Begriff ist folgendermassen definiert:

Eine $\mathfrak{L}$-Theorie T heißt *modellvollständig* genau dann, wenn für je zwei $\mathfrak{L}$-Strukturen $\mathfrak{A}$ und $\mathfrak{B}$ gilt: ($\mathfrak{A} \models T$, $\mathfrak{B} \models T$ und $\mathfrak{A} \subset \mathfrak{B}$ $\Rightarrow$ $\mathfrak{A} \prec \mathfrak{B}$).

Es gibt vollständige Theorien, die nicht modellvollständig sind, und umgekehrt auch modellvollständige Theorien, die nicht vollständig sind. Ist nämlich, wie schon früher betrachtet, $\mathfrak{A}=\langle 2\mathbb{N}, \leq \cap (2\mathbb{N})^2\rangle$ und $\mathfrak{B}=\langle \mathbb{N}, \leq \rangle$, so ist $\mathfrak{A} \subset \mathfrak{B}$ und $\mathfrak{A}$ und $\mathfrak{B}$ sind isomorph und damit elementar äquivalent. Sowohl $\mathfrak{A}$ als auch $\mathfrak{B}$ sind daher Modelle der vollständigen Theorie $T:=Th(\mathfrak{B})$. Andererseits haben wir gezeigt, daß $\mathfrak{A}$ keine elementare Substruktur von $\mathfrak{B}$ ist. Somit ist T vollständig aber nicht modellvollständig. Beispiele für modellvollständige, aber nicht vollständige Theorien sind schwieriger zu finden, da die Modellvollständigkeit eine sehr restriktive Bedingung darstellt. Wir erwähnen ohne Beweis, daß die Theorie der algebraisch abgeschlossenen Körper (ohne Charakteristik-Aussage) ein Beispiel dieser Art ist (s. z.B. [49]).

Unter gewissen Bedingungen impliziert jedoch die Modellvollständigkeit die Vollständigkeit. Besitzt beispielsweise T ein *Primmodell* $\mathfrak{C}$, d.h. ein T-Modell $\mathfrak{C}$, das in jedes andere T-Modell eingebettet werden kann, so folgt aus der Modellvollständigkeit von T die Vollständigkeit von T. Denn jedes T-Modell enthält ein isomorphes Bild des Primmodells $\mathfrak{C}$ als Substruktur — und wegen der Modellvollständigkeit auch als elementare Substruktur. Also ist jedes T-Modell zum Primmodell elementar äquivalent. Mithin sind alle T-Modelle untereinander elementar äquivalent — und die Theorie ist vollständig.

Bisweilen läßt sich die Modellvollständigkeit einer Theorie auf einfache Weise feststellen. Diesem Verfahren liegt folgende Beobachtung zugrunde:

Ist $\mathfrak{A}$ eine Substruktur von $\mathfrak{B}$ und gibt es zu je endlich vielen Elementen $a_1,\ldots,a_k \in |\mathfrak{A}|$ und jedem $b \in |\mathfrak{B}|$ einen *Automorphismus* d *von* $\mathfrak{B}$, d.h. einen Isomorphismus d von $\mathfrak{B}$ auf $\mathfrak{B}$, mit $d(a_1)=a_1,\ldots,d(a_k)=a_k$ und $d(b) \in |\mathfrak{A}|$, so ist $\mathfrak{A}$ eine elementare Substruktur von $\mathfrak{B}$.

Dies folgt sofort aus Lemma (9.15). Denn ist $Fr(\beta) \subset \{x_1,\ldots,x_k,y\}$ und gilt $\mathfrak{B} \models \exists y\beta[a_1,\ldots,a_k]$, so gibt es ein $b \in |\mathfrak{B}|$ mit $\mathfrak{B} \models \beta[a_1,\ldots,a_k,b]$. Ist jetzt d ein Automorphismus von $\mathfrak{B}$, der $a_1,\ldots,a_k$ fest läßt und b in $|\mathfrak{A}|$ hineinbewegt, so gilt aufgrund von (9.5) auch $\mathfrak{B} \models \beta[a_1,\ldots,a_k,d(b)]$ und d(b) ist in $|\mathfrak{A}|$. Damit ist (9.15)(3) gezeigt. Also gilt $\mathfrak{A} \prec \mathfrak{B}$.

Wir betrachten ein Beispiel. Die Theorie T_∞, formuliert in der Sprache der reinen Identitätslogik, sei durch folgende Aussagen axiomatisiert:

$\sigma_k := \exists v_1 \ldots \exists v_k \bigwedge\{\neg v_i \doteq v_j \mid 0<i<j\leq k\}$ für $k \geq 2$.

Offensichtlich gilt σ_k in einer Struktur $\mathfrak{A}$ genau dann, wenn die Menge $|\mathfrak{A}|$ mindestens k verschiedene Elemente enthält. Daraus folgt sofort für alle $\mathfrak{L}_{id}$-Strukturen $\mathfrak{A}$: ($\mathfrak{A} \models T_\infty \Leftrightarrow |\mathfrak{A}|$ ist eine unendliche Menge).

Mit obiger Bemerkung ist jetzt leicht einzusehen, daß die Theorie T_∞ modellvollständig ist. – Denn sind $\mathfrak{A}$ und $\mathfrak{B}$ Modelle von T_∞ und ist $\mathfrak{A}$ eine Substruktur von $\mathfrak{B}$ (was offensichtlich zu $|\mathfrak{A}| \subset |\mathfrak{B}|$ äquivalent ist), so gibt es zu allen $a_1,\ldots,a_k \in |\mathfrak{A}| \subset |\mathfrak{B}|$ und allen $b \in |\mathfrak{B}|$ eine Bijektion d von $|\mathfrak{B}|$ auf $|\mathfrak{B}|$, die die a_j fest läßt und b in $|\mathfrak{A}|$ abbildet. Ist nämlich b schon in $\mathfrak{A}$, so ist $id_{|\mathfrak{B}|} = \{\langle b',b'\rangle \mid b' \in |\mathfrak{B}|\}$ eine solche Bijektion; anderenfalls gibt es, da $|\mathfrak{A}|$ unendlich ist, ein $a \in |\mathfrak{A}| \setminus \{a_1,\ldots,a_k\}$. Setzt man jetzt $d(b):=a$, $d(a):=b$ und $d(b'):=b'$ für alle $b' \in |\mathfrak{B}| \setminus \{a,b\}$, so erfüllt d die Bedingungen. Da für $\mathfrak{L}_{id}$-Strukturen $\mathfrak{B}$ Bijektionen von $|\mathfrak{B}|$ auf $|\mathfrak{B}|$ Automorphismen sind, folgt mit obiger Bemerkung, daß $\mathfrak{A} \prec \mathfrak{B}$ gilt. Somit ergibt sich für alle T_∞-Modelle $\mathfrak{A}$ und $\mathfrak{B}$, daß $\mathfrak{A} \subset \mathfrak{B}$ stets $\mathfrak{A} \prec \mathfrak{B}$ impliziert. Die Theorie T_∞ ist daher modellvollständig. – Da T_∞ trivialerweise in allen unendlichen Mächtigkeiten kategorisch ist, ergibt sich mit Vaught's Test noch die Vollständigkeit von T_∞.

Um allgemein die Modellvollständigkeit von Theorien nachzuprüfen, ist ein Test von A. Robinson (*Robinson's-Test*), der im folgenden Lemma zum Ausdruck kommt, wichtig.

(9.21) **Lemma:** Folgende Aussagen sind für $\mathfrak{L}$-Theorien T äquivalent:

(1) T ist modellvollständig.

(2) Für alle Modelle $\mathfrak{A}$, $\mathfrak{B}$ von T gilt: ($\mathfrak{A} \subset \mathfrak{B} \Rightarrow \mathfrak{A} \prec_\exists \mathfrak{B}$).

Beweis:

Die erste Aussage impliziert trivialerweise die zweite. – Wir nehmen jetzt umgekehrt an, daß je zwei T-Modelle, die in der Substrukturbeziehung stehen, ineinander existentiell abgeschlossen sind. Seien also $\mathfrak{A}_0$

und $\mathfrak{B}_0$ T-Modelle mit $\mathfrak{A}_0 \subset \mathfrak{B}_0$. Die Voraussetzung (2) impliziert $\mathfrak{A}_0 \prec_\exists \mathfrak{B}_0$. Aufgrund von (9.19) gibt es eine $\mathfrak{L}$-Struktur $\mathfrak{A}_1$ mit $\mathfrak{A}_0 \prec \mathfrak{A}_1$ und $\mathfrak{B}_0 \subset \mathfrak{A}_1$. Da $\mathfrak{A}_0 \prec \mathfrak{A}_1$ die elementare Äquivalenz von $\mathfrak{A}_0$ und $\mathfrak{A}_1$ impliziert und $\mathfrak{A}_0$ ein T-Modell ist, ist auch $\mathfrak{A}_1$ ein T-Modell. Aus $\mathfrak{B}_0 \models T$, $\mathfrak{A}_1 \models T$ und $\mathfrak{B}_0 \subset \mathfrak{A}_1$ folgt mit (2) auch $\mathfrak{B}_0 \prec_\exists \mathfrak{A}_1$. Aus $\mathfrak{B}_0 \prec_\exists \mathfrak{A}_1$ ergibt sich wiederum mit (9.19) die Existenz einer Struktur $\mathfrak{B}_1$ mit $\mathfrak{B}_0 \prec \mathfrak{B}_1$ und $\mathfrak{A}_1 \subset \mathfrak{B}_1$. Wegen $\mathfrak{B}_0 \prec \mathfrak{B}_1$ ist $\mathfrak{B}_1 \models T$ und aufgrund der Voraussetzung (2) impliziert $\mathfrak{A}_1 \subset \mathfrak{B}_1$ auch $\mathfrak{A}_1 \prec_\exists \mathfrak{B}_1$. Indem man induktiv fortfährt, erhält man für alle $k \in \mathbb{N}$ Strukturen $\mathfrak{A}_k$ und $\mathfrak{B}_k$ mit:

$$\begin{array}{ccccccccccccccc}
\mathfrak{A}_0 & & \prec & & \mathfrak{A}_1 & & \prec & & \mathfrak{A}_2 & \prec & \dots \prec & \mathfrak{A}_k & \prec & \dots & \subset \bigcup_{k \in \mathbb{N}} \mathfrak{A}_k \\
& \searrow\!\!\!\!\!\!\subset & & \nearrow\!\!\!\!\!\!\subset & & \searrow\!\!\!\!\!\!\subset & & \nearrow\!\!\!\!\!\!\subset & & \searrow\!\!\!\!\!\!\subset & \dots & & \searrow\!\!\!\!\!\!\subset & \dots & \\
& & \mathfrak{B}_0 & \prec & & & \mathfrak{B}_1 & \prec & & \mathfrak{B}_2 \prec & \dots \prec & & \mathfrak{B}_k & \prec \dots & \subset \bigcup_{k \in \mathbb{N}} \mathfrak{B}_k .
\end{array}$$

Aus $\mathfrak{A}_k \subset \mathfrak{B}_k \subset \mathfrak{A}_{k+1} \subset \mathfrak{B}_{k+1}$ für alle $k \in \mathbb{N}$ folgt, daß $\bigcup_{k \in \mathbb{N}} \mathfrak{A}_k = \bigcup_{k \in \mathbb{N}} \mathfrak{B}_k =: \mathfrak{C}$ gilt. Aus dem Lemma über elementare Ketten (9.18) ergibt sich weiter, daß sowohl $\mathfrak{A}_0$ als auch $\mathfrak{B}_0$ elementare Substrukturen des gemeinsamen Limes $\mathfrak{C}$ sind. Da aber nach Voraussetzung $\mathfrak{A}_0$ eine Substruktur von $\mathfrak{B}_0$ ist, folgt aus $\mathfrak{A}_0 \prec \mathfrak{C}$ und $\mathfrak{B}_0 \prec \mathfrak{C}$ für alle Formeln α und Belegungen h in $|\mathfrak{A}_0|$:

$$\mathfrak{A}_0 \models \alpha[h] \;\Leftrightarrow\; \mathfrak{C} \models \alpha[h] \;\Leftrightarrow\; \mathfrak{B}_0 \models \alpha[h].$$

Also ist $\mathfrak{A}_0$ eine elementare Substruktur von $\mathfrak{B}_0$. Da dies für alle T-Modelle $\mathfrak{A}_0$, $\mathfrak{B}_0$ mit $\mathfrak{A}_0 \subset \mathfrak{B}_0$ gilt, erhält man die Modellvollständigkeit der Theorie T.

Ω

Wir bemerken noch, daß wir bei der obigen induktiven Definition, um allgemein von $\mathfrak{A}_k$ und $\mathfrak{B}_k$ zu $\mathfrak{A}_{k+1}$ (bzw. von $\mathfrak{B}_k$ und $\mathfrak{A}_{k+1}$ zu $\mathfrak{B}_{k+1}$) zu gelangen, eine Auswahl unter den Strukturen $\mathfrak{D}$ mit $\mathfrak{A}_k \prec \mathfrak{D}$ und $\mathfrak{B}_k \subset \mathfrak{D}$ (bzw. unter den $\mathfrak{C}$ mit $\mathfrak{B}_k \prec \mathfrak{C}$ und $\mathfrak{A}_{k+1} \subset \mathfrak{C}$) treffen müssen. Diese Strukturen bilden aber selbst für festes k keine Menge. Um letztlich eine geeignete, von k unabhängige Auswahlfunktion zu erhalten, wie sie für eine saubere induktive Definition notwendig ist, sind zusätzliche mengentheoretische Überlegungen (z.B. Rangbegriff usw.) notwendig, auf deren Darstellung wir hier jedoch verzichten wollen (s. z.B. [13], [19]).

Um die Modellvollständigkeit einer Theorie nachzuweisen, genügt es nach (9.21), für alle T-Modelle $\mathfrak{A}, \mathfrak{B}$ mit $\mathfrak{A} \subset \mathfrak{B}$ die existentielle Abgeschlossenheit von $\mathfrak{A}$ in $\mathfrak{B}$ nachzuprüfen. — Da jede quantorenfreie Formel δ logisch äquivalent zu einer Disjunktion von Konjunktionen von Basisformeln ist (disjunktive Normalform), folgt, indem man die Existenzquantoren auf die Disjunktionsglieder verteilt, daß jede Existenzformel α zu einer Formel der Gestalt $\exists x_1 \ldots \exists x_k \delta_1 \vee \ldots \vee \exists x_1 \ldots \exists x_k \delta_s$, wobei die δ_j jeweils Konjunktionen von Basisformeln sind, logisch äquivalent ist. Ist jetzt $\mathfrak{A} \subset \mathfrak{B}$ und h eine Belegung in $|\mathfrak{A}|$, so folgt aus $(\mathfrak{B} \models \exists x_1 \ldots \exists x_k \delta_j[h] \Rightarrow \mathfrak{A} \models \exists x_1 \ldots \exists x_k \delta_j[h])$ für $j \in \{1,\ldots,s\}$ auch

$$\mathfrak{B} \models \exists x_1 \ldots \exists x_k \delta_1 \vee \ldots \vee \exists x_1 \ldots \exists x_k \delta_s[h] \quad \Rightarrow \quad \mathfrak{A} \models \exists x_1 \ldots \exists x_k \delta_1 \vee \ldots \vee \exists x_1 \ldots \exists x_k \delta_s[h].$$

Um also die existentielle Abgeschlossenheit von $\mathfrak{A}$ in $\mathfrak{B}$ nachzuweisen, genügt es, für alle Formeln der Gestalt $\exists x_1 \ldots \exists x_k \delta$, wobei δ eine Konjunktion von Basisformeln ist, und alle Belegungen h in $|\mathfrak{A}|$ die Implikationen

$$\mathfrak{B} \models \exists x_1 \ldots \exists x_k \delta[h] \quad \Rightarrow \quad \mathfrak{A} \models \exists x_1 \ldots \exists x_k \delta[h]$$

zu prüfen.

Wir bemerken noch, daß aus der Modellvollständigkeit einer $\mathfrak{L}$-Theorie T sofort auch die Modellvollständigkeit jeder $\mathfrak{L}$-Obertheorie T' folgt.

Bei der Anwendung von Robinson's-Test ist es oft schwierig, die quantorenfreien Formeln in mehreren Variablen zu beherrschen. Wir führen jetzt eine Eigenschaft von Theorien ein, die zwar noch restriktiver als die Modellvollständigkeit ist, die sich aber mit Hilfe eines Kriterium nachweisen läßt, das nur auf quantorenfreie Formeln in einer einzigen Variablen bezug nimmt.

Eine $\mathfrak{L}$-Theorie T *erlaubt Quantorenelimination*, wenn es zu jeder $\mathfrak{L}$-Formel α eine quantorenfreie $\mathfrak{L}$-Formel γ mit $Fr(\gamma) \subset Fr(\alpha)$ und $T \models \alpha \leftrightarrow \gamma$ gibt. Dabei zählen wir die Aussagen $\top$ und $\bot$ zu den quantorenfreien Formeln, da ansonsten die Variablenbedingung in Sprachen ohne Konstanten für Aussagen unerfüllbar ist.

Enthält die Sprache $\mathfrak{L}$ keine Konstanten und läßt die $\mathfrak{L}$-Theorie T Quantorenelimination zu, so ergibt sich für jede $\mathfrak{L}$-Aussage α, daß $T \models \alpha \leftrightarrow \top$ oder $T \models \alpha \leftrightarrow \bot$ und damit $T \models \alpha$ oder $T \models \neg \alpha$ gilt. Damit ist T vollständig.

Eine $\mathfrak{L}$-Theorie T *erlaubt Amalgamierung* genau dann, wenn es zu je drei $\mathfrak{L}$-Strukturen $\mathfrak{A}$, $\mathfrak{B}$ und $\mathfrak{C}$ mit $\mathfrak{A} \models T$, $\mathfrak{B} \models T$, $\mathfrak{C} \subset \mathfrak{A}$ und $\mathfrak{C} \subset \mathfrak{B}$ eine $\mathfrak{L}$-Struktur $\mathfrak{D}$ mit $\mathfrak{D} \models T$ und Einbettungen $d_1 : \mathfrak{A} \hookrightarrow \mathfrak{D}$ und $d_2 : \mathfrak{B} \hookrightarrow \mathfrak{D}$ gibt, so daß $d_1(e) = d_2(e)$ für alle $e \in \mathfrak{C}$ gilt.

(9.22) **Lemma:** Jede $\mathfrak{L}$-Theorie T, die Quantorenelimination erlaubt, ist modellvollständig und erlaubt Amalgamierung.

Beweis:

Läßt T Quantorenelimination zu, so gibt es zu jeder Formel α eine quantorenfreie Formel γ mit $T \models \alpha \leftrightarrow \gamma$. Seien jetzt $\mathfrak{A}$ und $\mathfrak{B}$ T-Modelle und es sei außerdem $\mathfrak{A}$ eine Substruktur von $\mathfrak{B}$. Aus $\mathfrak{A} \models T$, $\mathfrak{B} \models T$ und $T \models \alpha \leftrightarrow \gamma$ folgt dann für alle Belegungen h in $|\mathfrak{A}|$:

$$(\mathfrak{A} \models \alpha[h] \Leftrightarrow \mathfrak{A} \models \gamma[h]) \text{ und } (\mathfrak{B} \models \alpha[h] \Leftrightarrow \mathfrak{B} \models \gamma[h]).$$

Aufgrund der Substrukturbeziehung folgt mit (9.2), da γ quantorenfrei ist, $(\mathfrak{A}\models\gamma[h] \Leftrightarrow \mathfrak{B}\models\gamma[h])$ für alle Belegungen h in $|\mathfrak{A}|$. Somit gilt für alle Formeln α und h in $|\mathfrak{A}|$: $(\mathfrak{A}\models\alpha[h] \Leftrightarrow \mathfrak{B}\models\alpha[h])$. Also ist $\mathfrak{A}$ eine elementare Substruktur von $\mathfrak{B}$. Aus der Quantorenelimination folgt damit die Modellvollständigkeit.

T erlaube Quantorenelimination. Um die Amalgamierungseigenschaft für T zu zeigen, gehen wir von zwei beliebigen T-Modellen $\mathfrak{A}$ und $\mathfrak{B}$ mit einer gemeinsamen Substruktur $\mathfrak{C}$ aus. Dabei können wir ohne Einschränkung annehmen, daß $|\mathfrak{A}|\cap|\mathfrak{B}|=|\mathfrak{C}|$ gilt (andernfalls gehe man unter Fixierung von $\mathfrak{C}$ zu geeigneten isomorphen Kopien von $\mathfrak{A}$ und $\mathfrak{B}$ über). Es genügt jetzt zu zeigen, daß die $\mathfrak{L}_{|\mathfrak{A}|\cup|\mathfrak{B}|}$-Aussagenmenge $\Sigma:=Th(\mathfrak{A}_{|\mathfrak{A}|})\cup Th(\mathfrak{B}_{|\mathfrak{B}|})$ erfüllbar ist. Denn ist $\mathfrak{D}'$ ein Modell von Σ, so folgt nach (9.11), daß $d_1:=\{\langle a,\mathbf{a}^{\mathfrak{D}'}\rangle | a\in|\mathfrak{A}|\}$ eine elementare Einbettung von $\mathfrak{A}$ in $\mathfrak{D}:=(\mathfrak{D}'\upharpoonright\mathfrak{L})$ und $d_2:=\{\langle b,\mathbf{b}^{\mathfrak{D}'}\rangle | b\in|\mathfrak{B}|\}$ eine elementare Einbettung von $\mathfrak{B}$ in $\mathfrak{D}$ ist. Da $\mathfrak{A}$ und $\mathfrak{B}$ T-Modelle sind, ist auch $\mathfrak{D}$ ein T-Modell. Weiter gilt $d_1(e)=\mathbf{e}^{\mathfrak{D}'}=d_2(e)$ für $e\in|\mathfrak{C}|$ nach Definition der d_j.

Wir nehmen jetzt indirekt an, daß Σ nicht erfüllbar ist. Dann gibt es aufgrund des Kompaktheitstheorems zwei endliche Mengen Σ_0 und Σ_1 mit $\Sigma_0\subset Th(\mathfrak{A}_{|\mathfrak{A}|})$ und $\Sigma_1\subset Th(\mathfrak{B}_{|\mathfrak{B}|})$, deren Vereinigung auch nicht erfüllbar ist. Für die Aussagen $\alpha':=\bigwedge\Sigma_0$ und $\beta':=\bigwedge\Sigma_1$ gilt dann $\models\alpha'\to\neg\beta'$, $\mathfrak{A}_{|\mathfrak{A}|}\models\alpha'$ und $\mathfrak{B}_{|\mathfrak{B}|}\models\beta'$. Die Aussage α' entsteht aus einer $\mathfrak{L}$-Formel α, indem man für Variablen Konstanten aus $\{\mathbf{a} | a\in|\mathfrak{A}|\}$ substituiert. Es gibt also eine $\mathfrak{L}$-Formel α und Elemente $a_1,\ldots,a_m\in|\mathfrak{A}|\setminus|\mathfrak{C}|$ und Elemente $e_1,\ldots,e_n\in|\mathfrak{C}|$, so daß $\alpha'=\alpha(x_1/\mathbf{a_1},\ldots,x_m/\mathbf{a_m},y_1/\mathbf{e_1},\ldots,y_n/\mathbf{e_n})$ ist. Da wegen $|\mathfrak{A}|\cap|\mathfrak{B}|=|\mathfrak{C}|$ die Konstanten $\mathbf{a_1},\ldots,\mathbf{a_m}$ nicht in β' vorkommen und $\models\alpha'\to\neg\beta'$ gilt, folgt:

$$(*)\quad \models\exists x_1\ldots\exists x_m\alpha(y_1/\mathbf{e_1},\ldots,y_n/\mathbf{e_n})\to\neg\beta'.$$

Aus $\mathfrak{A}_{|\mathfrak{A}|}\models\alpha'$ folgt $\mathfrak{A}_{|\mathfrak{A}|}\models\exists x_1\ldots\exists x_m\alpha(y_1/\mathbf{e_1},\ldots,y_n/\mathbf{e_n})$. Da nach Voraussetzung T Quantorenelimination erlaubt, existiert eine quantorenfreie $\mathfrak{L}$-Formel δ mit $Fr(\delta)\subset\{y_1,\ldots,y_n\}$ und $T\models\exists x_1\ldots\exists x_m\alpha\leftrightarrow\delta$. Daraus ergibt sich sofort:

$$(+)\quad T\models\exists x_1\ldots\exists x_m\alpha(y_1/\mathbf{e_1},\ldots,y_n/\mathbf{e_n})\leftrightarrow\delta(y_1/\mathbf{e_1},\ldots,y_n/\mathbf{e_n}).$$

Aus $\mathfrak{A}_{|\mathfrak{A}|}\models\exists x_1\ldots\exists x_m\alpha(y_1/\mathbf{e_1},\ldots,y_n/\mathbf{e_n})$ folgt dann $\mathfrak{A}_{|\mathfrak{A}|}\models\delta(y_1/\mathbf{e_1},\ldots,y_n/\mathbf{e_n})$, da $\mathfrak{A}$ ein T-Modell ist. Die quantorenfreie $\mathfrak{L}_{|\mathfrak{C}|}$-Aussage $\delta(y_1/\mathbf{e_1},\ldots,y_n/\mathbf{e_n})$ gilt nach (9.2) wegen $\mathfrak{C}\subset\mathfrak{A}$ und $\mathfrak{C}\subset\mathfrak{B}$ auch in $\mathfrak{B}$. Aus (+) folgt dann, da auch $\mathfrak{B}$ ein T-Modell ist, $\mathfrak{B}_{|\mathfrak{B}|}\models\exists x_1\ldots\exists x_m\alpha(y_1/\mathbf{e_1},\ldots,y_n/\mathbf{e_n})$. Mit Hilfe von (*) ergibt sich dann $\mathfrak{B}_{|\mathfrak{B}|}\models\neg\beta'$. Dies steht jedoch im Widerspruch zu $\mathfrak{B}_{|\mathfrak{B}|}\models\beta'$. — Somit ist Σ doch erfüllbar.

Ω

Unter einer *einfachen Existenzformel* verstehen wir eine Existenzformel, in deren Präfix nur ein Existenzquantor vorkommt, die sich also in der Gestalt $\exists x\delta$ mit quantorenfreiem δ schreiben läßt. Entsprechend heißen Allformeln, deren Präfix aus einem einzigen Allquantor besteht, *einfache Allformeln*.

Um zu zeigen, daß eine Theorie T Quantorenelimination zuläßt, genügt es zu jeder einfachen Existenzformel $\exists x\delta$ eine quantorenfreie Formel γ mit $Fr(\gamma)\subset Fr(\exists x\delta)$ und $T\models\exists x\delta\leftrightarrow\gamma$ zu finden, da hieraus sofort durch Induktion über den Formelaufbau die allgemeine Elimination der Quantoren folgt. Indem man δ als Disjunktion von Konjunktionen von Basisformeln schreibt und den Existenzquantor über die Disjunktionsglieder verteilt, kann man ohne Einschränkung annehmen, daß δ eine Konjunktion von Basisformeln ist. Da $\models\exists x(\delta\wedge\delta')\leftrightarrow\exists x\delta\wedge\delta'$ für $x\notin Fr(\delta')$ gilt, kann man außerdem annehmen, daß die Variable x in jeder zu betrachtenden Basisformel vorkommt.

Bevor wir ein allgemeines Kriterium angeben, soll für die Theorie T_{DO} der dichten linearen Ordnungen ohne Anfangs- und Endpunkt ein direkter Nachweis der Quantorenelimination vorgeführt werden. – Zu zeigen ist, daß zu jeder Formel der Gestalt $\exists x\delta$, wobei δ eine Konjunktion von Basisformeln ist, eine quantorenfreie Formel γ mit $Fr(\gamma)\subset Fr(\exists x\delta)$ und $T_{DO}\models\exists x\delta\leftrightarrow\gamma$ existiert. – Aus den Ordnungsaxiomen erhält man folgende Äquivalenzen:

$$y<y\leftrightarrow\bot,\quad \neg y<y\leftrightarrow\top,\quad \neg y\doteq z\leftrightarrow(y<z\vee z<y),\quad \neg y<z\leftrightarrow(y\doteq z\vee z<y).$$

Indem man in δ eventuelle Vorkommen von Teilformeln der Gestalt $y<y$, $\neg y<y$, $\neg y\doteq z$ und $\neg y<z$ durch dazu äquivalente Formeln ersetzt, gegebenenfalls die disjunktive Normalform wiederherstellt und den Quantor $\exists x$ soweit wie möglich nach innen bewegt, genügt es, Formeln $\exists x\delta$ mit

$$\delta=(x\doteq u_1\wedge\ldots\wedge x\doteq u_k\wedge y_1<x\wedge\ldots\wedge y_l<x\wedge x<z_1\wedge\ldots\wedge x<z_m)$$

zu betrachten, wobei die Variablen u_j,y_j,z_j alle von der Variablen x verschieden sind. Sowohl Gleichungen als auch Ungleichungen können natürlich auch fehlen, so daß zum Beispiel der Fall $k=l=0$ zugelassen ist.

Kommt in δ mindestens eine Gleichung vor, ist also $k>0$, so ist $\exists x\delta$ offensichtlich zu $\delta(x/u_1)$ äquivalent und es gilt $Fr(\delta(x/u_1))=Fr(\exists x\delta)$. Wir können daher annehmen, daß in δ keine Gleichung auftritt. Ist dann $m=0$, so ist $\exists x\delta=\exists x(y_1<x\wedge\ldots\wedge y_l<x)$ in T_{DO} zu $\top$ äquivalent, da es keinen rechten Extremalpunkt in den zur Diskussion stehenden Ordnungen gibt. Analoges gilt, falls $l=0$ ist. Sind k und l ungleich 0, so gibt es aufgrund der Dichtheit der Ordnungen genau dann ein x, das zwischen den y_i und z_j liegt, wenn das Maximum der y_i kleiner als das Minimum der z_j

ist, also jedes y_i kleiner als jedes z_j ist. Die Formel $\exists x\delta$ ist dann zu der Formel

$$\gamma := ((y_1<z_1 \wedge \ldots \wedge y_l<z_1) \wedge \ldots \wedge (y_1<z_m \wedge \ldots \wedge y_l<z_m))$$

mit $Fr(\gamma)=Fr(\exists x\delta)$ T_{DO}-äquivalent. — Die Theorie T_{DO} läßt also Quantorenelimination zu und ist damit auch modellvollständig. Da die Ordnungssprache keine Konstanten enthält, folgt aus der Variablenbedingung, daß jede Aussage dieser Sprache zu $\top$ oder $\bot$ T_{DO}-äquivalent ist. Mithin ist die Theorie auch vollständig.

Wir werden jetzt einen allgemeinen Test für Quantorenelimination angeben. Da jede Theorie mit Quantorenelimination auch modellvollständig ist, erhält man einen weiteren Test für Modellvollständigkeit. Es existieren jedoch Theorien, die modellvollständig sind, aber keine Quantorenelimination zulassen. Somit hat dieser Test einen eingeschränkteren Anwendungsbereich. Andererseits liefert die Quantorenelimination gewöhnlich viel mehr Information über die in den Modellen definierbaren Teilmengen und Relationen. Bevor wir zur Formulierung des Tests kommen, wird ein Hilfslemma bewiesen, das auch in anderen Zusammenhängen von Bedeutung ist. Wir beginnen mit zwei Definitionen.

Sei Δ eine $\mathfrak{L}$-Aussagenmenge, die unter Konjunktionen und Disjunktionen abgeschlossen ist, d.h. für alle α,β gelte: $(\alpha,\beta\in\Delta \Rightarrow (\alpha\wedge\beta),(\alpha\vee\beta)\in\Delta)$.

Wir sagen dann, daß zwei $\mathfrak{L}$-Aussagenmengen Γ, Σ *lokal Δ-trennbar* sind genau dann, wenn Γ und Σ jeweils erfüllbar sind und es zu je zwei $\mathfrak{L}$-Strukturen $\mathfrak{A},\mathfrak{B}$ mit $\mathfrak{A}\models\Gamma$ und $\mathfrak{B}\models\Sigma$ eine Aussage $\delta\in\Delta$ mit $\mathfrak{A}\models\delta$ und $\mathfrak{B}\models\neg\delta$ gibt. — Gibt es eine Aussage $\delta\in\Delta$, so daß $\mathfrak{A}\models\delta$ und $\mathfrak{B}\models\neg\delta$ simultan für alle $\mathfrak{A}\models\Gamma$ und $\mathfrak{B}\models\Sigma$ gilt, so heißen Γ, Σ *global Δ-trennbar*. Die $\mathfrak{L}$-Aussagenmengen Γ, Σ sind also genau dann global Δ-trennbar, wenn es eine Formel $\delta\in\Delta$ mit $\Gamma\models\delta$ und $\Sigma\models\neg\delta$ gibt. Trivialerweise impliziert für erfüllbare Aussagenmengen Γ und Σ die globale Trennbarkeit die lokale. Wir zeigen jetzt auch die umgekehrte Implikation:

(9.23) **Lemma:** Seien $\Gamma,\Delta,\Sigma\subset Aus_{\mathfrak{L}}$ und Δ sei unter Konjunktionen und Disjunktionen abgeschlossen. Dann gilt: Sind Γ und Σ lokal Δ-trennbar, so sind sie auch global Δ-trennbar.

Beweis:

Sei $\mathfrak{A}$ ein Modell von Γ. Zu jedem Modell $\mathfrak{B}$ von Σ gibt es, da die lokale Δ-Trennbarkeit von Γ und Σ vorausgesetzt ist, eine Aussage δ mit $\mathfrak{A}\models\delta$ und $\mathfrak{B}\models\neg\delta$. Setzen wir

$$\Delta_{\mathfrak{A}} := \{\delta\in\Delta \mid \mathfrak{A}\models\delta \text{ und es gibt ein Modell } \mathfrak{B} \text{ von } \Sigma \text{ mit } \mathfrak{B}\models\neg\delta\},$$

so ist die Aussagenmenge $\Sigma \cup \Delta_{\mathfrak{A}}$ unerfüllbar, denn zu jedem Modell $\mathfrak{B}$ von Σ gibt es ja ein $\delta \in \Delta$ mit $\mathfrak{A} \models \delta$ und $\mathfrak{B} \models \neg \delta$. Aufgrund des Kompaktheitstheorems gibt es dann schon eine endliche Teilmenge $\{\delta_1,\ldots,\delta_k\} \subset \Delta_{\mathfrak{A}}$, so daß $\Sigma \cup \{\delta_1,\ldots,\delta_k\}$ unerfüllbar ist. Das heißt, daß in jedem Modell von Σ die Aussage $\delta := (\delta_1 \wedge \ldots \wedge \delta_k)$ falsch ist. Also folgt $\Sigma \models \neg \delta$. Andererseits ist jedes δ_j in $\mathfrak{A}$ wahr – und damit ist auch δ in $\mathfrak{A}$ wahr. Die Aussage δ ist aufgrund der konjunktiven Abgeschlossenheit von Δ selbst Element von Δ. Damit gibt es zu jedem $\mathfrak{A} \models \Gamma$ eine Aussage $\delta \in \Delta$ mit $\mathfrak{A} \models \delta$ und $\Sigma \models \neg \delta$. Setzt man

$$\Delta' := \{\delta' \in \Delta \mid \text{es gibt ein Modell } \mathfrak{A} \text{ von } \Gamma \text{ mit } \mathfrak{A} \models \delta' \text{ und } \Sigma \models \neg \delta'\},$$

so ist $\Gamma \cup \{\neg \delta' \mid \delta' \in \Delta'\}$ unerfüllbar. Durch erneute Anwendung des Kompaktheitssatzes folgt die Existenz einer endlichen Teilmenge $\{\delta'_1,\ldots,\delta'_n\} \subset \Delta'$, für die schon $\Gamma \cup \{\neg \delta'_1,\ldots,\neg \delta'_n\}$ unerfüllbar ist. Die Aussage $\neg(\neg \delta'_1 \wedge \ldots \wedge \neg \delta'_n)$ ist damit in jedem Modell von Γ wahr. Es folgt $\Gamma \models (\delta'_1 \vee \ldots \vee \delta'_n)$. Da die δ'_j alle in Δ' sind, gilt $\Sigma \models \neg \delta'_j$ für $j \in \{1,\ldots,n\}$ und somit auch $\Sigma \models \neg(\delta'_1 \vee \ldots \vee \delta'_n)$. Wegen der disjunktiven Abgeschlossenheit von Δ ist $\delta' := (\delta'_1 \vee \ldots \vee \delta'_n)$ ein Element von Δ. Damit existiert eine Aussage $\delta' \in \Delta$ mit $\Gamma \models \delta'$ und $\Sigma \models \neg \delta'$ und die globale Δ-Trennbarkeit von Γ und Σ ist nachgewiesen.

Ω

Sei jetzt $\mathfrak{A}$ eine $\mathfrak{L}$-Struktur und U eine Teilmenge von $|\mathfrak{A}|$. Wir betrachten die Menge

$$U_0 := \{t^{\mathfrak{A}_U} \mid t \text{ ist konstanter Term der Sprache } \mathfrak{L}_U\}.$$

Diese Menge, die U umfaßt, enthält die $\mathfrak{A}$-Deutungen aller $\mathfrak{L}$-Konstanten und ist unter den Funktionen $f^{\mathfrak{A}}$, wobei f ein Funktionszeichen von $\mathfrak{L}$ ist, abgeschlossen. Somit ist die Menge U_0, sofern sie nicht leer ist, Trägermenge einer eindeutig bestimmten Substruktur von $\mathfrak{A}$. Diese Struktur bezeichnen wir dann durch $(U)_{\mathfrak{A}}$. – Wir bemerken, daß U_0 genau dann nicht leer ist, wenn die Menge U nicht leer ist oder die Sprache $\mathfrak{L}$ mindestens eine Konstante enthält.

Da jede andere Substruktur $\mathfrak{C}$ von $\mathfrak{A}$, deren Trägermenge U umfaßt, auch die Deutungen aller konstanten $\mathfrak{L}_U$-Terme enthält, folgt $U_0 \subset |\mathfrak{C}|$. Damit erweist sich $(U)_{\mathfrak{A}}$, sofern existent, als minimal (hinsichlich Inklusion) unter den Substrukturen $\mathfrak{C}$ von $\mathfrak{A}$ mit $U \subset |\mathfrak{C}|$. Die Struktur $(U)_{\mathfrak{A}}$ wird daher als die *von* U *in* $\mathfrak{A}$ *erzeugte Substruktur* bezeichnet.

Ist die Menge U endlich, also zum Beispiel $U = \{u_1,\ldots,u_k\}$, so schreiben wir anstelle von $(\{u_1,\ldots,u_k\})_{\mathfrak{A}}$ kürzer $(u_1,\ldots,u_k)_{\mathfrak{A}}$. Ist aus dem Zusammenhang klar, von welcher Struktur $\mathfrak{A}$ die Rede ist, so lassen wir bisweilen den Strukturindex weg.

Eine Substruktur $\mathfrak{C}$ der $\mathfrak{L}$-Struktur $\mathfrak{A}$ heißt *endlich erzeugt* genau dann, wenn es eine endliche Teilmenge $U \subset |\mathfrak{A}|$ mit $\mathfrak{C} = (U)_{\mathfrak{A}}$ gibt.

Mit Hilfe dieser Begriffe sind wir in der Lage den versprochenen Test für Quantorenelimination zu formulieren:

(9.24) **Lemma:** Sei $\mathfrak{L}$ eine Sprache, in der mindestens eine Konstante vorkommt. Für $\mathfrak{L}$-Theorien T sind folgende Bedingungen äquivalent:

(1) T erlaubt Quantorenelimination.

(2) T ist modellvollständig und erlaubt Amalgamierung.

(3) Für alle T-Modelle $\mathfrak{A}$ und $\mathfrak{B}$ mit einer gemeinsamen endlich erzeugten Substruktur $\mathfrak{C}$ (d.h. $\mathfrak{C} \subset \mathfrak{A}$, $\mathfrak{C} \subset \mathfrak{B}$ und $\mathfrak{C}$ endlich erzeugt) und alle Belegungen h in $|\mathfrak{C}|$ und alle einfachen Existenzformeln α gilt: $(\mathfrak{A} \models \alpha[h] \Rightarrow \mathfrak{B} \models \alpha[h])$.

Beweis:

Die Implikation "(1) $\Rightarrow$ (2)" ist gerade die Aussage von Lemma (9.22).

Sei jetzt (2) richtig. Ist die Voraussetzung von (3) für die $\mathfrak{L}$-Strukturen $\mathfrak{A}$, $\mathfrak{B}$ und $\mathfrak{C}$ erfüllt, so existieren aufgrund der Amalgamierungseigenschaft ein T-Modell $\mathfrak{D}$ und Einbettungen $d_1 : \mathfrak{A} \hookrightarrow \mathfrak{D}$ und $d_2 : \mathfrak{B} \hookrightarrow \mathfrak{D}$ mit $d_1(e) = d_2(e)$ für alle $e \in |\mathfrak{C}|$. Dann gilt: $d_1 : \mathfrak{A} \cong d_1[\mathfrak{A}] \subset \mathfrak{D}$ und $d_2 : \mathfrak{B} \cong d_2[\mathfrak{B}] \subset \mathfrak{D}$. Da $\mathfrak{A}$ und $\mathfrak{B}$ T-Modelle sind, trifft dies nach (9.7) auch für $d_1[\mathfrak{A}]$ und $d_2[\mathfrak{B}]$ zu. Die Modellvollständigkeit von T impliziert, daß $d_1[\mathfrak{A}]$ und $d_2[\mathfrak{B}]$ elementare Substukturen von $\mathfrak{D}$ sind. Daraus folgt, daß d_1 und d_2 elementare Einbettungen sind. Für jede $\mathfrak{L}$-Formel α und jede Belegung h in $|\mathfrak{C}|$ ergibt sich dann unter Benutzung von $d_1(e) = d_2(e)$ für alle $e \in |\mathfrak{C}|$:

$$\mathfrak{A} \models \alpha[h] \Leftrightarrow \mathfrak{D} \models \alpha[d_1 \circ h] \Leftrightarrow \mathfrak{D} \models \alpha[d_2 \circ h] \Leftrightarrow \mathfrak{B} \models \alpha[h].$$

Damit ist dann gezeigt, daß die zweite Bedingung die dritte impliziert.

Sei nun die Bedingung (3) für alle $\mathfrak{L}$-Strukturen $\mathfrak{A}$, $\mathfrak{B}$ und $\mathfrak{C}$ erfüllt. Wir zeigen, daß dann jede einfache Existenzformel α zu einer quantorenfreien Formel δ mit $Fr(\delta) \subset Fr(\alpha)$ T-äquivalent ist. Durch Induktion über den Formelaufbau ergibt sich daraus leicht, daß T Quantorenelimination erlaubt.

Wir nehmen jetzt an, daß es eine einfache Existenzformel α gibt, die zu keiner quantorenfreien Formel δ mit $Fr(\delta) \subset Fr(\alpha)$ T-äquivalent ist, und zeigen, daß dann die Bedingung (3) nicht erfüllt ist.

Sei also α eine einfache Existenzformel, die zu keiner quantorenfreien Formel δ mit $Fr(\delta) \subset Fr(\alpha)$ T-äquivalent ist. Enthält die Formel α freie Variablen, so gehen wir zuerst, um das Trennbarkeitslemma (9.23) anwenden zu können, zu einer Aussage α' in einer Spracherweiterung $\mathfrak{L}'$

von $\mathfrak{L}$ über. Ist nämlich $Fr(\alpha)=\{x_1,\dots,x_k\}\neq\emptyset$, so wählen wir neue Konstanten $c_1,\dots,c_k$. In der um diese Konstanten erweiterten Sprache $\mathfrak{L}'$ ist dann $\alpha':=\alpha(x_1/c_1,\dots,x_k/c_k)$ zu keiner quantorenfreien $\mathfrak{L}'$-Aussage T-äquivalent. Denn aus $T\models\alpha'\leftrightarrow\delta'$ für ein quantorenfreies $\delta'\in Aus_{\mathfrak{L}'}$ ergäbe sich, da die Konstanten $c_1,\dots,c_k$ nicht in den Formeln von T vorkommen, sofort auch die Behauptung $T\models\alpha'(c_1/x_1,\dots,c_k/x_k)\leftrightarrow\delta'(c_1/x_1,\dots,c_k/x_k)$ – und somit wäre die Formel α doch zu einer quantorenfreien $\mathfrak{L}$-Formel δ mit $Fr(\delta)\subset Fr(\alpha)$ T-äquivalent. – Ist jedoch α schon selbst eine Aussage, so setzen wir $\mathfrak{L}':=\mathfrak{L}$ und $\alpha':=\alpha$.

Wir behaupten nun, daß für solch ein α' die Aussagenmengen $\Gamma':=T\cup\{\alpha'\}$ und $\Sigma':=T\cup\{\neg\alpha'\}$ in Hinsicht auf quantorenfreie $\mathfrak{L}'$-Aussagen global nicht trennbar sind. – Denn wäre für ein quantorenfreies $\delta'\in Aus_{\mathfrak{L}'}$ sowohl $T\cup\{\alpha'\}\models\delta'$ als auch $T\cup\{\neg\alpha'\}\models\neg\delta'$ wahr, so hätte man auch $T\models\alpha'\rightarrow\delta'$ und $T\models\neg\alpha'\rightarrow\neg\delta'$, woraus sich mittels Aussagenlogik $T\models\alpha'\leftrightarrow\delta'$ ergäbe. Somit wäre α' doch zu einer quantorenfreien $\mathfrak{L}'$-Aussage δ' T-äquivalent. Also sind die Aussagenmengen Γ' und Σ' durch quantorenfreie $\mathfrak{L}'$-Aussagen global untrennbar. Γ' und Σ' sind aber auch erfüllbar, denn andernfalls wären Γ' und Σ' doch durch $\bot$ oder $\top$ trennbar. Da Δ', die Menge aller quantorenfreien $\mathfrak{L}'$-Aussagen, unter Konjunktionen und Disjunktionen abgeschlossen ist, folgt jetzt mit Lemma (9.23), daß Γ' und Σ' auch nicht lokal Δ'-trennbar sind. Somit gibt es $\mathfrak{L}'$-Strukturen $\mathfrak{A}'$, $\mathfrak{B}'$ mit

$$\mathfrak{A}'\models T\cup\{\alpha'\} \text{ und } \mathfrak{B}'\models T\cup\{\neg\alpha'\},$$

in denen dieselben quantorenfreien $\mathfrak{L}'$-Aussagen gelten. Da $\mathfrak{L}$ nach Voraussetzung mindestens eine Konstante enthält und somit gegebenenfalls auch die von der leeren Menge erzeugten Substrukturen existieren, folgt mit (9.8), daß $d:=\{\langle t^{\mathfrak{A}'},t^{\mathfrak{B}'}\rangle \mid t \text{ ein konstanter Term von } \mathfrak{L}'\}$ ein Isomorphismus ist, der die $\mathfrak{A}'$-Substruktur $\mathfrak{E}':=(c_1^{\mathfrak{A}'},\dots,c_k^{\mathfrak{A}'})_{\mathfrak{A}'}$ auf die $\mathfrak{B}'$-Substruktur $\mathfrak{D}':=(c_1^{\mathfrak{B}'},\dots,c_k^{\mathfrak{B}'})_{\mathfrak{B}'}$ abbildet. Somit liegt folgende Situation vor:

$$\begin{array}{ccccc} \mathfrak{A}'\models T\cup\{\alpha'\} & & & & \mathfrak{B}'\models T\cup\{\neg\alpha'\} \\ & \rotatebox{-45}{$\supseteq$} & & \rotatebox{45}{$\subseteq$} & \\ & \mathfrak{E}' & \cong & \mathfrak{D}'. & \end{array}$$

Indem wir nach dem früher schon besprochenen Verfahren $\mathfrak{E}'$ und $\mathfrak{D}'$ identifizieren, erreichen wir, daß

$$\begin{array}{ccc} \mathfrak{A}'\models T\cup\{\alpha'\} & & \mathfrak{B}'\models T\cup\{\neg\alpha'\} \\ \rotatebox{-45}{$\supseteq$} & & \rotatebox{45}{$\subseteq$} \\ & \mathfrak{E}' & \end{array}$$

für eine endlich erzeugte Substruktur $\mathfrak{E}'$ von $\mathfrak{A}'$ und $\mathfrak{B}'$ gilt. Gehen wir zu den $\mathfrak{L}$-Redukten $\mathfrak{A}:=(\mathfrak{A}'\restriction\mathfrak{L})$, $\mathfrak{B}:=(\mathfrak{B}'\restriction\mathfrak{L})$ und $\mathfrak{C}:=(\mathfrak{C}'\restriction\mathfrak{L})$ über und betrachten die Elemente $e_1:=c_1^{\mathfrak{C}'},\ldots,e_k:=c_k^{\mathfrak{C}'}$, so folgt für jede Belegung h in $|\mathfrak{C}|$ mit $h(x_1)=e_1,\ldots,h(x_k)=e_k$, daß $\mathfrak{A}\models\alpha[h]$ und $\mathfrak{B}\not\models\alpha[h]$ gilt. Mithin ist für die T-Modelle $\mathfrak{A}$ und $\mathfrak{B}$ mit der gemeinsamen endlich erzeugten Substruktur $\mathfrak{C}$ und der Belegung h in $|\mathfrak{C}|$ für die einfache Existenzformel α die Bedingung (3) des Lemmas verletzt.

Ω

Offensichtlich läßt sich die Bedingung (3) in (9.24) auch folgendermaßen formulieren:

(3') Für alle T-Modelle $\mathfrak{A}$ und $\mathfrak{B}$ mit einer gemeinsamen endlich erzeugten Substruktur $\mathfrak{C}$ und alle einfachen Existenzaussagen α der Sprache $\mathfrak{L}_{|\mathfrak{C}|}$ gilt: $(\mathfrak{A}_{|\mathfrak{C}|}\models\alpha \Rightarrow \mathfrak{B}_{|\mathfrak{C}|}\models\alpha)$.

Unter Berücksichtigung der Bemerkungen im Anschluß an Lemma (9.21) genügt es, in (3') zu prüfen, ob alle einfachen Existenzaussagen, deren Matrix aus einer Konjunktion von Basisformeln besteht, sich von $\mathfrak{A}_{|\mathfrak{C}|}$ nach $\mathfrak{B}_{|\mathfrak{C}|}$ übertragen.

Mit Hilfe des Tests kann man für eine Reihe von Theorien zeigen, daß sie Quantorenelimination zulassen. Dies führt gewöhnlich zu interessanten Übertragungs- und Entscheidbarkeitstheoremen. Wir erwähnen hier (ohne auf die benutzten Begriffe und Beweise einzugehen), daß zum Beispiel die Theorie der algebraisch abgeschlossenen Körper (formuliert in der "Körper-Sprache" mit Zeichen für +,−,·,0,1) und die Theorie der reell abgeschlossenen Körper (formuliert in der Sprache, die aus der Körper-Sprache durch Adjunktion eines zweistelligen Relationszeichen für die Anordnung ensteht) diese Eigenschaft haben (siehe z.B. [49]).

Wir kehren zu rein logischen Fragen zurück und beweisen als erstes das *Craigsche Interpolationstheorem* (s. [11]) der Prädikatenlogik:

(9.25)**Theorem:** Zu je zwei $\mathfrak{L}$-Aussagen α und β mit $\models\alpha\rightarrow\beta$ gibt es immer eine $\mathfrak{L}$-Aussage δ mit:

(1) $\models\alpha\rightarrow\delta$ und $\models\delta\rightarrow\beta$.

(2) δ enthält nur Relations- und Funktionszeichen und Konstanten, die sowohl in α als auch in β auftreten. (Das Identitätszeichen als logisches Zeichen ist stets zugelassen!)

Beweis:

Wir können ohne Einschränkung annehmen, daß die Sprache $\mathfrak{L}$ nur die endlichvielen nichtlogischen Zeichen enthält, die in $(\alpha\rightarrow\beta)$ vorkommen. Im folgenden sei $\mathfrak{L}_\alpha$ (bzw. $\mathfrak{L}_\beta$) diejenige Teilsprache von $\mathfrak{L}$, die auf den nichtlogischen Zeichen, die in α (bzw. β) vorkommen, basiert. Weiter bezeichne $\mathfrak{L}_{\alpha\beta}$ diejenige Teilsprache von $\mathfrak{L}_\alpha$ und $\mathfrak{L}_\beta$, die auf den nichtlogischen Zeichen basiert, die sowohl in α als auch in β vorkommen.

Offensichtlich ist die Behauptung, daß es kein δ mit den Bedingungen (1) und (2) gibt, äquivalent zu der Behauptung, daß, falls $\Delta := Aus_{\mathfrak{L}_{\alpha\beta}}$ ist, die Mengen $\{\alpha\}$ und $\{\neg\beta\}$ nicht global Δ-trennbar sind (s. (9.23)). Unter Trennbarkeit oder Untrennbarkeit verstehen wir im folgenden, sofern nichts anderes gesagt ist, die globale Version. — Wir werden zeigen, daß aus der Δ-Untrennbarkeit von $\{\alpha\}$ und $\{\neg\beta\}$ die Existenz eines Modells von $(\alpha \wedge \neg\beta)$ folgt und damit die Implikation $(\alpha \rightarrow \beta)$ nicht allgemeingültig sein kann.

Die Sprache $\mathfrak{L}$ wird zur Sprache $\mathfrak{L}(C)$ erweitert, indem zu $\mathfrak{L}$ eine unendliche Menge $C = \{c_j | j \in \mathbb{N}\}$ neuer Konstanten hinzugefügt wird. Unter $\mathfrak{L}_\alpha(C)$, $\mathfrak{L}_\beta(C)$ und $\mathfrak{L}_{\alpha\beta}(C)$ verstehen wir die um die Konstanten aus C erweiterten Sprachen $\mathfrak{L}_\alpha$, $\mathfrak{L}_\beta$ und $\mathfrak{L}_{\alpha\beta}$. Weiter bezeichne $\Delta(C)$ die Menge aller $\mathfrak{L}_{\alpha\beta}(C)$-Aussagen.

Zuerst zeigen wir, daß zu den Δ-untrennbaren Mengen $\Gamma_0 := \{\alpha\}$, $\Sigma_0 := \{\neg\beta\}$ Aussagenmengen $\Gamma \subset Aus_{\mathfrak{L}_\alpha(C)}$, $\Sigma \subset Aus_{\mathfrak{L}_\beta(C)}$ mit folgenden Eigenschaften existieren:

(i) $\Gamma_0 \subset \Gamma$ und $\Sigma_0 \subset \Sigma$.

(ii) Γ und Σ sind $\Delta(C)$-untrennbar.

(iii) Zu jeder $\mathfrak{L}_\alpha(C)$-Aussage (bzw. $\mathfrak{L}_\beta(C)$-Aussage) der Gestalt $\exists x\varphi$ gibt es mindestens eine Konstante $c \in C$ mit $(\exists x\varphi \rightarrow \varphi(x/c)) \in \Gamma$ (bzw. $(\exists x\varphi \rightarrow \varphi(x/c)) \in \Sigma$).

Die Δ-Untrennbarkeit von $\langle\Gamma_0,\Sigma_0\rangle$ impliziert die $\Delta(C)$-Untrennbarkeit von $\langle\Gamma_0,\Sigma_0\rangle$. Gilt nämlich $\Gamma_0 \models \delta(e_1,\ldots,e_k)$ und $\Sigma_0 \models \neg\delta(e_1,\ldots,e_k)$, wobei $\delta \in Fm_{\mathfrak{L}_{\alpha\beta}}$ und $e_1,\ldots,e_k \in C$ sind, so folgt, da die Konstanten e_j nicht in den Aussagen von $\Gamma_0 \cup \Sigma_0$ vorkommen, daß gilt:

$$\Gamma_0 \models \forall x_1 \ldots \forall x_k \delta(x_1,\ldots,x_k) \text{ und } \Sigma_0 \models \forall x_1 \ldots \forall x_k \neg\delta(x_1,\ldots,x_k).$$

Da $\Sigma_0 \models \forall x_1 \ldots \forall x_k \neg\delta(x_1,\ldots,x_k)$ auch $\Sigma_0 \models \neg\forall x_1 \ldots \forall x_k \delta(x_1,\ldots,x_k)$ impliziert, wäre dann $\forall x_1 \ldots \forall x_k \delta(x_1,\ldots,x_k)$ eine $\langle\Gamma_0,\Sigma_0\rangle$ trennende $\mathfrak{L}_{\alpha\beta}$-Aussage.

Sei $\varkappa_0,\varkappa_1,\varkappa_2,\ldots$ eine Abzählung aller $\mathfrak{L}_\alpha(C)$-Aussagen der Gestalt $\exists x\varphi$ und analog $\lambda_0,\lambda_1,\lambda_2,\ldots$ eine Abzählung aller $\mathfrak{L}_\beta(C)$-Aussagen dieser Gestalt.

Mit Hilfe dieser Abzählungen definieren wir induktiv Erweiterungen Γ_{j+1} von Γ_0 und Σ_{j+1} von Σ_0 auf folgende Weise:

Das Paar $\langle\Gamma_j,\Sigma_j\rangle$ sei bereits so definiert, daß Γ_j und Σ_j endliche Aussagenmengen sind.

Sei $\varkappa_j = \exists x\varphi$ und sei c die erste Konstante in der Abzählung der Elemente von C, die nicht in den Formeln von $\Gamma_j \cup \Sigma_j \cup \{\varphi\}$ vorkommt. Wir setzen dann: $\Gamma_{j+1} := \Gamma_j \cup \{(\exists x\varphi \to \varphi(x/c))\}$.

Sei $\lambda_j = \exists y\psi$ und sei c' das erste Element in der Abzählung von C, das nicht in den Formeln der Menge $\Gamma_{j+1} \cup \Sigma_j \cup \{\psi\}$ vorkommt, so setzen wir: $\Sigma_{j+1} := \Sigma_j \cup \{(\exists y\psi \to \psi(y/c'))\}$.

Durch Induktion folgt leicht, daß $\langle \Gamma_{j+1}, \Sigma_j \rangle$ und $\langle \Gamma_{j+1}, \Sigma_{j+1} \rangle$ global $\Delta(C)$-untrennbar sind. Denn aus $\Gamma_j \cup \{(\exists x\varphi \to \varphi(x/c))\} \models \delta$ und $\Sigma_j \models \neg\delta$ folgt, da c nicht in $\Gamma_j \cup \Sigma_j \cup \{\varphi\}$ vorkommt, für eine neue Variable y:

$$\Gamma_j \models \forall y((\exists x\varphi \to \varphi(x/y)) \to \delta(c/y)) \text{ und } \Sigma_j \models \forall y \neg(\delta(c/y)).$$

Aus der ersten Aussage folgt $\Gamma_j \models \exists y(\exists x\varphi \to \varphi(x/y)) \to \exists y(\delta(c/y))$. Da aber $\models \exists y(\exists x\varphi \to \varphi(x/y)) \leftrightarrow (\exists x\varphi \to \exists y\varphi(x/y))$ und $\models \exists x\varphi \to \exists y\varphi(x/y)$ gilt, ist dann das Paar $\langle \Gamma_j, \Sigma_j \rangle$ durch die $\Delta(C)$-Aussage $\exists y(\delta(c/y))$ trennbar.

Analog argumentiert man im Falle von $\langle \Gamma_{j+1}, \Sigma_{j+1} \rangle$.

Schließlich definieren wir: $\Gamma := \bigcup_{j \in \mathbb{N}} \Gamma_j$ und $\Sigma := \bigcup_{j \in \mathbb{N}} \Sigma_j$.

Das Paar $\langle \Gamma, \Sigma \rangle$ ist $\Delta(C)$-untrennbar. Denn $\Gamma \models \delta$ und $\Sigma \models \neg\delta$ hätte aufgrund des Kompaktheitstheorems, da die Γ_j und Σ_j jeweils eine aufsteigende Inklusionskette mit Vereinigung Γ beziehungsweise Σ bilden, schon $\Gamma_k \models \delta$ und $\Sigma_k \models \neg\delta$ für ein genügend großes k zur Folge. Damit erfüllt $\langle \Gamma, \Sigma \rangle$ die Bedingung (ii). Die Bedingungen (i) und (iii) ergeben sich unmittelbar aus der Konstruktion.

Die globale $\Delta(C)$-Untrennbarkeit von Γ und Σ impliziert sowohl die Erfüllbarkeit von Γ als auch von Σ, denn sonst wäre $\perp$ oder $\top$ eine trennende Formel. Da $\Delta(C)$ trivialerweise unter Konjunktionen und Disjunktionen abgeschlossen ist, sind für $\Gamma, \Sigma, \Delta(C) \subset Aus_{\mathfrak{L}(C)}$ damit die Voraussetzungen von Lemma (9.23) erfüllt. Aus dem Lemma folgt, daß das $\Delta(C)$-untrennbare Paar $\langle \Gamma, \Sigma \rangle$ auch nicht überall lokal $\Delta(C)$-trennbar sein kann. Es gibt also $\mathfrak{L}(C)$-Strukturen $\mathfrak{A}'$ und $\mathfrak{B}'$ mit:

$$\mathfrak{A}' \models \Gamma,\ \mathfrak{B}' \models \Sigma \text{ und für alle } \mathfrak{L}_{\alpha\beta}(C)\text{-Aussagen } \delta \text{ gilt: } (\mathfrak{A}' \models \delta \Leftrightarrow \mathfrak{B}' \models \delta).$$

Letzteres besagt aber, daß die $\mathfrak{L}_{\alpha\beta}(C)$-Redukte von $\mathfrak{A}'$ und $\mathfrak{B}'$ elementar äquivalent sind, d.h. es gilt $(\mathfrak{A}' \upharpoonright \mathfrak{L}_{\alpha\beta}(C)) \equiv (\mathfrak{B}' \upharpoonright \mathfrak{L}_{\alpha\beta}(C))$.

Wir betrachten jetzt die Deutungen der Konstanten aus C in $\mathfrak{A}'$ und $\mathfrak{B}'$:

$$A_0 := \{c^{\mathfrak{A}'} \mid c \in C\} \text{ und } B_0 := \{c^{\mathfrak{B}'} \mid c \in C\}.$$

Für jeden konstanten $\mathfrak{L}_\alpha(C)$-Term t gibt es nach Konstruktion von Γ eine Konstante $c \in C$ mit $(\exists x\, t \doteq x \to t \doteq c) \in \Gamma$. Da $\mathfrak{A}'$ ein Modell von $\Gamma \cup \{\exists x\, t \doteq x\}$ ist, erhält man, daß die $\mathfrak{A}'$-Deutung jedes konstanten $\mathfrak{L}_\alpha(C)$-Terms in A_0 liegt. Daher ist A_0 Trägermenge einer Substruktur $\mathfrak{A}_0$ von $(\mathfrak{A}' \upharpoonright \mathfrak{L}_\alpha(C))$.

Wir behaupten, daß $\mathfrak{A}_0$ sogar eine elementare Substruktur von $(\mathfrak{A}'\upharpoonright\mathfrak{L}_\alpha(C))$ ist. Aufgrund von Lemma (9.15) genügt es zu zeigen, daß zu jeder $\mathfrak{L}_\alpha(C)$-Formel $\exists x\beta$ und jeder Belegung h in A_0 mit $\mathfrak{A}'\models\exists x\beta[h]$ ein $a\in A_0$ existiert mit $\mathfrak{A}'\models\beta[h^x_a]$. – Ist $Fr(\exists x\beta)\subset\{y_0,\ldots,y_k\}$ und $h(y_j)=c_j^{\mathfrak{A}'}$ für $j\in\{0,\ldots,k\}$, so gibt es zu der Aussage $\exists x\psi$, wobei $\psi:=\beta(y_0/c_0,\ldots,y_k/c_k)$ ist, nach Konstruktion von Γ eine Konstante $c\in C$ mit $(\exists x\psi\rightarrow\psi(x/c))\in\Gamma$. Da $\mathfrak{A}'\models\Gamma$ ist, folgt mit dem Überführungslemma, indem man $a:=c^{\mathfrak{A}'}$ setzt, daß $\mathfrak{A}'\models\beta[h^x_a]$ gilt. Also ist $\mathfrak{A}_0$ eine elementare Substruktur von $(\mathfrak{A}'\upharpoonright\mathfrak{L}_\alpha(C))$.

Vollkommen analog ergibt sich, daß B_0 die Trägermenge einer elementaren Substruktur $\mathfrak{B}_0$ von $(\mathfrak{B}'\upharpoonright\mathfrak{L}_\beta(C))$ ist.

Da $\mathfrak{A}'\models\Gamma$, $\mathfrak{B}'\models\Sigma$, $\alpha\in\Gamma$ und $\neg\beta\in\Sigma$ gilt, erhält man für $\mathfrak{A}_0$ und $\mathfrak{B}_0$:

$$\mathfrak{A}_0\models\alpha,\ \mathfrak{B}_0\models\neg\beta \text{ und } (\mathfrak{A}_0\upharpoonright\mathfrak{L}_{\alpha\beta}(C))\equiv(\mathfrak{B}_0\upharpoonright\mathfrak{L}_{\alpha\beta}(C)).$$

Aus $|\mathfrak{A}_0|=\{c^{\mathfrak{A}_0}|c\in C\}$ und $|\mathfrak{B}_0|=\{c^{\mathfrak{B}_0}|c\in C\}$ folgt mit Lemma (9.8), daß $d:=\{\langle c^{\mathfrak{A}_0},c^{\mathfrak{B}_0}\rangle|c\in C\}$ ein Isomorphismus von $(\mathfrak{A}_0\upharpoonright\mathfrak{L}_{\alpha\beta}(C))$ auf $(\mathfrak{B}_0\upharpoonright\mathfrak{L}_{\alpha\beta}(C))$ ist. Indem man die Struktur $\mathfrak{A}_0$ mit Hilfe der Bijektion d auf B_0 verpflanzt, erhält man die zu $\mathfrak{A}_0$ isomorphe Struktur $d[\mathfrak{A}_0]$ mit der Trägermenge B_0. Da in $\mathfrak{A}_0$ die Aussage α gilt, ist damit folgende Situation erreicht:

$$d[\mathfrak{A}_0]\models\alpha,\ \mathfrak{B}_0\models\neg\beta \text{ und } (d[\mathfrak{A}_0]\upharpoonright\mathfrak{L}_{\alpha\beta}(C))=(\mathfrak{B}_0\upharpoonright\mathfrak{L}_{\alpha\beta}(C)).$$

Die Strukturen $d[\mathfrak{A}_0]$ und $\mathfrak{B}_0$ lassen sich aufgrund der letzten Eigenschaft zu einer $\mathfrak{L}$-Struktur $\mathfrak{B}_1$ vereinigen, indem man die Symbole aus $\mathfrak{L}_\alpha(C)$ wie in $d[\mathfrak{A}_0]$ und die aus $\mathfrak{L}_\beta(C)$ wie in $\mathfrak{B}_0$ deutet. Dann gilt für alle $\mathfrak{L}_\alpha(C)$-Aussagen γ und alle $\mathfrak{L}_\beta(C)$-Aussagen δ:

$$(\mathfrak{B}_1\models\gamma \Leftrightarrow d[\mathfrak{A}_0]\models\gamma) \text{ und } (\mathfrak{B}_1\models\delta \Leftrightarrow \mathfrak{B}_0\models\delta).$$

Also ist $\mathfrak{B}_1$, und somit auch $\mathfrak{B}:=(\mathfrak{B}\upharpoonright\mathfrak{L})$ ein Modell von $\alpha\wedge\neg\beta$.

Ω

Die Bedingung, daß man im "Interpolanten" δ das Identitätszeichen immer zuläßt, erweist sich als notwendig, da sonst zum Beispiel für $\alpha:=\exists x(P(x)\wedge\neg P(x))$ und $\beta:=\exists xQ(x)$ kein Interpolant vorhanden wäre.

Aus dem Craigschen Interpolationstheorem folgt, wie wir sofort zeigen werden, das Bethsche Definierbarkeitstheorem für die Prädikatenlogik. Wir stellen zuerst die nötigen Begriffe bereit.

Gegeben sei eine Sprache $\mathfrak{L}$. Zu $\mathfrak{L}$ adjungiere man zwei neue n-stellige Relationszeichen Q und Q'. Die resultierende Sprache sei $\mathfrak{L}(Q,Q')$. Mit $\mathfrak{L}(Q)$ und $\mathfrak{L}(Q')$ bezeichnet man die Teilsprachen von $\mathfrak{L}(Q,Q')$, die sich jeweils aus $\mathfrak{L}$ durch Hinzufügen von Q beziehungsweise Q' ergeben.

Sei jetzt $\Sigma(Q)$ eine $\mathfrak{L}(Q)$-Aussagenmenge. Wir sagen:

Q *wird durch* $\Sigma(Q)$ *implizit definiert* genau dann, wenn gilt:

$$\Sigma(Q) \cup \Sigma(Q') \models \forall v_1 \ldots \forall v_n (Q(v_1,\ldots,v_n) \leftrightarrow Q'(v_1,\ldots,v_n)).$$

Dabei bezeichnet $\Sigma(Q')$ die $\mathfrak{L}(Q')$-Aussagenmenge, die aus $\Sigma(Q)$ entsteht, indem das Zeichen Q an allen Stellen durch das Zeichen Q' ersetzt wird.

Weiter sagen wir:

Q *wird durch* $\Sigma(Q)$ *explizit definiert* genau dann, wenn es eine $\mathfrak{L}$-Formel γ mit $Fr(\gamma) \subset \{v_1,\ldots,v_n\}$ und $\Sigma(Q) \models \forall v_1 \ldots \forall v_n (Q(v_1,\ldots,v_n) \leftrightarrow \gamma)$ gibt.

$\mathfrak{L}(Q)$-Strukturen $\mathfrak{A}'$ notieren wir in der Form $\langle \mathfrak{A},R \rangle$, wobei $\mathfrak{A} = (\mathfrak{A}' \restriction \mathfrak{L})$ und $R = Q^{\mathfrak{A}'}$ ist. Die implizite Definierbarkeit von Q durch $\Sigma(Q)$ ist offensichtlich zu der Aussage äquivalent, daß für alle $\mathfrak{L}$-Strukturen $\mathfrak{A}$ und alle $R,R' \subset |\mathfrak{A}|^n$ gilt:

$$\langle \mathfrak{A},R \rangle \models \Sigma(Q) \text{ und } \langle \mathfrak{A},R' \rangle \models \Sigma(Q) \quad \Rightarrow \quad R = R'.$$

Hieraus erhält man sofort, daß die explizite Definierbarkeit von Q durch $\Sigma(Q)$ auch die implizite zur Folge hat. Um also nachzuweisen, daß Q nicht durch $\Sigma(Q)$ explizit definiert ist, genügt es eine $\mathfrak{L}$-Struktur $\mathfrak{A}$ und zwei verschiedene n-stellige Relationen R und R' in $|\mathfrak{A}|$ zu finden, so daß $\langle \mathfrak{A},R \rangle$ und $\langle \mathfrak{A},R' \rangle$ Modell von $\Sigma(Q)$ sind. Dieses nützliche Verfahren zum Nachweis einer Nichtdefinierbarkeit ist als *Padoas-Methode* bekannt. Umgekehrt stellt der *Bethsche Definierbarkeitssatz* (s. [3]) ein wichtiges Kriterium für die explizite Definierbarkeit bereit:

(9.26)**Theorem:** Ist Q durch die $\mathfrak{L}(Q)$-Aussagenmenge $\Sigma(Q)$ implizit definiert, so ist Q durch $\Sigma(Q)$ auch explizit definiert.

Beweis:

Die Aussagenmenge $\Sigma(Q)$ definiere Q implizit. Wir wählen Konstanten $c_1,\ldots,c_n$, die nicht in $\mathfrak{L}$ vorkommen. Die implizite Definierbarkeit von Q ist dann äquivalent zu $\Sigma(Q) \cup \Sigma(Q') \models (Q(c_1,\ldots,c_n) \leftrightarrow Q'(c_1,\ldots,c_n))$. Aufgrund des Kompaktheitssatzes gibt es eine endliche Konjunktion $\sigma(Q)$ von Aussagen aus $\Sigma(Q)$ und eine endliche Konjunktion $\sigma'(Q')$ von Formeln aus $\Sigma(Q')$ mit $\sigma(Q) \wedge \sigma'(Q') \models (Q(c_1,\ldots,c_n) \leftrightarrow Q'(c_1,\ldots,c_n))$. Daraus ergibt sich:

$$\models \sigma(Q) \wedge Q(c_1,\ldots,c_n) \rightarrow (\sigma'(Q') \rightarrow Q'(c_1,\ldots,c_n))$$

Wendet man hierauf das Craigsche Interpolationstheorem an, so folgt die die Existenz einer $\mathfrak{L}$-Formel γ mit $Fr(\gamma) \subset \{v_1,\ldots,v_n\}$ und

$$\models \sigma(Q) \wedge Q(c_1,\ldots,c_n) \rightarrow \gamma(c_1,\ldots,c_n), \quad \models \gamma(c_1,\ldots,c_n) \rightarrow (\sigma'(Q') \rightarrow Q'(c_1,\ldots,c_n)).$$

Es folgt $\sigma(Q) \models (Q(c_1,\ldots,c_n) \rightarrow \gamma(c_1,\ldots,c_n))$ und, indem man Q' durch Q ersetzt, $\models \gamma(c_1,\ldots,c_n) \rightarrow (\sigma'(Q) \rightarrow Q(c_1,\ldots,c_n))$. Aus Letzterem erhält man aber $\sigma'(Q) \models (\gamma(c_1,\ldots,c_n) \rightarrow Q(c_1,\ldots,c_n))$. Zusammen folgt:

$$\sigma(Q) \wedge \sigma'(Q) \models Q(c_1,\ldots,c_n) \leftrightarrow \gamma(c_1,\ldots,c_n).$$

Zieht man die noch Herkunft von $\sigma(Q)$ und $\sigma'(Q')$ in Betracht, so erhält man $\Sigma(Q) \models Q(c_1,\ldots,c_n) \leftrightarrow \gamma(c_1,\ldots,c_n)$ – und damit auch

$$\Sigma(Q) \models \forall v_1 \ldots v_n (Q(v_1,\ldots,v_n) \leftrightarrow \gamma(v_1,\ldots,v_n)).$$

Die implizite Definierbarkeit hat also auch die explizite zur Folge.

Ω

Als nächstes werden wir für Sprachen mit nur endlich vielen nichtlogischen Zeichen eine algebraische Charakterisierung der elementaren Äquivalenz von Strukturen angeben (Theorem von Fraisse). Dabei spielt der Begriff des partiellen Isomorphismus eine zentrale Rolle, den wir jetzt einführen werden. Dieser Begriff verallgemeinert den Begriff des Isomorphismus insofern, als daß Definitions- und Wertebereich eines partiellen Isomorphismus von $\mathfrak{A}$ in $\mathfrak{B}$ nur Teilmengen der jeweiligen Trägermengen zu sein brauchen.

Eine Bijektion $p:U \to V$ ist ein *partieller Isomorphismus* von der $\mathfrak{L}$-Struktur $\mathfrak{A}$ in die $\mathfrak{L}$-Struktur $\mathfrak{B}$ genau dann, wenn folgende Bedingungen erfüllt sind:

(1) $U \subset |\mathfrak{A}|$ und $V \subset |\mathfrak{B}|$.

(2) Für alle Relationszeichen Q von $\mathfrak{L}$ und alle $u_1,\ldots,u_{s(Q)} \in U$ gilt: $\langle u_1,\ldots,u_{s(Q)}\rangle \in Q^{\mathfrak{A}} \iff \langle p(u_1),\ldots,p(u_{s(Q)})\rangle \in Q^{\mathfrak{B}}$.

(3) Für alle Funktionszeichen f und alle $u,u_1,\ldots,u_{s(f)} \in U$ gilt: $\langle u_1,\ldots,u_{s(f)},u\rangle \in f^{\mathfrak{A}} \iff \langle p(u_1),\ldots,p(u_{s(f)}),p(u)\rangle \in f^{\mathfrak{B}}$

(4) Für alle Konstanten c von $\mathfrak{L}$ mit $c^{\mathfrak{A}} \in U$ gilt: $p(c^{\mathfrak{A}}) = c^{\mathfrak{B}}$.

Die Bedingung (3) ist ersichtlich äquivalent zu der Aussage, daß für alle Funktionszeichen f von $\mathfrak{L}$ und $u_1,\ldots,u_{s(f)} \in U$ mit $f^{\mathfrak{A}}(u_1,\ldots,u_{s(f)}) \in U$ gilt:

$$p(f^{\mathfrak{A}}(u_1,\ldots,u_{s(f)})) = f^{\mathfrak{B}}(p(u_1),\ldots,p(u_{s(f)})).$$

Jeder Isomorphismus von $\mathfrak{A}$ auf $\mathfrak{B}$ ist offenbar ein partieller Isomorphismus. Wir betrachten jetzt spezielle Mengen von partiellen Isomorphismen:

Sei J eine nichtleere Menge partieller Isomorphismen von der $\mathfrak{L}$-Struktur $\mathfrak{A}$ in die $\mathfrak{L}$-Struktur $\mathfrak{B}$. Wir sagen, daß J die *Hin- und Her-Eigenschaft* hat, genau dann, wenn gilt:

(1) Zu jedem $p \in J$ und jedem $a \in |\mathfrak{A}|$ existiert eine Erweiterung q von p in J, die a im Definitionsbereich hat, d.h. es gibt ein $q \in J$ mit $p \subset q$ und $a \in D(q)$. (*Hin-Eigenschaft*)

(2) Zu jedem $p \in J$ und jedem $b \in |\mathfrak{B}|$ existiert eine Erweiterung q von p in J, die b im Wertebereich hat, d.h. es gibt ein $q \in J$ mit $p \subset q$ und $b \in W(q)$. (*Her-Eigenschaft*)

Weiterhin heißen zwei $\mathfrak{L}$-Strukturen $\mathfrak{A}$ und $\mathfrak{B}$ *partiell isomorph* (in Zeichen: $\mathfrak{A}\cong_p\mathfrak{B}$) genau dann, wenn es eine nichtleere Menge J von partiellen Isomorphismen von $\mathfrak{A}$ in $\mathfrak{B}$ mit der Hin- und Her-Eigenschaft gibt. Die Beziehung der partiellen Isomorphie definiert, wie sich zeigen läßt, eine Äquivalenz im Bereich der $\mathfrak{L}$-Strukturen. Weiter gilt:

(9.27) **Lemma:** Für alle $\mathfrak{L}$-Strukturen $\mathfrak{A}$ und $\mathfrak{B}$ gilt:

(1) Sind $\mathfrak{A}$ und $\mathfrak{B}$ isomorph, so sind sie auch partiell isomorph: $(\mathfrak{A}\cong\mathfrak{B} \;\Rightarrow\; \mathfrak{A}\cong_p\mathfrak{B})$.

(2) Sind $\mathfrak{A}$ und $\mathfrak{B}$ partiell isomorph, so sind sie auch elementar äquivalent: $(\mathfrak{A}\cong_p\mathfrak{B} \;\Rightarrow\; \mathfrak{A}\equiv\mathfrak{B})$.

(3) Sind $\mathfrak{A}$ und $\mathfrak{B}$ partiell isomorphe Strukturen mit abzählbaren Trägermengen, so sind sie auch isomorph:

$(\mathfrak{A}\cong_p\mathfrak{B}$ und $|\mathfrak{A}|=\{a_j \mid j\in\mathbb{N}\}$ und $|\mathfrak{B}|=\{b_j \mid j\in\mathbb{N}\} \;\Rightarrow\; \mathfrak{A}\cong\mathfrak{B})$.

Beweis:

Ist $d:\mathfrak{A}\cong\mathfrak{B}$ ein Isomorphismus von $\mathfrak{A}$ auf $\mathfrak{B}$, so hat trivialerweise $J=\{d\}$ die Hin- und Her-Eigenschaft. Damit ist die erste Behauptung gezeigt.

Um (2) nachzuweisen, bemerken wir zuerst, daß man die Behauptung nur für *relationale Sprachen*, d.h. Sprachen ohne Funktionszeichen und ohne Konstanten, zu zeigen braucht:

Denn jeder partielle Isomorphismus von $\mathfrak{L}$-Strukturen $\mathfrak{A}$ und $\mathfrak{B}$ ist, wie sofort ersichtlich, auch ein partieller Isomorphismus der zugehörigen relationalen $\mathfrak{L}'$-Strukturen $\mathfrak{A}'$ und $\mathfrak{B}'$ (s. Definition vor und nach (5.14)), die ja aus den $\mathfrak{L}$-Strukturen $\mathfrak{A}$ und $\mathfrak{B}$ entstehen, indem die Funktionen und ausgezeichneten Elemente als Relationen behandelt werden. Aus den Resultaten des Paragraphen 5 folgt, daß für alle $\mathfrak{L}$-Aussagen α gilt:

$(\mathfrak{A}\models\alpha \;\Leftrightarrow\; \mathfrak{A}'\models\alpha')$ und $(\mathfrak{B}\models\alpha \;\Leftrightarrow\; \mathfrak{B}'\models\alpha')$.

Dabei ist α' eine Übersetzung von α in die relationale Sprache $\mathfrak{L}'$. Aus der elementaren Äquivalenz von $\mathfrak{A}'$ und $\mathfrak{B}'$ folgt somit die elementare Äquivalenz von $\mathfrak{A}$ und $\mathfrak{B}$. — Wir können also ohne Einschränkung annehmen, daß die zugrunde liegende Sprache $\mathfrak{L}$ schon relational ist.

Durch Induktion über den Formelaufbau zeigen wir, daß für $\mathfrak{L}$-Strukturen $\mathfrak{A}$ und $\mathfrak{B}$, die via J partiell isomorph sind, folgendes wahr ist:

Für alle $k\in\mathbb{N}$, alle $\mathfrak{L}$-Formeln α mit $Fr(\alpha)\subset\{v_0,\dots,v_{k-1}\}$, alle $p\in J$ und alle Elemente $a_0,\dots,a_{k-1}\in D(p)$ gilt:

$$\mathfrak{A}\models\alpha[a_0,\dots,a_{k-1}] \;\Leftrightarrow\; \mathfrak{B}\models\alpha[p(a_0),\dots,p(a_{k-1})].$$

Für Primformeln ist dies nach Definition der partiellen Isomorphismen klar. — Die aussagenlogischen Schritte folgen routinemäßig. — Sei nun

$\alpha = \forall x\beta$ und die Behauptung sei für β bereits richtig. Indem man gegebenenfalls gebunden umbenennt, kann man ohne Einschränkung annehmen, daß $Fr(\beta) \subset \{v_0,\dots,v_k\}$ und $x = v_k$ ist. Es gilt dann für alle $a_0,\dots,a_{k-1} \in |\mathfrak{A}|$:

$$\mathfrak{A} \models \forall v_k \beta[a_0,\dots,a_{k-1}] \quad \Leftrightarrow \quad \text{für alle } a \in |\mathfrak{A}|: \ \mathfrak{A} \models \beta[a_0,\dots,a_{k-1},a].$$

Ist jetzt p ein Element von J, das $a_0,\dots,a_{k-1}$ im Definitionbereich enthält, so gibt es aufgrund der Her-Eigenschaft von J zu jedem $b \in |\mathfrak{B}|$ ein $q \in J$, das p umfaßt und b im Wertebereich hat. Aus der Induktionsvoraussetzung ergibt sich dann unter Beachtung von $q(a_j) = p(a_j)$ für $j \in \{0,\dots,k-1\}$:

$$\begin{aligned} \mathfrak{A} \models \forall v_k \beta[a_0,\dots,a_{k-1}] \quad &\Rightarrow \quad \mathfrak{A} \models \beta[a_0,\dots,a_{k-1},q^{-1}(b)] \\ &\Rightarrow \quad \mathfrak{B} \models \beta[p(a_0),\dots,p(a_{k-1}),b]. \end{aligned}$$

Da dies für beliebiges $b \in |\mathfrak{B}|$ gilt, folgt:

$$\mathfrak{A} \models \forall v_k \beta[a_0,\dots,a_{k-1}] \quad \Rightarrow \quad \mathfrak{B} \models \forall v_k \beta[p(a_0),\dots,p(a_{k-1})].$$

Analog zeigt man mit der Hin-Eigenschaft die umgekehrte Implikation.

Speziell erhält man für $\mathfrak{L}$-Aussagen α die Äquivalenz $(\mathfrak{A} \models \alpha \Leftrightarrow \mathfrak{B} \models \alpha)$. Damit sind $\mathfrak{A}$ und $\mathfrak{B}$ elementar äquivalent – und die Behauptung (2) ist gezeigt.

Sei jetzt J ein System von partiellen Isomorphismen von $\mathfrak{A}$ in $\mathfrak{B}$ mit der Hin- und Her-Eigenschaft und sei $|\mathfrak{A}| = \{a_j \mid j \in \mathbb{N}\}$ und $|\mathfrak{B}| = \{b_j \mid j \in \mathbb{N}\}$. Ausgehend von irgendeinem $p \in J$ definiert man mit Hilfe der Hin- und Her-Eigenschaft induktiv partielle Isomorphismen p_j und q_j für alle $j \in \mathbb{N}$ mit

$$p_0 \subset q_0 \subset p_1 \subset q_1 \subset p_2 \subset q_2 \subset \dots \subset p_j \subset q_j \subset \dots \quad \text{und} \quad a_j \in D(p_j) \text{ und } b_j \in W(q_j).$$

Dann ist, wie man sich sofort überzeugt, $d := \bigcup_{j \in \mathbb{N}} p_j = \bigcup_{j \in \mathbb{N}} q_j$ ein Isomorphismus von $\mathfrak{A}$ nach $\mathfrak{B}$. Damit ist auch die Behauptung (3) gezeigt.

Ω

Sind $\mathfrak{A}$ und $\mathfrak{B}$ zwei dichte lineare Ordnungen ohne Endpunkte, so überlegt man sich leicht, daß die Menge aller partiellen Isomorphismen von $\mathfrak{A}$ in $\mathfrak{B}$, die einen endlichen Definitionsbereich haben, die Hin- und Her-Eigenschaft hat. Aus (3) folgt dann Cantors Resultat, daß je zwei abzählbare dichte lineare Ordnungen ohne Endpunkte isomorph sind. Die Theorie T_{DO} ist somit ω-kategorisch und damit (nach Vaughts-Test) auch vollständig.

Schaut man sich den Beweis von (9.27)(2) näher an, so zeigt sich, daß man, um $(\mathfrak{A} \models \alpha \Leftrightarrow \mathfrak{B} \models \alpha)$ für ein fest vorgegebenes α nachzuweisen, die Hin- und Her-Eigenschaft nicht beliebig oft benötigt. Vielmehr ist die Zahl der Hin- und Her-Anwendungen von der Zahl der ineinander verschachtelten Quantoren von α abhängig. Durch Präzisierung dieses Sachverhaltes gelangt man zum Begriff der endlichen partiellen Isomorphie:

Wir nennen zwei $\mathfrak{L}$-Strukturen $\mathfrak{A}$ und $\mathfrak{B}$ *endlich partiell isomorph* (in Zeichen $\mathfrak{A}\cong_e\mathfrak{B}$) genau dann, wenn es eine Folge $\langle J_m | m\in\mathbb{N}\rangle$ von nichtleeren Mengen von partiellen Isomorphismen von $\mathfrak{A}$ in $\mathfrak{B}$ gibt, so daß für alle $m\in\mathbb{N}$ gilt:

(1) Zu jedem $p\in J_{m+1}$ und jedem $a\in|\mathfrak{A}|$ existiert ein $q\in J_m$ mit $p\subset q$ und $a\in D(q)$.

(2) Zu jedem $p\in J_{m+1}$ und jedem $b\in|\mathfrak{B}|$ existiert ein $q\in J_m$ mit $p\subset q$ und $b\in W(q)$.

Die Menge J_m besteht also gerade aus partiellen Isomorphismen von $\mathfrak{A}$ in $\mathfrak{B}$, die sich mindestens m-fach "hin und her" ausdehnen lassen.

Man definiert den *Quantorenverschachtelungsgrad* $\partial(\alpha)$ für Formeln α durch:

$\partial(\gamma)=0$ für Primformeln γ, $\partial(\top)=\partial(\bot)=0$,

$\partial(\neg\gamma)=\partial(\gamma)$, $\partial(\gamma\wedge\delta)=\partial(\gamma\vee\delta)=\partial(\gamma\rightarrow\delta)=\partial(\gamma\leftrightarrow\delta)=\max(\partial(\gamma),\partial(\delta))$,

$\partial(\forall x\gamma)=\partial(\exists x\gamma)=\partial(\gamma)+1$.

Für relationale Sprachen $\mathfrak{L}$ gilt, falls die Folge $\langle J_m | m\in\mathbb{N}\rangle$ die obigen Bedingungen (1) und (2) erfüllt, für alle natürlichen Zahlen k und m:

Ist α eine $\mathfrak{L}$-Formel mit $\partial(\alpha)\leq m$ und $Fr(\alpha)\subset\{v_0,\dots,v_{k-1}\}$, p ein Element von J_m und $a_0,\dots,a_{k-1}\in D(p)$, so folgt:

$\mathfrak{A}\models\alpha[a_0,\dots,a_{k-1}] \iff \mathfrak{B}\models\alpha[p(a_0),\dots,p(a_{k-1})]$.

Hieraus folgt für beliebige $\mathfrak{L}$-Aussagen α, indem man ein $p\in J_{\partial(\alpha)}$ wählt, die Äquivalenz $(\mathfrak{A}\models\alpha \iff \mathfrak{B}\models\alpha)$.

Relationale endlich partiell isomorphe Strukturen sind somit elementar äquivalent. Wie im Beweis von (9.25)(2) zeigt sich, daß die Einschränkung auf relationale Sprachen unwesentlich ist. Es gilt somit für beliebige Sprachen $\mathfrak{L}$ und $\mathfrak{L}$-Strukturen $\mathfrak{A}$ und $\mathfrak{B}$: $(\mathfrak{A}\cong_e\mathfrak{B} \Rightarrow \mathfrak{A}\equiv\mathfrak{B})$.

Ist die *Sprache* $\mathfrak{L}=\langle\mathfrak{R},\mathfrak{F},\mathfrak{K},s\rangle$ *endlich*, d.h. ist $\mathfrak{R}\cup\mathfrak{F}\cup\mathfrak{K}$ endlich, so gilt auch die umgekehrte Implikation. Dies ist die wesentliche Aussage des *Satzes von Fraisse* (s. [18]):

(9.28) **Theorem:** Für endliche Sprachen $\mathfrak{L}$ gilt, daß zwei $\mathfrak{L}$-Strukturen $\mathfrak{A}$ und $\mathfrak{B}$ genau dann endlich partiell isomorph sind, wenn sie elementar äquivalent sind.

Beweis:

Zu zeigen ist noch, daß für alle $\mathfrak{L}$-Strukturen $\mathfrak{A}$ und $\mathfrak{B}$ die Implikation $(\mathfrak{A}\equiv\mathfrak{B} \Rightarrow \mathfrak{A}\cong_e\mathfrak{B})$ gilt. Da aus $\mathfrak{A}\equiv\mathfrak{B}$ auch $\mathfrak{A}'\equiv\mathfrak{B}'$ für die zugehörigen relationalen Strukturen $\mathfrak{A}'$ und $\mathfrak{B}'$ folgt und mit $\mathfrak{L}$ auch $\mathfrak{L}'$ endlich ist und jeder partielle Isomorphismus von $\mathfrak{A}'$ in $\mathfrak{B}'$ auch ein partieller Isomorphismus von $\mathfrak{A}$ in $\mathfrak{B}$ ist, genügt es wiederum, die Behauptung für relationale Sprachen zu zeigen.

Sei also $\mathfrak{L}$ endlich und relational. Das folgende Argument macht von der Tatsache Gebrauch, daß in endlichen, relationalen Sprachen für feste natürliche Zahlen k und m nur endlich viele logisch inäquivalente Formeln in der Menge

$$\Phi_{k,m} := \{\,\alpha\in Fm_{\mathfrak{L}} \mid Fr(\alpha)\subset\{v_0,..,v_{k-1}\} \text{ und } \partial(\alpha)\leq m\,\}$$

existieren, d.h. es gibt ein $s\in\mathbb{N}$ und $\alpha_1,\ldots,\alpha_s\in\Phi_{k,m}$, so daß zu jedem $\alpha\in\Phi_{k,m}$ ein $j\in\{1,\ldots,s\}$ mit $\models\alpha\leftrightarrow\alpha_j$ existiert. Den Beweis dieses Faktums stellen wir zurück.

Für $k\in\mathbb{N}$ und Teilmengen $p:=\{\langle a_0,b_0\rangle,\ldots,\langle a_{k-1},b_{k-1}\rangle\}\subset|\mathfrak{A}|\times|\mathfrak{B}|$ definieren wir:

$$p\in J_m^{(k)} :\Leftrightarrow \begin{cases} p \text{ ist ein partieller Isomorphismus von } \mathfrak{A} \text{ in } \mathfrak{B} \text{ mit} \\ (\mathfrak{A}\models\alpha[a_0,\ldots,a_{k-1}] \Leftrightarrow \mathfrak{B}\models\alpha[b_0,\ldots,b_{k-1}]) \text{ für alle } \alpha\in\Phi_{k,m}. \end{cases}$$

Es sei dann: $J_m := \bigcup_{k\in\mathbb{N}} J_m^{(k)}$.

Jedes J_m ist nicht leer, da nach Voraussetzung $\mathfrak{A}$ und $\mathfrak{B}$ dieselben Aussagen (gleichgültig welchen Grades) erfüllen, und somit der leere partielle Isomorphismus $\emptyset$ in jedem J_m vorkommt.

Wir zeigen jetzt, daß es zu jedem $p\in J_{m+1}$ und jedem $a\in|\mathfrak{A}|$ ein $q\in J_m$ mit $p\subset q$ und $a\in D(q)$ gibt. Sei $\{a_0,\ldots,a_{k-1}\}$ der Definitionsbereich von p. Wir betrachten alle Formeln γ mit $Fr(\gamma)\subset\{v_0,\ldots,v_k\}$ und $\partial(\gamma)\leq m$, die von $a_0,\ldots,a_{k-1},a$ erfüllt werden:

$$\Gamma := \{\,\gamma\in\Phi_{k+1,m} \mid \mathfrak{A}\models\gamma[a_0,\ldots,a_{k-1},a]\,\}.$$

Aufgrund des obenerwähnten Faktums gibt es eine endliche Teilmenge $\{\gamma_1,\ldots,\gamma_t\}$ von Γ, so daß zu jedem γ aus Γ ein γ_j mit $\models\gamma\leftrightarrow\gamma_j$ existiert. In der Struktur $\mathfrak{A}$ gilt dann

$$\mathfrak{A}\models(\gamma_1\wedge\ldots\wedge\gamma_t)[a_0,\ldots,a_{k-1},a],$$

und damit auch

$$\mathfrak{A}\models\exists v_k(\gamma_1\wedge\ldots\wedge\gamma_t)[a_0,\ldots,a_{k-1}].$$

Da $\partial(\exists v_k(\gamma_1\wedge\ldots\wedge\gamma_t))\leq m+1$ ist, folgt aus $p\in J_{m+1}$, daß gilt:

$$\mathfrak{B}\models\exists v_k(\gamma_1\wedge\ldots\wedge\gamma_t)[p(a_0),\ldots,p(a_{k-1})].$$

Also gibt es ein $b\in|\mathfrak{B}|$ mit

$$\mathfrak{B}\models(\gamma_1\wedge\ldots\wedge\gamma_t)[p(a_0),\ldots,p(a_{k-1}),b].$$

Da die Formelmenge $\Phi_{k+1,m}$ unter Negationen abgeschlossen ist und jede Formel aus Γ zu einem γ_j äquivalent ist, folgt hieraus, daß die Elemente $a_0,\ldots,a_{k-1},a$ und $p(a_0),\ldots,p(a_{k-1}),b$ genau dieselben α aus $\Phi_{k+1,m}$ erfüllen. Daher ist $q:=p\cup\{\langle a,b\rangle\}$ ein Element von J_m, das p erweitert und a im Definitionsbereich hat.

Die Folge $\langle J_m | m \in \mathbb{N} \rangle$ hat somit die Eigenschaft (1) für endliche partielle Isomorphie. Die Eigenschaft (2) zeigt man analog.

Damit ist bis auf die noch unbewiesene Zwischenbehauptung das Theorem gezeigt.

Nachzuweisen bleibt also noch, daß jede Formel in $\Phi_{k,m}$ zu einer Formel aus einer gewissen endlichen Teilmenge von $\Phi_{k,m}$ äquivalent ist:

Dies ist für alle $\Phi_{k,0}$ richtig, da die Menge der Relationzeichen $\mathfrak{R}$ nach Voraussetzung endlich ist und mit Hilfe der Variablen $v_0,\dots,v_{k-1}$ daraus nur endlich viele Primformeln bildbar sind. Aus s-vielen Primformeln lassen sich aber höchstens 2^{2^s}-viele paarweise inäquivalente aussagenlogische Kombinationen bilden.

Wir nehmen jetzt induktiv an, daß die Behauptung für m und alle k schon richtig ist, und zeigen sie unter dieser Voraussetzung für m+1 und beliebiges k.

Sei also jede Formel aus $\Phi_{k,m}$ zu einer der Formeln $\alpha_1,\dots,\alpha_s$ und jede Formel aus $\Phi_{k+1,m}$ zu einer der Formeln $\beta_1,\dots,\beta_t$ logisch äquivalent. Da aber jede Formel in $\Phi_{k,m+1}$ zu einer aussagenlogischen Kombination von Formeln aus $\Phi_{k,m}$ und Formeln der Gestalt $\forall x\gamma$ mit $Fr(\gamma) \subset \{v_0,\dots,v_{k-1},x\}$ und $\partial(\gamma)=m$ äquivalent ist, genügt es zu zeigen, daß jede solche mit $\forall$ beginnende Formel des Grades m+1 zu einer der Formeln $\forall v_k \beta_j$ äquivalent ist. Denn dann ist jede Formel in $\Phi_{k,m+1}$ zu einer aussagenlogischen Kombination von Formeln, die alle in der endlichen Formelmenge $\{\alpha_1,\dots,\alpha_s\} \cup \{\forall v_k\beta_1,\dots,\forall v_k\beta_t\}$ liegen, äquivalent. Aus s+t Formeln lassen sich aber höchstens $2^{2^{(s+t)}}$-viele inäquivalente aussagenlogische Kombinationen bilden.

Sei also eine Formel $\forall x\gamma$ mit $Fr(\gamma) \subset \{v_0,\dots,v_{k-1},x\}$ und $\partial(\gamma) \le m$ gegeben. Durch gebundene Umbenennungen kann man immer ein γ' finden, so daß $\models \forall x\gamma \leftrightarrow \forall v_k\gamma'$, $Fr(\gamma') \subset \{v_0,\dots,v_k\}$ und $\partial(\gamma)=\partial(\gamma')$ gilt. Zu einem solchen γ' existiert aber nach Voraussetzung ein β_j mit $\models \gamma' \leftrightarrow \beta_j$. Daraus ergibt sich $\models \forall v_k\gamma' \leftrightarrow \forall v_k\beta_j$ – und wir erhalten, wie gewünscht, $\models \forall x\gamma \leftrightarrow \forall v_k\beta_j$. Damit ist auch die noch ausstehende Behauptung bewiesen.

Ω

Als nächstes wird der Begriff der ω-Saturiertheit erklärt, den wir für eine modallogische Anwendung der Modelltheorie benötigen. – Wir fixieren eine Sprache $\mathfrak{L}$ und eine $\mathfrak{L}$-Struktur $\mathfrak{A}$ mit der Trägermenge $A := |\mathfrak{A}|$. Mit $\Gamma(v_0)$, $\Delta(v_0)$,... deuten wir im weiteren Formelmengen an, in deren Formeln allenfalls die Variable v_0 frei vorkommt. – Unter einem *$\mathfrak{A}$-Typ* verstehen wir eine Formelmenge $\Gamma(v_0)$ der Sprache $\mathfrak{L}_A$, die lokal in $\mathfrak{A}$ realisierbar ist. Dabei bedeutet die *lokale Realisierbarkeit von $\Gamma(v_0)$ in $\mathfrak{A}$*, daß es zu jeder endlichen Teilmenge $\Gamma_0 \subset \Gamma(v_0)$ ein $a \in A$ mit $\mathfrak{A}_A \models \gamma(\mathbf{a})$ für alle $\gamma \in \Gamma_0$ gibt. Dies ist ersichtlich äquivalent zu der Aussage, daß $\mathfrak{A}_A \models \exists v_0 \bigwedge \Gamma_0$ für alle endlichen Mengen $\Gamma_0 \subset \Gamma(v_0)$ gilt. – Eine $\mathfrak{L}_A$-Formelmenge $\Gamma(v_0)$ heißt *in* $\mathfrak{A}$ *(global) realisierbar* genau dann, wenn es ein Element $a \in A$ gibt, so daß $\mathfrak{A}_A \models \gamma(\mathbf{a})$ für alle $\gamma \in \Gamma(v_0)$ gilt.

Aus der globalen Realisierbarkeit von $\Gamma(v_0)$ in $\mathfrak{A}$ folgt natürlich die lokale. Die Umkehrung ist im allgemeinen nicht richtig. Für unendliches A ist zum Beispiel $\Gamma(v_0) := \{\neg v_0 \doteq \mathbf{a} \mid a \in A\}$ ein $\mathfrak{A}$-Typ, der in $\mathfrak{A}$ selbst nicht global realisiert sein kann.

Ist $\mathfrak{B}$ eine elementare Erweiterung von $\mathfrak{A}$, so ist, wie sich sofort aus der Definition ergibt, jeder $\mathfrak{A}$-Typ auch ein $\mathfrak{B}$-Typ.

Erweitern wir die Sprache $\mathfrak{L}_A$ durch Hinzunahme einer neuen Konstanten c, so gelten, falls $\Gamma(c) := \{\gamma(c) \mid \gamma \in \Gamma(v_0)\}$ bezeichnet, folgende Äquivalenzen:

$\Gamma(v_0)$ ist ein $\mathfrak{A}$-Typ	$\Leftrightarrow$	jede endliche Teilmenge von $Th(\mathfrak{A}_A) \cup \Gamma(c)$ ist erfüllbar.
	$\Leftrightarrow$	$\Gamma(v_0)$ ist in einer elementaren Erweiterung von $\mathfrak{A}$ realisierbar.

Beweis:

Ist $\Gamma(v_0)$ ein $\mathfrak{A}$-Typ, so ist nach Definition $\Gamma(v_0)$ lokal in $\mathfrak{A}$ realisierbar. Dann ist aber auch jede endliche Teilmenge von $\Gamma(c)$ in einer Struktur $\mathfrak{A}'$ erfüllbar, deren $\mathfrak{L}_A$-Redukt $\mathfrak{A}_A$ ist. Da trivialerweise $\mathfrak{A}_A \models Th(\mathfrak{A}_A)$ gilt, folgt, daß jede endliche Teilmenge von $Th(\mathfrak{A}_A) \cup \Gamma(c)$ erfüllbar ist.

Aufgrund des Kompaktheitstheorems ergibt sich aus der endlichen Erfüllbarkeit von $Th(\mathfrak{A}_A) \cup \Gamma(c)$ unter Benutzung von Lemma (9.11), daß die Formelmenge $\Gamma(v_0)$ in einer elementaren Erweiterung von $\mathfrak{A}$ realisierbar ist.

Schließlich folgt aus der Realisierbarkeit der Formelmenge $\Gamma(v_0)$ in einem $\mathfrak{B}$ mit $\mathfrak{A} \prec \mathfrak{B}$, daß $\mathfrak{B}_A \models \exists v_0 \bigwedge \Gamma_0$ für jede endliche Teilmenge Γ_0 von $\Gamma(v_0)$ gilt. Da $\mathfrak{A} \prec \mathfrak{B}$ auch $\mathfrak{A}_A \prec \mathfrak{B}_A$ impliziert, folgt die lokale Realisierbarkeit von $\Gamma(v_0)$ in $\mathfrak{A}$. Also ist $\Gamma(v_0)$ ein $\mathfrak{A}$-Typ.

Damit sind die Äquivalenzen gezeigt.

Ω

Eine $\mathfrak{L}$-Struktur $\mathfrak{A}$ heißt *ω-saturiert* genau dann, wenn jeder $\mathfrak{A}$-Typ $\Gamma(v_0)$, in dem nur endlich viele Konstanten aus $\{\mathbf{a} \mid a \in A\}$ vorkommen, schon in der Struktur $\mathfrak{A}$ realisiert ist. Daß in $\Gamma(v_0)$ nur endlich viele Konstanten aus $\{\mathbf{a} \mid a \in A\}$ vorkommen, bedeutet die Existenz einer endlichen Teilmenge $U \subset A$, so daß jedes γ aus $\Gamma(v_0)$ schon eine $\mathfrak{L}_U$-Formel ist.

Jede endliche Struktur ist ω-saturiert, da es keine echten elementaren

Erweiterungen endlicher Strukturen gibt. – Wir zeigen jetzt, daß jede Struktur ω-saturierte elementare Erweiterungen besitzt:

(9.29) **Lemma:** Zu jeder $\mathfrak{L}$-Struktur $\mathfrak{A}_0$ existiert eine ω-saturierte elementare Erweiterung $\mathfrak{A}$.

Beweis:

Zu jedem $\mathfrak{A}_0$-Typ $\Gamma(v_0)$ wählen wir eine neue Konstante c_Γ und betrachten die Aussagenmenge

$$\mathrm{Th}(\mathfrak{A}_{0|\mathfrak{A}_0|}) \cup \bigcup\{\Gamma(c_\Gamma) \mid \Gamma(v_0)\ \mathfrak{A}_0\text{-Typ}\}.$$

Diese Menge ist endlich erfüllbar, da jedes $\Gamma(v_0)$ ein $\mathfrak{A}_0$-Typ ist und die Konstanten c_Γ paarweise verschieden sind. Mit Kompaktheit und (9.11) folgt die Existenz einer elementaren Erweiterung $\mathfrak{A}_1$, in der jeder $\mathfrak{A}_0$-Typ realisiert ist. Indem man anstelle von $\mathfrak{A}_0$ jetzt $\mathfrak{A}_1$ betrachtet, erhält man eine elementare Erweiterung $\mathfrak{A}_2$ von $\mathfrak{A}_1$, in der jeder $\mathfrak{A}_1$-Typ (und damit erst recht jeder $\mathfrak{A}_0$-Typ) realisiert ist. Fährt man so fort, so ergibt sich per Induktion eine elementare Kette

$$\mathfrak{A}_0 \prec \mathfrak{A}_1 \prec \mathfrak{A}_2 \prec \ldots \prec \mathfrak{A}_k \prec \mathfrak{A}_{k+1} \prec \ldots \quad \text{mit Limes} \quad \mathfrak{A} := \bigcup_{k \in \mathbb{N}} \mathfrak{A}_k,$$

in der jeder $\mathfrak{A}_k$-Typ in $\mathfrak{A}_{k+1}$ realisiert wird. Aufgrund von (9.17) ist jedes $\mathfrak{A}_k$ elementare Substruktur von $\mathfrak{A}$.

Ist jetzt $\Gamma(v_0)$ ein $\mathfrak{A}$-Typ, in dem nur endlich viele Konstanten aus der Menge $\{\mathbf{a} \mid a \in |\mathfrak{A}|\}$ vorkommen, so liegen, da ja $|\mathfrak{A}|$ die Vereinigung über die aufsteigende Inklusionskette der $|\mathfrak{A}_k|$ ist, die Deutungen dieser Konstanten alle schon in einem gewissen $|\mathfrak{A}_k|$. Indem man noch $\mathfrak{A}_k \prec \mathfrak{A}$ berücksichtigt, folgt, daß dann $\Gamma(v_0)$ ein $\mathfrak{A}_k$-Typ ist. Nach Konstruktion wird dann $\Gamma(v_0)$ in $\mathfrak{A}_{k+1}$, und damit in $\mathfrak{A}$ realisiert. – Also ist die Struktur $\mathfrak{A}$ ω-saturiert.

Ω

Ist $\Gamma(v_0)$ eine $\mathfrak{L}$-Formelmenge, die in einer $\mathfrak{L}$-Struktur $\mathfrak{A}$ global realisiert ist, so kann man sich fragen, ob es auch eine zu $\mathfrak{A}$ elementar äquivalente Struktur $\mathfrak{B}$ gibt, in der $\Gamma(v_0)$ *ausgelassen wird*, d.h. durch kein $b \in |\mathfrak{B}|$ global realisiert wird. Betrachtet man zum Beispiel die Sprache der Arithmetik und setzt

$$\Gamma(v_0) := \{\neg v_0 \doteq 0, \neg v_0 \doteq s(0), \neg v_0 \doteq s(s(0)), \neg v_0 \doteq s(s(s(0))), \ldots\},$$

so wird dieser Typ in jedem Modell $\mathfrak{A}$ von $\mathrm{Th}(\mathfrak{N})$, das nicht zum Standardmodell $\mathfrak{N} = \langle \mathbb{N}, <, s, +, \cdot, 0 \rangle$ isomorph ist, realisiert. Ausgelassen wird dieser Typ aber nur in Strukturen, die zum Standardmodell isomorph sind.

Für das Auslassen einer Formelmenge $\Gamma(v_0)$ in einer zu $\mathfrak{A}$ elementar äquivalenten Struktur gibt es ein offensichtliches Hindernis:

Existiert nämlich eine Formel ρ, in der höchstens die Variable v_0 frei vorkommt, mit den Eigenschaften

(1) $\mathfrak{A} \models \exists v_0 \rho$,

(2) $\mathfrak{A} \models \forall v_0(\rho \rightarrow \gamma)$ für alle $\gamma \in \Gamma(v_0)$,

so werden in jedem $\mathfrak{B}$ mit $\mathfrak{B} \equiv \mathfrak{A}$ die Aussagen $\exists v_0 \rho$ und $\forall v_0(\rho \rightarrow \gamma)$ für $\gamma \in \Gamma(v_0)$ wahr. Wegen $\mathfrak{B} \models \exists v_0 \rho$ gibt es ein $b \in |\mathfrak{B}|$, das ρ erfüllt. Aber jedes b, das ρ erfüllt, erfüllt wegen $\mathfrak{B} \models \forall v_0(\rho \rightarrow \gamma)$ auch jedes $\gamma \in \Gamma(v_0)$. Somit wird $\Gamma(v_0)$ in jedem zu $\mathfrak{A}$ elementar äquivalenten $\mathfrak{B}$ global realisiert.

Es zeigt sich, daß für abzählbare Sprachen $\mathfrak{L}$ dies das einzige Hindernis für das Auslassen von Formelmengen ist. Es gilt folgendes Theorem von A. Ehrenfeucht (*Omitting-types-theorem*, s. z.B. [8]):

(9.30) **Theorem:** Die Sprache $\mathfrak{L}$ sei abzählbar und $\mathfrak{A}$ sei eine $\mathfrak{L}$-Struktur, in der die $\mathfrak{L}$-Formelmenge $\Gamma(v_0)$ global realisiert ist. Dann existiert eine zu $\mathfrak{A}$ elementar äquivalente Struktur $\mathfrak{B}$, die $\Gamma(v_0)$ ausläßt, genau dann, wenn es keine Formel ρ mit $Fr(\rho) \subset \{v_0\}$ und den Eigenschaften (1) und (2) gibt.

Beweis:

Aufgrund der obigen Betrachtungen bleibt zu zeigen, daß, sofern keine Formel ρ mit den Eigenschaften (1) und (2) existiert, es eine zu $\mathfrak{A}$ elementar äquivalente Struktur $\mathfrak{B}$ gibt, die $\Gamma(v_0)$ ausläßt. Wir erweitern zu diesem Zweck $\mathfrak{L}$ zur Sprache $\mathfrak{L}(C)$, indem wir eine abzählbare Menge $C = \{c_j | j \in \mathbb{N}\}$ neuer Konstanten adjungieren und zeigen, daß es eine erfüllbare $\mathfrak{L}(C)$-Aussagenmenge Σ gibt, die folgende Eigenschaften hat:

(i) $Th(\mathfrak{A}) \subset \Sigma$.

(ii) Zu jeder $\mathfrak{L}(C)$-Aussage der Gestalt $\exists x \delta$ existiert ein $c \in C$, so daß $(\exists x \delta \rightarrow \delta(x/c)) \in \Sigma$ ist.

(iii) Zu jedem $c \in C$ existiert ein $\gamma \in \Gamma(v_0)$, so daß $\Sigma \models \neg \gamma(c)$ gilt.

Ist $\mathfrak{C}'$ ein Modell von Σ, so garantiert (i), daß $\mathfrak{C} := (\mathfrak{C}' \upharpoonright \mathfrak{L})$ zu $\mathfrak{A}$ elementar äquivalent ist. Aus (ii) ergibt sich wie im Beweis des Craigschen Interpolationstheorems, daß $B := \{c^{\mathfrak{C}'} | c \in C\}$ Trägermenge einer elementaren Substruktur $\mathfrak{B}'$ von $\mathfrak{C}'$ ist. Aufgrund von (iii) wird in $\mathfrak{B}'$ (und somit auch im $\mathfrak{L}$-Redukt $\mathfrak{B}$ von $\mathfrak{B}'$) die Formelmenge $\Gamma(v_0)$ ausgelassen. Damit ist dann $\mathfrak{B} := (\mathfrak{B}' \upharpoonright \mathfrak{L})$ eine Struktur der gesuchten Art.

Sei $\varkappa_0, \varkappa_1, \varkappa_2, \ldots$ eine Abzählung aller $\mathfrak{L}(C)$-Aussagen, die mit einem Existenzquantor beginnen. Weiterhin sei $\Gamma(v_0) = \{\gamma_0, \gamma_1, \gamma_2, \ldots\}$. Wir setzen $\Sigma_0 := Th(\mathfrak{A})$ und definieren endliche Erweiterungen Σ_k von Σ_0 auf folgende Weise:

Ist die endliche Erweiterung Σ_k von Σ_0 schon definiert, so sei $\Sigma_{k+1}=\Sigma_k\cup\{\lambda_k,\varepsilon_k\}$. Dabei sind die Aussagen λ_k und ε_k wie folgt definiert:

Ist $\varkappa_k=\exists x\delta$, so sei $\lambda_k:=(\exists x\delta\rightarrow\delta(x/c))$, wobei c die Konstante mit kleinstem Index aus $C=\{c_j|j\in\mathbb{N}\}$ ist, die nicht in den Aussagen von Σ_k vorkommt. Weiter sei $\varepsilon_k:=\neg\gamma(c)$, sofern γ die erste Formel in der Abzählung der Formelmenge $\Gamma(v_0)$ ist, so daß $\Sigma_k\cup\{\lambda_k\}\cup\{\neg\gamma(c)\}$ erfüllbar ist. Gibt es kein solches γ, so sei $\varepsilon_k:=\perp$.

Wir setzen schließlich $\Sigma:=\bigcup_{k\in\mathbb{N}}\Sigma_k$ und behaupten, daß Σ erfüllbar ist. Es genügt dazu wiederum induktiv zu zeigen, daß jedes Σ_k erfüllbar ist, mithin der zweite Fall in der Definition von ε_k nicht auftreten kann.

Σ_0 ist nach Voraussetzung erfüllbar. Sei jetzt Σ_k schon erfüllbar. Wäre für alle $\gamma\in\Gamma(v_0)$ die Menge $\Sigma_k\cup\{\lambda_k\}\cup\{\neg\gamma(c)\}$ unerfüllbar, so hätte man für alle $\gamma\in\Gamma(v_0)$:

$$\Sigma_k\models(\exists x\delta\rightarrow\delta(x/c))\rightarrow\gamma(c).$$

Die Menge Σ_k läßt sich wie folgt schreiben: $\Sigma_k=Th(\mathfrak{A})\cup\Theta$, wobei Θ eine endliche Aussagenmenge ist, in der die Konstante c nicht auftritt. Setzt man $\vartheta:=\bigwedge\Theta$, so hätte man für alle $\gamma\in\Gamma(v_0)$:

$$Th(\mathfrak{A})\models\vartheta\wedge(\exists x\delta\rightarrow\delta(x/c))\rightarrow\gamma(c).$$

Es seien $e_1,\ldots,e_m$ alle Konstanten aus C, die in $\{\vartheta,\exists x\delta\}$ vorkommen. Die Konstante c ist nicht unter diesen e_j. Indem man eine Substitution * ausübt, die die e_j durch neue Variablen z_j ersetzt und c durch v_0 ersetzt (nachdem man unter Umständen in δ gebundene Umbenennungen vorgenommen hat), ergäbe sich:

$$Th(\mathfrak{A})\models\forall v_0\forall z_1\ldots\forall z_m({}^*\vartheta\wedge(\exists x{}^*\delta\rightarrow{}^*\delta(x/v_0))\rightarrow\gamma)$$

und damit auch

$$\mathfrak{A}\models\forall v_0(\exists z_1\ldots\exists z_m({}^*\vartheta\wedge(\exists x{}^*\delta\rightarrow{}^*\delta(x/v_0)))\rightarrow\gamma).$$

Andererseits wäre $\exists v_0\exists z_1\ldots\exists z_m({}^*\vartheta\wedge(\exists x{}^*\delta\rightarrow{}^*\delta(x/v_0)))$, indem man $\exists v_0$ soweit wie möglich nach innen bewegt und $v_0\notin Fr({}^*\vartheta)$ beachtet, zu $\exists z_1\ldots\exists z_m{}^*\vartheta$ äquivalent, was wegen der Erfüllbarkeit von $\Sigma_k=Th(\mathfrak{A})\cup\Theta$ auch die Gültigkeit von $\exists z_1\ldots\exists z_m{}^*\vartheta$ in $\mathfrak{A}$ zur Folge hätte. Somit hätte

$$\rho:=\exists z_1\ldots\exists z_m({}^*\vartheta\wedge(\exists x{}^*\delta\rightarrow{}^*\delta(x/v_0)))$$

doch die Eigenschaften (1) und (2).

Jedes Σ_k ist damit erfüllbar. Aufgrund der Kompaktheit ist dann Σ erfüllbar. Offensichtlich hat Σ die Eigenschaften (i) und (ii). Die Eigenschaft (iii) ergibt sich jetzt folgendermaßen:

Ist $e\in C$, so kommt die wahre $\mathfrak{L}(C)$-Aussage $\exists v_1 e\doteq v_1$ unter den $\varkappa_j$ vor. Sei also $\varkappa_k=\exists v_1 e\doteq v_1$. Dann ist für eine gewisse Konstante $c\in C$ die Aussage

$(\exists v_1 e \doteq v_1 \rightarrow e \doteq c) \in \Sigma_{k+1}$. Daraus folgt $\Sigma \models e \doteq c$. Zu diesem c gibt es aber, wie wir gezeigt haben, ein $\gamma \in \Gamma(v_0)$ mit $\neg\gamma(c) \in \Sigma_{k+1}$. Also gilt $\Sigma \models \neg\gamma(c)$ und damit auch $\Sigma \models \neg\gamma(e)$.

Ω

Das Omitting-Types-Theorem hat eine Reihe interessanter Anwendungen, auf die wir hier nicht eingehen können (s. z.B. [8]). Im folgenden wird noch ein modallogisches Resultat dargestellt, zu dessen Beweis modelltheoretische Methoden herangezogen werden.

Wie am Ende des Paragraphen 5 ausgeführt ist, kann man von einem modallogischen Modell $\mathfrak{M}_0 = \langle W_0, R_0, h_0 \rangle$ zu einer $\mathfrak{L}$-Struktur $\mathfrak{A}_0 := \mathfrak{A}(\mathfrak{M}_0)$ der Prädikatenlogik übergehen. Dabei hat die Sprache $\mathfrak{L}$ als nichtlogische Zeichen das zweistellige Relationszeichen Q und unendlich viele einstellige Relationszeichen P_j, die den Aussagenvariablen p_j der Modallogik entsprechen. Die Struktur $\mathfrak{A}_0$ hat die Trägermenge W_0 und es gilt:

$$Q^{\mathfrak{A}_0} = R_0 \quad \text{und} \quad P_j^{\mathfrak{A}_0} = \{u_0 \in W_0 \mid h_0(p_j, u_0) = 1\} \quad \text{für alle } j \in \mathbb{N}.$$

Weiterhin ist für modallogische Formeln α eine Übersetzung ${}^{\#}\alpha$ in $\mathfrak{L}$-Formeln mit der einzigen freien Variablen v_0 eingeführt worden, so daß für alle $u_0 \in W_0$ gilt: $(\mathfrak{M}_0 \models \alpha[u_0] \Leftrightarrow \mathfrak{A}_0 \models {}^{\#}\alpha[u_0])$.

Umgekehrt erhält man aus jeder $\mathfrak{L}$-Struktur $\mathfrak{A}_0$ ein modallogisches Modell $\mathfrak{M}_0 := \mathfrak{M}(\mathfrak{A}_0)$ mit $\mathfrak{M}_0 = \langle W_0, R_0, h_0 \rangle$, indem man $W_0 := |\mathfrak{A}_0|$, $R_0 := Q^{\mathfrak{A}_0}$ setzt und für Aussagenvariablen p_j und Punkte $u_0 \in W_0$ definiert:

$$h_0(p_j, u_0) = \begin{cases} 1, & \text{falls } u_0 \in P_j^{\mathfrak{A}_0}; \\ 0 & \text{sonst.} \end{cases}$$

Dann gilt wieder für alle $u_0 \in W_0$: $(\mathfrak{M}_0 \models \alpha[u_0] \Leftrightarrow \mathfrak{A}_0 \models {}^{\#}\alpha[u_0])$. Die $\mathfrak{A}$- und $\mathfrak{M}$-Bildung sind offensichtlich invers zueinander, d.h. für alle $\mathfrak{A}_0$ und $\mathfrak{M}_0$ gilt:

$$\mathfrak{A}(\mathfrak{M}(\mathfrak{A}_0)) = \mathfrak{A}_0 \text{ und } \mathfrak{M}(\mathfrak{A}(\mathfrak{M}_0)) = \mathfrak{M}_0.$$

Sei jetzt ein modallogisches Modell $\mathfrak{M}_0 = \langle W_0, R_0, h_0 \rangle$ gegeben. Wir gehen zur prädikatenlogischen Struktur $\mathfrak{A}_0 = \mathfrak{A}(\mathfrak{M}_0)$ über. Jede elementare Oberstruktur $\mathfrak{A}_1$ von $\mathfrak{A}_0$ definiert ihrerseits ein modallogisches Modell $\mathfrak{M}_1 := \mathfrak{M}(\mathfrak{A}_1)$ mit $\mathfrak{M}_1 = \langle W_1, R_1, h_1 \rangle$. Die Rahmen $\langle W_0, R_0 \rangle$ und $\langle W_1, R_1 \rangle$ dieser Modelle sind $\mathfrak{L}_Q$-Strukturen, wobei $\mathfrak{L}_Q$ diejenige Teilsprache von $\mathfrak{L}$ ist, die Q als einziges nichtlogisches Zeichen hat. Aus $\mathfrak{A}_0 \prec \mathfrak{A}_1$ folgt sofort, indem man die $\mathfrak{L}_Q$-Redukte bildet, $\langle W_0, R_0 \rangle \prec \langle W_1, R_1 \rangle$. Insbesondere sind also die Rahmen elementar äquivalent. Weiterhin folgt aus $\mathfrak{A}_0 \prec \mathfrak{A}_1$ (mittels Übersetzung und Rückübersetzung) sofort für alle modallogischen Formeln α und alle Punkte $u_0 \in W_0$:

$$\mathfrak{M}_0 \models \alpha[u_0] \Leftrightarrow \mathfrak{M}_1 \models \alpha[u_0].$$

Auch die ω-Saturiertheit von $\mathfrak{L}$-Strukturen findet auf der modallogischen Seite ihren Niederschlag. Dies ist die Aussage des folgenden Lemmas:

(9.31) **Lemma:** Sei $\mathfrak{A}$ eine ω-saturierte $\mathfrak{L}$-Struktur und $\mathfrak{M}=\langle W,R,h\rangle$ das zugehörige modale Modell. Dann gilt:

(1) Jede in $\mathfrak{M}$ endlich erfüllbare Formelmenge Γ ist in $\mathfrak{M}$ (simultan) erfüllbar, d.h. wenn es zu jeder endlichen Teilmenge $\Gamma_0\subset\Gamma$ ein $u\in W$ mit $\mathfrak{M}\models\bigwedge\Gamma_0[u]$ gibt, so gibt es auch ein $u\in W$, so daß $\mathfrak{M}\models\gamma[u]$ für alle $\gamma\in\Gamma$ gilt.

(2) Gibt es zu jeder endlichen Teilmenge Γ_0 einer Formelmenge Γ einen Punkt v mit uRv und $\mathfrak{M}\models\bigwedge\Gamma_0[v]$, so gibt es auch einen Punkt v mit uRv, in dem alle Formel aus Γ in $\mathfrak{M}$ gleichzeitig wahr sind.

Beweis:

Sei $\Gamma(v_0):=\{{}^{\#}\gamma|\gamma\in\Gamma\}$ die Menge der prädikatenlogischen Übersetzungen der Formeln aus Γ. Die Voraussetzung von (1) besagt nach Übersetzung gerade, daß $\Gamma(v_0)$ ein $\mathfrak{A}$-Typ ist, der keine Konstanten enthält. Wegen der ω-Saturiertheit von $\mathfrak{A}$ ist dieser Typ in der Struktur selbst realisiert. Also gibt es ein $u\in W$ mit $\mathfrak{A}\models{}^{\#}\gamma[u]$ für alle $\gamma\in\Gamma$, woraus für alle $\gamma\in\Gamma$ auch $\mathfrak{M}\models\gamma[u]$ folgt. Damit ist (1) nachgewiesen.

Im Falle von (2) sagt die übersetzte Voraussetzung, daß für jede endliche Teilmenge $\{\gamma_1,\dots,\gamma_k\}\subset\Gamma$ in $\mathfrak{A}$ die $\mathfrak{L}_W$-Aussage $\exists v_0(\mathbf{u}Qv_0\wedge{}^{\#}\gamma_1\wedge\dots\wedge{}^{\#}\gamma_k)$ gilt. Mithin ist $\{\mathbf{u}Qv_0\}\cup\{{}^{\#}\gamma|\gamma\in\Gamma\}$ ein $\mathfrak{A}$-Typ, in dem einzig die Konstante $\mathbf{u}$ auftritt. Die ω-Saturiertheit impliziert wiederum, daß dieser Typ in der Struktur $\mathfrak{A}$ realisiert ist, woraus durch Rückübersetzung die Behauptung folgt.

Ω

Allgemein nennen wir ein modales Modell $\mathfrak{M}=\langle W,R,h\rangle$, das die Eigenschaften (1) und (2) hat, *modal-saturiert*. — Wir bemerken, daß kanonische Modelle immer modal-saturiert sind:

(9.32) **Lemma:** Ist S ein normales modallogisches System, so ist das kanonische Modell für S modal-saturiert.

Beweis:

Sei die Voraussetzung von (1) erfüllt. Dann ist Γ S-konsistent. Denn gäbe es eine endliche Teilmenge $\{\gamma_1,\dots,\gamma_k\}\subset\Gamma$ mit $\vdash_S\gamma_1\wedge\dots\wedge\gamma_k\rightarrow\bot$, also $\vdash_S\neg\gamma_1\vee\dots\vee\neg\gamma_k$, so wäre diese Disjunktion im kanonischen Modell für S wahr und die endliche Menge $\{\gamma_1,\dots,\gamma_k\}$ wäre, im Widerspruch zur Voraussetzung, nicht im kanonischen Modell erfüllbar. Aus der S-Konsistenz von Γ folgt, daß es ein Element v des kanonischen Modells mit $\Gamma\subset v$ gibt.

Aufgrund von (3.28) ist dann jedes Element von Γ im kanonischen Modell im Punkte v wahr.

Seien jetzt u und Γ gegeben, die die Voraussetzungen von (2) erfüllen. Da die Relation R des kanonischen Modells für S zwischen zwei Punkten u und v genau dann besteht, wenn $\{\alpha|\Box\alpha\in u\}\subset v$ gilt, genügt es aufgrund von (3.28) zu bemerken, daß $\{\alpha|\Box\alpha\in u\}\cup\Gamma$ S-konsistent ist. Denn gäbe es Formeln $\alpha_1,\ldots,\alpha_k\in\{\alpha|\Box\alpha\in u\}$ und $\gamma_1,\ldots,\gamma_l\in\Gamma$ mit $\vdash_S\alpha_1\wedge\ldots\wedge\alpha_k\wedge\gamma_1\wedge\ldots\wedge\gamma_l\rightarrow\bot$, also $\vdash_S\alpha_1\wedge\ldots\wedge\alpha_k\rightarrow\neg(\gamma_1\wedge\ldots\wedge\gamma_l)$, so ergäbe sich durch Necessitation, Distribution und äquivalente Umformungen $\vdash_S\Box\alpha_1\wedge\ldots\wedge\Box\alpha_k\rightarrow\Box\neg(\gamma_1\wedge\ldots\wedge\gamma_l)$. Somit hätte man $\Box\neg(\gamma_1\wedge\ldots\wedge\gamma_l)\in u$, und es gäbe keinen von u aus zugänglichen Punkt v, in dem $(\gamma_1\wedge\ldots\wedge\gamma_l)$ wahr wäre, was aber der Voraussetzung (2) widerspräche.

Ω

Wir wollen jetzt ein Resultat von K. Fine [16] vorstellen, das besagt, daß jedes normale modallogische System S, das bezüglich einer elementaren Eigenschaft von Rahmen vollständig ist, schon kanonisch vollständig ist.

Dabei heißt eine Eigenschaft $\mathfrak{E}$ von Rahmen *elementar* genau dann, wenn es eine Menge von $\mathfrak{L}_Q$-Aussagen Σ gibt, so daß ein Rahmen $\langle W,R\rangle$ die Eigenschaft $\mathfrak{E}$ genau dann hat, wenn $\langle W,R\rangle\models\Sigma$ gilt.

(9.33)**Theorem:** Jedes normale modallogische System S, das bezüglich einer elementaren Eigenschaft von Rahmen vollständig ist, ist kanonisch vollständig und damit auch kompakt.

Beweis:

Sei $\mathfrak{M}^+=\langle W^+,R^+,h^+\rangle$ das kanonische Modell für S. Da aufgrund von (3.38) ein Rahmen genau dann ein Rahmen für S ist, wenn dies für jeden einfach erzeugten Unterrahmen der Fall ist, genügt es in Hinblick auf (3.51) zu zeigen, daß für alle $t^+\in W^+$ der durch t^+ erzeugte Unterrahmen von $\langle W^+,R^+\rangle$ p-morphes Bild eines Rahmens für S ist.

Sei also eine maximal S-konsistente Formelmenge $\Gamma:=t^+\in W^+$ gegeben. Aufgrund der S-Konsistenz von Γ ist für jede endliche Teilmenge $\Gamma_0\subset\Gamma$ die Formel $\neg\bigwedge\Gamma_0$ nicht S-beweisbar. Das System S ist nach Voraussetzung bezüglich einer elementaren Eigenschaft $\mathfrak{E}$ von Rahmen vollständig. Also gibt es ein Modell $\mathfrak{M}_0=\langle W_0,R_0,h_0\rangle$, das auf einem Rahmen mit der Eigenschaft $\mathfrak{E}$ basiert, und einen Punkt $u_0\in W_0$ mit $\mathfrak{M}_0\models\bigwedge\Gamma_0[u_0]$.

Die elementare Eigenschaft $\mathfrak{E}$ sei durch die $\mathfrak{L}_Q$-Aussagenmenge Σ gegeben. Dann gilt $\langle W_0,R_0\rangle\models\Sigma$. Sei weiterhin $\mathfrak{A}_0$ die zum Modell $\mathfrak{M}_0$ gehörige $\mathfrak{L}$-Struktur $\mathfrak{A}(\mathfrak{M}_0)$. Es folgt $\mathfrak{A}_0\models\bigwedge\{{}^{\#}\gamma|\gamma\in\Gamma_0\}[u_0]$ und $\mathfrak{A}_0\models\Sigma$.

Da dies für jede endliche Teilmenge $\Gamma_0\subset\Gamma$ der Fall ist, gibt es aufgrund des Kompaktheitssatzes der Prädikatenlogik eine $\mathfrak{L}$-Struktur $\mathfrak{A}$ mit $\mathfrak{A}\models\Sigma$

und ein $t\in|\mathfrak{A}|$ mit $\mathfrak{A}\models^{\#}\gamma[t]$ für alle $\gamma\in\Gamma$. Da außerdem jede Struktur nach (9.29) eine elementare ω-saturierte Erweiterung besitzt, können wir ohne Einschränkung annehmen, daß $\mathfrak{A}$ ω-saturiert ist.

Aus der ω-saturierten Struktur $\mathfrak{A}$ erhalten wir nach (9.30) ein modal-saturiertes Modell $\mathfrak{M}=\langle W,R, h\rangle$, das wegen $\mathfrak{A}\models\Sigma$ auf einem Rahmen für S basiert, und in dem es ein $t\in W$ gibt mit $\mathfrak{M}\models\gamma[t]$ für alle $\gamma\in\Gamma$. Da $\mathfrak{M}$ auf einem Rahmen für S-basiert und somit in jedem Punkte alle S-beweisbaren Formeln gültig sind, ist für jedes $u\in W$ die Formelmenge

$$\Gamma_u:=\{\alpha\in Fm_{ML}|\mathfrak{M}\models\alpha[u]\}$$

maximal S-konsistent. — Da Γ nach Voraussetzung maximal S-konsistent ist und $\Gamma\subset\Gamma_t$ gilt, folgt $t^+=\Gamma=\Gamma_t$. — Wir definieren die Funktion $f:W\to W^+$, indem wir

$$f(u):=\Gamma_u$$

setzen, und behaupten, daß die Einschränkung von f auf die Menge $W_t:=\{u\in W|tR^*u\}$, wobei R^* den reflexiven und transitiven Abschluß von R bezeichnet, ein p-Morphismus ist. Dieser p-Morphismus bildet den von t in $\langle W,R\rangle$ erzeugten Unterrahmen mit Träger W_t auf den von $t^+=\Gamma$ in $\langle W^+,R^+\rangle$ erzeugten Unterrahmen mit Träger W^+_{t+} ab.

Wir zeigen zuerst, daß aus uRv auch $f(u)R^+f(v)$ folgt. Damit ist die Bedingung (1) für p-Morhismen erfüllt. Da, wie schon bemerkt, $f(t)=t^+$ gilt, folgt dann außerdem, daß das f-Bild von W_t in W^+_{t+} enthalten ist.

Sei also uRv wahr. Ist $\Box\alpha\in f(u)=\Gamma_u$, so gilt $\mathfrak{M}\models\Box\alpha[u]$ nach Definition von Γ_u, woraus mit uRv auch $\mathfrak{M}\models\alpha[v]$ und damit $\alpha\in\Gamma_v=f(v)$ folgt. Da dies für alle Formeln der Gestalt $\Box\alpha$ gilt, ergibt sich im kanonischen Rahmen $f(u)R^+f(v)$.

Als nächstes zeigen wir, daß aus $u\in W_t$ und $f(u)R^+v^+$ die Existenz eines $w\in W_t$ mit uRw und $f(w)=v^+$ folgt. An dieser Stelle benutzen wir die modale Saturiertheit des Modells $\mathfrak{M}$.

Sei $f(u)R^+v^+$ wahr. Für je endlich viele Formeln $\gamma_1,\dots,\gamma_k$ aus v^+ gilt nach (3.28), daß die Konjunktion dieser γ_j in $\mathfrak{M}^+$ im Punkte v^+ wahr ist. Da nach Voraussetzung v^+ von f(u) aus zugänglich ist, gilt $\Diamond(\gamma_1\wedge\dots\wedge\gamma_k)$ in $\mathfrak{M}^+$ im Punkte $f(u)=\Gamma_u$. Also ist für jede endliche Teilmenge $\Gamma_0\subset v^+$ die Formel $\Diamond\bigwedge\Gamma_0$ in $\mathfrak{M}$ im Punkte u wahr. Mithin gibt es zu jeder endlichen Teilmenge $\Gamma_0\subset\Gamma$ ein $v_{\Gamma_0}\in W$ mit uRv_{Γ_0} und $\mathfrak{M}\models\bigwedge\Gamma_0[v_{\Gamma_0}]$. Aufgrund der modalen Saturiertheit folgt die Existenz eines Punktes $w\in W$ mit uRw und $\mathfrak{M}\models\gamma[w]$ für alle Elemente $\gamma\in v^+$. Da v^+ maximal S-konsistent ist, erhält man, wie gewünscht, $f(w)=\Gamma_w=v^+$.

Aus dem gerade Gezeigten ergibt sich sofort, daß das f-Bild von W_t ganz W^+_{t+} ist. Somit ist die Einschränkung $f_t:=f|_{W_t}$ von f auf W_t eine

Surjektion von W_t auf $W^+_{t^+}$. Weiter folgt, daß f_t die Bedingung (2) für p-Morphismen erfüllt. – Da, wie oben gezeigt, f der Bedingung (1) für p-Morphismen genügt, ist das auch für Einschränkung f_t der Fall. Somit ist f_t ein p-Morphismus. – Der durch t^+ erzeugte Unterrahmen des kanonischen Modells ist damit p-morphes Bild des einfach erzeugten Unterrahmens $\langle W_t, R_t \rangle$ von $\langle W,R \rangle$. Da $\langle W,R \rangle$ ein Rahmen für S ist, ist das auch für $\langle W_t, R_t \rangle$ der Fall. Mit (3.51) ergibt sich, daß der durch t^+ erzeugte Unterrahmen auch ein Rahmen für S ist. Da dies für alle $t^+ \in W^+$ gilt, ist der kanonische Rahmen selbst ein Rahmen für S.

Damit ist das Theorem bewiesen.

Ω

Neben dem Theorem von Fine gibt es noch viele andere allgemeine Resultate über Modallogiken, die wir hier jedoch nicht behandeln können (siehe z.B. [2], [50], [51] und [53]).

§ 10 Modale Prädikatenlogik

Jede prädikatenlogische Sprache $\mathfrak{L}$ läßt sich leicht durch Hinzunahme der Formelbildungsregeln

$$\frac{\alpha}{\Box\alpha} \quad \text{und} \quad \frac{\alpha}{\Diamond\alpha}$$

zu einer modalen Sprache m-$\mathfrak{L}$ erweitern. Um jedoch zu brauchbaren Deutungen dieser modalen Ausdrücke zu gelangen, sind einige Vorbetrachtungen vonnöten. Der Einfachheit halber werden hier nur Sprachen behandelt, in denen keine Funktionszeichen vorkommen.

Wir fixieren eine solche Sprache $\mathfrak{L}$ und einen modallogischen Rahmen $\langle W,R\rangle$. Zu jeder Welt $u\in W$ sei eine $\mathfrak{L}$-Struktur $\mathfrak{A}_u$, die $\mathfrak{L}$-Struktur von u, gegeben. Diese Daten werden durch das Tripel $\mathfrak{S}:=\langle W,R,\mathfrak{A}\rangle$ kodiert, wobei $\mathfrak{A}:=\langle \mathfrak{A}_u | u\in W\rangle$ die Funktion bezeichnet, die jedem $u\in W$ die Struktur $\mathfrak{A}(u):=\mathfrak{A}_u$ zuordnet.

Da die Gültigkeit einer Aussage der Gestalt $\forall x\Box Q(x)$ in einer Welt u besagen soll, daß jedes Ding der Welt u in allen von u aus zugänglichen Welten w die "Q-Eigenschaft in w" hat, müssen alle Dinge aus $\mathfrak{A}_u$ auch in allen $\mathfrak{A}_w$ mit uRw vorkommen. Wir betrachten daher im folgenden nur noch modale Strukturen $\mathfrak{S}:=\langle W,R,\mathfrak{A}\rangle$, die zusätzlich der Bedingung

$$uRw \;\Rightarrow\; |\mathfrak{A}_u|\subset|\mathfrak{A}_w|$$

für alle u und w genügen. — Setzt man für $\mathfrak{L}$-Formeln α, Welten $u\in W$ und Belegungen h in $|\mathfrak{A}_u|$:

$$\mathfrak{S}\models\alpha[u,h] \;:\Leftrightarrow\; \mathfrak{A}_u\models\alpha[h],$$

so ist für rein prädikatenlogische Formeln α die Gültigkeit in $\mathfrak{S}$ im Punkte u unter der Belegung h erklärt. Nimmt man jetzt induktiv an, daß für α schon die Gültigkeit in $\mathfrak{S}$ in allen Welten w unter allen Belegungen h in $|\mathfrak{A}_w|$ erklärt ist, so kann man für $\Box\alpha$ und $\Diamond\alpha$ setzen:

$$\mathfrak{S}\models\Box\alpha[u,h] \;:\Leftrightarrow\; \text{für alle } w{:}\,(uRw \Rightarrow \mathfrak{S}\models\alpha[w,h]),$$

$$\mathfrak{S}\models\Diamond\alpha[h,u] \;:\Leftrightarrow\; \text{es gibt ein } w \text{ mit}{:}\,(uRw \text{ und } \mathfrak{S}\models\alpha[w,h]).$$

Diese Definitionen machen Sinn, da aus uRw nach Voraussetzung $|\mathfrak{A}_u|\subset|\mathfrak{A}_w|$ folgt und somit für uRw jede Belegung in $|\mathfrak{A}_u|$ auch eine Belegung in $|\mathfrak{A}_w|$ ist.

Wir betrachten zuerst, um die Ausführungen so einfach wie möglich zu halten, spezielle modale Strukturen $\mathfrak{S}=\langle W,R,\mathfrak{A}\rangle$, in denen alle erststufigen Strukturen $\mathfrak{A}(u)$ dieselbe Trägermenge $A=|\mathfrak{A}(u)|$ haben.

Für Konstanten lassen sich verschiedene Deutungsmöglichkeiten finden. Eine Konstante kann einerseits unabhängig vom Weltparameter als ein

Element der allen $\mathfrak{L}$-Strukturen $\mathfrak{A}(u)$ gemeinsamen Trägermenge A gedeutet werden. Dies bezeichnet man als eine "extensionale Deutung der Konstanten". Andererseits lassen sich Konstanten auch als "Individuenkonzepte" auffassen – und somit kann ihre Deutung von der jeweils betrachteten Welt abhängig sein. Das ist dann die sogenannte "intensionale Deutung der Konstanten". Wir werden den extensionalen Standpunkt einnehmen und Konstanten "starr", d.h. unabhängig vom Referenzpunkt deuten. Dies hat zur Folge, daß beispielsweise alle Formeln der Gestalt $\forall x\alpha \to \alpha(x/c)$ allgemeingültig bleiben. Im intensionalen Falle ist dies nicht mehr gewährleistet, da es von einer Welt u aus zugängliche Welten w_1 und w_2 geben kann, in denen die Konstante c verschieden gedeutet wird. In diesem Falle kann aber in u die Aussage $\forall x\exists y\Box x\doteq y \to \exists y\Box c\doteq y$ nicht wahr sein. Intensionale Konstanten könnte man jedoch zusätzlich als einstellige Relationszeichen P, die mit einer Eindeutigkeitsbedingung versehen werden (z.B. kann man $\overset{=1}{\exists}xP(x)\wedge\Box\overset{=1}{\exists}xP(x)$ fordern), einführen. In dieser Form sind sie nicht für Variablen substituierbar und "stören" daher die Beispielbildungen nicht.

Nach diesen Vorbemerkungen sollen Syntax und Semantik dieser Sprachen genauer eingeführt und studiert werden.

Wir betrachten der Kürze halber wieder nur Sprachen mit den logischen Zeichen $\neg, \to, \forall, \Box, \doteq$ und benutzen $\top, \bot, \wedge, \vee, \leftrightarrow, \exists, \Diamond$ nur als Abkürzungen.

Sei im folgenden $\mathfrak{L}$ ein Sprachtyp der Prädikatenlogik, in dem keine Funktionszeichen vorkommen. Zu den üblichen $\mathfrak{L}$-Formelbildungsregeln adjungieren wir:

(F_M) Ist α eine modale $\mathfrak{L}$-Formel, so ist auch $\Box\alpha$ eine modale $\mathfrak{L}$-Formel.

Die in diesem Regelsystem ableitbaren Formeln werden *modale $\mathfrak{L}$-Formeln* (kurz: m-$\mathfrak{L}$-Formeln) genannt. Es sei m-$Fm_{\mathfrak{L}}$:=(Menge aller m-$\mathfrak{L}$-Formeln).

Ist z.B. $\mathfrak{L}=\langle\{Q\},\emptyset,\{c\},\{\langle Q,2\rangle\}\rangle$, so sind folgende Zeichenreihen Elemente von m-$Fm_{\mathfrak{L}}$:

$\neg\Box\neg\Box\exists v_0 v_0\doteq c$, $\forall v_0\Box\exists v_1 Q(v_0,v_1)\to\Box\forall v_0\exists v_1 Q(v_0,v_1)$ und $\neg\Box v_0\doteq v_1$.

Die Definition der Menge der freien Variablen einer m-$\mathfrak{L}$-Formel ist genau wie in der reinen Prädikatenlogik. Lediglich die Klausel $Fr(\Box\alpha)=Fr(\alpha)$ ist zu den rekursiven Definitionsbedingungen hinzuzufügen.

Wie schon oben gesagt, wird zuerst eine Semantik eingeführt, der ein möglichst einfacher Strukturbegriff zugrunde gelegt ist. Das heißt, daß in allen Welten dieselben Objekte vorkommen und nur die Relationen und

Eigenschaften von Objekten von Welt zu Welt variieren. (Dies ist natürlich ontologisch ein wenig fragwürdig, da man sich die Objekte dieser Theorie als bloße "Hüllen" vorzustellen hat, aus denen die konkreten Dinge der einzelnen Welten durch "Anheften" von Eigenschaften und relationalen Zusammenhängen entstehen.)

Unter einer *modalen* $\mathfrak{L}$*-Struktur* (kurz: m-$\mathfrak{L}$-Struktur) verstehen wir ein Tripel $\mathfrak{S}=\langle W,R,\mathfrak{A}\rangle$ mit:

(1) $\langle W,R\rangle$ ist ein modallogischer Rahmen.

(2) $\mathfrak{A}$ ist eine Funktion, die jedem $u\in W$ eine gewöhnliche $\mathfrak{L}$-Struktur $\mathfrak{A}(u)$ derart zuordnet, daß $|\mathfrak{A}(u)|=|\mathfrak{A}(w)|$ und $c^{\mathfrak{A}(u)}=c^{\mathfrak{A}(w)}$ für alle $u,w\in W$ und alle Konstanten c von $\mathfrak{L}$ gilt.

Wir schreiben anstelle von $\mathfrak{A}(u)$ auch $\mathfrak{A}_u$. Mit $|\mathfrak{S}|$ bezeichnen wir die allen $\mathfrak{A}(u)$ gemeinsame Trägermenge. Entsprechend bezeichnet $c^{\mathfrak{S}}$ das Element von $|\mathfrak{S}|$, das als Deutung der $\mathfrak{L}$-Konstanten c in allen $\mathfrak{A}(u)$ auftritt. Ist Q ein n-stelliges Relationszeichen von $\mathfrak{L}$, so sei $Q^{\mathfrak{S},u}:=Q^{\mathfrak{A}(u)}$ die $\mathfrak{S}$-Deutung von Q in der Welt u.

Sei nun eine m-$\mathfrak{L}$-Struktur $\mathfrak{S}$ und eine Belegung h der Individuenvariablen in $A:=|\mathfrak{S}|$ gegeben. Für Terme t, d.h. hier für Variablen und Konstanten, definieren wir $t^{\mathfrak{S},h}$, den *Wert von* t *in* $\mathfrak{S}$ *unter* h, durch:

$x^{\mathfrak{S},h}:=h(x)$ für Variablen x, $\quad c^{\mathfrak{S},h}:=c^{\mathfrak{S}}$ für Konstanten c in $\mathfrak{L}$.

Der Wert eines Terms ist unabhängig vom Referenzpunkt.

Die *Gültigkeit* einer modalen Formel α *in* $\mathfrak{S}$ in $u\in W$ unter der Belegung h (in Zeichen: $\mathfrak{S}\models\alpha[u,h]$) ist definiert durch:

$$\mathfrak{S}\models t_1\doteq t_2[u,h] \quad\Leftrightarrow\quad t_1^{\mathfrak{S},h}=t_2^{\mathfrak{S},h},$$

$$\mathfrak{S}\models Q(t_1,\ldots,t_n)[u,h] \quad\Leftrightarrow\quad \langle t_1^{\mathfrak{S},h},\ldots,t_n^{\mathfrak{S},h}\rangle\in Q^{\mathfrak{S},u}=Q^{\mathfrak{A}(u)},$$

$$\mathfrak{S}\models\neg\alpha[u,h] \quad\Leftrightarrow\quad \mathfrak{S}\not\models\alpha[u,h],$$

$$\mathfrak{S}\models(\alpha\rightarrow\beta)[u,h] \quad\Leftrightarrow\quad (\mathfrak{S}\models\alpha[u,h] \;\Rightarrow\; \mathfrak{S}\models\beta[u,h]),$$

$$\mathfrak{S}\models\forall x\alpha[u,h] \quad\Leftrightarrow\quad \text{für alle } a\in|\mathfrak{S}| \text{ gilt } \mathfrak{S}\models\alpha[u,h\tfrac{x}{a}],$$

$$\mathfrak{S}\models\Box\alpha[u,h] \quad\Leftrightarrow\quad \text{für alle } w \text{ mit } uRw \text{ gilt } \mathfrak{S}\models\alpha[w,h].$$

Wir schreiben:

$\mathfrak{S}\models\alpha[u] \;:\Leftrightarrow\;$ für alle Belegungen h in $|\mathfrak{S}|$ gilt: $\mathfrak{S}\models\alpha[u,h]$.
"α gilt in $\mathfrak{S}$ in der Welt u"

$\mathfrak{S}\models\alpha \;:\Leftrightarrow\;$ für alle $u\in W$ gilt: $\mathfrak{S}\models\alpha[u,h]$;
"α gilt in $\mathfrak{S}$"

$\models\alpha \Leftrightarrow$ für alle m-$\mathfrak{L}$-Strukturen $\mathfrak{S}$ gilt: $\mathfrak{S}\models\alpha$.
"α ist allgemeingültig".

Man überzeugt sich leicht, daß für m-$\mathfrak{L}$-Strukturen $\mathfrak{S}$ das Koinzidenzlemma in folgender Form richtig ist:

> Stimmen die Belegungen h_1 und h_2 in $|\mathfrak{S}|$ auf den freien Variablen einer Formel α überein, so gilt für alle $u\in W$: $(\mathfrak{S}\models\alpha[u,h_1] \Leftrightarrow \mathfrak{S}\models\alpha[u,h_2])$.

Daraus ergibt sich wieder sofort, daß für die Gültigkeit von modalen $\mathfrak{L}$-Aussagen (d.h. m-$\mathfrak{L}$-Formeln ohne freie Variablen) die Angabe einer Belegung überflüssig ist.

Die Termsubstitution "$^*\alpha := \alpha(x/t)$" und der Begriff "t ist frei zur Substitution für x in α" werden genau wie in Paragraph 5 eingeführt. Als neue Klauseln treten lediglich $^*\Box\alpha = \Box^*\alpha$ und $(F(t,x,\Box\alpha)\Leftrightarrow F(t,x,\alpha))$ hinzu. Da der Wert eines Terms in $\mathfrak{S}$ unter h nicht vom Referenzpunkt abhängt, überprüft man leicht, daß das Überführungslemma (5.11) auch für modale Formeln und Strukturen gilt.

Aus diesen Bemerkungen folgt sofort, daß für modale Formeln die Beispielbildungen $\forall x\alpha\rightarrow\alpha(x/t)$ und $\alpha(x/t)\rightarrow\exists x\alpha$ für t frei für x in α allgemeingültig sind.

Weiterhin zeigt man leicht, daß auch alle anderen Formeln, die die Gestalt eines prädikatenlogischen Axioms haben, allgemeingültig sind. Genauer heißt dies, daß gilt:

(1) Alle Formeln, die sich aus aussagenlogischen Tautologien ergeben, indem alle Aussagenvariablen uniform durch Elemente von m-$Fm_{\mathfrak{L}}$ ersetzt werden, sind allgemeingültig.

(2) Für alle $\alpha,\beta\in$ m-$Fm_{\mathfrak{L}}$ gilt: $\models\forall x(\alpha\rightarrow\beta)\rightarrow(\forall x\alpha\rightarrow\forall x\beta)$.

(3) Für alle $\alpha\in$ m-$Fm_{\mathfrak{L}}$ und alle $x\notin Fr(\alpha)$ gilt: $\models\alpha\rightarrow\forall x\alpha$.

(4) Alle identitätslogischen Axiome sind allgemeingültig.

Die modalen Distributionsformeln $\Box(\alpha\rightarrow\beta)\rightarrow(\Box\alpha\rightarrow\Box\beta)$ sind ebenfalls (s. Paragraph 3) allgemeingültig.
Der Bereich der allgemeingültigen modalen Formeln ist außerdem unter Modus ponens, Generalisierung und Necessitation abgeschlossen.

Die oben eingeführte Semantik regelt das Zusammenspiel von Quantoren und Modaloperatoren derart, daß folgende Formeln allgemeingültig werden:

$\models\forall x\Box\alpha\rightarrow\Box\forall x\alpha$ und $\models\Box\forall x\alpha\rightarrow\forall x\Box\alpha$.

Dies ergibt sich so:

$$\begin{aligned}
\mathfrak{S}\models\forall x\Box\alpha[u,h] &\Leftrightarrow \text{für alle } a\in|\mathfrak{S}|:\ \mathfrak{S}\models\Box\alpha[u,h^x_a]\\
&\Leftrightarrow \text{für alle } a\in|\mathfrak{S}|: \text{für alle } w: (uRw \Rightarrow \mathfrak{S}\models\alpha[w,h^x_a])\\
&\Leftrightarrow \text{für alle } w: \text{für alle } a\in|\mathfrak{S}|: (uRw \Rightarrow \mathfrak{S}\models\alpha[w,h^x_a])\\
&\Leftrightarrow \text{für alle } w: (uRw \Rightarrow \text{für alle } a\in|\mathfrak{S}|: \mathfrak{S}\models\alpha[w,h^x_a])\\
&\Leftrightarrow \text{für alle } w: (uRw \Rightarrow \mathfrak{S}\models\forall x\alpha[w,h])\\
&\Leftrightarrow \mathfrak{S}\models\Box\forall x\alpha[u,h].
\end{aligned}$$

Es wird sich zeigen, daß die Implikationen $\Box\forall x\alpha\to\forall x\Box\alpha$ auch für die allgemeinere Semantik gültig bleiben, was für die Implikationen $\forall x\Box\alpha\to\Box\forall x\alpha$ nicht der Fall ist. Formeln der Gestalt $\forall x\Box\alpha\to\Box\forall x\alpha$ werden als *Barcansche Formeln* bezeichnet.

Eine weitere Eigenheit dieser Semantik, die sofort aus der Welt-Unabhängigkeit der Belegungen der Variablen folgt, ist die Allgemeingültigkeit der Formeln

(□I) $x\doteq y\to\Box x\doteq y$,

(□NI) $\neg x\doteq y\to\Box\neg x\doteq y$,

die besagen, daß jede Identität oder Nicht-Identität notwendig ist.

Es ist jetzt genügend Material bereitgestellt, um korrekte, vollständige Regelsysteme anzugeben.

Dem aussagenlogischen System **K** entspricht in der modalen Prädikatenlogik für jede Sprache $\mathfrak{L}$ ein System **K**($\mathfrak{L}$), das neben den prädikatenlogischen Axiomen- und Regelschemata, wobei die Regelvariablen jetzt über die Elemente von m-$Fm_{\mathfrak{L}}$ laufen, noch folgende modale Schemata enthält:

(D) $\Box(\alpha\to\beta)\to(\Box\alpha\to\Box\beta)$,

(□I) $x\doteq y\to\Box x\doteq y$,

(□NI) $\neg x\doteq y\to\Box\neg x\doteq y$

und

(NR) $\dfrac{\alpha}{\Box\alpha}$.

Da aus dem Zusammenhang gewöhnlich klar ist, von welchem $\mathfrak{L}$ die Rede ist, schreiben wir anstelle von **K**($\mathfrak{L}$) wieder einfach **K**. Die Systeme **T**, $\mathbf{S_4}$, **B**, $\mathbf{S_5}$ ergeben sich dann aus **K** genau wie in Paragraph 3.

In allen bisher eingeführten Systemen sind die Umkehrungen der Barcanschen Formeln beweisbar: Denn aus dem Axiom $\forall x\alpha\to\alpha$ folgt mit (3.9) auch $\Box\forall x\alpha\to\Box\alpha$, woraus sich mittels hinterer Generalisierung $\Box\forall x\alpha\to\forall x\Box\alpha$ ergibt.

In dem System **B** (und damit erst recht in $\mathbf{S_5}$) sind die Barcanschen Formeln selbst beweisbar. Dies erhält man wie folgt:

Aus dem **B**-Schema $\alpha\to\Box\Diamond\alpha$ ergibt sich, indem man α durch $\neg\alpha$ ersetzt, mittels Tautologien auch $\Diamond\Box\alpha\to\alpha$. Weiterhin erhält man in allen normalen Systemen aus der Beweisbarkeit von $\gamma\to\delta$ mittels (3.9) und durch Kontraposition auch die Beweisbarkeit von $\Diamond\gamma\to\Diamond\delta$. Unter Benutzung dieser Fakten ergibt sich dann:

1.	$\forall x\Box\alpha\to\Box\alpha$	prädikatenlogisches Axiom
2.	$\Diamond\forall x\Box\alpha\to\Diamond\Box\alpha$	s.o.
3.	$\Diamond\Box\alpha\to\alpha$	s.o.
4.	$\Diamond\forall x\Box\alpha\to\alpha$	aus: 2,3
5.	$\Diamond\forall x\Box\alpha\to\forall x\alpha$	hintere Generalisierung: 4
6.	$\Box\Diamond\forall x\Box\alpha\to\Box\forall x\alpha$	(3.9): 5
7.	$\forall x\Box\alpha\to\Box\Diamond\forall x\Box\alpha$	**B**-Axiom
8.	$\forall x\Box\alpha\to\Box\forall x\alpha$	aus: 7,6 .

In Systemen, die **B** umfassen, ist außerdem das Axiom (□NI) entbehrlich, da es schon aus den übrigen Axiomen beweisbar ist. Aus (□I) erhält man nämlich die Beweisbarkeit von $\Diamond\neg x\doteq y\to\neg x\doteq y$. Da andererseits in **B**, wie man sich leicht überlegt, die Regel $\dfrac{\Diamond\alpha\to\beta}{\alpha\to\Box\beta}$ ableitbar ist, folgt die **B**-Beweisbarkeit von (□NI).

Mit ...+BF bezeichnen wir allgemein das System, das aus dem System ... durch Hinzufügen des Barcanschen Formelschemas $\forall x\Box\alpha\to\Box\forall x\alpha$ entsteht.

Durch geeignete Kombination der Methoden der Paragraphen 3, 5 und 7 erhalten wir für die oben eingeführten Systeme Vollständigkeitssätze. Wir führen zuerst die nötigen Begriffe ein.

Ist $\mathfrak{S}=\langle W,R,\mathfrak{A}\rangle$ eine m-$\mathfrak{L}$-Struktur, so ist $\langle W,R\rangle$ *der Rahmen, auf dem* $\mathfrak{S}$ *basiert.* – Eine Formel α ist *in einem Rahmen* $\langle W,R\rangle$ *gültig* genau dann, wenn sie in allen Strukturen $\mathfrak{S}$ gilt, die auf diesem Rahmen basieren. – Ein Rahmen $\langle W,R\rangle$ ist ein *Rahmen für ein modales System* S genau dann, wenn alle in S beweisbaren Formeln in $\langle W,R\rangle$ gültig sind. Genau wie in der modalen Aussagenlogik nennen wir ein modallogisches System, das **K** umfaßt, *korrekt bezüglich einer Eigenschaft* **E** *von Rahmen*, wenn alle im System beweisbaren Formeln in allen Rahmen mit der Eigenschaft **E** gültig sind. – Ein System heißt *vollständig bezüglich einer Eigenschaft* **E** *von Rahmen*, wenn eine Formel genau dann im System beweisbar ist, wenn sie in allen Rahmen mit der Eigenschaft **E** gilt. –

Schließlich ist ein System S *vollständig*, wenn für alle Formeln α gilt, daß α genau dann S-beweisbar ist, wenn α in allen Rahmen für S gilt.

Man überlegt sich leicht, daß, wie im aussagenlogischen Falle, folgende Korrektheitsaussagen richtig sind:

K+BF ist bezüglich aller Rahmen korrekt.

T+BF ist bezüglich aller reflexiven Rahmen korrekt.

$\mathbf{S_4}$+BF ist bezüglich aller reflexiven, transitiven Rahmen korrekt.

B ist bezüglich aller reflexiven, symmetrischen Rahmen korrekt.

$\mathbf{S_5}$ ist bezüglich aller Rahmen mit Äquivalenzrelation korrekt.

Um auch entsprechende Vollständigkeitsaussagen zu gewinnen, definieren wir für jedes konsistente System S, das **K**+BF umfaßt, ein "kanonisches Modell", das allerdings noch keine m-$\mathfrak{L}$-Struktur im oben definierten Sinne sein wird, da Konstanten in verschiedenen Referenzpunkten, die nicht R*-vergleichbar sind, unterschiedlich gedeutet sein können. Dieses Hindernis läßt sich leicht beseitigen, indem man zu einfach erzeugten Untermodellen übergeht.

Im folgenden sei $\mathfrak{L}$ *immer abzählbar, d.h.* $\mathrm{card}_{\mathfrak{L}}=\omega$.

Da unsere Systeme S die Generalisierungsregel und alle Axiome der Gestalt $\forall x\alpha\rightarrow\alpha$ enthalten, gilt (siehe (5.22)(1)): $(\vdash_S\alpha \Leftrightarrow \vdash_S\forall\alpha)$. Somit können wir uns bei den weiteren Betrachtungen auf m-$\mathfrak{L}$-Aussagen beschränken.

Zentral ist wieder der Begriff der S-widerspruchsfreien Formelmenge. Man definiert (wie in §3) für ein System S und alle $\Sigma\cup\{\alpha\}\subset\text{m-Fm}_{\mathfrak{L}}$:

$\Sigma\vdash_S\alpha$:$\Leftrightarrow$ es gibt eine endliche Teilmenge $\Sigma_0\subset\Sigma$ mit $\vdash_S\bigwedge\Sigma_0\rightarrow\alpha$.

Σ ist **S**-*widerspruchsfrei* (oder auch **S**-*konsistent*) :$\Leftrightarrow$ $\Sigma\nvdash_S\bot$.

Wie früher ergibt sich aus $\Sigma\nvdash_S\alpha$ die S-Konsistenz von $\Gamma:=\Sigma\cup\{\neg\alpha\}$. Wir bemerken weiter (s. (7.2)), daß die S-Konsistenz einer m-$\mathfrak{L}$-Aussagenmenge erhalten bleibt, wenn man zu $\mathfrak{L}$ neue Konstanten adjungiert.

Genau wie in Paragraph 7 läßt sich zeigen, daß jede S-konsistente m-$\mathfrak{L}$-Aussagenmenge Γ zu einer maximal S-konsistenten m-$\mathfrak{L}^*$-Aussagenmenge Γ^* erweitert werden kann, die die Eigenschaften (1)-(4) von (7.5) hat. Dabei ist $\mathfrak{L}^*$ die Sprache, die aus $\mathfrak{L}$ durch iterative Hinzunahme generischer Konstanten für Aussagen der Gestalt $\forall x\delta$ entsteht.

Ist jetzt Γ^* irgendeine Menge von m-$\mathfrak{L}^*$-Aussagen, so sagen wir, daß Γ^* die *All-Eigenschaft* hat genau dann, wenn für jede m-$\mathfrak{L}^*$-Aussage der Gestalt $\forall x\delta$ folgendes wahr ist:

(Für alle $\mathfrak{L}^*$-Konstanten c gilt: $\Gamma^* \vdash_S \delta(x/c)$) $\Rightarrow$ $\Gamma^* \vdash_S \forall x\delta$.

Die Eigenschaft (7.5)(4) impliziert trivialerweise die All-Eigenschaft. Es gilt daher, daß es zu jeder S-konsistenten m-$\mathfrak{L}$-Aussagenmenge Γ eine maximal S-konsistente m-$\mathfrak{L}^*$-Aussagenmenge Γ^* mit der All-Eigenschaft gibt, die Γ umfaßt.

Da jede maximal S-konsistente Menge die Eigenschaften (1)-(3) von (7.5) hat und $\forall x\delta \rightarrow \delta(x/c)$ für alle $\mathfrak{L}^*$-Konstanten c S-beweisbar ist, erfüllt andererseits jede maximal S-widerspruchsfreie m-$\mathfrak{L}^*$-Aussagenmenge mit der All-Eigenschaft auch die Bedingung (4) von (7.5).

Als Punkte des kanonischen Rahmens für S wählen wir alle maximal S-konsistenten m-$\mathfrak{L}^*$-Aussagenmengen, die die All-Eigenschaft haben, und definieren die Zugänglichkeitsrelation R (wie in Paragraph 3) durch:

$uRw :\Leftrightarrow \{\beta | \Box\beta \in u\} \subset w.$

Aus jeder maximal S-konsistenten m-$\mathfrak{L}^*$-Aussagenmenge u mit All-Eigenschaft wird dann genau wie in Paragraph 7 ein "Termmodell" $\mathfrak{A}_u$ gewonnen.

Um in dieser Situation auch den Modalitäten gerecht zu werden, d.h. eine (3.27) entsprechende Aussage beweisen zu können, ist ein technisches Lemma vonnöten:

(10.1) **Lemma:** Sei $\Delta \cup \{\rho\}$ eine S-konsistente m-$\mathfrak{L}^*$-Aussagenmenge (in Δ kommen möglicherweise schon alle generischen Konstanten von $\mathfrak{L}^*$ vor). Hat dann Δ die All-Eigenschaft, so gibt es eine maximal S-konsistente m-$\mathfrak{L}^*$-Aussagenmenge Γ^* mit der All-Eigenschaft, die $\Delta \cup \{\rho\}$ umfaßt.

Beweis:

Da $\mathfrak{L}$ als abzählbar vorausgesetzt ist, gibt es eine Abzählung $c_0, c_1, c_2, \ldots$ aller $\mathfrak{L}^*$-Konstanten und eine Abzählung $\forall x_0\delta_0, \forall x_1\delta_1, \forall x_2\delta_2, \ldots$ aller m-$\mathfrak{L}^*$-Aussagen, die mit einem All-Quantor beginnen. Mit Hilfe dieser Abzählungen definieren wir induktiv:

$\gamma_0 = \rho$

Gibt es eine $\mathfrak{L}^*$-Konstante c, so daß $\Delta \cup \{\gamma_k \wedge (\delta_k(x_k/c) \rightarrow \forall x_k\delta_k)\}$ S-konsistent ist, so bezeichne c' die erste Konstante in der Abzählung mit dieser Eigenschaft. Wir setzen in diesem Falle:

$\gamma_{k+1} = \gamma_k \wedge (\delta_k(x_k/c') \rightarrow \forall x_k\delta_k)$

Gibt es keine solche Konstante, so setzen wir:

$\gamma_{k+1} = \gamma_k.$

Induktiv folgt jetzt, daß der zweite Fall in der Definition von γ_{k+1} nicht eintreten kann. Denn anderenfalls gibt es ein k mit:

$\Delta\cup\{\gamma_k\}$ ist S-konsistent und $\Delta\cup\{\gamma_k\wedge(\delta_k(x_k/c)\rightarrow\forall x_k\delta_k)\}$ S-inkonsistent für alle $\mathfrak{L}^*$-Konstanten c.

Sei $\beta:=(\gamma_k\wedge(\delta_k\rightarrow\forall x_k\delta_k))$. Für jede $\mathfrak{L}^*$-Konstante c folgt dann, daß die Menge $\Delta\cup\{\beta(x_k/c)\}$ S-inkonsistent ist und somit $\Delta\vdash_S\neg\beta(x_k/c)$ gilt. Aus der All-Eigenschaft von Δ ergibt sich dann $\Delta\vdash_S\forall x_k\neg\beta$. Da γ_k und $\forall x_k\delta_k$ keine freien Variablen enthalten, erhält man dann mittels Prädikatenlogik $\Delta\vdash_S(\neg\gamma_k\vee(\forall x_k\delta_k\wedge\neg\forall x_k\delta_k))$, was jedoch der S-Konsistenz der Menge $\Delta\cup\{\gamma_k\}$ widerspricht.

Die $\mathfrak{L}^*$-Aussagenmenge $\Delta\cup\{\gamma_k|k\in\mathbb{N}\}$ ist nach Konstruktion S-konsistent und somit in einer maximal S-konsistenten Menge Γ^* enthalten. Jede Obermenge von $\{\gamma_k|k\in\mathbb{N}\}$ hat aber, da der zweite Fall der Definition von γ_{k+1} nie eintritt, die All-Eigenschaft. Somit gibt es eine maximal S-konsistente Menge Γ^*, die die All-Eigenschaft hat und $\Delta\cup\{\rho\}$ umfaßt.

Ω

Mit Hilfe von (10.1) zeigen wir jetzt eine (3.27) entsprechende Aussage für normale modale prädikatenlogische Systeme S mit Barcanschem Schema.

(10.2) **Lemma:** Sei W die Menge aller maximal S-vollständigen m-$\mathfrak{L}^*$-Aussagenmengen mit der All-Eigenschaft, und es sei R die oben definierte Zugänglichkeitsrelation. Ist dann $u\in W$ und gilt $\Box\alpha\notin u$, so gibt es ein $w\in W$ mit uRw und $\neg\alpha\in w$.

Beweis:

Genau wie in (3.27) folgt, daß die Aussagenmenge $\{\beta|\Box\beta\in u\}\cup\{\neg\alpha\}$ S-konsistent ist. Mit Hilfe des Barcanschen Schemas zeigen wir jetzt, daß $\{\beta|\Box\beta\in u\}$ die All-Eigenschaft hat:

Sei also $\{\beta|\Box\beta\in u\}\vdash_S\delta(x/c)$ für alle $\mathfrak{L}^*$-Konstanten c richtig. Zu jeder $\mathfrak{L}^*$-Konstante c gibt es endlich viele Aussagen $\beta_1,\ldots,\beta_k$ (k hängt von c ab) mit:

$\{\Box\beta_1,\ldots,\Box\beta_k\}\subset u$ und $\vdash_S\beta_1\wedge\ldots\wedge\beta_k\rightarrow\delta(x/c)$.

Durch Anwendung der Necessitationsregel ergibt sich (unter Benutzung von (3.9) und (3.13)), daß auch $\vdash_S\Box\beta_1\wedge\ldots\wedge\Box\beta_k\rightarrow\Box\delta(x/c)$ für die Formeln $\Box\beta_1,\ldots,\Box\beta_k\in u$ gilt. Somit folgt $u\vdash_S\Box\delta(x/c)$ für jede $\mathfrak{L}^*$-Konstante c. Da aber u als Element von W die All-Eigenschaft hat, erhält man $u\vdash_S\forall x\Box\delta$. Nach Voraussetzung ist S ein System, in dem die Barcanschen Formeln ableitbar sind. Also ergibt sich $u\vdash_S\Box\forall x\delta$, woraus (wegen der maximalen

Widerspruchsfreiheit von u) auch $\Box\forall x\delta\in u$ und damit auch $\forall x\delta\in\{\beta|\Box\beta\in u\}$ folgt. Also gilt $\{\beta|\Box\beta\in u\}\vdash_S\forall x\delta$.

Für $\Delta:=\{\beta|\Box\beta\in u\}$ und $\rho:=\neg\alpha$ sind damit die Voraussetzungen von Lemma (10.1) erfüllt. Aus dem Lemma folgt die Existenz eines $w:=\Gamma^*\in W$ mit den gewünschten Eigenschaften.

Ω

Sei jetzt $\langle W,R\rangle$ der kanonische Rahmen des normalen Systems S. In der Menge $\mathfrak{K}^*$ aller $\mathfrak{L}^*$-Konstanten definieren wir für jedes $u\in W$ eine Relation $\sim_u$ durch:

$$c\sim_u c' \;:\Leftrightarrow\; c\doteq c'\in u.$$

Da jedes u aus W maximal S-konsistent ist, gilt:

$$c\doteq c'\in u \;\Leftrightarrow\; u\vdash_S c\doteq c'.$$

Aus den ersten drei Identitätsaxiomen folgt sofort, daß die Relationen $\sim_u$ Äquivalenzrelationen in $\mathfrak{K}^*$ sind. Die übrigen Identitätsaxiome der Prädikatenlogik haben wieder zur Folge, daß für alle Relationszeichen Q von $\mathfrak{L}^*$ und alle $c_j,\ c_j'\in\mathfrak{K}^*$ folgende Kongruenzbedingungen erfüllt sind:

$$c_1\sim_u c_1',\ldots,c_{s(Q)}\sim_u c_{s(Q)}' \;\Rightarrow\; (Q(c_1,\ldots,c_{s(Q)})\in u \Leftrightarrow Q(c_1',\ldots,c_{s(Q)}')\in u).$$

Aus den beiden modallogischen Identitätsaxiomen

$$(\Box I)\ x\doteq y\rightarrow\Box x\doteq y \qquad \text{und} \qquad (\Box NI)\ \neg x\doteq y\rightarrow\Box\neg x\doteq y$$

folgt sofort für alle $u,w\in W$ mit uRw und alle $c,c'\in\mathfrak{K}^*$

$$(c\doteq c'\in u \;\Rightarrow\; c\doteq c'\in w) \text{ und } (\neg c\doteq c'\in u \;\Rightarrow\; \neg c\doteq c'\in w).$$

Wegen der maximalen S-Konsistenz von u und w ist die zweite Implikation zu $(c\doteq c'\notin u \Rightarrow c\doteq c'\notin w)$ äquivalent. Somit folgt aus uRw, daß für alle $c,c'\in\mathfrak{K}^*$ gilt: $(c\sim_u c' \Leftrightarrow c\sim_w c')$.

Sei jetzt u ein beliebiges Element von W, das in der folgenden Diskussion festgehalten wird. Wir betrachten den von u erzeugten Unterrahmen $\langle W',R'\rangle$ von $\langle W,R\rangle$. Da $W'=\{w|uR^*w\}$ ist (R^* bezeichnet wieder den reflexiven und transitiven Abschluß von R), folgt aus den vorherigen Bemerkungen, daß für alle $w\in W'$ die Äquivalenzrelationen $\sim_w$ mit $\sim_u$ identisch sind. Anstelle von $\sim_u$ schreiben wir daher kürzer $\sim$.

Im folgenden bezeichne $\overline{c}:=\{c'|\,c\sim c'\}$ die von c aufgespannte Äquivalenzklasse.

Nach diesen Vorbereitungen sind wir jetzt in der Lage, eine geeignete m-$\mathfrak{L}^*$-Struktur $\mathfrak{S}'=\langle W',R',\langle\mathfrak{A}_w'|w\in W'\rangle\rangle$ zu definieren, die auf dem Rahmen $\langle W',R'\rangle$ basiert. Es folgt dann, daß für diese Struktur eine (3.28) entsprechende Aussage richtig ist, d.h. daß für alle m-$\mathfrak{L}^*$-Aussagen α

und alle $w \in W'$ gilt: $(\mathfrak{S}' \models \alpha[w] \Leftrightarrow \alpha \in w)$. Wie im dritten Paragraphen erhält man hieraus für die in Frage kommenden Systeme Vollständigkeitsaussagen. Die Strukturen $\mathfrak{A}'_w$, $w \in W'$ werden wie folgt eingeführt:

$$|\mathfrak{A}'_w| := \{\bar{c} \mid c \in \mathfrak{K}^*\},$$
$$Q^{\mathfrak{A}'_w} := \{\langle \bar{c}_1, \ldots, \bar{c}_{s(Q)} \rangle \mid Q(c_1, \ldots, c_{s(Q)}) \in w\} \text{ für } Q \in \mathfrak{R},$$
$$c^{\mathfrak{A}'_w} := \bar{c} \text{ für } c \in \mathfrak{K}^*.$$

Die Deutungen der Relationszeichen sind aufgrund der oben genannten Kongruenzbedingungen für $\sim$ wohldefiniert.

Durch Induktion über die Anzahl der in m-$\mathfrak{L}^*$-Aussagen vorkommenden logischen Zeichen, d.h. der Zeichen $\neg, \rightarrow, \forall$ und $\Box$, ergibt sich:

(10.3) **Lemma:** Für alle m-$\mathfrak{L}^*$-Aussagen γ und $w \in W'$ gilt:

$$\mathfrak{S}' \models \gamma[w] \Leftrightarrow \gamma \in w.$$

Den Beweis des Lemmas erhält man sofort, indem man die Beweise von (7.7) und (3.28) den jetzt vorliegenden Bezeichnungen anpaßt.
Indem man zu dem $\mathfrak{L}$-Redukt $\mathfrak{S} := \langle W', R', \langle (\mathfrak{A}_w \restriction \mathfrak{L}) \mid w \in W' \rangle \rangle$ von $\mathfrak{S}'$ übergeht, folgt, daß für alle m-$\mathfrak{L}$-Aussagen γ und alle $w \in W'$ gilt:

$$\mathfrak{S} \models \gamma[w] \Leftrightarrow \gamma \in w.$$

Ist jetzt eine m-$\mathfrak{L}$-Aussage α nicht S-beweisbar, so ist $\{\neg\alpha\}$ S-konsistent und damit Teilmenge eines Elementes u des kanonischen Rahmens. Indem man zu dem von u erzeugten $\mathfrak{S}'$ übergeht und das $\mathfrak{L}$-Redukt $\mathfrak{S}$ von $\mathfrak{S}'$ wie oben bildet, folgt $\mathfrak{S} \models \neg\alpha[u]$ mit (10.3).

Wie in (3.31)-(3.34) erhält man für Systeme $S \in \{$**K**+BF, **T**+BF, $\mathbf{S_4}$+BF, **B**, $\mathbf{S_5}\}$, daß jeder einfach erzeugte Unterrahmen des kanonischen Rahmens ein Rahmen für S ist. Jedes dieser Systeme ist damit vollständig. Genauer folgt:

K+BF ist bezüglich aller Rahmen vollständig.

T+BF ist bezüglich aller reflexiven Rahmen vollständig.

$\mathbf{S_4}$ +BF ist bezüglich aller reflexiven, transitiven Rahmen vollständig.

B ist bezüglich aller reflexiven, symmetrischen Rahmen vollständig.

$\mathbf{S_5}$ ist bezüglich aller Rahmen mit Äquivalenzrelation vollständig.

Die fünf betrachteten Systeme sind also in einem gewissen Sinne "kanonisch" vollständig. Daraus erhält man wieder die Kompaktheit der Systeme auf folgende Weise:

Ein System S heißt *kompakt* genau dann, wenn für jede m-$\mathfrak{L}$-Aussagenmenge Σ gilt: Ist jede endliche Teilmenge $\Sigma_0 \subset \Sigma$ S-erfüllbar, so ist Σ

selbst S-erfüllbar. Dabei wird eine m-$\mathfrak{L}$-Aussagenmenge Γ *S-erfüllbar* genannt, wenn es eine Struktur $\mathfrak{S}=\langle W,R,\mathfrak{A}\rangle$, die auf einem Rahmen für S basiert, und eine Welt $u\in W$ gibt, so daß $\mathfrak{S}\models\gamma[u]$ für alle $\gamma\in\Gamma$ gilt.

Die endliche S-Erfüllbarkeit einer Aussagenmenge Σ impliziert offensichtlich die S-Konsistenz von Σ. Also ist ein solches Σ Teilmenge eines Elements u des kanonischen Rahmens von S und damit nach obigem in einer Struktur, die auf einem einfach erzeugten Unterrahmen des kanonischen Rahmens basiert, erfüllbar. Ist jeder einfach erzeugte Unterrahmen des kanonischen Rahmens ein Rahmen für S, so folgt die Kompaktheit von S. Also sind die oben genannten Systeme kompakt.

Wir wollen jetzt noch kurz die Systeme **K**, **T** und $\mathbf{S_4}$ ohne Barcansches Schema behandeln und Vollständigkeitsätze (s. [52]) skizzieren.
Der Einfachheit halber fassen wir im folgenden das Identitätszeichen als gewöhnliches zweistelliges Relationszeichen auf, das keiner festen Deutung unterliegt. Dies hat zur Folge, daß bei der Konstruktion eines kanonischen Modells die Äquivalenzklassenbildung in der Menge der konstanten Terme überflüssig ist.

Den Strukturbegriff erweitern wir, wie schon in den Vorbemerkungen angedeutet, indem für allgemeinere m-$\mathfrak{L}$-Strukturen $\mathfrak{S}=\langle W,R,\mathfrak{A}\rangle$ anstelle von $|\mathfrak{A}_u|=|\mathfrak{A}_w|$ lediglich $|\mathfrak{A}_u|\subset|\mathfrak{A}_w|$ für alle u, w mit uRw gefordert wird. Die übrigen Bedingungen behalten wir bei.

Die Barcanschen Formeln sind in diesen Strukturen nicht mehr allgemeingültig, wie folgendes Beispiel zeigt:
Sei $W:=\{u,u'\}$, $R:=\{\langle u,u'\rangle\}$, $|\mathfrak{A}_u|:=\{a\}$, $|\mathfrak{A}_{u'}|:=\{a,a'\}$, $Q^{\mathfrak{A}_u}:=\{a\}$ und $Q^{\mathfrak{A}_{u'}}:=\{a\}$, wobei $u\neq u'$, $a\neq a'$ und Q ein einstelliges Relationszeichen von $\mathfrak{L}$ ist. Dann gilt in u offensichtlich $\forall x\Box Q(x)$ und $\neg\Box\forall xQ(x)$.

Andererseits sieht man sofort, daß aufgrund der Annahme $|\mathfrak{A}_u|\subset|\mathfrak{A}_w|$ für uRw die Umkehrungen von Barcanschen Formeln, d.h. Formeln der Gestalt $\Box\forall x\alpha\rightarrow\forall x\Box\alpha$, gültig bleiben.

Sei im folgenden $S\in\{\mathbf{K},\mathbf{T},\mathbf{S_4}\}$, wobei jeweils die Identitätsaxiome weggelassen sind. Die Korrektheitsaussagen für diese drei Systeme hinsichtlich der verallgemeinerten Semantik sind offensichtlich. Es gilt also

$\vdash_K\alpha \Rightarrow$ α gilt in allen allgemeinen Strukturen;

$\vdash_T\alpha \Rightarrow$ α gilt in allen allgemeinen Strukturen, die auf einem reflexiven Rahmen basieren;

$\vdash_{S_4}\alpha \Rightarrow$ α gilt in allen allgemeinen Strukturen, die auf einem Rahmen basieren, der reflexiv und transitiv ist.

Um auch die umgekehrten Implikationen zu zeigen, gehen wir von einer m-$\mathfrak{L}$-Aussage α aus, die nicht S-beweisbar ist. Dann ist $\{\neg\alpha\}$ S-konsistent. Indem wir der üblichen Strategie gemäß generische Konstanten einführen, also zu $\mathfrak{L}_0 := \mathfrak{L}^*$ übergehen, erhalten wir, wie in der Situation mit Barcanschen Formeln, eine maximal m-$\mathfrak{L}_0$-konsistente Aussagenmenge u_0 mit der All-Eigenschaft, die $\neg\alpha$ als Element enthält. Wir setzen:

$W_0 := \{u_0\}$.

Wie schon in (3.27) gezeigt, ist für jede m-$\mathfrak{L}_0$-Aussage $\Box\gamma$, die nicht in u_0 liegt, die Menge $\Delta(u_0,\gamma) := \{\beta \mid \Box\beta \in u_0\} \cup \{\neg\gamma\}$ S-konsistent. Da aber ohne Barcansche Formeln die All-Eigenschaft der Menge $\{\beta \mid \Box\beta \in u_0\}$ nicht mehr gesichert ist, erweitern wir die Sprache $\mathfrak{L}_0$ durch Adjunktion eines neuen Satzes generischer Konstanten und gelangen so zu einer Sprache $\mathfrak{L}_1 := \mathfrak{L}_0{}^*$.

Die m-$\mathfrak{L}_0$-Aussagenmenge $\Delta(u_0,\gamma)$ bleibt auch in der Erweiterungssprache $\mathfrak{L}_1$ S-konsistent und kann dann auf die übliche Weise zu einer maximal S-konsistenten $\mathfrak{L}_1$-Aussagenmenge mit der All-Eigenschaft in $\mathfrak{L}_1$ erweitert werden. Zu jedem $\Delta(u_0,\gamma)$ wählen wir jetzt eine solche Erweiterung, die wir mit $w(u_0,\gamma)$ bezeichnen. Dann sei:

$W_1 := \{w(u_0,\gamma) \mid \Box\gamma \notin u_0\}$.

Sind jetzt W_k und $\mathfrak{L}_k$ bereits definiert, so setzen wir allgemein

$\mathfrak{L}_{k+1} := \mathfrak{L}_k^*$,

$W_{k+1} := \{w(u,\gamma) \mid u \in W_k \text{ und } \Box\gamma \notin u\}$,

wobei $\mathfrak{L}_k^*$ eine Erweiterung von $\mathfrak{L}_k$ um neue generische Konstanten ist und $w(u,\gamma)$ eine maximal widerspruchsfreie $\mathfrak{L}_{k+1}$-Aussagenmenge ist, die die All-Eigenschaft in $\mathfrak{L}_{k+1}$ hat und $\{\beta \mid \Box\beta \in u\} \cup \{\neg\gamma\}$ umfaßt.

Schließlich setzt man: $W := \bigcup_{k \in \mathbb{N}} W_k$.

Die Relation R wird "kanonisch" definiert durch:

$uRw \;:\Leftrightarrow\; \{\beta \mid \Box\beta \in u\} \subset w$.

Da die Sprache $\mathfrak{L}_{k+1}$ durch Adjunktion neuer Konstanten aus $\mathfrak{L}_k$ entsteht und in jeder maximal S-konsistenten m-$\mathfrak{L}_k$-Aussagenmenge alle konstanten $\mathfrak{L}_k$-Terme auftreten, folgt, daß zu es jedem $w \in W$ genau ein k mit $w \in W_k$ gibt.

Für $w \in W_k$ wird jetzt eine $\mathfrak{L}_k$-Struktur $\mathfrak{A}_w$ folgendermaßen eingeführt:

$|\mathfrak{A}_w|$:= Menge aller konstanten $\mathfrak{L}_k$-Terme,

$Q^{\mathfrak{A}_w} := \{\langle t_1,\ldots,t_{s(Q)}\rangle \mid Q(t_1,\ldots,t_{s(Q)}) \in w\}$ für Relationszeichen Q von $\mathfrak{L}$,

$c^{\mathfrak{A}_w} := c$ für Konstanten von $\mathfrak{L}_k$.

Seien $u \in W_k$, $w \in W_l$ mit uRw gegeben. Ist c eine $\mathfrak{L}_k$-Konstante, so folgt, nach Definition von R, da $\Box(c \doteq c \to c \doteq c) \in u$ gilt, auch $(c \doteq c \to c \doteq c) \in w$. Somit kommt jede $\mathfrak{L}_k$-Konstante auch in $\mathfrak{L}_l$ vor. Es folgt: $(uRw \Rightarrow |\mathfrak{A}_u| \subset |\mathfrak{A}_w|)$.

Also ist $\langle W, R, \langle (\mathfrak{A}_u \restriction \mathfrak{L}) | u \in W \rangle \rangle$ eine m-$\mathfrak{L}$-Struktur im allgemeineren Sinne. Eine (10.3) entsprechende Aussage läßt sich jetzt leicht zeigen:

Für alle $k \in \mathbb{N}$, alle m-$\mathfrak{L}_k$-Aussagen γ und alle $w \in W_k$ gilt:

$$\mathfrak{S}_k \models \gamma[w] \Leftrightarrow \gamma \in w.$$

Dabei ist $\mathfrak{S}_k$ die allgemeinere m-$\mathfrak{L}_k$-Struktur, die auf $W_{\geq k} := \bigcup_{k \leq l} W_l$ mit der Relation $R_{\geq k} := R \cap (W_{\geq k} \times W_{\geq k})$ basiert und $\langle (\mathfrak{A}_s \restriction \mathfrak{L}_k) | s \in W_{\geq k} \rangle$ als Struktur-Einträge hat.

Die obige Konstuktion stellt sicher, daß beim induktiven Nachweis der Behauptung im Falle von $\Box\delta \notin w$ immer eine zugängliche Welt s mit $\neg\delta \in s$ existiert. Die umgekehrte Implikation, daß nämlich $\Box\delta \in w$ immer $\delta \in s$ für alle s mit wRs nach sich zieht, wird schon durch die kanonische Wahl von R garantiert.

Aus diesem Resultat ergibt sich dann wie üblich der Vollständigkeitssatz für **K** ohne Barcansches Schema. In den Fällen **T** und $\mathbf{S_4}$ ist nur noch zusätzlich zu bemerken, daß aufgrund der Axiomenschemata $\Box\gamma \to \gamma$ und $\Box\gamma \to \Box\Box\gamma$ die gewünschte Reflexivität und Transitivität der kanonischen Relation garantiert wird.

§ 11 Dynamische Prädikatenlogik

Genau wie in der modalen Aussagenlogik kann man multimodale Systeme der Prädikatenlogik einführen. Im folgenden wollen wir uns nur mit einem speziellen multimodalen System, der dynamischen Prädikatenlogik beschäftigen. In diesem System sind (wie in der dynamischen Aussagenlogik) die modalen Operatoren selbst strukturiert. Versucht man alle gültigen Aussagen dieser dynamischen Prädikatenlogik kalkülmäßig zu erzeugen, so wird sich zeigen, daß dazu Regelsysteme, wie wir sie bisher kennengelernt haben, nicht ausreichen. Wir werden aber die Vollständigkeit der dynamischen Prädikatenlogik in Bezug auf ein verallgemeinertes Regelsystem zeigen, das eine Regel mit unendlich vielen Prämissen enthält. Damit verliert der Beweisbarkeitsbegriff seinen endlichen Charakter. Beweise sind dann wohlgeordnete (möglicherweise unendliche) Formelfolgen, in der jede Formel ein Axiom ist oder aus in der Ordnung vorhergehenden Formeln durch Anwendung einer Regel entsteht.

Wir beginnen mit einigen motivierenden Betrachtungen und stellen uns vor, daß ein Rechner gegeben ist, in dem gewisse Speicherplätze $v_0, v_1, v_2, \ldots$ vorhanden sind. Weiter nehmen wir an, daß der jeweilige Zustand des Rechners durch eine Belegung h dieser Speicherplätze mit gewissen Entitäten (z.B. natürlichen Zahlen) vollständig bestimmt ist.
Jede terminierende Anwendung eines Programms π bewirkt eine neue Belegung der Speicherplätze. Indem man dem Programm π die Menge

$$R_\pi := \{ \langle h,h' \rangle \mid \pi \text{ im Zustand } h \text{ gestartet terminiert im Zustand } h' \}$$

zuordnet, erhält man eine Relation in der Menge H aller Belegungen des Speichers. Die Wirkung eines Programms kann man also als Relation in der Menge aller Speicherbelegungen auffassen. Dabei lassen wir wieder nichtdeterministische Programme zu, so daß einem Zustand auch mehrere "Folgezustände" entsprechen können. Als Elementarprogramme wählen wir im folgenden Programme, die für alle Belegungen definiert sind und eine Änderung (die selbst noch von der Ausgangsbelegung abhängen kann) an höchstens einem Speicherplatz $x \in \{v_0, v_1, v_2, \ldots\}$ bewirken. Die einfachsten unter diesen Elementarprogrammen ordnen jeder gegebenen Belegung h eine x-Variante h^x_e zu. Die Änderung "e" ist dabei nicht von h abhängig. Durch ein solches Programm wird für alle h der h-Eintrag an der Stelle x durch den Eintrag e ersetzt. Die entsprechende Zustandsrelation ist dann $R_{(x:=e)} := \{\langle h, h^x_e \rangle \mid h \in H\}$.

Aus Elementarprogrammen lassen sich mit den schon in der dynamischen Aussagenlogik eingeführten Programmoperationen wie z.B. Nacheinanderausführen und endlicher Iteration weitere Programme bilden. Durch das

Nacheinanderausführen von endlich vielen Elementarprogrammen kann man dann auch Änderungen an endlich vielen Speicherplätzen erreichen.

Um Aussagen über Zustände und Zustandsänderungen unter Programmen machen zu können, legen wir eine prädikatenlogische Sprache $\mathfrak{L}$ zugrunde, deren Relations- und Funktionszeichen als Relationen und Funktionen in der Menge aller möglichen Speichereinträge zu deuten sind. Ist α eine $\mathfrak{L}$-Formel der gewöhnlichen Prädikatenlogik und $\mathfrak{C}$ eine $\mathfrak{L}$-Struktur, deren Trägermenge die Menge der möglichen Speichereinträge ist, so drückt $\mathfrak{C}\models\alpha[h]$ gerade aus, daß der Zustand h die Eigenschaft "α" hat.

Wir haben oben schon gesagt, daß Elementarprogramme so geartet sein sollen, daß durch Anwendung des Programms höchstens ein Speicherinhalt verändert werden kann, wobei der Neueintrag noch vom Ausgangszustand abhängig sein kann. Von dieser Abhängigkeit nehmen wir im folgenden immer an, daß sie durch einen $\mathfrak{L}$-Term beschreibbar ist. Genauer bedeutet dies, daß wir nur Elementarprogramme der Gestalt (x:=t), x eine Variable und t ein $\mathfrak{L}$-Term (der die Variable wieder enthalten darf) betrachten werden, deren Deutung die Relation $\{\langle h,h^{x}_{t^{\mathfrak{C},h}}\rangle | h\in H\}$ ist. Ist t eine $\mathfrak{L}$-Konstante, so ergibt sich der oben schon genannte spezielle Typ von Elementarprogrammen.

Die Gültigkeit einer modalen Formeln der Gestalt $[p]\alpha$ in einem Zustand h wird zum Ausdruck bringen, daß jeder durch das Programm p von h aus erreichbare terminale Zustand die Eigenschaft "α" hat. Entsprechend wird $\langle p\rangle\alpha$ sagen, daß es mindestens einen von h mittels p erreichbaren terminalen Zustand gibt, der die Eigenschaft "α" hat.

Die Sprache und Semantik der dynamischen Prädikatenlogik wird jetzt genau eingeführt. Dabei verwenden wir ohne nähere Motivation Begriffe und Konstruktionen, die schon in Paragraph 4 erklärt sind. Die Kernargumente der folgenden Ausführungen sind dem Teil 3 des Buches von R. Goldblatt [26] entnommen.

Einer Sprache der dynamischen Prädikatenlogik liegt eine prädikatenlogische Sprache $\mathfrak{L}=\langle\mathfrak{R},\mathfrak{F},\mathfrak{K},s\rangle$ zugrunde. Als logische Grundzeichenzeichen wählen wir im folgenden wieder $\neg$, $\rightarrow$, $\forall$, $\doteq$.

Zu dem $\mathfrak{L}$-Zeicheninventar kommen, um zur dynamischen Version d-$\mathfrak{L}$ von $\mathfrak{L}$ zu gelangen, noch die Symbole :=, ;, $\cup$, *, ?, [,] hinzu.

Die Menge der d-$\mathfrak{L}$-*Programmformen* und d-$\mathfrak{L}$-*Formeln* wird dann simultan definiert durch:

(1) Jeder $\mathfrak{L}$-Term ist ein d-$\mathfrak{L}$-Term und jede $\mathfrak{L}$-Primformel ist eine d-$\mathfrak{L}$-Formel.

(2) Sind α, β d-$\mathfrak{L}$-Formeln, so sind auch $\neg\alpha$ und $(\alpha\rightarrow\beta)$ d-$\mathfrak{L}$-Formeln.

(3) Ist x eine Individuenvariable und α eine d-$\mathfrak{L}$-Formel, so ist auch $\forall x\alpha$ eine d-$\mathfrak{L}$-Formel.

(4) Ist x eine Individuenvariable und t ein $\mathfrak{L}$-Term, so ist $(x{:=}t)$ eine d-$\mathfrak{L}$-Programmform.

(5) Sind a und b bereits d-$\mathfrak{L}$-Progammformen, so sind auch (a;b), $(a\cup b)$ und a^* d-$\mathfrak{L}$-Programmformen. (Es steht (a;b) steht für das Nacheinanderanwenden von a und dann b, $(a\cup b)$ für die nichtdeterministische Anwendung von a oder b und a^* für endlichmalige Anwendung von a.)

(6) Ist a eine d-$\mathfrak{L}$-Programmform und α eine d-$\mathfrak{L}$-Formel, so ist $[a]\alpha$ eine d-$\mathfrak{L}$-Formel.

(7) Ist α eine aussagenlogische Kombination von $\mathfrak{L}$-Primformeln, so ist $\alpha?$ eine d-$\mathfrak{L}$-Programmform.

Die Beschränkung von α in Testprogrammformen $\alpha?$ ist plausibel, da in unendlichen Bereichen Ausdrücke, die All-Quantoren oder Notwendigkeitsoperatoren enthalten, unter Umständen nicht mehr in endlich vielen Schritten auf Gültigkeit getestet werden können.

Unter einem d-$\mathfrak{L}$-*Modell* verstehen wir ein Tupel $\mathfrak{M}=\langle\mathfrak{C},H\rangle$, das aus einer $\mathfrak{L}$-Struktur $\mathfrak{C}$ mit der Trägermenge $|\mathfrak{C}|$ und einer nichtleeren Menge H von Belegungen der Individuenvariablen in $|\mathfrak{C}|$ besteht. Die Menge H soll dabei unter Variantenbildung abgeschlossen sein, d.h. daß

$$h\in H \;\Rightarrow\; h^{x}_{e}\in H$$

für alle Belegungen h, Individuenvariablen x und $e\in|\mathfrak{C}|$ gelten soll. Die Elemente von H werden auch als *Zustände* von $\mathfrak{M}$ bezeichnet. Weiterhin schreiben wir $|\mathfrak{M}|:=|\mathfrak{C}|$, falls $\mathfrak{M}=\langle\mathfrak{C},H\rangle$ ist.

Mit $H^{\mathfrak{C}}$ bezeichnen wir die Menge aller Belegungen der Individuenvariablen in $|\mathfrak{C}|$. Anstelle von $\mathfrak{M}=\langle\mathfrak{C},H^{\mathfrak{C}}\rangle$ schreiben wir kürzer $\mathfrak{M}_{\mathfrak{C}}$. Modelle dieser Gestalt werden *Standardmodelle* genannt.

Ist ein d-$\mathfrak{L}$-Modell $\mathfrak{M}=\langle\mathfrak{C},H\rangle$ gegeben, so wird die Wahrheit von d-$\mathfrak{L}$-Formeln im Zustand $h\in H$ und die Deutung der d-$\mathfrak{L}$-Programmformen simultan definiert durch:

$\mathfrak{M}\models t_1\doteq t_2[h] \quad\Leftrightarrow\quad t_1^{\mathfrak{M},h}=t_2^{\mathfrak{M},h}$, wobei $t^{\mathfrak{M},h}:=t^{\mathfrak{C},h}$ für alle d-$\mathfrak{L}$-Terme t;

$\mathfrak{M}\models Q(t_1,\dots,t_n)[h] \quad\Leftrightarrow\quad \langle t_1^{\mathfrak{M},h},\dots,t_n^{\mathfrak{M},h}\rangle\in Q^{\mathfrak{M}}:=Q^{\mathfrak{C}}$ für $Q\in\mathfrak{R}$;

$\mathfrak{M}\models\neg\alpha[h] \quad\Leftrightarrow\quad$ nicht: $\mathfrak{M}\models\alpha[h]$;

$\mathfrak{M}\models(\alpha\to\beta)[h] \quad\Leftrightarrow\quad (\mathfrak{M}\models\alpha[h] \;\Rightarrow\; \mathfrak{M}\models\beta[h])$;

$\mathfrak{M}\models\forall x\alpha[h] \quad\Leftrightarrow\quad$ für alle $e\in|\mathfrak{M}|$: $\mathfrak{M}\models\alpha[h^x_e]$;

$\mathfrak{M}\models[a]\beta[h] \quad\Leftrightarrow\quad$ für alle $h'\in H$ mit $hR^{\mathfrak{M}}_a h'$ gilt: $\mathfrak{M}\models\beta[h']$;

$R^{\mathfrak{M}}_{(x:=t)} = \{\langle h,h^x_{t^{\mathfrak{E},h}}\rangle \mid h\in H\}$; $\quad R^{\mathfrak{M}}_{(a;b)} = R^{\mathfrak{M}}_b \circ R^{\mathfrak{M}}_a$; $\quad R^{\mathfrak{M}}_{(a\cup b)} = R^{\mathfrak{M}}_a \cup R^{\mathfrak{M}}_b$;

$R^{\mathfrak{M}}_{a*} = (R^{\mathfrak{M}}_a)^*$; $\quad R^{\mathfrak{M}}_{\alpha?} = \{\langle h,h\rangle \mid \mathfrak{M}\models\alpha[h]\}$.

Dabei bezeichnet R^* wieder den reflexiven und transitiven Abschluß der Relation R. Weiterhin schreiben wir:

$\mathfrak{M}\models\alpha \;:\Leftrightarrow\;$ für alle $h\in H$ gilt: $\mathfrak{M}\models\alpha[h]$ ("α *gilt in* $\mathfrak{M}$");

$\models\alpha \;:\Leftrightarrow\;$ für alle $\mathfrak{M}$ gilt: $\mathfrak{M}\models\alpha$ ("α *ist gültig*");

$\models_s\alpha \;:\Leftrightarrow\;$ für alle $\mathfrak{M}_{\mathfrak{E}}$ gilt: $\mathfrak{M}_{\mathfrak{E}}\models\alpha$ ("α *ist standard-gültig*").

Durch Induktion über den Aufbau der Programmformen ergibt sich sofort, daß für jede Programmform a und jedes Modell $\mathfrak{M}=\langle\mathfrak{E},H\rangle$ gilt:

$h\in H$ und $hR^{\mathfrak{M}}_a h' \;\Rightarrow\; h'\in H$.

Daraus folgt sofort für alle $\mathfrak{M}=\langle\mathfrak{E},H\rangle$, alle $h\in H$ und alle d-$\mathfrak{L}$-Formeln α:

$\mathfrak{M}\models\alpha[h] \Leftrightarrow \mathfrak{M}_{\mathfrak{E}}\models\alpha[h]$.

Also gilt: $(\mathfrak{M}_{\mathfrak{E}}\models\alpha \;\Rightarrow\; \mathfrak{M}\models\alpha)$ — und somit auch $(\models\alpha \;\Leftrightarrow\; \models_s\alpha)$.

Eine Formel gilt also genau dann in allen Modellen, wenn sie in allen Standardmodellen gilt.

Betrachtet man lediglich $\mathfrak{L}$-Formeln, die ja eine Teilmenge der d-$\mathfrak{L}$-Formeln bilden, so gilt offensichtlich für alle d-$\mathfrak{L}$-Modelle $\mathfrak{M}=\langle\mathfrak{E},H\rangle$, Belegungen $h\in H$ und $\mathfrak{L}$-Formeln α:

$\mathfrak{M}\models\alpha[h] \Leftrightarrow \mathfrak{E}\models\alpha[h]$.

Aufgrund obiger Definitionen und des Überführungslemmas (5.11) ergibt sich dann für $\mathfrak{L}$-Formeln α und $\mathfrak{L}$-Terme t, die frei zur Substitution für x in α sind:

$$\mathfrak{M}\models[x:=t]\alpha[h] \;\Leftrightarrow\; \mathfrak{M}\models\alpha[h^x_{t^{\mathfrak{E},h}}] \;\Leftrightarrow\; \mathfrak{E}\models\alpha[h^x_{t^{\mathfrak{E},h}}] \;\Leftrightarrow\; \mathfrak{E}\models\alpha(x/t)[h]$$
$$\Leftrightarrow\; \mathfrak{M}\models\alpha(x/t)[h].$$

Dabei steht hier und im folgenden "[x:=t]" für "[(x:=t)]" und "$\langle x:=t\rangle$" für "$\langle(x:=t)\rangle$". Die Substitution (x/t) läßt sich somit speziell für $\mathfrak{L}$-Primformeln mit Hilfe des Operators [x:=t] ausdrücken.

Ist T eine Menge von konstanten Termen mit $\{t^{\mathfrak{M}} \mid t\in T\}=|\mathfrak{M}|$, so gilt offenbar:

$\mathfrak{M}\models\forall x\alpha[h] \Leftrightarrow$ für alle $t\in T$: $\mathfrak{M}\models[x:=t]\alpha[h]$.

Die Ausdruckskraft der dynamischen Logik ist viel größer als die der gewöhnlichen Prädikatenlogik. Dies zeigt sich zum Beispiel daran, daß die natürlichen Zahlen mit der Nachfolgerfunktion S und der Null als ausgezeichnetem Element sich in der dynamischen Logik bis auf Isomorphie charakterisieren lassen. Benutzt man die Bezeichnungen des Paragraphen 4, so leistet dies folgende Formel

$$\forall x \neg s(x) \doteq 0 \wedge \forall x \forall y (s(x) \doteq s(y) \rightarrow x \doteq y) \wedge \forall y \langle (x{:=}0);(\text{while} \neg x \doteq y \text{ do } (x{:=}s(x)))\rangle \top .$$

Die ersten beiden Konjunktionsglieder sagen, daß s eine Injektion ist, in deren Bild 0 nicht vorkommt. Das dritte Konjunktionsglied bringt zum Ausdruck, daß jedes Element von 0 aus durch endlichmalige Anwendung von s erhältlich ist. In der reinen Prädikatenlogik ist eine solche Charakterisierung von $\mathfrak{E}:=\langle\mathbb{N},s,0\rangle$ nicht möglich, da aufgrund des Kompaktheitstheorems die Aussagenmenge

$$\{\alpha\in \mathrm{Aus}_{\mathfrak{L}} \mid \mathfrak{E}\models\alpha\} \cup \{\neg c\doteq 0, \neg c\doteq s(0), \neg c\doteq s(s(0)), \neg c\doteq s(s(s(0))), \ldots\},$$

wobei c eine neue Konstante ist, simultan erfüllbar ist. Ist aber γ die obige Formel der dynamischen Logik, die die Struktur $\mathfrak{E}$ bis auf Isomorphie beschreibt, so ist offensichtlich jede endliche Teilmenge von

$$\{\gamma\}\cup\{\neg c\doteq 0, \neg c\doteq s(0), \neg c\doteq s(s(0)), \neg c\doteq s(s(s(0))), \ldots\}$$

erfüllbar, aber die Gesamtmenge unerfüllbar. Mithin gilt in der dynamischen Logik kein Kompaktheitstheorem.

Da die natürlichen Zahlen bis auf Isomorphie in der dynamischen charakterisierbar sind, läßt sich weiter mit den Methoden des Paragraphen 8 zeigen, daß kein Regelsystem von der Art, wie wir sie bisher kennengelernt haben, genau die allgemeingültigen Formeln erzeugt. — Erlaubt man jedoch infinitäre Regeln, so gibt es Systeme, die dies leisten. Was benötigt wird, ist eine "ω-Regel" der Gestalt:

$$\frac{\alpha\rightarrow[b;a^n]\beta \text{ für jedes } n\in\mathbb{N}}{\alpha\rightarrow[b;a^*]\beta}, \quad \text{wobei } a^0=\top? \text{ und } a^{k+1}=(a^k;a) \text{ ist.}$$

Wir werden jetzt das allgemeinere Regelsystem DPL der dynamischen Prädikatenlogik einführen, um dann die Vollständigkeit nachzuweisen. Dabei werden Regelschemata der Prädikatenlogik und der dynamischen Aussagenlogik benutzt. Es ergeben sich gewisse Änderungen, da die Rolle der Substitution durch die Elementarprogramme übernommen wird. Dies erweist sich als günstig, da sonst Begriffe wie "freies Vorkommen" und "frei zur Substitution" auch für Ausdrücke der Form $[x{:=}t]\alpha$ zu klären wären.

Mit V(Z) bezeichnen wir im folgenden die Menge aller Variablen, die in der Zeichenreihe Z mindestens einmal auftreten.

Für gegebenes $\mathfrak{L}$ habe das System DPL folgende Axiome:

Prädikatenlogische Axiome:

d-$\mathfrak{L}$-Instanzen von Tautologien, $\mathfrak{L}$-Identitätsaxiome der Prädikatenlogik,

$\forall x(\alpha \to \beta) \to (\forall x\alpha \to \forall x\beta)$,

$\alpha \to \forall x\alpha$, falls $x \notin V(\alpha)$.

Modale Axiome für elementare Programmformen:

(E1) $\forall x\alpha \to [x:=t]\alpha$

(E2) $\forall y[x:=y]\alpha \to \forall x\alpha$, falls $y \notin \{x\} \cup V(\alpha)$.

(E3) $\forall x\alpha \to [x:=t]\forall x\alpha$

(E4) $\forall y[x:=t]\alpha \to [x:=t]\forall y\alpha$, falls $y \notin \{x\} \cup V(t)$.

(E5) $[x:=t]\alpha \leftrightarrow \langle x:=t\rangle\alpha$

(E6) $[x:=t]\alpha \leftrightarrow \alpha(x/t)$, falls α Primformel.

(E7) $[x:=t][x:=t']\alpha \to [x:=t'(x/t)]\alpha$

(E8) $[x:=t][y:=t']\alpha \to [y:=t'(x/t)][x:=t]\alpha$, falls $y \notin \{x\} \cup V(t)$.

(E9) $t \doteq t' \to ([x:=t]\alpha \leftrightarrow [x:=t']\alpha)$.

Modale Axiome für beliebige Programmformen (siehe Paragraph 4):

(D) $[a](\alpha \to \beta) \to ([a]\alpha \to [a]\beta)$.

(CO) $[a;b]\alpha \leftrightarrow [a][b]\alpha$.

(UN) $[a \cup b]\alpha \leftrightarrow [a]\alpha \wedge [b]\alpha$.

(TS) $[\alpha?]\beta \leftrightarrow (\alpha \to \beta)$.

(MX) $[a^*]\alpha \to \alpha \wedge [a][a^*]\alpha$.

Schlußregeln mit Prämissen:

Modus ponens (MP), Generalisierungsregel (GR), Necessitationsregel (NR) und Omega-Iteration (ω-IT):

$$\text{(MP)} \quad \frac{\alpha, (\alpha \to \beta)}{\beta}, \qquad \text{(GR)} \quad \frac{\alpha}{\forall x\alpha}, \qquad \text{(NR)} \quad \frac{\alpha}{[a]\alpha},$$

$$(\omega\text{-IT}) \quad \frac{\alpha \to [b;a^n]\beta \text{ für jedes } n \in \mathbb{N}}{\alpha \to [b;a^*]\beta}.$$

Die prädikatenlogischen Axiome der Gestalt $\forall x\alpha \to \alpha(x/t)$, t frei zur Substitution für x in α, kommen nicht vor, da deren Rolle von (E1)-(E9) mit übernommen wird. Das Schema (E4) ist eine Version des Barcanschen Schemas. (E5) bringt den funktionalen Charakter der Elementarprogramme zum Ausdruck. Unter den modalen Axiomen für beliebige Programmformen fehlt das Induktionsschema. Wir werden in Kürze zeigen, daß die Induktionsaxiome mit Hilfe der ω-Iteration beweisbar und damit entbehrlich sind.

Den länglichen (aber einfachen) Nachweis, daß die obigen Axiome allgemeingültig sind und daß die Regeln von allgemeingültigen Formel zu allgemeingültigen Formeln führen, lassen wir weg.

Die DPL-Beweisbarkeit einer Formel α definieren wir durch:

$\vdash_{DPL}\alpha$:⇔ α ist Element jeder d-$\mathfrak{L}$-Formelmenge Σ, die alle Axiome enthält und unter den Schlußregeln abgeschlossen ist.

Im folgenden unterdrücken wir den Index DPL und schreiben einfach $\vdash\alpha$ für die DPL-Beweisbarkeit von α.

Neben der "externen" Definition der DPL-Beweisbarkeit existiert auch eine "interne", die wieder Beweisfolgen benutzt. Wegen der ω-Iterationsregel sind jedoch endliche Folgen unzureichend. Wir betrachten daher Formelfolgen mit wohlgeordneter Indexmenge und definieren:

$\langle\langle\delta_k|k\in J\rangle,<\rangle$ ist ein (DPL-) *Beweis*, falls folgende Bedingungen erfüllt sind:

(1) $\langle\delta_k|k\in J\rangle$ ist eine d-$\mathfrak{L}$-Formelfolge.

(2) $<$ ist eine Wohlordnung der Menge J.

(3) Jedes δ_k ist ein Axiom oder ergibt sich durch Anwendung einer Regel auf Elemente der Menge $\{\delta_j|j<k\}$.

Hat die Wohlordnung $\langle J,<\rangle$ ein größtes Element j_0, so schreiben wir anstelle von $\langle\langle\delta_k|k\in J\rangle,<\rangle$ kürzer $\langle\delta_k|k\leq J\rangle$, wobei mit δ_J diejenige Formel ist, die diesen größten Index trägt, d.h. $\delta_J:=\delta_{j_0}$. Besitzt aber die Wohlordnung $\langle J,<\rangle$ kein größtes Element, so schreiben wir anstelle von $\langle\langle\delta_k|k\in J\rangle,<\rangle$ auch kürzer $\langle\delta_k|k<J\rangle$.

Ist $\langle\delta_k|k\leq J\rangle$ ein Beweis, so sagen wir auch, daß $\langle\delta_k|k\leq J\rangle$ ein *Beweis der Formel* δ_J ist. Wir zeigen jetzt, daß eine Formel δ genau dann beweisbar ist, wenn es einen Beweis für δ gibt:

(11.1) **Lemma:** Für d-$\mathfrak{L}$-Formeln δ gilt: ($\vdash\delta$ ⇔ es gibt einen Beweis für δ).

Beweis:

Ist $\langle\delta_j|j\leq J\rangle$ ein Beweis für δ_J, so folgt $\vdash\delta_j$ für alle $j\leq J$ und damit insbesondere $\vdash\delta_J$. Denn anderenfalls gäbe es ein hinsichtlich $<$ kleinstes j mit $\nvdash\delta_j$. Da für Axiome α immer $\vdash\alpha$ gilt, gäbe es Elemente in $\{\delta_i|i<j\}$ aus denen δ_j durch Anwendung einer Regel entstände. Wegen der Minimalität von j hätte man aber $\vdash\delta_i$ für $i<j$. Damit wäre dann nach Definition von $\vdash$ doch $\vdash\delta_j$ wahr. Damit ist jede Formel, für die ein Beweis existiert, in der Menge $\{\alpha|\vdash\alpha\}$ enthalten.

Andererseits gehört, wie wir sofort zeigen werden, die Menge aller Formeln, für die ein Beweis existiert, zu den Mengen Σ, die alle Axiome enthalten und unter den Schlußregeln abgeschlossen sind. Dann gibt es aber zu jedem α mit $\vdash\alpha$ auch einen Beweis für α.

Trivialerweise besitzt jedes Axiom δ_0 einen Beweis – nämlich $\langle\delta_j|j\leq 0\rangle$, wobei $J=\{0\}$ und $<$ die leere Relation ist. Daß die Menge der Formeln, zu denen ein Beweis existiert, auch unter den Schlußregeln abgeschlossen ist, ergibt sich aus einfachen Fakten über Wohlordnungen:

Zu jeder Wohlordnung $\langle K,<\rangle$ kann man einen neuen größten Punkt J', wobei $J'\notin K$ ist, hinzufügen (man setze $K':=K\cup\{J'\}$ und $<':=<\cup\{\langle k,J'\rangle|k\in K\}$). Es entsteht wieder eine Wohlordnung. Die Menge der Formeln mit Beweis ist daher unter den Regeln mit einer Prämisse (d.h. Generalisierungs- und Necessitationsregel) abgeschlossen. Denn jeder Beweis $\langle\delta_k|k\leq J\rangle$ läßt sich dann durch Hinzunahme der Formel $\delta_{J'}:=\forall x\delta_k$ (beziehungsweise $\delta_{J'}:=[a]\delta_k$) zu einem Beweis für $\delta_{J'}$ verlängern. – Da man zwei oder allgemeiner abzählbarviele Wohlordnungen hintereinander hängen kann und wieder zu einer Wohlordnung gelangt, ist die Menge der Formeln mit Beweis auch unter Modus Ponens und ω-Iteration abgeschlossen. Sind nämlich Wohlordnungen $\langle K_n,<_n\rangle$ für $n\in\mathbb{N}$ gegeben, so betrachtet man $K:=\bigcup_{n\in\mathbb{N}}(K_n\times\{n\})$ und setzt

$$\langle k_1,n_1\rangle<\langle k_2,n_2\rangle \;:\Leftrightarrow\; (n_1=n_2 \text{ und } k_1<_{n_1}k_2) \text{ oder } n_1 \text{ ist kleiner als } n_2.$$

Man zeigt leicht, daß $\langle K,<\rangle$ eine Wohlordnung ist. Hat man jetzt für jedes $n\in\mathbb{N}$ einen Beweis $\langle\delta_k^{(n)}|k\leq K_n\rangle$ für die Formel $\alpha\rightarrow[b;a^n]\beta$, so kann man diese Beweise zu der Folge $\langle\delta_k^{(n)}|\langle k,n\rangle<K\rangle$ verketten, aus der durch Anhängen von $\alpha\rightarrow[b;a^*]\beta$ ein Beweis für $\alpha\rightarrow[b;a^*]\beta$ entsteht. – Für den Modus ponens folgt die Behauptung analog. Damit ist das Lemma gezeigt.

Ω

Mit Hilfe von (TS), (CO) und der Tautologie $\gamma\leftrightarrow(\top\rightarrow\gamma)$ erhält man:

$$\vdash[\top?;a]\beta\leftrightarrow[a]\beta,$$

woraus sich mittels ω-Iteration folgende abgeleitete Regeln ergeben:

$$\frac{\alpha\rightarrow[a^n]\beta \quad \text{für alle } n\in\mathbb{N}}{\alpha\rightarrow[a^*]\beta}, \qquad \frac{[a^n]\beta \quad \text{für alle } n\in\mathbb{N}}{[a^*]\beta}.$$

Wir weisen jetzt nach, daß die d-$\mathfrak{L}$-Version des Induktionsschemas, das in §4 eingeführt worden ist, in DPL abgeleitet werden kann.

(11.2) **Lemma:** Für alle d-$\mathfrak{L}$-Formeln α und Programmformen a gilt:
$\vdash[a^*](\alpha\rightarrow[a]\alpha)\rightarrow(\alpha\rightarrow[a^*]\alpha)$.

Beweis:

Sei $\beta:=(\alpha\wedge[a^*](\alpha\rightarrow[a]\alpha))$. Es genügt zu zeigen, daß $\vdash\beta\rightarrow[a]\beta$ gilt. Denn dann ergibt sich durch iterierte Anwendung der [a]-Necessitation, [a]-Distribution und (CO) auch $\vdash\beta\to[a^n]\beta$ für alle $n\in\mathbb{N}$. Durch ω-Iteration (s.o.) folgt daraus $\vdash\beta\to[a^*]\beta$, was wiederum $\vdash[a^*](\alpha\to[a]\alpha)\to(\alpha\to[a^*]\beta)$ impliziert. Da $\vdash[a^*](\gamma\wedge\delta)\leftrightarrow[a^*]\gamma\wedge[a^*]\delta$ gilt, folgt $\vdash[a^*]\beta\to[a^*]\alpha$. Beides zusammen ergibt dann die Behauptung.

Um $\vdash\beta\to[a]\beta$ zu zeigen, betrachtet man folgende (MX)-Instanz

$$\vdash[a^*](\alpha\to[a]\alpha)\to(\alpha\to[a]\alpha)\wedge[a][a^*](\alpha\to[a]\alpha),$$

woraus mittels Aussagenlogik $\vdash\beta\to[a]\alpha\wedge[a][a^*](\alpha\to[a]\alpha)$ folgt. Da, wie oben schon benutzt, sich Notwendigkeitsoperatoren äquivalent über Konjunktionen verteilen, erhält man, wie gewünscht $\vdash\beta\to[a](\alpha\wedge[a^*](\alpha\to[a]\alpha))$.

Ω

Mit Hilfe des Axioms (E5) ergibt sich

$$\vdash[x:=t]\neg\alpha\leftrightarrow\neg[x:=t]\alpha,$$

woraus unter Benutzung von Aussagenlogik und der Distribution von $[x:=t]$ über Konjunktionen sofort folgt:

$$\vdash[x:=t](\alpha\to\beta)\leftrightarrow([x:=t]\alpha\to[x:=t]\beta).$$

Daraus erhält man dann

$$\vdash[x:=t]\alpha\leftrightarrow\alpha(x/t),$$

falls α eine aussagenlogische Kombination von Primformeln ist. Weiterhin gilt:

$$\vdash[a^n]\alpha\leftrightarrow[a]^n\alpha,$$

sofern man $[a]^0\alpha=\alpha$, $[a]^{k+1}\alpha=[a][a]^k\alpha$ setzt. Dies folgt mit Hilfe von (CO). — Für den späteren Beweis des Vollständigkeitssatzes ist noch ein technisches Lemma vonnöten:

(11.3) **Lemma:** Sei c eine 𝔏-Konstante, die weder in der d-𝔏-Formel α noch in der d-𝔏-Formel β auftritt. Dann folgt aus $\vdash\alpha\to[x:=c]\beta$ auch $\vdash\alpha\to\forall x\beta$.

Beweis:

Sei $\langle\delta_k|k\le J\rangle$ ein Beweis für $(\alpha\to[x:=c]\beta)$. Sei weiter $m\in\mathbb{N}$ derart, daß alle in $(\alpha\to[x:=c]\beta)$ überhaupt vorkommenden Variablen schon in der Menge $\{v_0,\dots,v_m\}$ liegen. — Wir betrachten eine injektive Funktion ' von der Menge $\{v_j|j\in\mathbb{N}\}\cup\{c\}$ in $\{v_j|j\in\mathbb{N}\}$, die durch folgende Bedingungen definiert ist:

$$'v_j=v_j \text{ für } j\in\{0,\dots,m\},\quad 'v_j=v_{j+1} \text{ für } j\in\mathbb{N}\setminus\{0,\dots,m\} \text{ und } 'c=y:=v_{m+1}.$$

Für 𝔏-Formeln erklären wir jetzt mit Hilfe der Variablenabbildung ' die Funktion #, die jeder 𝔏-Formel δ diejenige Formel zuordnet, die man erhält, wenn man in δ alle Variablen und die Konstante c an allen Stellen ihres Vorkommens durch ihre '-Bilder ersetzt. Man überzeugt sich leicht, daß die #-Bilder von Axiomen wieder Axiome sind. Weiter gilt, daß das #-Bild des Ergebnisses einer Regelanwendung sich als Ergebnis der Regelanwendung auf die #-Bilder der Regelprämissen ergibt.

Daraus erhält man, daß die transformierte Folge $\langle {}^{\#}\delta_k | k \leq J \rangle$ ein Beweis für $^{\#}(\alpha \to [x:=c]\beta)$ ist. Da aber die Abbildung ' die Elemente von $\{v_0,\ldots,v_m\}$ festhält und alle Variablen von $(\alpha \to [x:=c]\beta)$ in dieser Menge liegen, ist $^{\#}(\alpha \to [x:=c]\beta) = (\alpha \to [x:=y]\beta)$. Somit gilt $\vdash \alpha \to [x:=y]\beta$. Durch Generalisierung folgt $\vdash \forall y(\alpha \to [x:=y]\beta)$, woraus durch Distribution von $\forall y$ und Ausnutzung von $\vdash \alpha \to \forall y \alpha$ (da $y \notin V(\alpha)$) die Beweisbarkeit von $(\alpha \to \forall y[x:=y]\beta)$ folgt. Da y auch nicht unter den Variablen von β vorkommt, gilt $\vdash \forall y[x:=y]\beta \to \forall x \beta$ aufgrund von (E2). Durch Kettenschluß folgt dann die Behauptung $\vdash \alpha \to \forall x \beta$.

Ω

Im folgenden wird auch die Beweisbarkeit aus Prämissenmengen benötigt. Die Definition in der allgemeinen modalen Prädikatenlogik

$$\Sigma \vdash \alpha \Leftrightarrow \text{es gibt eine endliche Teilmenge } \Sigma_0 \text{ von } \Sigma \text{ mit } \vdash \bigwedge \Sigma_0 \to \alpha,$$

erweist sich angesichts der infinitären ω-Iterationsregel als unbrauchbar. Es gibt jedoch für die modale Prädikatenlogik eine zu obiger Definition äquivalente Formulierung, die verallgemeinerungsfähig ist. Man kann nämlich auch setzen:

$\Sigma \vdash' \alpha \;:\Leftrightarrow\; \alpha$ ist Element jeder Formelmenge, die $\Sigma \cup \{\delta | \vdash \delta\}$ umfaßt und unter Modus ponens abgeschlossen ist.

Denn die Menge $\{\gamma | \Sigma \vdash \gamma\}$ umfaßt offensichlich $\Sigma \cup \{\delta | \vdash \delta\}$ und ist unter Modus ponens abgeschlossen. Also folgt $(\Sigma \vdash' \alpha \Rightarrow \Sigma \vdash \alpha)$. Gibt es andererseits eine endliche Teilmenge $\{\sigma_0,\ldots,\sigma_k\} \subset \Sigma$ mit $\vdash \sigma_0 \wedge \ldots \wedge \sigma_k \to \alpha$, so folgt auch $\vdash \sigma_0 \to (\sigma_1 \to (\ldots(\sigma_k \to \alpha)\ldots)$, woraus durch iterierte Anwendung des Modus ponens α erhältlich ist. Also folgt aus $\Sigma \vdash \alpha$, daß α Element jeder Menge ist, die $\Sigma \cup \{\delta | \vdash \delta\}$ umfaßt und unter Modus ponens abgeschlossen ist. Damit impliziert $\Sigma \vdash \alpha$ auch $\Sigma \vdash' \alpha$.

Für die dynamischen Logik definieren wir jetzt die *Beweisbarkeit einer Formel* α *aus einer Formelmenge* Σ (kurz: $\Sigma \vdash \alpha$) wie folgt:

$\Sigma \vdash \alpha \;:\Leftrightarrow\; \alpha$ ist Element jeder $\mathfrak{L}$-Formelmenge Σ, die $\{\delta | \vdash \delta\}$ und Σ umfaßt und unter Modus ponens und ω-Iteration (aber nicht notwendig unter Generalisierung und Necessitation) abgeschlossen ist.

Der externen Formulierung der Beweisbarkeitsrelation steht wieder, wie man sich leicht überlegt, eine interne zur Seite:

$\Sigma\vdash\alpha \Leftrightarrow$ es gibt eine Folge mit wohlgeordneter Indexmenge $\langle\delta_k|k\leq J\rangle$ mit $\alpha=\delta_J$ und jedes δ_k ist in Σ oder es gilt $\vdash\delta_k$ oder δ_k entsteht aus vorhergehenden Folgengliedern durch Anwendung des Modus ponens oder der ω-Iteration.

Eine Formelmenge heißt wieder *konsistent* genau dann, wenn $\perp$ nicht aus Σ beweisbar ist.

Es gilt ein Deduktionstheorem, das, da weder Generalisierungs- noch Necessitationsregel zugelassen sind, keine Einschränkungen über die Formel α in der Prämisse enthält:

(11.4) **Theorem:** Gegeben sei eine d-$\mathfrak{L}$-Formelmenge Σ und d-$\mathfrak{L}$-Formeln α und β. Dann gilt: $(\Sigma\cup\{\alpha\}\vdash\beta \Rightarrow \Sigma\vdash\alpha\rightarrow\beta)$.

Beweis:

Sei $\langle\delta_k|k\leq J\rangle$ ein Beweis für $\beta=\delta_J$ aus $\Sigma\cup\{\alpha\}$. Wir behaupten, daß $\alpha\rightarrow\delta_k$ für alle $k\leq J$ aus Σ beweisbar ist. Ist das nicht der Fall, so gibt es einen kleinsten Index k', so daß $\alpha\rightarrow\delta_{k'}$ nicht aus Σ beweisbar ist. Die Formel $\delta_{k'}$ kann nicht Element von $\Sigma\cup\{\alpha\}$ sein oder aus vorhergehenden Folgengliedern durch Anwendung des Modus ponens entstehen, da man sonst genau wie in (2.11) zeigen kann, daß es doch eine Folge gibt, die einen Beweis für $\alpha\rightarrow\delta_{k'}$ aus Σ darstellt. Also kann $\delta_{k'}$ höchstens aus vorhergehenden Folgengliedern δ_{k_n}, $k_n<k'$, durch Anwendung der ω-Iteration entstehen. Sei $\delta_{k_n}=(\gamma\rightarrow[b;a^n]\delta)$ für $n\in\mathbb{N}$. Wegen der Minimalität von k' ist für jedes n die Formel $\alpha\rightarrow\delta_{k_n}$ aus Σ beweisbar. Indem man für jedes n einen Σ-Beweis von $\alpha\rightarrow\delta_{k_n}$ wählt und diese Beweise hintereinander schreibt und außerdem für jedes n noch die Formeln

$$(\alpha\rightarrow(\gamma\rightarrow[b;a^n]\delta))\rightarrow(\alpha\wedge\gamma\rightarrow[b;a^n]\delta),\ (\alpha\wedge\gamma\rightarrow[b;a^n]\delta)$$

anhängt, erhält man durch ω-Iteration einen Beweis für $(\alpha\wedge\gamma\rightarrow[b;a^*]\delta)$ aus Σ, woraus durch Verlängerung um

$$(\alpha\wedge\gamma\rightarrow[b;a^*]\delta)\rightarrow(\alpha\rightarrow(\gamma\rightarrow[b;a^*]\delta),\ (\alpha\rightarrow(\gamma\rightarrow[b;a^*]\delta)$$

doch ein Σ-Beweis für $\alpha\rightarrow\delta_{k'}$ entstände.

Also ist $\alpha\rightarrow\delta_k$ für jedes $k\leq J$ und damit insbesondere $(\alpha\rightarrow\beta)$ aus Σ beweisbar.

Ω

Wie man sich sofort überlegt, folgt aus $\Sigma\vdash\alpha\rightarrow\beta$ auch $\Sigma\cup\{\alpha\}\vdash\beta$. Somit gilt: $(\Sigma\cup\{\alpha\}\vdash\beta \Leftrightarrow \Sigma\vdash\alpha\rightarrow\beta)$.

Hieraus erhält man unmittelbar, daß für endlich viele Formeln gilt:

$$\{\alpha_0,\ldots,\alpha_k\}\vdash\beta \Leftrightarrow \vdash\alpha_0\wedge\ldots\wedge\alpha_k\rightarrow\beta.$$

Außerdem erhält man, daß eine Formelmenge $\Gamma\cup\{\alpha\}$ genau dann konsistent ist, wenn $\Gamma\nvdash\neg\alpha$ gilt.

Für die Beweisbarkeitsrelation ergeben sich sofort folgende Aussagen:

(11.5) Für alle d-$\mathfrak{L}$-Formelmengen Γ gilt:

(1) $\Gamma \vdash \alpha$ und $\Gamma \vdash (\alpha \to \beta) \Rightarrow \Gamma \vdash \beta$.

(2) (Für alle $n \in \mathbb{N}$ gilt: $\Gamma \vdash \alpha \to [b;a^n]\beta$) $\Leftrightarrow$ $\Gamma \vdash \alpha \to [b;a^*]\beta$.
Speziell hat man: (Für alle $n \in \mathbb{N}$ gilt: $\Gamma \vdash [a^n]\beta$) $\Leftrightarrow$ $\Gamma \vdash [a^*]\beta$.

(3) Γ ist konsistent $\Leftrightarrow$ es gibt keine d-$\mathfrak{L}$-Formel α mit $\Gamma \vdash \alpha$ und $\Gamma \vdash \neg\alpha$.

Die Implikation von links nach rechts in (2) ergibt sich , wie wir früher schon bemerkt haben, mittels Aussagenlogik, (TS), (CO) und der ω-Iterationsregel. Für die umgekehrte Implikation benutzt man, daß für alle $n \in \mathbb{N}$ gilt $\vdash (\alpha \to [b;a^*]\beta) \to (\alpha \to [b;a^n]\beta)$, was sich im wesentlichen durch Anwendung von (CO) und (MX) ergibt.

Unter einer $\mathfrak{L}$-*Theorie* verstehen wir im folgenden eine konsistente d-$\mathfrak{L}$-Formelmenge, die unter der Beweisbarkeitsrelation abgeschlossen ist. Eine d-$\mathfrak{L}$-Formelmenge Γ ist somit eine $\mathfrak{L}$-Theorie genau dann, wenn $\Gamma \nvdash \bot$ und ($\Gamma \vdash \alpha \Leftrightarrow \alpha \in \Gamma$) für alle d-$\mathfrak{L}$-Formeln α gilt.

Betrachtet man jetzt eine maximale $\mathfrak{L}$-Theorie Γ, d.h. eine Theorie Γ, die in keiner anderen $\mathfrak{L}$-Theorie echt enthalten ist, so erhält (man wie in der Aussagenlogik), daß für alle $\mathfrak{L}$-Formeln α,β gilt: $\bot \notin \Gamma$, ($\alpha \notin \Gamma \Leftrightarrow \neg\alpha \in \Gamma$) und ($(\alpha \to \beta) \in \Gamma \Leftrightarrow (\alpha \in \Gamma \Rightarrow \beta \in \Gamma)$). Damit sind für maximale Theorien Γ aussagenlogische Fragen auf die Elementbeziehung zurückgeführt. Um dies auch für Quantoren zu erreichen, betrachten wir Theorien mit der $\forall$-Eigenschaft. Dabei hat eine $\mathfrak{L}$-Theorie Γ die $\forall$-*Eigenschaft* genau dann, wenn für alle $\mathfrak{L}$-Formeln der Gestalt $\forall x\alpha$ gilt:

(Für alle konstanten $\mathfrak{L}$-Terme t: $[x:=t]\alpha \in \Gamma$) $\Rightarrow$ $\forall x\alpha \in \Gamma$.

Die umgekehrte Implikation

$\forall x\alpha \in \Gamma$ $\Rightarrow$ (für alle Terme t gilt: $[x:=t]\alpha \in \Gamma$)

ist für maximale $\mathfrak{L}$-Theorien immer richtig. Dies ergibt sich sofort aus (E1). Für maximale Theorien mit $\forall$-Eigenschaft gilt:

(11.6) **Lemma:** Sei Γ eine maximale Theorie mit der $\forall$-Eigenschaft. Dann gibt es zu jedem $\mathfrak{L}$-Term t einen konstanten $\mathfrak{L}$-Term t' mit $t \doteq t' \in \Gamma$.

Beweis:

Da $\vdash t \doteq t$ gilt und Γ konsistent ist, folgt $\neg t \doteq t \notin \Gamma$. Sei x eine Variable die nicht in t vorkommt. Mit (E6) erhält man $[x:=t]\neg t \doteq x \notin \Gamma$. Unter Benutzung von (E1) ergibt sich daraus $\forall x \neg t \doteq x \notin \Gamma$. Die $\forall$-Eigenschaft von Γ impliziert dann die Existenz eines konstanten Terms t' mit $[x:=t']\neg t \doteq x \notin \Gamma$. Nochmalige Benutzung von (E6) ergibt $\neg t \doteq t' \notin \Gamma$, woraus $t \doteq t' \in \Gamma$ mit der Maximalität von Γ folgt.

Ω

Um maximale Theorien mit der $\forall$-Eigenschaft zu erhalten, sind wieder generische Konstanten vonnöten. Die folgenden Konstruktionen benutzen Formelabzählungen. *Wir setzen ab jetzt abzählbare Sprachen voraus.*

Es wird wieder gezeigt, daß für alle d-$\mathfrak{L}$-Formeln α gilt:

$$\nvdash\alpha \Rightarrow \text{ es gibt ein Modell } \mathfrak{M} \text{ und eine Belegung h in } |\mathfrak{M}| \text{ mit } \mathfrak{M}\models\neg\alpha[h].$$

Sei also $\nvdash\alpha$, wobei die (abzählbare) Sprache $\mathfrak{L}$ zugrunde gelegt ist. Wir behaupten zuerst, daß die Nicht-Beweisbarkeit von α erhalten bleibt, wenn wir zu $\mathfrak{L}$ abzählbar viele neue Konstanten c_k für $k\in\mathbb{N}$ adjungieren. Die durch diese Adjunktion aus $\mathfrak{L}$ enstehende Sprache sei $\mathfrak{L}^*$.

Analog zum Beweis von Lemma (11.3) betrachten wir eine Injektion ' von $\{v_k|k\in\mathbb{N}\}\cup\{c_k|k\in\mathbb{N}\}$ in $\{v_k|k\in\mathbb{N}\}$, die die in α auftretenden Variablen fest läßt. Ist $V(\alpha)\subset\{v_0,\ldots,v_m\}$, so kann man z.B. setzen

$'v_k=v_k$ für $k\in\{0,\ldots,m\}$, $'v_k=v_{2k}$ für $k\in\mathbb{N}\setminus\{0,\ldots,m\}$ und $'c_k=v_{2(m+k)+1}$ für $k\in\mathbb{N}$.

Indem man, wie im Lemma, diese Abbildung zu einer Formeltransformation $^\#$ erweitert, sieht man leicht, daß jeder mit d-$\mathfrak{L}^*$-Formeln operierende Beweis von α in einen d-$\mathfrak{L}$-Beweis von α transformiert wird. Also hat die d-$\mathfrak{L}^*$-Beweisbarkeit von α auch die d-$\mathfrak{L}$-Beweisbarkeit von α zur Folge. Somit ist eine d-$\mathfrak{L}$-Formel α d-$\mathfrak{L}$-beweisbar genau dann, wenn sie d-$\mathfrak{L}^*$-beweisbar ist. Da im folgenden die Sprachen $\mathfrak{L}$ und $\mathfrak{L}^*$ festgehalten werden, können wir aufgrund des gerade Gezeigten bei Beweisbarkeiten die Sprachangabe weglassen. Wichtig ist jetzt das folgendes Lemma:

(11.7) **Lemma:** $\mathfrak{L}^*$ entstehe aus $\mathfrak{L}$ durch Adjunktion der paarweise verschiedenen neuen Kostanten $\{c_k|k\in\mathbb{N}\}$. Ist dann die d-$\mathfrak{L}$-Formel α nicht beweisbar, so gibt es eine maximale d-$\mathfrak{L}^*$-Theorie Γ mit der $\forall$-Eigenschaft, die $\neg\alpha$ enthält.

Beweis:

Sei $\delta_0,\delta_1,\delta_2,\ldots$ eine Abzählung aller $\mathfrak{L}^*$-Formeln. Wir definieren endliche Mengen $\Gamma_0\subset\Gamma_1\subset\Gamma_2\subset\ldots$ wie folgt:

$\Gamma_0=\{\neg\alpha\}$.

Ist Γ_k bereits definiert, so definieren wir Γ_{k+1} durch Fallunterscheidung.

1. Fall: $\Gamma_k\vdash\delta_k$. Dann sei:

$$\Gamma_{k+1}=\Gamma_k\cup\{\delta_k\}.$$

2. Fall: $\Gamma_k\nvdash\delta_k$.

1. Unterfall: δ_k ist von der Gestalt $\forall x\delta$.

Da $\Gamma_k\cup\{\delta_k\}$ endlich ist, gibt es unendlichviele neue Konstanten, die in den Formeln dieser Menge nicht vorkommen. In der Abzählung aller Konstanten sei c die erste Konstante, die nicht in $\Gamma_k \cup \{\delta_k\}$ auftritt. Wir setzen dann:

$\Gamma_{k+1} = \Gamma_k \cup \{\neg [x:=c]\delta, \neg \forall x\delta\}$.

2. Unterfall: δ_k ist von der Gestalt $(\gamma \rightarrow [b;a^*]\delta)$.
Aus $\Gamma_k \nvdash \gamma \rightarrow [b;a^*]\delta$ folgt mit (11.5)(2), daß es ein $n \in \mathbb{N}$ gibt mit $\Gamma_k \nvdash \gamma \rightarrow [b;a^n]\delta$. Wir wählen n minimal mit dieser Eigenschaft und setzen:
$\Gamma_{k+1} = \Gamma_k \cup \{\neg(\gamma \rightarrow [b;a^n]\delta), \neg(\gamma \rightarrow [b;a^*]\delta)\}$.
3. Unterfall: δ_k ist weder von der Gestalt $\forall x\delta$ noch von der Gestalt $(\gamma \rightarrow [b;a^*]\delta)$. In diesem Falle setzen wir einfach:
$\Gamma_{k+1} = \Gamma_k \cup \{\neg \delta_k\}$.

Es sei jetzt Γ die Vereinigung über alle Γ_k: $\Gamma := \bigcup_{k \in \mathbb{N}} \Gamma_k$.

Wir behaupten, daß Γ die gewünschten Eigenschaften hat. Nach Konstruktion ist offensichtlich, daß $\delta \in \Gamma$ oder $\neg\delta \in \Gamma$ für jede d-$\mathfrak{L}^*$-Formel δ gilt. Außerdem folgt sofort, daß Γ alle beweisbaren d-$\mathfrak{L}^*$-Formeln enthält. Wir zeigen jetzt durch Induktion, daß alle Γ_k konsistent sind:

Für $\Gamma_0 = \{\neg\alpha\}$ ist das richtig, da ja nach Voraussetzung α nicht beweisbar ist. Sei jetzt Γ_k bereits als konsistent nachgewiesen.

Ensteht Γ_{k+1} aus Γ_k gemäß Fall 1, so ist die Konsistenz von Γ_{k+1} offensichtlich.

Liegt im Falle 2 der Unterfall 3 vor, so hätte $\Gamma_k \cup \{\neg\delta_k\} \vdash \bot$ zur Folge, daß auch $\Gamma_k \vdash \neg\delta_k \rightarrow \bot$ und damit auch $\Gamma_k \vdash \delta_k$ wahr wäre.

Liegt der Unterfall 1 vor und wäre Γ_{k+1} inkonsistent, so hätte man mit Hilfe von (11.4) und (E1):

$$\begin{aligned} \Gamma_k \cup \{\neg[x:=c]\delta, \neg\forall x\delta\} \vdash \bot \quad &\Rightarrow \quad \Gamma_k \vdash \neg[x:=c]\delta \rightarrow \forall x\delta \\ &\Rightarrow \quad \Gamma_k \vdash \neg[x:=c]\delta \rightarrow [x:=c]\delta \\ &\Rightarrow \quad \Gamma_k \vdash [x:=c]\delta \\ &\Rightarrow \quad \vdash \bigwedge\Gamma_k \rightarrow [x:=c]\delta. \end{aligned}$$

Da aber c nicht in der endlichen Formelmenge vorkommt, ergäbe sich mit (11.3) auch $\vdash \bigwedge\Gamma_k \rightarrow \forall x\delta$ und damit $\Gamma_k \vdash \forall x\delta$.

Läge schließlich Unterfall 2 und Inkonsistenz von Γ_{k+1} vor, so ergäbe sich für $\delta_k = (\gamma \rightarrow [b;a^*]\delta)$:

$$\Gamma_k \cup \{\neg(\gamma \rightarrow [b;a^n]\delta), \neg\delta_k\} \vdash \bot \quad \Rightarrow \quad \Gamma_k \vdash \neg(\gamma \rightarrow [b;a^n]\delta) \rightarrow \delta_k.$$

Da $\vdash \delta_k \rightarrow (\gamma \rightarrow [b;a^n]\delta)$ mit (11.5)(2) folgt, ergäbe sich $\Gamma_k \vdash \gamma \rightarrow [b;a^n]\delta$, was der Wahl von n widerspräche.

Damit ist jedes Γ_k konsistent. Da ja $\delta\in\Gamma$ oder $\neg\delta\in\Gamma$ ist, ergibt sich, daß $(\delta\notin\Gamma \Leftrightarrow \neg\delta\in\Gamma)$ für alle m-$\mathfrak{L}^*$-Formeln δ gilt.

Wir behaupten jetzt, daß Γ eine $\mathfrak{L}^*$-Theorie ist. Da Γ alle beweisbaren Formeln enthält, ist nur zu zeigen, daß Γ unter Modus ponens und ω-Iteration abgeschlossen ist. Wäre $\gamma\in\Gamma$, $(\gamma\rightarrow\delta)\in\Gamma$ und $\delta\notin\Gamma$, so wäre auch $\neg\delta\in\Gamma$. Dann gäbe es aber ein k mit $\{\gamma,\gamma\rightarrow\delta,\neg\delta\}\subset\Gamma_k$, was der Konsistenz von Γ_k widerspräche. Somit ist Γ unter Modus ponens abgeschlossen. Da nach Konstruktion zu jeder Formel $(\gamma\rightarrow[b;a^*]\delta)\notin\Gamma$ ein $n\in\mathbb{N}$ mit $(\gamma\rightarrow[b;a^n]\delta)\notin\Gamma$ existiert, ist Γ auch unter ω-Iteration abgeschlossen. Also ist Γ unter der Beweisbarkeitsrelation abgeschlossen. Da $\bot\in\Gamma$ für ein k auch $\bot\in\Gamma_k$ zu Folge hätte, ist Γ eine Theorie. — Aus der Tatsache, daß $\delta\in\Gamma$ oder $\neg\delta\in\Gamma$ für jede d-$\mathfrak{L}^*$-Formel δ gilt, folgt dann, daß die Theorie Γ maximal ist. Schließlich ist durch die Konstruktion klar (Unterfall 1 von Fall 2), daß Γ auch die $\forall$-Eigenschaft hat.

Ω

Als nächstes zeigen wir ein Lemma, das deutliche Parallelen zum Beweis von (10.2) aufweist:

(11.8) **Lemma:** Sei Γ eine maximale $\mathfrak{L}^*$-Theorie mit $\forall$-Eigenschaft. Für alle Variablen x und $\mathfrak{L}^*$-Terme t ist dann auch $\Gamma_{x,t}:=\{\gamma\,|\,[x:=t]\gamma\in\Gamma\}$ eine maximale $\mathfrak{L}^*$-Theorie mit der $\forall$-Eigenschaft.

Beweis:

Da aus $\vdash\gamma$ via Necessitation $\vdash[x:=t]\gamma$ folgt, enthält $\Gamma_{x,t}$ alle beweisbaren d-$\mathfrak{L}^*$-Formeln. Weiter impliziert das $[x:=t]$-Distributionsschema sofort die Abgeschlossenheit von $\Gamma_{x,t}$ unter Modus ponens.

Wir betrachten jetzt die ω-Iteration: Sei $[x:=t](\gamma\rightarrow[b;a^n]\delta)\in\Gamma$ für alle $n\in\mathbb{N}$. Durch Distribution folgt $([x:=t]\gamma\rightarrow[x:=t][b;a^n]\delta)\in\Gamma$, woraus sich mittels (CO) $([x:=t]\gamma\rightarrow[((x:=t);b);a^n]\delta)\in\Gamma$ ergibt. Da Γ unter ω-Iteration abgeschlossen ist, folgt $([x:=t]\gamma\rightarrow[((x:=t);b);a^*]\delta)\in\Gamma$. Durch Anwendung von (CO) erhält man $([x:=t]\gamma\rightarrow[x:=t][b;a^*]\delta)\in\Gamma$. Da für elementare Programmformen auch die Umkehrung der Distribution gilt (wie unmittelbar nach (11.2) bemerkt wurde), ergibt sich $[x:=t](\gamma\rightarrow[b;a^*]\delta)\in\Gamma$.

Somit ist $\Gamma_{x,t}$ unter der Beweisbarkeitsrelation abgeschlossen. Die Konsistenz erhält man wie folgt. Wäre $\Gamma_{x,t}$ inkonsistent, so wäre $\bot\in\Gamma_{x,t}$ und damit auch $[x:=t]\bot\in\Gamma$. Da aber $\vdash[x:=t]\neg\bot$ und $\vdash[x:=t]\neg\bot\leftrightarrow\neg[x:=t]\bot$ (s. (E5)) gilt, ist $\neg[x:=t]\bot\in\Gamma$. Somit hätte die Inkonsistenz von $\Gamma_{x,t}$ auch die von Γ zur Folge. Also ist $\Gamma_{x,t}$ eine $\mathfrak{L}^*$-Theorie. Mit (E5) und Distribution von $[x:=t]$ über $\wedge$ folgt für beliebige Formeln δ aus $\vdash[x:=t]\neg(\delta\wedge\neg\delta)$ auch $\neg([x:=t]\delta\wedge[x:=t]\neg\delta)\in\Gamma$, woraus sich $[x:=t]\delta\in\Gamma$ oder $[x:=t]\neg\delta\in\Gamma$ mit (E5) und der maximalen Konsistenz von Γ ergibt. Also gilt für jede d-$\mathfrak{L}^*$-Formel δ, daß δ oder $\neg\delta$ in $\Gamma_{x,t}$ ist. Diese Theorie ist damit auch maximal.

Somit ist nur noch die $\forall$-Eigenschaft für $\Gamma_{x,t}$ nachzuweisen. Sei also $\forall y\delta \notin \Gamma_{x,t}$, d.h. $[x:=t]\forall y\delta \notin \Gamma$. Wir unterscheiden zwei Fälle:

Fall 1: Sei $x=y$. Dann impliziert $[x:=t]\forall x\delta \notin \Gamma$ aufgrund von (E3) $\forall x\delta \notin \Gamma$, woraus mit der $\forall$-Eigenschaft von Γ die Existenz eines konstanten Terms t' mit $[x:=t']\delta \notin \Gamma$ folgt. Da t' konstant ist, erhält man daraus unter Benutzung von (E7), daß $[x:=t][x:=t']\delta \notin \Gamma$ und damit, wie gewünscht, daß $[x:=t']\delta \notin \Gamma_{x,t}$ gilt.

Fall 2: Sei $x \neq y$. Zu t existiert nach (11.6) ein konstanter Term t' mit $t \doteq t' \in \Gamma$. Mit Hilfe von (E9) folgt aus $[x:=t]\forall y\delta \notin \Gamma$ und $t \doteq t' \in \Gamma$ auch $[x:=t']\forall y\delta \notin \Gamma$, woraus sich mit (E4), dem Barcanschen Schema, $\forall y[x:=t']\delta \notin \Gamma$ ergibt. Die $\forall$-Eigenschaft der Menge Γ impliziert die Existenz eines konstanten Terms t'' mit $[y:=t''][x:=t']\delta \notin \Gamma$. Mit (E8) erhält man dann $[x:=t'][y:=t'']\delta \notin \Gamma$, woraus mit $t \doteq t' \in \Gamma$ und (E9) auch $[x:=t][y:=t'']\delta \notin \Gamma$ folgt. Dies wiederum hat $[y:=t'']\delta \notin \Gamma_{x,t}$ zur Folge.

Somit hat $\Gamma_{x,t}$ auch die $\forall$-Eigenschaft.

Ω

Wir haben jetzt genügend Material zusammengetragen, um jeweils für eine nicht beweisbare Formel α ein falsifizierendes Paar bestehend aus Modell und Belegung zu konstruieren.

Sei die d-$\mathfrak{L}$-Formel α nicht beweisbar. Dann existiert nach Lemma (11.7) in der Spracherweiterung $\mathfrak{L}^*$ eine maximale $\mathfrak{L}^*$-Theorie Γ_0 mit der $\forall$-Eigenschaft, in der $\neg\alpha$ als Element vorkommt. Wir betrachten jetzt die Menge $\mathbf{Z}$ aller maximalen $\mathfrak{L}^*$–Theorien mit $\forall$-Eigenschaft, in denen genau dieselben $\mathfrak{L}^*$-*Basisaussagen*, d.h. negierte und nichtnegierte $\mathfrak{L}^*$-Primaussagen, wie in Γ_0 vorkommen. In der Menge aller konstanten $\mathfrak{L}^*$-Terme definieren wir in der üblichen Manier eine Äquivalenzrelation durch:

$t \sim t' :\Leftrightarrow t \doteq t' \in \Gamma_0$ ($\Leftrightarrow$ $t \doteq t' \in \Gamma$ für alle $\Gamma \in \mathbf{Z}$).

Daß hier wirklich eine Äquivalenzrelation vorliegt, ergibt sich wieder aus den Identitätsaxiomen und der maximalen Konsistenz von Γ_0. Die von t aufgespannte Äquivalenzklasse bezeichnen wir wieder mit $\overline{t}$:

$\overline{t} := \{t' | t \sim t'\}$.

Die zu definierende $\mathfrak{L}^*$-Struktur $\mathfrak{C}$ hat als Trägermenge die Menge der Äquivalenzklassen konstanter $\mathfrak{L}^*$-Terme:

$|\mathfrak{C}| := \{\overline{t} \mid t$ konstanter $\mathfrak{L}^*$-Term$\}$.

Die Deutung der Relations- und Funktionszeichen und der Konstanten von $\mathfrak{L}^*$, wird eingeführt durch:

$\langle\overline{t_1},\ldots,\overline{t_{s(Q)}}\rangle \in Q^{\mathfrak{E}} \quad :\Leftrightarrow \quad Q(t_1,\ldots,t_{s(Q)}) \in \Gamma_0$ für $Q\in\mathfrak{R}$,

$f^{\mathfrak{E}}(\overline{t_1},\ldots,\overline{t_{s(Q)}}) := \overline{f(t_1,\ldots,t_{s(Q)})}$ für $f\in\mathfrak{F}$ und

$c^{\mathfrak{E}} := \overline{c}$ für $c\in\mathfrak{K}^*$.

Die Unabhängigkeit der Definitionen von der Wahl der Repräsentanten der Klassen ergibt sich wie gewohnt. Durch Induktion über den Aufbau folgt außerdem leicht, daß $t^{\mathfrak{E}}=\overline{t}$ für jeden konstanten Term t gilt.

Jedes Element Γ von **Z** modelliert in natürlicher Weise eine Belegung h_Γ in $|\mathfrak{E}|$, wenn wir für alle Variablen x setzen:

$h_\Gamma(x)=\overline{t'} \quad :\Leftrightarrow \quad x\doteq t'\in\Gamma$.

Nach Lemma (11.6) gibt es zu jeder Variablen x einen konstanten Term t' mit $x\doteq t'\in\Gamma$. Aufgrund der Identitätsaxiome ist dieser Term bis auf Äquivalenz bestimmt und die zu Γ gehörige Belegung h_Γ damit wohldefiniert.

Sei jetzt $H:=\{h_\Gamma|\Gamma\in\mathbf{Z}\}$ und $\mathfrak{M}:=\langle\mathfrak{E},H\rangle$. Wir behaupten, daß $\mathfrak{M}$ ein d-$\mathfrak{L}^*$-Modell ist. Dazu ist noch zu zeigen, daß H unter Variantenbildung abgeschlossen ist.

Sei $\Gamma\in Z$ und $e=\overline{t}\in|\mathfrak{E}|$. Wir zeigen, daß dann $\Gamma_{x,t}\in Z$ und $(h_\Gamma)^x_e=h_{\Gamma_{x,t}}$ gilt. Aufgrund von Lemma (11.8) ist $\Gamma_{x,t}:=\{\gamma|[x:=t]\gamma\in\Gamma\}$ eine maximale Theorie mit $\forall$-Eigenschaft. Da aber $\vdash[x:=t]\gamma\leftrightarrow\gamma(x/t)$ für alle aussagenlogischen Kombinationen von Primformeln γ gilt, folgt $\vdash[x:=t]\delta\leftrightarrow\delta$ für alle $\mathfrak{L}^*$-Basisaussagen δ. Daraus ergibt sich für Basisaussagen δ:

$\delta\in\Gamma \Leftrightarrow [x:=t]\delta\in\Gamma \Leftrightarrow \delta\in\Gamma_{x,t}$.

Also gehört $\Gamma_{x,t}$ zur Menge **Z**. Wir zeigen jetzt, daß $(h_\Gamma)^x_e=h_{\Gamma_{x,t}}$ gilt. (E6) impliziert $\vdash[x:=t]x\doteq t\leftrightarrow t\doteq t$. Daher gilt $[x:=t]x\doteq t\in\Gamma$ und somit auch $x\doteq t\in\Gamma_{x,t}$. Daraus folgt $h_{\Gamma_{x,t}}(x)=\overline{t}=e$. Sei jetzt $y\neq x$. Gilt $h_\Gamma(y)=e'=\overline{t'}$, so folgt $y\doteq t'\in\Gamma$ nach Definition von h_Γ. Durch erneute Anwendung von (E6) erhält man, da $y\neq x$ ist, $\vdash y\doteq t'\leftrightarrow[x:=t]y\doteq t'$, woraus mit $y\doteq t'\in\Gamma$ auch $y\doteq t'\in\Gamma_{x,t}$ folgt. Also gilt $h_{\Gamma_{x,t}}(y)=\overline{t'}=e'$.

Somit ist $\mathfrak{M}=\langle\mathfrak{E},H\rangle$ ein d-$\mathfrak{L}^*$-Modell. Für $\mathfrak{L}^*$-Primformeln β und $\Gamma\in\mathbf{Z}$ ergibt sich jetzt leicht:

$\mathfrak{M}\models\beta[h_\Gamma] \quad \Leftrightarrow \quad \beta\in\Gamma$.

Ist nämlich $h:=h_\Gamma$ gegeben und gilt $h(v_j)=e_j=\overline{t_j}$, so folgt durch Induktion über den Aufbau, daß für alle Terme t gilt:

$t^{\mathfrak{M},h}=({}^*t)^{\mathfrak{M}}=\overline{{}^*t}$ und $t\doteq{}^*t\in\Gamma$,

wobei $^*t$ denjenigen konstanten Term bezeichnet, der durch Substitution der t_j für die v_j aus t entsteht. Daraus folgt dann für $h:=h_\Gamma$:

$$\mathfrak{M}\models Q(t_1',\dots,t_n')[h] \;\Leftrightarrow\; \langle t_1'^{\mathfrak{M},h},\dots,t_n'^{\mathfrak{M},h}\rangle \in Q^{\mathfrak{M}} \;\Leftrightarrow\; \langle \overline{{}^*t_1'},\dots,\overline{{}^*t_n'}\rangle \in Q^{\mathfrak{M}}$$
$$\Leftrightarrow\; Q({}^*t_1',\dots,{}^*t_n')\in\Gamma$$
$$\Leftrightarrow\; Q(t_1',\dots,t_n')\in\Gamma.$$

Analog geht man im Falle von Termgleichungen vor. Damit ist die Behauptung ($\mathfrak{M}\models\beta[h_\Gamma] \Leftrightarrow \beta\in\Gamma$) für beliebige Primformeln β gezeigt. Um den Beweis des Vollständigkeitssatzes zu vollenden, zeigen wir diese Aussage für beliebige Formeln β:

(11.9) **Lemma:** Für alle $\Gamma\in\mathbf{Z}$ und alle Formeln β gilt: ($\mathfrak{M}\models\beta[h_\Gamma] \Leftrightarrow \beta\in\Gamma$).

Beweis:

Für Primformeln ist die Behauptung gezeigt. Gilt die Behauptung bereits für γ und δ, so gilt sie aufgrund der Wahrheitsbedingungen und der maximalen Konsistenz von Γ auch für $\neg\gamma$ und $(\gamma\to\delta)$. Damit gilt die Behauptung insbesondere für alle aussagenlogischen Kombinationen von Primformeln.

Sei jetzt die Behauptung schon für γ und alle $\Gamma\in\mathbf{Z}$ richtig. Wir zeigen zuerst, daß sie dann auch für $[x:=t]\gamma$ gilt. Nach der Wahrheitsdefinition gilt:

$$\mathfrak{M}\models[x:=t]\gamma[h_\Gamma] \;\Leftrightarrow\; \mathfrak{M}\models\gamma[(h_\Gamma)^x_e],$$

wobei $e:=t^{\mathfrak{M},h}$ ist. Die Belegung $(h_\Gamma)^x_e$ wird, wie wir oben gezeigt haben, durch $\Gamma_{x,t}$ gegeben, d.h. es gilt $(h_\Gamma)^x_e = h_{\Gamma_{x,t}}\in H$. Aus der Induktionsvoraussetzung und der Definition von $\Gamma_{x,t}$ ergibt sich dann:

$$\mathfrak{M}\models\gamma[h_{\Gamma_{x,t}}] \;\Leftrightarrow\; \gamma\in\Gamma_{x,t} \;\Leftrightarrow\; [x:=t]\gamma\in\Gamma.$$

Als nächstes zeigen wir die Behauptung für $[\beta?]\gamma$, wobei β eine aussagenlogische Kombination von Primformeln ist und die Behauptung für γ und alle $\Gamma\in\mathbf{Z}$ schon richtig ist. In diesem Falle gilt mit der Induktionsvoraussetzung für γ und dem für β Gezeigten:

$$\mathfrak{M}\models[\beta?]\gamma[h_\Gamma] \;\Leftrightarrow\; \mathfrak{M}\models(\beta\to\gamma)[h_\Gamma] \;\Leftrightarrow\; (\mathfrak{M}\models\beta[h_\Gamma] \;\Rightarrow\; \mathfrak{M}\models\gamma[h_\Gamma])$$
$$\Leftrightarrow\; (\beta\in\Gamma \;\Rightarrow\; \gamma\in\Gamma)$$
$$\Leftrightarrow\; (\beta\to\gamma)\in\Gamma.$$

Aufgrund des Axioms (TS) ist aber $(\beta\to\gamma)\in\Gamma$ zu $[\beta?]\gamma\in\Gamma$ äquivalent. Damit ist die Behauptung auch für den Test $[\beta?]\gamma$ gezeigt.

Wir nehmen jetzt induktiv für die Programmformen a und b an, daß schon folgendes gezeigt ist: Gilt die Behauptung für irgendeine Formel γ, so gilt sie auch für $[a]\gamma$, $[b]\gamma$.

Sei jetzt die Behauptung für γ wahr. Dann gilt sie nach Voraussetzung auch für $[b]\gamma$ und somit auch für $[a][b]\gamma$, woraus folgt:

$\mathfrak{M}\models[a;b]\gamma[h_\Gamma] \Leftrightarrow \mathfrak{M}\models[a][b]\gamma[h_\Gamma] \Leftrightarrow [a][b]\gamma\in\Gamma$.

Aufgrund des Schemas (CO) ist $[a][b]\gamma\in\Gamma$ zu $[a;b]\gamma\in\Gamma$ äquivalent. Damit gilt die Behauptung auch für $[a;b]\gamma$.

Unter derselben induktiven Voraussetzung ergibt sich für $[a\cup b]\gamma$:

$$\mathfrak{M}\models[a\cup b]\gamma[h_\Gamma] \Leftrightarrow (\mathfrak{M}\models[a]\gamma[h_\Gamma] \text{ und } \mathfrak{M}\models[b]\gamma[h_\Gamma])$$
$$\Leftrightarrow ([a]\gamma\in\Gamma \text{ und } [b]\gamma\in\Gamma) \Leftrightarrow ([a]\gamma\wedge[b]\gamma)\in\Gamma.$$

Aufgrund von (UN) ist aber letzteres zu $[a;b]\gamma\in\Gamma$ äquivalent. Daher gilt die Behauptung auch in diesem Falle.

Weiter folgt unter derselben induktiven Voraussetzung, daß die Behauptung auch für $\gamma,[a]\gamma,[a]^2\gamma,[a]^3\gamma,\ldots$ wahr ist. Da $\models[a]^k\gamma\leftrightarrow[a^k]\gamma$ alle k gilt, ergibt sich die Behauptung auch für alle $[a^k]\gamma$. Für $[a^*]$ erhält man dann:

$$\mathfrak{M}\models[a^*]\gamma[h_\Gamma] \Leftrightarrow \text{für alle } n\in\mathbb{N}: \mathfrak{M}\models[a^n]\gamma[h_\Gamma] \Leftrightarrow \text{für alle } n\in\mathbb{N}: [a^n]\gamma\in\Gamma.$$

Nach (11.5)(2) ist aber die letzte Aussage zu $[a^*]\gamma\in\Gamma$ äquivalent. Also gilt die Behauptung gilt auch für $[a^*]\gamma$.

Damit ist gezeigt, daß aus der Gültigkeit der Behauptung für eine Formel γ auch die Gültigkeit der Behauptung für $[a]\gamma$ folgt, wobei a eine beliebige Programmform ist.

Schließlich behandeln wir den Quantorenfall $\forall x\gamma$. Sei also die Behauptung für die Formel γ wahr. Da $\{t^{\mathfrak{M}} | t \text{ konstanter } \mathfrak{L}^*\text{-Term}\}=|\mathfrak{C}|$ gilt, hat man zunächst:

$$\mathfrak{M}\models\forall x\gamma[h_\Gamma] \Leftrightarrow (\text{für alle konstanten Terme t gilt: } \mathfrak{M}\models[x:=t]\gamma[h_\Gamma]).$$

Da dann die Behauptung nach dem zuvor Gezeigten auch für alle $[x:=t]\gamma$ gilt, folgt:

$$\mathfrak{M}\models[x:=t]\gamma[h_\Gamma] \Leftrightarrow [x:=t]\gamma\in\Gamma.$$

Die Aussage, daß $[x:=t]\gamma\in\Gamma$ für alle konstanten Terme t gilt, ist aber aufgrund der $\forall$-Eigenschaft von Γ zu $\forall x\gamma\in\Gamma$ äquivalent. Also gilt die Behauptung auch in diesem Falle.

Ω

Damit ist das Lemma bewiesen. Da die nicht DPL-beweisbare Formel α nicht Element von Γ_0 ist, folgt hieraus, daß im d-$\mathfrak{L}^*$-Modell $\mathfrak{M}\not\models\alpha[h_{\Gamma_0}]$ gilt. Durch Reduktbildung ergibt sich daraus eine d-$\mathfrak{L}$-Struktur, in der die d-$\mathfrak{L}$-Formel α nicht unter allen Belegungen wahr ist.

Zusammenfassend erhalten wir somit den *Vollständigkeitssatz für DPL*:

(11.10) **Theorem:** Eine d-$\mathfrak{L}$-Formel gilt genau dann in allen Standardmodellen, wenn sie DPL-beweisbar ist.

Als weiterführende Literatur zur dynamischen Logik nennen wir [25], [28] und [29]. In [29] sind historische und bibliographische Bemerkungen zu finden.

§ 12 Höherstufige Prädikatenlogik

In der Prädikatenlogik der ersten Stufe spricht man über Individuenbereiche, in denen gewisse Relationen und Funktionen gegeben sind. Quantifikationen sind nur über den Bereich der Individuen erlaubt. Hebt man diese Einschränkung auf und läßt für jede positive natürliche Zahl n auch Quantifikationen über alle n-stelligen Relationen zwischen Individuen zu, so gelangt man zur Prädikatenlogik der zweiten Stufe. Die dazugehörigen Sprachen sind schon wesentlich ausdrucksstärker als die der ersten Stufe. Zum Beispiel ist in der zweiten Stufe der Begriff der Wohlordnung adäquat ausdrückbar. Zu den Axiomen für irreflexive lineare Ordnungen fügt man noch das zweitstufige Axiom

$$\forall P(\exists x P(x) \rightarrow \exists x(P(x) \wedge \forall y(P(y) \wedge \neg x \doteq y \rightarrow xQy)))$$

hinzu. Da der Quantor $\forall P$ über alle Teilmengen des Trägerbereichs jeder gegebenen Struktur läuft, wird die intendierte Bedeutung voll erfaßt. In der ersten Stufe ist das nicht möglich, wie am Ende von Paragraph 7 gezeigt worden ist. Weiter ist die Identitätsrelation "x=y" durch die zweitstufige Formel

$$\forall P(P(x) \rightarrow P(y))$$

definierbar. Die Formel sagt, daß jede Eigenschaft, die auf x zutrifft, auch auf y zutrifft. Sind x und y identisch, so ist klar, daß dies gilt. Ist umgekehrt die Bedingung für x und y erfüllt, so folgt, da die Eigenschaft "identisch mit x zu sein" auf x zutrifft, daß diese Eigenschaft auch y zukommt. Also sind x und y identisch.

In Sprachen erster Stufe ist die Identität nicht definierbar. Dies ergibt sich aus folgenden Betrachtungen, bei denen wir uns der Einfachheit halber auf rein relationale Sprachen, d.h. Sprachen erster Stufe, in denen keine Konstanten und Funktionszeichen auftreten, beschränken. (Den allgemeinen Fall erhält man, indem man z.B. die Modellkonstruktion im Beweis des Gödelschen Vollständigkeitsatzes genauer anschaut und feststellt, daß jeder Term immer zu unendlich vielen anderen kongruent ist.)

Sei also $\mathfrak{L}$ eine rein relationale erststufige Sprache, $\mathfrak{A}$ sei eine $\mathfrak{L}$-Struktur und p sei eine Surjektion von der Menge B auf $|\mathfrak{A}|$. Wir definieren eine neue $\mathfrak{L}$-Struktur $\mathfrak{B}$, deren Individuenbereich gerade aus der Menge B besteht, wie folgt:

$|\mathfrak{B}| := B$,

$Q^{\mathfrak{B}} := \{\langle b_1,\dots,b_n\rangle \mid \langle p(b_1),\dots,p(b_n)\rangle \in Q^{\mathfrak{A}}\}$ für jedes n-stellige Relationszeichen Q von $\mathfrak{L}$.

Betrachten wir jetzt nur Formeln α, in denen das Identitätszeichen nicht vorkommt, so folgt leicht durch Induktion über den Aufbau dieser Formeln, daß für alle Belegungen h' in $|\mathfrak{B}|$ gilt: $(\mathfrak{B}\models\alpha[h'] \Leftrightarrow \mathfrak{A}\models\alpha[p\circ h'])$.

Daraus folgt sofort, daß in $\mathfrak{A}$ und $\mathfrak{B}$ genau dieselben Aussagen, die das Identitätszeichen nicht enthalten, gelten.

Unter Benutzung dieser Beobachtung ergibt sich, daß keine $\mathfrak{L}$-Formel α mit $\models\alpha\leftrightarrow v_0\doteq v_1$ existiert, in der das Zeichen $\doteq$ nicht vorkommt. Wir schließen indirekt: Sei $\mathfrak{A}$ eine beliebige $\mathfrak{L}$-Struktur und sei b ein Objekt, das in $|\mathfrak{A}|$ nicht vorkommt. Wir wählen ein festes $a_0\in|\mathfrak{A}|$ und definieren eine Surjektion p von $B:=|\mathfrak{A}|\cup\{b\}$ auf $|\mathfrak{A}|$ durch:

$p(a)=a$ für alle $a\in|\mathfrak{A}|$ und $p(b)=a_0$.

Die Struktur $\mathfrak{B}$ mit $|\mathfrak{B}|=B$ sei jetzt wie oben definiert. Weiter sei h' eine Belegung in $|\mathfrak{B}|$ mit $h'(v_0)=a_0$ und $h'(v_1)=b$. Dann gilt $\mathfrak{B}\models\neg v_0\doteq v_1[h']$. Für jede Formel α mit $\models\alpha\leftrightarrow v_0\doteq v_1$ ergibt sich $\mathfrak{B}\models\neg\alpha[h']$. Käme in einem solchen α das Identitätszeichen nicht vor, so hätte man nach obigen Ausführungen auch $\mathfrak{A}\models\neg\alpha[p\circ h']$. Andererseits gilt $p\circ h'(v_0)=a_0=p\circ h'(v_1)$, was $\mathfrak{A}\models v_0\doteq v_1[p\circ h']$ zur Folge hat. Aus $\models\alpha\leftrightarrow v_0\doteq v_1$ ergäbe sich dann auch $\mathfrak{A}\models\alpha[p\circ h']$. — Die Identität ist somit nicht erststufig definierbar.

Als nächstes beschreiben wir die zweitstufigen Sprachen und ihre Semantik genauer.

Sei $\mathfrak{L}$ eine Sprache erster Stufe. Das erststufige Zeichenmaterial erweitern wir, indem wir für jede positive natürliche Zahl n unendlich viele Variablen (für n-stelligeRelationen) $V_0^n, V_1^n, V_2^n, V_3^n, \ldots$ hinzunehmen.

Die zweitstufigen $\mathfrak{L}$-Formeln (kurz: $\mathfrak{L}_2$-Formeln) werden definiert, indem man zu den Regeln für erststufige $\mathfrak{L}$-Formeln (die jetzt als $\mathfrak{L}_2$-Formelbildungsregeln aufgefaßt werden) folgende Regeln hinzufügt:

Ist Y eine n-stellige Relationsvariable und sind $t_1,\ldots,t_n$ $\mathfrak{L}$-Terme, so ist $Y(t_1,\ldots,t_n)$ eine $\mathfrak{L}_2$-Formel.

Ist Y eine n-stellige Relationensvariable und α eine $\mathfrak{L}_2$-Formel, so ist auch $\forall Y\alpha$ eine $\mathfrak{L}_2$-Formel.

Die Begriffe "freie Variable" und "frei zur Substitution" lassen sich leicht auf höherstufige Variablen übertragen. Zum Beispiel gilt:

$Fr(Y(t_1,\ldots,t_n))=\{Y\}\cup Fr(t_1)\cup\ldots\cup Fr(t_n)$ und $Fr(\forall Y\alpha)=Fr(\alpha)\setminus\{Y\}$.

Unter einer $\mathfrak{L}_2$-*Struktur* verstehen wir ein geordnetes Paar $\langle\mathfrak{A},\mathbf{R}\rangle$, wobei $\mathfrak{A}$ eine (erststufige) $\mathfrak{L}$-Struktur und $\mathbf{R}$ eine Funktion ist, die jeder positiven natürlichen Zahl n eine nicht leere Menge $\mathbf{R}_n$ von n-stelligen Relationen in $|\mathfrak{A}|$ zuordnet. Ist Y eine n-stellige Relationsvariable, so ist $\mathbf{R}_n$ der Bereich in $\langle\mathfrak{A},\mathbf{R}\rangle$, über den der Quantor $\forall Y$ "läuft".

Besteht jedes $\mathbf{R}_n$ aus der Menge aller n-stelligen Relationen in $|\mathfrak{A}|$, d.h. gilt $\mathbf{R}_n=\mathfrak{P}(|\mathfrak{A}|^n)$ für alle positiven n, so sprechen wir von einer $\mathfrak{L}_2$-*Standardstruktur*.

Unter einer *Belegung in* $\mathfrak{S}=\langle\mathfrak{A},\mathbf{R}\rangle$ verstehen wir eine Funktion h, deren Definitionsbereich die Menge der Variablen $\{v_k|k\in\mathbb{N}\}\cup\{V_j^n|\ j,n\in\mathbb{N}$ und $n>0\}$ ist, mit $h(x)\in|\mathfrak{A}|$ für Individuenvariablen x und $h(Y)\in\mathbf{R}_n$ für n-stellige Relationsvariablen Y.

Unter der *Trägermenge* $|\mathfrak{S}|$ der zweitstufigen Struktur $\mathfrak{S}=\langle\mathfrak{A},\mathbf{R}\rangle$ verstehen wir die Trägermenge der zugrundeliegenden erststufigen Struktur $\mathfrak{A}$, d.h. $|\mathfrak{S}|:=|\mathfrak{A}|$.

Der *Wert* $t^{\mathfrak{S},h}$ eines Terms t *in* $\mathfrak{S}$ *unter* der Belegung h ist definiert als Wert des Terms t in der erststufigen Struktur $\mathfrak{A}$ unter h (genauer: h eingeschränkt auf die Menge der Individuenvariablen).

Die Gültigkeit einer $\mathfrak{L}_2$-Formel in $\mathfrak{S}$ unter h wird dann wie folgt definiert:

$\mathfrak{S}\models t_1\doteq t_2[h] \iff t_1^{\mathfrak{S},h}=t_2^{\mathfrak{S},h}$,

$\mathfrak{S}\models Q(t_1,\ldots,t_n)[h] \iff \langle t_1^{\mathfrak{S},h},\ldots,t_n^{\mathfrak{S},h}\rangle\in Q^{\mathfrak{A}}$ für n-stellige Relationszeichen Q von $\mathfrak{L}$,

$\mathfrak{S}\models Y(t_1,\ldots,t_n)[h] \iff \langle t_1^{\mathfrak{S},h},\ldots,t_n^{\mathfrak{S},h}\rangle\in h(Y)$ für n-stellige Relationsvariablen Y,

$\mathfrak{S}\models\neg\alpha[h] \iff \mathfrak{S}\not\models\alpha[h]$,

$\mathfrak{S}\models(\alpha\to\beta)[h] \iff (\mathfrak{S}\models\alpha[h] \Rightarrow \mathfrak{S}\models\beta[h])$,

$\mathfrak{S}\models\forall x\alpha[h] \iff$ für alle $a\in|\mathfrak{A}|$ gilt: $\mathfrak{S}\models\alpha[h_a^x]$, falls x eine Individuenvariable ist,

$\mathfrak{S}\models\forall Y\alpha[h] \iff$ für alle $R\in\mathbf{R}_n$ gilt: $\mathfrak{S}\models\alpha[h_R^Y]$, falls Y eine n-stellige Relationsvariable ist.

Dabei bezeichnet h_a^x wieder die x-Variante von h mit $h_a^x(x)=a$ und entsprechend h_R^Y die Y-Variante von h mit $h_R^Y(Y)=R$.

Die (erststufigen) $\mathfrak{L}$-Formeln sind eine Teilmenge der $\mathfrak{L}_2$-Formeln. Anhand obiger Definitionen ist klar, daß für alle $\mathfrak{L}$-Formeln α, alle $\mathfrak{L}_2$-Strukturen $\mathfrak{S}=\langle\mathfrak{A},\mathbf{R}\rangle$ und alle Belegungen h in $\mathfrak{S}$ gilt:

$\langle\mathfrak{A},\mathbf{R}\rangle\models\alpha[h] \iff \mathfrak{A}\models\alpha[h']$,

wobei h' die Einschränkung von h auf $\{v_k|k\in\mathbb{N}\}$ ist.

Wir schreiben für $\mathfrak{L}_2$-Strukturen $\mathfrak{S}$ und $\mathfrak{L}_2$-Formeln α:

$\mathfrak{S}\models\alpha$ $:\iff$ α *gilt in* $\mathfrak{S}$, d.h. $\mathfrak{S}\models\alpha[h]$ für alle Belegungen h in $|\mathfrak{S}|$;

$\models^2\alpha$ $:\iff$ α ist *allgemeingültig*, d.h. für alle $\mathfrak{L}_2$-Strukturen $\mathfrak{S}$ gilt $\mathfrak{S}\models\alpha$;

$\models^2_s \alpha$:⇔ α ist *standardgültig*, d.h. für alle $\mathfrak{L}_2$-Standardstrukturen $\mathfrak{S}$ gilt $\mathfrak{S} \models \alpha$.

Es sei $\mathfrak{L}_{id} = \langle \emptyset, \emptyset, \emptyset, \emptyset \rangle$ wieder die Sprache der reinen Identitätslogik. Wir werden jetzt skizzieren, warum es keine *rekursive Aufzählung* aller standardgültigen $(\mathfrak{L}_{id})_2$-Aussagen geben kann. Damit ist gemeint, daß keine rekursive Funktion G existiert, so daß der Wertebereich von G gerade aus den Gödelnummern aller standardgültigen $(\mathfrak{L}_{id})_2$-Aussagen besteht. Dabei setzen wir voraus, daß den Ausdrücken von $(\mathfrak{L}_{id})_2$ Gödelnummern zugeordnet sind. — Wir schließen indirekt und zeigen, daß die Existenz einer solchen Aufzählung die Entscheidbarkeit der erststufigen Prädikatenlogik (mit nichtlogischen Zeichen $<$, $+$, $\cdot$, s, 0) nach sich zieht. Dies steht dann im Widerspruch zu (8.6).

Sei $\mathfrak{L} = \langle \{Q_1, \ldots, Q_r\}, \emptyset, \emptyset, s \rangle$ eine rein relationale Sprache mit endlich vielen, paarweise verschiedenen Relationszeichen $Q_1, \ldots, Q_r$. Zu jedem Q_j wählen wir eine Relationsvariable Y_j derselben Stellenzahl, wobei verschiedenen Relationszeichen auch verschiedene Variablen zugeordnet sein sollen, d.h. $\{\langle Q_1, Y_1 \rangle, \ldots, \langle Q_r, Y_r \rangle\}$ soll injektiv sein.

Jeder erststufigen $\mathfrak{L}$-Formel α wird jetzt eine zweitstufige Formel $^*\alpha$ zugeordnet, indem man in α überall die Relationszeichen durch die zugeordneten Relationsvariablen ersetzt. Wir bemerken zuerst, daß für alle $\mathfrak{L}$-Aussagen α gilt:

$$\models \alpha \;\Rightarrow\; \models^2 {}^*\alpha.$$

Ist nämlich $\mathfrak{S} = \langle \mathfrak{A}, \mathbf{R} \rangle$ eine $\mathfrak{L}_2$-Struktur, und ist h eine Belegung in $\mathfrak{S}$, so definiert man eine $\mathfrak{L}$-Struktur $\mathfrak{A}'$ durch:

$$|\mathfrak{A}'| := |\mathfrak{A}|,$$

$$Q_1^{\mathfrak{A}'} := h(Y_1), \ldots, Q_r^{\mathfrak{A}'} := h(Y_r).$$

Durch Induktion über den Aufbau von α folgt, daß

$$\mathfrak{S} \models {}^*\alpha[h] \;\Leftrightarrow\; \mathfrak{A}' \models \alpha[h']$$

gilt, wobei h' die Einschränkung von h auf die Individuenvariablen bezeichnet. Hieraus erhält man sofort, daß $\models \alpha$ immer $\models^2 {}^*\alpha$ nach sich zieht. Bildet man die Generalisierte $\forall Y_1 \ldots \forall Y_r {}^*\alpha$ von $^*\alpha$ hinsichtlich aller frei vorkommenden Relationsvariablen $Y_1, \ldots, Y_r$, so folgt:

$$\models \alpha \;\Rightarrow\; \models^2 \forall Y_1 \ldots \forall Y_r {}^*\alpha.$$

Offensichtlich läßt sich jede $\mathfrak{L}$-Struktur $\mathfrak{A}$ auf genau eine Weise zu einer $\mathfrak{L}_2$-Standardstruktur $\mathfrak{S}(\mathfrak{A}) := \langle \mathfrak{A}, \mathbf{R} \rangle$ erweitern, indem man für positive n einfach $\mathbf{R}_n := \mathfrak{P}(|\mathfrak{A}|^n)$ setzt.

Ist jetzt die $\mathfrak{L}$-Aussage α nicht erststufig allgemeingültig, so gibt es eine $\mathfrak{L}$-Struktur $\mathfrak{A}$, in der α nicht gilt. Daraus erhält man sofort:

$$\mathfrak{S}(\mathfrak{A})\models\exists Y_1\ldots\exists Y_r\neg{}^*\alpha\,.$$

In der $\mathfrak{L}_2$-Aussage $\exists Y_1\ldots\exists Y_r\neg{}^*\alpha$ kommen keine Relationszeichen von $\mathfrak{L}$ mehr vor. Diese Aussage gehört somit zu $(\mathfrak{L}_{id})_2$, der zweitstufigen Erweiterung der reinen Identitätslogik $\mathfrak{L}_{id}=\langle\emptyset,\emptyset,\emptyset,\emptyset\rangle$. Die Gültigkeit einer $(\mathfrak{L}_{id})_2$-Aussage in einer Standardstruktur $\mathfrak{S}$ hängt aber lediglich von der Kardinalität des Individuenbereichs ab. Sind nämlich $\mathfrak{S}_1$ und $\mathfrak{S}_2$ Standardstrukturen und ist p eine Bijektion von $|\mathfrak{S}_1|$ auf $|\mathfrak{S}_2|$, so gilt für alle $(\mathfrak{L}_{id})_2$-Formeln β und alle Belegungen h in $\mathfrak{S}_1$:

$$\mathfrak{S}_1\models\beta[h] \;\Leftrightarrow\; \mathfrak{S}_2\models\beta[h_p].$$

Dabei bezeichnet h_p die Belegung mit:

$h_p(x)=(p\circ h)(x)=p(h(x))$ für Individuenvariablen,

$h_p(Y)=\{\langle p(a_1),\ldots,p(a_n)\rangle \mid \langle a_1,\ldots,a_n\rangle\in h(Y)\}$ für n-stellige Relationsvariablen.

Die Behauptung ergibt sich leicht durch Induktion über den Formelaufbau. Dabei wird von der Tatsache Gebrauch gemacht, daß die Bijektion p auch Bijektionen p_n von $\mathfrak{P}(|\mathfrak{S}_1|^n)$ auf $\mathfrak{P}(|\mathfrak{S}_2|^n)$ induziert, wobei die Funktionen p_n durch $p_n(R):=\{\langle p(a_1),\ldots,p(a_n)\rangle \mid \langle a_1,\ldots,a_n\rangle\in R\}$ für alle $R\subset|\mathfrak{S}_1|^n$ definiert sind. — Aus diesem Resultat folgt sofort, daß in gleichmächtigen $\mathfrak{L}_2$-Strukturen genau dieselben $(\mathfrak{L}_{id})_2$-Aussagen gelten.

Gilt die $\mathfrak{L}$-Aussage $\neg\alpha$ in einer endlichen $\mathfrak{L}$-Struktur $\mathfrak{A}$ mit k Individuen, so gilt die entsprechende $(\mathfrak{L}_{id})_2$-Aussage $\exists Y_1\ldots\exists Y_r\neg{}^*\alpha$ auch in der $\mathfrak{L}_2$-Standardstruktur $\mathfrak{S}(\mathfrak{A})$ und damit auch in allen $\mathfrak{L}_2$-Standardstrukturen mit genau k Individuen. Es folgt, daß dann die Implikation

$$(\overset{=k}{\exists})\rightarrow \exists Y_1\ldots\exists Y_r\neg{}^*\alpha$$

standardgültig ist. Dabei bezeichnet $(\overset{=k}{\exists})$ folgende $\mathfrak{L}_{id}$-Aussage:

$$(\overset{=k}{\exists}) := \exists v_1\ldots\exists v_k(\bigwedge\{\neg v_i\doteq v_j \mid 0<i<j\leq k\}\wedge\forall v_0\bigvee\{v_0\doteq v_j \mid 0<j\leq k\})\,.$$

Diese Aussage gilt offenbar in einer $\mathfrak{L}_2$-Struktur $\mathfrak{S}$ genau dann, wenn die Anzahl der Elemente des Individuenbereichs von $\mathfrak{S}$ genau k ist.

Gilt andererseits $\neg\alpha$ in einer unendlichen $\mathfrak{L}$-Struktur, so folgt aufgrund der Löwenheim-Skolem-Theoreme (9.12) und (9.13), daß es zu jeder unendlichen Kardinalzahl $\varkappa$ eine Struktur der Mächtigkeit $\varkappa$ gibt, in der $\neg\alpha$ wahr ist. Daraus folgt dann mit dem zuvor Gezeigten die Standardgültigkeit folgender Implikation:

$$(\overset{\infty}{\exists})\rightarrow \exists Y_1\ldots\exists Y_r\neg{}^*\alpha\,,$$

wobei die $(\mathfrak{L}_{id})_2$-Aussage

$$(\overset{\infty}{\exists}) := \exists Y(\exists v_0 \exists v_1 Y(v_0,v_1) \wedge \forall v_1(\exists v_0 Y(v_0,v_1) \to \exists v_2 Y(v_1,v_2)) \wedge \text{"Y ist irreflexiv und transitiv"})$$

zum Ausdruck bringt, daß es eine irreflexive, transitive Relation mit nicht-leerem Definitionsbereich gibt, die kein letztes Element hat. Da sich die natürlichen Zahlen in jede unendliche Menge injektiv abbilden lassen und man mittels einer Injektion die übliche Ordnung von $\mathbb{N}$ auf das Bild verpflanzen kann, gilt die Aussage in allen unendlichen $\mathfrak{L}_2$-Standardstrukturen. Andererseits ist offensichtlich, daß eine solche Relation nur in unendlichen Mengen existieren kann.

Mit Hilfe obiger Beobachtungen skizzieren wir jetzt, wie man aus einer rekursiven Aufzählung aller standardgültigen $(\mathfrak{L}_{id})_2$-Aussagen (genauer der Gödelnummern solcher Aussagen) ein Entscheidungsverfahren für die Allgemeingültigkeit erststufiger $\mathfrak{L}$-Aussagen erhielte. Dabei nehmen wir an, daß geeignete Gödelisierungen von $\mathfrak{L}$ und $(\mathfrak{L}_{id})_2$ gegeben sind. Im folgenden identifizieren wir der Einfachheit halber Formeln mit ihren Gödelnummern.

Wir nehmen also jetzt indirekt an, daß eine rekursive Funktion G gegeben ist, die die Menge aller standardgültigen $(\mathfrak{L}_{id})_2$-Aussagen aufzählt. Dann erhält man folgendes Entscheidungsverfahren für die Allgemeingültigkeit erststufiger $\mathfrak{L}$-Aussagen:

> Ist eine $\mathfrak{L}$-Aussage α gegeben, so bildet man wie oben die $(\mathfrak{L}_{id})_2$-Aussage $\beta := \forall Y_1 \dots \forall Y_r {}^*\alpha$. Man startet dann die rekursive Aufzählung G aller standardgültigen $(\mathfrak{L}_{id})_2$-Aussagen und schaut in jedem Schritt j nach, ob G(j) gleich β ist oder ob G(j) von der Gestalt $((\overset{=k}{\exists}) \to \neg\beta)$ oder von der Gestalt $((\overset{\infty}{\exists}) \to \neg\beta)$ ist. Ist das nicht der Fall, so geht man zu G(j+1) über und wiederholt den Test. Ist jedoch $G(j) = \beta$, so ist α allgemeingültig. Tritt aber einer der beiden anderen Fälle ein, so ist nach obigen Ausführungen α nicht allgemeingültig.

Das Verfahren bricht für jedes gegebene α nach endlich vielen Schritten ab, da, wie oben begründet, mindestens eine Aussage aus

$$\{\beta\} \cup \{((\overset{=k}{\exists}) \to \neg\beta) \mid k \in \mathbb{N}\} \cup \{((\overset{\infty}{\exists}) \to \neg\beta)\}$$

standardgültig ist und somit in $\{G(j) \mid j \in \mathbb{N}\}$ vorkommt.

Wir betrachten die Sprache $\mathfrak{L}$ der Arithmetik (s. §8) mit Zeichen für <, s, +, ·, 0 und gehen dann (wie in §5 erklärt) zu einer dazugehörigen rein relationalen Sprache $\mathfrak{L}'$ über. Die Übersetzung ' von $\mathfrak{L}$-Aussagen in $\mathfrak{L}'$-Aussagen ist rekursiv, und es gilt mit (5.14) für $\mathfrak{L}$-Aussagen α:

$$\models \alpha \quad \Leftrightarrow \quad \models \gamma_s \wedge \gamma_+ \wedge \gamma_\cdot \to {}'\alpha\,.$$

Gäbe es jetzt eine rekursive Aufzählung aller standardgültigen $(\mathfrak{L}_{id})_2$-Aussagen, so wäre nach obigem die Menge der allgemeingültigen $\mathfrak{L}'$-Aussagen und damit auch die der allgemeingültigen $\mathfrak{L}$-Aussagen rekursiv. Das ist aufgrund von (8.6) nicht der Fall. — Somit ist die Menge der standardgültigen $(\mathfrak{L}_{id})_2$-Aussagen nicht rekursiv aufzählbar. Da $(\mathfrak{L}_{id})_2$ Teilsprache jeder anderen $\mathfrak{L}_2$-Sprache ist, folgt, daß für beliebige Sprachen $\mathfrak{L}$ die Menge aller standardgültigen $\mathfrak{L}_2$-Aussagen auch nicht rekursiv aufzählbar sein kann.

Für die Standardsemantik von $\mathfrak{L}_2$-Aussagen sind keine Kompaktheits- und Löwenheim-Skolem-Theoreme zu erwarten. Dies ergibt sich aus folgenden Betrachtungen.

Gäbe es zu jeder $\mathfrak{L}_2$-Aussagenmenge Σ genau dann eine Standardstruktur, die alle Elemente von Σ wahr macht, wenn dies für alle endlichen Teilmengen von Σ der Fall ist, so wäre die Aussagenmenge

$$\Sigma := \{\neg(\overset{=k}{\exists}) \mid k \in \mathbb{N}\setminus\{0\}\} \cup \{\neg(\overset{\infty}{\exists})\}$$

in einem Standardmodell wahr, da offensichtlich jede endliche Teilmenge von Σ in einem Standardmodell erfüllbar ist. Σ kann aber in keinem Standardmodell wahr sein, da aufgrund von $\neg(\overset{\infty}{\exists})$ die Trägermenge eines solchen Modells endlich und damit doch eine der Aussagen $(\overset{=k}{\exists})$ wahr wäre.

Um zu zeigen, daß im Standard-Falle keine Löwenheim-Skolem-Aussagen zu erwarten sind, betrachten wir schnittvollständige dichte lineare Ordnungen $\langle W,<\rangle$ ohne Anfangs- und ohne Endpunkt.

Sind S,T Teilmengen von W, so schreiben wir $S<T$ genau dann, wenn $s<t$ für alle $s\in S$ und $t\in T$ gilt. Entsprechend benutzen wir die Notation $S\leq T$, falls ($s<t$ oder $s=t$) für alle $s\in S$ und $t\in T$ gilt. Sind die Mengen $S,T\subset W$ beide nicht leer und gilt $S<T$, so sagen wir, daß sie den *Schnitt* $\langle S,T\rangle$ *in* $\langle W,<\rangle$ definieren. Die *Schnittvollständigkeit* von $\langle W,<\rangle$ bedeutet, daß zu jedem Schnitt $\langle S,T\rangle$ in $\langle W,<\rangle$ ein $w\in W$ mit $S\leq\{w\}\leq T$ existiert. Dichte lineare Ordnungen ohne Anfangs- und ohne Endpunkt, die schnittvollständig sind, bezeichnen wir im folgenden kurz als *vollständige Ordnungen.*

Die Sprache $\mathfrak{L}$ enthalte nur das zweistellige Relationszeichen Q. Zu den in $\mathfrak{L}$ formulierten erststufigen Axiomen für dichte lineare Ordnungen ohne Anfangs- und ohne Endpunkt nehmen wir folgendes $\mathfrak{L}_2$-Axiom hinzu, das die Schnittvollständigkeit zum Ausdruck bringt:

$$\forall X\forall Y(\exists x X(x) \wedge \exists y Y(y) \wedge \forall x\forall y(X(x)\wedge Y(y)\rightarrow xQy) \rightarrow$$
$$\exists z(\forall x(X(x)\rightarrow xQz \vee x\doteq z) \wedge \forall y(Y(y)\rightarrow zQy \vee y\doteq z))).$$

Wir zeigen jetzt, daß keine abzählbaren vollständigen Ordnungen existieren. Da die reellen Zahlen mit ihrer natürlichen Ordnung ein $\mathfrak{L}_2$-Standardmodell dieser Axiome sind und $\mathfrak{L}$ endlich ist, kann hinsichtlich der Standardsemantik keine Löwenheim-Skolem-Abwärts-Aussage gelten.

Im Anschluß an (9.27) haben wir bemerkt, daß je zwei abzählbare dichte lineare Ordnungen ohne Anfangs- und ohne Endpunkt isomorph sind. Die Menge $\mathbb{Q}^+$ aller positiven rationalen Zahlen mit der üblichen Ordnung $<$ gehört zu diesen Ordnungen. In der Struktur $\langle\mathbb{Q}^+,<\rangle$ gibt es aber, da die Gleichung $x^2=2$ keine rationale Lösung hat, zu dem Schnitt $\langle S,T\rangle$ mit $S:=\{r\in\mathbb{Q}^+ |\ r^2<2\}$ und $T:=\{r\in\mathbb{Q}^+ |\ 2<r^2\}$ kein $w\in\mathbb{Q}^+$ mit $S\leq\{w\}\leq T$. Somit ist $\langle\mathbb{Q}^+,<\rangle$ nicht schnittvollständig. Da diese Eigenschaft unter Isomorphismen erhalten bleibt, folgt, daß überhaupt keine abzählbare dichte lineare Ordnung ohne Endpunkte schnittvollständig ist. Mithin gibt es keine abzählbaren vollständigen Ordnungen.

Eine Löwenheim-Skolem-Aufwärts-Aussage ist hinsichtlich $\mathfrak{L}_2$-Standardmodellen ebenfalls falsch. Dies ergibt sich, wenn man zum Beispiel lineare Ordnungen $\langle W,R\rangle$ betrachtet, in denen zusätzlich folgende Axiome gelten:

(1) $\exists x\forall y(x\doteq y \vee xQy)$ "Es gibt ein kleinstes Element."

(2) $\forall x\exists y(xQy \wedge \neg\exists z(xQz \wedge zQy))$

"Jedes Element hat einen direkten Nachfolger."

(3) $\forall Y(\forall x(\forall y(x\doteq y \vee xQy)\rightarrow Y(x)) \rightarrow$
$(\forall x(Y(x)\rightarrow \forall y(xQy\wedge \neg\exists z(xQz \wedge zQy)\rightarrow Y(y))) \rightarrow \forall xY(x)))$

"Jede Eigenschaft, die auf das kleinste Element und mit x auch immer auf den Nachfolger von x zutrifft, trifft auf alle Elemente zu."

Die Axiome (1)-(3) sind im $\mathfrak{L}_2$-Standardmodell, das auf der erststufigen Struktur $\langle\mathbb{N},<\rangle$ basiert, wahr. Das Axiom (3) ist eine ordnungstheoretische Formulierung des Induktionsprinzips. Ist jetzt eine $\mathfrak{L}_2$-Standardstruktur $\mathfrak{S}=\langle\langle W,R\rangle,\mathbf{R}\rangle$ gegeben, in der die Axiome für lineare Ordnungen und die Axiome (1)-(3) wahr sind, so folgt, daß die erststufige Struktur $\langle W,R\rangle$, auf der $\mathfrak{S}$ basiert, zu $\langle\mathbb{N},<\rangle$ isomorph ist:

Ist nämlich w_0 das kleinste Element von W bezüglich R und bezeichnet allgemein N(u) den aufgrund der Ordnungsaxiome eindeutig bestimmten R-Nachfolger eines Elementes $u\in W$, so folgt mit Hilfe des Axioms (3), daß die Menge $S:=\{s_k | k\in\mathbb{N}\}$, wobei $s_0=w_0$ und $s_{k+1}=N(s_k)$ ist, alle Elemente von W enthält (denn S enthält das kleinste Element und ist unter

Nachfolgerbildung abgeschlossen). Man verifiziert jetzt leicht, daß die Funktion $d:=\{\langle s_k,k\rangle | k\in\mathbb{N}\}$ ein Isomorphismus von $\langle W,R\rangle$ auf $\langle\mathbb{N},<\rangle$ ist.

Das obige Axiomensystem ist somit nur in $\mathfrak{L}_2$-Standardstrukturen mit abzählbarer Individuenmenge erfüllbar. Also gilt für Standardmodelle auch keine Löwenheim-Skolem-Aufwärts Aussage.

Wir werden jetzt zeigen, daß Kompaktheits- und Löwenheim-Skolem-Aussagen richtig bleiben, wenn man nicht nur Standardmodelle zugrunde legt. Es bieten sich zwei Wege an, um zu diesen Resultaten zu gelangen.

Man kann einerseits das erststufige System der Prädikatenlogik durch Hinzunahme von Regeln für den Umgang mit zweitstufigen Objekten so erweitern, daß hinsichtlich der allgemeinen Semantik ein korrektes und vollständiges Regelsystem entsteht. Die genannten Theoreme ergeben sich dann (wie in der ersten Stufe) als Korollare zum Vollständigkeitstheorem. Diesen Weg wollen wir hier nicht weiter beschreiben, da er im nächsten Paragraphen im Rahmen der Typentheorie, die die höherstufigen Ansätze verallgemeinert, noch näher diskutiert wird.

Ein zweiter Weg, zu diesen Resultaten zu gelangen, besteht darin, daß man $\mathfrak{L}_2$-Strukturen in einer gewissen Erweiterungssprache $\mathfrak{L}^*$ von $\mathfrak{L}$ erststufig beschreibt, dann die Resultate für die erste Stufe anwendet und zur zweiten Stufe zurückkehrt.

Genauer bedeutet dies, daß man zu gegebenem $\mathfrak{L}$ eine erststufige Sprache $\mathfrak{L}^*$ mit $\text{card}_{\mathfrak{L}^*}=\text{card}_{\mathfrak{L}}$ und gewisse $\mathfrak{L}^*$-Axiome Γ^* finden kann, so daß eine Übersetzungsfunktion $*$ von $\mathfrak{L}_2$-Aussagen in $\mathfrak{L}^*$-Aussagen mit folgenden Eigenschaften existiert:

(1) Zu jeder $\mathfrak{L}_2$-Struktur $\mathfrak{S}=\langle\mathfrak{A},R\rangle$ existiert eine $\mathfrak{L}^*$-Struktur $\mathfrak{C}^*$, die Modell von Γ^* ist, so daß für alle $\mathfrak{L}_2$-Aussagen α gilt:

$$\mathfrak{S}\models\alpha \iff \mathfrak{C}^*\models{}^*\alpha.$$

Die Struktur $\mathfrak{C}^*$ kann so gewählt werden, daß außerdem $\text{card}(|\mathfrak{C}^*|)=\text{card}(|\mathfrak{A}| \cup \bigcup_{0<n} R_n)$ gilt.

(2) Zu jeder $\mathfrak{L}^*$-Struktur $\mathfrak{C}^*$ mit $\mathfrak{C}^*\models\Gamma^*$ existiert eine $\mathfrak{L}_2$-Struktur $\mathfrak{S}=\langle\mathfrak{A},R\rangle$, so daß für alle $\mathfrak{L}_2$-Aussagen α gilt:

$$\mathfrak{S}\models\alpha \iff \mathfrak{C}^*\models{}^*\alpha.$$

Ist $|\mathfrak{C}^*|$ endlich, so kann $\mathfrak{S}=\langle\mathfrak{A},R\rangle$ so gewählt werden, daß $|\mathfrak{A}|$ endlich ist und $\text{card}(\bigcup_{0<n} R_n)\le\omega$ gilt. Ist hingegen $|\mathfrak{C}^*|$ unendlich, so kann man $\mathfrak{S}=\langle\mathfrak{A},R\rangle$ so wählen, daß $\text{card}(|\mathfrak{A}|\cup\bigcup_{0<n} R_n)\le\text{card}(|\mathfrak{C}^*|)$ gilt.

Bevor wir dies in einem Spezialfall ausführen, wollen wir zeigen, wie sich hieraus für die Nicht-Standardsemantik Kompaktheits- und Löwenheim-Skolem-Aussagen ergeben. Wir beginnen mit der Kompaktheit:

Sei Σ eine $\mathfrak{L}_2$-Aussagenmenge. Zu jeder endlichen Teilmenge Σ_0 von Σ existiere eine $\mathfrak{L}_2$-Struktur $\mathfrak{S}_0$ mit $\mathfrak{S}_0 \models \Sigma_0$. Aufgrund von (1) gibt es dann jeweils eine $\mathfrak{L}^*$-Struktur $\mathfrak{C}_0{}^*$ mit $\mathfrak{C}_0{}^* \models {}^*\Sigma_0 \cup \Gamma^*$, wobei ${}^*\Sigma_0 := \{{}^*\sigma | \sigma \in \Sigma_0\}$ ist. Mit Hilfe des Kompaktheitstheorems der ersten Stufe folgt die Existenz einer $\mathfrak{L}^*$-Struktur $\mathfrak{C}^*$ mit $\mathfrak{C}^* \models {}^*\Sigma \cup \Gamma^*$. Indem man auf $\mathfrak{C}^*$ die Konstruktion aus (2) anwendet, erhält man eine $\mathfrak{L}_2$-Struktur $\mathfrak{S}$, die Σ simultan wahr macht. Damit ist dann die Kompaktheit von $\mathfrak{L}_2$ (in Bezug auf allgemeine Strukturen) gezeigt.

Ein Löwenheim-Skolem-Theorem ergibt sich auf folgende Weise:

Sei Σ eine erfüllbare $\mathfrak{L}_2$-Aussagenmenge. Dann existiert nach (1) eine $\mathfrak{L}^*$-Struktur $\mathfrak{C}^*$ mit $\mathfrak{C}^* \models {}^*\Sigma \cup \Gamma^*$. Aufgrund von (7.9) existiert eine $\mathfrak{L}^*$-Struktur $\mathfrak{D}^*$, die ${}^*\Sigma \cup \Gamma^*$ wahr macht und deren Trägermenge höchstens die Kardinalität $card_{\mathfrak{L}^*}$ hat. Da $card_{\mathfrak{L}^*} = card_{\mathfrak{L}}$ ist, folgt mit (2) die Existenz einer $\mathfrak{L}_2$-Struktur $\mathfrak{S} = \langle \mathfrak{A}, R \rangle$, die Modell von Σ ist, und die die Abschätzung $card(|\mathfrak{A}| \cup \bigcup_{0<n} R_n) \leq card_{\mathfrak{L}}$ erfüllt.

Also gilt eine (7.9) entspechende zweitstufige Version des Satzes von Löwenheim-Skolem. Auch die Verschärfungen, die in (9.12) und (9.13) zum Ausdruck kommen, lassen sich in die zweite Stufe übertragen.

Wir wollen jetzt eine mit $\mathfrak{L}$ korrespondierende Sprache $\mathfrak{L}^*$, eine Übersetzung $*$ und geeignete Modellkonstruktionen angeben, so daß die Bedingungen (1) und (2) erfüllt sind. Der Einfachheit halber wird dies nur für die *monadische zweite Stufe* $\mathfrak{L}_{2,mon}$ durchgeführt. In dieser Teilsprache von $\mathfrak{L}_2$ sind alle zweitstufigen Variablen einstellig. Wir notieren die $\mathfrak{L}_{2,mon}$-Strukturen in der Form $\mathfrak{S} = \langle \mathfrak{A}, M \rangle$, wobei $\mathfrak{A}$ eine $\mathfrak{L}$-Struktur und M eine nichtleere Menge von Individuenmengen ist.

Eine monadische zweitstufige Struktur $\mathfrak{S} = \langle \mathfrak{A}, M \rangle$ wird in eine erststufige Struktur $\mathfrak{C}^*$ umgewandelt, indem Individuen und Mengen von $\mathfrak{S}$ zu einer neuen Individuenmenge vereinigt werden. Mittels geeigneter Prädikate lassen sich dann die alten Individuen wieder von den alten Mengen unterscheiden. Außerdem benötigt man eine zweistellige Relation, die es erlaubt, das Zutreffen einer Eigenschaft auf ein Individuum der alten Art zu konstatieren.

Die Sprache $\mathfrak{L}^*$ enstehe daher aus $\mathfrak{L} = \langle \mathfrak{R}, \mathfrak{F}, \mathfrak{K}, s \rangle$ durch Hinzunahme von zwei neuen einstelligen Relationszeichen E und S ("E" für "Element" und

"S" für "Set") und einem neuen zweistelligen Relationzeichen ε, das für die Elementbeziehung steht.

Jeder $\mathfrak{L}_{2,mon}$-Struktur $\mathfrak{S}=\langle\mathfrak{A},\mathbf{M}\rangle$ ordnen wir jetzt auf folgende Weise eine $\mathfrak{L}^*$-Struktur $\mathfrak{C}^*$ zu:

$|\mathfrak{C}^*|:=|\mathfrak{A}|\cup\mathbf{M}$;

$Q^{\mathfrak{C}^*}:=Q^{\mathfrak{A}}$ für $Q\in\mathfrak{R}$;

$f^{\mathfrak{C}^*}:={}^+(f^{\mathfrak{A}})$ für $f\in\mathfrak{F}$, wobei ${}^+(f^{\mathfrak{A}})$ irgendeine festgewählte Erweiterung von $f^{\mathfrak{A}}$ auf $|\mathfrak{C}^*|^{s(f)}$ ist;

$c^{\mathfrak{C}^*}:=c^{\mathfrak{A}}$ für $c\in\mathfrak{K}$;

$E^{\mathfrak{C}^*}:=|\mathfrak{A}|$;

$S^{\mathfrak{C}^*}:=\mathbf{M}$;

$\varepsilon^{\mathfrak{C}^*}:=\{\langle a,M\rangle \mid a\in|\mathfrak{A}|,\ M\in\mathbf{M}$ und $a\in M\}$.

Die Trägermenge der Struktur $\mathfrak{C}^*$ besteht also aus den Individuen und Mengen der zweitstufigen Struktur $\mathfrak{S}$. Auf den Individuen von $\mathfrak{S}$ "lebt" weiterhin die $\mathfrak{S}$ zugrunde liegende erststufige Struktur $\mathfrak{A}$. Da wir in Strukturen nur total definierte Funktionen zulassen, sind die Funktionen von $\mathfrak{A}$ in irgendeiner Weise auf den ganzen Trägerbereich von $\mathfrak{C}^*$ auszudehnen. Die konkrete Gestalt der Fortsetzung hat auf die weiteren Betrachtungen keinen Einfluß. Die einstelligen Relationszeichen E und S gestatten es, separat über Individuen und Mengen zu reden. Mittels ε wird die Elementbeziehung zwischen Individuen und Mengen beschreibbar.

In der Struktur $\mathfrak{C}^*$ sind offensichtlich folgende $\mathfrak{L}^*$-Aussagen wahr:

$\exists x E(x)$, $\exists x S(x)$,

$\forall x_1\ldots\forall x_{s(f)}(E(x_1)\wedge\ldots\wedge E(x_{s(f)})\rightarrow E(f(x_1,\ldots,x_{s(f)})))$ für alle $f\in\mathfrak{F}$ und

$E(c)$ für alle $c\in\mathfrak{K}$.

Im folgenden bezeichne Γ^* die Menge dieser $\mathfrak{L}^*$-Aussagen.

Wir definieren jetzt die Übersetzungsfunktion * von $\mathfrak{L}_{2,mon}$ in $\mathfrak{L}^*$:

Für die Variablen $v_0,v_1,v_2,\ldots,V_0^1,V_1^1,V_2^1,\ldots$ von $\mathfrak{L}_{2,mon}$ setzen wir ${}^*v_k=v_{2k}$, ${}^*V_k^1=v_{2k+1}$ und für $\mathfrak{L}$-Konstanten $c\in\mathfrak{K}$ sei ${}^*c=c$. Weiterhin sei:

${}^*f(t_1,\ldots,t_{s(f)})=f({}^*t_1,\ldots,{}^*t_{s(f)})$ für alle $f\in\mathfrak{F}$;

${}^*(t_1\doteq t_2)=({}^*t_1\doteq{}^*t_2)$;

${}^*(Q(t_1,\ldots,t_{s(Q)}))=Q({}^*t_1,\ldots,{}^*t_{s(Q)})$ für alle $Q\in\mathfrak{R}$;

${}^*(Y(t))={}^*t\,\varepsilon\,{}^*Y$;

${}^*\neg\alpha=\neg{}^*\alpha$;

$*(\alpha \to \beta) = (*\alpha \to *\beta)$;

$*\forall x\alpha = \forall *x(E(*x) \to *\alpha)$;

$*\forall Y\alpha = \forall *Y(S(*Y) \to *\alpha)$.

Sei jetzt eine zweitstufige Struktur $\mathfrak{S}$ gegeben. Der Struktur $\mathfrak{S}$ sei nach obigem Vorgehen die $\mathfrak{L}^*$-Struktur $\mathfrak{C}^*$ zugeordnet. Jeder Belegung h in $\mathfrak{S}$ ordnen wir eine Belegung $*h$ in $|\mathfrak{C}^*|$ wie folgt zu:

$$*h(v_{2k}) = *h(*v_k) := h(v_k) \text{ und } *h(v_{2k+1}) = *h(*V^1_k) := h(V^1_k) \text{ für alle } k \in \mathbb{N}.$$

Man zeigt dann leicht durch Induktion über den Term- und Formelaufbau, daß für alle $\mathfrak{L}_{2,mon}$-Terme t, $\mathfrak{L}_{2,mon}$-Formeln α und Belegungen h in $\mathfrak{S}$ gilt:

$$t^{\mathfrak{S},h} = *t^{\mathfrak{C}^*,h^*} \quad \text{und} \quad (\mathfrak{S} \models \alpha[h] \iff \mathfrak{C}^* \models *\alpha[*h]).$$

Für $\mathfrak{L}_{2,mon}$-Aussagen α ergibt sich aus diesem Resultat speziell, daß α genau dann in $\mathfrak{S}$ gilt, wenn $*\alpha$ in $\mathfrak{C}^*$ gilt.

Sei umgekehrt eine $\mathfrak{L}^*$-Struktur $\mathfrak{C}^*$ gegeben, in der die oben definierten Aussagen von Γ^* wahr sind. Der Struktur $\mathfrak{C}^*$ wird eine $\mathfrak{L}_{2,mon}$-Struktur $\mathfrak{S} = \langle \mathfrak{A}, \mathbf{M} \rangle$ zugeordnet, die wie folgt definiert ist:

$|\mathfrak{A}| := E^{\mathfrak{C}^*}$;

$Q^{\mathfrak{A}} := Q^{\mathfrak{C}^*} \cap |\mathfrak{A}|^{s(Q)}$ für $Q \in \mathfrak{R}$;

$f^{\mathfrak{A}} := (f^{\mathfrak{C}^*}$ eingeschränkt auf $|\mathfrak{A}|^{s(f)}) = f^{\mathfrak{C}^*}|_{|\mathfrak{A}|^{s(f)}}$ für $f \in \mathfrak{F}$;

$c^{\mathfrak{A}} := c^{\mathfrak{C}^*}$;

$\mathbf{M} := \{M_s \mid s \in S^{\mathfrak{C}^*}\}$, wobei $M_s := \{a \in |\mathfrak{A}| \mid \langle a,s \rangle \in \varepsilon^{\mathfrak{C}^*}\}$.

Jedes Element von $S^{\mathfrak{C}^*}$ wird somit als Kode einer Individuenmenge aufgefaßt. Dabei ist zunächst zugelassen, daß ein und dieselbe Menge verschiedene Kodes besitzt. Fügt man zu Γ^* das Extensionalitätsaxiom

(Ext) $\forall x \forall y(S(x) \wedge S(y) \wedge \forall z(E(z) \to (z\varepsilon x \leftrightarrow z\varepsilon y)) \to x \doteq y)$.

hinzu, so kodiert jedes Modell von $\Gamma^* \cup \{(Ext)\}$ Mengen in eindeutiger Weise. Die Aussage (Ext) ist in $\mathfrak{L}^*$-Modellen, die nach dem zuerst beschriebenen Verfahren aus einer $\mathfrak{L}_{2,mon}$-Struktur entstehen, automatisch erfüllt.

Zu jeder Belegung h in $\mathfrak{S}$ definieren wir wieder eine Belegung $*h$ in $|\mathfrak{C}^*|$ durch:

$*h(v_{2k}) = *h(*v_k) := h(v_k)$ und

$*h(v_{2k+1}) = *h(*V^1_k) := s$, wobei s so gewählt ist, daß $M_s = h(V^1_k)$ gilt.

Durch Induktion über den Aufbau der $\mathfrak{L}_{2,mon}$-Terme und $\mathfrak{L}_{2,mon}$-Formeln ergibt sich wieder, daß für alle h in $\mathfrak{S}$ und alle t und α gilt:

$$t^{\mathfrak{S},h} = t^{\mathfrak{C}^*,h^*} \quad \text{und} \quad (\mathfrak{S} \models \alpha[h] \iff \mathfrak{C}^* \models *\alpha[*h]).$$

Daraus erhält man dann sofort, daß eine $\mathfrak{L}_{2,mon}$-Aussage α genau dann in $\mathfrak{S}$ gilt, wenn die Übersetzung $^*\alpha$ in $\mathfrak{C}^*$ gilt.

Aus den jeweiligen Modellkonstruktionen ergeben sich leicht die Kardinalitätsaussagen in (1) und (2). Dabei wird benutzt, daß für Mengen gilt:

$$card(B_1),\ card(B_2) \leq card(C) \text{ und } \omega \leq card(C) \ \Rightarrow\ card(B_1 \cup B_2) \leq card(C).$$

Für die monadische zweite Stufe sind damit die obigen Behauptungen gezeigt. Sind aber in der zweitstufigen Sprache Relationsvariablen von beliebiger Stellenzahl vorhanden, so führt man in $\mathfrak{L}^*$ anstelle von S unendlich viele einstellige Relationszeichen $S_1, S_2, S_3, \ldots$ und $T_2, T_3, T_4, \ldots$ ein. Dabei steht "$S_n(x)$" für "x ist eine Menge von n-Tupeln von Individuen" und "$T_n(x)$" für "x ist ein n-Tupel". Außerdem adjungiert man für jedes $n \geq 2$ noch ein n-stelliges Funktionszeichen g_n, das die Bildung von n-Tupeln aus Individuen beschreibt. Es steht dann "$y \doteq g_n(x_1,\ldots,x_n)$" für "$y = \langle x_1,\ldots,x_n \rangle$". Analog zum monadischen Falle kann man dann die Modellkonstruktionen und eine entsprechende Übersetzungsfunktion angeben. Für die Kardinalitätsaussagen werden folgende Abschätzungen (s. Anhang) benutzt:

$$card(B_k) \leq card(C) \text{ für } k \in \mathbb{N} \text{ und } \omega \leq card(C) \ \Rightarrow\ card(\bigcup_{k \in \mathbb{N}} B_k) \leq card(C).$$

Allgemeine Strukturen, so wie sie bisher eingeführt worden sind, haben noch eine Reihe unerwünschter Eigenschaften:

Es kann beispielsweise die Formel $\forall Y(Y(u) \leftrightarrow Y(v))$ unter einer Belegung in einer Struktur $\mathfrak{S} = \langle \mathfrak{A}, \mathbf{R} \rangle$ wahr sein, ohne daß dies auch für $u \doteq v$ der Fall ist. Denn bisher ist lediglich gesagt, daß $\mathbf{M} = \mathbf{R}_1$ eine nichtleere Menge von Teilmengen von $|\mathfrak{A}|$ ist (es kann z.B. $\mathbf{R}_1 = \{|\mathfrak{A}|\}$ sein).

Weiter ist für n-stellige Relationsvariablen Y die Formel $\forall Y\alpha \rightarrow \alpha(Y/Z)$ in allgemeinen Modellen gültig, sofern nur Z eine n-stellige Relationsvariable bezeichnet, die frei zur Substitution für Y in α ist. Daraus folgt aber im allgemeinen nicht die Gültigkeit von $\forall Y\alpha \rightarrow \alpha(Y/Q)$ für n-stellige Relationszeichen Q von $\mathfrak{L}$. Denn die Deutung $Q^{\mathfrak{S}}$ von Q in einer $\mathfrak{L}_2$-Struktur $\mathfrak{S} = \langle \mathfrak{A}, \mathbf{R} \rangle$ kommt unter Umständen unter den Elementen von $\mathbf{R}_n$, die ja den Variabilitätsbereich des Quantors $\forall Y$ bilden, nicht vor.

Diese Defekte kann man dadurch beheben, daß man nur Strukturen betrachtet, die schon alle definierbaren Relationen enthalten. Dies soll jetzt näher erläutert werden.

Sei $\mathfrak{S}$ eine $\mathfrak{L}_2$-Struktur. Eine n-stellige Relation $R \subset |\mathfrak{S}|^n$ heißt *definierbar in* $\mathfrak{S}$ genau dann, wenn es eine $\mathfrak{L}_2$-Formel δ und eine Belegung h in $\mathfrak{S}$ gibt, so daß gilt: $R = \{\langle a_1,\ldots,a_n \rangle \mid \mathfrak{S} \models \delta[h^{v_1 \ldots v_n}_{a_1 \ldots a_n}]\}$.

Eine $\mathfrak{L}_2$-Struktur $\mathfrak{S}=\langle\mathfrak{A},\mathbf{R}\rangle$ wird im folgenden als *normal* bezeichnet, wenn die Mengen $\mathbf{R}_n$ jeweils alle n-stelligen in $\mathfrak{S}$ definierbaren Relationen enthalten. Dies ist offensichtlich äquivalent zu der Bedingung, daß für alle positiven n und alle $\mathfrak{L}_2$-Formeln δ folgende *Komprehensionsaxiome* in $\mathfrak{S}$ gelten:

$$\exists Z\forall v_1 \ldots \forall v_n(Z(v_1,\ldots,v_n)\leftrightarrow\delta),$$

wobei Z eine n-stellige Relationsvariable ist, die in δ nicht vorkommt.

Trivialerweise ist jede Standardstruktur normal.

In allen normalen Strukturen gilt, da die Einermengen von Individuen mit Hilfe der erststufigen Formel $v_1 \doteq v_0$ definierbar sind, die Äquivalenz

$$x\doteq y \leftrightarrow \forall Y(Y(x)\rightarrow Y(y)).$$

Betrachtet man also nur normale Strukturen, so ist das Identitätszeichen entbehrlich.

Die oben formulierten Kompaktheits- und Löwenheim-Skolem-Aussagen bleiben auch für die Semantik, die nur normale Strukturen zuläßt, richtig. In den obigen Ausführungen ist lediglich dafür zu sorgen, daß nur solche erststufigen $\mathfrak{L}^*$-Strukturen betrachtet werden, die durch das oben beschriebene Verfahren in normale zweitstufige Strukturen überführt werden. Dies ist leicht zu erreichen, indem man die Übersetzungen der generalisierten Komprehensionsaxiome zu der Menge Γ^* hinzufügt.

Die bisher eingeführten zweitstufigen Sprachen lassen sich in naheliegender Weise erweitern, indem man für alle n-stelligen Relationsvariablen Y_1 und Y_2 die Zeichenreihe $Y_1\doteq Y_2$ als Primformel zuläßt. Die Formel $Y_1\doteq Y_2$ soll dabei in einer Struktur $\mathfrak{S}$ unter einer Belegung h in $\mathfrak{S}$ genau dann wahr sein, wenn $h(Y_1)=h(Y_2)$ gilt. — Das bisher Gesagte bleibt gültig. Nur bei der Übersetzung * von $\mathfrak{L}_2$-Formeln in $\mathfrak{L}^*$-Formeln und in der Definition der Menge Γ^* sind Ergänzungen nötig. Man setzt $*(Y_1\doteq Y_2) = *Y_1\doteq *Y_2$ und adjungiert (wir beschränken uns wieder auf den monadischen Fall) zu der erststufigen Axiomenmenge Γ^* die Übersetzung der zweitstufigen Aussage

$$\forall Y_1\forall Y_2(\forall z(Y_1(z)\leftrightarrow Y_2(z))\leftrightarrow Y_1\doteq Y_2).$$

Letzteres ist äquivalent dazu, daß zu Γ^* das schon früher erwähnte Extensionalitätsaxiom hinzugefügt wird.

Analog zu Sprachen zweiter Stufe lassen sich auch Sprachen dritter Stufe einführen. Hier tritt zu den Ausdrucksmitteln der zweiten Stufe noch die Möglichkeit der Quantifikation über Relationen, deren Feld selbst schon aus Relationen zwischen Individuen besteht, hinzu. Indem man noch weitergehende Quantifikationen über Relationen von Relationen usw. zuläßt, gelangt man zu Sprachen beliebiger endlicher Stufe. Als Limes dieser Sprachen endlicher Stufe erhält eine Theorie, die als Typentheorie (mit endlichen Typen) bekannt ist. Diese Theorie wird im nächsten Paragraphen behandelt.

Zum Schluß sei noch erwähnt, daß man für die Sprache $\mathfrak{L}_{2,mon}$ auch eine Semantik zugrunde legen kann, die nur Strukturen $\mathfrak{S}=\langle\mathfrak{A},\mathbf{M}\rangle$ betrachtet, in denen **M** genau die Menge aller endlichen Teilmengen von $|\mathfrak{A}|$ ist. Die zweitstufigen Quantoren laufen dann über alle endlichen Individuenmengen. Dieses System wird als *schwache Logik der zweiten Stufe* bezeichnet. Man kann leicht zeigen, daß (wie bei der Standardsemantik der zweiten Stufe) kein Kompaktheitstheorem gilt. Zum Beispiel ist die Aussagenmenge $\{\neg(\overset{=k}{\exists})\mid k\in\mathbb{N}\setminus\{0\}\}\cup\{\exists X\forall y X(y)\}$ in solchen Strukturen endlich aber nicht simultan erfüllbar. Außerdem gilt keine allgemeine Löwenheim-Skolem-Aufwärts Aussage, da man wiederum die natürlichen Zahlen mit der Kleiner-Relation bis auf Isomorphie charakterisieren kann. Man schreibt wie früher erststufig auf, daß es ein kleinstes Element gibt und daß jedes Element einen direkten Nachfolger hat. Anstelle des zweistufigen Induktionsprinzips kann man in der schwachen zweiten Stufe sagen, daß man jedes Element durch endlichmalige Anwendung der direkten Nachfolgerbildung auf das kleinste Element erreichen kann. Genauer sagt man, daß es zu jedem x eine endliche Menge Y gibt, die das kleinste Element und x enthält und die mit jedem y, das von x verschieden ist, auch den direkten Nachfolger von y enthält. Im Gegensatz zur Standardsemantik der zweiten Stufe bleibt für die schwache zweite Stufe die Löwenheim-Skolem-Abwärts-Aussage richtig. Dies läßt sich relativ einfach zeigen, indem man wie im Beweis von (9.14) eine Art von "Skolemfunktionen" auch für Aussagen, die mit einem zweitstufigen Existenzquantor beginnen, einführt. Da die ausgewählten Mengen alle endlich sind, ist auch ein geeignet definierter Abschluß einer gegebenen Menge U unter diesen Skolemfunktionen nicht zu groß.

§ 13 Typentheorie

Die Typentheorie verallgemeinert in naheliegender Weise die höherstufigen Ansätze, die im Paragraphen 12 behandelt wurden. Im folgenden wird eine auf A. Church [9] zurückgehende Version dieser Theorie vorgestellt, für die bezeichnend ist, daß neben Individuen und Wahrheitswerten nur einstellige Funktionen (beliebigen Typs) betrachtet werden. Diese Einschränkung ist ohne Verlust an Ausdruckskraft möglich, da, wie gezeigt wird, jede n-stellige Relation als n-stellige Funktion in die Wahrheitswerte $\{0,1\}$ aufgefaßt werden kann und jeder n-stelligen Funktion in natürlicher Weise eine einstellige (Funktionen-)Funktion entspricht.

Ist $R \subset A^n$ eine n-stellige Relation in einer Menge A, so definiert man die n-stellige Funktion $F_R\colon A^n \to \{0,1\}$ durch:

$$F_R(a_1,\ldots,a_n) := \begin{cases} 1, & \text{falls } \langle a_1,\ldots,a_n\rangle \in R; \\ 0 & \text{sonst.} \end{cases}$$

Dann gilt offenbar:

$$F_R(a_1,\ldots,a_n) = 1 \Leftrightarrow \langle a_1,\ldots,a_n\rangle \in R.$$

Jeder n-stelligen Relation R in A ist damit eine n-stellige Funktion F_R von A in die Menge der Wahrheitswerte zugeordnet.

Ist umgekehrt eine Funktion $F\colon A^n \to \{0,1\}$ gegeben, so erhält eine n-stellige Relation R_F in A durch:

$$R_F := \{\langle a_1,\ldots,a_n\rangle \mid F(a_1,\ldots,a_n) = 1\}.$$

Offensichtlich sind diese Zuordnungen invers zueinander. Damit ist gemeint, daß $R = R_{(F_R)}$ für jede Relation $R \subset A^n$ und $F = F_{(R_F)}$ für jede Funktion $F\colon A^n \to \{0,1\}$ gilt.

Mehrstellige Funktionen lassen sich in natürlicher Weise als einstellige (Funktionen-)Funktionen auffassen. Wir demonstrieren dies am Beispiel einer zweistelligen Funktion F von AxB in C:

Gegeben sei die Funktion $F\colon A \times B \to C$. Zu jedem $a \in A$ ist durch die Festsetzung

$$F_a(b) := F(a,b) \text{ für } b \in B$$

eine Funktion $F_a\colon B \to C$ definiert. Betrachtet man jetzt die Funktion $F' := \{\langle a, F_a\rangle \mid a \in A\}$, so gilt, indem man nacheinander die Argumente a und b eingibt,

$$(F'(a))(b) = F_a(b) = F(a,b).$$

Aus F erhält man somit die einstellige Funktion F', die den Definitionsbereich A und Werte in $^{B}C = \{G \mid G\colon B \to C\}$ hat. Es gilt also $F'\colon A \to {}^{B}C$.

Ist umgekehrt eine Funktion $G: A \to {}^{B}C$ gegeben, so erhält man eine Funktion $G'': A \times B \to C$, wenn man für $a \in A$ und $b \in B$ setzt:

$G''(a,b) := (G(a))(b)$.

Da offensichtlich $F = (F')''$ und $G = (G'')'$ gilt, sind die beiden Operationen invers zueinander. Die '-Abbildung ist damit eine kanonische Bijektion von ${}^{(A \times B)}C$ auf ${}^{A}({}^{B}C)$. Jeder zweistelligen Funktion entspricht somit eindeutig eine einstellige Funktion und umgekehrt.

Durch Induktion zeigt man allgemein, daß zu jeder (n+1)-stelligen Funktion $F \in {}^{(A_0 \times \ldots \times A_n)}B$ genau eine Funktion $F' \in {}^{A_0}\left(\cdots {}^{A_n}B\right)\ldots)$ und umgekehrt zu jedem derartigen F' genau ein $F \in {}^{(A_0 \times \ldots \times A_n)}B$ existiert, so daß

$(\ldots((F'(a_0))(a_1))\ldots)(a_n) = F(a_0,\ldots,a_n)$ für alle $a_0 \in A_0,\ldots,a_n \in A_n$

gilt.

Geht man von einer zweistelligen Relation R in einer Menge A aus, so ist die Funktion F_R von R in der Menge ${}^{(A \times A)}\{0,1\}$ enthalten. Indem man F_R einstellig macht, erhält man eine Funktion in der Menge ${}^{A}({}^{A}\{0,1\})$. Analog führt eine dreistellige Relation in A zu einer Funktion in ${}^{A}({}^{A}({}^{A}\{0,1\}))$.

Im folgenden gehen wir von einer nichtleeren Menge A von Individuen aus und betrachten neben den Elementen von A und den Wahrheitswerten 0 und 1 alle (einstelligen) Funktionen, die in den Mengen

$${}^{\{0,1\}}\{0,1\},\quad {}^{\{0,1\}}A,\quad {}^{A}\{0,1\},\quad {}^{A}A,\quad {}^{\{0,1\}}\left({}^{\{0,1\}}\{0,1\}\right),\quad {}^{\{0,1\}}\left({}^{\{0,1\}}A\right),\ldots$$

liegen. Wir klassifizieren diese Objekte anhand ihres "Typs", den wir folgendermaßen einführen:

Es sei "ι" der *Typ der Individuen* und "o" sei der *Typ der Wahrheitswerte*. Aus diesen beiden Grundtypen werden wie folgt neue Typen gewonnen:

Ist σ der Typ der Objekte, die in der Menge B vorkommen, und ist τ der Typ der Elemente von C, so ist $(\sigma\tau)$ der Typ der Funktionen von B nach C, d.h. der Elemente von ${}^{B}C$.

Somit ergibt sich (wenn man Relationen R mit den zugehörigen Funktionen F_R und dann alle mehrstelligen Funktionen mit ihren einstelligen Versionen identifiziert) folgende Typzuordnung:

ι	Individuen
o	Wahrheitswerte
(oo)	einstellige Wahrheitswertfunktionen
(oι)	Funktionen von der Menge der Wahrheitswerte in die Menge der Individuen

(ιo)	Eigenschaften von Individuen
$(o(oo))$	zweistellige Wahrheitswertfunktionen
$(\iota(\iota o))$	zweistellige Relationen in den Individuen
$((\iota o)o)$	Eigenschaften von Individuen-Eigenschaften
usw.	

Es wird jetzt eine formale Sprache eingeführt, die Sprache der *einfachen Typentheorie*, die geeignet ist, die oben skizzierten Bereiche zu beschreiben.

Wir definieren zuerst den *Typ-Begriff* durch Angabe eines Regelsystems über dem Alphabet $\{o,\iota,(,)\}$:

(i) o und ι sind Typen.

(ii) Sind σ und τ Typen, so ist auch $(\sigma\tau)$ ein Typ.

Die Buchstaben ρ, σ, τ (auch indiziert) deuten im folgenden immer Typen an. Beim Notieren von Typen lassen wir oft Außenklammern weg. Es steht also zum Beispiel $\sigma\tau$ für $(\sigma\tau)$. Zusätzlich vereinbaren wir, daß ansonsten fehlende Klammern von links her einzufügen sind. So steht zum Beispiel der Ausdruck $\sigma_0\sigma_1\sigma_2\ldots\sigma_k$ für $(\ldots((\sigma_0\sigma_1)\sigma_2)\ldots)$. Mit $\mathfrak{T}$ bezeichnen wir die Menge alle Typen.

Für jeden Typ σ führen wir unendlich viele *Variablen* $v_0^\sigma, v_1^\sigma, v_2^\sigma, \ldots$ *des Typs* σ ein. Die Menge aller Variablen des Typs σ sei $Var_\sigma := \{v_k^\sigma \mid k \in \mathbb{N}\}$.

Durch $x^\sigma, y^\sigma, z^\sigma, f^\sigma, g^\sigma$ (eventuell indiziert) werden Variablen des Typs σ angedeutet. Weiterhin sei $Var := \bigcup\{Var_\sigma \mid \sigma \in \mathfrak{T}\}$ die Menge aller "getypten" Variablen. Mit x, y, z, f, g bezeichnen wir im folgenden Elemente von Var.

Für jeden Typ σ sei eine (möglicherweise leere) Menge $\mathfrak{K}_\sigma$ von *Konstanten des Typs* σ gegeben. Elemente von $\mathfrak{K}_\sigma$ werden durch $c^\sigma, c_1^\sigma, c_2^\sigma, \ldots$ angedeutet. Die im folgenden betrachteten Sprachen sind durch die Angabe der Konstantenmengen $\mathfrak{K}_\sigma$ eindeutig bestimmt. Man setzt daher $\mathfrak{L} := \langle \mathfrak{K}_\sigma \mid \sigma \in \mathfrak{T} \rangle$.

Als nächstes definieren wir "getypte" $\mathfrak{L}$-Terme. Dabei ist zu beachten, daß Formeln als spezielle Terme aufgefaßt werden. Da die Deutung einer Formel ein Wahrheitswert ist, werden Formeln mit Termen des Typs o gleichgesetzt.

Aus gewissen technischen Gründen, die erst nach Einführung von λ-Termen sichtbar werden, verändern wir die früher eingeführten logischen Schreibweisen im Rahmen der Typentheorie geringfügig. So schreiben wir zum Beispiel (ft) anstelle von $f(t)$, $(t_1 \doteq t_2)$ anstelle von $t_1 \doteq t_2$, $(\neg\alpha)$ anstelle von $\neg\alpha$ und $(\forall x \alpha)$ anstelle von $\forall x \alpha$.

Terme des Typs o werden im weiteren auch *Formeln* genannt. Sie werden durch $\alpha, \beta, \gamma, \delta, \alpha_1, \beta_1, \gamma_1, \delta_1, \alpha_2, \ldots$ angedeutet.

Getypte $\mathfrak{L}$-*Terme* sind wie folgt definiert:

Jede Variable und jede $\mathfrak{L}$-Konstante vom Typ σ ist ein $\mathfrak{L}$-Term des Typs σ.

Ist t_1 ein $\mathfrak{L}$-Term des Typs $(\sigma\tau)$ und t_2 ein $\mathfrak{L}$-Term des Typs σ, so ist (t_1t_2) ein $\mathfrak{L}$-Term des Typs τ.

("(t_1t_2)" steht für die Anwendung von "t_1" auf "t_2")

Sind t_1 und t_2 $\mathfrak{L}$-Terme, die den selben Typ haben, so ist $(t_1 \doteq t_2)$ ein $\mathfrak{L}$-Term des Typs o — also eine $\mathfrak{L}$-Formel.

Sind α und β $\mathfrak{L}$-Formeln, so sind auch $(\neg\alpha)$ und $(\alpha \to \beta)$ $\mathfrak{L}$-Formeln.

Ist α eine $\mathfrak{L}$-Formel und x eine Variable des Typs σ, so ist auch $(\forall x \alpha)$ eine $\mathfrak{L}$-Formel.

Die Junktoren $\top$, $\bot$, $\wedge$, $\vee$, $\leftrightarrow$ und den Quantor $\exists x$ fassen wir wieder als Abkürzungen auf. Terme des Typs σ deuten wir durch $t^\sigma, t_1^\sigma, t_2^\sigma, t_3^\sigma, \ldots$ an. Mit $Tm_{\mathfrak{L}}^\sigma$ bezeichnen wir die Menge aller $\mathfrak{L}$-Terme des Typs σ.

Sei A eine nichtleere Menge von Individuen. Unter einer $\mathfrak{L}$-*Standardstruktur, die auf* A *basiert*, verstehen wir ein Tupel $\mathfrak{D} = \langle D, I \rangle$ mit:

$D = \langle D_\sigma | \sigma \in \mathfrak{T} \rangle$ ist eine Funktion, die jedem Typ $\sigma \in \mathfrak{T}$ die Menge D_σ zuordnet, wobei:

$D_\iota = A$,

$D_o = \{0,1\}$ und

$D_{(\sigma\tau)} =$ (Menge aller Funktionen von D_σ nach D_τ) $= {}^{D_\sigma}D_\tau$ für alle $\sigma, \tau \in \mathfrak{T}$.

I ist eine Funktion, die die $\mathfrak{L}$-Konstanten typgemäß deutet, d.h. für alle $\sigma \in \mathfrak{T}$ und alle $c \in \mathfrak{K}_\sigma$ ist $I(c) \in D_\sigma$.

Die Funktion D ist durch diese Bedingungen, wie man sofort durch Induktion über den Typaufbau nachweist, eindeutig festgelegt.

Fordert man anstelle von $D_{(\sigma\tau)} = {}^{D_\sigma}D_\tau$ lediglich $\emptyset \neq D_{(\sigma\tau)} \subset {}^{D_\sigma}D_\tau$, so erhält man allgemeinere $\mathfrak{L}$-Strukturen, die wir im folgenden einfach $\mathfrak{L}$-*Strukturen* nennen.

Unter einer Belegung in einer $\mathfrak{L}$-Struktur $\mathfrak{D}$ verstehen wir eine Funktion h, deren Definitionsbereich die Menge Var aller Variablen ist und die jeder Variablen eines Typs σ ein Element des Bereichs D_σ zuordnet, d.h. $h(x) \in D_\sigma$ für alle $x \in Var_\sigma$ und $\sigma \in \mathfrak{T}$. Belegungen deuten Variablen also typgemäß. Mit h_d^x bezeichnen wir wieder die x-Variante von h, die x auf d abbildet.

Den *Wert* $[\![t^\sigma]\!]^{\mathfrak{D},h}$ *eines* $\mathfrak{L}$*-Terms* t^σ *in* $\mathfrak{D}$ *unter* h definieren wir durch:

$[\![x^\sigma]\!]^{\mathfrak{D},h} = h(x^\sigma)$ für Variablen x^σ

$[\![c^\sigma]\!]^{\mathfrak{D},h} = I(c^\sigma)$ für $\mathfrak{L}$-Konstanten c^σ

$[\![(t_1t_2)]\!]^{\mathfrak{D},h} = [\![t_1]\!]^{\mathfrak{D},h}([\![t_2]\!]^{\mathfrak{D},h})$

$[\![(t_1 \doteq t_2)]\!]^{\mathfrak{D},h} = \begin{cases} 1, & \text{falls } [\![t_1]\!]^{\mathfrak{D},h} = [\![t_2]\!]^{\mathfrak{D},h}; \\ 0 & \text{sonst.} \end{cases}$

$[\![(\neg\alpha)]\!]^{\mathfrak{D},h} = f_\neg([\![\alpha]\!]^{\mathfrak{D},h})$

$[\![(\alpha\rightarrow\beta)]\!]^{\mathfrak{D},h} = f_\rightarrow([\![\alpha]\!]^{\mathfrak{D},h}, [\![\beta]\!]^{\mathfrak{D},h})$

$[\![\forall x^\sigma\alpha]\!]^{\mathfrak{D},h} = \begin{cases} 1, & \text{falls } [\![\alpha]\!]^{\mathfrak{D},h\frac{x^\sigma}{d}} = 1 \quad \text{für alle } d\in D_\sigma; \\ 0 & \text{sonst.} \end{cases}$

Anstelle von $[\![t]\!]^{\mathfrak{D},h}$ schreiben wir oft kürzer $t^{\mathfrak{D},h}$.

Ist t ein Term des Typs σ, so gilt stets $t^{\mathfrak{D},h}\in D_\sigma$. Wir benutzen wieder die Notationen:

$\mathfrak{D}\models\alpha[h] \;:\Leftrightarrow\; [\![\alpha]\!]^{\mathfrak{D},h} = 1$ ("α gilt in $\mathfrak{D}$ unter h"),

$\mathfrak{D}\models\alpha \;:\Leftrightarrow$ für alle h in $\mathfrak{D}$: $\mathfrak{D}\models\alpha[h]$ ("α gilt in $\mathfrak{D}$").

Die Funktion, die jedem $d\in D_\sigma$ den Wahrheitswert $[\![\alpha]\!]^{\mathfrak{D},h\frac{x^\sigma}{d}}$ zuordnet, kommt in jedem Standardmodell als Element von $D_{\sigma o}$ vor. Die Bedingung $\mathfrak{D}\models\forall x^\sigma\alpha[h]$ ist dann offensichtlich äquivalent zu der Aussage, daß die Funktion

$\{\langle d, [\![\alpha]\!]^{\mathfrak{D},h\frac{x^\sigma}{d}}\rangle \mid d\in D_\sigma\}$

konstant den Wert 1 hat. Entsprechend ist $\mathfrak{D}\models\exists x^\sigma\alpha[h]$ äquivalent dazu, daß diese Funktion mindestens einmal den Wert 1 annimmt. Stehen also Terme zur Verfügung, deren Deutung gerade diese Funktionen ergeben, so werden die Quantoren im Prinzip überflüssig. Im folgenden wird dies durch die sogenannte *λ-Abstraktion* geleistet, die wir als neue Termbildungsoperation hinzunehmen. Sei **λ** ein neues Zeichen. Zu den Termbildungsregeln kommt also noch hinzu:

Ist x eine Variable des Typs σ und t ein Term des Typs τ, so ist $(\boldsymbol{\lambda}xt)$ ein Term des Typs στ.

Terme der Gestalt $(\boldsymbol{\lambda}xt)$ heißen *λ-Terme*.

Die Deutung der λ-Terme in einer Standardstruktur $\mathfrak{D}$ unter einer Belegung h ist gegeben durch

$[\![(\boldsymbol{\lambda}x^\sigma t)]\!]^{\mathfrak{D},h} = \{\langle d, t^{\mathfrak{D},h\frac{x^\sigma}{d}}\rangle \mid d\in D_\sigma\}$.

Die λ-Abstraktion ist im Bereich der Funktionen das Analogon zur mengentheoretischen Komprehension, die aus einer zulässigen Eigenschaft eine Menge gewinnt. Durch λ-Abstraktion wird aus einem Term eine Funktion gewonnen. Ist zum Beispiel $D_\iota = \mathbb{N}$ und $h(f^{\iota\iota}) = \{\langle k, k+1\rangle | k \in \mathbb{N}\}$, so erhält man durch λ-Abstraktion nach der Variablen x^ι aus dem Term $(f^{\iota\iota}(f^{\iota\iota}x^\iota))$ den λ-Term $(\boldsymbol{\lambda} x^\iota(f^{\iota\iota}(f^{\iota\iota}x^\iota)))$, der in $\mathfrak{D}$, h die Funktion

$$[\![(\boldsymbol{\lambda} x^\iota(f^{\iota\iota}(f^{\iota\iota}x^\iota)))]\!]^{\mathfrak{D},h} = \{\langle k, [\![(f^{\iota\iota}(f^{\iota\iota}x^\iota))]\!]^{\mathfrak{D},h^{x^\iota}_k}\rangle | k \in \mathbb{N}\} = \{\langle k, k+2\rangle | k \in \mathbb{N}\}$$

als Deutung hat.

Führt man allgemeine Strukturen auch für Sprachen mit λ-Termen ein, so ist nicht mehr gesichert, daß die Deutung eines λ-Terms $(\boldsymbol{\lambda} x^\sigma t^\tau)$ unter einer Belegung h auch in $D_{\sigma\tau}$ vorkommt. Um λ-Terme immer deuten zu können, müssen die D-Bereiche gewissen kombinatorischen Abgeschlossenheitsbedingungen genügen. Da diese Bedingungen nicht so einfach zu formulieren sind, fordern wir, daß allgemeine Strukturen immer so sein sollen, daß diesen Termen unter jeder Belegung eine Deutung zukommt. Die Frage, ob es für λ-Sprachen dann überhaupt Strukturen gibt, die keine Standardstrukturen sind, werden wir erst später positiv beantworten können. Unter einer *$\mathfrak{L}$-Struktur für Sprachen mit λ-Termen* verstehen daher eine (allgemeine) $\mathfrak{L}$-Struktur $\mathfrak{D} = \langle\langle D_\sigma | \sigma \in \mathfrak{T}\rangle, I\rangle$ im vorherigen Sinne, die außerdem die Bedingung erfüllt, daß zu allen Belegungen h in $\mathfrak{D}$ genau eine Funktion $[\![\,]\!]^{\mathfrak{D},h}$ existiert, die für alle Terme definiert ist, jedem Term eines Typs σ ein Element des Bereichs D_σ zuweist und die die obigen Termauswertungsbedingungen (inklusive λ-Bedingung) erfüllt. Damit ist insbesondere gefordert, daß der Wert jedes λ-Terms in dem entsprechenden Bereich der Struktur vorkommt.

Betrachtet man einen Term $(\boldsymbol{\lambda} xt)$, so ist offensichtlich, daß der Wert dieses Terms in einer Struktur $\mathfrak{D}$ unter h nicht mehr vom h-Wert der Variablen x abhängt. Jedes freie Vorkommen der Variablen x in t wird somit durch $\boldsymbol{\lambda} x$ in $(\boldsymbol{\lambda} xt)$ gebunden. Der Term t ist also der Wirkungsbereich von $\boldsymbol{\lambda} x$ in $(\boldsymbol{\lambda} xt)$.

Ein Vorkommen der Variablen x in einem Term t ist frei, wenn dieses Vorkommen von x in t nicht im Wirkungsbereich eines $\boldsymbol{\lambda} x$ oder $\forall x$ liegt. Die Menge Fr(t) der Variablen, die an mindestens einer Stelle im Term t frei vorkommen, ist definiert durch:

$Fr(x) = \{x\}$ für Variablen x, $Fr(c) = \emptyset$ für Konstanten c,

$Fr((t_1 t_2)) = Fr(t_1) \cup Fr(t_2)$, $Fr((t_1 \doteq t_2)) = Fr(t_1) \cup Fr(t_2)$, $Fr((\neg\alpha)) = Fr(\alpha)$,

$Fr((\alpha \to \beta)) = Fr(\alpha) \cup Fr(\beta)$, $Fr((\forall x\alpha)) = Fr(\alpha) \setminus \{x\}$, $Fr((\boldsymbol{\lambda} xt)) = Fr(t) \setminus \{x\}$.

Für alle Strukturen $\mathfrak{D}$ erhält man durch Induktion über den Aufbau der Terme leicht ein Koinzidenzlemma, das besagt, daß der Wert eines Terms t unter einer Belegung h nur von der Einschränkung von h auf Fr(t) abhängt.

Terme ohne freie Variablen heißen wieder konstant oder geschlossen. Unter einer Aussage verstehen wir, wie üblich, eine geschlossene Formel. Aus dem Koinzidenzlemma folgt wieder, daß für die Deutung geschlossener Terme die Angabe einer Belegung überflüssig ist.

Die Substitution eines Terms t^σ für eine Variable x^σ in einem Term t_1 wird wie üblich erklärt: Der Term $t_1(x^\sigma/t^\sigma)$ entsteht aus t_1, indem die Variable x^σ an allen Stellen ihres freien Vorkommens in t_1 durch den Term t^σ ersetzt wird. Wie in §5 läßt sich dies leicht genauer durch Induktion über den Aufbau von t_1 definieren.

Der Term t^σ ist frei zur Substitution für x^σ in t_1, falls kein freies Vorkommen von x^σ im Wirkungsbereich eines $\forall z$ oder $\boldsymbol{\lambda} z$ liegt und z zu den freien Variablen von t^σ gehört.

Es gilt ein Überführungslemma, das genau wie (5.11) bewiesen wird:

(13.1) **Lemma:** Ist der Term t^σ frei zur Substitution für die Variable x^σ in t_1, so gilt für alle $\mathfrak{D}$ und h:

$$(t_1(x^\sigma/t^\sigma))^{\mathfrak{D},h} = t_1^{\mathfrak{D},h'}.$$

Dabei ist h' die x^σ-Variante von h, die x^σ durch $t^{\sigma\mathfrak{D},h}$ deutet, d.h. es gilt $h'(z)=h(z)$ für alle $z\neq x^\sigma$ und $h'(x^\sigma)=t^{\sigma\mathfrak{D},h}$.

Mit Hilfe des Überführungslemmas ergibt sich das *λ-Konversionsprinzip*:

(13.2) **Korollar:** Ist der Term t^σ frei zur Substitution für x^σ in t_1, so gilt für alle $\mathfrak{D}$ und h: $\mathfrak{D}\models((\boldsymbol{\lambda} x^\sigma t_1)t^\sigma)\doteq t_1(x^\sigma/t^\sigma)[h]$.

Beweis:

Da

$$((\boldsymbol{\lambda} x^\sigma t_1)t^\sigma)^{\mathfrak{D},h} = ((\boldsymbol{\lambda} x^\sigma t_1)^{\mathfrak{D},h})(t^{\sigma\mathfrak{D},h}) = \{\langle d, t_1^{\mathfrak{D},h^{x^\sigma}_d}\rangle \mid d\in D_\sigma\}(t^{\sigma\mathfrak{D},h}) = t_1^{\mathfrak{D},h'}$$

gilt, wobei h' wie in (13.1) definiert ist, folgt mit (13.1) die Behauptung.

Ω

Die Quantoren können mit Hilfe von λ-Termen und der Identität umschrieben werden. Betrachten wir nämlich die Formel $(\boldsymbol{\lambda} x^\sigma\alpha)\doteq(\boldsymbol{\lambda} x^\sigma\top)$, so gilt:

$$\mathfrak{D}\models((\boldsymbol{\lambda} x^\sigma\alpha)\doteq(\boldsymbol{\lambda} x^\sigma\top))[h] \iff (\boldsymbol{\lambda} x^\sigma\alpha)^{\mathfrak{D},h} = (\boldsymbol{\lambda} x^\sigma\top)^{\mathfrak{D},h}.$$

Da aber

$$(\boldsymbol{\lambda} x^\sigma\alpha)^{\mathfrak{D},h} = \{\langle d, [\![\alpha]\!]^{\mathfrak{D},h^{x^\sigma}_d}\rangle \mid d\in D_\sigma\} \quad \text{und} \quad (\boldsymbol{\lambda} x^\sigma\top)^{\mathfrak{D},h} = \{\langle d,1\rangle \mid d\in D_\sigma\}$$

ist, stimmen diese beiden Funktionen genau dann überein, wenn für alle $d\in D_\sigma$ der Wahrheitswert von α unter $h^{x^\sigma}_d$ gleich 1 ist. Das heißt aber gerade, daß $\mathfrak{D} \models (\forall x^\sigma \alpha)[h]$ gilt. Also ist $\forall x^\sigma \alpha$ zu $(\lambda x^\sigma \alpha) \doteq (\lambda x^\sigma \top)$ äquivalent.

Als nächstes zeigen wir, daß auch die Junktorzeichen prinzipiell entbehrlich sind, da sie mit Hilfe von λ-Termen und der Identität definiert werden können:

Offensichtlich gilt $((\lambda x^o x^o) \doteq (\lambda x^o x^o))$ in allen Strukturen $\mathfrak{D}$. Also kann anstelle von $\top$ immer $((\lambda x^o x^o) \doteq (\lambda x^o x^o))$ benutzt werden.

Da $(\lambda x^o x^o)^{\mathfrak{D}} = \{\langle 0,0\rangle, \langle 1,1\rangle\}$ und $(\lambda x^o \top)^{\mathfrak{D}} = \{\langle 0,1\rangle, \langle 1,1\rangle\}$ gilt und somit $(\lambda x^o x^o)^{\mathfrak{D}}$ von $(\lambda x^o \top)^{\mathfrak{D}}$ für alle $\mathfrak{D}$ verschieden ist, kann die Rolle, die $\bot$ spielt, durch $((\lambda x^o x^o) \doteq (\lambda x^o \top))$ übernommen werden.

Die Negation erhält man, wenn man den Term $(\lambda x^o (x^o \doteq \bot))$ betrachtet. Denn es ist $(\lambda x^o (x^o \doteq \bot))^{\mathfrak{D}} = \{\langle 0,1\rangle, \langle 1,0\rangle\} = f_\neg \in D_{oo}$. Also kann man $(\neg \alpha)$ immer durch $((\lambda x^o (x^o \doteq \bot))\alpha)$ ersetzen.

Die Konjunktion der Formeln α und β ist schwieriger auszudrücken. Da ein geordnetes Paar $\langle u,v\rangle$ genau dann mit $\langle 1,1\rangle$ identisch ist, wenn $u=v=1$ gilt, ist man versucht, die Funktion $f_\wedge$ durch $(\lambda x^o (\lambda y^o (\text{"}\langle x^o, y^o\rangle = \langle \top, \top\rangle\text{"})))$ auszudrücken. In der Sprache ist aber kein direkter Zugriff auf geordnete Paare möglich. Wir sind daher gezwungen, den in Anführungszeichen stehenden Term zu umschreiben. Es ist aber $\langle u,v\rangle = \langle 1,1\rangle$ genau dann, wenn für jede Funktion $F:\{0,1\}^2 \to \{0,1\}$ gilt: $F(u,v) = F(1,1)$. Schreibt man diese zweistelligen Funktionen als einstellige Funktionen-Funktionen, so folgt für alle Standard-Strukturen $\mathfrak{D} = \langle\langle D_\sigma | \sigma \in \mathfrak{T}\rangle, I\rangle$ und alle $u,v \in \{0,1\}$:

$$\begin{aligned} \langle u,v\rangle = \langle 1,1\rangle \quad &\Leftrightarrow \quad \text{für alle } F \in D_{o(oo)}: (F(u))(v) = (F(1))(1) \\ &\Leftrightarrow \quad \{\langle F, (F(u))(v)\rangle \mid F \in D_{o(oo)}\} = \{\langle F, (F(1))(1)\rangle \mid F \in D_{o(oo)}\}. \end{aligned}$$

Letzteres läßt sich leicht mit λ-Termen ausdrücken. Sei f eine Variable des Typs $o(oo)$. Dann ist in $\mathfrak{D}$ unter h der Wahrheitswert der Formel $(\lambda f((f x^o) y^o)) \doteq (\lambda f((f\top)\top))$ genau dann 1, wenn $h(x^o) = h(y^o) = 1$ ist. Damit folgt, daß für alle Standardstrukturen $\mathfrak{D}$ gilt:

$$\big((\lambda x^o (\lambda y^o ((\lambda f((f x^o) y^o)) \doteq (\lambda f((f\top)\top)))))\big)^{\mathfrak{D}} = f_\wedge .$$

Dies Resultat ist aber nicht nur für Standardstrukturen richtig, denn in jeder allgemeinen Struktur kommen Funktionen vor, die das Paar $\langle 1,1\rangle$ jeweils von den Paaren $\langle 1,0\rangle$, $\langle 0,1\rangle$ und $\langle 0,0\rangle$ unterscheiden. In allen $\mathfrak{D}$ gilt nämlich für die Funktionen $F_1 := (\lambda x^o (\lambda y^o x^o))^{\mathfrak{D}}$ und $F_2 := (\lambda x^o (\lambda y^o y^o))^{\mathfrak{D}}$:

$$(F_1(0))(0) = (F_1(0))(1) = 0, \quad (F_1(1))(1) = 1 \quad \text{und} \quad (F_2(1))(0) = 0, \quad (F_2(1))(1) = 1.$$

Ist also $t := (\lambda x^o (\lambda y^o ((\lambda f((f x^o) y^o)) \doteq (\lambda f((f\top)\top)))))$, so gilt $t^{\mathfrak{D}} = f_\wedge$ in allen Strukturen $\mathfrak{D}$. Die Implikation $(\alpha \to \beta)$ kann dann mit Hilfe von t durch $(\neg(((t\alpha)(\neg\beta))))$ ausgedrückt werden.

Prinzipiell benötigt man also nur die Identität und die λ-Operation als logische Grundbegriffe. Wir werden im folgenden, um nicht zuviel neu entwickeln zu müssen, an dem größeren Grundbegriffsbestand festhalten. Eine elegante Darstellung der Theorie mit λ-Operation und Identität als Grundbegriffen ist zum Beispiel in dem Buche von P. Andrews [1] zu finden.

Man kann weitere Termbildungsmöglichkeiten wie zum Beispiel die ε-Operation (s. §5) in die Sprache aufnehmen. Durch diese Operation kann jeder nichtleeren Eigenschaft von Objekten des Typs τ ein Objekt mit dieser Eigenschaft zugeordnet werden. Der leeren Eigenschaft wird irgendein τ-Objekt zugeordnet.

Da der Beweis des Vollständigkeitsssatzes sich durch die Verfügbarkeit von ε-Termen vereinfacht, wollen wir, dem Beispiel von Henkin [32] folgend, diese Terme in unsere Sprache aufnehmen. Die ε-Terme können nämlich die Rolle der generischen Konstanten übernehmen. Somit sind beim Beweis des Vollständigkeitssatzes Spracherweiterungen um Konstanten unnötig. Genauer gehen wir wie folgt vor.

Sei $\boldsymbol{\varepsilon}$ ein neues Zeichen. Zu den $\mathfrak{L}$-Termbildungsregeln (einschließlich λ-Abstraktion) kommt folgende Regel hinzu:

> Ist t ein Term desTyps τo, so ist $(\boldsymbol{\varepsilon}t)$ ein Term des Typs τ mit $Fr(\boldsymbol{\varepsilon}t)=Fr(t)$.

Terme der Gestalt $(\boldsymbol{\varepsilon}t)$ werden *ε-Terme* genannt.

Da im weiteren die einmal gewählte Sprache $\mathfrak{L}$ beibehalten werden kann, sprechen wir der Einfachheit halber nur noch von der Sprache der Typentheorie (mit λ- und ε-Termen).

Wir notieren Strukturen für diese Sprache mit ε-Termen in der Form $\mathfrak{D}=\langle\langle D_\sigma|\sigma\in\mathfrak{T}\rangle,I,\Phi\rangle$. Dabei sollen $\langle D_\sigma|\sigma\in\mathfrak{T}\rangle$ und I den vorherigen Bedingungen genügen und Φ soll eine Funktion sein, die für alle $F\in D_{\tau o}$, $\tau\in\mathfrak{T}$, definiert ist mit:

$\Phi(F)\in D_\tau$ und

$\Phi(F)\in\{d\in D_\tau|\ F(d)=1\}$, falls es mindestens ein $d\in D_\tau$ mit $F(d)=1$ gibt.

Die Funktion Φ ordnet somit jeder nichtleeren Eigenschaft in D_τ ein Objekt des Typs τ zu, das die Eigenschaft hat. Der leeren Eigenschaft in D_τ wird irgendein Objekt aus D_τ zugeordnet.

Eine Struktur $\mathfrak{D}=\langle\langle D_\sigma|\sigma\in\mathfrak{T}\rangle,I,\Phi\rangle$ heißt Standardstruktur genau dann, wenn $\langle\langle D_\sigma|\sigma\in\mathfrak{T}\rangle,I\rangle$ die Standardbedingungen erfüllt.

Aufgrund des Auswahlaxioms kann jede Standardstruktur für eine Sprache ohne ε-Terme, zu einer Standardstruktur der Sprache mit ε-Termen erweitert werden. Dies ergibt sich folgendermaßen:

Das Auswahlaxiom impliziert die Existenz einer Auswahlfunktion $\boldsymbol{\nu}$ für das Mengensystem $\{\{d\in D_\tau | F(d)=1\} | F\in D_{\tau o}, \tau\in\mathfrak{T}\}\setminus\{\emptyset\}$. Setzt man dann für $F\in D_{\tau o}$:

$$\Phi(F):=\begin{cases}\boldsymbol{\nu}(\{d\in D_\tau|F(d)=1\}), \text{ falls } \{d\in D_\tau|F(d)=1\}\neq\emptyset \text{ ist;}\\ \boldsymbol{\nu}(D_\tau) \text{ sonst;}\end{cases}$$

so erfüllt Φ die obigen Bedingungen. Damit ist dann klar, daß es immer Strukturen im erweiterten Sinne gibt.

Der Wert eines ε-Terms in einer Struktur $\mathfrak{D}=\langle\langle D_\sigma|\sigma\in\mathfrak{T}\rangle, I, \Phi\rangle$ wird jetzt definiert durch:

$$[\![(\boldsymbol{\varepsilon} t^{\tau o})]\!]^{\mathfrak{D},h} = \Phi([\![t^{\tau o}]\!]^{\mathfrak{D},h}).$$

Für Formeln α und Variablen x schreiben wir im folgenden:

$$(\boldsymbol{\varepsilon} x\alpha) := (\boldsymbol{\varepsilon}(\boldsymbol{\lambda} x\alpha)).$$

Da $Fr((\boldsymbol{\varepsilon} t))=Fr(t)$ ist, folgt $Fr((\boldsymbol{\varepsilon} x\alpha))=Fr(\alpha)\setminus\{x\}$.

Wir bemerken, daß jede Struktur $\mathfrak{D}$, die auf einem endlichen Bereich D_ι basiert, eine Standardstruktur ist. Zuerst folgt durch Induktion über den Typaufbau, daß die Endlichkeit von D_ι die Endlichkeit aller Bereiche D_σ impliziert. Dann ergibt sich $D_{\sigma\tau}={}^{D_\sigma}D_\tau$ für alle σ und τ:

Sei $D_\sigma=\{d_1,\dots,d_k\}$. Gegeben sei außerdem eine Funktion $F:D_\sigma\to D_\tau$. Wir wählen Variablen u_j des Typs σ und Variablen v_j des Typs τ und eine Belegung h, so daß für $j\in\{1,\dots,k\}$ gilt:

$$h(u_j)=d_j \text{ und } h(v_j)=F(d_j)$$

Sind jetzt x^σ und y^τ zwei verschiedene Variablen, die unter den u_j und v_j nicht vorkommen, so ergeben die Termauswertungsbedingungen, daß

$$[\![\lambda x^\sigma(\boldsymbol{\varepsilon} y^\tau((x^\sigma \doteq u_1 \wedge y^\tau \doteq v_1)\vee\dots\vee(x^\sigma \doteq u_k \wedge y^\tau \doteq v_k))]\!]^{\mathfrak{D},h}=F$$

gilt. Also ist $F\in D_{\sigma\tau}$. Daraus folgt, wie behauptet, $D_{\sigma\tau}={}^{D_\sigma}D_\tau$. Somit ist $\mathfrak{D}$ eine Standardstruktur.

Das Koinzidenz- und das Überführungslemma bleiben auch in der Sprache mit ε-Termen richtig. Weiter ist leicht zu zeigen, daß folgende Formeln in allen Strukturen gelten, sofern $\boldsymbol{\varepsilon} x\alpha$ frei für x in α ist:

$$(\exists x\alpha)\leftrightarrow\alpha(x/(\boldsymbol{\varepsilon} x\alpha)),\quad (\forall x\alpha)\leftrightarrow\alpha(x/(\boldsymbol{\varepsilon} x(\neg\alpha))) \quad\text{und}\quad (t_1^{\tau o}\doteq t_2^{\tau o})\to((\boldsymbol{\varepsilon} t_1^{\tau o})\doteq(\boldsymbol{\varepsilon} t_2^{\tau o})).$$

Man kann nun versuchen, rekursiv eine Liste von allgemeingültigen Formeln und Regeln zu erstellen und hoffen, daß man zu einem vollständigen

Regelsystem gelangt. Betrachtet man nur Standardstrukturen, so ist dies undurchführbar, da die Menge der in allen Standardstrukturen gültigen typentheoretischen Aussagen nicht rekursiv aufzählbar ist. Dies folgt sofort aus dem entsprechenden Resultat für die zweite Stufe. Denn, indem man Relationen als einstellige Funktionen auffaßt, erhält man eine effektive Übersetzung * von $\mathfrak{L}_2$-Aussagen in eine typentheoretische Sprache, so daß die Standardgültigkeit einer $\mathfrak{L}_2$-Aussage α zu der Standardgültigkeit der Übersetzung $^*\alpha$ äquivalent ist. Wären auf Seiten der Typentheorie die standardgültigen Aussagen rekursiv aufzählbar, so wäre das auch für die $\mathfrak{L}_2$-Aussagen der Fall. Läßt man jedoch allgemeine Strukturen zu, so ist für geeignetes $\mathfrak{L}$ die Menge der in diesem Sinne allgemeingültigen Aussagen rekursiv aufzählbar und durch ein vollständiges Regelsystem, das nur Regeln mit endlich vielen Prämissen zuläßt, charakterisierbar.

Wir werden im folgenden häufig die übliche prädikatenlogische Notation benutzen, sofern keine Mißverständnisse zu befürchten sind. Um von so notierten Formeln oder Formelschemata zu wirklichen Termen der Typentheorie zu gelangen, sind Gleichungen, Negationen und Quantifikationen in Klammern einzuschließen.

Das Regelsystem **TY** habe folgende Axiome:

(T) Alle Formeln, die sich aus aussagenlogischen Tautologien ergeben, indem für die in der Tautologie vorkommenden Aussagenvariablen typentheoretische Formeln substituiert werden.

(I) Die identitätslogischen Axiome:

$$t^\sigma \doteq t^\sigma, \quad t_1^\sigma \doteq t_2^\sigma \rightarrow t_2^\sigma \doteq t_1^\sigma, \quad t_1^\sigma \doteq t_2^\sigma \wedge t_2^\sigma \doteq t_3^\sigma \rightarrow t_1^\sigma \doteq t_3^\sigma,$$

$$t_1^\sigma \doteq t_2^\sigma \rightarrow (t^{\sigma\tau} t_2^\sigma) \doteq (t^{\sigma\tau} t_1^\sigma), \quad t_1^{\tau o} \doteq t_2^{\tau o} \rightarrow (\boldsymbol{\varepsilon} t_1^{\tau o}) \doteq (\boldsymbol{\varepsilon} t_2^{\tau o}),$$

$$(\alpha \leftrightarrow \beta) \leftrightarrow (\alpha \doteq \beta).$$

(E) Das *Extensionalitätsschema*:

$$\forall x^\sigma ((t_1^{\sigma\tau} x^\sigma) \doteq (t_2^{\sigma\tau} x^\sigma)) \rightarrow t_1^{\sigma\tau} \doteq t_2^{\sigma\tau}, \text{ falls } x^\sigma \notin Fr(t_1^{\sigma\tau}) \cup Fr(t_2^{\sigma\tau}) \text{ ist.}$$

(λ) Das *λ-Konversionsschema*:

$$((\boldsymbol{\lambda} x^\sigma t_1) t^\sigma) \doteq t_1(x^\sigma / t^\sigma), \text{ falls } t^\sigma \text{ frei für } x^\sigma \text{ in } t_1 \text{ ist.}$$

(ε) Das *ε-Schema*:

$$(t^{\tau o} t_0^\tau) \rightarrow (t^{\tau o} (\boldsymbol{\varepsilon} t^{\tau o})).$$

Weiterhin die schon aus der ersten Stufe bekannten Schemata:

(B) $\forall x^\sigma \alpha \rightarrow \alpha(x^\sigma / t^\sigma)$, falls t^σ frei für x^σ in α ist.

(D) $\forall x^\sigma(\alpha \to \beta) \to (\forall x^\sigma\alpha \to \forall x^\sigma\beta)$.

(H) $\alpha \to \forall x^\sigma\alpha$, falls $x^\sigma \notin Fr(\alpha)$ ist.

Als Regeln mit Prämissen kommen, wie in der ersten Stufe, der Modus ponens (MP) und die *Generalisierungsregeln* (GR_σ) für alle $\sigma\in\mathfrak{T}$ hinzu:

$$(MP) \quad \frac{\alpha, \alpha \to \beta}{\beta} \qquad\qquad (GR_\sigma) \quad \frac{\alpha}{\forall x^\sigma\alpha} .$$

Ist jetzt Γ eine Formelmenge, so entstehe das Regelsystem $\mathbf{TY}_\Gamma$ aus dem System **TY** durch Hinzunahme der Elemente von Γ als weitere Axiome. Nach Definition gilt speziell: $\mathbf{TY} = \mathbf{TY}_\emptyset$.

Wir schreiben wieder:

$\Gamma \vdash \alpha$:$\Leftrightarrow$ es gibt eine $\mathbf{TY}_\Gamma$-Ableitung von α.

Gilt $\Gamma\vdash\alpha$, so sagt man auch, daß α aus Γ beweisbar (oder ableitbar) ist.

Für die Beweisbarkeitsrelation $\vdash$ sind wiederum die in (2.10)(1)-(5) aufgelisteten Eigenschaften erfüllt. Die in Paragraph 5 für die Prädikatenlogik der ersten Stufe abgeleiteten Regeln lassen sich sofort in die Typentheorie übertragen. Insbesondere gilt auch das Deduktionstheorem, d.h. es gilt $(\Sigma\cup\{\alpha\}\vdash\beta \Leftrightarrow \Sigma\vdash\alpha\to\beta)$, sofern α keine freien Variablen enthält.

Im folgenden werden prädikatenlogische Argumente, die von diesen Eigenschaften Gebrauch machen, nur noch grob andeutet.

Zuerst wird die Ableitbarkeit einiger spezieller Formelschemata, die die neuen Grundbegriffe $\boldsymbol{\lambda}$ und $\boldsymbol{\varepsilon}$ enthalten, nachgewiesen. Wir beginnen mit der Bemerkung, daß auch in λ-Termen gebundene Umbenennung statthaft ist, d.h. ist $(\boldsymbol{\lambda} x^\sigma t)$ ein λ-Term und ist z^σ eine Variable, die im Term t überhaupt nicht vorkommt, so gilt:

$\vdash(\boldsymbol{\lambda} x^\sigma t) \doteq (\boldsymbol{\lambda} z^\sigma(t(x^\sigma/z^\sigma)))$.

Da z^σ nach Voraussetzung neu ist, ist z^σ frei für x^σ in t. Durch λ-Konversion ergibt sich daher:

$\vdash((\boldsymbol{\lambda} x^\sigma t)z^\sigma) \doteq (t(x^\sigma/z^\sigma))$.

Andererseits ist trivialerweise z^σ frei für z^σ in $t(x^\sigma/z^\sigma)$, woraus wiederum mit λ-Konversion folgt:

$\vdash((\boldsymbol{\lambda} z^\sigma t(x^\sigma/z^\sigma))z^\sigma) \doteq (t(x^\sigma/z^\sigma))$.

Mittels Identitätslogik und Generalisierung nach z^σ folgt dann

$\vdash\forall z^\sigma(((\boldsymbol{\lambda} x^\sigma t)z^\sigma) \doteq ((\boldsymbol{\lambda} z^\sigma(t(x^\sigma/z^\sigma)))z^\sigma))$,

woraus sich mit Hilfe des Extensionalitätsschemas die Behauptung ergibt.

Für den Beweis des Vollständigkeitssatzes benötigen wir noch folgende Ableitbarkeitsaussagen:

(13.3) **Lemma:** Es gilt:

(1) Ist δ eine Formel mit $Fr(\delta)\subset\{x^\sigma\}$, so folgt $\vdash\delta(x^\sigma/(\varepsilon x^\sigma(\neg\delta)))\to\forall x^\sigma\delta$.

(2) Für konstante Terme t_1 und t_2 des Typs $\sigma\tau$ und Variablen x^σ gilt $\vdash(t_1t^\sigma)\doteq(t_2t^\sigma)\to t_1\doteq t_2$, wobei $t^\sigma:=(\varepsilon x^\sigma(\neg((t_1x^\sigma)\doteq(t_2x^\sigma))))$ ist.

Beweis:

Aus dem ε-Axiom $((\lambda x^\sigma(\neg\delta))x^\sigma)\to((\lambda x^\sigma(\neg\delta))(\varepsilon x^\sigma(\neg\delta)))$ folgt durch zweimalige λ-Konversion (der Term $\varepsilon x^\sigma(\neg\delta)$ ist konstant und somit frei zur Substitution)

$$\neg\delta\to\neg\delta(x^\sigma/(\varepsilon x^\sigma(\neg\delta))),$$

woraus durch Kontraposition und hintere Generalisierung (1) folgt.

Seien jetzt t_1,t_2 und t^σ wie in (2). Für $\delta:=((t_1x^\sigma)\doteq(t_2x^\sigma))$ folgt mit (1)

$$(t_1t^\sigma)\doteq(t_2t^\sigma)\to\forall x^\sigma(t_1x^\sigma)\doteq(t_2x^\sigma).$$

Mit Hilfe des Extensionalitätsschemas ergibt sich hieraus die zweite Behauptung.

Ω

Die *Folgerungsbeziehung* $\models$ ist (wieder) definiert durch:

$$\Gamma\models\alpha \;:\Leftrightarrow\; \text{für alle } \mathfrak{D} \text{ gilt: } (\mathfrak{D}\models\Gamma \;\Rightarrow\; \mathfrak{D}\models\alpha).$$

Dabei setzen wir wie früher:

$$\mathfrak{D}\models\Gamma \;:\Leftrightarrow\; \text{für alle } \gamma\in\Gamma \text{ gilt: } \mathfrak{D}\models\gamma.$$

Der Vollständigkeitssatz besagt jetzt, daß die Beweisbarkeitsrelation $\vdash$ mit der Folgerungsrelation $\models$ übereinstimmt, d.h. daß für alle Formelmengen Γ und alle Formeln α die Äquivalenz $(\Gamma\vdash\alpha \Leftrightarrow \Gamma\models\alpha)$ gilt. Genau wie im Falle der gewöhnlichen Prädikatenlogik genügt es, dies für Aussagenmengen und Aussagen nachzuweisen.

Die Korrektheit, d.h. die Implikation $(\Gamma\vdash\alpha \Rightarrow \Gamma\models\alpha)$, folgt leicht durch Induktion über die Länge der Ableitungen. Dabei wird insbesondere benutzt, daß das λ-Abstraktions-Schema und das ε-Schema allgemeingültig sind.

Um die umgekehrte Implikation zu erhalten, genügt es (wie in der Prädikatenlogik) zu zeigen, daß jede widerspruchsfreie Aussagenmenge erfüllbar ist. Eine Aussagenmenge Γ heißt dabei widerspruchsfrei genau dann, wenn nicht $\Gamma\vdash\bot$ gilt und erfüllbar genau dann, wenn es eine Struktur $\mathfrak{D}$ gibt, in der alle Elemente von Γ wahr sind.

Sei jetzt Γ eine widerspruchsfreie Aussagenmenge der Typentheorie. Diese widerspruchsfreie Aussagenmenge läßt sich auf die übliche Art und

Weise (für abzählbare Sprachen mit Hilfe einer Abzählung aller Aussagen und allgemein mit Hilfe des Zornschen Lemmas) zu einer maximal widerspruchsfreien Aussagenmenge Γ^* erweitern.

Jede maximal widerspruchsfreie Aussagenmenge Γ^* hat die schon von der Aussagenlogik her bekannten Eigenschaften, daß nämlich für alle Aussagen δ, δ_1, δ_2 gilt:

$$\delta\in\Gamma^* \Leftrightarrow \Gamma^*\vdash\delta$$

$$(\neg\delta)\in\Gamma^* \Leftrightarrow \delta\notin\Gamma^*$$

$$(\delta_1\rightarrow\delta_2)\in\Gamma^* \Leftrightarrow (\delta_1\in\Gamma^*\Rightarrow\delta_2\in\Gamma^*).$$

Da unsere Sprache ε-Terme zuläßt, ergibt sich aus der maximalen Widerspruchsfreiheit von Γ^* auch die *All-Eigenschaft* von Γ^*. Das bedeutet hier, daß für alle Aussagen der Gestalt $\forall x^\sigma\delta$ folgendes richtig ist:

$$(\delta(x^\sigma/t^\sigma)\in\Gamma^* \text{ für alle konstanten Terme } t^\sigma) \Rightarrow (\forall x^\sigma\delta)\in\Gamma^*.$$

Gilt nämlich $\delta(x^\sigma/t^\sigma)\in\Gamma^*$ für alle konstanten Terme t^σ, so gilt dies insbesondere für den konstanten ε-Term $t^\sigma:=(\boldsymbol{\varepsilon}x^\sigma(\neg\delta))$. Aus (13.3)(1) folgt, daß $(\delta(x^\sigma/t^\sigma)\rightarrow\forall x^\sigma\delta)$ ableitbar ist. Damit ergibt sich $(\forall x^\sigma\delta)\in\Gamma^*$.

Gilt umgekehrt $(\forall x^\sigma\delta)\in\Gamma^*$, so folgt mit Hilfe des Axioms (B) auch $\delta(x^\sigma/t^\sigma)\in\Gamma^*$ für alle konstanten Terme t^σ.

Für jede maximal widerspruchsfreie Aussagenmenge Γ^* und jede Aussage der Gestalt $\forall x^\sigma\delta$ gilt daher:

$$(\delta(x^\sigma/t^\sigma)\in\Gamma^* \text{ für alle konstanten Terme } t^\sigma) \Leftrightarrow (\forall x^\sigma\delta)\in\Gamma^*.$$

Wir zeigen jetzt, daß es zu jeder maximal widerspruchsfreien Menge Γ^* eine Struktur $\mathfrak{D}=\langle\langle D_\sigma|\sigma\in\mathfrak{T}\rangle,I,\Phi\rangle$ gibt, in der alle Aussagen von Γ^* wahr sind.

Sei also im folgenden Γ^* eine maximal widerspruchsfreie Aussagenmenge. Es bezeichne $\mathbf{T}$ die Menge aller konstanten Terme und $\mathbf{T}_\sigma$ die Menge aller konstanten Terme des Typs σ. In $\mathbf{T}$ erklären wir mit Hilfe von Γ^* eine Relation $\sim$ durch:

$$t_1\sim t_2 :\Leftrightarrow t_1 \text{ und } t_2 \text{ haben denselben Typ und es gilt } \Gamma^*\vdash t_1\doteq t_2.$$

Aufgrund der Identitätsaxiome ist $\sim$ eine Äquivalenzrelation in $\mathbf{T}$. Die von dem Element $t\in\mathbf{T}$ aufgespannte Äquivalenzklasse sei $[t]:=\{t'|t\sim t'\}$.

Mit $\mathbf{E}_\sigma$ bezeichnen wir die Menge aller Äquivalenzklassen, die von konstanten Termen des Typs σ aufgespannt werden:

$$\mathbf{E}_\sigma:=\{[t]|t\in\mathbf{T}_\sigma\}.$$

Durch Rekursion über den Typaufbau definieren wir nicht leere Bereiche D_σ und Funktionen $\mathbf{p}_\sigma:\mathbf{E}_\sigma\rightarrow D_\sigma$ mit folgenden Eigenschaften:

(i) $D_{\sigma\tau} \subset {}^{D_\sigma}D_\tau$ für alle $\sigma,\tau \in \mathfrak{T}$.

(ii) $\mathbf{p}_\sigma : \mathbf{E}_\sigma \rightarrow D_\sigma$ ist bijektiv, d.h. $\mathbf{p}_\sigma$ bildet die Menge aller Äquivalenzklassen von konstanten Termen des Typs σ bijektiv auf den Bereich D_σ ab.

Wir setzen $D_o := \{0,1\}$ und definieren für alle Aussagen δ zunächst:

$$p(\delta) := \begin{cases} 1, \text{ falls } \delta \in \Gamma^*; \\ 0 \text{ sonst.} \end{cases}$$

Nach Definition gilt: $([\delta]=[\delta'] \Leftrightarrow \Gamma^* \vdash \delta \doteq \delta')$. Aufgrund des Axiomenschemas $(\delta \leftrightarrow \delta') \leftrightarrow (\delta \doteq \delta')$ folgt daraus $([\delta]=[\delta'] \Leftrightarrow \Gamma^* \vdash (\delta \leftrightarrow \delta'))$. Andererseits gilt $\Gamma^* \vdash (\delta \leftrightarrow \delta') \Leftrightarrow (\delta \in \Gamma^* \Leftrightarrow \delta' \in \Gamma^*)$. Somit ergibt sich: $([\delta]=[\delta'] \Leftrightarrow p(\delta)=p(\delta'))$. Setzt man für $e=[\delta] \in \mathbf{E}_o$ jetzt

$$\mathbf{p}_o(e) := p(\delta),$$

so ist $\mathbf{p}_o$ unabhängig vom Repräsentanten der Klasse e definiert. Da sich speziell

$$\mathbf{p}_o([\delta]) = \mathbf{p}_o([\delta']) \Rightarrow p(\delta)=p(\delta') \Rightarrow [\delta]=[\delta']$$

ergibt, ist $\mathbf{p}_o$ eine injektive Abbildung von $\mathbf{E}_o$ in $\{0,1\}$.

Die Funktion $\mathbf{p}_o : \mathrm{T}_o \rightarrow \{0,1\}$ ist durch die Bedingung charakterisiert, daß für alle Formeln δ gilt:

$$\mathbf{p}_o([\delta]) = 1 \Leftrightarrow \delta \in \Gamma^*.$$

Die Surjektivität von $\mathbf{p}_o$ ist dann offensichtlich, da $\top \in \Gamma^*$ und $\bot \notin \Gamma^*$ gilt und sich somit $\mathbf{p}_o([\top])=1$ und $\mathbf{p}_o([\bot])=0$ ergibt.

D_ι sei die Menge aller Äquivalenzklassen von konstanten Termen des Typs ι, und $\mathbf{p}_\iota$ sei die Identität in D_ι:

$$D_\iota := \mathbf{E}_\iota \quad \text{und} \quad \mathbf{p}_\iota := \{\langle d,d\rangle \mid d \in D_\iota\}.$$

Die Menge D_ι ist nicht leer, da zum Beispiel $(\boldsymbol{\varepsilon} x^\iota (x^\iota \doteq x^\iota)) \in \mathbf{E}_\iota$ ist.

Wir nehmen jetzt induktiv an, daß $D_\sigma, \mathbf{p}_\sigma$ und $D_\tau, \mathbf{p}_\tau$ für σ und τ schon so definiert sind, daß $D_\sigma \neq \emptyset$, $D_\tau \neq \emptyset$ und die Bedingung (ii) erfüllt ist.

Sei jetzt t_1 ein konstanter Term des Typs $\sigma\tau$. Dem Term t_1 wird auf folgende Weise eine Funktion F_{t_1} von D_σ nach D_τ zugeordnet:

Nach Induktionsvoraussetzung gibt es zu jedem $d \in D_\sigma$ einen bis auf Äquivalenz bestimmten Term $t \in \mathrm{T}_\sigma$ mit $\mathbf{p}_\sigma([t])=d$. Wir definieren dann:

$$F_{t_1}(d) := \mathbf{p}_\tau([(t_1 t)]), \text{ falls } \mathbf{p}_\sigma([t])=d \text{ gilt.}$$

Die Definition von F_{t_1} ist unabhängig von der Wahl des Repräsentanten t der Klasse $\mathbf{p}_\sigma^{-1}(d)$, da aufgrund des Identitätsaxioms $t \doteq t' \rightarrow (t_1 t) \doteq (t_1 t)$ folgt:

$$[t]=[t'] \Rightarrow \Gamma^* \vdash t \doteq t' \Rightarrow \Gamma^* \vdash (t_1 t) \doteq (t_1 t') \Rightarrow [(t_1 t)] = [(t_1 t')].$$

Somit ist F_{t_1} eine Funktion von D_σ nach D_τ. Aus $t_1 \sim t_2$ folgt jetzt mit Hilfe des Identitätsaxioms $t_1 \doteq t_2 \to (t_1 t) \doteq (t_2 t)$, daß F_{t_1} und F_{t_2} identisch sind. Also ist die Funktion p mit

$$p(t_1) := F_{t_1} \text{ für } t_1 \in T_\sigma$$

konstant in jeder Äquivalenzklasse $[t_1]$. Setzt man also

$$\mathbf{p}_{\sigma\tau}([t_1]) := F_{t_1} \text{ für } t_1 \in T_{\sigma\tau},$$

so ist $\mathbf{p}_{\sigma\tau}$ für alle Elemente von $\mathbf{E}_{\sigma\tau}$ wohldefiniert und die Werte liegen alle in der Menge ${}^{D_\sigma}D_\tau$. Die Funktion $\mathbf{p}_{\sigma\tau}$ ist vollständig durch die Bedingung charakterisiert, daß für alle Terme $t_1 \in \mathbf{E}_{\sigma\tau}$ und $t \in \mathbf{E}_\sigma$ gilt:

$$\mathbf{p}_{\sigma\tau}([t_1])(\mathbf{p}_\sigma([t]) = \mathbf{p}_\tau([(t_1 t)]).$$

Es sei nun $D_{\sigma\tau} := \{\mathbf{p}_{\sigma\tau}(e) \mid e \in \mathbf{E}_{\sigma\tau}\}$. Dann gilt: $D_{\sigma\tau} \subset {}^{D_\sigma}D_\tau$. Der Bereich $D_{\sigma\tau}$ ist außerdem nicht leer, da immer konstante ε-Terme des Typs $\sigma\tau$ existieren. Wir behaupten jetzt, daß die Funktion $\mathbf{p}_{\sigma\tau}: \mathbf{E}_{\sigma\tau} \to D_{\sigma\tau}$ bijektiv ist. Die Surjektivität ist nach Definition gegeben. Zu zeigen ist also nur noch die Injektivität:

Aus $[t_1] \neq [t_2]$ folgt $\Gamma^* \vdash \neg t_1 \doteq t_2$. Nach (11.3)(2) gilt $\vdash (t_1 t) \doteq (t_2 t) \to t_1 \doteq t_2$, wobei $t := (\boldsymbol{\varepsilon} x^\sigma(\neg((t_1 x^\sigma) \doteq (t_2 x^\sigma)))) \in \mathbf{T}_\sigma$ ist. Aus der Annahme $[t_1] \neq [t_2]$ ergibt sich dann $\Gamma^* \vdash \neg (t_1 t) \doteq (t_2 t)$, woraus $F_{t_1}(\mathbf{p}_\sigma([t])) \neq F_{t_2}(\mathbf{p}_\sigma([t]))$ und damit auch $\mathbf{p}_{\sigma\tau}([t_1]) \neq \mathbf{p}_{\sigma\tau}([t_2])$ folgt.

Somit ist $\langle D_\sigma | s \in \mathfrak{T} \rangle$ derart eingeführt, daß die Bedingungen (i) und (ii) erfüllt sind. Die Interpretationsfunktion I definieren wir jetzt für alle $\sigma \in \mathfrak{T}$, falls c eine Konstante des Typs σ ist, durch

$$\mathrm{I}(c) := \mathbf{p}_\sigma([c]).$$

Schließlich wird die Funktion Φ, die zur Deutung der ε-Terme führt, auf folgende Weise eingeführt:

Zu jedem $F \in D_{\tau o}$ gibt es aufgrund der Bedingung (ii) bis auf Äquivalenz einen Term $[t] \in \mathbf{T}_{\tau o}$ mit $F = \mathbf{p}_{\tau o}([t])$. Wir definieren für $F \in D_{\tau o}$:

$$\Phi(F) := \mathbf{p}_\tau([(\boldsymbol{\varepsilon} t)]), \text{ sofern } F = \mathbf{p}_{\tau o}([t]) \text{ gilt.}$$

Die Definition von Φ ist aufgrund des Identitätsaxioms $t \doteq t' \to (\boldsymbol{\varepsilon} t) \doteq (\boldsymbol{\varepsilon} t')$ unabhängig von der Wahl des Repräsentanten der Klasse $\mathbf{p}_{\tau o}^{-1}(F)$.
Die "Auswahlfunktion" Φ ist somit durch die Bedingung charakterisiert, daß für alle konstanten Terme t vom Typ τo gilt:

$$\Phi(\mathbf{p}_{\tau o}([t]) = \mathbf{p}_\tau([(\boldsymbol{\varepsilon} t)]).$$

Sind $F = \mathbf{p}_{\tau o}([t]) \in D_{\tau o}$, $t \in \mathbf{T}_{\tau o}$ und $d = \mathbf{p}_\tau([t_0]) \in D_\tau$, $t_0 \in \mathbf{T}_\tau$ gegeben und gilt $F(d) = 1$, so folgt $\mathbf{p}_o([(t t_0)]) = \mathbf{p}_{\tau o}([t])(\mathbf{p}_\tau([t_0])) = F(d) = 1$. Also ist $(t t_0) \in \Gamma^*$.

Aufgrund des $\boldsymbol{\varepsilon}$-Schemas gilt $((tt_0)\to(t(\boldsymbol{\varepsilon}t)))\in\Gamma^*$. Daraus folgt, daß auch $(t(\boldsymbol{\varepsilon}t))\in\Gamma^*$ ist. Das wiederum hat

$$1=\mathbf{p}_o([(t(\boldsymbol{\varepsilon}t_0)])=\mathbf{p}_{\tau o}([t])(\mathbf{p}_\tau([(\boldsymbol{\varepsilon}t_0)])=F(\Phi(\mathbf{p}_{\tau o}([t]))=F(\Phi(F))$$

zur Folge. Somit erfüllt Φ die Auswahlbedingung.

Wir behaupten, daß das so definierte $\mathfrak{D}:=\langle\langle D_\sigma|\sigma\in\mathfrak{T}\rangle,I,\Phi\rangle$ eine allgemeine Struktur ist. Dazu ist noch zu zeigen, daß zu jeder Belegung h in $\mathfrak{D}$ genau eine Funktion $[\![\,]\!]^{\mathfrak{D},h}$ von der Menge aller Terme in die Vereinigung aller D_σ existiert, die die Termauswertungsbedingungen erfüllt. Um eine solche Funktion zu definieren, gehen wir wie folgt vor:

Sei $\mathbf{E}:=\bigcup\{\mathbf{E}_\sigma|\sigma\in\mathfrak{T}\}$ die Menge aller Äquivalenzklassen konstanter Terme. Mit Hilfe einer Abzählung der Terme (oder, falls die Termmenge nicht abzählbar ist, mit Hilfe des Auswahlaxioms) ergibt sich die Existenz eines Repräsentantensytems $\mathbf{R}_\sim=\{t_e|e\in\mathbf{E}\}$ mit $e=[t_e]$ für alle $e\in\mathbf{E}$, das wir im folgenden festhalten. — Sei jetzt h eine Belegung in $\mathfrak{D}$ und x^σ eine Variable vom Typ σ. Dann gibt es (in Abhängigkeit von h und x^σ) genau einen Repräsentanten t_{h,x^σ} aus dem System $\mathbf{R}_\sim$ mit:

$$h(x^\sigma)=\mathbf{p}_\sigma([t_{h,x^\sigma}]).$$

Ist t_1 ein Term, dessen freie Variablen unter den paarweise verschiedenen Variablen $x_1,\dots,x_k$ vorkommen, so setzen wir:

$${}^h t_1:=(\dots(t_1(x_1/t_{h,x_1}))\dots(x_k/t_{h,x_k})).$$

Der transformierte Term ${}^h t_1$ enthält keine freien Variablen mehr. Die Wirkung der Belegung h auf den Term t wird durch die Substitution geschlossener Terme simuliert. Dabei fungiert ein geschlossener Term t^σ als Name für das Element $d=\mathbf{p}_\sigma([t^\sigma])$ von D_σ. Die Reihenfolge der Substitutionen $(x_j/t_{h,x_j})$ ist beliebig, da nur konstante Terme substituiert werden. Stimmen zwei Belegungen h_1 und h_2 auf den freien Variablen von t_1 überein, so gilt offensichtlich ${}^{h_1}t_1={}^{h_2}t_1$. Für konstante Terme t_1 gilt trivialerweise ${}^h t_1=t_1$.

Die Termauswertungsfunktion definieren wir für Terme t_1 des Typs σ, $\sigma\in\mathfrak{T}$ durch:

$$[\![t_1]\!]^{\mathfrak{D},h}:=\mathbf{p}_\sigma([{}^h t_1]).$$

Im Falle von Formeln benutzen wir wieder die Schreibweise:

$$\mathfrak{D}\models\delta[h] \;:\Leftrightarrow\; [\![\delta]\!]^{\mathfrak{D},h}=1.$$

Da $(t\doteq t'\to t_1(x^\sigma/t)\doteq t_1(x^\sigma/t'))$ für beliebige Terme t_1 und konstante Terme $t,t'\in\mathbf{T}_\sigma$ leicht beweisbar ist, folgt, daß die so definierte Termauswertungsfunktion nicht von der Wahl der Repräsentanten der Äquivalenzklassen $\mathbf{p}_\sigma^{-1}(h(x^\sigma))$ abhängt.

Die Termauswertungsbedingungen ergeben sich jetzt durch Induktion über den Aufbau der Terme:

$[\![x]\!]^{\mathfrak{D},h} = \mathbf{p}_\sigma([{}^h x]) = \mathbf{p}_\sigma([t_{h,x}]) = h(x)$ für Variablen x des Typs σ;

$[\![c]\!]^{\mathfrak{D},h} = \mathbf{p}_\sigma([{}^h c]) = \mathbf{p}_\sigma([c]) = I(c)$ für Konstanten des Typs σ;

$[\![(t_1 t)]\!]^{\mathfrak{D},h} = \mathbf{p}_\tau([{}^h(t_1 t)]) = \mathbf{p}_{\sigma\tau}([{}^h t_1])(\mathbf{p}_\sigma([{}^h t]) = [\![t_1]\!]^{\mathfrak{D},h}([\![t]\!]^{\mathfrak{D},h})$,
falls $t_1 \in T_{\sigma\tau}$ und $t \in T_\sigma$ ist;

$\mathfrak{D} \models (t_1 \doteq t_2)[h] \Leftrightarrow \mathbf{p}_o([{}^h(t_1 \doteq t_2)]) = 1 \Leftrightarrow ({}^h t_1 \doteq {}^h t_2) \in \Gamma^* \Leftrightarrow {}^h t_1 \sim {}^h t_2 \Leftrightarrow$
$\mathbf{p}_\sigma([t_1]) = \mathbf{p}_\sigma([t_2]) \Leftrightarrow [\![t_1]\!]^{\mathfrak{D},h} = [\![t_2]\!]^{\mathfrak{D},h}$ für $t_1, t_2 \in T_\sigma$;

$\mathfrak{D} \models (\neg\delta)[h] \Leftrightarrow \mathbf{p}_o([{}^h(\neg\delta)]) = 1 \Leftrightarrow \mathbf{p}_o([(\neg {}^h\delta)]) = 1 \Leftrightarrow (\neg {}^h\delta) \in \Gamma^* \Leftrightarrow$
${}^h\delta \notin \Gamma^* \Leftrightarrow \mathbf{p}_o([{}^h\delta]) = 0 \Leftrightarrow \mathfrak{D} \not\models \delta[h]$;

$\mathfrak{D} \models (\delta_1 \rightarrow \delta_2)[h] \Leftrightarrow \mathbf{p}_o([{}^h(\delta_1 \rightarrow \delta_2)]) = 1 \Leftrightarrow \mathbf{p}_o([({}^h\delta_1 \rightarrow {}^h\delta_2)]) = 1 \Leftrightarrow$
$({}^h\delta_1 \rightarrow {}^h\delta_2) \in \Gamma^* \Leftrightarrow ({}^h\delta_1 \in \Gamma^* \Rightarrow {}^h\delta_2 \in \Gamma^*) \Leftrightarrow (\mathbf{p}_o([{}^h\delta_1]) = 1 \Rightarrow \mathbf{p}_o([{}^h\delta_2]) = 1) \Leftrightarrow$
$(\mathfrak{D} \models \delta_1[h] \Rightarrow \mathfrak{D} \models \delta_2[h])$;

$\mathfrak{D} \models (\forall x^\sigma \delta)[h] \Leftrightarrow \mathbf{p}_o([{}^h(\forall x^\sigma \delta)]) = 1 \Leftrightarrow {}^h(\forall x^\sigma \delta) \in \Gamma^*$. Da Γ^* die All-Eigenschaft hat, ergibt sich: ${}^h(\forall x^\sigma \delta) \in \Gamma^* \Leftrightarrow$ für alle $t \in T_\sigma$ ist ${}^{h_t}\delta \in \Gamma^*$, wobei $h_t := h^{x^\sigma}_{\mathbf{p}_\sigma([t])}$ diejenige x^σ-Variante von h bezeichnet, die x^σ das Element $\mathbf{p}_\sigma([t])$ zuweist. Indem man die Induktionsvoraussetzung für die Belegungen h_t ausnutzt, erhält man wie gewünscht:
$\mathfrak{D} \models (\forall x^\sigma \delta)[h] \Leftrightarrow$ für alle $t \in T_\sigma$: $\mathfrak{D} \models \delta[h_t] \Leftrightarrow$ für alle $d \in D_\sigma$: $\mathfrak{D} \models \delta[h^x_d]$.

Nach Definition gilt $[\![\boldsymbol{\lambda} x^\sigma t_1]\!]^{\mathfrak{D},h} = \mathbf{p}_{\sigma\tau}([{}^h(\boldsymbol{\lambda} x^\sigma t_1)])$, sofern t_1 ein Term des Typs τ ist. Für die Funktion $F := \mathbf{p}_{\sigma\tau}([{}^h(\boldsymbol{\lambda} x^\sigma t_1)]$ von D_σ nach D_τ haben wir dann $F(\mathbf{p}_\sigma([{}^h t])) = \mathbf{p}_\tau([({}^h(\boldsymbol{\lambda} x^\sigma t_1){}^h t)])$. Indem man in $\boldsymbol{\lambda} x^\sigma t_1$ gegebenenfalls gebundene Umbenennungen vornimmt, kann man ohne Beschränkung der Allgemeinheit annehmen, daß der Term t frei zur Substitution für x^σ in t_1 ist. In diesem Falle ergibt sich mit Hilfe des $\boldsymbol{\lambda}$-Konversionsschemas:

$$({}^h(\boldsymbol{\lambda} x^\sigma t_1){}^h t) \sim {}^h(t_1(x^\sigma/t)) \sim {}^{h_t} t_1,$$

wobei wiederum $h_t := h^{x^\sigma}_{\mathbf{p}_\sigma([t])}$ ist. — Also gilt $F(\mathbf{p}_\sigma([{}^h t]) = \mathbf{p}_\tau([{}^{h_t} t_1])$.
Das bedeutet aber für $d = \mathbf{p}_\sigma([t]) \in D_\sigma$:

$$[\![\boldsymbol{\lambda} x^\sigma t_1]\!]^{\mathfrak{D},h}(d) = [\![t_1]\!]^{\mathfrak{D},h^{x^\sigma}_d}.$$

Schließlich gilt im Falle eines ε-Terms $(\boldsymbol{\varepsilon} t)$, wobei t vom Typ τo ist:

$$[\![(\boldsymbol{\varepsilon} t)]\!]^{\mathfrak{D},h} = \mathbf{p}_\tau([{}^h(\boldsymbol{\varepsilon} t)]) = \mathbf{p}_\tau([(\boldsymbol{\varepsilon}{}^h t)]) = \Phi(\mathbf{p}_{\tau o}([{}^h t]) = \Phi([\![t]\!]^{\mathfrak{D},h}).$$

Damit sind für die Funktion $[\![\,]\!]^{\mathfrak{D},h}$ die Termauswertungsbedingungen nachgewiesen. Die Eindeutigkeit der Auswertungsfunktion folgt leicht durch Induktion über den Termaufbau.

Da in $\mathfrak{D}$ alle Elemente von Γ^* wahr werden und jede widerspruchsfreie Aussagenmenge Γ zu einer maximal widerspruchsfreien Menge Γ^* erweitert werden kann, ist damit gezeigt, daß jede widerspruchsfreie Aussagenmenge in einer allgemeinen typentheoretischen Struktur erfüllbar ist. Da andererseits aus $\Sigma \nvdash \alpha$ die Widerspruchsfreiheit von $\Gamma := \Sigma \cup \{\neg \alpha\}$ folgt, erhält man aus $\Sigma \nvdash \alpha$ auch $\Sigma \nvDash \alpha$ – und der *Vollständigkeitssatz von Henkin* [32] ist bewiesen:

(13.5) **Theorem:** Für jede typentheoretische Formelmenge $\Sigma \cup \{\alpha\}$ gilt:
$\Sigma \vdash \alpha \Leftrightarrow \Sigma \vDash \alpha$.

Aus dem Henkinschen Vollständigkeitssatz erhält man wieder Kompaktheits- und Löwenheim-Skolem-Aussagen:

Ist nämlich jede endliche Teilmenge einer Aussagenmenge Σ erfüllbar, so folgt mit Hilfe der Korrektheitsaussage sofort die Widerspruchsfreiheit der Menge Σ. Jede widerspruchsfreie Aussagenmenge ist aber nach obigen Ausführungen in einer Struktur erfüllbar, deren Bereiche D_σ aus konstanten Termen durch Äquivalenzklassenbildung entstehen. Also ist die Kardinalität der Vereinigung aller dieser Bereiche höchstens so groß wie die Kardinalität der Menge aller $\mathfrak{L}$-Terme. Die Kardinalität der Menge alle $\mathfrak{L}$-Terme ist aber leicht abschätzbar durch das Maximum der Kardinalitäten von $\bigcup\{\mathfrak{K}_\sigma | \sigma \in \mathfrak{T}\}$ und $\mathbb{N}$.

Ist insbesondere die Sprache $\mathfrak{L}$ abzählbar, so besitzt jede erfüllbare Aussagenmenge ein Modell, in dem alle Mengen D_σ höchstens abzählbar sind. Ist in einem solchen Modell der Bereich D_ι unendlich, so handelt es sich immer um ein Nicht-Standardmodell. Denn die Menge aller Funktionen von D_ι nach D_ι ist in diesem Falle überabzählbar, was $D_{\iota\iota} \neq {}^{D_\iota}D_\iota$ zur Folge hat.

Es sei noch bemerkt, daß man das Kompaktheits- und Löwenheim-Skolem-Resultat auch erhalten kann, indem man die Typenhierarchie erststufig beschreibt und die entsprechenden Resultate der erststufigen Prädikatenlogik benutzt.

Die Typentheorie läßt sich leicht zu einer modalen Typentheorie erweitern. Dabei bieten sich zwei Wege an:

Einmal kann man typentheoretische Strukturen mit einem Weltindex versehen, so daß $\mathfrak{D}_u$ die typentheoretische Struktur der Welt u darstellt.

Der Aufbau einer solchen modalen Typentheorie geht dann ähnlich vonstatten wie im Fall der modalen Prädikatenlogik. Andererseits kann man die Welten in den Bereich der Objekte der Typentheorie aufnehmen, und sie damit einer direkten typentheoretischen Betrachtung zugänglich machen. Dabei erscheint dann neben dem Typ der Individuen ι (die Wahrheitswerte werden zum rein logischen Inventar gezählt) als weiterer Grundtyp der Typ der Welten ϑ. Die entsprechende Theorie wird als *zweisortige Typentheorie* bezeichnet.

Legt man für die Modalitäten einer solchen zweisortigen Typentheorie die totale Zugänglichkeitsrelation zugrunde, so läßt sich der Notwendigkeits-Operator, der auf "Propositionen" vom Typ ϑo angewendet wird, wie folgt einführen:

$$\Box := \boldsymbol{\lambda} p^{\vartheta o}(p^{\vartheta o} \doteq (\boldsymbol{\lambda} u^{\vartheta} \top)).$$

Dann gilt $\Box p$ genau dann, wenn p in allen Welten wahr ist.

Die Typentheorie dient in linguistischen Anwendungen zur Deutung umgangssprachlicher Sätze. Nach Meinung gewisser Autoren ist in diesen Sätzen keine direkte Referenz auf Welten möglich. Welten, so ist die Meinung, treten nur indirekt über Modalitäten und "Sinnbildung" ins Licht. Die zweisortige Typentheorie erlaubt jedoch beliebigen Zugriff auf Welten. Sie enthält daher nach dieser Auffassung Bestandteile, die nicht zur Umgangssprache passen. Um so nah wie möglich an der logischen Struktur umgangssprachlicher Sätze zu bleiben, ist von R. Montague [45] eine Variante der zweisortigen Typentheorie, die sogenannte *intensionale Logik*, eingeführt worden. In dieser Theorie tritt der Weltparameter nicht mehr selbstständig in Erscheinung. Die Modalitäten (totale Zugänglichkeit vorausgesetzt) werden auf die "Sinnbildung" zurückgeführt. Mit "Sinnbildung" ist dabei folgendes gemeint:

Betrachtet man einen Term t in einer Welt u, so ergibt sich der *Sinn* oder die *Intension* $^\wedge t$ von t (in u), indem man die Deutung von t in allen Welten w betrachtet und diese Information durch die Funktion, die einer Welt w die Deutung von t in w zuordnet, kodiert. Die Intension von t ist dann unabhängig von der gegebenen Welt u.

Umgekehrt kann man in dieser Theorie von einer Intension immer durch einen geeigneten Operator zu Extension übergehen:

Ist nämlich ein intensionaler Ausdruck $t' := {}^\wedge t$ und eine Welt u gegeben, so gelangt man zur *Extension* $^\vee t'$ von t' in u, indem man die $t' = {}^\wedge t$ zugeordnete Funktion im Punkte u auswertet. Diesen Übergang von einem intensionalen Ausdruck t' zur Extension ${}^{\vee}t'$ von t' in u bezeichnet man auch als *Extensionalisierung*.

Die Intensionsbildung ist somit eine spezielle λ-Abstraktion nach dem Weltparameter und die Extensionalisierung eine entsprechende λ-Konversion.

In Montagues intensionaler Logik werden außerdem die Konstanten in Abhängigkeit vom Weltparameter (also intensional) gedeutet, um gewisse Substituierbarkeiten in modalen Kontexten zu blockieren.

Wir werden im folgenden die Sprache der intensionalen Logik und die dazugehörige Semantik kurz beschreiben und einige Besonderheiten erläutern. Für weitergehende Untersuchungen sei der Leser auf das Buch von D. Gallin [21] verwiesen.

Die Typen der intensionalen Logik werden eingeführt durch:

(1) o und ι sind Typen.

(2) Sind σ und τ Typen, so sind auch $(\sigma\tau)$ und $(\vartheta\sigma)$ Typen.

Das Symbol ϑ tritt also nur in Verbindung mit anderen Typen auf. Mit $\mathfrak{T}$ bezeichnen wir ab jetzt die Menge aller dieser Typen.

Zu jedem $\sigma\in\mathfrak{T}$ sei eine abzählbar unendliche Menge Var_σ von Variablen des Typs σ und eine (möglicherweise leere) Menge $\mathfrak{K}_\sigma$ von Konstanten des Typs σ gegeben.

Die Menge der $\mathfrak{L}$-Terme, wobei $\mathfrak{L}:=\langle\mathfrak{K}_\sigma|\sigma\in\mathfrak{T}\rangle$ ist, wird wie in der Typentheorie mit λ-Abstraktion eingeführt. Der Einfachheit halber lassen wir ε-Terme weg. Für ${}^{\wedge}$ und ${}^{\vee}$ kommen zwei neue Termbildungsregeln hinzu.

Die Menge der $\mathfrak{L}$-Terme wird definiert durch:

Jede Variable und jede $\mathfrak{L}$-Konstante vom Typ σ ist ein $\mathfrak{L}$-Term des Typs σ.

Ist t_1 ein $\mathfrak{L}$-Term des Typs $(\sigma\tau)$ und t_2 ein $\mathfrak{L}$-Term des Typs σ, so ist (t_1t_2) ein $\mathfrak{L}$-Term des Typs τ.

Sind t_1 und t_2 $\mathfrak{L}$-Terme, die den selben Typ haben, so ist $(t_1\doteq t_2)$ ein $\mathfrak{L}$-Term des Typs o.

Sind α und β $\mathfrak{L}$-Formeln (d.h. Terme vom Typ o), so sind auch $(\neg\alpha)$ und $(\alpha\to\beta)$ $\mathfrak{L}$-Formeln.

Ist α eine $\mathfrak{L}$-Formel und x eine Variable eines Typs σ, so ist auch $(\forall x\alpha)$ eine $\mathfrak{L}$-Formel.

Ist x eine Variable des Typs σ und t ein Term des Typs τ, so ist (λxt) ein Term des Typs $(\sigma\tau)$.

Ist t ein Term des Typs σ, so ist ${}^{\wedge}t$ ein Term des Typs $(\vartheta\sigma)$.

Ist t ein Term des Typs $(\vartheta\sigma)$, so ist ${}^{\vee}t$ ein Term des Typs σ.

Sind jetzt A und W nichtleere Mengen, so verstehen wir unter einer $\mathfrak{L}$-*Standardstruktur*, die auf A und W basiert, ein Tupel $\mathfrak{D}=\langle D,I\rangle$ mit:

$D=\langle D_\nu | \nu\in\mathfrak{T}\cup\{\vartheta\}\rangle$ ist eine Funktion, die jedem $\nu\in\mathfrak{T}\cup\{\vartheta\}$ eine Menge D_ν so zuordnet, daß folgende Bedingungen erfüllt sind:

$D_\iota=A$, $D_o=\{0,1\}$, $D_\vartheta=W$ und $D_{(\nu\tau)}={}^{D_\nu}D_\tau$ für alle $\nu\in\mathfrak{T}\cup\{\vartheta\}$ und $\tau\in\mathfrak{T}$.

I ist eine Funktion mit $I(c)\in{}^{D_\vartheta}D_\sigma$ für alle $\sigma\in\mathfrak{T}$ und $c\in\mathfrak{K}_\sigma$.

Unter einer Belegung verstehen wir wieder eine Funktion, die jeder Variablen x^σ ein Element des Bereichs D_σ zuweist.

Der Wert $[\![t^\sigma]\!]^{\mathfrak{D},h,u}$ eines $\mathfrak{L}$-Terms t^σ vom Typ σ in $\mathfrak{D}$ unter h im Punkte u ist definiert durch:

$[\![x^\sigma]\!]^{\mathfrak{D},h,u}=h(x^\sigma)$ für Variablen x^σ

$[\![c^\sigma]\!]^{\mathfrak{D},h,u}=I(c^\sigma)(u)$ für $\mathfrak{L}$-Konstanten c^σ

$[\![(t_1t_2)]\!]^{\mathfrak{D},h,u}=[\![t_1]\!]^{\mathfrak{D},h,u}([\![t_2]\!]^{\mathfrak{D},h,u})$

$$[\![(t_1\doteq t_2)]\!]^{\mathfrak{D},h,u}=\begin{cases}1, & \text{falls } [\![t_1]\!]^{\mathfrak{D},h,u}=[\![t_2]\!]^{\mathfrak{D},h,u};\\ 0 & \text{sonst.}\end{cases}$$

$[\![(\neg\alpha)]\!]^{\mathfrak{D},h,u}=f_\neg([\![\alpha]\!]^{\mathfrak{D},h,u})$

$[\![(\alpha\rightarrow\beta)]\!]^{\mathfrak{D},h,u}=f_\rightarrow([\![\alpha]\!]^{\mathfrak{D},h,u},[\![\beta]\!]^{\mathfrak{D},h,u})$

$$[\![\forall x^\sigma\alpha]\!]^{\mathfrak{D},h,u}=\begin{cases}1, & \text{falls } [\![\alpha]\!]^{\mathfrak{D},h^{x^\sigma}_d,u}=1 \text{ für alle } d\in D_\sigma;\\ 0 & \text{sonst.}\end{cases}$$

$[\![(\lambda x^\sigma t)]\!]^{\mathfrak{D},h,u}=\{\langle d,[\![t]\!]^{\mathfrak{D},h^{x^\sigma}_d,u}\rangle \mid d\in D_\sigma\}$

$[\![{}^\wedge t]\!]^{\mathfrak{D},h,u}=\{\langle w,[\![t]\!]^{\mathfrak{D},h,w}\rangle\mid w\in W\}$

$[\![{}^\vee t]\!]^{\mathfrak{D},h,u}=[\![t]\!]^{\mathfrak{D},h,u}(u)$.

Eine Formel wird *standardgültig* genannt genau dann, wenn sie in jedem Standardmodell unter allen Belegungen in allen Punkten den Wert 1 erhält. Zum Beispiel ist für jeden Term t die Formel ${}^{\vee\wedge}t\doteq t$ standardgültig.

Setzt man $\top:=((\lambda x^o x^o)\doteq(\lambda x^o x^o))$ und definiert dann

$\Box:=\lambda x^t({}^\wedge x^t\doteq{}^\wedge\top)$,

so rechnet man leicht nach, daß gilt:

$[\![\Box\alpha]\!]^{\mathfrak{D},h,u}=1 \Leftrightarrow$ für alle $u\in W$: $[\![\alpha]\!]^{\mathfrak{D},h,u}$.

Damit ist eine Modalität eingeführt, die zu einem $\mathbf{S_5}$ entsprechenden System führt.

Die intensionale Logik ist durch eine Reihe Besonderheiten gekennzeichnet, die aus der intensionalen Deutung der Konstanten und der nicht freien Verfügbarkeit des Referenzpunktbereiches resultieren. Z.B. ist das aus der Prädikatenlogik wohlbekannte Substitutionsprinzip $\forall x\alpha \rightarrow \alpha(x/c)$ in diesem Kontext nicht mehr richtig, denn

$$\forall x^e \exists y^e \Box(x \doteq y) \rightarrow \exists y^e \Box(c^e \doteq y^e),$$

ist nicht allgemeingültig. Das Vorderglied $\forall x^e \exists y^e \Box(x \doteq y)$ der Implikation ist nämlich allgemeingültig, da Belegungen nicht vom Referenzpunkt abhängen. Wählt man andererseits eine Standardstruktur $\mathfrak{D}$, die auf den zweielementigen Mengen $D_e = \{2,3\}$, $D_\vartheta = W = \{r,s\}$ basiert und eine Deutung I mit $I(c^e) = \{\langle r,2\rangle, \langle s,3\rangle\}$, so gibt es kein $d \in D_e$, das zugleich mit $I(c^e)(r)$ und $I(c^e)(s)$ identisch ist. Somit ist in dieser Struktur $\exists y^e \Box(c^e \doteq y^e)$ und damit auch $\forall x^e \exists y^e \Box(x \doteq y) \rightarrow \exists y^e \Box(c^e \doteq y^e)$ falsch.

Ebensowenig läßt sich aus der Identität zweier Konstanten in einem Referenzpunkt auf die Identität der Konstanten in allen Referenzpunkten schließen. Also ist

$$c_1 \doteq c_2 \rightarrow ({}^\wedge c_1 \doteq {}^\wedge c_2)$$

auch nicht standardgültig.

Auf Seiten der Logik sind daher in den Substitutionsprinzipien Einschränkungen nötig. Diese bestehen darin, daß das Substituieren in intensionalen Kontexten verboten wird, sofern die Bedeutung des einzusetzenden Ausdrucks von Referenzpunkten abhängig ist.

Der Bereich der standardgültigen Formeln ist, wie man wieder zeigen kann, nicht rekursiv aufzählbar. Läßt man jedoch (wie in der gewöhlichen Typentheorie) allgemeinere Strukturen zu, so gibt es wieder einfache, vollständige Regelsysteme, die genau die in diesem Sinne allgemeingültigen Formel abzuleiten gestatten. Zu den schon früher angeführten typentheoretischen Axiomen kommen in diesem System noch folgende neu hinzu:

(EI) ${}^\vee{}^\wedge t \doteq t$,

(ET) $\Box({}^\vee t_1 \doteq {}^\vee t_2) \leftrightarrow (t_1 \doteq t_2)$, wobei t_1 und t_2 vom Typ $\vartheta\sigma$ sind.

Ein entsprechendes System wird in dem Buch von D. Gallin [21] diskutiert, auf das wir den Leser für weitergehende Untersuchungen verweisen müssen.

Mengentheoretischer Anhang

Zuerst werden wir die in Paragraph 1 begonnene mengentheoretische Axiomatik vervollständigen. Anschließend werden Begriffe und Resultate zusammengestellt, auf die wir im Laufe unserer Untersuchungen zurückgreifen mußten. Beweise für die unten aufgeführten Resultate kann man zum Beispiel in [13], [19] und [27] finden.

Wir beginnen mit dem *Auswahlaxiom*:

> Zu jeder Menge A, die nur nichtleere Mengen als Elemente hat, gibt es eine Funktion f mit Definitionsbereich A, welche aus jeder Menge, die in A ist, ein Ding auswählt, d.h. es gilt $f(a)\in a$ für alle $a\in A$. Eine solche Funktion f wird *Auswahlfunktion für* A genannt.

Dieses Axiom impliziert sofort, daß es zu jeder surjektiven Funktion $g:B\to C$ eine injektive Funktion $h:C\to B$ (mit $g(h(c))=c$ für alle $c\in C$) gibt. Ist nämlich f eine Auswahlfunktion für $A:=\{\{b|g(b)=c\}|c\in C\}$, so setze man einfach $h(c):=f(\{b|g(b)=c\})$ für alle $c\in C$.

Ist C eine nichtleere Menge, so folgt umgekehrt aus der Existenz einer injektiven Funktion von C in B (ohne Benutzung des Auswahlaxioms) die Existenz einer surjektiven Funktion von B in C. Existiert nämlich ein c_0 in C und ist $h:C\to B$ injektiv, so existiert auch die surjektive Funktion $g:=h^{-1}\cup\{\langle b,c_0\rangle|b\in B\setminus W(h)\}$ von B auf C.

Das Auswahlaxiom impliziert, daß jede Äquivalenzrelation R (s. (2.5)) ein Repräsentantensystem besitzt. Dabei ist S ein *Repräsentantensystem* der Äquivalenzrelation $R\subset W\times W$ genau dann, wenn $S\subset W$ gilt und der Durchschnitt jeder R-Äquivalenzklasse mit S genau ein Element enthält. — Um zu einem Repräsentantensystem für eine Äquivalenzrelation R zu gelangen, betrachtet man eine Auswahlfunktion für die Menge aller Äquivalenzklassen von R. Unter Benutzung von Lemma (3.39) ergibt sich, daß der Wertebereich von f ein Repräsentantensystem für R ist.

Umgekehrt läßt sich auch leicht zeigen, daß die Aussage, daß jede Äquivalenzrelation ein Repräsentantensystem besitzt, das Auswahlaxiom impliziert. Denn ist A eine Menge nichtleerer Mengen, so ist durch

$$\langle a,x\rangle R\langle b,y\rangle :\Leftrightarrow a=b$$

eine Äquivalenzrelation in $W:=\{\langle a,y\rangle \mid a\in A \text{ und } y\in a\}$ gegeben. Jedes Repräsentantensystem für R ist aber gerade eine Auswahlfunktion für A.

Hieraus erhält man sofort, daß das Auswahlaxiom auch zu der Aussage äquivalent ist, daß es zu jeder Menge P von paarweise disjunkten, nichtleeren Mengen eine Menge S gibt, deren Schnitt mit einem beliebigen Element von P jeweils eine Einermenge ist, d.h. zu jedem $p\in P$ gibt es ein

$a \in A$ mit $p \cap S = \{a\}$. Denn durch (aRa' :⇔ es gibt ein $p \in P$ mit $\{a,a'\} \subset p$) ist eine Äquivalenzrelation R in $\bigcup P$ definiert, deren Äquivalenzklassen gerade die Elemente von P sind. Jedes Repräsentantensystem S für R ist genau eine Menge der gewünschten Art. Umgekehrt definiert nach (3.39) jede Äquivalenzrelation R in $W \neq \emptyset$ ein $P := \{[w]_R | w \in W\}$ mit obigen Eigenschaften. Hat dann S mit jedem $p \in P$ genau ein Element gemein, so ist $S \cap W$ ein Repräsentantensystem für R. — In der zuletzt angegebenen Formulierung läßt sich das Auswahlaxiom leicht in der in Paragraph 7 angegebenen erststufigen mengentheoretischen Sprache aufschreiben:

$$\textbf{(AC)}\ \forall x(M(x) \wedge \forall y(y\varepsilon x \rightarrow M(y) \wedge \exists z z\varepsilon y) \wedge \forall y_1 \forall y_2(y_1\varepsilon x \wedge y_2\varepsilon x \wedge \exists z(z\varepsilon y_1 \wedge z\varepsilon y_2) \rightarrow y_1 \doteq y_2)$$
$$\rightarrow \exists s(M(s) \wedge \forall y(y\varepsilon x \rightarrow \exists u \forall z(z\varepsilon s \wedge z\in y \leftrightarrow z \doteq u)))).$$

Das Auswahlaxiom ist (auf der Basis der übrigen Axiome) auch zum *Wohlordnungsprinzip* äquivalent:

Zu jeder Menge A existiert eine Relation $R \subset A \times A$, so daß A durch R wohlgeordnet wird.

Dabei wird eine Menge A durch die Relation $R \subset A \times A$ wohlgeordnet genau dann, wenn gilt:

(1) A ist durch R (irreflexiv) linear geordnet, d.h. es gilt:

(O_1)	$a \not R a$ für alle $a \in A$	(Irreflexivität)
(O_2)	(aRb und bRc ⇒ aRc) für alle $a,b,c \in A$	(Transitivität)
(O_3)	(aRb oder $a=b$ oder bRa) für alle $a,b \in A$	(Konnexität).

(2) Jede nichtleere Teilmenge $X \subset A$ besitzt ein kleinstes Element bezüglich R, d.h. es gibt ein $a \in X$, so daß aRx für alle $x \in X$ mit $x \neq a$ gilt.

Die Implikation "Auswahlaxiom ⇒ Wohlordnungsprinzip" können wir hier nicht näher begründen. Die umgekehrte Implikation ist aber wieder leicht einzusehen. Denn ist A eine Menge nichtleerer Mengen, so gibt es nach dem Wohlordnungsprinzip eine Wohlordnung R der Menge $\bigcup A$. Man erhält eine Auswahlfunktion f für A, wenn man für alle $a \in A$ definiert:

$f(a) :=$ (kleinstes Element in a bezüglich R).

Jede irreflexive lineare Ordnung R in A führt zu einer reflexiven linearen Ordnung $\underline{R}$ in A, wenn man ($a\underline{R}b$:⇔ ($a=b$ oder aRb)) setzt, die dann folgenden Bedingungen genügt:

$(\underline{O}_1)$ $a\underline{R}a$ für alle $a \in A$;

$(\underline{O}_2)$ ($a\underline{R}b$ und $b\underline{R}c$ ⇒ $a\underline{R}c$) für alle $a,b,c \in A$;

$(\underline{O}_3)$ ($a\underline{R}b$ oder $b\underline{R}a$) für alle $a,b \in A$;

$(\underline{O}_4)$ ($a\underline{R}b$ und $b\underline{R}a$ ⇒ $a=b$) für alle $a,b \in A$.

Umgekehrt führt jede Relation $\underline{R}$ mit $(\underline{O}_1)$-$(\underline{O}_4)$ zu einer irreflexiven linearen Ordnung in A, wenn man $(aRb :\Leftrightarrow (a \neq b \text{ und } a\underline{R}b))$ für $a,b \in A$ setzt.

Eine andere zum Auswahlaxiom (und damit auch zum Wohlordnungsprinzip) äquivalente Aussage ist das sogenannte Zornsche Lemma. Bevor wir eine genaue Formulierung angeben, stellen wir noch einige Begriffe bereit.

Eine Menge A ist durch eine Relation $R \subset A \times A$ (irreflexiv) *partiell geordnet* genau dann, wenn die Bedingungen (O_1) und (O_2) erfüllt sind.

Mit $<$ deuten wir im folgenden, sofern nichts anderes gesagt ist, irreflexive partielle Ordnungen an. Setzt man wieder $(a \leq b :\Leftrightarrow (a = b \text{ oder } a < b))$ für $a,b \in A$, so erhält man entsprechend eine reflexive partielle Ordnung $\leq$ von A, die die Bedingungen $(\underline{O}_1)$,$(\underline{O}_2)$ und $(\underline{O}_4)$ erfüllt.

Umgekehrt erhält man aus jeder reflexiven partiellen Ordnung $\leq$ wieder eine irreflexive, wenn man $(a<b :\Leftrightarrow (a \neq b \text{ und } a \leq b))$ definiert. Reflexive partielle Ordnungen deuten wir meist durch $\leq$ an.

Jede lineare Ordnung ist eine partielle Ordnung. Aber nicht jede partielle Ordnung ist eine lineare Ordnung. Zum Beispiel ist die Menge aller Teilmengen von $\mathbb{N}$ durch die Inklusion $\subset$ reflexiv partiell geordnet. Aber es gilt weder $\{0\} \subset \{1\}$ noch $\{1\} \subset \{0\}$. Die Mengen $\{0\}$ und $\{1\}$ sind hinsichtlich Inklusion unvergleichbar. Die Inklusionsbeziehung in $\mathfrak{P}(\mathbb{N})$ ist nicht konnex.

Eine Teilmenge $K \subset A$ einer durch $\leq$ partiell geordneten Menge A heißt *$\leq$-Kette*, falls je zwei Elemente aus K bezüglich $\leq$ vergleichbar sind, d.h. für alle $a,b \in K$ gilt: $(a \leq b$ oder $b \leq a)$. Es ist also $K \subset A$ eine $\leq$-Kette genau dann, wenn K durch die Restriktion von $\leq$ auf K linear geordnet wird.

Sei A durch $\leq$ partiell geordnet. Unter einer *oberen $\leq$-Schranke der Menge* $X \subset A$ verstehen ein Element $a \in A$ mit $x \leq a$ für alle $x \in X$. Ein Element a ist also obere Schranke von X, wenn es "größer oder gleich" jedem Element von X ist. — Ein Element $a \in A$ heißt *$\leq$-maximal* in A genau dann, wenn es kein $z \in A$ mit $a \leq z$ und $z \neq a$ gibt.

Die Aussage des *Zornschen Lemmas* lautet nun:

> Eine nicht leere Menge A sei durch die Relation $\leq$ partiell geordnet. Besitzt dann jede $\leq$-Kette eine obere $\leq$-Schranke, so existiert in A mindestens ein $\leq$-maximales Element.

Die Aussage des Zornschen Lemmas ist zum Auswahlaxiom äquivalent. Auf den Beweis können wir hier nicht näher eingehen.

Um die mengentheoretische Axiomatik abzuschließen, erwähnen wir noch das Fundierungsaxiom und das Ersetzungsaxiom. Das *Fundierungsaxiom* besagt, daß es in jeder nicht leeren Menge A ein $a \in A$ gibt, so daß kein Element von a auch Element von A ist. Formalisiert schreibt sich dieses Axiom:

$$(A_{11})\quad \forall x(M(x) \land \exists y\, y \varepsilon x \rightarrow \exists y(y \varepsilon x \land \forall z(z \varepsilon y \rightarrow \neg z \varepsilon x))).$$

Durch das Axiom werden "pathologische" Mengen mit $A \in A$ oder $A \in B \in A$ oder $A \in B \in C \in A$ usw. ausgeschlossen. Sonst wäre zum Beispiel, falls $A \in B \in C \in A$ gilt, für die Menge $\{A,B,C\}$ das Axiom verletzt.

Das *Ersetzungsaxiom* sagt schließlich, daß das Bild einer Menge unter einer "funktionalen Beziehung" in einer Menge enthalten und damit aufgrund des Aussonderungsschemas selbst eine Menge ist. Dieses Axiom ist erststufig nur als Schema formalisierbar und lautet dann:

$$(A_{12})_\alpha\quad \forall x \overset{=1}{\exists} y \alpha \rightarrow \forall u(M(u) \rightarrow \exists v(M(v) \land \forall x(x \varepsilon u \rightarrow \exists y(y \varepsilon v \land \alpha)))),\quad \text{wobei } u,v \notin Fr(\alpha).$$

Die hier beschriebene Mengenlehre ist eine Version der Zermelo-Fraenkelschen Mengenlehre, die Urelemente zuläßt. Der Vollständigkeit halber sollen jetzt auch noch die Annahmen über natürliche Zahlen genannt werden, die in unserer Version der Mengenlehre das Unendlichkeitsaxiom vertreten. — Wir fordern, daß ein spezielles Objekt, 0 genannt, eine natürliche Zahl ist und daß eine injektive Funktion S, die Nachfolgerfunktion, gegeben ist, die jeder natürlichen Zahl n eine natürliche Zahl $S(n) \neq 0$ zuordnet. Weiterhin sollen die natürlichen Zahlen dem Induktionsprinzip genügen. Das bedeutet, daß jede Eigenschaft E, die auf 0 zutrifft und die mit n auch immer auf S(n) zutrifft, auf alle natürlichen Zahlen zutrifft. Um also eine Eigenschaft E für alle natürlichen Zahlen nachzuweisen, genügt es daher den Induktionsanfang E(0) und den Induktionsschritt $(E(n) \Rightarrow E(n+1))$ für variables n zu beweisen. Indem man von der Eigenschaft E zur Aussonderungsmenge $A := \{n \in \mathbb{N} \mid E(n)\}$ übergeht, kann man das Induktionsprinzip auch folgendermaßen formulieren:

$$(0 \in A \text{ und für alle } n \in \mathbb{N}: (n \in A \Rightarrow S(n) \in A)) \Rightarrow \mathbb{N} \subset A.$$

Diese Annahmen über natürliche Zahlen sind am Ende von Paragraph 7 als (A_7) - (A_{10}) formalisiert.

Mittels *Induktion* oder, wie man auch sagt, *Rekursion* kann man aus den arithmetischen und mengentheoretischen Axiomen die Existenz vieler Funktionen $F: \mathbb{N} \rightarrow A$, wobei A irgendeine vorgegebene Menge ist, beweisen. Man erhält zum Beispiel folgendes *Rekursionstheorem*:

Sei A eine Menge, a ein festes Element von A und G eine Funktion von A in A. Dann gibt es genau eine Funktion F von $\mathbb{N}$ in A mit:

$F(0)=a,$

$F(k+1)=G(F(k))$ für alle $k\in\mathbb{N}$.

Das Theorem wird hier nicht bewiesen, sondern es soll nur erläutert werden, wie eine solche Funktion, die Existenz vorausgesetzt, aussieht. Ist beispielsweise $a=2=S(S(0))$ und G die Nachfolgerfunktion, so gibt es aufgrund des Rekursionstheorems genau eine Funktion F mit $F(0)=2$ und $F(k+1)=S(F(k))$ für alle $k\in\mathbb{N}$. Es gilt also:

$F(0)=2,\ F(1)=S(F(0)=S(2)=3,\ F(2)=S(F(1))=4,\dots$.

Damit folgt aus dem Rekursionssatz die Existenz der Funktion "x+2". Indem man anstelle von 2 eine beliebige natürliche Zahl n vorgibt, erhält man analog die Existenz der Funktion F_n, die "x+n" darstellt. Die Addition zweier natürlicher Zahlen m und n kann man dann durch $m+n:=F_n(m)$ einführen. Aus den obigen arithmetischen und mengentheoretischen Axiomen lassen sich dann die üblichen Gesetzmäßigkeiten der Addition beweisen, z.B. $x+(y+z)=(x+y)+z$, $x+y=y+x$ usw.

Ähnlich kann dann mit der Multiplikation verfahren, indem man die Rekursiongleichungen

$H_n(0)=0$

$H_n(k+1)=G(H_n(k))=H_n(k)+n$

betrachtet. Dabei ist $G:=\{\langle x,x+n\rangle \mid n\in\mathbb{N}\}$. Setzt man dann $m\cdot n:=H_m(n)$ für alle $m,n\in\mathbb{N}$, so erhält man eine Funktion, die die schon aus der Grundschule bekannten Eigenschaften der Multiplikation hat.

Die übliche Kleiner-Beziehung "<" kann man durch

$m<n \ :\Leftrightarrow$ es gibt ein $k\in\mathbb{N}: m+S(k)=n$

eingeführen. Mit Hilfe des Induktionsaxioms läßt sich dann unter anderem beweisen, daß $\mathbb{N}$ durch < wohlgeordnet wird.

Aus dem Rekursionssatz ergibt sich auch, daß die natürlichen Zahlen im Rahmen unserer Theorie bis auf Isomorphie bestimmt sind. Sei nämlich N' eine weitere Menge in der ein Element 0' ausgezeichnet ist. Außerdem sei eine injektive Funktion $S':N'\to N'$ mit $0'\neq S'(n')$ für alle $n'\in N'$ gegeben, die dem anologen Induktionsprinzip

$(0'\in A$ und für alle $n'\in N':(n'\in A\Rightarrow S'(n')\in A))\ \Rightarrow\ N'\subset A.$

für alle Mengen A genügt. Aufgrund des Rekursionstheorems existiert dann genau eine Funktion $F:\mathbb{N}\to N'$ mit

$F(0)=0'$ und $F(S(k))=S'(F(k)$ für alle $k\in\mathbb{N}$.

Das F-Bild von $\mathbb{N}$ enthält das Element 0' und ist unter S'-Nachfolgerbildung abgeschlossen. Aus dem Induktionsprinzip für $\langle N',S',0'\rangle$ folgt, daß

W(F)=N' und somit F surjektiv ist. Um auch die Injektivität von F nachzuweisen, zeigt man zuerst durch Induktion, daß jede von 0 verschiedene natürliche Zahl einen eindeutig bestimmten Vorgänger hat, d.h. zu jedem $n \neq 0$ gibt es genau ein $m \in \mathbb{N}$ mit S(m)=n. Unter Benutzung dieses Faktums zeigt man dann ($m \neq n \Rightarrow F(m) \neq F(n)$) durch Induktion über n. Damit ist F eine Bijektion von $\mathbb{N}$ auf N'. Die Isomorphiebedingungen sind trivialerweise erfüllt, da sie im vorliegenden Fall zu den Rekursionsbedingungen äquivalent sind.

Bisweilen haben wir allgemeinere Formen des Rekursionstheorems benutzt (z.B. bei der Einführung von Funktionen durch Induktion über den Formelaufbau), auf die wir hier nicht näher eingehen wollen, da sie relativ plausibel sind.

Als nächstes wollen wir den Kardinalitätsbegriff erläutern. Zuerst definieren wir, wann zwei Mengen A und B *gleichmächtig* (in Zeichen: A~B) heißen sollen:

$$A \sim B :\Leftrightarrow \text{es gibt eine Bijektion von } A \text{ auf } B.$$

Anstelle von "gleichmächtig" sagt man auch "*von gleicher Kardinalität*". Da die identische Abbildung in A eine Bijektion von A auf A ist, folgt A~A. Ist F eine Bijektion von A auf B, so ist F^{-1} eine Bijektion von B auf A. Daraus folgt ($A \sim B \Rightarrow B \sim A$). Ist F eine Bijektion von A auf B und G eine Bijektion von B auf C, so ist $G \circ F$ eine Bijektion von A auf C. Hieraus erhält man, daß ($A \sim B$ und $B \sim C \Rightarrow A \sim C$) gilt. Somit erfüllt ~ die Bedingungen einer Äquivalenz im Bereich aller Mengen, die damit in disjunkte Bereiche gleichmächtiger Mengen, die wir als Mächtigkeitsklassen bezeichnen, zerfällt. In der Mengenlehre wird gezeigt, wie man sich kanonische Repräsentanten für die verschiedenen Mächtigsklassen verschafft. Diese Repräsentanten heißen *Kardinalzahlen*. Es gilt also, daß es zu jeder Menge A genau eine Kardinalzahl $\varkappa$ gibt, die mit A gleichmächtig ist. Diese eindeutig bestimmte Kardinalzahl bezeichnet man mit card(A), der *Kardinalität von* A. Nach Definition gilt damit für alle Mengen A, B und Kardinalzahlen $\varkappa$:

$$(A \sim B \Leftrightarrow \mathrm{card}(A) = \mathrm{card}(B)),\ A \sim \mathrm{card}(A) \text{ und } \mathrm{card}(\varkappa) = \varkappa.$$

Für Kardinalzahlen $\varkappa$ und λ definieren wir $\varkappa \leq \lambda$ durch:

$$\varkappa \leq \lambda :\Leftrightarrow \text{es gibt eine injektive Funktion } F \text{ von } \varkappa \text{ in } \lambda.$$

Offensichtlich gilt:

$$\text{Es gibt eine Injektion von } A \text{ in } B \Leftrightarrow \mathrm{card}(A) \leq \mathrm{card}(B).$$

Ist insbesondere A eine Teilmenge von B, so gilt $\mathrm{card}(A) \leq \mathrm{card}(B)$). Da, wie wir anfangs gezeigt haben, die Existenz einer Surjektion von B auf A zur Existenz einer Injektion von A in B äquivalent ist, gilt auch:

Es gibt eine Surjektion von B auf A $\Leftrightarrow$ card(A)$\leq$card(B).

Für alle Kardinalzahlen $\varkappa, \lambda, \mu$ gilt offensichtlich:

$\varkappa \leq \varkappa$ und ($\varkappa \leq \lambda$ und $\lambda \leq \mu \Rightarrow \varkappa \leq \mu$).

Der *Satz von Cantor-Bernstein*, den wir ohne Beweis zitieren, besagt:

Gibt es eine Injektion von A in B und eine Injektion von B in A, so gibt es auch eine Bijektion von A auf B.

Daraus folgt für alle Kardinalzahlen:

$\varkappa \leq \lambda$ und $\lambda \leq \varkappa \Rightarrow \varkappa = \lambda$.

Mit Hilfe des Zornschen Lemmas ergibt sich für beliebige Mengen A und B, daß es immer eine Injektion von A in B oder eine Injektion von B in A gibt. Betrachtet man nämlich die Menge aller injektiven $f \subset A \times B$ mit der Inklusion als partieller Ordnung, so ist diese Menge nicht leer, da sie die leere Funktion enthält. Jede Inklusionskette K solcher Funktionen ist nach oben beschränkt, denn die Vereinigung über die Elemente von K ist eine injektive Funktion $g \subset A \times B$ mit $f \subset g$ für alle $f \in K$. Die Voraussetzungen des Zornschen Lemmas sind damit erfüllt. Es gibt also ein maximales Element f_0 in der Menge dieser Funktionen. Wäre jetzt für ein maximales f_0 gleichzeitig $D(f_0) \neq A$ und $W(f_0) \neq B$, so gäbe ein $a \in A \setminus D(f_0)$ und ein $b \in B \setminus W(f_0)$. Dann wäre aber auch $f_1 := f_0 \cup \{\langle a,b \rangle\} \subset A \times B$ injektiv, was der Maximalität von f_0 widerspräche. Also ist $D(f_0) = A$ oder $W(f_0) = B$ für jedes maximale f_0. Gilt $D(f_0) = A$, so ist f_0 eine Injektion von A in B, und gilt $W(f_0) = B$, so ist f_0^{-1} eine Injektion von B in A.

Es folgt, daß je zwei Kardinalzahlen $\varkappa, \lambda$ hinsichtlich $\leq$ vergleichbar sind:

$\varkappa \leq \lambda$ oder $\lambda \leq \varkappa$.

Somit hat $\leq$ die Eigenschaften einer linearen Ordnung. Wir schreiben:

$\lambda < \varkappa :\Leftrightarrow (\lambda \leq \varkappa$ und $\lambda \neq \varkappa$).

Es gilt, wie Cantor gezeigt hat, daß die Potenzmenge einer Menge immer eine größere Mächtigkeit als die Menge hat, d.h. für alle Mengen gilt:

card(A)<card($\mathfrak{P}$(A)).

Denn durch $F(a) := \{a\}$ ist eine Injektion von A in $\mathfrak{P}$(A) gegeben. Also gilt card(A)$\leq$card($\mathfrak{P}$(A)). Gäbe es jetzt eine Surjektion G von A auf $\mathfrak{P}$(A), so gäbe es ein $a_0 \in A$ mit $G(a_0) = \{a \in A \mid a \notin G(a)\}$. Für a_0 hätte man dann:

$a_0 \notin G(a_0) \Leftrightarrow a_0 \in \{a \in A \mid a \notin G(a)\} = G(a_0)$.

Somit folgt card(A)$\neq$card($\mathfrak{P}$(A)). — Setzt man $2^{\varkappa} :=$ card($\mathfrak{P}(\varkappa)$), so gilt damit für alle Kardinalzahlen $\varkappa$:

$\varkappa < 2^{\varkappa}$.

Aus den Axiomen der Mengenlehre ergibt sich, daß für jedes $\varkappa$ die Eigenschaft "x ist Kardinalzahl und $x<\varkappa$" zur Komprehension zugelassen ist. Damit ist $\{\lambda|\lambda\leq\varkappa\}$ eine Menge, die, wie sich zeigen läßt, durch (die Einschränkung von) $\leq$ wohlgeordnet ist.

Da für jede Kardinalzahl $\varkappa$ die nichtleere Menge $\{\lambda|\varkappa<\lambda\leq 2^{\varkappa}\}$ durch $\leq$ wohlordnet ist, folgt, daß es eine kleinste Kardinalzahl λ gibt, die größer als $\varkappa$ ist. Diese eindeutig bestimmte Kardinalzahl wird als *Nachfolgerkardinalzahl von* $\varkappa$ bezeichnet. Man schreibt:

$$\varkappa^+ := \text{(die Nachfolgerkardinalzahl von } \varkappa).$$

Es gilt für alle Kardinalzahlen $\varkappa$ und λ:

$$\varkappa<\varkappa^+\leq 2^{\varkappa} \text{ und } (\varkappa<\lambda \Rightarrow \varkappa^+\leq\lambda).$$

Endliche Mengen sind schon am Ende von Paragraph 1 eingeführt worden. Eine Menge A ist danach endlich genau dann, wenn es ein $k\in\mathbb{N}$ gibt mit $A\sim\mathbf{S}_k=\{x\in\mathbb{N}|x \text{ ist kleiner als } k\}$. Insbesondere ist $\emptyset$ endlich.

Durch Induktion über k ergibt sich, daß jede injektive Funktion $F:\mathbf{S}_k\rightarrow\mathbf{S}_k$ schon bijektiv sein muß. Also ist für jede endliche Menge A jede injektive Funktion von A in A auch surjektiv. Daraus folgt sofort, daß es nicht mehr als ein k mit $A\sim\mathbf{S}_k$ geben kann. Also kann man die Mengen $\mathbf{S}_k$ als Repräsentanten endlicher Mächtigkeiten wählen. Identifiziert man jetzt noch die Menge $\mathbf{S}_k$ mit der natürlichen Zahl k (wie es in der Mengenlehre üblich ist), so erhält man:

$$A\sim\mathbf{S}_k \Leftrightarrow \text{card}(A)=k.$$

Für die leere Menge ergibt sich $\text{card}(\emptyset)=0$. Sind die Mengen A und B endlich, so sind auch $A\cup B$, $A\times B$ und $\mathfrak{P}(A)$ endlich und es gilt:

$$(A\cap B=\emptyset \Rightarrow \text{card}(A\cup B)=\text{card}(A)+\text{card}(B)), \quad \text{card}(A\times B)=\text{card}(A)\cdot\text{card}(B),$$
$$\text{card}(\mathfrak{P}(A))=2^{\text{card}(A)},$$

wobei Addition, Multiplikation und Potenzbildung in $\mathbb{N}$ zu verstehen sind.

Eine Vereinigung über endlich viele endliche Mengen ist wieder endlich. Jede Teilmenge einer endlichen Menge ist endlich. Allgemeiner ist jede Menge A, die sich injektiv in eine endliche Menge B abbilden läßt, selbst endlich. Es folgt insbesondere, daß mit A auch $A\cap B$ und $A\setminus B$ endlich sind.

Ist die Menge A nicht endlich, also unendlich, so existiert eine Injektion von $\mathbb{N}$ in A. Dies ergibt sich mit Hilfe des Auswahlaxioms und eines Rekursionssatzes, indem man, falls G eine Auswahlfunktion für die nichtleeren Teilmengen von A ist, rekursiv eine Funktion

$$F(0)=G(A),\ F(1)=G(A\setminus\{F(0)\}),\ F(2)=G(A\setminus\{F(0),F(1)\}),\ \ldots$$

definiert.

Da sich somit $\mathbb{N}$ injektiv in jede unendliche Menge einbetten läßt, ist $\omega := \text{card}(\mathbb{N})$ die kleinste unendliche Kardinalzahl.

Die Nachfolgerfunktion S von $\mathbb{N}$ in $\mathbb{N}$ ist injektiv aber nicht surjektiv. Damit gibt es (im Gegensatz zu endlichen Mengen) eine Funktion von $\mathbb{N}$ in $\mathbb{N}$, die injektiv aber nicht surjektiv ist. Diese Eigenschaft überträgt sich auf beliebige unendliche Mengen. Denn, wie wir gerade gesehen haben, gibt zu jeder unendlichen Menge A eine Injektion G von $\mathbb{N}$ in A. Setzt man $H(a) := G(S(G^{-1}(a)))$ für $a \in W(G)$ und $G(a) := a$ für $a \in A \setminus W(G)$, so ist H eine Injektion von A in A, die nicht surjektiv ist. — Damit ist eine Menge A genau dann endlich, wenn jede Injektion von A in A auch surjektiv ist.

Wir nennen Menge A *abzählbar* genau dann, wenn $\text{card}(A) \leq \omega$ — und *abzählbar unendlich* genau dann, wenn $\text{card}(A) = \omega$ gilt.

Die *Summe* $\varkappa + \lambda$ *zweier Kardinalzahlen* $\varkappa$ und λ definiert man, indem man sich disjunkte Mengen A und B mit $\text{card}(A) = \varkappa$ und $\text{card}(B) = \lambda$ verschafft (z.B. $A = \varkappa \times \{0\}$ und $B = \lambda \times \{1\}$) und $\varkappa + \lambda := \text{card}(A \cup B)$ setzt. Man überlegt sich leicht, daß diese Definition nicht von der speziellen Wahl der Mengen A und B abhängt.
Das *Produkt* $\varkappa \cdot \lambda$ *zweier Kardinalzahlen* $\varkappa$ und λ ist definiert durch $\varkappa \cdot \lambda := \text{card}(A \times B)$, falls $\text{card}(A) = \varkappa$ und $\text{card}(B) = \lambda$ gilt. Auch hier ist die Definition unabhängig von der Wahl von A und B (man kann z.B. die Mengen $\varkappa$ und λ selbst nehmen. Es gilt also: $\text{card}(A \times B) = \text{card}(A) \cdot \text{card}(B)$.

Fundamental für das Rechnen mit Kardinalzahlen ist das Theorem, daß jede unendliche Menge A zu $A \times A$ gleichmächtig ist. Damit gilt:

$$\omega \leq \varkappa \Rightarrow \varkappa \cdot \varkappa = \varkappa.$$

Daraus erhält man leicht für alle Kardinalzahlen $\varkappa, \lambda$:

$$(\omega \leq \varkappa \text{ und } \lambda \leq \varkappa \Rightarrow \varkappa + \lambda = \varkappa) \text{ und } (\omega \leq \varkappa \text{ und } \lambda \neq 0 \text{ und } \lambda \leq \varkappa \Rightarrow \varkappa \cdot \lambda = \varkappa).$$

Bezeichnet $\max(\varkappa, \lambda)$ das Maximum von $\varkappa$ und λ, d.h. $\max(\varkappa, \lambda) = \varkappa$, falls $\lambda \leq \varkappa$, und $\max(\varkappa, \lambda) = \lambda$, falls $\varkappa < \lambda$, so gilt für alle Kardinalzahlen:

$$\omega \leq \varkappa \text{ und } \omega \leq \lambda \Rightarrow \varkappa + \lambda = \varkappa \cdot \lambda = \max(\varkappa, \lambda).$$

Weiterhin läßt sich zeigen, daß für unendliche Mengen A die Menge aller endlichen Folgen von Elementen von A mit der Menge A gleichmächtig ist.

Schließlich erwähnen wir noch eine Abschätzung für Vereinigungen, von der wir mehrmals Gebrauch gemacht haben:

$$\text{Gilt } \text{card}(A_k) \leq \varkappa \text{ für alle } k \in \mathbb{N}, \text{ so folgt } \text{card}\Big(\bigcup_{k \in \mathbb{N}} A_k\Big) \leq \max(\omega, \varkappa).$$

Dies läßt sich folgendermaßen einsehen:

Offensichtlich gilt $A_k \sim (\{k\} \times A_k)$ für alle $k \in \mathbb{N}$. Da durch $F(k,a)=a$ eine Surjektion von $B := \bigcup_{k\in\mathbb{N}} (\{k\}\times A_k)$ auf $A := \bigcup_{k\in\mathbb{N}} A_k$ gegeben ist, gilt die Abschätzung $\text{card}(A) \le \text{card}(B)$. Nach Voraussetzung gilt $\text{card}(A_k) \le \varkappa$. Dies impliziert für jedes k die Existenz einer Injektion von $\{k\}\times A_k$ in $\{k\}\times\varkappa$. Indem man diese Injektionen, die ja disjunkte Definitions- und Wertebereiche haben, zusammensetzt, erhält man eine Injektion von der Menge B in $\bigcup_{k\in\mathbb{N}} (\{k\}\times\varkappa) = \mathbb{N}\times\varkappa$. Damit gilt: $\text{card}(A) \le \text{card}(B) \le \text{card}(\mathbb{N}\times\varkappa) = \max(\omega,\varkappa)$.

Literatur

[1] Andrews, P.B.: *An introduction to mathematical logic and type theory: to truth through proof,* Academic Press, Orlando, 1986.

[2] van Benthem, J.F.A.K.: *Modal logic and classical logic,* Bibliopolis, Napoli, 1983.

[3] Beth, E.W.: *On Padoa's method in the theory of definition,* Indagationes Mathematicae vol. 15, 1953, pp. 330-339.

[4] Boolos, G.: *The unprovability of consistency,* Cambridge, Cambridge U.P., 1979.

[5] Boolos, G.: *Extremely undecidable sentences,* Journal of Symbolic Logic, vol. 47, 1982, pp. 191-196.

[6] Boolos, G. and Sambin, G.: *An incomplete system of modal logic,* Journal of Philosophical Logic 14 (1985), pp. 351-358.

[7] Bull, R.A. and Segerberg, C.: *Basic modal logic,* Handbook of Philosophical Logic vol.II, ed. D. Gabbay and F. Guenthner, Reidel, Dordrecht, 1984, pp. 1-88.

[8] Chang, C.C. and Keisler, H.J.: *Model theory,* third edition, North Holland, Amsterdam, 1990.

[9] Church, A.: *A formulation of the simple theory of types,* Journal of Symbolic Logic, vol. 5, 1940, pp. 56-68.

[10] Church, A.: *Introduction to mathematical logic, vol. I,* Princeton University Press, Princeton, 1956.

[11] Craig, W.: *Linear reasoning. A new form of the Herbrand-Gentzen theorem.,* Journal of Symbolic Logic, vol. 22, 1957, pp. 250-268.

[12] Dreben, B. and Goldfarb, W. D.: *The decision problem,* Addison-Wesley, Reading, 1979.

[13] Ebbinghaus, H.D.: *Einführung in die Mengenlehre,* Wissenschaftliche Buchgesellschaft, Darmstadt, 1977.

[14] Ebbinghaus, H.D., Flum, J. und Thomas, W.: *An introduction into mathematical logic,* Springer, Berlin, 1983.

[15] Esakia, L. and Artemov, S., eds.: *Provability logic,* Studia Logica L, 1 (1991), pp. 1-174.

[16] Fine, K.: *Some connections between elementary and modal logic,* Proceedings of the third Scandinavian Logic Symposium, Uppsala 1973, ed. by S. Kanger, North Holland, Amsterdam 1975, pp.15-31.

[17] Fischer, M.J. and Ladner, R.E.: *Propositional dynamic logic of regular programs,* Journal of Computer and System Sciences 18, 1979, pp. 194-211.

[18] Fraisse, R.: *Sur quelques classifications des relations basées sur des isomorphismes restraintes*, Publications Scientifiques de l'Université d'Alger, Série A (mathématiques), vol. 2, 1955, pp. 15-16 and 273-295.

[19] Friedrichsdorf, U. und Prestel, A.: *Mengenlehre für den Mathematiker*, Vieweg, Braunschweig, 1985.

[20] Gabbay, D.: *Investigations into modal and tense logics with applications to problems in linguistics and philosophy*, Reidel, Dordrecht, 1976.

[21] Gallin, D.: *Intensional and higher-order modal logic*, North Holland/Am. Elsevier, Amsterdam, 1975.

[22] Gerson, M. S.: *An extension of S_4 complete for the neighbourhood semantics but incomplete for the relational semantics*, Studia Logica 34, 1976, 333-342.

[23] Gödel, K.: *Die Vollständigkeit der Axiome des logischen Funktionenkalküls*, Monatshefte für Mathematik und Physik, vol. 37, 1930, pp. 349-360.

[24] Gödel, K.: *Über formal unentscheidbare Sätze der Principia Mathematica und verwandter Systeme I*, Monatshefte für Mathematik und Physik, vol. 38, 1931, pp. 173-198.

[25] Goldblatt, R.: *Axiomatising the logic of computer programming*, Lecture Notes in Computer Science, vol. 130, Springer, Berlin, 1982.

[26] Goldblatt, R.: *Logics of time and computation*, CSLI Lecture Notes Number 7, Stanford, 1987.

[27] Halmos, P.: *Naive Mengenlehre*, Vandenhoeck & Ruprecht, Göttingen, 1972.

[28] Harel, D.: *First-order dynamic logic*, Lecture Notes in Computer Science 68, Springer, Berlin, 1979.

[29] Harel, D.: *Dynamic logic*, Handbook of Philosophical Logic vol.II, ed. by D. Gabbay and F. Guenthner, Reidel, Dordrecht, 1984, pp. 497-604.

[30] Hasenjaeger, G.: *Eine Bemerkung zu Henkin's Beweis für die Vollständigkeit des Prädikatenkalküls der ersten Stufe*, Journal of Symbolic Logic, vol. 18, 1953, pp. 42-48.

[31] Henkin, L.: *The completeness of the first order functional calculus*, Journal of Symbolic Logic, vol. 14, 1949, pp. 159-166.

[32] Henkin, L.: *Completeness in the theory of types*, Journal for Symbolic Logic, vol. 15, 1950, pp. 81-91.

[33] Herbrand, J.: *Recherches sur la théorie de la démonstration*, Travaux de la société des Sciences et des Lettres de Varsovie, Cl. III, no. 33, 1930, 128 pp.

[34] Hilbert, D. und Bernays, P.: *Grundlagen der Mathematik II*, zweite Aufl., Berlin, 1970.

[35] Hughes, G.E. and Cresswell, M.J.: *An introduction to modal logic*, Methuen, London, 1972.

[36] Hughes, G.E. and Cresswell, M.J.: *A companion to modal logic*, Methuen, London, 1984.

[37] Kaye, R.: *Models of Peano arithmetic*, Clarendon Press, Oxford, 1991.

[38] Kripke, S. A.: *A completeness theorem in modal logic*, Journal for Symbolic Logic, vol. 24, 1959, pp. 1-14.

[39] Kripke, S. A.: *Semantical analysis of modal logic I*, Zeitschrift für Mathematische Logik und Grundlagen der Mathematik 9, 1963, pp. 67-96.

[40] Kripke, S. A.: *Semantical analysis of modal logic II*, The theory of models, eds. Addison, J. W. and Tarski, A., North Holland, Amsterdam, 1965, pp. 206-220.

[41] Lemmon, E.J: *An introduction to modal logic*, American Philosophical Quarterly, Monograph series, No. 11, Basil Blackwell, Oxford, 1977.

[42] Löb, M.H.: *Solution of a problem of Leon Henkin*, Journal for Symbolic Logic, vol. 20, 1955, pp. 115-118.

[43] Löwenheim, L.: *Über Möglichkeiten im Relativkalkül*, Mathematische Annalen Bd. 76, 1915, pp. 447-470.

[44] Monk, J.D.: *Mathematical logic*, Springer, New York 1976.

[45] Montague, R.: *Universal grammar*, Theoria 36, 1970, pp. 373-398.

[46] Mostowski, A.: *Thirty years of foundational studies*, Acta Philosophica Fennica, Fasc. XVII, Basil Blackwell, Oxford, 1966.

[47] Paris, J. and Harrington, L.: *A mathematical incompleteness in Peano arithmetic*, Handbook of Mathematical Logic, ed. J. Barwise, North Holland, Amsterdam, 1977, pp. 1133-1142.

[48] Pratt, V.R.: *Semantical considerations on Floyd-Hoare logic*, Proc. 17th IEEE Symp. on Foundations of Computer Science, 1976, pp. 109-121.

[49] Prestel, A.: *Einführung in die Mathematische Logik und Modelltheorie*, Vieweg, Braunschweig, 1986.

[50] Rautenberg, W.: *Klassische und nichtklassische Aussagenlogik*, Vieweg, Braunschweig, 1976.

[51] Sambin, G. and Vaccaro, V.: *A new proof of Sahlquist's theorem on modal definability and completeness*, Journal of Symbolic Logic, vol. 54, 1989, pp. 992-999.

[52] Schütte, K.: *Vollständige Systeme modaler und intuitionistischer Logik*, Ergebnisse der Mathematik und ihrer Grenzgebiete Band 42, Springer, Berlin 1968.

[53] Segerberg, K.: *An essay in classical modal logic*, Filosofiska Studier 13, Uppsala, 1971.

[54] Shoenfield, J.R.: *Mathematical logic*, Addison-Wesley, Reading, 1967.

[55] Skolem, T.: *Logisch-kombinatorische Untersuchungen über die Erfüllbarkeit oder Beweisbarkeit mathematischer Sätze nebst einem Theoreme über dichte Mengen*, Videnskapsselskapets skrifter, I. Matematisk-naturvidenskabelig klasse, no.4, 1920.

[56] Smoryński, C.: *Beth's theorem and self-referential sentences*, Logic Colloquium '77, ed. by A. Macintyre, L. Pacholski and J. Paris, North Holland, Amsterdam, 1978, pp. 253-261.

[57] Smoryński, C.: *Self-reference and modal logic*, Springer, New York, 1985.

[58] Solovay R.M.: *Provability interpretations of modal logic*, Israel Journal of Mathematics, vol. 25, 1976, pp. 287-304.

Symbole und Notationen

Register

S

T

U